配鏡學總論（下）
鏡片應用篇
第三版

Clifford W. Brooks, OD

Associate Professor of Optometry
Indiana University School of Optometry
Bloomington, Indiana

Irvin M. Borish, OD, DOS, LLD, DSc

Professor Emeritus, Indiana University School of Optometry
Bloomington, Indiana

Former Benedict Professor
University of Houston School of Optometry
Houston, Texas

審閱

黃敬堯
美國俄亥俄州立大學 材料博士暨視覺科學碩士
大葉大學 視光學系主任

劉祥瑞
明道大學 教學所碩士
馬偕醫護管理專科學校 視光學科主任

路建華
國立中央大學 光電科學暨工程學系博士
馬偕醫護管理專科學校 視光學科助理教授

劉璟慧
英國曼徹斯特大學 眼科及視覺科學研究碩士
馬偕醫護管理專科學校 視光學科講師

翻譯
李則平、張家輔、吳鴻來、陸維濃

ELSEVIER

N905, 9F, No. 96, Zhong Shan N. Road, Sec. 2, Taipei 10449 Taiwan

System for Ophthalmic Dispensing, 3E
Copyright © 2007 by Butterworth-Heinemann, an imprint of Elsevier Inc.
Some material was previously published.
ISBN: 978-0-7506-7480-5

This translation of Chapters 11 to 24 of System for Ophthalmic Dispensing 3e by Clifford W. Brooks and Irvin M. Borish was undertaken by Elsevier Taiwan LLC and is published by arrangement with Elsevier Inc.

本書第 11 章至第 24 章譯自 System for Ophthalmic Dispensing, 3e，作者 Clifford W. Brooks 及 Irvin M. Borish 經 Elsevier Inc. 授權由台灣愛思唯爾有限公司出版發行

配鏡學總論 (下) －鏡片應用篇 - 第一版 (原文第三版)。作者：Clifford W. Brooks 以及 Irvin M. Borish，總審閱：黃敬堯、劉祥瑞、路建華、劉璟慧，翻譯：李則平、張家輔、吳鴻來、陸維濃

Copyright ©2016 Elsevier Taiwan LLC.
ISBN: 978-986-92667-4-1

All rights reserved. No part of this publication may be reproduced or transmitted in any form or by any means, electronic or mechanical, including photocopying, recording, or any information storage and retrieval system, without permission in writing from the publisher. Details on how to seek permission, further information about the Publisher's permissions policies and our arrangements with organizations such as the Copyright Clearance Center and the Copyright Licensing Agency, can be found at our website: www.elsevier.com/permissions.

This book and the individual contributions contained in it are protected under copyright by the Publisher (other than as may be noted herein).

Notices

This translation has been undertaken by Elsevier Taiwan LLC at its sole responsibility. Practitioners and researchers must always rely on their own experience and knowledge in evaluating and using any information, methods, compounds or experiments described herein. Because of rapid advances in the medical sciences, in particular, independent verification of diagnoses and drug dosages should be made. To the fullest extent of the law, no responsibility is assumed by Elsevier, authors, editors or contributors for any injury and/or damage to persons or property as a matter of products liability, negligence or otherwise, or from any use or operation of any methods, products, instructions, or ideas contained in the material herein.

聲明

本翻譯由台灣愛思唯爾公司負責。所有從業人員與學者務必依據自身經驗與知識來評估及運用任何文中所述之資訊、方法、複方或實驗。因為本領域之知識與實務日新月異，任何診斷與用藥劑量都必須經過詳盡且獨立的驗證。在法律相關範圍內，參與本翻譯版本的愛思唯爾及其作者、編輯、共同作者不承擔任何責任，包括因產品責任，疏忽或其他原因，所造成的任何人身傷害或財產損失，或任何使用或操作本書中包含的任何方法、產品、指示或想法的行為。

Printed in Taiwan
Last digit is the print number: 9 8 7

ELSEVIER

此書獻給我們的學生，他們對這門學科的興趣以及欲更為精進的渴望，
促使我們撰寫這本書。

作者的話

序

　　編寫《配鏡學總論》的初衷並非撰寫一本全面的教科書，我們真正期盼的是編寫一本可協助配鏡教學的學生手冊。正當「手冊」逐漸發展成形時，某間專業出版社得知此編寫計畫，即深感興趣並要求提供章節樣本供其閱讀。很顯然地，在印第安納大學的教學範圍之外，這類書籍是有用的。

　　本書初稿完成後便送至出版社進行審閱，或許是因為書中大量的照片和圖例，本書初版推出後教育單位與眼鏡業界皆肯定其實用性。

　　眼鏡裝配是眼睛照護的基礎，對鏡片功能的了解也是基本能力，對於正在摸索的新雇員以及有經驗的專家而言，這些知識皆不可或缺。為了滿足不同背景的讀者，我們採用深入淺出的方式進行撰寫，以便使剛進入此領域的新手可容易理解，此外也提供在眼科領域工作多年的人士其所需之資訊。

　　本書第二版是以初版為基礎來擴充，第二版包含大量的黑白照片；第三版又重新編寫，書中穿插彩色照片。我們從眼睛照護者的觀點拍攝了數百張照片，整理所有章節，納入許多關於漸進多焦點鏡片及職業用漸進多焦點鏡片的配鏡新資訊。

　　針對本書所做的這些改變，是為了滿足兩大專業族群的需求。第一類族群包含了必須自我充實並能訓練新進員工的眼睛照護者，第二類族群則為在正規教育課程中的眼科教師與學生，這兩類族群皆需要全方位圖文並茂的教育資訊。

　　為了滿足這些需求，撰寫的過程曠日費時且相當辛苦，但成果卻是有目共睹的。我們衷心期盼讀者將發現更新至第三版的《配鏡學總論》是一本資料豐富、查閱方便且助益良多的好書。

致謝

　　在第一版的準備工作中，作者特別想對 Jacque Kubley 致上謝意，感謝他提供原版攝影及許多圖例，同時感謝 Sandra Corns Pickel 與 Sue Howard 擔任模特兒，以及 Dr. Linda Dejmek、Kyu-Sun Rhee、Dennis Conway 和 Steve Weiss 協助完成插畫及圖例。我們十分感激各界對第一版籌劃出版的鼎力相助。

　　對於第二版，我們再次向 Jacque Kubley 表達謝意，感謝其在攝影與許多圖例方面持續協助。感謝在美國印第安納大學光學實驗室工作的 Glenn Herringshaw，給予本書第二版和第三版許多助益的想法及建議；感激 Glenn 和 Regina Herringshaw 擔任數張照片中的模特兒；同時感謝 Pam Gondry 和 Dr.

Eric Reinhard 加入第三版的「模特兒團隊」。我們需向 Hilco 公司的 Robert Woyton 致上萬分謝意，其審閱本書的維修章節，更提供本書第二版和第三版所需的許多照片。

　　感謝印第安納大學攝影服務中心的 Ric Cradick，拍攝第三版許多全新彩色照片，專業技能令人激賞。

　　此外，萬分感謝我們的學生，他們協助閱讀初稿，且不厭其煩地明確指出疏漏部分，給予有用的建議，並提出適切的問題。

　　最後，我們將特別感謝在視光學領域中的朋友，他們給予建議，更針對本書內容提出改進的想法。沒有這些建議與資訊，將無法使這項任務完善達成。

中文版審閱序

在美國俄亥俄州立大學視光學院求學時，配鏡學是一門包含學理與實驗的必修課程，該校視光學生修完本課程外，亦需完成視光醫院眼鏡部門的見習課程才可畢業，而《配鏡學總論 (System for Ophthalmic Dispensing)》即為授課教師所推薦使用的教科書。此書中文版分為上下兩冊，上冊是「配鏡實務篇」介紹基礎配鏡知識及實務配鏡技巧，下冊是「鏡片應用篇」則涵蓋許多與配鏡技術相關的鏡片光學設計和眼鏡材料應用等補充資料。本書最大的特色即是使用大量的彩色照片和圖例，讓讀者能充分了解配鏡的理論知識及操作技巧，因此在美求學期間便有翻譯此書的念頭，想讓更多在此領域的眼鏡從業人員有機會可學習這本書的內容，並分享作者豐富的實務經驗。回國後，發現許多學校也使用此書當作配鏡學的教科書。很顯然地，將此書翻譯付梓是一個正確的想法。

在整個翻譯及審閱的過程當中，為了能讓讀者更容易理解本書，單單對專業術語及文句的翻譯，即花費了將近兩年的時間和精力來做確認，深怕無法正確且清楚地表達作者的意思，這是起初規畫時所始料未及的。同時考量到本國與美國配鏡實務上操作方法的差異性，擔心國內的眼鏡從業人員是否會無法理解及接受本書？所幸邀請了國內數名配鏡領域之業界專家及教師協助校稿，在此特別感謝王益朗、朱泌錚、李芳原、陳錫評和陳琮浩等前輩的協助，以使本書翻譯的專業術語更趨近於業界實際的用法。儘管翻譯及審閱此書花費了將近兩年的時間，但最終仍完成這本可作為眼鏡從業人員在配鏡工作上的參考書，想來也是相當值得的一件事。希望本書的出版可提升國人配鏡專業技術的水準，且在學習配鏡技巧的過程中更輕鬆、更有趣，同時期盼能對國內配鏡教育的推廣略盡一份心力。

本書雖經細心編校，仍恐不免疏漏。若有錯誤之處，尚祈各位先進前輩們不吝指正，銘謝在心。

黃敬堯
大葉大學 視光學系主任

中文版審閱序

「眼鏡光學」被列為國內驗光師證照考試的科目，其對視光從業人員之重要性即已不言可喻。

伴隨著科技的發展，各式新型的眼用鏡片（例如：抗紫外光、抗藍光鏡片、光致變色鏡片以及各式漸進多焦鏡片），也不斷推陳出新。眼鏡光學之相關理論也益加複雜，單一光學模式已無法盡窺全貌。

配鏡學總論（下）以配鏡所需求的鏡片光學理論為主軸，對常用的各類型眼鏡鏡片（如：單光、雙光、多焦點、漸進多焦點鏡片等）的物理特性與光學原理，以明晰且系統化的方式呈現。各章節也例舉寶貴的臨床個案分析及相應建議。不僅如此，書中更以大量的彩圖或表格，詳述各種複雜的光學現象與公式，以利於讀者理解與吸收。因此，本書不僅適合初學者作為入門眼鏡光學領域之研習教本，對資深配鏡工作者也是極為難得之參考資料。

個人在視光科（系）執教期間，雖有感於國內視光人員對眼鏡光學知識的渴盼，然而考量書籍選用與學習效能間之關係至鉅，故從不恣意推薦眼鏡光學教本。惟，個人以為本書實務與原理適中參照，難易規劃清晰得宜，且所收錄之圖片更是彌足珍貴，絕對值得作為驗光配鏡者研習眼鏡光學時之參考首選。

路建華
馬偕醫護管理專科學校視光學科助理教授

目錄

基礎數學原理回顧

本章將回顧基礎光學中所應用的數學原理。若你已熟練數學原理，則可忽略本章並將內容作為參考。學習成效測驗有助於確認自己熟練的程度，若覺得問題都很簡單，則可繼續至下一章。

公制系統

使用公制系統進行測量時，最好熟練到不加思索便能與英制系統互相轉換。例如了解 1 公分 (cm) 有多長，比求出是 1 英吋 (inch) 的幾分之幾更簡單。目前多數尺規同時有公制和英制的刻度，讓兩者之間的轉換不致過於費力。測量瞳距 (interpupillary distance, PD) 時不可或缺的瞳距尺，則僅有公制系統的刻度。

公制系統的基本測量單位為公尺 (m)，其餘單位皆以公尺的倍數或分數表示。

如同美金 1 元等於 10 角 (*dimes*)，同理 1 m 等於 10 公吋 (*decimeters*, dm)；美金 1 元等於 100 分 (*cents*)，同理 1 m 等於 100 公分 (*centimeters*, cm)；亦如同節肢動物馬陸 (*millipede*) 有 1000 隻腳，同理 1 m 等於 1000 公釐 (*millimeters*, mm)。

公里與千有關，此時 1 公里 (km) = 1000 m。

因此：

$$1 \text{ m} = 10 \text{ dm} = 100 \text{ cm} = 1000 \text{ mm}$$

和

$$1 \text{ km} = 1000 \text{ m}$$

(如同先前討論的長度單位，重量單位也是以 10 為乘數，基本單位為公克。)

若需將公制轉換成英制的長度單位時，可參考下列的轉換因子：

$$1 \text{ m} = 39.37 \text{ in}$$
$$1 \text{ cm} = 0.394 \text{ in}$$
$$1 \text{ in.} = 2.54 \text{ cm}$$

複習代數

代數利用正、負數值及字母或其他符號表示數學關係 (表 11-1)，這些關係用於方程式或等式中。字母或系統符號代表未知數或可變動的數值，容許公式有因次變化。

代數使等式具有變化性，在特殊要求下可將式子轉變成新形式。以下列等式為例：

$$a + b = c$$

最佳情況是 a 和 b 為已知數，而 c 為未知數 (若 $a = 1$，$b = 2$，則 c 為何？)。若 a 是未知數，式子就沒這麼簡單。針對此情況，最好將式子進行變換以更容易得出 a。

變換

變換式子時，構成式子的元素從一處變換至另一處。若元素移動越過等號，數值必須由正變為負或由負變為正。根據符號變換的邏輯，在等式的兩側，可加上或減去同一個數值 (或數值的符號)。如

$$1 + 2 = 3$$

即使等式兩側都減去 2，等式兩側依然相等。

$$1 + 2 - 2 = 3 - 2$$

因此，若

$$a + b = c$$

則

$$a + b - b = c - b$$

由於

$$b - b = 0$$

則

$$a = c - b$$

如此便完成了式子的變換。

表 11-1	
常用的代數符號	
運算方式	符號
加	$a + b$
減	$a - b$
乘	$a \times b$ 或 $a \cdot b$ 或 ab
除	$a \div b$ 或 $\dfrac{a}{b}$
平方	a^2
平方根	$\sqrt{a}$

乘式或除式的變換也雷同，可在等式兩側乘上相同數值。例如，若

$$2 \cdot 3 = 6$$

則

$$2 \cdot 2 \cdot 3 = 2 \cdot 6$$

或若

$$2 \cdot 3 = 6$$

則

$$\frac{2 \cdot 3}{2} = \frac{6}{2}$$

每個式子中等號兩側數值依然相等，因此等式仍成立。以更概括的方式表達，若

$$a \cdot b = c$$

則

$$\frac{a \cdot b}{a} = \frac{c}{a}$$

且由於

$$\frac{a}{a} = 1$$

因此

$$b = \frac{c}{a}$$

此等式如同先前，但以不同的形式表達。

當然，若等式一側包含一項以上的元素，所有元素都會受到式子變換的影響。例如，

$$ab = b + c$$

$$\frac{ab}{b} = \frac{b + c}{b}$$

$$\frac{a\cancel{b}}{\cancel{b}} = \frac{b + c}{b}$$

$$a = \frac{b + c}{b}$$

括號的使用

當符號進行乘或除，或以多個符號為群體，對這個群體進行數學運算時，可運用括號將群體括住。例如，

$$3(a + b) = c$$

代表 a 與 b 都乘上 3。此式的另一個表達方式如下：

$$3a + 3b = c$$

若式子寫成如下

$$3a + b = c$$

缺少括號便不再是相同的式子。僅 a 乘上 3，由此可見括號的重要性。在變換過程中，括號內的所有元素視為單一物件。例如，

$$x(a + b) = 2(c + d)$$

則

$$\frac{x(a + b)}{(a + b)} = \frac{2(c + b)}{(a + b)}$$

由於

$$\frac{(a + b)}{(a + b)} = 1$$

故等式變成

$$x = \frac{2(c + b)}{(a + b)}$$

正數與負數

正數與負數是在相同線上的連續數字，兩者皆從 0 開始，但以相反方向「數算」（圖 11-1）。多數人每日都會使用到正數與負數，例如當溫度計降至 0 度以下，便以負數描述溫度。當某物的位置在海平面下方 300 英呎，可用 −300 英呎作為描述。此例中的海平面為 0 點。

處理負數時，務必記住它們與正數之間的距離。此觀念也可容易以溫度計做說明。−10 度比 +10 度

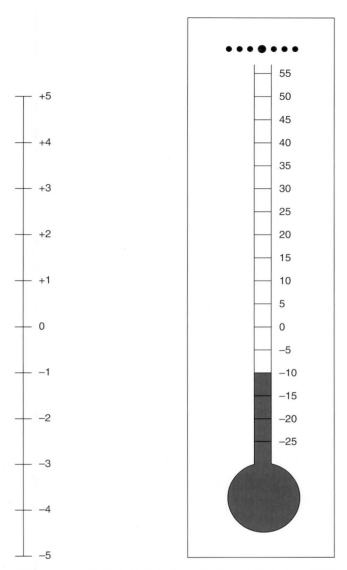

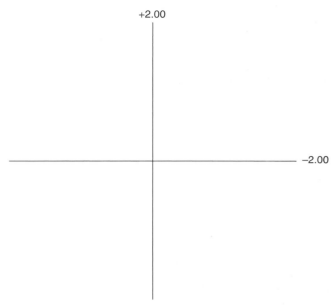

圖 11-2　表達正數與負數之關係時，以處方 +2.00 −4.00 × 90 進行說明。柱鏡上兩軸線的正、負度數差異即柱面鏡片度數，為 4.00 D。

圖 11-1　正數與負數的觀念可簡單以數線表達，常標示於儀器上，例如溫度計。

冷幾度？當水銀汞柱從 +10 度降至 −10 度，由 +10 度至 0 度經過了 10 個單位，再經過 10 個單位至 −10 度，溫度總共下降 20 度。

在光學中，最直接的應用為柱鏡度數的計算。若 90 度軸線的度數是 +2.00 D，180 度軸線的度數為 −2.00 D，則柱鏡度數為何（圖 11-2）（柱鏡度數即鏡片的兩條主要軸線之度數差異）？在驗度儀的數線上可見 +2 標記至 −2 標記處共經過 4 個單位，因此柱鏡數值為 4。

使用倒數

以 1 除某數便可得到該數的倒數。例如 2 的倒數可寫成 1 ÷ 2、½ 或 0.5。反之，0.5 的倒數為 1 ÷ 0.5、$\frac{1}{0.5}$ 或 2。

在光學中，倒數可用於轉換焦距成為鏡片度數。若鏡片的焦距為 0.20 m，鏡片度數即是焦距的倒數。

$$\frac{1}{0.20\ m} = 5\ D(鏡片度數)$$

根數與平方

某數自乘時稱為平方 (squared)。例如 10 的平方 = 100，亦即 10 × 10 = 100。「平方」是在數字右上方寫出上標的 2，代表這個數字自乘 2 次。(10 · 10) 可寫成 10^2，亦即 10 的二次方 (power)。若 10^2 = 100，則 100 的平方根為 10。為了求得某數的平方根 (square root)，通常將數字寫在根號 $\sqrt{\ }$ 內。例如，

$$\sqrt{100} = 10$$

某數可自乘任何次數，次方數同樣寫在右上方：

$$10^3 = 10 \cdot 10 \cdot 10 = 1000$$
$$10^4 = 10 \cdot 10 \cdot 10 \cdot 10 = 10,000$$
$$a^5 = aaaaa$$

依此類推。

當某數量自乘數次，次方數可寫在括號右上方，代表括號內的所有數量都要自乘該次方數。

例如，

$$(a \cdot b)^2 = (a \cdot b)(a \cdot b)$$

複習幾何學

光學中經常使用幾何學，因此務必對幾何學有基本的了解。「三角形」可說是幾何學的基礎，了解三角形的數學性質乃理解幾何學的基礎。

笛卡兒座標系統

笛卡兒座標系統是指出某點在空間中的圖形位置之方法。2 D 空間是一個平面，如同一張紙，利用一對數字 x、y 即可描述位置。這兩個數字代表該點在水平和垂直方向上相對於原點的距離：x 的正值代表該點在原點的右側，負值代表該點在原點的左側；y 的正、負值代表該點在原點的上方或下方（圖 11-3）。參考點或稱原點 (origin) 的座標為 (0, 0)。

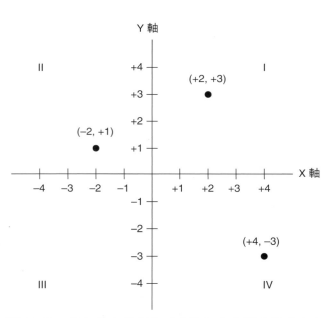

圖 11-3　笛卡兒座標系統可重複指出空間中的特定位置。x 軸與 y 軸畫分出四個象限。右上方為第一象限，左上方為第二象限，左下方為第三象限，右下方為第四象限。

一對座標中通常先指出水平位置 (x)，再指出垂直位置 (y)。笛卡兒座標系統便於明確說明任何點、線及幾何圖形的位置。

三角形

一個完整的圓有 360 度，圓的餅狀圖的尖端是 360 度的一部分。餅狀圖兩側邊長相交處即角度的所在位置。

三角形包含三個這樣的相交處，即角度。三角形之三個角度的總和等於 180 度。

若三角形中有任何一角是 90 度，則稱為直角三角形 (right triangle)（圖 11-4），因該角度呈 90 度角稱為直角 (right angle) 而得名。直角的對邊 (opposite) 稱為斜邊 (hypotenuse)。若某三角形的其中一角是 90 度，則剩餘兩角的角度和必定為 90 度。

在任何直角三角形中，邊長之間存在特殊的關係。對於直角三角形，斜邊長度的平方等於另外兩邊的平方和，此關係稱為畢氏定理 (Pythagorean theorem)（圖 11-5），可簡寫為 $a^2 + b^2 = c^2$，c 為斜邊長度，a 和 b 則為另外兩側的長度。

不同的直角三角形有特定的邊長關係。例如以 45 度、45 度和 90 度構成的三角形有兩個相等的邊長。若相等的邊長為 1，則斜邊長度將為 $\sqrt{2}$（圖 11-6）。這是根據畢氏定理所得的結果（若出現此三角形，代數或許可用於簡化某一問題的答案）。

另一種具有特殊邊長關係的三角形是由 30 度、60 度和 90 度構成。針對此例，若最短邊的邊長為 1，則次短邊的邊長為 $\sqrt{3}$，斜邊為 2（圖 11-7）。

相似三角形

若兩個三角形的形狀完全相同，但大小不同，可稱為相似三角形 (similar triangles)。相似三角形其 (1) 對應角的角度相同，且 (2) 對應的邊長成比例（圖 11-8）。此對應關係可從某三角形中的已知邊長

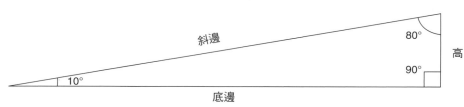

圖 11-4　直角三角形中包含一個 90 度角。

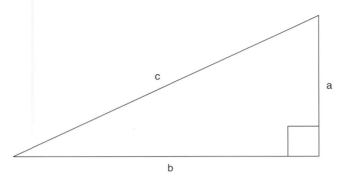

圖 11-5　畢氏定理表示為 $a^2 + b^2 = c^2$，該定理僅能運用於直角三角形。

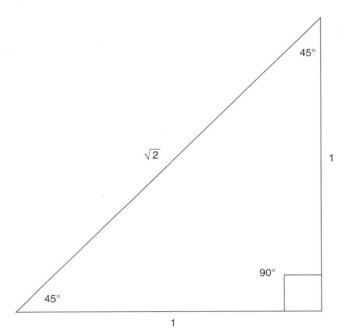

圖 11-6　45 度、45 度及 90 度的三角形之邊長關係。

推算相似三角形中的未知邊長。可簡單用代數並以下列的邊長關係，找出這些未知的尺寸：

$$\frac{a}{a'} = \frac{b}{b'} = \frac{c}{c'}$$

（見圖 11-8）

例題 11-1

一根垂直於地面的竿子高出地面 0.8 m，投影出的影子長度為 0.3 m。周圍影子長度為 5 m 的旗竿有多高？

解答

根據圖 11-8 所示，a 代表 0.8 m 的竿子，b 代表 0.3 m

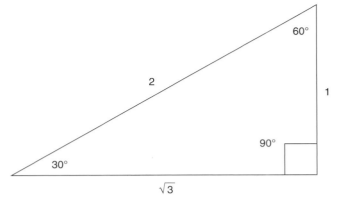

圖 11-7　30 度、60 度及 90 度的三角形之邊長關係。

的影子。旗竿影子 5m 以 b' 表示，旗竿的未知高度則以 a' 表示。

意即，

$$a = 0.80 \text{ m}$$
$$b = 0.30 \text{ m}$$
$$b' = 5 \text{ m}$$

由於

$$\frac{a}{a'} = \frac{b}{b'}$$
$$\frac{0.80}{a'} = \frac{0.30}{5}$$
$$0.80 = \frac{(0.30) \cdot a'}{5}$$
$$\frac{(0.80)(5)}{0.30} = a'$$
$$a' = 13.33 \text{ m}$$

意指旗竿的高度為 $13\frac{1}{3}$ m。

複習三角學

幾何學的內容證實了利用相似三角形，可從已知的邊長求得未知的邊長。

當某三角形中只有一個已知的角度，同樣可算出邊長，此方法稱為三角學 (trigonometry)。

若三角形中有一個角度已知，利用相似直角三角形的觀念，可預測三角形任兩側邊長的比例關係。利用這些已知的比例求得未知的邊長，即所謂的三角函數 (trigonometric functions)。

針對三角形的任何一角，存在三個重要的比例。圖 11-9 中以 A 角為例，比例為

$$\frac{\text{A角的對邊}}{\text{斜邊}} = \text{A角的正弦}$$

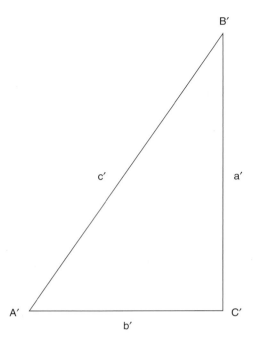

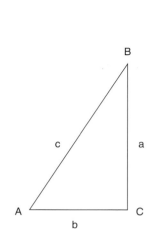

圖 11-8　利用相似三角形，從已知的邊長推算未知的邊長。大寫字母代表角度，小寫字母代表邊長。在相似三角形中，角 A＝角 A′、角 B＝角 B′、角 C＝角 C′。

 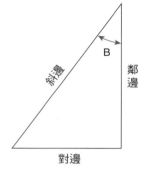

圖 11-9　儘管斜邊位置不變，鄰邊和對邊的位置則因對應角的不同而異。

比例為

$$\frac{A角的鄰邊}{斜邊} = A角的餘弦$$

比例為

$$\frac{A角的對邊}{A角的鄰邊} = A角的正切$$

這些常更簡化為

$$\sin A = \frac{對邊}{斜邊}$$

$$\cos A = \frac{鄰邊}{斜邊}$$

$$\tan A = \frac{對邊}{鄰邊}$$

因此，這些函數中的正弦、餘弦和正切的比例可從工程計算機中查得。

例題 11-2

某物體經由稜鏡投影後的影像落在 6 m 外。當稜鏡提高 10 度，原本的影像提高多少？（圖 11-10 顯示此情況）

解答

針對 10 度角的邊長比例關係中，必須包含已知邊長及需計算的邊長。此例中需求得的邊長為 10 度角的對邊，而已知的邊長是 10 度角的鄰邊，因此正確的三角函數應包含這兩個邊長。正切 (tangent, tan) 函數包含對邊和鄰邊。

因此，若

$$\tan\angle = \frac{對邊}{鄰邊}$$

則

$$10度角的正切函數 = \frac{對邊}{6}$$

從計算機中得知 10 度角的正切函數為 0.17632，意指

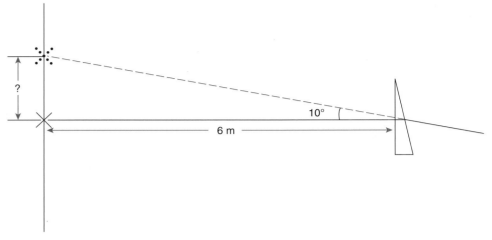

圖 11-10　稜鏡投影的影像位置改變為何？

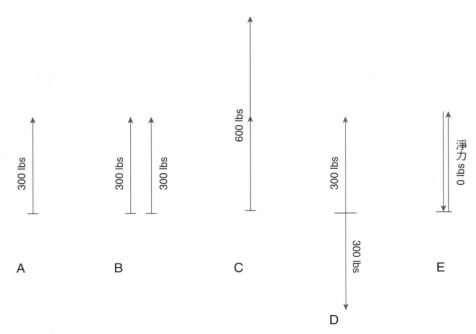

圖 11-11　向量分析可得出總淨力。**A.** 代表以 300 lb 的力量往北拉的牽引機。**B.** 代表兩力的向量，其向量和為 (C) 所示。**D.** 代表兩個相等的力往反方向拉，**E.** 代表方向相反的向量「頭尾相接」後之淨力為 0。

$$0.17632 = \frac{對邊}{6}$$

利用代數變換，

$$對邊 = (0.1763)(6)$$
$$= 1.06 \, m$$

表示稜鏡使影像較原來升高了 1.06 m。

向量分析

　　向量 (vector) 是一種數學性質的量，包含強度和方向，其可用一條已知長度且指向特定角度方向的線來表示。向量可進行加減。兩個向量結合的結果稱為向量和 (vector sum)，其強度和方向可能不同於原來的兩個向量。例如，一台牽引機以 300 lb 的力量將某物體往北拉 (圖 11-11, A)，第二台牽引機鉤住該物體，也以 300 lb 的力量將該物體往北拉 (圖 11-11, B)。往北拉力的總和為 600 lb。在向量分析中，可將第二個向量以「頭尾相接」的方式與第一個向量相連 (圖 11-11, C)。如圖所示，兩個向量的結合為向量和。然而若第二台牽引機往南拉，向量和將為 0。此時，當第二個向量以「頭尾相接」的方式與

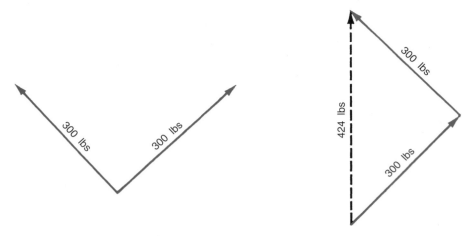

圖 11-12　當兩力不平行時，仍可使用「頭尾相接」的方法繪製，即一條由始點指向終點的直線。

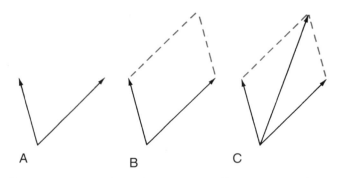

圖 11-13　**A.** 代表一對向量。除了「頭尾相接」的方法，亦可利用它們形成完整的平行四邊形 **(B)**。代表由始點出發的對角線，即為向量和 **(C)**。

第一個向量相連，第二個向量的頭端會止於始點，代表淨力為 0(圖 11-11, *D* 和 *E*)。

　　至此介紹的向量方向若非完全相同，就是完全相反。當向量彼此間的角度既非 0 度，也非 180 度時，結果將有所不同。例如，若一台牽引機往東北方向拉，另一台往西北方向拉，兩者間會有累加效果，但效果不會比兩者往同方向拉來的大 (以 360 度的刻度進行描述，其中一台往 45 度角的方向拉，另一台往 135 度角的方向拉)。向量分析中，可再次將第二個向量以「頭尾相接」的方式與第一個向量相連，角度方向維持不變 (圖 11-12)。謹慎維持兩者角度方向不變則可測得合量。此例中，向量和為 424 lb，方向往北，或說往 90 度的方向。

　　向量分析也可想成是「形成完整的平行四邊形」之過程。平行四邊形 (*parallelogram*) 是對邊呈現平行的四邊幾何形狀。始於同一點的兩個向量可看成是平行四邊形的一半，接著畫上與之平行的另外兩邊 (圖 11-13)。向量和即是平行四邊形的對角線，方向由始點出發至對角。

　　利用圖解 (*graphical*) 方式即可解題，向量通常可透過畫圖以協助正確解題，也能利用三角函數獲得更準確的結果。

　　在光學中，向量分析可確認兩個交叉的稜鏡或兩個斜向交叉圓柱鏡之總和。

學習成效測驗

1. 1 公尺等於多少公分？
   a. 12
   b. 10
   c. 100
   d. 1000
   e. 0.01

2. 重量的基本公制單位為：
   a. 公尺
   b. 公分
   c. 立方公分
   d. 公克
   e. 磅

3. 數學式進行變換時，若使某元素移至方程式等式的另一側，則：
   a. 數值需變為平方
   b. 數值必定為負值
   c. 數值的符號需改變
   d. 無法進行運算
   e. 可進行運算，但以上答案皆非

4. −4 的相反數值為：
   a. −4
   b. 0
   c. +4
   d. −(−4)
   e. c 與 d 皆正確

5. 計算 a 的值：
   a. $a = \dfrac{(3) \cdot (7)}{4-1}$
   b. $a = (3+7) \cdot (4-2)$
   c. $a = \dfrac{(4 \cdot 9)+2}{8}$
   d. $5 = \dfrac{a+4}{3}$
   e. $7 = \dfrac{(7 \cdot 3 + 2)}{a}$
   f. $b = \dfrac{(4 \cdot a) - 3}{4}$
   g. $4 = \dfrac{ab}{(3+2b)}$
   h. $c = \dfrac{4b-a}{2b}$

6. 下列何者不等於 $2(a + a)$？
   a. $2a + 2a$
   b. $2a^2$
   c. $(2 + 2)a$
   d. $4a$
   e. 以上皆等於 $2(a + a)$

7. 寫出下列各數值的倒數。
   a. 20
   b. 1
   c. 4
   d. 100
   e. 0.5
   f. 0.25
   g. ⅛
   h. ¾

8. 寫出下列各數值的平方數。
   a. 10
   b. 2
   c. a
   d. $(10 - 3)$
   e. 12
   f. $(5 \cdot 3)$

9. 寫出下列各數值的平方根。
   a. 121
   b. 64
   c. 484
   d. b^2
   e. $(6 - 4)(6 - 4)$
   f. $(5a) \cdot (5a)$

10. 計算下列。
    a. 7^3
    b. $\sqrt{9}$
    c. $\dfrac{10^2}{10}$
    d. $\left(\dfrac{10}{10}\right)^2$
    e. $\left(\dfrac{10 \cdot 10}{10}\right)^2$
    f. $\sqrt{a^2}$
    g. 2^4

11. 下午時分，一根垂直於地面的竿子之影子長度為 1.36 m。一根電線杆的影子長度為 22 m，若竿子的高度為 1 m，則電線杆的高度為何？

12. 一塊長度為 3 m 的板子斜倚於牆壁，底部距離牆面 50 cm，則板子頂端距離地面的高度為何？

13. 某梯子以 60 度角斜倚於住宅旁（從地面與梯子測得之夾角）。若梯子長為 4 m：a. 梯子底部與住宅的距離為何？b. 梯子頂端距離地面的高度為何？

14. 笛卡兒座標系統上某一點以 (x, y) 座標表示為 $(+8, +3)$：a. 此點與原點的距離為何？b. 若畫一條直線連結原點與該點，則這條線與 x 軸的夾角為何？

15. 從笛卡兒座標系統上的原點 (0, 0) 畫一條夾角為 120 度的線。若此線的長度為 12 cm，則該線終點位置的座標 (x, y) 為何？

16. 某飛機起飛，飛往之目的地為東方 130 km 處。儘管以直線飛行，但飛行時向東北方偏離航道 10 度角。當飛抵目的地正北方時，此飛機自起飛後飛行的距離為何？

17. 某塊寬 25 m、長 73 m 的矩形空地：a. 若一條繩子橫越該空地的對角線，則繩長為何？b. 被對角線畫分出來的兩個全等三角形，其各角的角度為何？

18. 下列何者並非是平行四邊形？
    a. 正方形
    b. 矩形
    c. 三角形
    d. 菱形

19. Bill 和 Fred 為了要拔起樹木殘幹，在其上連接繩索。Bill 往北拉（90 度角），Fred 往東拉（0 度角）。Bill 較強壯，所產生的拉力為 175 lb，Fred 則產生 110 lb 的拉力：a. 樹木殘幹所受的淨力為何？b. 施力的方向為何？

20. 在第 19 題中，Bill 和 Fred 無法拔起樹幹，於是 Bill 向 Fred 靠近，兩人繩索的夾角呈 20 度角，Fred 的位置未移動。兩人使出最大拉力，Bill 的拉力為 175 lb，Fred 的拉力則為 110 lb，則：a. 樹木殘幹所受的淨力為何？b. 施力的方向為何？

眼鏡鏡片的特性

理解鏡片光學前，需先對單束光線動作有基本的研究，以及當它傳遞進入或通過透明的光學表面時如何受到影響。光的反射和折射原理奠定了解稜鏡性質的基礎。

物體的光線聚焦在眼睛的視網膜上時便產生了視覺，其中包含折射的過程或是光束的彎曲。然而這次需要一個彎曲的折射面，使多束光線可全部被導向或遠離空間中的某特定點。了解多束光線在曲面上的動作，乃理解鏡片光學的基礎。

光的理論

欲了解鏡片中光的行為方式，則需觀察光本身的性質。在最簡單的條件下，光線傳遞時表現出兩種行為方式：

1. 如丟石頭至池塘所產生的波浪 (圖 12-1)。
2. 像是粒子或光子，可與受控連續「爆炸」的光做比較，如圖 12-2 所見。

就本章的目的而言，把光當成波最可了解它。

光波定義

如圖 12-3 所示，光波有某種特性。波最高的部分稱為波峰 (crest)，最低的部分稱為波谷 (trough)，波谷至波峰的垂直距離稱為振幅 (amplitude)。振幅越大，光強度越強。從波峰至下一個波峰的水平距離稱為波長 (wavelength)。當波長改變時，可感知光顏色的變化。

可見光譜

人眼所見的光其波長變化範圍為 380 ～ 760 nm，這只是所謂電磁波譜 (electromagnetic spectrum) 的一小部分。電磁波譜包括極短的宇宙或 γ 射線，以及極長的無線電波 (圖 12-4)。人類視覺可感知的電磁波譜僅占非常少部分。

太陽輻射的可見光包含所有可見光譜。當看見的是所有可見波長時，我們感知的光呈白色；當僅看到單一波長或數種波長非常接近的光時，我們會見到某種顏色的光。

彩色光

當白光分解成各種顏色時，它具有特定的色彩次序。多數小學生利用虛構名稱「Roy G Biv」縮寫，以記憶彩虹的顏色 (圖 12-5)。字母是根據紅、橙、黃、綠、藍、靛和紫色的英文字首而來。光學中彩色光的排序是根據其波長，從最短的波長至最長的波長。最短的可見光波長為藍色，最長的為紅色，因此我們需考慮將「Roy G Biv」縮寫改從後面拼起 (vib g yor)。

技術上而言，每種波長有它本身的顏色。然而，某波長至下一種波長的顏色改變極微，我們僅能利用波長區段加以辨別。圖 12-6 顯示約略的波長及其相關顏色。有趣的是，各種文化將顏色斷開在不同的地方，例如在藍色和紫色之間的邊界，某些文化定義「於兩者之間」的波長區段為藍色，而另一個文化將它稱為紫色。

可產生光者稱為發光源或主光源，蠟燭即為主光源的例子。這類物體的顏色取決於發光源所產生的光之波長。

二次光源是從主光源反射的光源。月亮為二次光源，一件毛衣也是一種二次光源。二次光源的顏色取決於反射的波長為何。白襯衫反射所有波長的光；藍襯衫僅反射藍光，並吸收所有其他波長的光；黑襯衫吸收所有波長的光。藉此可理解，為何在炎熱陽光下，白襯衫比黑襯衫涼爽。

欲了解更多相關的可見光譜，包括紫外線和紅外線輻射，請見第 22 章。

反射

除非被打斷，否則單束光線的傳遞是以直線行

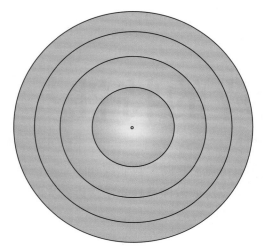

圖 **12-1**　光可視為從原點以波的形式傳遞出去，如同將物體投入平靜的池塘，使波向外傳遞。

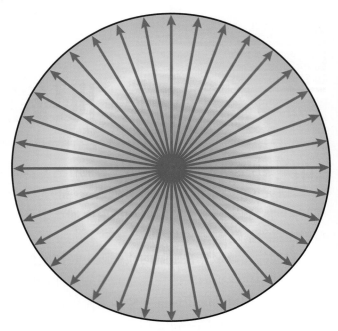

圖 **12-2**　光也被視為是離開光源的能量粒子。

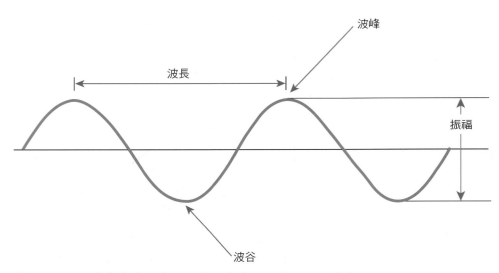

圖 **12-3**　光波有波峰和波谷，量測波峰至波峰即可知波長。

進。將高反射率的物體置於光路徑中，讓光以某角度反射回來，此反射稱為常規反射 (regular reflection) 或鏡面反射 (specular reflection)（圖 12-7）。光照射表面的角度稱為入射角 (angle of incidence)（圖 12-8）。它是從反射平面上的反射點之垂直線測量起，稱為表面的法線 (normal)。光線被反射的角度稱為反射角 (angle of reflection)，亦是從法線測量起。

　　若已知光照射表面的角度，則可預測其反射的角度，乃因入射角 (i) 必定等於反射角 (r)。

　　當光照射至霧面或模糊（不規則）的表面時，它仍會反射，但會發生可變化的散射光線，此反射稱為漫射 (diffuse reflection)（圖 12-9）。

光的速度和折射率

　　光行經於某些介質的速度快於其他介質。簡單而言，某些介質對於光速度的阻力比其他介質大。光在真空中無阻力，乃因真空中無任何東西。光行經的速度最快約為每秒 186,355 英哩（或每秒 299,792,458 公尺）。然而，當光進入乾淨的介質中（例如水）則具有阻力，使光行經的速度減慢。低阻力

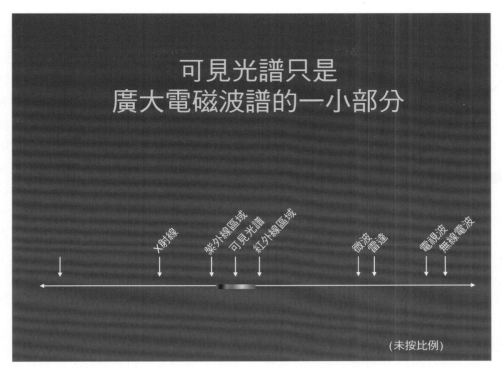

圖 12-4　可見光只是廣大電磁波譜的一小部分，電磁波譜包含了極短的 γ 射線以及極長的無線電波等所有波長。

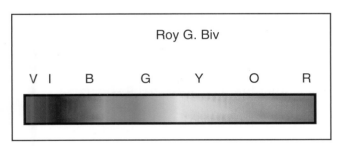

圖 12-5　考量可見光時，通常是由左至右，起始於最短的紫色波長，終止於較長的紅色波長。因此當檢視顏色的順序時，傳統的縮寫「Roy G Biv」將反向拼寫。

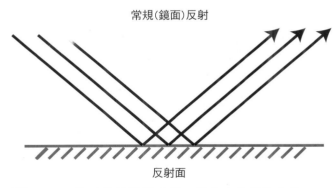

圖 12-7　鏡面或稱常規反射，發生在平滑的表面。

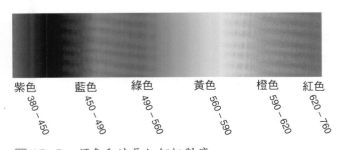

圖 12-6　顏色和波長如何相對應。

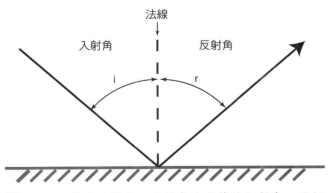

圖 12-8　對於反射光，反射角必定等於入射角。兩個角度皆是從垂直於反射面的線（法線）所測得的夾角。

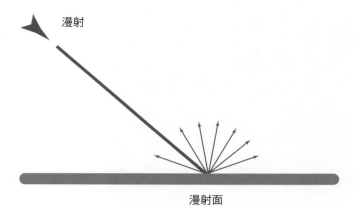

圖 12-9　當光照射至霧面或不規則的表面時會產生漫射。

的介質 (例如空氣)，稱為疏介質 (rarer medium)；高阻力的介質，稱為密介質 (denser medium)。

降低光速度的阻力總量以一個數值代表，該數值稱為折射率 (refractive index)。若介質使光的通過變得更慢，則它的折射率將越高。

某物質的折射率是由真空中光的速度與在新物質中光的速度相比而得。寫成分數時，真空中光的速度於上方 (分子)，新物質中降低的光速度於下方 (分母)。分母的速度較慢、數值較小，因此分數必定大於 1。寫法如下：

$$\frac{光於真空中的速度}{光於新物質中的速度} = 絕對折射率$$

由於沒有比一無所有 (真空) 對光速的阻力還要小的物質，故此折射率的數值稱為絕對折射率 (absolute refractive index)。

然而，我們生活於大部分東西都被空氣包圍的地球上。基於光在空氣中行經的速度幾乎如同在真空中，計算折射率時，我們以空氣取代真空作為標準。這個折射率的數值是與空氣相比而得，並非真空，故以此方式獲得的折射率稱為相對折射率 (relative refractive index)，表示成分數如下：

$$\frac{光於空氣中的速度}{光於新物質中的速度} = 相對折射率$$

折射率通常縮寫為 n。當我們談到折射率此數值時，實際上為相對折射率。

折射

當光直接 (以 90 度角垂直於表面) 照射在新且透明的介質時，光會減緩但繼續行經於相同的方向。

然而，當光以某角度照射在新的物質或介質上時，於新介質中的速度會發生變化，而導致光改變方向。例如思考某個情況，光從低折射率介質如空氣，穿過至高折射率介質如水或甚至是玻璃，兩者的密度皆高於空氣。了解發生何事以及為何如此時，可思考類似的狀況，一輛汽車行駛於光滑低阻力的物質上，例如光滑的柏油路。在注意力不集中的瞬間，車子偏向一側，觸及粗糙的物質，例如道路的礫石肩。當右輪壓觸粗礫石時，汽車行駛的方向將為何？由於汽車的右側減速比左側更快，故被拉至右側。

當光從疏介質 (低折射率) 通過，以某角度照射至密介質時，光將被彎曲，即被折射 (refracted)。折射方向會偏向表面的法線 (圖 12-10)。記住，表面的「法線」是光照射在表面該點，並垂直於表面的線。

Snell 定律

若光行經的兩個介質之折射率皆已知，則給定入射角便可預測折射角。它可利用入射角和折射角之正弦值的幾何計算而得，以代數表示為：

$$n \sin i = n' \sin i'.$$

此稱為 Snell 定律 (Snell's law)。

例題 12-1

假設光線自折射率為 1 的空氣行經至折射率為 1.523 的玻璃。若光線以 30 度照射至玻璃，其折射角為何？

解答

我們已知：

$$n = 1 \text{ (空氣的折射率)}$$
$$n' = 1.523 \text{ (玻璃的折射率)}$$
$$i = 30 \text{度 (入射角)}$$

但不知折射角為何。

$$i' = ? \text{ (折射角)}$$

若

$$n \sin i = n' \sin i',$$

針對此例

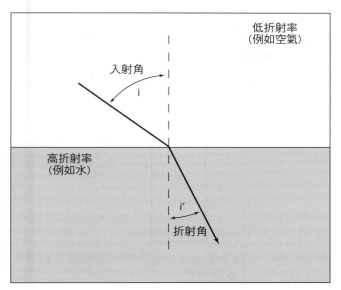

圖 12-10　此圖顯示光從疏介質行進至密介質時產生彎曲，即被折射。欲觀察光從密介質至疏介質如何彎曲，僅需將圖轉 180 度，即可見其反方向的行徑。

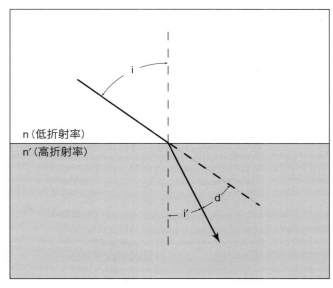

圖 12-11　偏移角為光行進方向與原始路徑的角度變化。

$$(1)\,(\sin 30) = (1.523)\,(\sin i')$$

由於 sin i′ 未知，以上公式可用代數的方式重新排列如下：

$$\frac{(1)\,(\sin 30)}{1.523} = (\sin i')$$

使用能產生三角函數的計算機，可發現：

$$\sin 30 = 0.5$$

因此

$$\sin i' = \frac{(1)\,(0.5)}{1.523}$$
$$= 0.3283$$

再次使用計算機，確認 0.3283 是 19.2 度的正弦值（藉由求得 0.3283 的反轉 sin[sin^{-1}] 而完成），得到的折射角為 19.2 度。

偏移角

折射角是折射光線與折射面垂直線（法線）的夾角，它未直接說明光線偏離原始路徑的程度為何。光偏離原始路徑的量稱為偏移角 (angle of deviation, d)（圖 12-11）。

由圖的幾何形狀可見，光從疏介質到密介質為 i = d + i′，因此偏移角 d = i − i′。

例題 12-2

例題 12-1 提問，光以入射角 30 度進入新介質的折射角為何。結果發現是 19.2 度。若知如此，則偏移角為何？

解答

我們得知偏移角為：

$$d = i - i'.$$

由於入射角 (i) 為 30 度，折射角 (i') 為 19.2 度，故：

$$d = 30 - 19.2$$
$$= 10.8 度。$$

光離開疏介質進入密介質，故偏移角以 d = i − i′ 計算。當情況相反時，光從密介質行經至疏介質，偏移角變成 d = i′ − i。光從密介質行進至疏介質的例子，如同由水進入空氣，顯示於圖 12-12。此圖有助於說明為何在水面下看見的物體，總不在它們出現的地方。試圖在圖 12-12 中獵魚將不會成功，除非漁夫對魚的顯見位置做補償。

稜鏡

光直接通過平行表面時

光離開空氣進入玻璃板時，光在玻璃中行進更

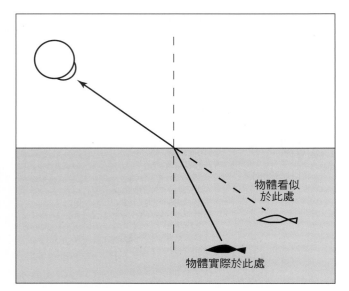

圖 12-12　當光行經某物體並由另一介質（例如水）射出時，以某角度觀察，光線被彎曲了，物體看似稍微遠離其實際位置。

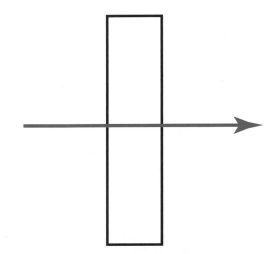

圖 12-13　光線垂直射入玻璃的平行側面板，將穿過而不會產生方向的變化。

慢。若玻璃板的兩面平行，且光垂直進入前表面，則光不會產生任何彎曲，它只會減緩速度。當光線照射於玻璃後表面時，它依然垂直表面不會彎曲。光將不會改變方向從玻璃另一面射出，且確實如同第一次射入時為 90 度角（圖 12-13）（順帶一提，當光離開玻璃返回至空氣中時，它的速度會回復至在空氣中原來預期的速度）。

光以某角度通過平行表面時

　　若光以某角度照射玻璃的平行表面板時，光線將在每個表面依據折射定律彎曲。由於空氣和玻璃在表面上的折射率相等，出射光線與入射光線將呈平行，如同當光線從正前方照射玻璃。唯一區別在於它會略微橫向移位，此位移量取決於入射光線照射在玻璃的角度及玻璃的厚度（圖 12-14）。

兩個表面不平行時

　　如圖 12-15 所示，假設玻璃的兩個表面未互相平行。此圖中光線以 90 度角照射第一表面，它與原始路徑相比並未彎曲。然而，第二表面與第一表面成某角度，使玻璃形成稜鏡形狀。

　　光線繼續穿過玻璃並以某角度照射第二（斜向）表面。在這種情況下，該光入射至表面的角度等於第二表面的傾斜角度。由於光線是從密介質行進至

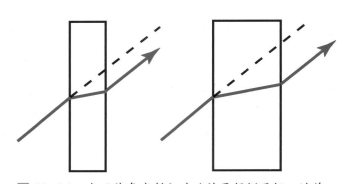

圖 12-14　光以某角度射入玻璃的平行側面板，於前、後表面皆產生彎曲。若玻璃兩側的介質相同，如當玻璃板被空氣包圍時，光線將以平行於原來的方向離開。儘管光線行進的方向完全不變，但會被橫向移位。此位移量取決於玻璃板的厚度。

疏介質，它彎曲遠離表面法線的角度將大於入射的角度，導致光彎曲向下趨近稜鏡的基底，偏移量可利用 Snell 定律加以預測。光必定朝向稜鏡的基底彎曲。

　　稜鏡的尖端稱為頂點（apex），稜鏡較寬的底部稱為基底（base）（圖 12-16）。

　　更多稜鏡如何運作的資訊請見第 15 及 16 章。

彎曲的鏡片如何折射光

多重光線的折射

　　至此，我們已看見單一束光線照射在平面的行為反應。然而，光不會只有單一束光線，而是出現許多束。此外鏡片是彎曲的，並非平面。透過彎曲

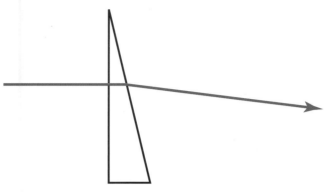

圖 12-15　光於此照射第一表面，直射且無彎曲，直至抵達第二個有角度的表面。此時光彎曲且往不同的方向離開。

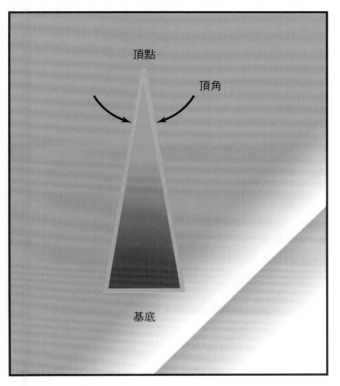

圖 12-16　基本稜鏡術語。

（圖中標示）頂點　頂角　基底

折射的表面，可將多重光線朝向或遠離空間中的特定點。

　　光線發自於光源或物體，以不斷地增加波圈的方式放射，類似將石頭扔進水中，向外產生波紋的方式。這些光線是從源頭發散出去，故稱為發散（diverging）。光圈不斷地增長，它的外邊界稱為波前（wave front）。波前距離物體源越遠，通過一定大小的孔徑（aperture）或稱為「洞」發散出去的光則越少。實際上，它們變得越平行，如圖 12-17 所示。一旦光

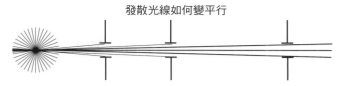

（圖上方文字）發散光線如何變平行

圖 12-17　注視光通過一系列的孔徑，更容易觀察到距離光源越遠，則發散減少。發散越少者，將變得越平行。

線行經物體足夠遠，這些光線將不再呈現發散。當距離物體無限遠時，它們將變成平行。

聚焦的光線

　　假設要將來自無限遠處物體的平行光線聚焦於一個像點。若只是兩束平行光的問題，利用本章稍前所說明的原理可容易解決。由於已知稜鏡偏移光線的角度，若將兩個稜鏡基底置放在一起，以干擾這兩束光線，使光線可交會於特定點，稱為焦點（focal point）（圖 12-18）。光線往某特定點接近則稱為會聚（converging）。在我們的例子中，焦點的位置可任意改變，僅增加或減少兩個稜鏡的度數即可。

　　然而若需將四束平行光線聚焦，則兩個稜鏡的概念不再可行（圖 12-19）。需要更強的稜鏡，足以讓外側兩束光線偏移至同一焦點。切斷原始稜鏡的頂端，並以較強度數的稜鏡取代，延伸此系統將有可能達到效果（圖 12-20）。然而立即顯現的是，平行的光線越多，則需越多的新稜鏡。

　　幸虧，問題可透過創建一個曲面，取代理論上數個層疊的稜鏡加以解決。表面曲線的形式是一個圓的圓弧（圖 12-21）。

　　若曲率半徑越短，照射在表面時將有越多的光線被彎曲，進而使焦點越接近鏡片。

焦點和焦距

　　若某光源在無限遠處，它的影像將聚焦於某特定點，稱為鏡片的第二主焦點（second principal focus, F'）。鏡片至第二主焦點的距離稱為鏡片的第二（或次要）焦距（f'）（圖 12-22）。

　　鏡片的第一主焦點（first principal focus, F）即物體的位點，鏡片會將物體成像在無限遠處。意即將物體置於此，可使光束平行離開鏡片。鏡片至

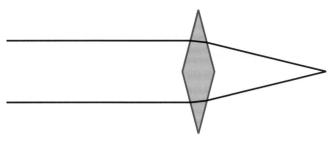

圖 12-18　若只想將兩束平行光線帶到單一焦點，此工作相當簡單，僅需使用兩個稜鏡基底對基底相接即可。

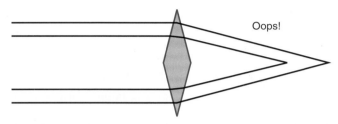

Oops!

圖 12-19　若兩個稜鏡系統的光線不只兩束，便無法預期它能將光帶到單一焦點。

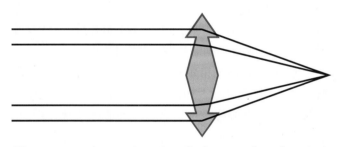

圖 12-20　若只用稜鏡將光帶到焦點，每一束入射的平行光線皆需以不同的稜鏡使之形成單一焦點。

第一主焦點的距離為鏡片的第一（或主要）焦距（圖 12-23）。

　　對於眼鏡鏡片較重要的焦點是第二主焦點。

量化鏡片

符號規則

　　至此出現過的稜鏡或鏡片，第一表面通常是平坦的表面且與光垂直〔在光學上，平坦的表面稱為平表面（plano surface）〕。所有進入稜鏡或鏡片的光皆為平行光。若第一表面是平的且垂直於入射光，則光通過第一表面並不會偏移（無彎曲），直至抵達斜向或彎曲的第二表面之前，它都不會彎曲。因此只有一個因素需考慮：第二表面。

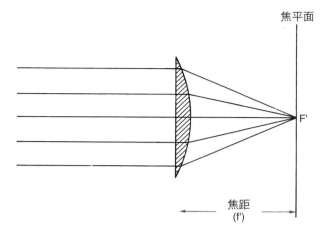

焦平面

F'

焦距
(f')

圖 12-21　平行光進入鏡片後，被帶到的焦點稱為鏡片的第二主焦點。鏡片中心與此主焦點的距離即是第二焦距。此圖中，平行光線源自無限遠的某物體，會聚形成此物體的實像。此鏡片被畫成具有平坦的前表面，可更容易觀察後曲面的角度如何變化。若光線照射鏡片正中心，後曲面實際上是平的，光線可通過且不會彎曲。若朝向鏡片的外側邊緣越遠，則後表面將越為傾斜。後表面越傾斜，入射光線將越彎曲。

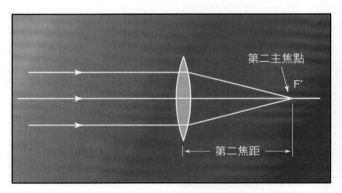

第二主焦點

F'

第二焦距

圖 12-22　當平行光進入鏡片前表面時，光會被帶到某一焦點，該點稱為鏡片的第二主焦點。

　　為了理解鏡片在非平行光時的作用，以及雙面皆為彎曲鏡片的作用，有必須遵守公認的規則。

　　這些符號規則（sign conventions）可避免在描述鏡片光學時的混亂和錯誤，一些規則包含如下：

1. 光學圖示中，光行徑的傳統表示方法是由左至右。
2. 任何鏡片的量測以系統的中心為準。這是假設鏡片於數線的 0 點位置，所有至鏡片右側的距離表示為正，所有至左側的距離為負（圖 12-24）。
3. 若必需在鏡片左側或右側以外的任何位置測量時，將所有高於穿過鏡片中心水平線的位置認定

為正；所有低於穿過鏡片中心水平線的位置認定為負。

4. 將平行光線會聚的鏡片指定為正度數，而使平行光線發散的鏡片則為負度數。

表面曲率

　　將表面曲率的陡度進行量化，選擇曲率半徑 (縮寫為 r) 為測量的單位 (圖 12-25)，故表面可透過其曲率半徑加以量化。量測常用的方法是以公尺為單位的曲率半徑之倒數，稱為曲率 (curvature)。曲率的單位為公尺的倒數 (m^{-1})，縮寫為 R。

$$R = \frac{1}{r}$$

例題 12-3

若鏡片的表面能製成具有 +5 cm 半徑的圓，則它的曲率為何？

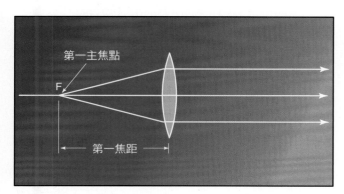

圖 12-23　將物體置於鏡片的第一主焦點，光線離開鏡片時會相互平行。

解答

曲率半徑為正，表示此圓的圓心落在鏡片表面的右側。為了求得曲率，曲率半徑必須先轉換為公尺：

$$+5\ cm = +0.05\ m$$

然後，我們以公尺為單位取半徑的倒數，求得曲率 (R)。

$$R = \frac{1}{+0.05} = +20\ m^{-1}$$

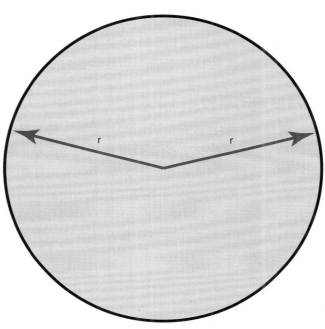

圖 12-25　球形曲面可由球面的曲率半徑加以量化。

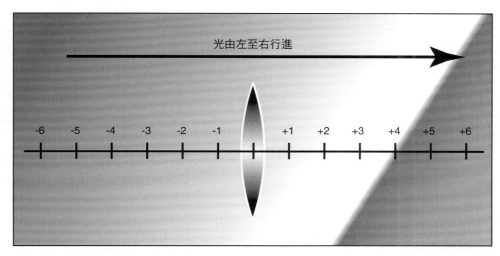

圖 12-24　鏡片光學的符號規則。

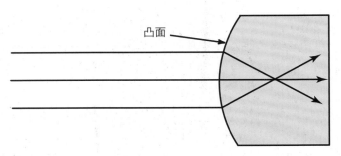

圖 12-26　凸面。

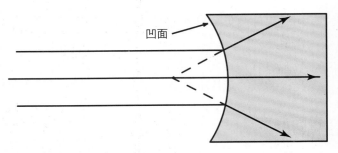

圖 12-27　凹面。

凸面與凹面

　　假設鏡片的前表面具有 20 cm 的曲率半徑。若曲率半徑的中心是在鏡片前表面的右側,則該表面為凸面 (圖 12-26)。

　　若鏡片之前表面曲率半徑的中心在鏡片表面的左側,則前表面為凹面 (圖 12-27)。對於空氣中的鏡片,凸面是正度數 (+),凹面是負度數 (–)。

鏡片度數的單位

　　彎曲光的鏡片或鏡片表面的總度數,稱為聚焦力 (focal power)。聚焦力的單位以鏡度 (D) 表示,攸關於鏡片或鏡片表面的焦距。焦距 (focal length) 的符號為 f 或 f′,表示主要焦距或第二焦距,而鏡片的聚焦力 (單位是鏡度) 符號為 F。由於眼鏡鏡片通常參考第二焦距且在空氣中配戴,焦距和聚焦力之關係由以下公式表示:

$$F = \frac{1}{f'}$$

　　計算鏡片度數時,焦距 (f′) 必須以公尺為單位。

$$F = \frac{1}{f'}$$

例題 12-4

若鏡片的第二焦距為 +20 cm,鏡片的度數為何?

解答

焦距必須先轉換成公尺:

$$+20 \text{ cm} = +0.20 \text{ m}$$

以下公式可獲得鏡片度數:

$$F = \frac{1}{f'}$$
$$= \frac{1}{+0.20}$$
$$= +5.00 \text{ D} \text{ (聚焦力的鏡度)}$$

正鏡片與實像

　　至此所提及的鏡片類型,皆會使平行光線聚焦或聚在一起。這類型的鏡片稱為正或 + 鏡片。

　　物體的光透過鏡片被帶至焦點,將形成該物體的影像。在光線會聚的情況下,該影像可被截獲並成像於屏幕,如同相機將物體成像在相機背面的底片上。此類影像稱為實像 (real image)。

負鏡片與虛像

　　根據符號規則,鏡片的焦點若位於鏡片的左側,將為一個負聚焦力。當平行光線進入負焦距的鏡片時 (因此也是一個負度數),光線在離開鏡片後發散或遠離彼此傳遞,而非收斂朝向彼此。

　　正鏡片的描述類似於基底互接的稜鏡,負鏡片可用兩個稜鏡頂端互接的動作做比較。負鏡片的焦點是由發散的光線向後延伸至一點,它們似乎源自於該點 (圖 12-28)。這稱為鏡片的第二主焦點 (second principal focus)。

　　然而,若離開鏡片的光線呈平行,它們必定是會聚後才進入鏡片。它們會聚的點稱為鏡片的第一主焦點 (first principal focus) (圖 12-29)。

　　光線離開鏡片時發散,如圖 12-28 所示,物像便無法聚焦於屏幕。這是因為影像是由發散的光線向後投影至原點所形成。即使它們並非源自該點,但看似彷彿如此。此類影像稱為虛像 (virtual image)。

例題 12-5

若鏡片的焦點位於其左側 40 cm 處 (距離鏡片 –40 cm),則鏡片的聚焦力為何?

解答

要解決此問題,首先要將焦距的單位轉換成公尺。

$$-40 \text{ cm} = -0.40 \text{ m}$$

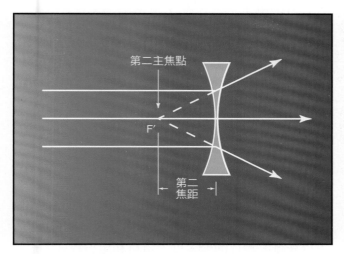

圖 12-28 凹透鏡可使平行入射的光發散，光從該點發散的位置稱為第二主焦點。由這些發散光線向後投影所形成的影像是一個虛像。

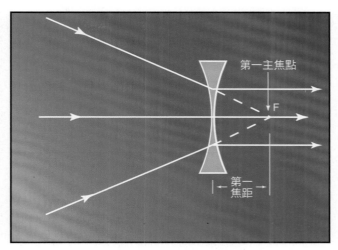

圖 12-29 若光線離開鏡片第二表面後呈平行，則進入的光線必定會聚於鏡片的第一主焦點。

接著，聚焦力可由焦距的倒數獲得。

$$F = \frac{1}{f'}$$
$$= \frac{1}{-0.40}$$
$$= -2.50 \text{ 鏡度}$$

計算出鏡片的度數為 −2.50 D。

表面度數與造鏡者公式

若鏡片薄，它的總度數可由前表面與後表面的度數相加而得。

光通過鏡片表面彎曲的量，取決於表面的曲率半徑以及鏡片材料的折射率。當光線通過鏡片的第一表面時，考量這兩個因素的公式為：

$$F_1 = \frac{n' - n}{r}$$

其中 F_1＝第一表面的表面度數，以鏡度為單位，

n'＝ 鏡片的折射率(即光進入的介質)
n ＝ 空氣的折射率(光離開的介質)，以及
r ＝ 鏡片第一表面的曲率半徑，以公尺為單位。

此公式常稱為造鏡者公式 (*Lensmaker's formula*)。

由此公式可見，僅因兩個鏡片表面有相同的曲率半徑，但並非意指其折射(或彎曲)光的能力相同。介質的折射率也有影響。因此，若兩個介質的折射率不同，兩個表面的度數亦有差異。例如折射率為 1.498 的 CR-39 塑膠鏡片及折射率為 1.66 的較高折射率的塑膠鏡片，兩者前曲率的曲率半徑皆為 +8.66 cm。利用造鏡者公式，可計算出 CR-39 鏡片的表面度數為：

$$F_{1(CR-39)} = \frac{n' - n}{r}$$
$$= \frac{1.498 - 1}{0.0866 \text{ m}}$$
$$= +5.75 \text{ D}$$

然而，折射率為 1.66 的塑膠鏡片其表面度數為：

$$F_{1(HI)} = \frac{n' - n}{r}$$
$$= \frac{1.66 - 1}{0.0866 \text{ m}}$$
$$= +7.62 \text{ D}$$

由此可見，折射率出現微小變化，可能使表面度數產生顯著改變。

以相同方式計算第二表面的表面度數，但 n' 和 n 的數值需互換。此時光離開鏡片，重新進入空氣中，因此鏡片的第二表面 (或後表面) 其表面度數公式變成：

$$F_2 = \frac{n' - n}{r_2}$$

其中 n' 為 1 (空氣中)，n 則是鏡片的折射率。

求出鏡片度數的其中一個方法是將鏡片的前、後表面度數相加。若以此方法獲得的鏡片度數，稱為鏡片的標稱度數 (*nominal power*)。因此

$$標稱度數 = F_1 + F_2$$

　　針對低度數的薄鏡片，該方法可證明是量測鏡片度數時相當準確的方法。然而對於厚鏡片，鏡片的厚度也會影響鏡片的度數。大部分低度數的眼鏡鏡片可視為薄鏡片，厚鏡片將於第 14 章討論。

鏡片對非平行光的作用

聚散度的概念

　　至此僅考量平行光正面進入鏡片的情況，這種光會被帶至鏡片的焦點。若進入鏡片的光並不平行，光離開鏡片後不再到鏡片的第二焦點，而是至其他的點。決定此點的因素有二：

1. 光進入鏡片的聚散度量值，以及
2. 鏡片的度數。

求得會聚和發散光的數值

　　聚散度的量化單位以鏡度表示，方式如同鏡片的聚焦力。光會聚時乃聚集於空間中的特定點。當光發散時，看似源自空間中的某特定點。像點或物點至鏡片有一定的距離，此距離以符號 l 或 l' 表示，聚散度本身的鏡度值則以 L 或 L' 表示。兩者之關係為：

$$\frac{n}{l} = L$$

以及

$$\frac{n'}{l'} = L'$$

　　我們如何區別代表物點或像點的參考符號？當指的是物體時，使用符號 l 和 L；當指的是影像時，使用符號 l' 和 L'（圖 12-30）。在空氣中，關係簡化為：

$$\frac{1}{l} = L$$

以及

$$\frac{1}{l'} = L'$$

　　光進入的聚散度與光離開的聚散度之間存在關係，如下：光進入鏡片的聚散度加上鏡片的鏡度值，等於光離開鏡片的聚散度，這可利用方程式的形式作為表示：

$$L + F = L'$$

　　此方程式通常轉換形式表示為 $F = L' - L$，稱為基本近軸方程式 (fundamental paraxial equation)。針對單屈光表面，可表示成更簡單的形式：

$$F = \frac{n'}{l'} - \frac{n}{l}$$

在此，n' 是光進入第二介質的折射率，n 是第一或主介質的折射率。眼鏡鏡片將在空氣中配戴，故簡化為：

$$F = \frac{1}{l'} - \frac{1}{l}$$

　　何種情況下只討論鏡片表面，而非整付鏡片？在單一表面分隔兩個介質的實例中，物距和像距之關係基本上以相同方式確認。若

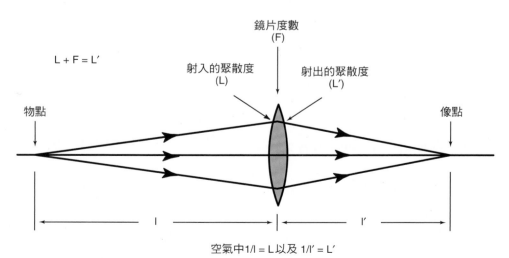

圖 12-30　發散或會聚的光可由聚散度加以量化。物點和像點相對應（如圖所示），稱為共軛焦點 (conjugate foci)。

代替表面度數 F，聚散度的方程式則變成：

$$\frac{n'-n}{r}=\frac{n'}{l'}-\frac{n}{l}$$

　　基本近軸方程式是近軸 (paraxial) 的方程式，乃因它仍適用於折射面的近軸或中心區域的光線（遠離鏡片中心大段距離的光線受鏡片像差的影響，它們不再完全落在焦點上）。

例題 12-6A

若光進入鏡片時是平行的，運用聚散度的概念，求出光離開 +10.00 D 鏡片的聚散度。

解答

平行光並非發散或聚焦，它的聚散度值為 0，因此當平行光進入 +10.00 D 鏡片時，我們可計算光離開鏡片的聚散度，如下：

　　光進入鏡片時的聚散度為 0，因此

$$L = 0.00\,D$$

鏡片的度數為 +10.00 D，故：

$$F = +10.00\,D$$

若

$$L + F = L'$$

則

$$0.00\,D + 10.00\,D = L'$$

求出

$$L' = +10.00\,D$$

　　因此，光離開鏡片時的聚散度等於 +10.00 D，此數值如預期可對應至鏡片的聚焦力。由於光離開鏡片時的聚散度為正度數，我們得知其必定會聚光。根據符號規則，「+」代表焦點在鏡片的右側。

例題 12-6B

若光平行進入 +10.00 D 的鏡片，則鏡片至焦點的距離為何？

解答

應用聚散度的概念，鏡片至焦點的距離可由以下確認：

$$L' = \frac{l}{l'}$$

我們知道

$$+10.00\,D = \frac{l}{l'}$$

轉換成

$$l' = \frac{1}{+10.00} = +0.10\,m = +10\,cm$$

　　因此，聚焦點於鏡片右側 10 cm 處。由於進入的光呈平行，故可對應至鏡片的焦點。

例題 12-7

光源自 +6.50 D 鏡片的前方 40 cm 處某點，應用聚散度的概念確認物像形成的位置。

解答

利用含有聚散度的基本近軸方程式可解決此問題。

$$L + F = L'$$

我們得知，在空氣中

$$L = \frac{1}{l}$$

（此時依據答案的進展運用圖 12-31）

　　根據例題中的問題，鏡片至物體的距離是 40 cm，故 l 為 –40 cm。它在鏡片的左側，因此為負值，且根據符號規則使之為負。方程式中的單位亦需為公尺，故 l 等於 –0.40 m。

$$L = \frac{1}{l}$$
$$= \frac{1}{-0.40\,m}$$
$$= -2.50\,D$$

　　此時我們可應用基本近軸方程式，求得光離開鏡片時的聚散度。

$$L' = L + F$$
$$= -2.50 + 6.50$$
$$= +4.00\,D$$

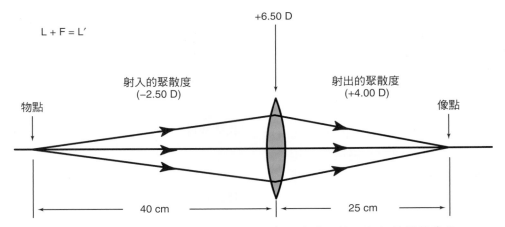

$$L + F = L'$$

+6.50 D

射入的聚散度
(−2.50 D)

射出的聚散度
(+4.00 D)

物點

像點

40 cm

25 cm

圖 12-31　此圖說明如何運用聚散度，找出與鏡片的距離已知之物體的像點。

若光離開鏡片時的聚散度為 +4.00 D，此時我們可得出鏡片至像點的距離，該距離以符號 l' 表示，因此

$$L' = \frac{1}{l'}$$

或轉換形式為

$$
\begin{aligned}
l' &= \frac{1}{L'} \\
&= \frac{1}{4.00} \\
&= 0.25 \text{ m}
\end{aligned}
$$

將 0.25 m 轉換成公分，得知鏡片至像點的距離為 25 cm。

例題 12-8

光由 +10.00 D 鏡片左側 50 cm 處的物體發出，應用聚散度的概念，確認光線聚焦成物像於何處？

解答

首先需確認光進入鏡片時的聚散度，乃因我們知道光源點在鏡片左側 50 cm 處。

$$l = -50 \text{ cm} = -0.50 \text{ m}$$

參考點在鏡片的左側，故此值為負，導致光由該點發散。此時，我們可求得聚散度的鏡度值。

$$L = \frac{1}{-0.50 \text{ m}} = -2.00 \text{ D}$$

因此其聚散度為 −2.00 D。為了解決這個問題，我們已知 $F = +10.00$ D，利用方程式：

$$L + F = L'$$

求得

$$-2.00 \text{ D} + 10.00 \text{ D} = L'$$

故

$$L' = +8.00 \text{ D}$$

因此，離開鏡片的聚散度其值為 +8.00 D。

此時我們求出鏡片至焦點的距離，可由聚散度值的倒數獲得。

$$
\begin{aligned}
l' &= \frac{1}{+8.00 \text{ D}} \\
&= +0.125 \text{ m} \\
&= +12.5 \text{ cm}
\end{aligned}
$$

由此可知，若光由 +10.00 D 鏡片左側 50 cm 處的物體離開，並不會聚焦於鏡片正常的焦點。當光源自鏡片周圍的物體，而非無限遠時，將聚焦於鏡片正常焦點的更右側，即平行光進入鏡片聚焦點的更右側。

例題 12-9

我們已知負鏡片會使進入的平行光發散，將焦點置於鏡片的左側，使鏡片值為負且物像為虛像。此時的問題是：

我們的情況如同先前例題所述，但將 +10.00 D 鏡片取代為 −10.00 D 鏡片。此時對於鏡片左側 50 cm 的物體而言，它的像點將位於何處？

解答

由於物體仍位於左側 50 cm 處，L 依然等於 −2.00 D。

基本方程式不變

$$L + F = L'$$

若為 −10.00 D 鏡片，正確的替代值為

$$-2.00\,D + (-10.00\,D) = L'$$

因此

$$L' = -12.00\,D$$

　　光離開鏡片時的聚散度之鏡度值為 −12.00 D，由此可找出像點。

　　已知

$$L' = \frac{1}{l'}$$

L' 以 −12.00 D 取代，可獲得

$$-12.00 = \frac{1}{l'}$$

結果為

$$l' = -0.083\,m$$
$$= -8.3\,cm$$

　　這告訴我們光離開負度數鏡片而發散，如同來自於鏡片左側 8.3 cm 處的光源。

球面、柱面和球柱面

球面

　　至此所考量的鏡片都有單一焦點，可將光帶至該處。這是事實，即使在負鏡片的情況，該點必須由發散光線向後延伸才可尋得。當鏡片具有單一焦點時，稱為球面鏡片 (spherical lens)。

　　球面鏡片的表面曲率複製球面或球的表面曲率。可將正球面比擬為自玻璃球側邊剝離的薄片，而負球面如同形成曲率半徑相等的球之精確模具（圖 12-32）。

球面矯正近視與遠視

　　球面鏡片是眼鏡鏡片所用的最基本形式，可用於矯正近視與遠視。

　　正球面鏡片用於矯正遠視 (hyperopia; farsightedness)，此情形發生在光聚焦於眼睛視網膜後方。正鏡片使入射光增加了更多的會聚，並將焦點拉回至視網膜上。

　　負球面鏡片可矯正近視 (myopia; nearsightedness)，

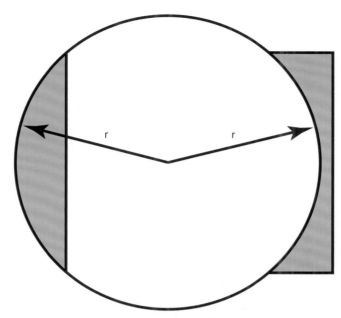

圖 12-32　正球面類似將球從一側切開的形狀，而負球面則如同透過鑄成球的模具所形成的形狀。

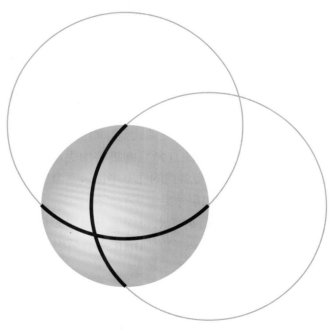

圖 12-33　球面在每一軸線上具有相同的曲率半徑。

近視發生在光聚焦於視網膜前方時。負鏡片使光在進入眼睛前發散（少些會聚），讓焦點往後落回至視網膜上。

散光的問題

　　若眼睛的折射面並非球面，則眼睛無法將光聚在視網膜的單一焦點上。例如，眼睛的前表面（角膜）應有球面的前表面，類似一顆球如籃球（圖 12-33），

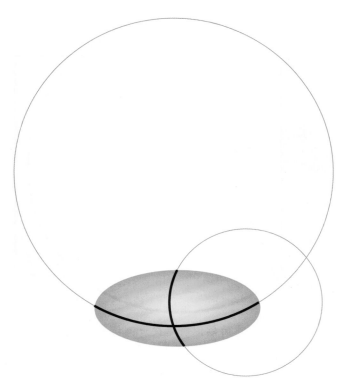

圖 12-34　複曲面在兩個主要軸線上具有不同的曲率半徑。

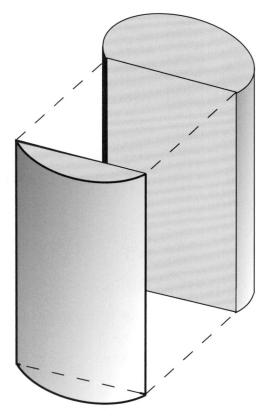

圖 12-35　鏡片的形狀如同從透明的玻璃圓柱的側面切開，稱為柱面鏡片 (cylinder lens)。

但取代它的卻是更像美式足球的表面。此時有兩個不同的弧需考量：一個是從美式足球的頂端至頂端，另一個則與第一個弧成直角且圍繞著中央部分 (圖 12-34)。這兩個弧皆有各自的曲率半徑。當發生這種情形時，不再可能出現單點聚焦的情況。

　　若眼睛在單一折射面上有兩個不同的弧時，此情形稱為散光 (astigmatism)。僅矯正兩個折射軸線其中一個的情況也可能發生。

柱面鏡片

　　僅在一條軸線上有度數的鏡片，可視之為如同將透明的玻璃圓柱體從側面切開 (圖 12-35)。常見的一些圓柱形狀例子，如支撐住宅門廊上的支柱，桿子也是圓柱形。此鏡片光學上的行為如同它是從一個玻璃圓柱的側面切開，取它被切開的結構之名稱，因此稱為柱面鏡片 (cylinder)。

　　柱面鏡片可從上、下旋轉至橫向 (或於兩者中的任何方位)，因此務必選擇一種方法以確定其方向，該方法即確認軸 (axis) 的方向。柱軸被視為穿過圓柱孔珠中心的串線 (圖 12-36)。當此「串線」傾斜

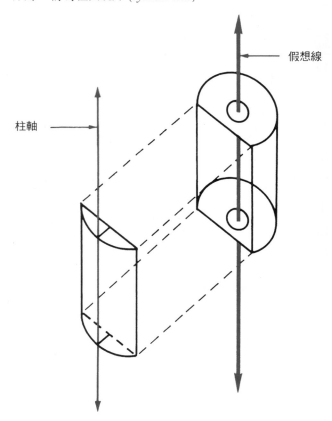

圖 12-36　柱軸可作為確定方位時的參考。柱軸平行於穿過圓柱孔珠中心的假想線。

假想線

柱軸

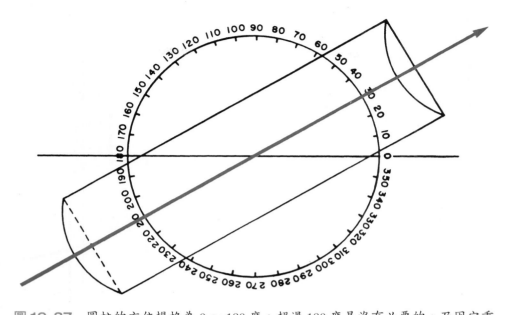

圖 12-37　圓柱的方位規格為 0 ～ 180 度。超過 180 度是沒有必要的，乃因它重複了 0 ～ 180 度 (0 度和 180 度實際上是同軸。根據規則，以 180 度取代 0 度)。此圖所示柱軸的方位為 30 度。

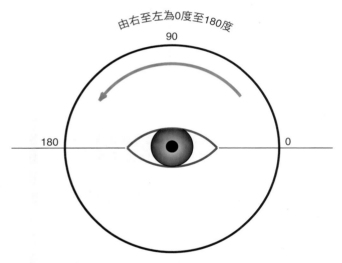

圖 12-38　觀察某人配戴的眼鏡鏡片，柱軸的度數刻度為逆時針方向，即由右至左。這同時適用於左眼和右眼。

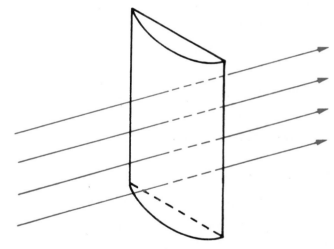

圖 12-39　光照射柱面，沿著柱軸方向的光不會被彎曲。對於平柱鏡，如圖所示沿軸的方向，兩個表面都是平的。

時，傾斜角以度數表示，水平表示 0 度。以「串線」或柱軸與水平線夾角說明方位 (圖 12-37)。當柱軸呈水平時，常規上寫成 180 度而非 0 度。0 度和 180 度皆位於相同的水平線上，柱軸亦是如此。只有 0 度和 180 度之間必須有完整的說明，以圖 12-37 為例，210 度如同 30 度。

　　若某人配戴一副柱面鏡片的眼鏡，度量必定是逆時針或由右至左，如圖 12-38 所示，類似於配戴者

的眼睛在度量器正後方、看穿它。這同時適用於右側和左側的鏡片。

柱面鏡片的光學

　　如前所述，柱面可用於補償無法將光帶至點焦距的眼睛。若角膜的形狀在 90 度軸線方向比在 180 度軸線方向更彎曲時，這種情形便可能會發生。柱面鏡片適合用於矯正此差異，乃因照射鏡片沿著鏡片軸的光將通過該鏡片而不會偏離 (圖 12-39)。

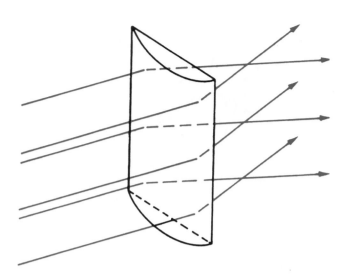

圖 12-40　光照射柱面，其他非軸方向的光將聚焦於一條線，該線平行於柱軸且與鏡片的距離固定。

平行柱軸的鏡片軸線稱為柱面軸線 (*axis meridian*)。沿著柱軸時，圓柱的前表面與後表面皆為平面，因此若沿著柱軸，柱面鏡片無光折射能力。

光照射至柱面鏡片上任何其他點都會彎曲，彎曲的程度依照柱面彎曲軸線的度數而定 (圖 12-40)。

柱面鏡片在與柱軸成直角的軸線上有一個平面和一個曲面，這表示鏡片在此軸線上有度數，該軸線稱為圓柱的度數軸線 (*power meridian*)。柱軸必定與圓柱的度數軸線成直角 (圖 12-41)。

標寫柱面鏡片度數

如同球面鏡片，柱面鏡片的度數也以鏡度為單位。記住，柱面鏡片的滿度數僅在與柱軸相反的軸線上，因此在量化柱面鏡片時，必須指定鏡度度數及鏡片軸的方位。例如，某圓柱在水平軸線上有 +3.00 D 的度數，在垂直軸線上為 0 度，因此規格為 +3.00 D 柱面度數且軸在 90 度，這可標示成 +3.00 × 90，*x* 是「軸」的縮寫。任何含有軸方位的鏡片必定為柱面鏡片，無需寫為「cylinder」或「cyl」。

球柱面鏡片組合

補償散光眼睛的柱面鏡片無法將光帶到單一焦點，適當的柱面鏡片將可完全補償散光。可惜大多時候，散光並非是唯一的缺陷。一旦光進入散光眼睛，被矯正至某個焦點，可能發現焦點並不位於本應在的視網膜上。眼睛仍顯現為近視或遠視，另外

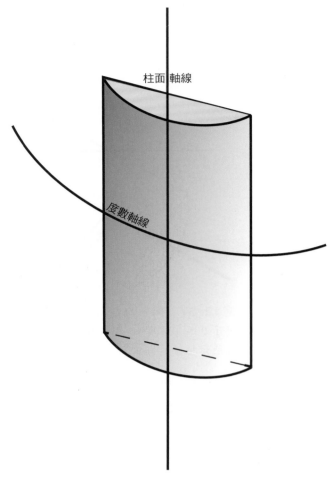

柱面軸線

度數軸線

圖 12-41　平凸柱面鏡片有平坦的後表面，設想將鉛筆置於鏡片柱軸的前表面，它能平放在鏡片上。鏡片的後表面亦平坦，因此可容易看出柱面軸線上並無度數。然而在度數軸線上，鉛筆無法平置於前表面。鉛筆將動搖，乃因鏡片表面是彎曲的。鏡片彎曲進而產生度數。

需以正或負球面鏡片進行矯正。發生這種情況時，必須使用球面和柱面鏡片以矯正人類的屈光誤差。若同時需要球面和柱面鏡片，此結果稱為球柱面鏡片組合 (*spherocylinder combination*)(圖 12-42, *A*)。

若為球柱面鏡片組合的情況，兩個鏡片相加的效果可用單一鏡片的形式進行複製 (圖 12-42, *B*)。例如，若柱面鏡片和球面鏡片皆為正，這類鏡片可磨成一個形狀，如同它是從一個桶狀物體的側面切割出來。由此可見，若以足球為例，在相同鏡片表面上有兩個獨立的弧。

外加一球面於柱面，光線以平行路徑穿過柱面軸線，則無法再保持不彎曲，如圖 12-39 所示。然而此時因加入的球面鏡片之度數，而導致聚焦或者發

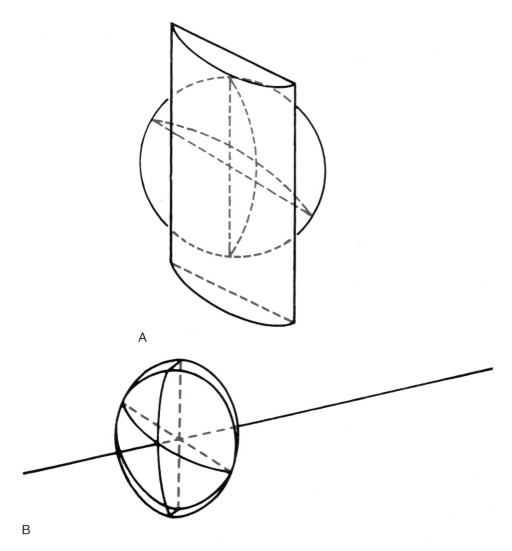

A

B

圖 12-42　可將球柱面鏡片組合視為是將球面鏡片與柱面鏡片置放在一起 **(A)**。此相加後的度數組合，可利用一個表面上的兩個弧建構出單一鏡片 **(B)**。

散 (圖 12-43, *A*)。光線射入鏡片，如圖 12-40 所示，將聚焦於某一條線上。若外加的球面是正度數，則會比之前更接近鏡片，如圖 12-43, *B*。結合後的效果示意如圖 12-43, *C*。

標寫球柱面鏡片度數

標寫球柱面鏡片組合的特性度數與方位以便理解，需包含球面度數、柱面度數和柱軸。這類組合標寫的順序正是：球面度數、柱面度數和柱軸方位角度。

若使用度數為 +5.00 D 的球面鏡片，以及度數為 +3.00 D 且柱軸方位是 90 度的柱面鏡片，兩面鏡片的組合標寫成：

$$+5.00\,\text{D sph.} \subset +3.00\,\text{D cyl} \times 90$$

(此符號「⊃」表示為「組合」)
以上的組合可進一步簡化成

$$+5.00 + 3.00 \times 90$$

負柱面鏡片

先前描述以及例題中所用的柱面鏡片皆為正度數，但柱面鏡片的度數也可能為負。對於負球面鏡片，負柱面鏡片具有相對應的彎曲 (或凹的) 折射面。如此表面可托住相同半徑的圓柱桿 (圖 12-44)，它像是由圓柱桿模造而成。

如同正柱面鏡片，負柱軸平行於鏡片厚度相

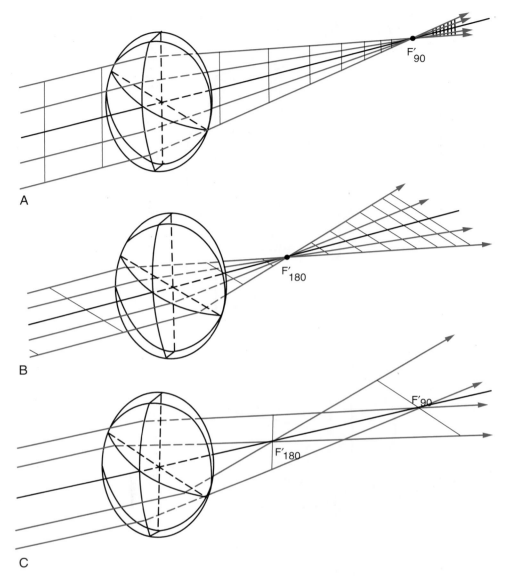

圖 12-43　此球柱面鏡片組合如同圖 12-42 所示的鏡片。**A.** 先前在 90 度的柱面軸線上未彎曲的光線，此時被帶到焦點上，乃因外加了正球面成分。**B.** 在柱面鏡片 180 度的度數軸線上之光線，先前被柱面鏡片帶到焦線，此時被折射更多，乃因外加了正球面度數。**C.** 球面及柱面成分兩者淨效應的結果是產生兩條焦線。

等的區域。在正柱面鏡片上，柱軸是沿著鏡片最大厚度的線；對於負柱面鏡片，柱軸是沿著鏡片最小厚度的線。以此繼續類比，可將負柱軸視為穿過圓柱桿或孔珠中心的假想線，藉以使負柱面鏡片可以安置。在鏡片軸線上找出的軸稱為 柱 面 軸 線 (*axis meridian*)。

負柱面鏡片的柱面軸線並無度數；最大度數出現在距離它 90 度的方向上。負柱面鏡片之最大度數的軸線稱為度數軸線 (*power meridian*)（圖 12-45）。

鏡片的形式

鏡片可製成各種形式，不同形式有相同的度數。某鏡片形式可能呈陡峭彎曲，而另一個相同度數的形式則可能相當平坦。亦可能在正面或背面利用柱面元件組合，製造指定度數的鏡片。

球面鏡片可能的形式

鏡片的 標 稱 度 數 (*nominal power*) 是其正面和背面之表面度數的總和。若以方程式表示，即為 $F_1 +$

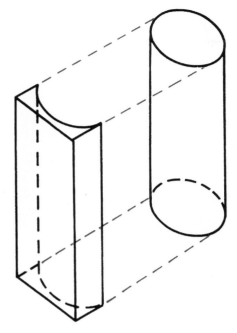

圖 12-44 可將負柱面鏡片視為圓柱桿模造而成。

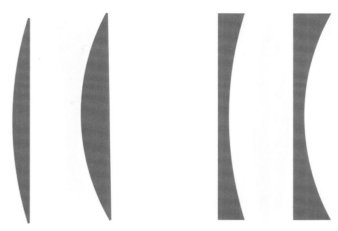

圖 12-46 兩個平凸鏡片圖示於左側,兩個平凹鏡片示於右側。

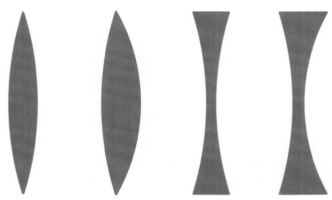

圖 12-47 兩個雙凸鏡片圖示於左側,兩個雙凹鏡片示於右側。

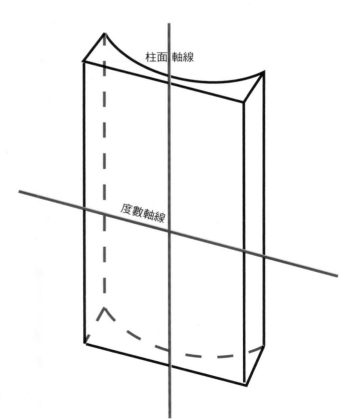

柱面軸線

度數軸線

圖 12-45 負柱面鏡片的度數軸線與柱面軸線。

$F_2 = F_{TOTAL}$。至此所示大部分的鏡片為一面是無度數的平面,另一面則是彎曲的表面。彎曲的表面使之成為正度數或負度數的鏡片。平坦的表面稱為平光鏡片 (plano) 或是無度數鏡片。

若鏡片一表面是平光,另一面是向外彎曲的正表面 (即凸面),該鏡片稱為平凸鏡片 (planoconvex)。若鏡片一表面是平光,另一面是向內彎曲的負度數表面 (即凹面),該鏡片稱為平凹鏡片 (planoconcave) (圖 12-46)。若兩表面皆為凸的或皆為凹的,此為雙凸 (biconvex) 或雙凹 (biconcave) 鏡片 (圖 12-47),這種形式未必要求兩表面的度數必須相同。若為此情形,該鏡片可進一步歸類為等雙凸 (equiconvex) 或等雙凹 (equiconcave) 鏡片 (圖 12-48)。例如,+4.00 D 的雙凸鏡片,其表面度數可能如下所示:

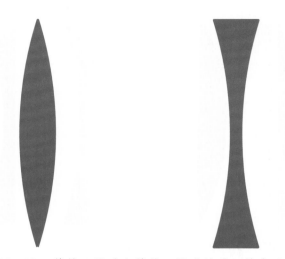

圖 **12-48**　等雙凸鏡片和等雙凹鏡片的前、後表面必須具有相同的曲率。

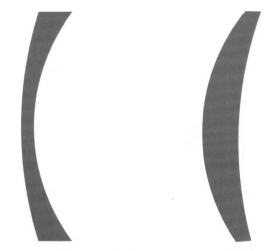

圖 **12-49**　彎月形鏡片有一個凸（正）的前表面和凹（負）的後表面。

$$F_1 + F_2 = F_T$$
$$(+2.00\,D) + (+2.00\,D) = +4.00\,D$$
$$(+3.00\,D) + (+1.00\,D) = +4.00\,D$$
$$(+0.50\,D) + (+3.50\,D) = +4.00\,D$$

　　也有可能鏡片的一面是凸（正）的，另一面是凹（負）的，此為最常見的眼鏡鏡片，稱為彎月形 (*meniscus*)* 鏡片（圖 12-49）。相同 +4.00 D 的鏡片度數可能有以下任一形式，它們僅代表眾多可能性的一部分。

$$F_1 + F_2 = F_T$$
$$(+7.00\,D) + (-3.00\,D) = +4.00\,D$$
$$(+8.00\,D) + (-4.00\,D) = +4.00\,D$$
$$(+10.00\,D) + (-6.00\,D) = +4.00\,D$$

柱面鏡片可能的形式

　　即使是純柱面鏡片，也可能採取數種形式。這些形式僅限制在一條軸線的淨度數必須為 0，而另一條軸線的淨度數等於柱面鏡片的值。保持柱面鏡片的兩條軸線獨立，有助於利用光學十字的概念。光學十字 (*power cross*) 是一種標示法，可展示鏡片或鏡片表面的兩條主要軸線。針對純柱面鏡片，這兩條主要軸線互相成直角，為柱面軸線及度數軸線。+4.00 D × 90 的柱面鏡片以光學十字標式於圖 12-50。

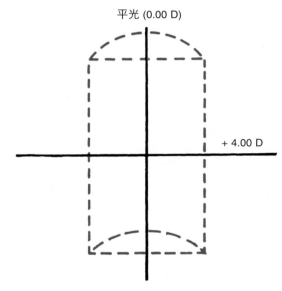

平光 (0.00 D)

+ 4.00 D

圖 **12-50**　此為 +4.00 × 090 柱面鏡片的光學十字，虛線柱面僅供參考，不會出現在實際的光學十字上。

　　在「原始的」或是最易見到的形式中，此鏡片有兩個前曲面。一個是 0 度數平表面「弧」，位於 90 度的軸線上；另一個是 +4.00 D 度數的弧，位於 180 度的軸線上。後表面為平的，即平光鏡片，位於兩條軸線上。針對此鏡片形式，由於後表面度數為 0，故前表面決定了鏡片的總度數。

　　然而，假設該鏡片後表面的兩條軸線之度數皆為 −2.00 D，仍可做出相同總度數的柱面鏡片。

　　例如，假設前表面度數如下：

$$F_1 \text{在} 90 \text{度} = +2.00\,D$$
$$F_1 \text{在} 180 \text{度} = +6.00\,D$$

---

* 彎月形鏡片原本是指其表面曲率為 6.00 D，若非在前表面 (+6.00 D)，即是在後表面 (–6.00 D)。現在則是指鏡片有凸的前表面與凹的後表面。

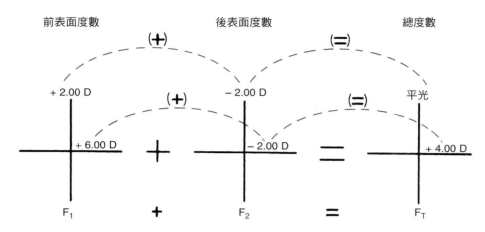

前表面度數　　　　　後表面度數　　　　　總度數

（＋）　　　　　　　（＝）

+ 2.00 D　　　　　　－ 2.00 D　　　　　平光

（＋）　　　　　　　（＝）

+ 6.00 D　　　　　　－ 2.00 D　　　　　+ 4.00 D

F_1　　　＋　　　F_2　　　＝　　　F_T

圖 12-51　　此鏡片的前表面是複曲面，有兩個不同的鏡片度數。後表面呈球狀，故 90 度和 180 度的後表面軸線上有相同的度數。將相對應的表面軸線上之度數相加，可得出鏡片的總度數 － 90 度與 90 度相加，180 度與 180 度相加。

對於 F_2 = –2.00 D 的後表面度數，總鏡片度數仍為 +4.00 × 90。圖 12-51 顯示一系列三個光學十字－其中一個是針對前表面、一個是針對後表面，而第三個光學十字則是針對總鏡片度數。兩個 90 度的表面軸線相加，取得 90 度軸線上的總鏡片度數，以及將兩個 180 度的表面軸線相加，取得 180 度軸線上的總鏡片度數。

當鏡片在表面上有兩個獨立的弧時，若不是 0 度，而是均有度數，則該表面稱為複曲 (toric) 面。

例題 12-10

假設某鏡片具有前複曲面，F_1 在 90 度上是 +4.00 D，F_1 在 180 度上則是 +6.00 D。若後表面的表面度數為 –4.00 D，鏡片的總度數為何？

解答

解決此問題最簡單的方法是先畫三個空的光學十字，分別代表 F_1、F_2 和 F_T（圖 12-52, A）。下一步將已知的度數寫在適當的 F_1 和 F_2 軸線上（圖 12-52, B）。將表面度數相加，取得鏡片的總度數（圖 12-52, C）。最後，這些度數從光學十字中取出，寫成簡化的形式。在此，得到 +2.00 × 90 的柱面鏡片。

正、負柱面形式鏡片

當鏡片的柱面度數是由兩個前表面軸線的度數差獲得時（即前複曲面鏡片），該鏡片稱為正柱面形式鏡片 (plus cylinder form lens)。另一方面，若鏡片具有柱面成分，但柱面度數是兩個後表面軸線度數差所得的結果（即後複曲面鏡片），該鏡片稱為負柱面形式鏡片 (minus cylinder form lens)。意即正柱面形式鏡片在前表面有兩個弧，在後表面有一個球面弧；而負柱面形式鏡片在前表面有一個球面弧，在後表面有兩個弧組成的柱面成分。

例題 12-11

若某鏡片的尺寸為 F_1 = +6.00 D、F_2 在 90 度 = –8.00 D、F_2 在 180 度 = –6.00 D，此鏡片為何種形式以及總度數為何？

F_1 在 90 度 = +6.00 D	F_1 在 180 度 = +6.00 D
F_2 在 90 度 = –8.00 D	F_2 在 180 度 = –6.00 D
F_T 在 90 度 = –2.00 D	F_T 在 180 度 = 0.00 D（平光面鏡）

解答

由於柱面成分是在後表面 F_2，此鏡片根據定義為負柱面形式。將相對應的前後表面光學十字度數相加，求出總鏡片度數（圖 12-53）。

柱面的度數是在 90 度上，表示它的柱軸是在 180 度。此鏡片的縮寫形式為 –2.00 × 180。

球柱面鏡片可能的形式
負柱面形式

如前所見，不論是球面鏡片或柱面鏡片皆可能以數種不同的形式組成，且都有相同的總度數 (F_T)。

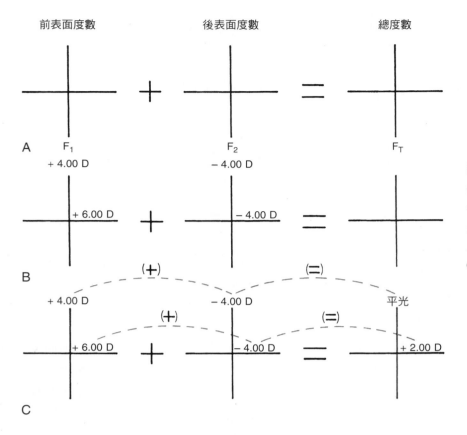

圖 12-52　解決不同形式鏡片的度數問題之步驟包括：A. 畫出適當一系列的光學十字；B. 在光學十字上寫出所有已知的鏡片度數；C. 解出剩餘未知的成分。

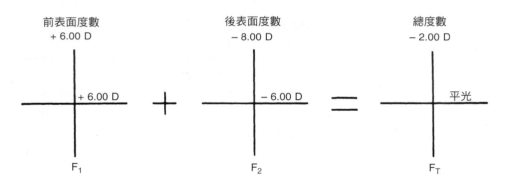

圖 12-53　此鏡片於光學十字系列中表示為負柱面形式，乃因複曲面是在鏡片的後表面。

同樣的方式，球柱面鏡片也可能以數種不同的形式組成，且都有相同的總球柱面度數。

例題 12-12

某鏡片的形式如下：

球面前表面的度數(F_1)為+3.00

柱面後表面

F_2在90度為0

F_2在180度為−2.00 D

此鏡片組成為正或負的柱面形式？它的度數為何？

解答

欲分辨鏡片的組成是正或負的柱面形式，僅需看哪一個表面具有兩個度數。若柱面度數源自於前表面，則鏡片為正柱面形式；若柱面度數源自於鏡片的後表面，該鏡片為負柱面形式。此鏡片在後表面具有柱面，故為負柱面形式鏡片。

為了求得鏡片的度數，畫出三個光學十字—前表面、後表面和鏡片的總度數。如圖 12-54 所示，於前、後表面光學十字上填上前、後表面度數。

觀察輸入在第一和第二光學十字上的度數，便可知此球柱面鏡片具有 +3.00 D 的球面度數及 −2.00

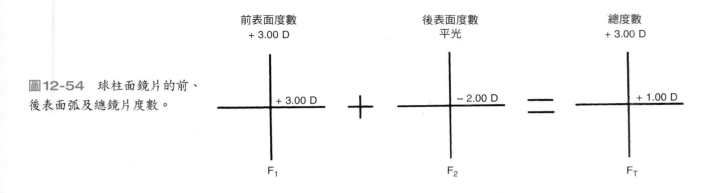

圖12-54　球柱面鏡片的前、後表面弧及總鏡片度數。

×90 的柱面度數。顯然，由於此鏡片形式的組成，如同前表面度數為 +3.00 D 且後表面平坦的平凸球面鏡片，緊靠於平負柱面鏡片之平坦的前表面上，故此球柱面鏡片的組成可寫成 +3.00 sph −2.00 cyl × 90，或更常使用縮寫形式如 +3.00 −2.00 × 90。

然而，很少問題可提供如此明白的解釋，故相同的問題將以更常用的方式進行處理。

一旦前和後表面度數輸入至光學十字上，將前、後表面 90 度軸線相加。

$$(+3.00) + 0.00 = +3.00$$

在總鏡片度數上的 90 度軸線輸入 +3.00 D 的度數。對於 180 度軸線，以相同方式處裡。

$$(+3.00) + (−2.00) = +1.00$$

在總鏡片度數上的 180 度軸線輸入 +1.00 D 的度數。

純柱面鏡片並無球面成分，乃因一軸線為 0，另一軸線顯示正確的柱面度數。此柱面度數為兩軸線的差值。在球柱面鏡片之兩條軸線皆有度數的情況下，柱面度數仍是兩軸線的數值差。例題中，+1.00 和 +3.00 的差值為 2.00，這表示柱面度數是 2.00 D，有可能是 +2.00 D 或 −2.00 D 的柱面，取決於處方的書寫方式。

度數可根據如下光學十字所提供的訊息進行解釋：若處方寫的柱面是負柱面鏡片（負柱面形式），較大的正值（或最小的負值）是球面度數。此例中 +3.00 是球面度數，乃因它是最大的正值。

由於柱面的鏡度值為 2.00 D，小於 +3.00 D 球面鏡片，差值是柱面度數 (−2.00)。針對此鏡片組合，縮寫表示的負柱面形式變成 +3.00 −2.00 × 90，它有助於記住柱軸必定落在代表鏡片的球面度數之軸線上。

例題 12-13

假設鏡片的前表面度數是 +8.00 D，後表面度數在 90 度軸線上的度數為 −7.00 D，於 180 度軸線上的度數為 −6.00 D。當表示成負柱面形式時，鏡片的總度數為何？

解答

再次，針對前表面、後表面及總鏡片度數畫三個光學十字。在前表面光學十字的兩條軸線上輸入 +8.00 D。球形表面每條軸線上的度數必定相同。

在第二表面光學十字上輸入後表面的度數值，如圖 12-55 所示。

此時將 90 度的度數相加，並加總 180 度的度數以獲得總度數，再次如圖 12-55 所示。

以負柱面形式寫下所得到的鏡片公式，最大的正軸線變成球面成分 (+2.00)，兩軸線的差值為 1.00。寫成負柱面形式，處方變成 +2.00 −1.00 × 180。

正柱面形式

負柱面形式的鏡片由鏡片的後表面獲得柱面度數，正柱面形式的鏡片在前表面具有柱面的度數差值，因此正柱面形式鏡片的組成可能前表面是複曲面，而後表面是球面。相同度數的鏡片由正柱面形式或負柱面形式組成。

例題 12-14

發現某鏡片其前複曲面 F_1 在 90 度上的度數等於 +7.00 D，F_1 在 180 度上的度數等於 +8.00 D，後表面的度數為 −6.00 D。寫出其正柱面形式的結果。

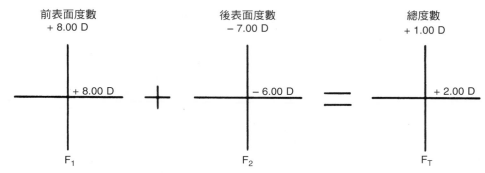

前表面度數　　　　　　後表面度數　　　　　　總度數
+ 8.00 D　　　　　　　　− 7.00 D　　　　　　　+ 1.00 D

+ 8.00 D　　＋　　− 6.00 D　　＝　　+ 2.00 D

F₁　　　　　　　　　　F₂　　　　　　　　　　Fₜ

圖 12-55　此球柱面鏡片是負柱面形式的鏡片。

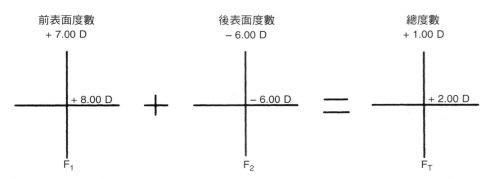

前表面度數　　　　　　後表面度數　　　　　　總度數
+ 7.00 D　　　　　　　　− 6.00 D　　　　　　　+ 1.00 D

+ 8.00 D　　＋　　− 6.00 D　　＝　　+ 2.00 D

F₁　　　　　　　　　　F₂　　　　　　　　　　Fₜ

圖 12-56　此處顯示的球柱面鏡片是正柱面形式。注意，此圖與圖 12-55 有相同的 Fₜ 值，儘管柱面形式不同。

解答

如圖 12-56 所示，將資料輸入至一組光學十字上，並計算總度數 (Fₜ)。注意，光學十字反映相同的結果，如在圖 12-55 的負柱面鏡片之所見結果，即使鏡片有不同的形式。

根據兩條度數軸線的差值，得到總鏡片度數為 1.00 D。然而，若我們將此鏡片寫為正柱面鏡片，則需將柱面度數寫成 +1.00，而非 −1.00。因此，在光學十字上哪一個度數是球面度數？度數 +1.00 D 或者 +2.00 D ？

以正柱面形式來表示書寫的鏡片度數，意指柱面的數值是球面「以外」的數值，因此球面的數值是兩值之最小正 (或最大負) 度數。圖 12-56 中，此為 +1.00 D。第二條軸線比球面數值大 1.00 D，故柱面度數為 +1.00 D。

根據定義，柱軸與柱面的度數軸線成 90 度 (即位於球面的度數軸線上)。針對此例，正柱軸在 90 度。鏡片處方寫成正柱面形式，將為

+1.00 D sph 與 +1.00 cyl × 90 的組合

或

+1.00 +1.00 × 90

複曲面處方轉換

已證明相同度數的球柱面鏡片可有至少兩種不同鏡片形式作為表示，且能寫成兩種方式，即正或負的柱面形式的書寫處方。邏輯上，大多會假設正柱面形式的處方書寫僅用於具有前複曲面的鏡片，而負柱面形式的處方書寫僅用於具有後複曲面的鏡片。然而，此例並非是這種情況。不再以複曲面的位置來指定鏡片，書寫形式通常只是說明查驗過程中所用的鏡片類型。在過去，驗光師以負柱面形式書寫處方，眼科醫師則以正柱面形式書寫處方，但這不再是普遍的事實，兩種形式的處方都很常見。

然而，對於如何製造眼鏡鏡片卻有高度的一致性。在美國幾乎每個用於處方眼鏡的鏡片，後表面皆為複曲面，故為負柱面形式。

鏡片處方可寫成正或負的柱面形式，故必需能

從一種形式轉換至另一種形式，此過程稱為複曲面處方轉換 (toric transposition)。

從一種形式轉換至另一種形式的步驟如下：

1. 將球面與柱面的度數相加，以獲得新的球面度數。
2. 改變柱面的符號 (正變為負或負變為正)。
3. 軸改變 90 度 (這可透過加或減實現，乃因最終的結果相同。然而軸的答案必須是 1 ～ 180 度。例如 190 度的答案是不可接受的)。

例題 12-15

將書寫為 +2.00 −1.00 × 180 的負柱面鏡片處方轉換成正柱面形式。

解答

1. 將球面和柱面的度數相加：(+2.00)+(−1.00)= +1.00，新的球面度數為 +1.00 D。
2. 改變柱面的符號，新的柱面變為 +1.00 D。
3. 柱軸改變 90 度。若將 180 度加上 90 度，可獲得 270 度的數值。若將 180 度減去 90 度，可獲得 90 度的數值。由此可見柱軸實際上貫穿 90 度以及 270 度。按慣例僅使用 0 ～ 180 度之間的數值，90 度是適當的數值，故新的柱軸為 90 度。
4. 新的鏡片形式寫法是 +1.00 +1.00 × 90。

交叉柱面形式

另一種可能的處方書寫之縮寫形式為交叉柱面形式 (crossed-cylinder form)，此形式從未用於書寫眼鏡鏡片的處方。然而，了解這種處方書寫的形式，有助於更全面理解鏡片。交叉柱面形式的處方書寫也是為了隱形眼鏡而量測角膜的前表面度數時，角膜曲率計讀數的編寫方式。

為了解交叉柱面形式的處方書寫方式，思考以下幾點：

• 若兩個球面鏡片置放在一起，新的球面度數可由兩個相加獲得。
• 若一個球面與一個柱面置放在一起，可得球柱面的結果。
• 若兩個柱面以分離 90 度的方式置放在一起，球面、柱面或球柱面皆為可能的結果。

例如，假設 +1.00 × 180 和 +2.00 × 90 的鏡片置放在一起。它們皆為柱面且柱軸互相「交叉」。在縮寫的交叉柱面形式中，讀成

$$+1.00 \times 180 \supset +2.00 \times 090$$

或

$$+1.00 \times 180 / +2.00 \times 090$$

這將讀成「正 1 軸 180 度與正 2 軸 90 度的組合」，在光學十字上呈現如圖 12-57 所示。注意這兩個交叉柱面結合的結果，與圖 12-55 和圖 12-56 有相同的總度數。這三種鏡片有相同的總度數，故此二交叉柱面可寫成交叉柱面形式、正柱面形式或負柱面形式。

將正或負柱面形式轉換成交叉柱面形式，最簡單且最直接的方法是先將度數置於光學十字上。在該形式中，於每個主要軸線上觀察到的度數，即為兩個「交叉柱面」其中之一的度數。這兩個柱面的軸方位皆與其度數軸線成 90 度。

備用的交叉柱面形式

書寫交叉柱面形式的鏡片處方之正規方法，如同書寫平柱面鏡片。當 +1.00 × 180 和 +2.00 × 90 的鏡片置放在一起，如例題中所示，交叉柱面組合書寫成

$$+1.00 \times 180 / +2.00 \times 090$$

如圖 12-57 所示，考量鏡片如同兩個正柱面鏡

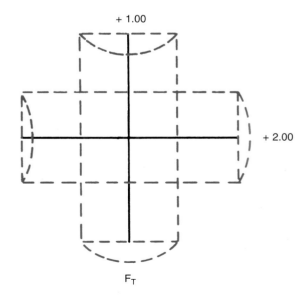

圖 12-57　當柱面成分在光學十字上可見時，以交叉柱面形式書寫鏡片度數較為簡單。針對交叉柱面形式，處方表示為 +2.00 × 090/+1.00 × 180。

片的組合，故引用柱面軸線的度數。有時度數引用其本身的軸線作為替代。+1.00 的柱面在 90 度軸線上具有度數，+2.00 的柱面在 180 度軸線上具有度數，因此度數可寫成

$$+1.00 @ 090/+2.00 @ 180$$

可讀成「正 1 在 90 度與正 2 在 180 度的組合」。讀取或書寫角膜前表面的角膜曲率計讀數時，此形式可見於隱形眼鏡應用中。當然，度數相當高時，可能看似如下：

$$+42.50 @ 090/+43.75 @ 180$$

等價球面度數

球柱面鏡片可矯正散光及近視或者散光及遠視。當近視或遠視且有散光的人需進行矯正，卻無柱鏡可供使用時，若只能使用球面鏡片，何種鏡片最適合矯正？回顧圖 12-43, C，可知球柱面鏡片如何擁有兩條焦線。若僅使用球面鏡片，最佳鏡片是其焦點的鏡度值在兩條焦線之中間位置* 〔它的位置在球柱面鏡片其兩個鏡度值之中間位置，稱為最小模糊圈 (circle of least confusion)。光線不會聚焦於一個焦點，而是在此處形成一個圓圈〕。此球面鏡片為等價球面度數 (spherical equivalent)。

如何求得等價球面度數

欲求得球柱面鏡片的等價球面度數：
1. 取柱面鏡片一半的度數值
2. 加至球面度數

意即等價球面度數公式為

$$球面鏡片 + \frac{柱面鏡片}{2} = 等價球面度數$$

例題 12-16

此鏡片的等價球面度數為何？

$$+3.00 - 1.0 \times 180$$

解答

可利用等價球面度數公式：

$$
\begin{aligned}
等價球面度數 &= (+3.00) + \frac{-1.00}{2} \\
&= (+3.00) + (-0.50) \\
&= +2.50 \, D
\end{aligned}
$$

例題 12-17

某鏡片的度數為 $-4.25 - 1.25 \times 135$，其等價球面度數為何？

解答

再次利用公式，求得等價球面度數如下：

$$
\begin{aligned}
等價球面度數 &= (-4.25) + \frac{-1.25}{2} \\
&= (-4.25) + (-0.625) \\
&= -4.875 \, D
\end{aligned}
$$

---

* 中間位置並非是兩條焦線的實際中點，而是在兩者之間鏡度值的中點。例如，某鏡片的度數為 +1.00 +2.00 × 180，有兩條焦線－一條為 +1.00 D 的度數軸線，另一條為 +3.00 D 的度數軸線。這兩條線分別與鏡片相距 100 cm 與 33.3 cm，實際中點與鏡片相距 66.7 cm。然而，最小模糊圈的位置取決於鏡片的等價球面度數。等價球面度數等於 +2.00 D，+2.00 的焦點在 50 cm 處，而不是在 66.7 cm，因此最小模糊圈位於 50 cm 處。

學習成效測驗

1. 手電筒以某角度照射池塘，光束的入射角為 40 度。部分光被表面反射，部分則被折射。以最近的角度考量，反射角與折射角為何？（水的折射率為 ⁴⁄₃，即 1.33）。
   a. 反射角 = 59 度；折射角 = 40 度
   b. 反射角 = 50 度；折射角 = 29 度
   c. 反射角 = 40 度；折射角 = 59 度
   d. 反射角 = 40 度；折射角 = 29 度

2. 某水肺潛水員潛在水底，以手電筒向上照射水面（折射率 ⁴⁄₃，即 1.33）。光束以 37 度的入射角照射水面，則光束將接近或遠離表面的法線（垂直線）？折射角為何（最近的角度）？
   a. 遠離，27 度
   b. 接近，53 度
   c. 接近，27 度
   d. 遠離，53 度

3. 一道光線照射透明塑膠板，入射角為 8 度。此塑膠板的折射率為 1.5，若塑膠板的厚度是 5 cm，兩面平行，假設周圍的介質為空氣，當光穿過塑膠板離開它時，光的角度為何？
   a. 5.0 度
   b. 5.3 度
   c. 8.0 度
   d. 12.0 度

4. 焦距為 +66.67 cm 的鏡片，它的度數為何？
   a. +1.50 D
   b. +3.00 D
   c. +6.67 D
   d. +0.02 D

5. 若某鏡片的度數為 −7.12 D，它的焦距為何？
   a. +13 cm
   b. −0.1404 m
   c. +14.04 cm
   d. 5 in

6. 某 +2.50 D 的鏡片其焦距為 +40 cm。在此特別的例子中，若鏡片的度數加倍，則焦距？
   a. 加倍
   b. ½
   c. ¼
   d. 維持不變

7. 光射入鏡片，平行光線產生的虛像在鏡片前方 0.5 m 處。此鏡片的度數為何？
   a. +0.50 D
   b. −0.50 D
   c. −2.00 D
   d. +2.00 D
   e. +5.00 D

8. 某鏡片的折射率為 1.50，曲率半徑為 +8.00 cm。取最近的 0.125 D，此鏡片表面在空氣中的度數為何？
   a. +0.50 D
   b. +6.25 D
   c. −0.62 D
   d. −3.25 D

9. 某物體與 −15.00 D 鏡片相距 −15 cm，其像點與鏡片的距離為何？
   a. +1 cm
   b. −1.2 cm
   c. +12 cm
   d. −1 cm
   e. −12.00 cm

10. 某鏡片在空氣中的表面度數為 +3.50 D，若其曲率半徑是 20 cm，此鏡片的折射率為何？
    a. 1.33
    b. 1.50
    c. 1.60
    d. 1.70
    e. 1.80

11. 某物體位於 -4.00 D 鏡片的前方 50 cm 處，該物像與鏡片的距離為何？
    a. $+50$ cm
    b. -50 cm
    c. -16.67 cm
    d. -19.33 cm

12. 某鏡片的度數為 $+2.50$ D，產生的影像位於 $+33.33$ cm 處，則物點位於何處？
    a. $+2.00$ m
    b. -50 cm
    c. -18 cm
    d. $+18$ cm

13. 某柱面鏡片的度數為 $+2.00$ D，柱軸位於 25 度，則最小度數的軸線於何處？
    a. 25 度
    b. 115 度
    c. 70 度
    d. 160 度

14. 對於平柱面鏡片，光穿過 _____ 軸線不會偏移。
    a. 度數
    b. 柱面
    c. 主要
    d. 次要

15. 某物體位於正常的閱讀距離（即與鏡片相距 -40 cm)，若該鏡片的度數為 -2.25 D，則光離開鏡片時的聚散度為何？
    a. $+2.25$ D
    b. -0.25 D
    c. $+0.25$ D
    d. -4.75 D

16. 若某物體與 $+4.50$ D 鏡片相距 -33.33 cm，則光將於何處聚焦？
    a. 鏡片右方 66.67 cm 處
    b. 鏡片右方 13.33 cm 處
    c. 鏡片右方 33.33 cm 處
    d. 鏡片左方 33.33 cm 處

17. 某物體的影像呈現於 $+10.00$ D 鏡片右方 50 cm 處，則該物體位於何處？
    a. 與鏡片相距 -8.33 cm
    b. 與鏡片相距 $+8.33$ cm
    c. 與鏡片相距 -12.5 cm
    d. 與鏡片相距 -10 cm
    e. 在鏡片的平面上

18. 鏡片表面在空氣中的度數為 -5.00 D，則鏡片表面在水中的度數為何？（鏡片的折射率 $= 1.523$；水的折射率 $= 1.333$)
    a. -1.81 D
    b. -1.94 D
    c. $+1.94$ D
    d. -0.02 D

19. 某鏡片的折射率為 1.523，若前表面的曲率半徑是 22 cm，則其表面曲率為何？
    a. 2.38 m^{-1}
    b. 4.55 m^{-1}
    c. 0.02 m^{-1}
    d. 0.05 m^{-1}

20. 鏡片的 F_1 為 $+3.25$ D，F_2 為 $+3.25$ D，此鏡片稱為：
    a. 雙凸鏡片
    b. 彎月形鏡片
    c. 等雙凸鏡片
    d. a 與 c
    e. b 與 c

21. 若 $F_1 = +8.00$ D，$F_2 = -8.00$ D，此鏡片為：
    a. 等雙凸鏡片
    b. 等雙凹鏡片
    c. 平凸鏡片
    d. 雙凸鏡片
    e. 彎月形鏡片

22. 某 –2.00 D 的薄鏡片其前表面度數等於 +6.00 D，此鏡片可稱為：
    a. 等雙凹鏡片
    b. 雙凸鏡片
    c. 彎月形鏡片
    d. 平凹鏡片
    e. 平凸鏡片

23. 在轉換過程中，下列步驟何者錯誤？
    a. 柱面度數減去球面度數，以獲得新的球面度數
    b. 改變柱面的符號（正變為負、負變為正）
    c. 軸改變 90 度
    d. 以上皆非
    e. a、b、c 中有兩個選項是錯誤的步驟

24. 依指示轉換下列處方：
    a. 將 +3.50 –1.25×012 轉換成正柱面形式
    b. 將 –0.50 +1.00×075 轉換成負柱面形式
    c. 將 –0.50 +1.00×075 轉換成交叉柱面形式

25. 某光學十字在 90 度軸線上的度數為 –4.00 D，在 180 度軸線上是 –1.00 D。此鏡片可寫成的處方形式為：
    a. –4.00 –1.00×180
    b. –3.00 –l.00×090
    c. –4.00 –3.00×080
    d. –1.00 –3.00×180

26. 鏡片處方 pl –3.00×010 亦可寫成：
    a. pl +3.00×100
    b. +3.00 –3.00×100
    c. –3.00 +3.00×100
    d. +3.00×10/–3.00×100
    e. 以上皆非

27. 將下列處方轉換成其他兩種形式：

    $$+1.25\times165/-3.00\times075.$$

28. 將下列處方轉換成其他兩種形式：

    $$+0.75-1.25\times013.$$

29. 某球柱面鏡片的度數為 –6.00 –1.00×180，其等價球面度數為何？
    a. –5.50 D
    b. –6.50 D
    c. –6.00 D
    d. –7.00 D
    e. –7.50 D

挑戰問題

30. 空氣中兩個薄鏡片相距 80 cm，兩者的度數皆為 +5.00 D。第一面鏡片形成的像點變成第二面鏡片的物點。若物體與第一面鏡片相距 –40 cm，則第二面鏡片的像點將於何處？
    a. 第二面鏡片右側 +40 cm 處
    b. 第二面鏡片右側 +13.33 cm 處
    c. 第二面鏡片左側 –66.67 cm 處
    d. 第二面鏡片右側 +28.57 cm 處

鏡片曲率與厚度

鏡片如何表現的主要因素在於鏡片的形狀，而形狀是根據鏡片的彎曲程度予以定義，從基弧開始。本章先探討鏡片如何塑形，並量測形狀或曲率。鏡片的曲率與厚度有關。欲知給定處方的鏡片於鏡框中的模樣，則必須了解鏡片的厚度。此章後半部說明如何以鏡片度數來預測鏡片的厚度。

眼鏡鏡片的類別

眼鏡鏡片可分為以下三類：

- 單光鏡片
- 子片型多焦點鏡片
- 漸進多焦點鏡片

單光鏡片

單光鏡片 (single vision lenses) 是最基本的鏡片類型，這種鏡片在整個表面上皆有相同的度數。單光鏡片使用在遠用和近用兩種視覺需求相同的光學度數時，也可用於當某人不需要遠用處方，但需閱讀眼鏡時。對於已磨邊的單光鏡片，盡可能會庫存一副於光學工廠內。這些鏡片在前、後表面皆已完成光學上的正確度數，稱為完工鏡片 (finished lenses)。完工鏡片亦指未切割 (uncuts)，乃因它們尚未被「切割」為正確的形狀和尺寸 (圖 13-1, A)。當單光鏡片尚未切割且不需磨面時，稱為庫存單光鏡片 (stock single vision lenses)。

庫存單光未切割鏡片比客製的已磨面鏡片便宜，然而若庫存鏡片對於某種鏡框顯得過小，庫存單光鏡片便無法使用。代替的鏡片必須在光學工廠的磨面部門製作。磨面工廠在鏡片上製出表面度數，最初的鏡片僅有一面可使用或是「完成的」，通常是前表面。工廠必須磨光第二表面，以達到所需的度數。兩面中僅一面完成的鏡片稱為半完工鏡片 (semifinished lens)，乃因僅完成一半。前綴詞 semi- 表示一半 (圖 13-1, B)。

完工未切割及半完工的鏡片，皆尚未被磨邊。鏡片未磨邊前，稱為鏡坯 (lens blank)。

子片型多焦點鏡片

子片型多焦點鏡片 (segmented multifocal lenses) 不只一種度數，每一度數位在鏡片的不同區域，以可見的分界線清楚接壤。若鏡片有兩個不同的區域，稱為雙光鏡片 (bifocal)(圖 13-2, A)；存在三個區域時，該鏡片稱為三光鏡片 (trifocal)*(圖 13-2, B)。

多焦點鏡片可由數種方法之一產生，以下為兩種最常用的方法：

1. 多焦點鏡片可在磨面工廠將半完工鏡坯各別磨光至所需度數。
2. 多焦點鏡片可各別注模製成預定的度數，從液態樹脂材料注模生產鏡片，以相同的過程製造塑膠半完工鏡片和庫存單光塑膠鏡片。多焦點鏡片的注模成型方法可略過半完工鏡片的階段。注模成所需度數則由一個較大的批發設備來完成，或若設備可行，也能在工廠內小規模完成。

漸進多焦點鏡片

漸進多焦點鏡片用於替代子片型多焦點鏡片，在鏡片上半部具有遠用度數，當配戴者向下和向內觀看近物時，鏡片度數會逐漸地增加。

除了某些高階產品，漸進多焦點鏡片在光學工廠內，以如同子片型多焦點鏡片的方法進行製備。

基弧

單光鏡片弧

建構眼鏡鏡片時，以某表面的其中一個鏡片弧作為基準，據此決定其他部分的建構。這個基於鏡

---

* 有一些例外，例如當鏡片底部有一個近用區域，頂端有第二個近用區域，整個鏡片共有三個區域，但其實是雙子片職業用雙光鏡片，並非是三光鏡片。

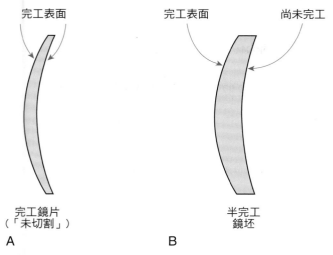

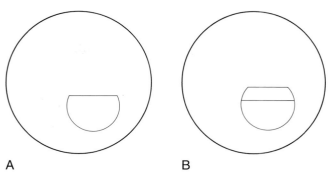

圖 13-1　A. 完工鏡片亦指未切割，多數的單光鏡片皆預製度數成完工鏡片，也稱為庫存單光鏡片。B. 大部分任何材料之各種形式的鏡片，皆以半完工鏡片開始製造。

圖 13-2　當鏡片對於近用和遠用有不同的度數時，鏡片區域則被分成遠用度數和近用度數。A. 將某個近用的子片區域置於遠用度數鏡片內，鏡片具有兩種不同的度數稱為雙光鏡片。B. 兩個子片區域包含：一個用於中距離觀看，另一個則用於近距離觀看。此類鏡片稱為三光鏡片。兩種鏡片皆為平上類型的多焦點鏡片。

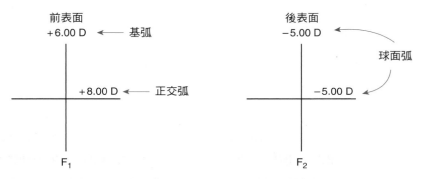

圖 13-3　正柱面形式單光鏡片的基弧，在前表面上是較弱的弧。

片度數的起始弧稱為基弧 (base curve)。在單光處方鏡片中，基弧必定位於前表面。

- 球面鏡片：若為球面鏡片，則前球面弧為基弧。
- 正柱面形式球柱面鏡片：若鏡片是正柱面形式，前表面有兩個弧。兩個弧中較弱或較平的是基弧。另一個弧變成正交弧 (cross curve)（圖 13-3）。後表面相當自然地稱為球面弧 (sphere curve)，乃因它呈球面。
- 負柱面形式球柱面鏡片：若鏡片是負柱面形式，前方球面弧是基弧，較弱的後表面弧稱為複曲面基弧 (toric base curve)；而較強的後表面弧稱為正交弧（圖 13-4）。光學工廠把負柱面形式鏡片的複曲面基弧稱為後基弧 (back base curve)（在正柱面形式鏡片中，「基弧」和「複曲面基弧」是相同的弧）。

例題 13-1

某鏡片的度數為 $+3.00 -2.00 \times 180$，且磨成正柱面形式。若選擇 $+6.00\,D$ 的基弧，則需使用何種前弧與後弧？

解答

解決此問題的方法總結於 Box 13-1。我們將針對正柱面形式鏡片使用這些步驟，以解決問題。

1. 畫出一系列的光學十字。第一個光學十字是前表面，第二個光學十字是後表面，第三個光學十字是總鏡片度數。所有初始給定的資料需輸入至光學十字上，在此說明如何來完成。

2. 總鏡片度數可置於三個光學十字的最後。此為 F_T，即為總鏡片度數光學十字，如圖 13-5, A 所示。此處球面度數對應於 180 度柱面軸線，乃因

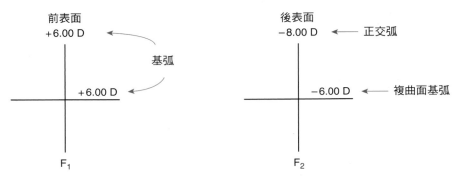

前表面
+6.00 D

基弧

+6.00 D

F_1

後表面
−8.00 D　←── 正交弧

−6.00 D　←── 複曲面基弧

F_2

圖 13-4　負柱面形式單光鏡片的基弧即前球面弧。

Box 13-1

若已知鏡片的度數和基弧，如何找出鏡片弧？

在正柱面形式中找出鏡片弧
1. 畫出前表面、後表面及總鏡片光學十字。
2. 將總鏡片度數寫在光學十字上。
3. 定位基弧軸線 (觀看 F_T 光學十字，找出最小的正度數軸線。若前表面是正度數，此最小正度數軸線在前表面上將對應於基弧軸線)。
4. 在相同的軸線上求得後弧度數。
5. 另一個後表面軸線將有相同的度數。
6. 利用總度數和後表面度數，求得前正交弧度數 ($F_1 + F_2 = F_T$)。
7. 檢查前表面柱面度數的準確性，確認選擇了正確的基弧軸線。

在負柱面形式中找出鏡片弧
1. 畫出前表面、後表面及總鏡片光學十字。
2. 將總鏡片度數寫在光學十字上。
3. 將基弧寫在前表面的光學十字上。
4. 以代數方式求得後表面弧。

該柱面軸線上並無柱面度數。在光學十字上書寫球柱面度數時，於柱面軸線輸入球面度數，然後將球面度數加上柱面度數。此例中，−2.00 加上 +3.00 得到 +1.00。

3. 此時於前表面上輸入基弧，但因柱面度數在前表面，哪一軸線上可找到 +6.00 D？根據定義，基弧是兩個前弧中較弱者，因此對應於最小正度數的軸線。此例中，我們可見最後光學十字上的度數，發現最小的正值是在 90 度的軸線上，因此

將 +6.00 D 輸入至 F_1 光學十字 90 度上，如圖 13-5, A 所示。

4. 此時 F_1 在 180 度的度數以及 F_2 的度數，可利用簡單的代數計算而得。若 F_1 在 90 度上是 +6.00 D，F_T 在 90 度上是 +1.00 D，接著

$$F_{1(90)} + F_{2(90)} = F_{T(90)}$$

此例中

$$+6.00 D + F_{2(90)} = +1.00 D$$

$$F_{2(90)} = +1.00 D - 6.00 D = -5.00 D$$

這時將 −5.00 D 輸入至 $F_{2(90)}$ 的光學十字上。

5. 由於 F_2 呈球面，$F_{2(90)}$ 和 $F_{2(180)}$ 的度數皆為 −5.00 D。
6. 只剩下正交弧未知，可用兩種方法之一解出。第一種方法是利用系統：

$$F_{1(180)} + F_{2(180)} = F_{T(180)}$$

可得到

$$(F_{1(180)}) + (-5.00 D) = (+3.00 D)$$

轉換後如下：

$$\begin{aligned}(F_{1(180)}) &= (+3.00 D) - (-5.00 D)\\ &= (+3.00 D) + (5.00 D)\\ &= +8.00 D\end{aligned}$$

7. 利用第二種解決此問題的方法檢查計算。我們得知柱面度數為 2 D，已知此數值且了解所有柱面度數在前弧。顯然地，正交弧必定比 +6.00 D 多出 2.00 D，結果為 +8.00 D。此值與第 6 步驟所求得的數值相同，故答案檢查通過。

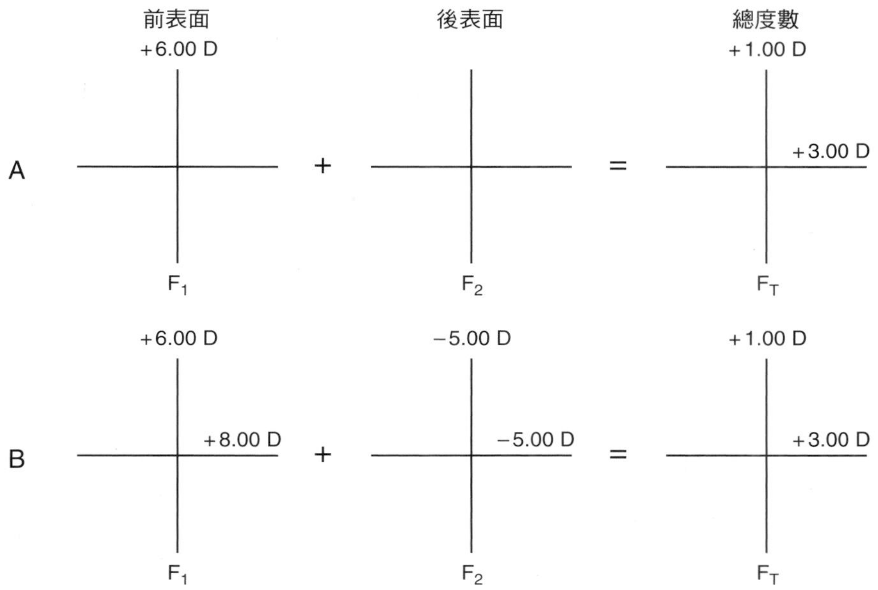

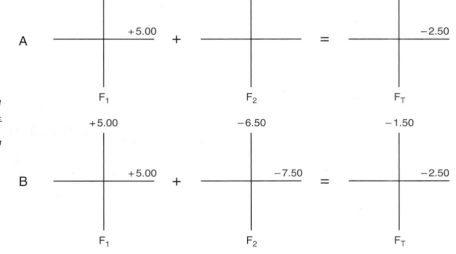

圖 13-5　針對正柱面形式鏡片，為了求得未知弧，首先應輸入已知值 (A)。此鏡片基弧只可能在 90 度軸線上，乃因較弱的弧在 90 度軸線上。剩餘的弧 (B) 可藉由幾何相加獲得。此基弧（以及複曲面基弧）為 +6.00 D，正交弧為 +8.00 D，球面弧為 −5.00 D。

圖 13-6　針對負柱面形式鏡片，先在光學十字上輸入已知值 (A)，再計算未知值 (B)。基弧（以及球面弧）為 +5.00 D。複曲面基弧（有時稱為後基弧）為 −6.50 D，正交弧為 −7.50 D。

例題 13-2

某鏡片的度數為 −1.50 −1.00 × 090，且磨成負柱面形式。若選擇 +5.00 D 的基弧，則需使用何種前弧與後弧？

解答

解決此負柱面基弧問題的方法亦總結於 Box 13-1。針對負柱面形式鏡片，利用這些步驟將可回答問題。

1. 畫出三個光學十字。
2. 球面度數寫在最後光學十字 90 度的柱面軸線上，即 −1.50 D。在 180 度軸線上度數為：

$$(-1.50) + (-1.00) = (-2.50)$$

3. 基弧是 +5.00 D，輸入至前表面光學十字的兩個弧上。這是因為此鏡片為負柱面形式鏡片，其前弧呈球面，在所有軸線上具有相同的度數（圖 13-6）。

4. 最後，利用代數方法求得第二表面度數。針對 90 度軸線，此為：

$$(+5.00) + (F_{2(90)}) = (-1.50)$$
$$(F_{2(90)}) = (-1.50) - (+5.00)$$
$$(F_{2(90)}) = -6.50 \text{ D}$$

針對 180 度軸線，求得

$$(+5.00) + (F_{2(180)}) = (-2.50)$$
$$(F_{2(180)}) = (-2.50) - (+5.00)$$
$$(F_{2(180)}) = -7.50\ \mathrm{D}$$

複曲面基弧是兩弧中較弱的弧。在 90 度軸線上，兩弧中較弱的弧為 −6.50 D。正交弧則是「交叉」於基弧。在 180 度軸線上，即為 −7.50 D 弧。

多焦點鏡片基弧

子片型多焦點鏡片的基弧必定與鏡片的子片在同一側。若雙光或三光鏡片的子片在前方，則基弧也是如此。若在後方，基弧亦必定在後方，與單光鏡片相反。由於複曲面不會磨在多焦點子片的同一側，基弧必定是球面弧。

鏡片曲率的測量

當訂購替換的鏡片，或有時會在初次訂購後提供配戴者複製的第二副眼鏡，配戴者接受新眼鏡的其中一個因素乃相同的複製基弧。基弧的變化將改變對周圍觀看到的物體之感知，即使鏡片的度數可能相同。為了有準確的複製或驗證，需量測已存在的鏡片弧，此時將使用鏡片測量器 (lens measure)〔有時是指鏡片鐘 (lens clock)〕（圖 13-7）。

鏡片測量器

鏡片測量器操作是基於矢狀切面深度 (sagittal depth)(Sag) 公式的原理。矢狀切面深度或「Sag」，是給定一段圓形的高度或深度（圖 13-8）。若已知鏡片表面的矢狀切面深度和鏡片材料的折射率，則可計算其表面度數。

鏡片測量器有三隻「腿」，即與鏡片表面的接觸點。外側的兩隻腿是固定的，中央的接觸點可進出移動。外側兩個接觸點與參考中央接觸點之位置的垂直差異，則為一個圓弧的矢狀切面深度。此圓可視為是具有弦，此弦的長度為鏡片測量器之兩個外側接觸點的距離（圖 13-9）。

鏡片測量器並無刻度可直接顯示矢狀切面深

圖 **13-7**　鏡片量測器可直接使用正、負刻度，如此圖所示，或者是外部的負刻度表示凹表面，內部的正刻度表示凸表面。

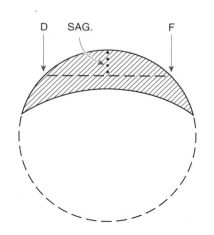

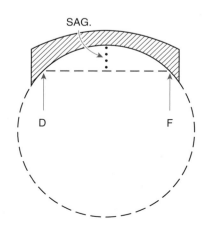

圖 **13-8**　某圓的弦之矢狀切面深度或高度，如圖示應用在鏡片表面的量測，DF 線表示圓的弦。

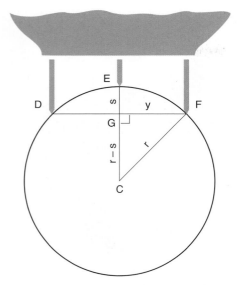

圖 13-9　鏡片鐘以機械的方式決定弦的矢狀切面深度，弦長等於鏡片鐘外側兩個接觸點的距離。

度，而是顯示表面度數的鏡度值。此度數是基於假設 1.53 的折射率 (在美國的光學工廠中，多數工具都是基於假設 1.53 的折射率)。鏡片測量器上顯示的度數，乃根據表面的矢狀切面深度而獲得。

矢狀切面深度公式

求得鏡片表面鏡度值的步驟，需先從幾何構造開始，如圖 13-9 所示。我們需知道此圓的半徑 r，以確認鏡片的前或後表面度數 (F_1 或 F_2)。

從直角三角形的幾何形狀得知，三角形 FGC 與其三個邊有一個關係，根據畢氏定理書寫如下：

$$y^2 + (r-s)^2 = r^2$$

這如同：

$$y^2 + r^2 - 2rs + s^2 = r^2$$

轉換：

$$y^2 + s^2 = r^2 - r^2 + 2rs$$

再次轉換：

$$\frac{y^2 + s^2}{2s} = r$$

以及

$$r = \frac{y^2}{2s} + \frac{s^2}{2s}$$

得到如下方程式的一個形式，稱為矢狀切面深度公式 (sagittal depth formula) 或稱 Sag 公式 (sag formula)*

$$r = \frac{y^2}{2s} + \frac{s}{2}$$

利用 Sag 公式確認 r 後，接著對於表面度數，造鏡者公式可用於求得空氣中的 F_1 或 F_2。

$$F_1 = \frac{n'-n}{r_1} = \frac{n_{(鏡片)}-1}{r_1}$$

$$F_2 = \frac{n'-n}{r_2} = \frac{1-n_{(鏡片)}}{r_2}$$

鏡片測量器以折射率 1.53 進行校正，即上述公式中鏡片的 n 值 (常用的皇冠玻璃材料其折射率為 1.523。在低表面度數上使用皇冠玻璃時，鏡片測量器仍可提供相當準確的表面度數。然而，大部分的鏡片是塑膠的，具有多種不同的折射率)。

因此

$$F_1 = \frac{1.530-1}{r_1}$$

且

$$F_2 = \frac{1-1.530}{r_2}$$

此時我們將忽略鏡片測量器及其折射率 1.53 的假設，僅利用矢狀切面深度和造鏡者公式求出鏡片表面度數。

例題 13-3

某折射率為 1.523 的鏡片具有凸球面的前表面。前表面的矢狀切面深度是 1 mm，弦長是 20 mm，則前表面的度數為何？

解答

利用 Sag 公式，

$$r = \frac{y^2}{2s} + \frac{s}{2}$$

$$y = \frac{弦長}{2} = \frac{20\ mm}{2} = 10\ mm$$

$$s = 1\ mm$$

---

* 更常見的 Sag 公式形式是 $s = r - \sqrt{(r^2 - y^2)}$，若已知半徑及弦半徑，可求出矢狀切面深度。此為完全相同的方程式，只是轉換形式。稍後將於討論鏡片厚度的內文中，介紹此方程式的轉換形式。

基於

$$r = \frac{y^2}{2s} + \frac{s}{2}$$

我們可利用此方程式求出

$$r = \frac{10^2}{2(1)} + \frac{1}{2} = \frac{100}{2} + \frac{1}{2}$$

和

$$r = 50.5 \text{ mm} = 0.0505 \text{ m}$$

因此

$$F_1 = \frac{1.523 - 1}{r_1}$$
$$= \frac{0.523}{0.0505}$$
$$= 10.36 \text{ D}$$

鏡片的前表面度數為 +10.36 D。

利用鏡片測量器求得鏡片的標稱度數

對於折射率為 1.53 或接近 1.53 的材料，可使用鏡片測量器直接量測鏡片表面值，因此利用鏡片測量器找出這類鏡片的標稱 (或近似) 度數也是可行的。鏡片的折射率為 1.53 的例子是塑膠材料 Spectralite 和 Trivex。皇冠玻璃的折射率是 1.523(記住，鏡片的標稱度數是前、後表面度數的總和。鏡片的標稱度數忽略了鏡片厚度可能對度數的影響)。

例如，若測得球面鏡片的前弧 (F_1) 為 +6.00 D，後弧 (F_2) 為 -4.00 D，鏡片的標稱度數將為 +2.00 D。

並非所有的鏡片皆呈球面，故需檢查鏡片表面不同軸線的度數差異。操作時，握住鏡片測量器，使鏡片測量器的中心接觸點位於鏡片的中心，並垂直於鏡片表面 (圖 13-10)。鏡片測量器的所有三個接觸點貼附於鏡片，繞著它的中心接觸點旋轉 *。若鏡片測量器的指針保持靜止，此表面為球面，球面的表面值則顯示在鏡片測量器上。若指針顯示數值改變，則此表面是複曲面，有兩個各別的弧。當鏡片測量器顯示其最大值和最小值時，這即是兩個弧的數值。此三個接觸點在鏡片上最大值和最小值讀值的方位，對應於鏡片度數的兩個主要軸線。

---

* 若鏡片或鏡片表面因在鏡片表面上旋轉鏡片測量器而刮傷，可改以輪流提起並重新定位鏡片測量器。

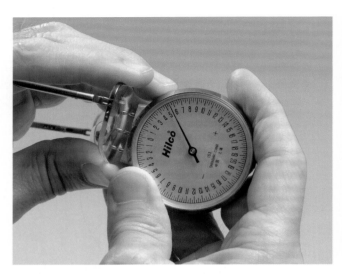

圖 13-10　將鏡片量測器垂直於鏡片表面，其中心接觸點位在光學中心，傾斜鏡片測量器將使測得的度數出現變化。

例題 13-4

在皇冠玻璃鏡片前表面上旋轉鏡片測量器時，發現所有軸線讀出 +6.50 D。在後表面，若這三個接觸點確實是沿著 180 度軸線水平對齊，可見最大值為 -7.50 D。當三個接觸點在垂直的 (90 度) 軸線上對齊時，可見最小值為 -6.00 D。此鏡片的標稱度數為何？該鏡片是製成正柱面形式或負柱面形式？

解答

鏡片測量器發現鏡片的主要軸線，此讀值可直接轉換成光學十字，以計算總標稱鏡片度數 (圖 13-11)。

利用先前所討論的方法，總鏡片度數可寫成三種可能的形式之一：

1. +0.50 -1.50 × 090
2. -1.00 +1.50 × 180
3. +0.50 × 180 / -1.00 × 090

因為複曲面位於後表面，故鏡片為負柱面形式。

鏡片測量器用於多焦點鏡片

當鏡片測量器用於子片型多焦點鏡片時，接觸點的位置與鏡片構型有關。多焦點鏡片可能是熔合型或一體成型的鏡片。

熔合型 (fused) 多焦點鏡片的子片，使用折射率不同於鏡片其他部位的玻璃。在遠用部分和近用部分的交界處是可見的，但無法感知，乃因玻璃子片

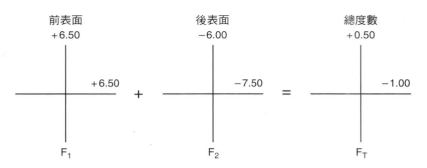

圖 13-11　鏡片鐘的讀值可直接轉換成光學十字，用於鏡片度數的計算。

被熔合至鏡片，使得鏡片表面的曲率無變化。鏡片測量器也因此常用於鏡片表面。它的讀值僅指出主要鏡片的表面度數，無法讀出子片的度數。

建構一體成型 (one-piece) 多焦點鏡片時，遠用部分和近用部分使用相同的鏡片材料。遠、近部分之間的度數差異是鏡片的曲率改變所致。一體成型雙光鏡片可由突出部或由表面弧度的變化加以識別。這種變化可透過手指摩擦交界處而感知。針對此情形，決定鏡片表面度數時，為了主鏡片的準確性，三個接觸點皆不可貼附於子片部分。量測一體成型的雙光鏡片時，鏡片測量器需置於鏡片上，所有三個接觸點水平定位在鏡片的中央，且於多焦點線上方。

為何測得的基弧總是不如預期

以鏡片鐘量測鏡片的基弧時，測得的數值總是不同於製造商所提出的數值。半完工玻璃鏡片在送抵光學工廠時，在盒子上標示的基弧可能為 +8.25 D，但當量測鏡片的前表面時，卻稍低於 +8.25 D。或塑膠鏡片標示的基弧可能是 +10.25 D，但測得的數值為 +10.50 D。某些人認為是鏡片測量器不準確，另一些人則認為變異是鏡片折射率與鏡片測量器刻度的差異所致。實際上，沒有一個設想是正確的。

數值不同的真實原因是基於某項事實，即有數種不同的前表面鏡片弧術語，可用於描述相同的鏡片表面弧。這些術語如下：

1. 標稱基弧
2. 校準基弧（或稱為校準度數）
3. 屈光度

標稱基弧

標稱基弧 (nominal base curve) 最初是基於光學工廠的便利所建立的參考標號。當低度數的皇冠玻璃鏡片將表面磨成所需的度數，無需借助電腦化的鏡片磨面程式時，正確的後弧便可由所需的鏡片度數減去前表面度數獲得。例如，假設鏡片度數為 +1.25 D，鏡片的基弧為 +6.50，則後表面弧應為：

$$+1.25 - 6.50 = -5.25 \text{ D}$$

然而，當鏡片的正度數增加時，它的厚度亦隨之增加。由於厚度增加，簡單的減法不再適用。為了使工廠人員可繼續使用相同且簡單的減法，鏡片製造商稍微改變鏡片前弧，以補償厚度增加的影響；但他們保留了相同標號的基弧，導致基弧的數值不再是真實的表面度數，故稱為標稱基弧（勿將此與標稱度數混淆，標稱度數是第一與第二表面度數的總和）。

至於塑膠鏡片，基弧會因各種原因使其標稱值改變。塑膠鏡片最初為液態樹脂，之後注模成型。製造時，其表面會固化，從模具中取出後，表面的最終弧可能不同於模具的弧。起初，難以預測正確的最終鏡片弧值。儘管從模具取出之後，鏡片的最終弧此時已可預測，但塑膠鏡片標示的表面度數（標稱基弧）與測得的表面度數之間仍有差異。

校準基弧（「校準度數」）

所謂鏡片的校準基弧 (true base curve) 乃利用鏡片測量器測得的前表面之數值。校準基弧的同義詞是「校準度數 (true power)」和「真實度數 (actual power)」。用於量測表面曲率的鏡片鐘是以折射率 1.53 為校正值。含有或接近此折射率的鏡片為塑膠材料的 Spectralite 和 Trivex（折射率為 1.53）以及皇冠玻璃（折射率為 1.523）。校準基弧的折射率為 1.53。許多或甚至是大多的鏡片，其折射率與 1.53 相差甚遠。基於折射率的差異，容易見到以鏡片鐘測得的「真實」基弧，並不像鏡片表面的屈光度。

鏡片表面的屈光度

　　屈光度 (refractive power) 可控制光抵達鏡片表面時的狀況。記得表面度數與三個因素有關，如下所示：

1. 鏡片表面的折射率。
2. 鏡片周圍介質的折射率。
3. 鏡片表面的曲率半徑。

　　針對鏡片前表面，此屈光度可利用造鏡者公式求得：

$$F_1 = \frac{n' - n}{r_1}$$

　　如前所述，鏡片鐘是依據折射率為 1.53 的鏡片材料進行校正。若鏡片的材料不同於校正的折射率，則必須做補償，使鏡片鐘仍可用於確認表面屈光度。

使用鏡片測量器確認鏡片表面的屈光度

　　使用鏡片鐘求得鏡片表面的屈光度，從鏡片鐘讀取的「校準度數」必須轉換成屈光度。可藉由上述的造鏡者公式得出。

　　使用鏡片鐘時，我們是以間接方式來確定問題中表面的曲率半徑，忽略了它的折射率。

例題 13-5

以鏡片鐘量測鏡片的前表面，基於折射率為 1.530 的假設，鏡片鐘顯示的數值是 +6.00 D。鏡片表面的曲率半徑為何？

解答

資料中除了 r_1 之外，造鏡者公式中所有的項目皆可填入。

$$F_1 = \frac{n' - n}{r_1}$$

$$+6.00 = \frac{1.53 - 1}{r_1}$$

因此，

$$r_1 = \frac{1.53 - 1}{+6.00}$$
$$= \frac{0.53}{+6.00}$$
$$= 0.0883$$

鏡片表面的曲率半徑為 0.0883 m。

例題 13-6

假設折射率並非是 1.530，上述的鏡片材料以折射率為 1.498 的 CR-39 塑膠材料代替。此鏡片的前表面屈光度為何？

解答

再次使用基本的表面度數方程式，將已知值代入，找出未知的 $F_{1(CR-39)}$。

$$F_{1(CR-39)} = \frac{n' - n}{r_1}$$
$$= \frac{1.498 - 1}{0.0883}$$
$$= 5.64 \text{ D}$$

CR-39 鏡片的前表面屈光度是 +5.64 D。由於此鏡片的折射率較低，鏡片表面的屈光度遠低於鏡片鐘所示。

使用轉換因子

　　將鏡片鐘讀值轉換成表面屈光度的過程，可使用公式產生的轉換因子加以簡化。過程如下：

　　針對鏡片測量器，

$$F_{(鏡片測量器)} = \frac{1.53 - 1}{r}$$

則

$$r = \frac{0.53}{F_{(lm)}}$$

以及，針對折射率不同之材料的表面

$$F_{(新材料)} = \frac{n' - 1}{r}$$

則

$$r = \frac{n' - 1}{F_{(nm)}}$$

　　兩個方程式皆是指相同的鏡片表面，故兩個 r 值相等，結合這兩個方程式後得出：

$$\frac{0.53}{F_{(lm)}} = \frac{n' - 1}{F_{(nm)}}$$

換位得到新材料的屈光度：

$$F_{(nm)} = \frac{(n'-1)F_{(lm)}}{0.53}$$

這表示對於任何給定的鏡片材料，我們可將新材料的折射率代入公式中的 n'，獲得一個轉換因子。

例題 13-7

某個由 1.568 聚碳酸酯材料製成的鏡片表面，為了將鏡片測量器的讀值轉換成鏡片的屈光度，其轉換因子為何？

解答

將 1.586 代入公式中的 n'，結果如下：

$$F_{(nm)} = \frac{(n'-1)F_{(lm)}}{0.53}$$
$$= \frac{(1.586-1)F_{(lm)}}{0.53}$$
$$= \frac{(0.586)F_{(lm)}}{0.53}$$
$$= (1.106)F_{(lm)}$$

轉換因子是 1.106。

例題 13-8

利用聚碳酸酯的轉換因子，求得聚碳酸酯鏡片前表面的表面屈光度。鏡片鐘測得鏡片的「校準度數」為 +8.12 D。

解答

利用轉換公式，將轉換因子 1.106 代入求出：

$$F_{(nm)} = (1.106)F_{(lm)}$$
$$= (1.106)(8.12)$$
$$= +8.98\,D$$

鏡片的表面是 +8.98 D，或若取整數則屈光度為 +9.00 D。

使用鏡片測量器求得不同折射率鏡片的鏡片度數

若可使用鏡片測量器求出前表面屈光度，則也能量測前表面及後表面，試圖確認標稱鏡片度數。注意若為厚鏡片，求得的鏡片度數仍可能不準確。

記住，前、後表面相加獲得的鏡片度數稱為鏡片的「標稱度數」，不應與標稱基弧相混淆。

例題 13-9

鏡片鐘用於鏡片的前、後表面，可見前表面數值為 +2.00 D，後表面在 90 度軸線上測得為 −6.87 D，在 180 度軸線上測得為 −6.00 D。鏡片的折射率為 1.66，若表示為負柱面形式，其鏡片的度數為何？

解答

回答問題前，首先需要轉換因子。

$$F_{(nm)} = \frac{(n'-1)F_{(lm)}}{0.53}$$
$$= \frac{(1.66-1)F_{(lm)}}{0.53}$$
$$= (1.245)F_{(lm)}$$

轉換因子是 1.245。

將轉換因子運用於第一表面，得出：

$$F_{(nm)} = (1.245)(+2.00)$$
$$= +2.49\,D$$

將轉換因子運用於後表面在 90 度軸線上的結果：

$$F_{(nm)} = (1.245)(-6.87)$$
$$= -8.55\,D$$

在 180 度軸線上，我們得到：

$$F_{(nm)} = (1.245)(-6.00)$$
$$= -7.47\,D$$

將前、後表面的度數相加，得出：

$$F_{Nominal} = F_1 + F_2$$
$$F_{90} = (+2.49) + (-8.55) = -6.06\,D$$
$$F_{180} = (+2.49) + (-7.47) = -4.98\,D$$

以上顯示於圖 13-12。取得較為實際的數值，即 90 度上取 −6.00 D，180 度上取 −5.00 D。在負柱面形式中，鏡片度數寫成

$$-5.00 - 1.00 \times 180$$

補償度數的方法

鏡片鐘測得的前、後表面數值，在乘以轉換因子之前先相加，也可找到鏡片度數。如此將省下一個步驟，並能得到相同的結果。

針對先前的例子，將前、後表面鏡片測量值相加，得到：

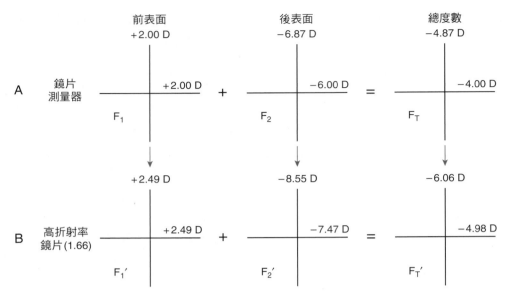

圖 13-12 鏡片量測器用於折射率為 1.66 的鏡片。測得鏡片前表面與後表面的讀值後輸入至第一、第二個光學十字上 (A)。實際的鏡片度數可由兩種方法之一獲得，第一種方法是以折射率校正前表面與後表面的度數並相加。如圖所示，轉換 (A) 中前表面與後表面的數值，將它們直接輸入在下方 (B) 的光學十字上。再將新的前表面與後表面度數 (B) 相加，輸入至 F_T' 光學十字 (B)。第二種較簡單的方法可得出真實的鏡片度數。首先將鏡片量測前表面與後表面的原始讀值相加，總和顯示於第三個 F_T' 光學十字 (A)，這些數值再依據折射率做修正。將結果直接輸入至第三個 F_T' 光學十字 (B)。

$$F_{Nominal} = F_1 + F_2$$
$$F_{90} = (+2.00) + (-6.87) = -4.87 \text{ D}$$
$$F_{180} = (+2.00) + (-6.00) = -4.00 \text{ D}$$

這兩個數值稱為補償度數 (*compensated powers*)*。將補償度數 (–4.87 D 和 –4.00 D) 乘以轉換因子 1.245，分別在 90 度及 180 度軸線上得出 –6.06 D 和 –4.98 D，等同利用第一種方法所得的數值，該過程的邏輯在圖 13-12 中以箭號表示。

在塑膠鏡片的表面使用鏡片測量器

在塑膠鏡片上使用鏡片測量器時，務必謹慎避免刮傷表面。勿僅以接觸點直接在鏡片表面上扭轉鏡片測量器，而是應提起鏡片測量器並置於新的位置進行量測。旋轉鏡片測量器，並在表面上拖曳接觸點，可能會損及表面材料。鏡片測量器設計成圓

點，可降低損害的可能性，但仍應在測量過程中保持謹慎。

何時指定基弧 [1]

訂購處方時，在特定情況中必須指定基弧。如下所示：

- 當一副眼鏡需更換一片鏡片時：基弧的選擇是成對的。僅訂購一片鏡片時，若舊鏡片未隨著訂購單送來，工廠將不知另一片鏡片為何。即使它們一起送來，也可能未經檢查。

- 當訂購相同度數的第二副眼鏡時：訂購相同度數的第二副眼鏡時，亦需指定基弧。此第二副眼鏡將與第一副眼鏡交替配戴，鏡片弧會影響形狀和線條的外觀。兩副眼鏡運用不同的基弧，將導致形狀不同的扭曲，有些人對此比其他人敏感。為了避免因來回交換不同副眼鏡所產生的困難，最安全的策略是盡量使兩副眼鏡的基弧度數相近。

當指定一個特定的基弧時，記住所獲得的半完

---

* 在電腦軟體程式可用前，光學工廠以補償度數的概念，決定負表面鏡片所需的後表面度數。訂購的後頂點度數轉換成以折射率 1.53 做校準的「補償度數」，補償度數減去以 1.53 為參考的前表面度數，即可準確獲得係數為 1.53 的磨光工具。

工鏡片只有這麼多的基弧。訂購 +8.00 的基弧，可能是接近但並非確實為 +8.00。ANSI Z80.1 處方標準准許基弧的容忍度為 ±0.75 D。為了有助於取得確實相同基弧的鏡片，試著向第一副眼鏡的光學工廠訂購，其所用的鏡片品牌可更容易完全匹配。

未指定基弧時

某些情況不該指定基弧，使工廠可為訂購的處方挑選最佳的基弧。

- 不要堅持新眼鏡的基弧需與配戴者過去的鏡片匹配。處方改變了，鏡片的度數亦改變。為了避免不理想的像差，預期基弧的度數也應改變。不可預期配戴者終生將使用相同的基弧。

- 不可為了獲得更薄、更好看的鏡片，而要求平坦的基弧。平坦的基弧常使正鏡片更好看，它通常可降低放大率、減少厚度，甚至稍微減輕重量，然而將增加鏡片外緣不必要的像差，乃因此鏡片度數所用的基弧並不正確。

- 不可為了解決鬼影之內部鏡片反射問題而改變基弧。在抗反射鍍膜之前，去除鬼影的常見解決方法是改變基弧。改變基弧可使鬼影的大小與位置偏移，但不如抗反射鍍膜可將之去除。僅當無法選擇抗反射鍍膜時，才改變基弧以協助處理鬼影問題。

- 對於睫毛長的人，勿自動地使基弧變陡直。試著選擇好的鏡架，以解決睫毛觸及鏡片的問題。使基弧陡直 2 D，確實可讓睫毛獲得 1.2 mm 額外的間隙，但意味著將失去基於良好的基弧選擇所得到的最佳光學。

增加柱面鏡片

鏡片可相加在一起。驗光時，這是經常會做的事。將小的球面度數鏡片加至大的球面度數鏡片，例如，

(+3.00 D 球面) + (+0.25 D 球面)
= +3.25 D 球面

球面鏡片加上柱面鏡片後成為球柱面鏡片組合，如以下兩面鏡片。

(+3.00 D 球面) + (pl − 1.50 × 180 柱面)
= (+3.00 − 1.50 × 180)

當鏡片前、後表面相加在一起時，同樣可利用光學十字求得總鏡片度數，故若將兩個或更多鏡片相加，也能以光學十字作為輔助。在上述例子中，欲觀察球面和柱面鏡片在鏡片軸線上如何相加，請見圖 13-13。

同軸或軸相距 90 度的柱面鏡片相加

如同球面鏡片與球面鏡片相加、球面鏡片與柱面鏡片相加，柱面鏡片與柱面鏡片也可相加。在此將觀察同軸或軸相距 90 度的柱面鏡片如何相加。

例題 13-10

兩個柱面鏡片的度數皆為 pl −2.00 × 180，其相加結果為何？

解答

為了求得解答，畫出三個光學十字，前兩個相加等於第三個。將兩個柱面鏡片的度數寫在前兩個光學十字上。由於兩個鏡片相同，前兩個光學十字看似無異。軸為 180 度，故在 180 度軸線上是 0 度。度數為 −2.00，因此將 −2.00 寫在 90 度軸線上，如圖 13-14 所示。

接著將 180 度的度數相加，即 0 + 0 = 0。再將 90 度的度數相加，即 (−2.00) + (−2.00) = (−4.00)。

所得光學十字可寫成負柱面形式，如 pl −4.00 × 180。

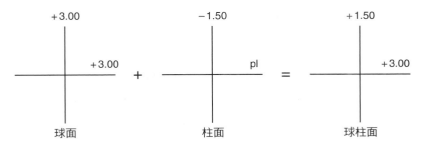

圖 13-13　光學十字可相加球面鏡片和柱面鏡片，形成了球柱面鏡片。

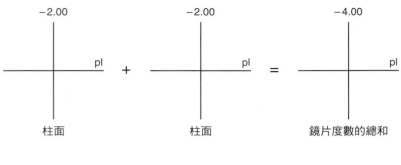

圖 13-14   當兩個平柱面鏡片軸對軸置放在一起，合成後的柱面度數是兩個柱面度數的總和。

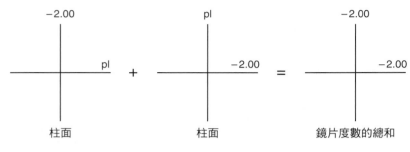

圖 13-15   當兩個度數相等的平柱鏡置放在一起，且柱軸相差 90 度時，合成後的鏡片呈球面。

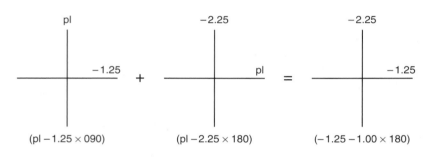

圖 13-16   當兩個度數不等的平柱鏡置放在一起，且柱軸相差 90 度時，合成後的結果為球柱面鏡片。

例題 13-11

此時取兩個相同的柱面鏡片，但柱軸方位不同，將它們相加。鏡片 pl −2.00 × 180 和鏡片 pl −2.00 × 090 的總和為何？

解答

再次將這兩個鏡片置於光學十字上，有助於觀察變化。第一個鏡片在 180 度軸線上的度數為 0，90 度軸線上為 −2.00。第二個鏡片在 90 度軸線上的度數為 0，180 度軸線上為 −2.00。當將兩鏡片的每一軸線之度數相加時，如圖 13-15 所示，結果為 −2.00 D 球面。

例題 13-12

將這兩個鏡片相加，以找出球柱面鏡片的結果

$$pl − 1.25 × 090$$

$$pl − 2.25 × 180$$

解答

畫出三個光學十字，在前兩個光學十字輸入上述柱面鏡片的度數，如圖 13-16 所示。將 90 度軸線的數值相加，再將 180 度軸線的數值相加，得出鏡片的度數為 −1.25 −1.00 × 180。

Jackson 交叉圓柱鏡

Jackson 交叉圓柱鏡 (Jackson crossed cylinder, JCC) 是一種用於驗光過程中，協助確認柱軸及柱面度數的鏡片。它在某軸線上有正度數，而於另一軸線上有相同但相反的負度數。Jackson 交叉圓柱鏡的例子如圖 13-17 所示。

Jackson 交叉圓柱鏡的寫法彷彿該鏡片是由兩個度數相等卻相反的柱鏡組成。

例題 13-13

±1.00 Jackson 交叉圓柱鏡在光學十字上看似為何？由哪兩個平柱鏡推導而來？

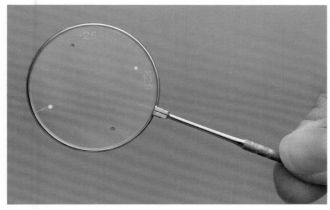

A

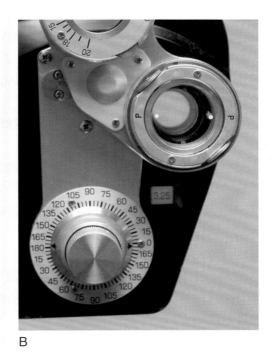

B

圖 **13-17**　Jackson 交叉圓柱鏡用於鏡片屈光，可求得柱面度數和柱軸角度。

解答

±1.00 Jackson 交叉圓柱鏡在某軸線上的度數為 +1.00，於另一相對軸線上的度數為 −1.00。若在 90 度軸線上為 +1.00，則圖 13-18 的結果為何，它如同兩個數值相等卻相反的柱面鏡片交叉。針對此情形，這兩個柱面鏡片將為

$$pl + 1.00 \times 180/pl - 1.00 \times 090$$

利用在 Jackson 交叉圓柱鏡主要軸線之間的手握位置翻轉鏡片，負度數與正度數將交換位置。透過鏡片的第一個方向觀察，然後翻轉 Jackson 交叉圓柱鏡 90 度至反方向，藉由反向柱鏡可見放大的影像。放大此差異可容易得知屈光檢查時常被提問的答案：「哪一個影像看似較佳，第一個或第二個？」。

例題 13-14

使用 ±1.00 Jackson 交叉圓柱鏡 (JCC)，正度數在 90 度軸線上，此情況如圖 13-18 所示。Jackson 交叉圓柱鏡的鏡片也可寫成常見的球柱面鏡片組合。欲將 ±1.00 JCC 鏡片寫成球柱面鏡片組合，則應如何書寫？

解答

若寫成負柱面形式，最大正值或最小負值的軸線為球面度數。兩軸線的度數差異即為柱面度數，軸位於球面度數的軸線上，故此 ±1.00 Jackson 交叉圓柱鏡的球柱面度數為 +1.00 −2.00 × 090。

斜向交叉圓柱鏡

　　將兩個軸不相同也非相距 90 度，而是斜向交叉的柱面或球柱面鏡片相加較為困難。例如，一個也許是 35 度軸，另一個可能為 65 度軸。

　　斜向交叉圓柱鏡實際上可能發生。從眼鏡鏡片

圖 **13-18**　某 ±1.00 Jackson 交叉圓柱鏡，如同柱軸相差 90 度的 pl +1.00 柱鏡和 pl −1.00 柱鏡的組合。若將此特別的鏡片書寫成球柱面鏡片，則度數為 +1.00 −2.00 × 090。

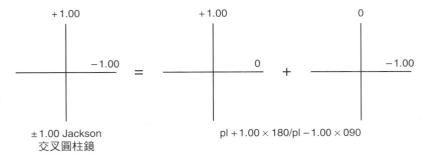

	球面	柱面	軸線		等價球面度數
A					
+					
B					
= C					

圖 **13-19**　此樣板有助於計算兩個斜向交叉圓柱鏡的合成結果。

的觀點來看，若某人配戴現有的眼鏡，基於某種原因，屈光度已超過現有的眼鏡時，也許原來的眼鏡是球柱面鏡片，結合第二個球柱面鏡片後可用於重疊屈光的情形。這種輔助鏡片可夾在配戴者的眼鏡上，以屈光格固定鏡片。從實際的觀點來看，得到鏡片組合度數之最簡易的方法，乃將配戴者的眼鏡與鏡格、輔助鏡片一同置於鏡片驗度儀上，僅讀取總鏡片組合的度數。

另一種實際情況發生在當某人配戴一副包含柱面度數的複曲面隱形眼鏡時，度數可能不是相當正確，檢驗者可在隱形眼鏡上做屈光檢查。此二次驗光法務必結合現有的球柱面隱形眼鏡度數，以確認所需的隱形眼鏡度數。

計算斜向交叉圓柱鏡時，可用三種方法以獲得準確的答案。如下所示：
- 使用圖解法
- 使用公式法
- 使用電腦程式

圖解法相當有幫助，不僅提供有用的答案，亦助於概念上的理解，得知斜向交叉圓柱鏡如何作用以獲得球柱面鏡片度數，此為公式法的基礎。公式法很複雜，但受到喜愛數學者的支持，它是寫簡單電腦程式的基礎。

圖解法

圖解法使用向量，找出組合後柱面鏡片的度數和軸向。然而，它不如完全正規的向量問題，而需做某些修正。原因在於柱鏡的度數 −2.00 × 000 不等於反向柱鏡的度數 −2.00 × 180。相加後得出柱鏡將為 −4.00 × 180，乃因 0 度軸與 180 度軸是相同的。

從向量的觀點來看，兩個相反的角度數值是 0(或 180) 和 090。意即若相加 −2.00 × 000 和 −2.00 × 090，柱面即被刪去，結果為 −2.00 D 球面。因此，若這類問題以向量解答，柱軸角度必須加倍。

記住，以下是找出兩個斜向交叉平柱或球柱鏡合成度數的圖解法步驟。

1. 將兩個柱鏡轉換成相容的另一個，意即兩者必須同時寫成正柱鏡或負柱鏡。
2. 建構一組方格以便計算 (圖 13-19)，在適當的方格內寫下兩個球柱面鏡片的度數。
3. 計算兩鏡片的等價球面度數並相加，在「等價球面 C 方格」中輸入總和 (若將兩個球柱面鏡片組合，該鏡片的等價球面度數等同各鏡片的等價球面度數的總和)。
4. 繪圖並建構兩個柱面度數的向量，得出向量總和及軸。以下說明如何完成。
   a. 基於向量繪圖的目的，需使柱軸角度加倍 (乃因 90 度柱軸與 180 度柱軸互為反向)。
   b. 畫出所寫的柱面鏡片度數大小，但畫的軸線角度需加倍。
   c. 畫出合成的向量並測量其長度，此為組合後的柱面鏡片的度數。
   d. 讀出新的柱鏡向量角度並除以 2，此值是新的柱軸。
5. 在圖 13-19 C 區輸入新的柱面度數及柱軸角度。
6. 將「等價球面 C 方格」的等價球面度數，減去 * 新的柱面度數的等價球面度數。此為新的球柱鏡片的球面度數。

---

* 若鏡片是負柱面鏡片度數，將會以負值表示。

	球面	柱面	軸線	等價球面度數
A	0.00	−2.00	180	−1.00
+ B	0.00	−2.00	45	−1.00
= C	−0.58	−2.83	22.5	−2.00

圖 **13-20**　此樣板可得出兩個斜向交叉圓柱鏡於 45 度角交叉後的結果。

例題 13-15

利用剛才所述的圖解法，求得兩個斜向交叉圓柱鏡組合後的球柱面鏡片之度數。

$$pl - 2.00 \times 180$$

$$-2.00 + 2.00 \times 135$$

解答

1. 其中一個鏡片是負柱鏡，另一個鏡片是正柱鏡，同時將它們轉換成負柱鏡，結果為：

$$pl - 2.00 \times 180$$

$$pl - 2.00 \times 045$$

2. 將鏡片度數寫在圖 13-20 方格中。

3. pl −2.00 × 180 的等價球面度數是 −1.00 D 球面，此亦為另一鏡片的等價球面度數，故將 −1.00 輸入至前兩個等價球面度數 A 和 B 方格中。相加後，將 −2.00 輸入至等價球面度數 C 方格中。

   a. 為了繪製這些柱面鏡片度數，需將每一軸線角度加倍，180 度軸加倍後為 360 度（由於 180 度軸與 0 度軸是相同的，這如同我們所說的將 0 度加倍後等於 0），45 度軸加倍後為 90 度。

   b. 柱面度數向量輸入至 0 度和 90 度，如圖 13-21 所示（繪製柱面度數時，負號可省略）。

   c. 測得新的柱面度數為 2.83（實際上，我們無法準確量測此度數，但可能相當接近），因此柱面度數是 −2.83。

   d. 測得新的柱面軸線為 45 度，將 45 除以 2 的結果是 22.5 度，此為新的柱鏡之柱軸角度。

4. 將新的柱鏡度數及柱軸角度數值寫在圖 13-20 C 區內。

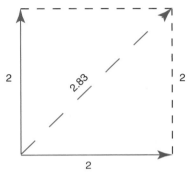

圖 **13-21**　圖繪兩個度數相同的斜向交叉圓柱鏡：對於 pl −2.00 × 180，柱軸加倍且畫在 0 度軸上。對於 pl −2.00 × 45，柱軸加倍且畫在 90 度軸上。組合後的度數是 −2.83，沿著 45 度軸線。合成後的柱軸是 $^{45}\!/_2$ 即 22.5 度。

5. 此時除了新的球面度數，我們得知所有數據。已知新鏡片的等價球面度數，故可將等價球面度數減去一半的新柱面度數。意即，若：

$$等價球面度數 = 球面度數 + \frac{柱面度數}{2}$$

則

$$球面度數 = 等價球面度數 - \left(\frac{柱面度數}{2}\right)$$

因此，對於這個問題，

$$球面度數 = 等價球面度數 - \left(\frac{柱面度數}{2}\right)$$
$$= -2.00 - \frac{-2.83}{2}$$
$$= -2.00 - (-1.42\ D)$$
$$= -0.58\ D$$

新的球柱面鏡片度數將為 −0.58 −2.83 × 22.5。

	球面	柱面	軸線		等價球面度數
A	−1.00	−2.00	20		−2.00
+					
B	−2.50	−3.00	80		−4.00
= C	−4.68	−2.64	60		−6.00

圖 13-22　兩個斜向交叉的球柱面鏡片度數輸入後的樣板。

例題 13-16

使用圖解法求出下列兩個斜向交叉球柱鏡組合後的球柱面鏡片之度數。

$$-1.00 - 2.00 \times 020$$

$$-2.50 - 3.00 \times 080$$

解答

1. 這兩個鏡片的柱面度數符號相同，因此不需進行轉換。
2. 將這兩個鏡片的度數輸入至圖 13-22 中。
3. 由於

$$等價球面度數 = 球面度數 + \frac{柱面度數}{2}$$

對於第一個鏡片

$$等價球面度數 = -1.00 + \frac{-2.00}{2}$$
$$= -1.00 - 1.00$$
$$= -2.00$$

對於第二個鏡片

$$等價球面度數 = -2.50 + \frac{-3.00}{2}$$
$$= -2.50 - 1.50$$
$$= -4.00$$

　　將這些輸入至等價球面度數 A 和 B 方格內並相加。等價球面度數總和為 −6.00 D，輸入至 C 方格中。

4a. 使柱軸角度加倍，故第一個將為 40 度，第二個是 160 度。

4b. 將柱面度數建構成向量，如圖 13-23 所示。

4c. 合成的向量測得為 2.64 單位長。

4d. 合成的軸為 120 度，此值除以 2，即可得到柱軸為 60 度的新柱面鏡片。

5. 將數值 −2.64 × 060 輸入至圖 13-22 C 區。

6. 新的球面度數如下：

$$球面度數 = 等價球面度數 - \left(\frac{柱面度數}{2} \right)$$
$$= -6.00 - \frac{-2.64}{2}$$
$$= -6.00 - (-1.32)$$
$$= -4.68$$

　　因此，新的球柱面鏡片為 −4.68 −2.64 × 060。

公式法

　　利用圖解法推導出公式，求得兩個斜向交叉圓柱鏡的合成結果。此公式可解決問題或建構一個基本的電腦程式，以解出斜向交叉圓柱鏡的問題。若不進行推導，公式法如下：

1. 若兩個柱面鏡片並非相同的形式，轉換其中一個鏡片，使兩者皆為正或負柱面形式。

2. 找出兩個柱軸角度的差異。F_{cyl1} 和 F_{cyl2} 的角度差異稱為 a。柱鏡中柱軸角度較小者稱為 F_{cyl1}，柱軸角度較大者稱為 F_{cyl2}。

3. 利用公式求得新柱軸與柱鏡中柱軸較小者 (F_{cyl1}) 的距離：

$$\tan 2\theta = \frac{F_{cyl2} \sin 2a}{F_{cyl1} + F_{cyl2} \cos 2a}$$

在此：

F_{cyl1} = 第一柱面鏡片的度數

F_{cyl2} = 第二柱面鏡片的度數

　　a = 兩柱軸角度的差異，以度為單位

　　θ = 新柱面鏡片的柱軸與第一柱面鏡片的柱軸之角度差異

4. 將 θ 與第一柱面鏡片的柱軸角度 (柱鏡中柱軸角度較小者) 相加，求得新柱面鏡片的柱軸角度。

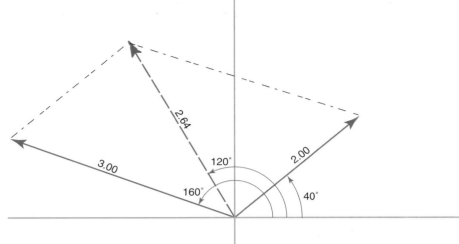

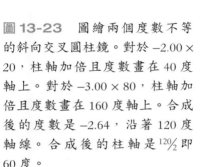

圖 13-23　圖繪兩個度數不等的斜向交叉圓柱鏡。對於 -2.00×20，柱軸加倍且度數畫在 40 度軸上。對於 -3.00×80，柱軸加倍且度數畫在 160 度軸上。合成後的度數是 -2.64，沿著 120 度軸線。合成後的柱軸是 $\frac{120}{2}$ 即 60 度。

5. 求出兩個柱面鏡片交叉合成後的球面度數 (S)，利用下列公式完成：

$$S = F_{cyl1} \sin^2 \theta + F_{cyl2} \sin^2 (a - \theta)$$

(註：若組合後的鏡片僅為平柱鏡，這只是新的球柱面鏡片度數組合。若有球面成分加入組合後的鏡片，之後仍需加進去)

6. 求得新的柱面度數 (C)，利用公式：

$$C = F_{cyl1} + F_{cyl2} - 2S$$

7. 將原始兩鏡片的球面度數 (S_1 和 S_2) 與柱面鏡片交叉合成後的球面度數 (S) 相加，求得新的總球面度數 (S_{Total})。

$$S_{Total} = S + S_1 + S_2$$

例題 13-17

兩個斜向交叉球柱面鏡片組合後，利用公式法求得合成的球柱面鏡片度數 (所用的鏡片如同例題 13-16，先前是利用圖解法組合而成)。

$$-1.00 - 2.00 \times 020$$
$$-2.50 - 3.00 \times 080$$

解答

1. 兩個柱面鏡片皆為負柱面形式鏡片，不需進行轉換。

2. 兩個柱軸角度的差異為：

$$80 - 20 = 60 \text{ 度}$$

3. 角度較小的柱軸與新柱軸的距離是：

$$
\begin{aligned}
\tan 2\theta &= \frac{F_{cyl2} \sin 2a}{F_{cyl1} + F_{cyl2} \cos 2a} \\
&= \frac{3 \sin (2 \bullet 60)}{2 + 3 \cos (2 \bullet 60)} \\
&= \frac{3 \sin 120}{2 + 3 \cos 120} \\
&= \frac{3(0.866)}{2 + 3(-0.5)} \\
&= \frac{2.60}{0.5}
\end{aligned}
$$

$$\tan 2\theta = 5.2$$
$$2\theta = 79.1 \text{ 度}$$
$$\theta = 39.6 \text{ 度}$$

4. 新的柱軸角度為 20 + 39.6 = 59.6 度，取最接近整數的度數，新的柱軸是 60 度。

5. 柱面鏡片交叉合成後的球面度數（未包含組合中的球柱面鏡片之球面度數）：

$$S = F_{cyl1} \sin^2 \theta + F_{cyl2} \sin^2 (a - \theta)$$
$$= -2.00 \sin^2 39.6 + -3 \sin^2 (60 - 39.6)$$
$$= -2.00(0.41) + -3.00(0.12)$$
$$= -0.82 - 0.36$$
$$= -1.18 \, D \, 球面$$

6. 新的柱面度數是：

$$C = F_{cyl1} + F_{cyl2} - 2S$$
$$= -2.00 + -3.00 - 2(-1.18)$$
$$= -2.64 \, D \, 柱面$$

7. 新的總球面度數是：

$$S_{Total} = S + S_1 + S_2$$
$$= -1.18 + (-1.00) + (-2.50)$$
$$= -4.68 \, D \, 球面$$

因此，斜向交叉球柱面鏡片合成後新的球柱面鏡片為 $-4.68 -2.64 \times 060$。

預測兩個斜向交叉圓柱鏡之總和的概念性問題

現實中很少人會以公式法或圖解法找出兩個斜向交叉圓柱鏡的結果，而是使用電腦程式作為替代。然而，充分了解兩個斜向交叉圓柱鏡或球柱鏡如何交互作用則相當有用。在此提出一些概念性問題，有助於理解兩個柱面鏡片如何相加。例子包括兩個互不呈斜角的柱鏡。每個問題代表了解柱面鏡片如何相加的重要觀點，解答是經由精確計算而得，然而，精確計算並不重要，重點在於需注意柱鏡的相對度數與新柱軸的位置。

問題 1。對或錯？兩個斜向交叉球柱鏡的等價球面度數的總和，必定等於合成後鏡片的等價球面度數。

答案：對

問題 2。對或錯？若兩個正或兩個負柱面鏡片的柱軸相同，合成後的柱面鏡片之度數將為兩個柱鏡的總和。

答案：對

例如，將 pl -2.00×180 與 pl -2.00×180 進行組合，合成後等於 pl -4.00×180。

問題 3。若兩個柱鏡的柱軸極為接近，新柱面鏡片的度數將為何？

答案：合成後的柱面鏡片之度數將相當接近兩柱鏡的總和，球面度數僅些微增加，趨近於無變化。

例如，pl -2.00×002 與 pl -2.00×178 組合後等於 $-0.02 -3.96 \times 180$。

問題 4。若兩個度數相等的柱鏡其柱軸相差 90 度，則合成後的結果為何？

答案：柱面度數將為 0，兩個組合後的柱面成分所產生的球面度數，將變為柱面鏡片的全度數。

例如，pl -2.00×090 與 pl -2.00×180 組合後等於 -2.00 球面。

問題 5。對或錯？若兩個斜向交叉圓柱鏡的度數相等，新柱鏡的柱軸將位於兩鏡片之間。

答案：對

例如，pl -2.00×030 與 pl -2.00×070 組合後為 $-0.47 -3.06 \times 050$。

問題 6。若兩個斜向交叉圓柱鏡的柱面度數不同，柱軸將如何改變？

答案：合成後的柱軸將被拉至較強的柱鏡之柱軸方向。

例如，pl -2.00×030 與 pl -1.00×070 組合後為 $-0.31 -2.39 \times 042$。

問題 7。若兩個度數相等的平柱鏡其柱軸相距非常接近 90 度，則球面與柱面的度數將為何？

答案：柱面度數趨近於 0，兩個組合後的柱面成分所產生的球面度數，將變為接近柱面鏡片的全度數。合成後的柱軸位於原始柱鏡的柱軸之間。

例如，pl -2.00×088 與 pl -2.00×002 組合後等於 $-1.86 -0.28 \times 45$。

問題 8。若兩個度數不同的柱鏡之柱軸相距 90 度，合成後的球面和柱面度數為何？

答案：新的柱面度數將為兩個柱面度數的差值，球面度數會增加為較小的柱面鏡片之度數。

例如，pl -2.00×090 與 pl -1.00×180 組合後等於 $-1.00 -1.00 \times 090$。

問題 9。若兩個度數不同的平柱鏡之柱軸相距非常接近 90 度，合成後的球面和柱面度數為何？

答案：柱面度數將接近兩個柱面度數的差值，球面度數則增加近似於較小的柱鏡之度數（軸將接近較高度數柱鏡的鏡片柱軸）。

例如，pl −2.00 × 088 與 pl −1.00 × 002 組合後等於 −0.99 −1.02 × 084。

概念上了解斜向交叉球柱面鏡片

在先前內文中，利用針對柱面鏡片相加的概念性問題表述，可相對簡單地將這些概念應用於球柱鏡。若未做實際的計算，將兩個球柱鏡相加時，可預測合成後的球柱面鏡片之度數及軸度。只從柱面鏡片開始，忽略球面鏡片。首先估算柱面度數的總和，而後加上球面度數。

例如問題 5 中，pl −2.00 × 030 與 pl −2.00 × 070 組合後，得出精確的鏡片度數是 −0.47 −3.06 × 050。由於柱面度數相等，合成後的柱軸將在兩者之間（預估合成後的柱面度數大於單一柱鏡，但小於兩者相加的結果。新球面度數則介於兩個原始柱面度數的總和與新柱面度數之間）。

若兩個鏡片的球柱鏡度數為 −1.50 −2.00 × 030 和 −1.25 −2.00 × 070，移去球面度數後再將柱面度數相加。柱鏡相加後的總和為 −0.47 −3.06 × 050。此時將舊有的球面度數相加 [(−1.50) + (−1.25) = (−2.75)]，再與新的球面度數 [(−2.75) + (−0.47) = (−3.22)] 組合。新的球柱面鏡片度數是 −3.22 −3.06 × 050。

鏡片厚度

矢狀切面深度

決定鏡片厚度的基本公式是矢狀切面深度公式 (sagittal depth formula)，或稱為 Sag 公式 (sag formula)，已於本章稍早介紹。矢狀切面深度是鏡片表面弧的深度，如圖 13-24 所示。記住，弦是一條連接弧上兩點的直線。在圖 13-24 中，弧上兩點位於鏡片的邊緣，弦長等於鏡片的直徑。

欲確認矢狀切面深度，務必了解弦長及鏡片表面的曲率半徑。圖 13-25 說明半徑 (r) 是直角三角形的斜邊（注意，此處使用本章先前所討論的鏡片鐘之原理，圖 13-25 是圖 13-9 的另一個觀點）。另外的兩個邊是 y，為弧長的一半（或 ½ 的鏡片直徑），(r − s) 是半徑 (r) 減去矢狀切面深度 (s)。此三角形是直角三角形，運用畢氏定理可求得 Sag：（討論鏡片測量器時，我們利用畢氏定理確認曲率半徑 [r]）。

$$y^2 + (r − s)^2 = r^2$$

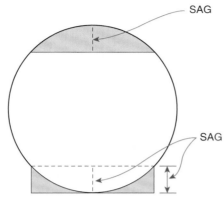

圖 13-24　當直徑與曲率相同時，刃邊型正鏡片的中心厚度等於中心無限薄型負鏡片的邊緣厚度。

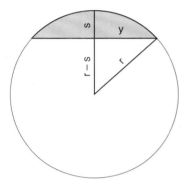

圖 13-25　此圖的幾何形狀說明了 Sag 公式如何由畢氏定理推導出來。此處 $y^2 + (r − s)^2 = r^2$。

轉換後，

$$(r − s)^2 = r^2 − y^2$$

則

$$r − s = \sqrt{(r^2 − y^2)}$$

簡化成

$$−s = −r + \sqrt{(r^2 − y^2)}$$

結果為

$$s = r − \sqrt{(r^2 − y^2)}$$

最後的方程式稱為精確的 Sag 公式 (accurate sag formula)。

近似的 Sag 公式

在手持式計算機出現之前，出現了近似結果的簡化公式，可求得彎曲表面的矢狀切面深度。為了簡化計算，將較複雜的公式 $s = r − \sqrt{(r^2 − y^2)}$ 簡化成

$$s = \frac{y^2}{2r} \text{ (近似的Sag公式)}$$

近似的 *Sag* 公式僅適用於直徑短且曲率半徑長之時，意即它僅合用於表面度數低的小鏡片。它曾被廣為使用，故至今仍可見且被提及。然而，利用精確的 Sag 公式不再如此困難，所有尺寸和度數的鏡片皆可得到準確的結果。

例題 13-18

某鏡片表面的曲率半徑為 83.7 mm，鏡片直徑為 50 mm，其前表面的矢狀切面深度為何？

解答

利用精確的 Sag 公式，

$$s = r - \sqrt{(r^2 - y^2)}$$

已給定 r 值為 83.7 mm，y 值是鏡片直徑的一半。鏡片的直徑是 50 mm，故 y 為 25 mm。因此

$$
\begin{aligned}
s &= 83.7 - \sqrt{(83.7)^2 - (25)^2} \\
&= 83.7 - 79.9 \\
&= 3.8 \text{ mm}
\end{aligned}
$$

s、r 和 y 可用公尺或公釐作為單位，只要所有數值的單位皆相同。在此情況中，所有數值皆以公釐為單位。該表面的 Sag 是 3.8 mm。

例題 13-19

假設鏡片的校準基弧 (TBC) 為 +7.19 D，若鏡片的直徑是 52 mm，在直徑全長為 52 mm 當中，前表面的矢狀切面深度為何？

解答

欲求得表面的矢狀切面深度，我們需知道 r 和 y。y 值容易確認，乃因它是直徑 52 mm（弦）的一半，即 $y = 26$ mm。然而，若欲求得半徑，則需利用造鏡者公式：

$$r = \frac{n-1}{F}$$

校準基弧是根據鏡片鐘所測得的數值，使用鏡片鐘時，假設折射率為 1.53，故 n = 1.53，或者

$$r = \frac{1.53 - 1}{F}$$

若校準基弧表面為 +7.19 D，欲求得 r 值，我們利用：

$$
\begin{aligned}
r &= \frac{1.53 - 1}{+7.19} \\
&= \frac{0.53}{+7.19} \\
&= 0.0737 \text{ m}
\end{aligned}
$$

運用 Sag 公式時，需使方程式中所有項目的單位相同。將 0.0737 m 轉換成公釐 (mm)，故 $r = 73.7$ mm。此時使用 Sag 公式：

$$
\begin{aligned}
s &= r - \sqrt{(r^2 - y^2)} \\
&= 73.7 - \sqrt{(73.7)^2 - (26)^2} \\
&= 73.7 - \sqrt{5431.7 - 676} \\
&= 73.7 - \sqrt{4755.7} \\
&= 73.7 - 69.0 \\
&= 4.7 \text{ mm}
\end{aligned}
$$

+7.19 D 校準基弧表面的矢狀切面深度在 52 mm 鏡片上是 4.7 mm。

例題 13-20

某鏡片的校準基弧 (TBC) 是 +7.19，直徑為 52 mm，且有平的後表面，邊緣厚度為 1.6 mm，則鏡片的中心厚度 (CT) 為何？

解答

在例題 13-19 中，我們已計算此鏡片前表面的矢狀切面深度。透過圖 13-26, A 觀察此平凸鏡片的外觀。根據此圖，我們可見鏡片的 CT 等於前表面 (s_1) 的矢狀切面深度加上邊緣厚度 (ET)，因此該鏡片的厚度為：

$$
\begin{aligned}
CT &= s_1 + ET \\
CT &= 4.7 \text{ mm} + 1.6 \text{ mm} \\
&= 6.3 \text{ mm}
\end{aligned}
$$

已將圖 13-26 中的邊緣厚度畫得特別粗，可避免前、後表面的矢狀切面深度標籤 (s_1 和 s_2) 重疊。若依照尺度繪製，邊緣將更薄且能準確地與實例相對應。

彎月形鏡片的厚度

現今配戴的眼鏡鏡片少數為平凹或平凸鏡片，

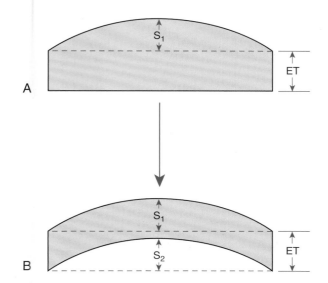

圖 13-26　A. 某個具有凸的前表面和平的後表面之正鏡片，其鏡片中心厚度等於邊緣厚度加上前表面的矢狀切面深度 (s_1)。B. 某彎月形鏡片具有凸的前表面和凹的後表面。彎月形鏡片的中心厚度等於邊緣厚度加上前表面的矢狀切面深度 (s_1)，減去第二表面的矢狀切面深度 (s_2)。

但大部分鏡片其前表面是凸的，而後表面是凹的。這些鏡片稱為彎月形鏡片 (*meniscus lenses*)。欲確定彎月形鏡片的厚度，必須同時對前表面和後表面進行計算。

　　為更了解這種鏡片的構造以及如何計算，將彎月形鏡片視為是兩個鏡片膠合在一起。彎月形鏡片可先想成是平凸鏡片，如圖 13-26, A 所示。對於平凸鏡片，中心厚度等於第一表面的矢狀切面深度 (s_1) 加上邊緣厚度，或者：

$$CT = s_1 + ET$$

　　計算出平凸鏡片的中心厚度後，想像將鏡片的背面磨成負弧，如圖 13-26, B 所示。此中心厚度因剛磨成的凹表面之矢狀切面深度而縮減，中心厚度變成：

$$CT = s_1 + ET - s_2$$

或者

$$CT = s_1 - s_2 + ET$$

其中，s_2 是第二表面的矢狀切面深度。

　　利用精確的 Sag 公式求得矢狀切面深度：

$$s = r - \sqrt{r^2 - y^2}$$

如先前所述。

概念上了解鏡片的厚度

　　了解鏡片厚度的概念之其中一個動機，即是可容易觀察給定處方在各類鏡架中的外貌。事實上，若知悉厚度的概念，則能避免訂購到難看或甚至不合適的鏡架。進入下一部分的內文前，於此先快速複習在解決問題的順序中常用所需的公式。

$$1.\ y = \frac{弦直徑}{2}$$
$$2.\ r = \frac{n-1}{F}$$
$$3.\ s = r - \sqrt{r^2 - y^2}$$
$$4.\ CT = s_1 - s_2 + ET$$

　　進行到這部分的內容時，某些例子似乎過於簡單，這是為確保每個概念步驟都能被理解。

平凸鏡片的中心厚度

例題 13-21

鏡片尺寸如下，其中心厚度為何？

$$鏡片度數 = +3.00\ D$$
$$折射率 = 1.53$$
$$鏡片直徑 = 50\ mm$$

　　鏡片形式是平凸鏡片（前弧為 +3.00 D，後表面呈平坦）。

　　邊緣厚度為 0（無邊緣厚度的鏡片稱為刃邊）。

　　此鏡片無移心（光學中心正好位於邊形的中央）。

解答

學習將鏡片的厚度概念化，有助於試著盡快畫出鏡片的圖像。針對此情況，由於鏡片呈圓形且光學中心位於鏡片的中心，弦的直徑等同眼睛大小或鏡框的 A 尺寸。

這類資訊可讓我們畫出此鏡片的截面圖，如圖 13-27 所示，使半徑 (y) 等於：

$$y = \frac{弦直徑}{2}$$
$$= \frac{50}{2}$$
$$= 25\ mm$$

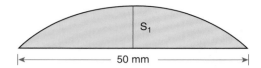

圖 13-27 邊緣厚度為 0 的平凸鏡片，其中心厚度等於凸表面的矢狀切面深度。

在此利用造鏡者公式求得曲率半徑：

$$r = \frac{n-1}{F}$$
$$= \frac{1.53 - 1}{3.00}$$
$$= \frac{0.53}{3}$$
$$= 0.1766 \text{ m 或 } 176.7 \text{ mm}$$

鏡片表面的矢狀切面深度：

$$s_1 = r - \sqrt{r^2 - y^2}$$
$$= 176.7 - \sqrt{(176.7)^2 - (25)^2}$$
$$= 176.7 - \sqrt{31223 - 625}$$
$$= 176.7 - \sqrt{30598}$$
$$= 176.7 - 174.9$$
$$= 1.8 \text{ mm}$$

可運用中心厚度的公式，然而在使用公式之前，我們已知中心厚度將為 1.8 mm。這是因為無邊緣厚度，且鏡片後方平坦。由於鏡片平的，第二表面的矢狀切面深度 (s_2) 等於 0。以下是公式求解過程：

$$CT = s_1 - s_2 + ET$$
$$= 1.8 - 0 + 0$$
$$= 1.8 \text{ mm}$$

在完成此問題之前，需先查看鏡片整體—中心、左緣、右緣、頂端及底部。檢視鏡片的水平及垂直橫切面，請見圖 13-28。

例題 13-22

某 +3.00 D 球面鏡片，尺寸如同先前的鏡片，除了該鏡片的邊緣厚度已磨為 1.0 mm。鏡片的中心厚度為何？

解答

此答案能直覺得知。若先前鏡片的邊緣厚度為 0，中心厚度為 1.8 mm，則邊緣厚度為 1.0 mm 的該鏡片，將於各處增厚 1.0 mm，導致鏡片的中心厚度為

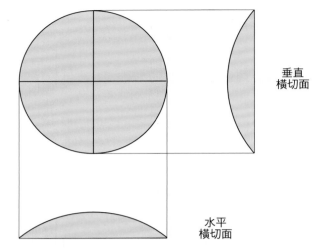

圖 13-28 刃邊型平凸鏡片的橫切面。

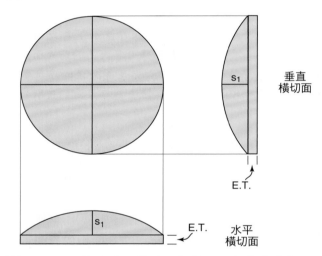

圖 13-29 若某平凸鏡片（無移心）有邊緣厚度，此鏡片的中心厚度等於凸表面的矢狀切面深度加上其邊緣厚度。

2.8 mm。然而，此例引入進一步的推理以求得鏡片的厚度。

鏡片繪製如圖 13-29。我們求得第一表面的矢狀切面深度 s_1，完全如同先前。藉由此圖（及公式）得知：

中心厚度＝前表面的矢狀切面深度＋邊緣厚度

意即，

$$CT = 1.8 \text{ mm} + 1.0 \text{ mm}$$
$$= 2.8 \text{ mm}$$

第二表面的矢狀切面深度為 0，因此未予以考慮（附帶一提，繪製如圖 13-29 所示的圖時，水平及垂直橫切面兩者的中心厚度必定相等，乃因它們皆為相同鏡片的一部分）。

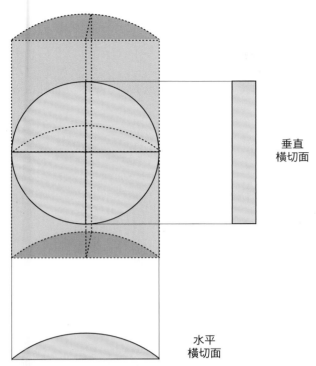

圖 13-30　平凸柱面鏡片在主要軸線上的橫切面。當此平凸柱面鏡片（圖示為 90 度柱軸）被磨邊磨成圓形時，於度數軸線上的水平橫切面上看似一個普通的正鏡片。中心厚且兩側邊緣薄。在垂直（柱軸）軸線上，鏡片的中心和邊緣厚度皆相等。

例題 13-23

A. 柱面鏡片的度數是 pl +3.00 × 090，為 50 mm 的圓形且無移心，則其中心厚度為何？鏡片邊緣最薄處為 0，意即鏡片最薄的點是「刃邊」。此鏡片的後表面平坦，折射率為 1.53。

B. 薄刃邊位於何處？

C. 最厚的邊緣厚度為何？

解答

A. 若繪製此鏡片，如圖 13-30 所示，可見柱面軸線在 90 度，度數軸線在 180 度。鏡片如同先前例題中的 +3.00 D 球面鏡片，度數為 +3.00 D，弦長為 50 mm。由於它是刃邊且平凸，矢狀切面深度如同先前例題為 1.8 mm，故鏡片的中心厚度相等。

B. 刃邊位於鏡片的左側和右側，在 180 度水平度數軸線上，如圖 13-30 所示。

C. 鏡片在 90 度柱面軸線為平光，因此延著軸的厚度不變。若此平柱面鏡片的中心厚度為 1.8 mm，其頂端和底部的厚度亦為 1.8 mm。

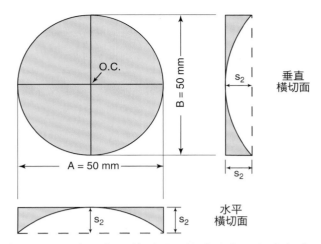

圖 13-31　中心無限薄型平凹鏡片的水平和垂直橫切面。中心厚度為 0，邊緣厚度等於凹（負）表面的矢狀切面深度。

平凹鏡片的邊緣厚度

　　求得負鏡片之邊緣厚度的方法，實際上也可用於確認正鏡片的中心厚度。

例題 13-24

對於製成邊緣形狀為 50 mm 圓形的負鏡片，若光學中心確實位於邊形中央，則其邊緣厚度為何？鏡片的參數如下：

　　前表面弧呈平坦（$F_1 = 0$）。
　　後表面弧的度數為 −3.00 D（$F_2 = -3.00$ D）。
　　折射率是 1.53。
　　鏡片的中心無限薄，意即鏡片的中心厚度為 0。

解答

以繪圖來描述問題，如圖 13-31 所示，可見此圓形鏡片的水平與垂直橫切面。由於鏡片為圓形且光學中心位在鏡片的中央，故水平及垂直橫切面皆相同。鏡片的中心厚度為 0，前表面呈平坦，因此後表面的矢狀切面深度等於鏡片的邊緣厚度。

　　針對後表面的矢狀切面深度，可用如同前表面的矢狀切面深度的方法求得。選擇與稍早例題相同的尺寸，以便得知 $s_2 = 1.8$ mm。

　　若以公式求得邊緣厚度，則會使用：

$$CT = s_1 - s_2 + ET$$

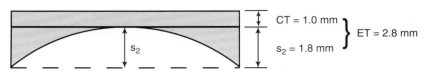

圖 **13-32** 平凹（負）鏡片的邊緣厚度是中心厚度和凹表面的矢狀切面深度之總和。

或

$$ET = CT - s_1 + s_2$$
$$ET = 0 - 0 + 1.8 \text{ mm}$$
$$ET = 1.8 \text{ mm}$$

例題 13-25

某 –3.00 D 鏡片，除了中心厚度為 1.0 mm 之外，尺寸如同先前的鏡片。在水平軸線與垂直軸線上，此鏡片的邊緣厚度為何？

解答

邊緣厚度隨著中心厚度增加而增厚。若第二表面的矢狀切面深度是 1.8 mm，中心厚度是 1.0 mm，則邊緣厚度將為 2.8 mm（圖 13-32）。這是直覺的答案，然而，公式的程序是：

$$ET = CT - s_1 + s_2$$
$$= 1.0 - 0 + 1.8$$
$$= 2.8 \text{ mm}$$

此目的在於直覺了解中心和邊緣的厚度如何運算，無需透過公式。不太可能有人會坐在光學配鏡室內計算中心或邊緣的厚度。然而當完成時甚至是在訂購前，概念上了解眼鏡鏡片處方在給定的鏡框形狀及鏡片材料中之外觀相當重要。

例題 13-26

某鏡片的規格如下：

* 度數 = pl – 3.00 × 090
* 鏡片形式：平凹柱鏡
* 鏡片是外緣為 50 mm 的圓形
* 鏡片的光學中心位於邊形中央（即無移心）
* 折射率為 1.53
* 鏡片的中心厚度為 1.0 mm

在水平軸線及垂直軸線上，它的邊緣厚度為何？

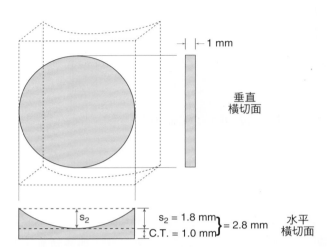

圖 **13-33** 有中心厚度的平凹柱鏡之水平和垂直橫切面。沿著柱軸的厚度維持不變。

解答

最初先以繪圖來描述問題，圖 13-33 顯示某平凹柱鏡其柱軸在 90 度方向上。此時想像將柱面鏡片磨邊成 50 mm 的圓形，畫一個圓覆蓋其上（於平面繪製此圓，將無法確實吻合平柱鏡於 3 度空間中的外觀，但應可理解）。

此時繪製鏡片的水平和垂直橫切面，該平凹柱鏡沿著其柱面軸線有相同的厚度，因此鏡片的頂端、底部厚度等同鏡片的中心厚度 (1.0 mm)。

平凹柱面鏡片於度數軸線上，其厚度向邊緣增加。沿度數軸線上的邊緣厚度等於中心厚度加上第二表面的矢狀切面深度。情況如前，矢狀切面深度為 1.8 mm，因此在 180 度軸線上兩側的邊緣厚度是 2.8 mm。如前：

$$ET_{180} = CT - s_1 + s_2$$
$$= 1.0 - 0 + 1.8$$
$$= 2.8 \text{ mm}$$

彎月形鏡片的中心及邊緣厚度

下列是一些有關正、負彎月形鏡片的例題，利用已涵蓋的相同原理作答。

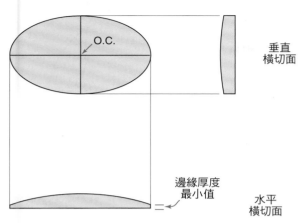

圖 13-34　當正球面鏡片被磨邊成橢圓形時，最接近鏡片光學中心的邊緣厚度將最厚。

圖 13-35　彎月形鏡片的中心厚度等於第一表面的矢狀切面深度 (s_1) 減去第二表面的矢狀切面深度 (s_2)，再加上邊緣厚度 ($CT = s_1 - s_2 + ET$)。

$$r = \frac{n-1}{F_1} = \frac{1.53-1}{8.00}$$
$$= 0.06625 \text{ m} = 66.25 \text{ mm}$$
$$s_1 = r - \sqrt{(r)^2 - (y)^2}$$
$$= 66.25 - \sqrt{(66.25)^2 - (25)^2}$$
$$= 66.25 - \sqrt{4389 - 625}$$
$$= 66.25 - 61.35$$
$$= 4.9 \text{ mm}$$

第二表面：

$$r = \frac{1-n}{F_2} = \frac{1-1.53}{-6}$$
$$= 0.08833 \text{ m} = 88.33 \text{ mm}$$
$$s_2 = r - \sqrt{(r)^2 - (y)^2}$$
$$= 88.33 - \sqrt{(88.33)^2 - (25)^2}$$
$$= 88.33 - \sqrt{7803 - 625}$$
$$= 88.33 - 84.72$$
$$= 3.6 \text{ mm}$$

因此鏡片的中心厚度是：

$$CT = s_1 - s_2 + ET$$
$$= 4.9 - 3.6 + 1.5$$
$$= 2.8 \text{ mm}$$

例題 13-27

某 +2.00 D 的鏡片被磨邊成水平的橢圓形，其中心厚度為何？回答此問題所需的鏡片參數如下：

$F_1 = +8.00 \text{ D}$（前表面度數）

$F_2 = -6.00 \text{ D}$（後表面度數）

$n = 1.53$

　最小邊緣厚度 $= 1.5 \text{ mm}$

A $= 50 \text{ mm}$（橢圓形的水平尺寸）

B $= 30 \text{ mm}$（橢圓形的垂直尺寸）

鏡片的光學中心位於該鏡片形狀的中央。

解答

在開始計算前，需確認鏡片最薄的邊緣於何處。找出最薄邊緣處之最簡易的方法，乃是將鏡片概念化。對此應忽略該鏡片是彎月形的事實，想像它是度數為 +2.00 D 的平凸鏡片。若以此方法繪出，將如圖 13-34 所示。我們已知正鏡片最厚處位於中央，距離中央越遠則逐漸變薄，因此正球面鏡片最薄的邊緣將是在距離鏡片光學中心最遠處的邊緣。

　鏡片左、右緣與光學中心的距離相等，且是距離光學中心最遠的點。頂端與底部距離光學中心較近且較厚。

　了解後，我們重繪水平橫切面如圖 13-35 所示。若能確認第一、第二表面的矢狀切面深度，即可知中心的厚度為何。

第一表面：

例題 13-28

某 –2.00 D 鏡片的參數如下：

- $F_1 = +6.00 \text{ D}$
- $F_2 = -8.00 \text{ D}$
- $n = 1.53$
- 中心厚度 $= 1.5 \text{ mm}$
- 磨邊成水平的橢圓形，其中
- A $= 50 \text{ mm}$（水平尺寸）
- B $= 30 \text{ mm}$（垂直尺寸）

鏡片在水平與垂直軸線上的邊緣厚度為何？

解答

首先注意此例中的鏡片與前例的正鏡片有許多共通點，甚至其表面弧也相同，不同之處在於此時的前

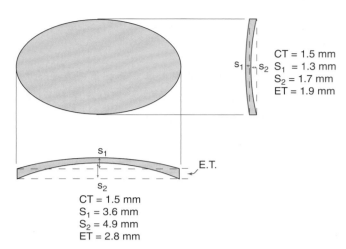

圖 13-36 邊緣磨成橢圓形的負球面彎月形鏡片的水平和垂直橫切面。

弧是 6 D，後弧是 8 D。記住，負鏡片最薄處位於中心，厚度向邊緣漸增。最接近中心的邊緣最薄，最遠離中心的邊緣最厚。回答此問題前需先繪圖，結果如圖 13-36 所示。

對於水平軸線：

欲求得水平軸線的邊緣厚度，我們已知弦直徑為 50 mm，折射率和表面弧如同先前的問題。因此，針對 +6.00 的前弧，矢狀切面深度 (s_1) 是 3.6 mm，−8.00 的第二表面之矢狀切面深度 (s_2) 是 4.9 mm。由此得出邊緣厚度：

$$ET = CT - s_1 + s_2$$
$$= 1.5 - 3.6 + 4.9$$
$$= 2.8 \text{ mm}$$

對於垂直軸線：

儘管垂直軸線與水平軸線上的弧相同，但矢狀切面深度不同，乃因弦直徑（或弦長）較短。對於 +6.00 D 的表面，我們已知表面半徑是 88.33 mm，垂直弦直徑的半徑為：

$$y = \frac{\text{弦直徑(或弦長)}}{2}$$
$$= \frac{30 \text{ mm}}{2}$$
$$= 15 \text{ mm}$$

因此第一表面在 90 度軸線上的矢狀切面深度是：

$$s_1 = r - \sqrt{r^2 - y^2}$$
$$= 88.33 - \sqrt{(88.33)^2 - (15)^2}$$
$$= 88.33 - \sqrt{7803 - 225}$$
$$= 88.33 - 87.05$$
$$= 1.3 \text{ mm}$$

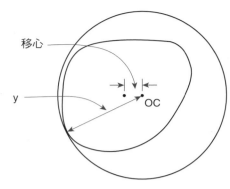

圖 13-37 用於計算鏡片厚度的直徑，基本上等於用在最小鏡坯尺寸的直徑，唯一不同處在於忽略了碎裂的安全係數。

第二表面在 90 度軸線上的矢狀切面深度是：

$$s_2 = r - \sqrt{r^2 - y^2}$$
$$= 66.25 - \sqrt{(66.25)^2 - (15)^2}$$
$$= 66.25 - \sqrt{4389 - 225}$$
$$= 66.25 - 64.53$$
$$= 1.7 \text{ mm}$$

這使得頂端和底部的厚度等於：

$$ET = CT - s_1 + s_2$$
$$= 1.5 - 1.3 + 1.7$$
$$= 1.9 \text{ mm}$$

因此，該鏡片的水平邊緣厚度為 2.8 mm，垂直邊緣厚度為 1.9 mm。

確認無移心鏡片的鏡片直徑

可求得正確 Sag 數值的鏡片直徑，攸關於鏡框的尺寸及光學中心的位置。鏡片一旦被磨邊，光學中心往往不在鏡片的中央。為了觀察這種情況，在已磨邊的鏡片上標示光學中心的落點，接著從光學中心 (OC) 至鏡片邊緣距離光學中心最遠的點畫一條線（圖 13-37），該線即我們所關注的 y 值。2 倍的 y 值極為接近最小鏡坯尺寸 (*minimum blank size*, MBS)*。事實上，考量單光未切割鏡片時，我們關注的直徑即是最小鏡坯尺寸，但它不包括 MBS 公式中鏡片碎裂所含的 2 mm 安全係數†。此直徑，我們稱為弦直徑 (*chord diameter*)，其公式為：

---

* 更多關於最小鏡坯尺寸的內容請見第 5 章。
† 單光鏡片的 MBS 公式是 MBS = ED + (A + DBL − PD) + 2 = ED + (每一鏡片的移心值) × 2 + 2。

$$弦直徑 = ED + (A + DBL - Far\ PD)$$

在此

$$ED = 鏡片的有效直徑^*$$

$$A = 方框系統法中之眼型尺寸$$

$$DBL = 鏡片之間的距離$$

$$Far\ PD = 配戴者遠距離觀看時的瞳距$$

弦直徑公式可用於單光鏡片及多焦點鏡片。

估算邊緣厚度

可迅速估算邊緣厚度將非常有幫助。當問及「我的鏡片將有多厚？」時，這類估算相當有用。若未計算弦直徑與 Sag 的數值，便無法準確得知邊緣或中心的厚度。為了使估算更為簡易，假設所有狀況的移心值相同，並以鏡框的有效直徑 (ED) 取代弦直徑，如此將可省略許多計算。這意指對於 ED 是 50 mm 的鏡片，我們可使用 0.7 的常數 (K)，然後乘以鏡片度數。對於 ED 為 50 mm 的鏡片，常數是 0.7；ED 為 58 mm 的鏡片，常數是 1。若記得 (50, 0.7) 和 (58, 1.0) 這些數字，便可估算常數為 0.7 和 1.0 以外的情況，端看鏡框的 ED 值與 50 或 58 mm 相差為何 (這些估算是針對低折射率的玻璃或塑膠鏡片。欲估算高折射率材料的厚度，可將常數值 0.7 和 1.0 稍微降低。折射率越高，則常數值將越低)。

例題 13-29

估算 −6.00 D 鏡片的邊緣厚度，其中心厚度為 2.2 mm，配置於 ED 值為 55 mm 的鏡框上。

解答

55 mm 的 ED 值介於 50 ～ 58 之間，這表示所選的常數將大於 0.7 ～ 1.0 (中間值為 0.85)。若所選的常數是 0.9，則邊緣厚度為：

$$\begin{aligned}邊緣厚度 &= K(F) + 中心厚度 \\ &= 0.9(6.00) + 2.2 \\ &= 5.4 + 2.2 \\ &= 7.6\text{mm}\end{aligned}$$

鏡片的邊緣厚度估算值是 7.6 mm。

當鏡片處方包含稜鏡值時，為了進行估算，需將一半的處方稜鏡值加上鏡片厚度 (稜鏡改變鏡片厚度的原因，之後將於稜鏡相關章節中詳細說明)。

因此，經驗法則可表示為：

$$中心或邊緣厚度 = K(F) + (邊緣或中心厚度) + P/2$$

在此

K = 常數

F = 鏡片度數

P = 稜鏡度數

例題 13-30

若例題 13-29 中的鏡片也有 3 稜鏡度的基底朝外稜鏡，估算該鏡片的邊緣厚度。

解答

估算每一稜鏡度的稜鏡厚度係數為 0.5 mm，預估厚度增加 1.5 mm，因此邊緣厚度的估算值是：

$$\begin{aligned}邊緣厚度 &= K(F) + CT + \frac{P}{2} \\ &= 0.9(6.00) + 2.2 + 1.5 \\ &= 9.1\text{mm}\end{aligned}$$

應理解的是此估算方法僅提供約略的預估值，故不可完全依靠它。

在斜向軸線上的曲率

指定鏡片曲率時，弧可用曲率半徑 (r) 或「曲率」單位來表示。

球面彎曲的表面有特定的曲率半徑 r。根據定義，表面的曲率以 R 表示，即是公尺為單位之曲率半徑的倒數，單位為公尺的倒數 (m^{-1})。意即，

$$R = \frac{1}{r}$$

某平正柱面鏡片的外觀如圖 13-38 所示。此圖中，鏡片表面在柱面軸線上沒有弧，該表面呈平坦。在度數軸線上，此表面有最大的曲率，因此沿著平柱面鏡片表面的軸方向，曲率為 0；沿著度數軸線，曲率為 R。若在柱面軸線與度數軸線之間，曲率將隨著度數增加 (圖 13-39)。特定的表面曲率可利用下列公式求得：

$$R_\theta = R_{cyl}\sin^2\theta$$

---

* 更多關於有效直徑的內容請見第 2 章。

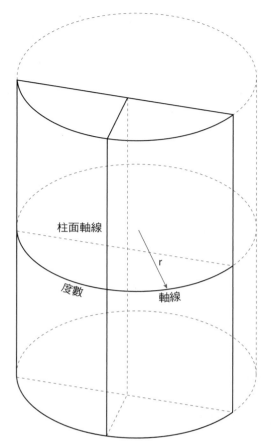

圖 13-38 平正柱面鏡片在柱面軸線上並無度數。度數軸線上的屈光度取決於材料的折射率和曲率半徑。

在此

R_θ = 斜向軸線上的曲率
R_{cyl} = 度數軸線上的曲率

且

θ = 斜向軸線與柱面軸線的夾角

可從更簡易的方法中得知，由於鏡片表面在空氣中，

$$F = \frac{n-1}{r}$$

或

$$F = (n-1)R$$

則

$$R = \frac{F}{n-1}$$

如此似乎合理，若

$$R_\theta = R_{cyl} \sin^2 \theta,$$

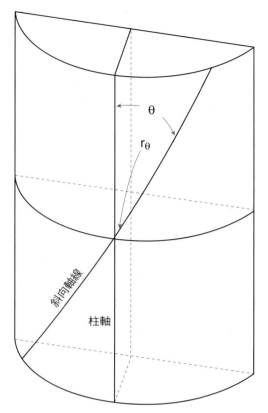

圖 13-39 曲率半徑 r_θ 在平正柱面鏡片的斜向軸線上，將隨著柱鏡的度數和斜向軸線的角度 (θ) 而改變。

我們可以說

$$\frac{F_\theta}{n-1} = \frac{F_{cyl}}{n-1} \sin^2 \theta$$

且

$$F_\theta = F_{cyl} \sin^2 \theta.$$

可惜，此假設不完全正確。儘管橫切面的曲率改變，傾斜柱面軸線上的「度數」可於表面上利用鏡片鐘讀出。技術上，平柱鏡沿著斜向軸線上的度數不變，只有曲率會改變。然而，正弦－平方估計法在特定情況下仍有幫助。

利用正弦－平方 θ 求得柱面鏡片在斜向軸線上的「度數」

利用正弦－平方估計法求出柱面鏡片在斜向軸線上的「度數」，可運用以下步驟：

1. 求得「θ」。

   θ 是問題中的軸線與柱面軸線之夾角。

2. 應用正弦－平方公式 ($F_\theta = F_{cyl} \sin^2\theta$) 得出柱面鏡片的度數。

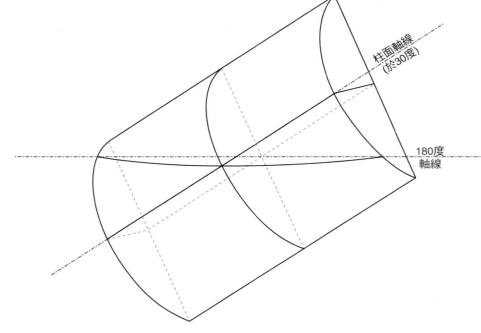

圖 13-40　求出某正柱面鏡片在 180 度軸線上的「度數」，可視覺化如此圖所示。

柱面軸線
（於 30 度）

180 度
軸線

例題 13-31

pl +2.00 × 030 柱鏡在 180 度軸線上的「度數」為何？

解答

為了求得 θ，我們找出柱面軸線與 180 度軸線之夾角，此夾角與柱軸相同（圖 13-40）。欲求得柱鏡於 180 度軸線上的度數，我們利用公式 $F_\theta = F_{cyl} \sin^2 \theta$

數值代入後得出：

$$
\begin{aligned}
F_\theta &= F_{cyl} \sin^2 \theta \\
&= (+2.00) \sin^2 30 \\
&= (+2.00)(0.25) \\
&= +0.50\,D
\end{aligned}
$$

因此，柱鏡於 180 度軸線上的「度數」是 +0.50 D。

在斜向軸線上的厚度

　　運用正弦－平方法可知鏡片於斜向軸線上的曲率，表示我們可求得於斜向軸線上的曲率半徑。有了曲率半徑和弦直徑，便能得知於斜向軸線上的矢狀切面深度，如此可直接推導出斜向軸線上的鏡片厚度。藉由正弦－平方理論，我們能求得鏡片上任一點的鏡片厚度。在此盼各位讀者能深入截取此概念，以確認鏡片上任一點的鏡片厚度。

參考文獻

1. Brooks C: Specifying base curves: the dos and don't, Rev Optom 45-48, 1996.

學習成效測驗

鏡片表面度數和基弧

1. 某鏡片的規格如下：
   $F_1 = +7.25$ D
   F_2 在 90 度 $= -6.00$ D
   F_2 在 180 度 $= -8.00$ D
   其基弧為何？
   a. -6.00 D
   b. -8.00 D
   c. $+7.25$ D

2. 某鏡片的規格如下：
   F_1 在 90 度 $= +6.00$ D
   F_1 在 180 度 $= +8.00$ D
   $F_2 = -7.00$ D
   其基弧為何？
   a. $+6.00$ D
   b. $+8.00$ D
   c. -7.00 D
   d. -1.00 D
   e. $+1.00$ D

3. 若 $+2.00$ $+1.00 \times 090$ 的鏡片被磨成負柱面形式，
   尺寸如下，則其複曲面基弧或後基弧為何？
   $F_1 = +8.00$ D
   F_2 在 90 度 $= -6.00$ D
   F_2 在 180 度 $= -5.00$ D
   a. $+8.00$ D
   b. -6.00 D
   c. -5.00 D

4. 若 $+2.00$ $+1.00 \times 090$ 的鏡片被磨成正柱面形式，
   其 F_2 表面為 -4.00 D，則基弧為何？
   a. $+6.00$ D
   b. $+7.00$ D
   c. -4.00 D
   d. $+2.00$ D
   e. 以上皆非

5. 對或錯？基弧和複曲面基弧是同義詞。

6. 對或錯？複曲面基弧位於負柱面鏡片後方。

7. 柱面度數 -3.25 D 的鏡片處方於 $+6.00$ D 的基弧
   上製成。眼球的表面將為：
   a. -3.25 D 球面
   b. -6.00 D/-9.25 D
   c. -6.00 D 球面
   d. -9.25 D 球面
   e. b 或 d

8. 對或錯？現今的鏡片不太可能製成正柱面形式。
   目前幾乎所有的鏡片都製成負柱面形式。

9. 某單光鏡片的度數為 $+3.00$ $+2.25 \times 030$。若鏡
   片磨成負柱面形式，基弧為 6.00 D，則剩餘的兩
   個弧為何？
   a. $+3.75$ D 和 -0.75 D
   b. -0.75 D 和 -3.00 D
   c. $+8.25$ D 和 -3.00 D
   d. -3.75 D 和 -3.00 D
   e. 以上皆非

10. 某鏡片的度數為 $+1.25$ -2.00×180。若在 8.00 D
    的基弧上磨成正柱面形式，其表面度數為何，
    且位於哪一軸線上？

11. 某鏡片的度數為 +3.00 −1.00 × 180，基弧是 +8.00 D。可能的鏡片尺寸為何？
    a. F_1 在 180 度 = +8.00 D
       F_1 在 90 度 = +7.00 D
       F_2 = −5.00 D
    b. F_1 = +8.00 D
       F_2 在 180 度 = −5.00 D
       F_2 在 90 度 = −6.00 D
    c. F_1 在 90 度 = +8.00 D
       F_1 在 180 度 = +9.00 D
       F_2 = −6.00 D
    d. b 與 c
    e. 以上皆是

12. 某鏡片的基弧為 6.00 D，處方 (Rx) 為 +1.25 −2.00 × 090。該鏡片有哪兩種可能的形式？（對於這兩種鏡片，在適當的軸線上給定前弧與後弧）

13. 在前表面平的鏡片後表面上，鏡片鐘於 67 度軸線顯示 +1.25，於 157 度軸線顯示 −1.75。假設該鏡片由折射率約為 1.53 的材料製成，則鏡片的處方為何？
    a. +1.25 −1.75 × 067
    b. −1.75 +3.00 × 157
    c. −1.75 −3.00 × 067
    d. +1.25 −3.00 × 157
    e. 以上皆非

14. 鏡片鐘於主要軸線上讀出下列數值：

	前表面	後表面
在 10 度軸線	+7.12 D	−7.50 D
在 100 度軸線	+8.25 D	−7.50 D

    假設鏡片材料的折射率接近 1.53，其負柱面形式的處方為何？

15. 鏡片鐘於主要軸線上讀出下列數值：

	前表面	後表面
在 20 度軸線	+8.00 D	−6.00 D
在 110 度軸線	+8.00 D	−7.00 D

    假設鏡片材料的折射率接近 1.53，其負柱面形式的處方為何？

16. 某鏡片表面的屈光度為 +8.25 D。若鏡片材料的折射率是 1.53，此鏡片表面的曲率半徑為何？

17. 某鏡片表面的屈光度為 +8.25 D。若鏡片材料的折射率是 1.74，此鏡片表面的曲率半徑為何？

18. 若某正鏡片表面的曲率半徑為 64.24 mm，材料的折射率為 1.74，則它的表面度數為何？

19. 某折射率為 1.66 的鏡片有凹的後表面。鏡片很小，直徑為 40 mm。此後表面的矢狀切面深度是 0.8 mm，則該鏡片的後表面度數為何？

20. 鏡片鐘以折射率 1.53 做校準，用於折射率為 1.70 的鏡片。
    此鏡片的前表面於主要軸線上測得如下：

前表面量測值：	
90 度軸線	4.54 D
180 度軸線	3.79 D

    a. 此鏡片前表面的屈光度為何？
    b. 假設後表面是球面，則柱面度數的數值為何？

21. 鏡片鐘測得於 F_1 在 90 度 = +8.00 D，F_1 在 180 度 = +5.00 D，F_2 = −4.00 D。
    a. 若鏡片鐘以 1.53 為校準標準，測得此鏡片的標稱度數為何？
    b. 若鏡片由折射率為 1.49 的塑膠製成，其度數為何？

22. 鏡片鐘以折射率 1.53 做校準，用於折射率為 1.8 的鏡片。鏡片鐘測得的表面數據如下：
    F_1 在 90 度 = +10.33 D
    F_1 在 180 度 = +9.00 D
    F_2 = −3.00 D
    假設是薄的鏡片，若不考量鏡片的厚度，則鏡片的處方為何？
    a. +11.25 −2.25 × 180
    b. +11.05 −1.33 × 090
    c. +9.06 +1.33 × 090
    d. +9.06 +2.00 × 180
    e. 以上皆非

23. 訂購折射率為 1.70 的鏡片並指定基弧，指定的基弧為 +8.25 D。送抵時，以鏡片鐘檢查基弧，結果為 +8.17 D。此鏡片表面的標稱度數、真實度數及屈光度為何？

24. 以鏡片鐘量測球面聚碳酸酯鏡片的前表面。請問你正在測量什麼？
    a. 標稱基弧
    b. 真實基弧
    c. 表面的屈光度
    d. 無法從給定的資訊中判定

25. 某鏡片的折射率為 1.498，標稱基弧為 +6.25，其真實基弧為何？
    a. +6.13
    b. +6.20
    c. +6.25
    d. +6.33
    e. 無法從給定的資訊中判定

26. 你想確認一定數量的鏡片表面之屈光度，所有鏡片表面的折射率皆為 1.67。使用鏡片鐘（鏡片測量器）於表面進行測量，由此可獲得參考表面度數，但並非是你所要的屈光度。你可將鏡片鐘度數乘以多少而獲得屈光度：
    a. 0.791
    b. 0.916
    c. 1.092
    d. 1.264
    e. 以此方式無法確認表面屈光度

27. 對或錯？某人進來做眼睛檢查，處方些微增加。訂購一副新的眼鏡時，務必檢查舊眼鏡的基弧，並依據新眼鏡訂購相同的基弧。

28. 對或錯？當訂購相同度數的眼鏡作為第二副眼鏡時，建議需檢查第一副的基弧，並依據新眼鏡訂購相同的基弧。

交叉圓柱鏡與球柱鏡

29. 將某 +1.00 D Jackson 交叉圓柱鏡置於 −2.50 球面鏡片的前方，你以鏡片驗度儀讀出此鏡片組合，預期得出的度數為何？
    a. −2.00 −1.00 × 某角度
    b. −3.50 −2.00 × 某角度
    c. −2.50 −2.00 × 某角度
    d. −3.00 −1.00 × 某角度
    e. −1.50 −2.00 × 某角度

30. 某 ±1.00 D Jackson 交叉圓柱鏡其方位為 90/180，置於 +2.00 D 球面鏡片的前方。何種球柱鏡度數可能是此兩鏡片的合成結果？
    a. +3.00 −1.00 × 090 或 180
    b. +2.00 −2.00 × 090 或 180
    c. +4.00 −2.00 × 090 或 180
    d. +2.00 −1.00 × 090 或 180
    e. +3.00 −2.00 × 090 或 180

31. 計算兩個鏡片的相加處方：+2.00 −2.00 × 090 和 pl −2.00 × 180（取最接近 $\frac{1}{4}$ D 的答案）。
    a. +2.00 −4.00 × 045
    b. +2.00 −3.00 × 045
    c. +2.00 球面
    d. pl −2.00 × 090
    e. 0.00

32. 計算兩個鏡片的相加處方：pl −3.00 × 015 和 pl −3.00 × 165（取最接近 $\frac{1}{8}$ D 的答案）。
    a. pl −5.25 × 090
    b. −0.50 −5.25 × 180
    c. −0.50 −5.25 × 090
    d. pl −3.25 × 180

33. 計算兩個鏡片的相加處方：+3.00 +1.50 × 110 和 +2.00 +2.25 × 130（取最接近 $\frac{1}{8}$ D 的答案）。
    a. +7.00 +2.12 × 126
    b. +5.00 +3.62 × 119
    c. +4.62 +3.25 × 124
    d. +5.00 +3.75 × 118
    e. +5.12 +3.50 × 122

根據下列敘述回答第 *34* ～ *36* 題。

你訂購了複曲面的軟式隱形眼鏡，度數為

$-3.50 - 2.00 \times 015$

此隱形眼鏡如你預期般穩定、定位正確且無旋轉。
你執行二次驗光，所得的度數為

$+0.50 - 1.25 \times 075$

若你需訂購另一副隱形眼鏡以配合二次驗光，則應
訂購何種隱形眼鏡？針對球面及柱面度數，訂購最
接近¼ D：針對柱軸則選擇最接近 5 度。

34. 對於最接近¼ D，正確的球面度數為：
a. −2.75
b. −3.25
c. −3.75
d. −4.25

35. 對於最接近¼ D，正確的柱面度數為：
a. −1.00
b. −1.50
c. −1.75
d. −2.75

36. 正確的柱軸為：
a. 35
b. 40
c. 60
d. 70

37. 計算兩個鏡片的相加處方：pl -3.25×180 和 pl
-3.25×045（取最接近¼ D 的答案）。
a. $-1.00 -4.50 \times 023$
b. pl -6.50×068
c. pl -4.50×068
d. pl -4.50×023

第 *38* ～ *42* 題的計算不難。它們皆為概念性問題，無需
使用計算機。

38. 在鏡片驗度儀上，將 $-2.00 -1.00 \times 090$ 鏡片和
$-2.50 -1.00 \times 180$ 鏡片其一置於另一個的上方，
則鏡片度數的總和為何？
a. $-2.25 -1.00 \times 045$
b. $-4.50 -2.00 \times 045$
c. -4.50 DS
d. -5.50 DS
e. 以上皆非

39. 在鏡片驗度儀上，將 $-1.50 -1.50 \times 085$ 鏡片和
$-3.00 -1.50 \times 005$ 鏡片其中一個置於另一個的上
方，則鏡片度數的總和為何？取最接近⅛ D 的
答案，將是最趨近於實際的計算值。
a. $-4.50 -3.00 \times 045$
b. $-4.50 -1.50 \times 045$
c. $-5.75 -0.50 \times 045$
d. $-6.00 -1.50 \times 045$
e. -6.00 DS

40. 在鏡片驗度儀上，將 $-1.50 -1.50 \times 050$ 鏡片和
$-3.00 -1.50 \times 040$ 鏡片其中一個置於另一個的上
方，則鏡片度數的總和為何？取最接近⅛ D 的
答案，將是最趨近於實際的計算值。
a. $-4.50 -3.00 \times 045$
b. $-4.50 -1.50 \times 045$
c. $-5.75 -0.50 \times 045$
d. $-6.00 -1.50 \times 045$
e. -6.00 DS

41. 在鏡片驗度儀上，將 $-1.50 -1.00 \times 010$ 鏡片和
$-2.50 -1.50 \times 020$ 鏡片其中一個置於另一個的上
方，則鏡片度數的總和為何？取最接近⅛ D 的
答案，將是最趨近於實際的計算值。
a. $-4.00 -2.50 \times 016$
b. $-4.00 -2.50 \times 015$
c. $-4.00 -2.50 \times 014$
d. $-2.00 -1.25 \times 015$

42. 在鏡片驗度儀上，將 $-1.00 -0.50 \times 085$ 鏡片和 $-3.00 -2.00 \times 005$ 鏡片其中一個置於另一個的上方，則鏡片度數的總和為何？
    a. $-4.00 -2.50 \times 045$
    b. $-4.50 -1.50 \times 010$
    c. $-4.50 -1.50 \times 035$
    d. $-4.50 -1.50 \times 045$
    e. $-4.50 -1.50 \times 075$

鏡片厚度

仔細閱讀第 **43 ～ 45** 題，它們沒有陷阱，但仍需留意。

43. 某鏡片的度數為 pl -2.00×090，朝向鼻側移心 2 mm，邊緣為 50 mm 圓形。何處邊緣最厚？
    a. 頂端與底部
    b. 鼻側
    c. 顳側

44. 某鏡片的度數為 $+2.00$ D 球面，朝向鼻側移心 2 mm，邊緣為 50 mm 圓形。何處邊緣最厚？
    a. 頂端與底部
    b. 鼻側
    c. 顳側

45. 某鏡片的度數為 pl $+2.00 \times 090$，朝向鼻側移心 2 mm，邊緣為 50 mm 圓形。何處邊緣最厚？
    a. 頂端與底部
    b. 鼻側
    c. 顳側

46. 某鏡片的折射率為 1.67，此鏡片為平凹形式，鏡片的度數是 -2.75 D 球面。將該鏡片裝進水平橢圓形的鏡框中，其 A 尺寸為 48 mm，鏡片間距 (DBL) 為 20 mm，配戴者的瞳孔間距 (PD) 為 66 mm。若鏡片的中心厚度是 1 mm，則最厚邊緣的厚度為何？即使無法求得確切的答案，仍應選擇最趨近正確的答案。
    a. 2.3 mm
    b. 2.9 mm
    c. 3.7 mm
    d. 4.2 mm
    e. 5.0 mm

47. 某鏡片的度數為 $+2.00 - 4.00 \times 180$，磨邊成 50 mm 圓形，朝向鼻側移心 2 mm。何處邊緣最厚？
    a. 頂端與底部
    b. 鼻側
    c. 顳側

48. 某平凸圓形鏡片無移心，將其磨邊成直徑為 50 mm。邊緣無厚度（刃邊），此鏡片以聚碳酸酯（折射率為 1.586）製成。若鏡片前表面的曲率半徑為 95.1 mm，其中心厚度為何？
    a. 1.87 mm
    b. 14.2 mm
    c. 3.23 mm
    d. 3.34 mm

49. 利用經驗法則預估鏡片的厚度，估算以下鏡片預期的邊緣厚度。假設鏡片是皇冠玻璃或 CR-39 鏡片（給定的資料多於回答此問題所需的資料）。
    度數 $= -9.00$ D 球面
    A = 50
    DBL = 18
    ED = 56
    PD = 62
    中心厚度 = 2.0
    a. 6.3 mm
    b. 6.9 mm
    c. 8.1 mm
    d. 8.3 mm
    e. 10.1 mm

鏡片度數增加的光學考量

當鏡片度數增加時，先前可忽略的因素如鏡片厚度和眼前所在位置，將會對鏡片度數有所影響。若未對這些影響做補償，鏡片便無法呈現如預期般的光學效果。

鏡片度數與位置的關係

鏡片的主焦點與鏡片的距離必然固定，故當移動鏡片時，焦點亦隨之移動。若鏡片的位置有改變，但焦點仍需位於同一處，則需要新的鏡片度數。

例如，若相機的鏡片至底片的距離為 +10cm，只有一種度數的鏡片可讓無限遠處的物體於底片聚焦。計算合適的鏡片度數時，已知鏡片的焦距必定為 +10 cm 或 +0.1 m)。

由於

$$F = \frac{1}{f'}$$

故

$$F = \frac{1}{+0.10 \text{ m}} = +10.00 \text{ D}$$

然而，若相機的鏡片至底片的距離為 +12.5 cm，則 +10.00 D 鏡片便不適合。它會將光聚焦於底片前方 2.5 cm 處，因而產生模糊的影像，這種情況無論是移動底片或是鏡片都會發生。一旦鏡片與底片的距離從 +10 cm 變為 +12.5 cm，則鏡片的度數亦必須改變。欲聚焦於距離為 +12.5 cm 的底片上，則需使用度數為 +8.00 D 的鏡片－相較於更短的距離，度數減少了 (圖 14-1)。

不同位置的鏡片度數問題

例題 14-1

某鏡片的度數為 +5.00 D，裝配後能使光聚焦於小屏幕，若將鏡片裝配架向遠離屏幕方向移動 5 cm，則需使用何種度數的新鏡片？

解答

此 +5.00 D 鏡片的焦距為 +20 cm。已知裝配架最初與屏幕距離 20 cm，若將裝配架向遠離屏幕的方向移動 5 cm，此時的距離為 25 cm。欲使平行的光線聚焦於屏幕，必須選擇焦距為 +25 cm 的鏡片。0.25 m 的倒數等於 4，因此必須選擇 +4.00 D 鏡片。

例題 14-2

使平行光進入光學系統中且必須發散，−12.50 D 鏡片得正確的發散量。重新設計系統，鏡片必須向右移 2 cm（假設光由左至右行進）。根據新的系統，光亦需彷彿從同一點發散。在新位置時必須使用何種度數的新鏡片，以得到相同的效應？

解答

狀況描述如圖 14-2。在舊有系統中，由於 −12.50 D 鏡片的焦距為 −8 cm，光如同源自鏡片左側 8 cm 的某一點。在新的系統中，需維持該點不變，但鏡片此時必須遠離原處 2 cm。無法使用舊鏡片，乃因將它向右移動 2 cm 時，焦點也會向右移動 2 cm。欲維持系統的完整性，新鏡片的焦距必須比舊鏡片長 2 cm (8 cm + 2 cm)，即在鏡片左側 10 cm 處。焦距為 −10 cm 的發散鏡片，它的度數是

$$\frac{1}{−0.10 \text{ m}} = −10 \text{ D}$$

有效度數

鏡片的度數通常是指它的鏡度度數，鏡度度數隨焦距而變。當光離開鏡片時，光線可能呈平行、會聚或發散，光線會聚或發散的量即為鏡度值。鏡片的鏡度度數乃鏡片至焦點的距離之倒數。

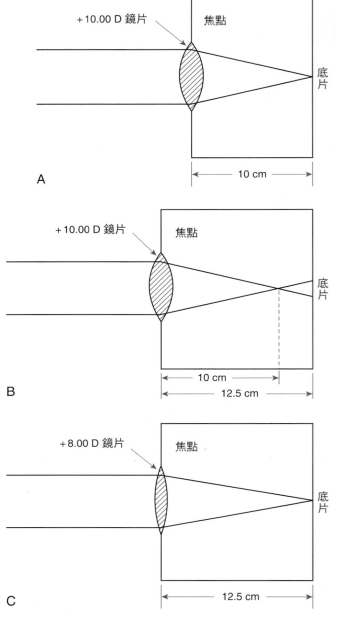

A

B

C

圖 14-1　鏡片度數與預期的焦點平面之關係，可利用相機為例進行說明。**(A)** 對於 10 cm 景深的相機，使用 +10.00 D 鏡片是正確的。然而若將相同的鏡片置於更深的相機 **(B)**，便會產生模糊的影像。若鏡片距離底片過遠，則影像將落在底片之前。選擇焦距較長的鏡片 **(C)** 即可解決此問題。

然而，當光行進更接近焦點時，其會聚值將會改變。

鏡片在某處產生而非鏡片本身擁有的會聚度，稱為該鏡片在特定參考平面的有效度數 (effective power)。空氣中鏡片的有效度數，可依據新的參考平面至鏡片焦點之距離的倒數獲得 (圖 14-3)。

例如，若光線會聚於空氣中的某特定點，當光線遠離焦點 10 cm 時，其會聚度是 +10.00 D。在更接近 1 cm 的參考平面，它的會聚度變為：

$$\frac{1}{0.09\,m}\ 或\ +11.11\,D$$

再次前進 1 cm，其會聚度將為：

$$\frac{1}{0.08\,m}\ 或\ +12.50\,D$$

為了更理解有效度數，假設在原始 +10.00 D 鏡片的右側 2 cm 處，以不同的鏡片取代之。記住，必須維持在同一個焦點，因此欲產生等同 +10.00 D 鏡片的有效度數，替換鏡片必須為 +12.50 D 鏡片。

在第二個例子中，假設在距離原始 +10.00 D 鏡片的右側 5 cm 處，將以不同的鏡片取代之。欲產生等同 +10.00 D 鏡片的有效度數，但置放在原處右側 5 cm，則需使用 +20.00 D 鏡片 (圖 14-4)。

有效度數與頂點距離變化的關係

眼鏡鏡片後表面至配戴者的眼睛前表面的距離稱為頂點距離 (vertex distance)。過去為了便於計算，將 13.5 mm 視為平均距離。在實際情況下，頂點距離變化相當大，將眼鏡置於不同於屈光檢查時所用的頂點距離時，代表此時在屈光距離處的有效度數與最初預期有所差異。對於低度數鏡片，它的焦距比頂點距離長且差異極微。然而，對於高度數鏡片，頂點距離的微小變化可使有效度數有很大的改變。

例題 14-3

某人於屈光檢查時的頂點距離是 12.0 mm，發現需使用 +8.50 D 鏡片。鏡架選定了，鏡片安裝在 17 mm 的頂點距離 (附帶一提，這並非是該處方較佳的鏡架選擇方案)。在 17 mm 處必須使用何種度數的鏡片，以獲得如同所記錄的屈光距離之有效度數？

解答

+8.50 D 鏡片的焦距是 +11.765 cm。若新鏡片的頂點距離為 17 mm，則是在最初位置左側 5 mm 處。為了使配戴者有相同的屈光效果，所配用鏡片的焦距必須長於屈光鏡片 5 mm。

$$+11.765\ cm + 0.5\ cm = +12.265\ cm$$

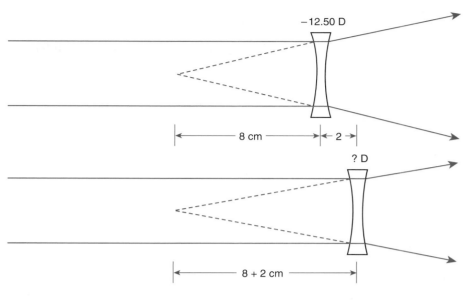

圖 14-2　若鏡片的位置改變，為了維持相同的效應，必須選擇不同度數的鏡片。

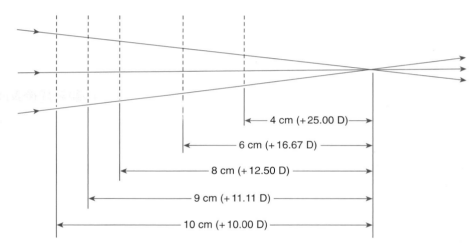

圖 14-3　空氣中光的會聚度是參考平面至焦點距離的倒數。

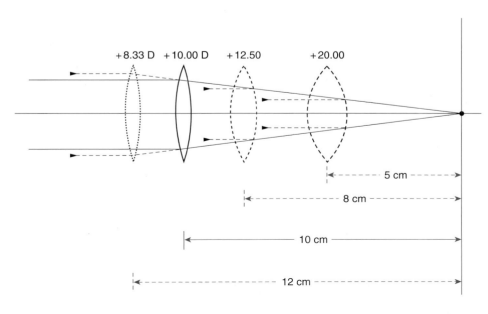

圖 14-4　對於不同的參考平面，從標示值可見原始鏡片的有效度數之差異，因此 +10.00 D 鏡片在距離其真實位置左側 2 cm 的有效度數是 +8.33 D。意即在它的左側 2 cm 處，若要取代 +10.00 D 鏡片，則需使用 +8.33 D 鏡片。

若新焦距必須是 +12.265 cm，則新鏡片的度數應為：

$$\frac{1}{+0.12265\text{ m}} = +8.15\text{ D}$$

球柱面鏡片的有效度數

　　頂點距離改變後，計算球柱面鏡片所需的新度數時，必須各別考慮每一主要軸線的度數。

例題 14-4

若 +14.00 −3.00 × 090 鏡片其處方的頂點距離是 12 mm。鏡架選定位於 15 mm 處，則新的處方將為何？

解答

主要軸線為：

$$F_{180} = +11.00\text{ D}$$
$$F_{90} = +14.00\text{ D}$$

計算 180 度軸線上新的有效度數時，首先需找出焦距：

$$f'_{180} = \frac{1}{+11.00} = +9.09\text{ cm}$$

新鏡片將更遠離鏡的焦線 15 − 12 = 3 mm。由於是正度數鏡片，焦距將增長 3 mm。

$$\text{新的 } f'_{180} = +9.09\text{ cm} + 0.3\text{ cm} = +9.39\text{ cm}$$

因此，新的 $F_{180} = \dfrac{1}{+0.0939\text{ m}} = +10.65\text{ D}$

　　欲求出 90 度軸線上的新度數：

$$\text{由於 } F_{90} = +14.00,$$
$$\text{故 } f'_{90} = +7.14\text{ cm}$$
$$\text{新的 } f'_{90} = +7.14 + 0.3 = +7.44\text{ cm}$$

因此

$$\text{新的 } F_{90} = \frac{1}{+0.0744\text{ m}} = +13.44\text{ D}$$

若新的 F_{180} 和 F_{90} 分別為 +10.65 D、+13.44 D，則新鏡片的度數將為 +13.44 −2.79 × 090。球面度數及柱面度數皆已改變。

　　此例中，計算球面度數 (+14.00 D) 後再獨立計算柱面度數 (−3.00) 是無效的。柱面度數是兩條軸線的度數差異，並非獨立的實體。

有效度數公式

　　有效度數可寫成一項公式，其公式如下：

$$F_{\text{eff}} = \frac{1}{\dfrac{1}{F'_{\text{v}}} - d}$$

其中 F_{eff} 是有效度數，F'_{v} 是鏡片的後頂點度數，d 以公尺為單位，乃鏡片最初位置至新位置的距離。不建議背誦此公式，而是應試著了解有效度數的概念。

鏡片厚度增加時

　　鏡片厚度增加時，前、後表面的距離亦隨之增加。改變鏡片第一表面相對於第二表面的位置，意指第一表面在第二表面位置的有效度數不再相同，如此將使鏡片總度數產生變化。實際變化量可利用會聚度進行計算。

光行進穿過鏡片的會聚度

　　光照射鏡片時會在前表面折射，接著行進穿過鏡片厚度，抵達鏡片後表面時將再次折射。若為薄鏡片，穿過鏡片前表面至後表面的距離過短，無法感知鏡片總度數的變化。然而若鏡片越厚，標稱（或近似）度數 ($F_1 + F_2$) 與實際測得的鏡片度數之差異將越明顯。當光照射鏡片的第一表面 (F_1) 時，將改變它的會聚度，比先前會聚或發散的程度更大或更小。抵達第二表面 (F_2) 時，會聚度的變化將更大。

薄鏡片的會聚度

　　若為薄鏡片，當入射光的會聚度為 0（平行光束），光離開鏡片時，其會聚度等於第一與第二表面的鏡度度數之總和 ($F_1 + F_2$)。

　　例如，若 $F_1 = +5.00$ D 且 $F_2 = +1.00$ D，光照射 F_1 時導致會聚，此時它的會聚度是 +5.00 D。由於鏡片薄，在會聚度改變之前，光已迅速照射鏡片的後表面。此時，後表面 (F_2) 使光會聚增加 +1.00 D，因此當光離開鏡片的第二表面 (F_2) 時，會聚度是 +6.00 D。

厚鏡片的會聚度

　　若為厚鏡片，會聚的光離開第一表面在抵達第二表面 (F_2) 之前，所行進的距離相當明顯。回顧先

前有效度數的內文，當會焦或發散的光行進穿過鏡片，相較於離開第一表面 F_1，在抵達第二表面 F_2 時，會聚度的數值將些微不同，這是因為此時與參考平面的距離已改變。新的會聚度 (F_1 在 F_2 的有效度數) 改變了，導致離開鏡片時有不同的會聚度。然而，厚鏡片的會聚度不僅受鏡片厚度的影響，也與鏡片材料的折射率有關。

簡略厚度與折射率

　　光經由彎曲的表面穿過不同的介質，其會聚度將發生改變。如前所示，以方程式進行量化：

$$F = L' - L$$

　　此方程式稱為基本近軸方程式 (*fundamental paraxial equation*)，也可寫成：

$$F = \frac{n'}{l'} - \frac{n}{l}$$

　　為了解距離 (l 或 l') 和折射率 (n 或 n') 的相互關係，可思考一個熟悉的情境作為比擬，即觀察一個裝滿水的水族箱。

　　假設水族箱由前至後的距離是 100 cm。觀察者站在水族箱的前方，注視一隻在後表面的蝸牛 (圖 14-5)。這隻蝸牛與前表面的距離看似多遠？(實際的問題是「相較於空氣中的情形，水的折射率對感知距離的影響為何？」)

　　我們假設分隔空氣和水的玻璃薄到可忽略計

算。情況是當光離開物體 (蝸牛)，發散 100 cm 抵達折射的平面 (水族箱的前方)。由於水族箱周邊呈平坦，因此：

$$F = 0.00 \text{ D}$$
$$l' = -100 \text{ cm 或} -1.0 \text{ m}$$
$$n = 1.33$$
$$n' = 1.00$$

(距離 l' 取負值，由於水族箱的表面是折射面，光在抵達水族箱的表面之前會先通過水)。

　　方程式

$$F = \frac{n'}{l'} - \frac{n}{l}$$

結果為

$$0 = \frac{1}{l'} - \frac{1.33}{-1.0}$$

代數變換成：

$$\frac{1.33}{-1.0} = \frac{1}{l'}$$
$$l' = \frac{-1.0}{1.33}$$
$$= -0.75 \text{ m}$$

因此，蝸牛和水族箱後表面與前表面的距離似乎為 -0.75 m 或 -75 cm。

　　有趣的是，此例清楚說明光進入和離開前玻璃的前表面時，會聚度完全相同，故假設 $F = 0$，則

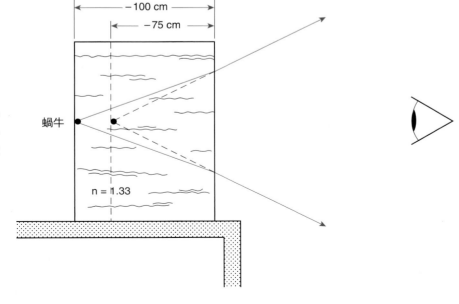

圖 14-5　觀察一般水族箱是簡略厚度中最為人熟知的例子。相較於在空氣中觀察物體，透過水來觀察各別的內容物會看似較近。

$L = L'$。相較於在空氣中，於水中的距離變短了，乃因光在水中行進的速度比在空氣中緩慢。此概念稱為簡略厚度 (reduced thickness)，由於當與相等的空氣距離做比較時，折射率較空氣高的物體看似比實際更薄。簡略厚度、真實厚度 (t) 和問題中介質的折射率 (n) 之關係可簡單表示為：

$$簡略厚度 = \frac{t}{n}$$

光照射厚鏡片的第二表面時的會聚度

針對厚鏡片，當光離開第一表面 F_1 之後，於鏡片內行進一段時間。鏡片的折射率比空氣高。由於會聚度取決於折射率與距離的關係：

$$L = \frac{n}{l}$$

光離開 F_1 以及照射 F_2 時的會聚度，無法僅根據距離進行計算。

最初認為新的會聚度可由光離開第一表面的像距 (l')，直接加上或減去鏡片的厚度求得。此計算可運用於先前有效度數問題的例子中，乃因已證明在空氣中確實如此。然而，這時若需確認 F_2 新的會聚度，必須將會聚度的倒數加上或減去鏡片的簡略厚度。在此仍以空氣作為參考介質，這是較佳的選擇，當最終結果是光線在空氣中會聚或發散時，這種計算較為容易。

例題 14-5

平行光射入厚度為 7 mm 的皇冠玻璃鏡片，其前表面度數為 +12.00 D，折射率為 1.523。光抵達後表面 (F_2) 時的會聚度為何？

解答

離開 F_1 後，光的會聚度可從以下式子計算而得：

$$F_1 = L_1' - L_1$$

代入正確的數值，得知：

$$+12.00\,D = L_1' - 0$$

或者

$$L_1' = +12.00\,D$$

光離開 F_1 的會聚度是 +12.00 D。

此時，光會聚於前表面右側的某一點，空氣中的該點可由會聚度的倒數求得。

$$L_1' = \frac{l}{l_1'}$$

以及

$$+12.00 = \frac{l}{l_1'}$$
$$l_1' = +0.0833\,m$$

問題中的距離是 +0.0833 m。

然而，光在抵達空氣之前，必須行進穿過 7 mm 的玻璃。為了求得光於 F_2 的會聚度，此鏡片的簡略厚度必須自 l_1' 扣除，乃因此時焦點更接近新的參考平面，即鏡片的後表面。

因此，新距離 (l_2) 是：

$$l_2 = l_1' - \frac{t}{n}$$

其中，$\frac{t}{n}$ 是鏡片的簡略厚度（厚度必須表示成與 l_1' 相同的單位）。

$$l_2 = 0.0833\,m - \frac{0.007\,m}{1.523}$$
$$= 0.0833\,m - 0.0046\,m$$
$$= 0.0787\,m$$

光射入 F_2 的會聚度是 0.0787 m 的倒數。

$$L_2 = \frac{1}{l_2}$$
$$= \frac{1}{0.0787\,m}$$
$$= +12.71\,D$$

光射入 F_2 的會聚度是 +12.71 D。從先前的例題得知，若 F_2 呈平坦，光離開 F_2 的會聚度亦為 +12.71 D。若假設鏡片的度數是由鏡片兩個表面度數相加，則這並非是預期的結果。

前頂點度數與後頂點度數

基於鏡片的厚度，已證明鏡片的標稱（或近似）度數無法準確預測鏡片的實際度數。記住，當平行光射入鏡片的前方，它是從鏡片的後表面折射離開。無論是實像或者虛像，皆落在第二主焦點 (second principal focus)。

在空氣中，鏡片的後表面至第二主焦點的距離

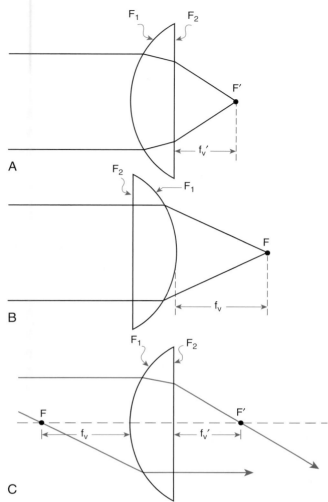

A

B

C

圖 14-6　光從鏡片前表面射入時的焦距及測得的聚焦力，可能不同於當光從鏡片後表面射入時。A 與 B. 顯示前頂點與後頂點焦距的差異（f_v 和 f_v'），焦距直接決定了前頂點與後頂點的聚焦力（F_v 和 F_v'）（B 圖呈現倒轉的鏡片，視覺上可更容易比較前、後頂點焦距）。C. 此為圖示前頂點與後頂點焦距的傳統方式（F = 第一主焦點；F' = 第二主焦點；f_v = 前頂點焦距；f_v' = 第二頂點焦距）。

之倒數，乃該鏡片度數的特性度量，稱為後頂點度數（*back vertex power, F_v'*）（此為眼鏡鏡片最重要的度數量測）。

（注意：第 6 章曾提及如何以鏡片驗度儀來量測鏡片的度數，該處相關資料亦適用這部分的內容。）

若平行光從後表面射入，成像處稱為第一主焦點（*first principal focus*）。在空氣中，鏡片的前表面至第一主焦點距離的倒數，乃鏡片另一個度數的量測，

稱為前頂點度數（*front vertex power, F_v*）（圖 14-6）。發現前、後頂點度數不同並非異常。若為等雙凹或等雙凸鏡片，前、後頂點度數將相等。若鏡片厚且呈其他任何形狀，則前、後頂點度數的測量結果可能有所差異。

計算前、後頂點度數

　　光抵達且離開鏡片每一表面時可求得會聚度，藉此得出鏡片的前、後頂點度數。亦可利用公式總結必要的會聚度因子後求得。根據會聚度方法解決這類問題，相較於簡單的公式記憶，可更好理解鏡片對光的作用。以下介紹這兩種方法。

利用會聚度求得前、後頂點度數

　　若平行光線射入鏡片的前表面，鏡片的後頂點度數將等於光線離開鏡片後表面時的會聚度。假設形狀、厚度和鏡片的折射率皆已知，後頂點度數可藉由系統性地追蹤光線穿過鏡片的路徑而獲得。

例題 14-6

某鏡片的尺寸如下：

$$F_1 = +8.00\ D$$
$$F_2 = -2.00\ D$$
$$t = 5\ mm$$
$$n = 1.523$$

鏡片的後頂點度數為何？

解答

確認鏡片的後頂點度數時，射入鏡片的光必定來自無限遠的某物體，因此射入鏡片前表面的光線將呈平行，會聚度為 0（圖 14-7）。因為

$$L_1' = F_1 + L_1$$

且

$$L_1 = 0.00\ D$$

則

$$L_1' = +8.00\ D + 0.00\ D$$

或者

$$L_1' = +8.00\ D$$

為了求得光於 F_2 的會聚度，需將 L_1' 減去簡略厚度。

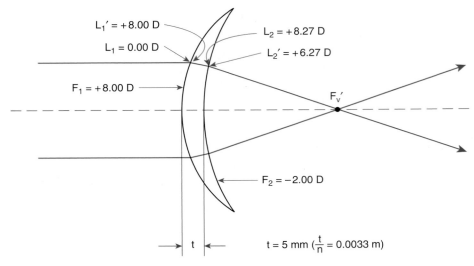

圖 **14-7**　鏡片曲率、厚度與鏡片最終的後頂點度數有明確的關係。

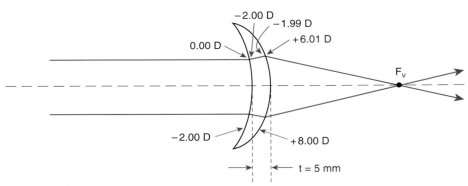

圖 **14-8**　倒轉鏡片可能改變成像的位置。某些鏡片的前、後頂點度數之差異可能相當大。圖 14-7 的鏡片倒轉後顯示於此，可更容易以會聚度方法求得其頂點度數。

$$l_2 = l_1' - \frac{t}{n}$$
$$= \frac{1}{+8.00} - \frac{0.005\,\text{m}}{1.523}$$
$$= 0.125\,\text{m} - 0.0033\,\text{m}$$
$$= 0.1217\,\text{m}$$

因此，光於 F_2 的會聚度為：

$$L_2 = \frac{1}{l_2} = \frac{1}{0.1217} = +8.22\,\text{D}$$

（如同確認 F_1 在 F_2 的有效度數之方式。）
此時因為

$$L_2' = F_2 + L_2$$

故在此例中，

$$L_2' = -2.00 + 8.22$$
$$= +6.22$$

後頂點度數是無限遠物體的光離開鏡片時之會聚度，故此鏡片的後頂點度數（ F_v' ）為 $+6.22\,\text{D}$。這與鏡片 $+6.00\,\text{D}$ 的標稱度數明顯不同。

例題 **14-7**

對於先前問題所述的鏡片，其前頂點度數為何？

解答

簡化結構，旋轉鏡片可更容易找到前頂點度數，且考慮光是由後方射入，如圖 14-6, B 所示。針對這種方式，維持符號規定較不會產生混亂。運用如同確認後頂點度數（ F_v' ）的方法。為了避免術語混亂，鏡片的後表面此時變成 F_1（假想此時的光是由前表面射入），前表面將變為 F_2（圖 14-8）。

此時由於

$$L_1' = F_1 + L_1$$

且

$$L_1 = 0.00\,\text{D}$$

代入新的

$$F_1 = -2.00\,\text{D}$$

則

$$L_1' = -2.00\,D + 0.00\,D$$
$$= -2.00\,D$$

再次，求得光於 F_2 的會聚度，l_1' 需減去簡略厚度。

$$l_2 = l_1' - \frac{t}{n}$$
$$= \frac{1}{-2.00} - \frac{0.005\,m}{1.523}$$
$$= -0.50\,m - 0.0033\,m$$
$$= -0.05033\,m$$
$$L_2 = \frac{1}{l_2} = \frac{1}{-0.5033\,m} = -1.99\,D$$

此時

$$L_2' = F_2 + L_2$$
$$= +8.00\,D - 1.99\,D$$
$$= +6.01\,D$$

該鏡片的前頂點度數是 +6.01 D，相當趨近鏡片的標稱度數。若光射入的鏡片表面呈平坦，頂點度數將等於標稱度數。若射入的表面越彎曲，則鏡片的頂點度數與標稱度數之差異將越大。

利用公式求得前、後頂點度數

可將先前會聚度方法總結為公式，後頂點度數的公式是：

$$F_v' = \frac{F_1}{1 - \frac{t}{n}F_1} + F_2$$

前頂點度數的公式是：

$$F_v' = \frac{F_2}{1 - \frac{t}{n}F_2} + F_1$$

上述公式得出準確的結果，等同以會聚度方法求得的結果。簡化公式後得到 F_v 和 F_v' 前、後頂點度數的近似值，利用高等數學來推導以上的公式可獲得：

$$F_v' = F_1 + F_2 + \frac{t}{n}(F_1)^2$$

且

$$F_v = F_1 + F_2 + \frac{t}{n}(F_2)^2$$

這些公式可取得近似值，儘管在應用時較為簡單，但別期待得出如原始公式的準確數值。在小型計算機問世之前，近似值較廣為使用。

學習成效測驗

1. 某 +11.00 D 鏡片被配戴在 13 mm 的頂點距離，若將其配戴在 10 mm 的頂點距離，則處方 (Rx) 必須如何修改？

2. 碟狀近視鏡片的處方如下：
   O.D. −27.50 DS
   O.S. −24.00 DS
   屈光距離為 14 mm
   若處方眼鏡必須配戴在 11 mm 處，則鏡片的度數必須為何？

3. 若某人配戴高負度數的處方眼鏡需換成隱形眼鏡，隱形眼鏡的度數將 _____ 眼鏡的鏡片度數。
   a. 大於
   b. 小於
   c. 等於

4. 某人的雙眼在 14 mm 處頂點距離做檢查，發現需要 +8.50 D 球面度數。欲配戴一副頂點距離為 11 mm 的鏡架，若處方眼鏡配戴在 11 mm 處，則鏡片的度數必須為何以獲得相同的視覺矯正？（取至最接近 $\frac{1}{8}$ D 的答案）。

5. 利用 14 mm 的頂點距離取得處方為 +6.00 +3.25 × 15，若不明智地將鏡架裝配於 22 mm 的頂點距離，則鏡片的理論度數必須為何？
   a. +9.99 −3.69 × 105
   b. +8.61 −2.88 × 105
   c. +5.73 +3.25 × 15
   d. +7.69 −2.39 × 105
   e. 以上皆非

6. 某 +13.25 −1.75 × 180 鏡片被配戴在 13 mm 的頂點距離。對於頂點距離為 0 的隱形眼鏡，其等效處方為何？
   a. +16.00 −1.75 × 180
   b. +11.25 −1.25 × 180
   c. +11.25 −1.75 × 180
   d. +16.00 −2.50 × 180
   e. 以上皆非

7. 處方鏡片含有高正度數的球面成分和中度數的柱面成分。當頂點距離增加時，為了維持眼前正確的光學效果，成分將出現何種變化？
   a. 球面成分必定增加，而柱面成分減少
   b. 球面成分必定減少，而柱面成分減少
   c. 球面成分必定減少，而柱面成分增加
   d. 球面成分必定增加，而柱面成分不變
   e. 球面成分必定增加，而柱面成分增加

8. 若某單光鏡片以反向位置（凹側朝向觀察者）置於鏡片驗度儀上，所獲得的度數稱為：
   a. 等效度數
   b. 有效度數
   c. 後頂點度數
   d. 前頂點度數
   e. 真實度數

9. 某厚鏡片有凸的前表面和平的後表面。下列關於此鏡片的陳述何者正確？
   a. 前頂點度數大於後頂點度數
   b. 後頂點度數大於前頂點度數
   c. 前、後頂點度數相等
   d. 這類鏡片的後表面必有子片
   e. 以上皆非

10. 若將鏡片磨成以下這些規格，其後頂點度數為何？
    前表面弧度為 +13.00 D
    後表面弧度平光
    中心厚度為 10 mm
    鏡片折射率為 1.5
    a. +11.87 D
    b. +13.00 D
    c. +13.50 D
    d. +13.87 D
    e. +14.12 D

11. 某鏡片的尺寸如下：
    F_1 = +8.00 D
    F_2 = −1.00 D
    n = 1.70
    t = 5 mm
    鏡片的前頂點度數為何？

12. 使用鏡片鐘進行量測，對於折射率為 1.53 的鏡片，測得前表面是 +10.00 D，後表面是 0 度。鏡片的厚度為 4 mm。
    a. 標稱度數為何？
    b. 後頂點度數為何？

13. 某鏡片的前表面度數是 +8.00 D，它由折射率為 1.5 的材料磨成 5 mm 厚度。欲取得 −2.00 D 的後頂點度數（F_v'），鏡片的後表面度數應為何？

14. 某負柱面形式鏡片的基弧是 +6.00 D，由折射率為 1.523 的材料磨成 5 mm 厚度。欲使鏡片的 F_v' 等於 $+6.00 -1.00 \times 180$，後表面曲率必須為何？

    a. F_2 在 90 度 = −0.25 D，F_2 在 180 度 = −1.25 D
    b. F_2 在 90 度 = −1.25 D，F_2 在 180 度 = −0.12 D
    c. F_2 在 180 度 = 0.08 D，F_2 在 90 度 = −1.00 D
    d. F_1 在 90 度 = +5.00 D，F_2 = −0.12 D 球面

15. 某厚鏡片有高正度數，呈彎月形，也有柱面成分。為了取得相同的後頂點度數，處方指示如下：

    a. 若 F_1 磨成柱面，其度數必定大於處方指示的柱面數值
    b. 若 F_2 磨成柱面，其度數必定小於處方指示的柱面數值
    c. 若 F_1 磨成柱面，其度數必定小於處方指示的柱面數值
    d. 若 F_1 磨成柱面，其度數必定等於處方指示的柱面數值
    e. 上述有 2 個答案正確

光學稜鏡：度數與基底方向

鏡片可使入射光會聚或發散，以改變它的聚散度。稜鏡則讓光在不改變聚散度的情況下改變方向。物像可經由稜鏡在光學上重新定位。某些人的眼睛有動作不一致的問題，可使用稜鏡加以輔助。在本章我們將了解何謂稜鏡，以及它如何運用於眼睛照護。

眼鏡用稜鏡

稜鏡是由兩個相交成某一角度的折射面所組成。稜鏡最簡單的形式是兩個平面，在頂點成某角度接合，該點稱為稜鏡的頂點 (apex)，稜鏡較寬的底部稱為基底 (base)。

稜鏡頂角與光偏移的關係

假設旋轉某稜鏡使入射光垂直照射第一表面。光照射第一表面時，它是從低折射率介質（空氣）進入較高的折射率介質（稜鏡）。然而，它不會改變方向，乃因是直接進入表面。光將持續行進穿過稜鏡而不彎曲，直至它抵達第二表面（圖 15-1）。接著光線再以某角度照射第二表面。第一表面未使光彎曲，故光照射第二表面的角度等於稜鏡的頂角（圖 15-2）。當光線接近稜鏡的第二表面時，它從稜鏡的密（高折射率）介質行進至疏介質（空氣），且將彎曲遠離第二表面的法線 (normal)*。光必定朝稜鏡基底彎曲。

稜鏡頂角與稜鏡所產生的光偏移量之關係為何？

例題 15-1

若某稜鏡的頂角為 8 度且由 CR-39 塑膠製成，其折射率為 1.498。此稜鏡使光線自原始路徑偏移的角度為何？

---

* 記住，表面「法線」意為垂直於表面。

解答

回答此例題前可見圖 15-2。注意，光進入第一表面時是垂直於表面且無彎曲。光在第二表面時彎曲，根據 Snell 定律 (Snell's law)，

$$n \sin i = n' \sin i'$$
$$其中 n = 1.498$$
$$n' = 1.0,$$
$$\sin 8 = 0.1392$$

將數值代入，

$$(1.498)(0.1392) = (1.0)(\sin i')$$
$$\sin i' = 0.2085$$

接著利用計算機，求出 0.2085 的正弦反函數 $(\sin^{-1})$ 角度：

$$i' = 12.03 \, 度$$

折射角是光線離開第二表面的角度。為了求得偏移角（即光自原始路徑偏移的度數為何），可將折射角減去入射角。

$$(偏移角) = (折射角) - (入射角)$$
$$d = i' - i$$
$$= 12.03 - 8.00$$
$$= 4.03 \, 度$$

此例中的偏移角是 4.03 度，四捨五入後為 4.0 度。

例題 15-2

某稜鏡由聚碳酸酯材料製成，折射率為 1.586。它的頂角呈 5 度。該稜鏡在空氣中產生的偏移角為何？

解答

再次利用 Snell 定律，

$$n \sin i = n' \sin i'$$

我們代入數值求得：

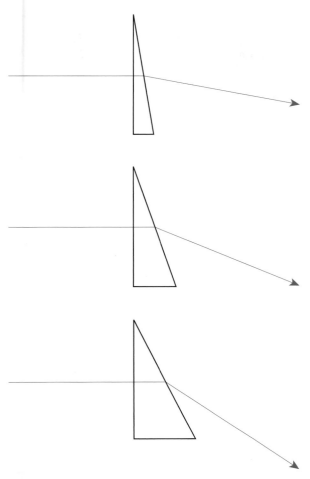

$$(1.586)\,(\sin 5) = (1.0)\,(\sin i')$$
$$(1.586)\,(0.0872) = \sin i'$$
$$\sin i' = 0.1382$$

接著求出 0.1382 的正弦反函數角度。

$$i' = 7.95\ 度$$

偏移角為：

$$d = i' - i$$
$$= 7.95 - 5$$
$$= 2.95\ 度$$

因此偏移角為 2.95 度。

簡化薄稜鏡

簡化時，有個簡易方法可應用於薄稜鏡，以求得偏移角。

檢視圖 15-2 可知：

- 入射角 (i_2) 等於稜鏡的頂角 (a) 或是 ($i_2 = a$)。

折射角 (i_2') 是頂角 (a) 加上偏移角 (d)，或

$$(i_2' = a + d)$$

這意指若我們最初以：

$$n \sin i_2 = n' \sin i_2'$$

可代換得到：

$$n \sin a = n' \sin(a + d)$$

圖 **15-1**　楔形越大的稜鏡，其使光偏移至另一方向的能力越強。

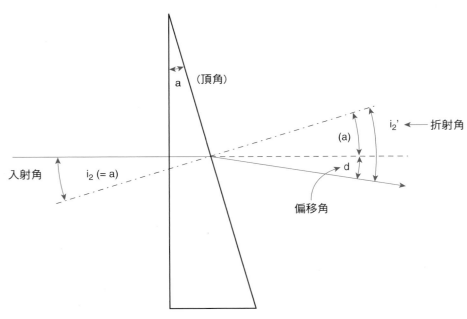

圖 **15-2**　此稜鏡方位轉至第一表面與入射光線垂直，這表示在第二表面的入射角 (i_2) 等於稜鏡的頂角。亦需注意折射角 (i_2') 等於頂角 (a) 加上偏移角 (d)。

當角度很小 (10 度或更小) 時，此角度的正弦值等於該角度量測的徑度值。針對這種情形可簡化為：

$$(n)(a) = (n')(a+d)$$

由於稜鏡在空氣中，$n' = 1$，此方程式變成：

$$(n)(a) = (a+d)$$

為了求得 d，我們將方程式轉換，得到：

$$d = (n)(a) - a$$

或以另一種方式寫成，

$$d = a(n-1)$$

針對此方程式，無論該角度是以徑度或度數表示皆可成立。對於頂角小於 10 度的稜鏡，偏移角等於頂角乘以「折射率 − 1」的量 (記住，此公式僅對薄稜鏡有準確的近似值，一旦稜鏡的厚度增加，便立即失去準確性)。

折射率為 1.5 的材料更容易計算，可簡化為：

$$d = a(n-1)$$
$$= a(1.5-1)$$
$$= a(0.5)$$
$$d = \frac{a}{2}$$

意即，當鏡片由折射率為 1.5 的材料 (CR-39 塑膠的折射率為 1.498) 製成時，其偏移角等於頂角的一半。

例題 15-3

某稜鏡的折射率為 1.7，頂角呈 9 度。利用薄稜鏡的近似值，其偏移角為何？

解答

由於稜鏡折射率與 1.5 相差甚遠，我們無法以極簡單的近似值僅將頂角除以 2，而應利用：

$$d = a(n-1)$$

在此經過代換，我們得到：

$$d = a(n-1)$$
$$= 9(1.7-1)$$
$$= 9(0.7)$$
$$d = 6.3 \text{ 度}$$

偏移角為 6.3 度。

例題 15-4

某稜鏡由 CR-39 塑膠製成，其頂角呈 8 度。利用薄稜鏡近似值，其偏移角為何？

解答

如同例題 15-1 的問題，然而這次我們可利用薄稜鏡近似值之最簡單的形式，乃因 CR-39 塑膠的折射率非常接近 1.5，故

$$d = \frac{a}{2}$$
$$= \frac{8}{2}$$
$$= 4 \text{ 度}$$

根據偏移角求得頂角

將先前所述相同的薄稜鏡簡化方程式轉換，便可根據偏移角求出頂角：

$$d = a(n-1)$$

成為：

$$a = \frac{d}{n-1}$$

例題 15-5

某稜鏡由折射率為 1.66 的材料製成，可使光偏移 6 度，則其頂角為何？

解答

利用公式：

$$a = \frac{d}{n-1}$$

我們可代換並求得：

$$a = \frac{6}{1.66-1}$$
$$= \frac{6}{0.66}$$
$$= 9.09 \text{ 度}$$

故稜鏡的頂角約為 9.1 度。

稜鏡度 (Δ)

稜鏡的度數可利用頂角加以量化，問題是稜鏡度數會隨著稜鏡的折射率改變，因此這樣的作法並不恰當。

稜鏡也可根據所產生的偏移角進行量化，因它與折射率無關，故此結果較佳，然而偏移角難以應用在眼鏡。

第三種量化稜鏡度數的方法是在平面屏幕上量測可位移光的距離為何，意即光在離開稜鏡某一段距離後的位移點，與最初未被稜鏡彎曲的點之距離。此類型的單位稱為稜鏡度 (*prism diopter*)，縮寫為希臘 delta 符號 (Δ)。稜鏡度是利用偏移角的正切值所導出的角度量測，它是以正切值 0.01 或 $\left(\dfrac{1}{100}\right)$ 為角度量測的單位。

記住，三角函數中角度的正切值是對邊除以鄰邊 $\left(\tan d = \dfrac{opp}{adj}\right)$ (圖 15-3)。這表示對於距離 100 cm 的屏幕，若某稜鏡使影像位移 1 cm，此稜鏡具有 1 個稜鏡度的度數。我們可從圖 15-4 的幾何學中發現：

$$\tan d = \frac{P}{100}$$

其中 P 是指當影像被位移 100 cm (1 m) 時，以公分為單位的數值。根據定義，P 亦為稜鏡度 (Δ)，代表稜鏡位移的能力。

確認稜鏡位移的距離

若稜鏡位移可寫成：

$$\tan d = \frac{P}{100}$$

對於任一給定與稜鏡的距離，若我們已知光線位移的量，也可確認稜鏡度。若在某平面上位移 x 單位，此平面距離稜鏡 y 單位，因此：

$$\tan d = \frac{x}{y}$$

這代表：

$$\tan d = \frac{P}{100} = \frac{x}{y}$$

或

$$\frac{P}{100} = \frac{x}{y}$$

注意 x 與 y 必須為相同的量測單位。若 x 的單位是公分，則 y 的單位亦需為公分 (圖 15-4, B)。

例題 15-6

某稜鏡在距離 300 cm 處的平面上，使光位移 9 cm 的橫向距離。此稜鏡的稜鏡度為何？

解答

利用公式：

$$\frac{P}{100} = \frac{x}{y}$$

已知 x = 9 cm，y = 300 cm，因此：

$$\frac{P}{100} = \frac{9}{300}$$
$$P = \frac{(9)(100)}{300}$$
$$= 3\ cms$$

基本上，我們可利用相似三角形來找出距離 100 cm 處有 3 cm 的位移，此稜鏡的度數為 3Δ。根據定義，距離 100 cm 處有 3 cm 的光線位移，因此稜鏡度是 3Δ。

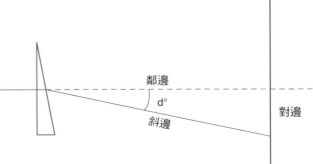

圖 15-3　以三角函數的原理來轉換偏移角到稜鏡度。

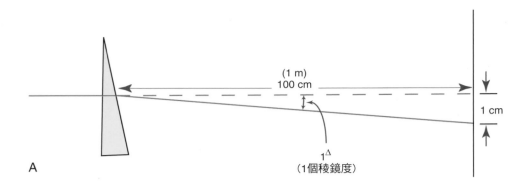

A
1△
(1個稜鏡度)

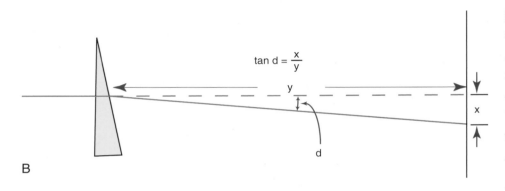

B

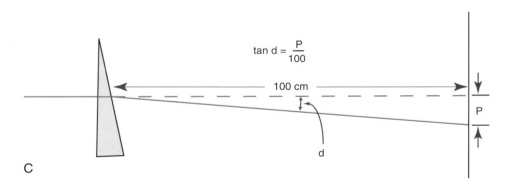

C

圖 15-4　A. 根據定義，1 個稜鏡度 (1△) 的稜鏡在 100 cm 處可使光線位移 1 cm。B. 注意被稜鏡偏移的角度 (d)，以及與該稜鏡間隔某距離 (y) 平面上的位移量 (x)，可描述為 $\tan d = \dfrac{x}{y}$。C. 理解 B 圖後，我們將稜鏡度與偏移角的關係寫成：$\tan d = \dfrac{P}{100}$。

若我們利用方程式：

$$\frac{P}{100} = \frac{x}{y}$$

將稜鏡至屏幕距離的量測單位改為公尺，我們可得到：

$$\frac{P}{1\,\text{m}} = \frac{x\,\text{cm}}{y\,\text{m}}$$

或者

$$P = \frac{x\,\text{cm}}{y\,\text{m}}$$

例題 15-7

若某稜鏡在距離稜鏡 1 m 處可位移光線，使之遠離原照射位置 5 cm，則此稜鏡的稜鏡度數為何？

解答

若位移 (x) 是 5 cm 且「屏幕」距離為 1 m，則：

$$P = \frac{x \text{ cm}}{y \text{ m}}$$

$$P = \frac{5 \text{ cm}}{1 \text{ m}}$$

$$= 5\Delta$$

答案為 5Δ。

例題 15-8

若某稜鏡在距離稜鏡 5 m 處可位移光線，使之遠離原照射位置 5 cm，則此稜鏡的稜鏡度數為何？

解答

上述問題唯一改變的是「屏幕」距離，其增加了 5 m，故若：

$$P = \frac{x \text{ cm}}{y \text{ m}}$$

因此

$$P = \frac{5 \text{ cm}}{5 \text{ m}}$$

$$= 1\Delta$$

偏移角與稜鏡度的轉換

運用先前所述的三角函數，可反覆轉換偏移角與稜鏡度，公式為：

$$\tan d = \frac{P}{100}$$

例題 15-9

每一度偏移角所產生的稜鏡度為何？

解答

針對 1 度的偏移角，我們由 1 度的正切值開始推導。

$$\tan 1 = 0.0175$$

利用：

$$\tan d = \frac{P}{100}$$

$$\tan 1 = 0.0175 = \frac{P}{100}$$

故

$$P = (0.0175)(100)$$

$$= 1.75\Delta$$

因此每一度偏移角所產生的稜鏡度為 1.75。

例題 15-10

1 個稜鏡度所產生的偏移角為何？

解答

這次我們利用另一種方式。

$$\tan d = \frac{P}{100}$$

$$\tan d = \frac{1}{100} = 0.01$$

求得 0.01 的正切反函數角度，得到的數值為：

$$d = 0.573 \text{ 度}$$

針對少量的偏移，可簡單記住 1 度 = 1.75Δ，且 $1\Delta = 0.57$ 度*。

稜鏡釐弧度 (∇)

稜鏡釐弧度 (prism centrad, ∇) 是量化稜鏡偏移較少用的方法。釐弧度類似於稜鏡度，在距離稜鏡 1 m 處位移光線 1 cm。兩者差異在於稜鏡度是在 1 m 遠的平面上量測，而釐弧度的位移則在半徑為 1 m 的圓弧上量測 (圖 15-5)，故釐弧度是更為一致的量測單位，但不用於實務中。針對稜鏡偏移小角度者，釐弧度與稜鏡度幾乎相同。然而，當稜鏡的偏移量增加時，這兩者的差異將變大。

影像位移

將稜鏡置於眼前，偏移的光線便會進入眼睛，眼睛本身無法察知光線被偏移了，僅呈現從不同的方向進入。此光線來自某特定物體，而物體本身似乎被位移了。由於無實際的位移，眼睛所見的是該物體被位移後的影像。此現象稱為影像位移 (image displacement)，如圖 15-6 所示。

根據稜鏡的度數來預測影像位移的量，可表示成稜鏡度，這完全呼應先前的定義。如圖 15-7 所示，若光線在距離稜鏡 1 m 處位移了 1 cm，物體與稜鏡

---

* 據此必須提到某些眼鏡製造商是以度數表示稜鏡度。儘管有時用於商業交易，也了解與稜鏡度是指同件事，但技術上而言，以度數表示的方式並不準確，且不可與同樣是度數的偏移度數或頂角度數混淆。

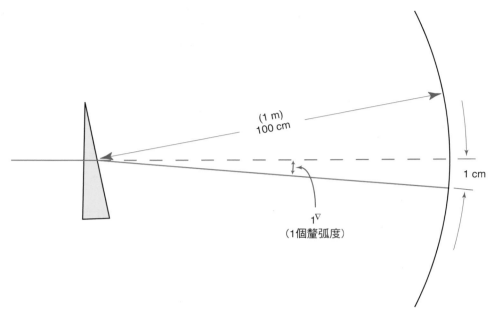

圖 15-5　1 個 (1) 釐弧度等於百分之一徑度，百分之一的部分是在圓弧上測量。
若半徑等於 100 cm，則 1 個釐弧度 (∇) 是指在圓弧上可測得 1 cm 的長度。

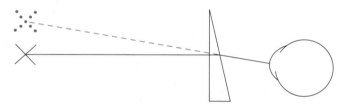

圖 15-6　透過稜鏡觀看時，物像似乎自實際位置產生位移。

的距離每增加 1 m，於稜鏡前方的物像將相對增加位移 1 cm*。

影像位移的方向

　　如之前所見，單一光線向稜鏡基底的方向偏移。從觀察者的角度觀看，將稜鏡握在眼前，稜鏡使觀察的物像向稜鏡頂點的方向位移。為了簡單記住方向，想像稜鏡如同一個箭頭，它的頂點指向影像位移的方向。「眼睛轉向稜鏡指出的方向」。

實際應用

　　眼鏡處方使用稜鏡，使眼睛可轉離正常直視的

觀察方向。若一眼轉向上，稜鏡基底可朝下置於該眼的前方，這使得物體出現的位置高於實際位置，如此眼睛所見的影像將對應於其中異常眼睛注視的位置，讓兩眼可協同運動。在此簡化的例題中，稜鏡的方位取決於眼睛所要注視的點。

如何確認稜鏡基底的方向

　　確認稜鏡基底方向的方法不只一種。開立鏡片處方者傾向使用一種方法，乃因較適合用於量測所需的稜鏡量。光學磨邊工廠則使用另一種方法，原因在於稜鏡僅能以一種特定的方式磨邊。

開立處方者方法

　　開立稜鏡處方者通常以配戴者的臉部作為稜鏡方向的參考。配戴者臉部的頂端與底部、鼻子或頭部兩側可用於確認基底的方向。若稜鏡是「正朝上」，基底指向下方，頂點指向上方，此稜鏡稱為基底向下 (base down) 的稜鏡。若為「倒置」，該稜鏡稱為基底向上 (base up)（圖 15-8）。

　　若稜鏡用於側邊，可以這麼說，稜鏡基底的方向若非朝向鼻子，便是遠離鼻子的方向。稜鏡的基底轉向鼻子稱為基底向內 (base in)（圖 15-9），稜鏡的基底轉向遠離鼻子的方向則稱為基底向外 (base out)（圖 15-10）。對於開立處方者，這已完全足夠，乃因

---

* 比無限遠更接近稜鏡的物體，其所發散的光線照射於稜鏡，進而導至光線位移 (亦產生影像位移)，它與無限遠的物體之呈現稍微不同。這稱為「有效稜鏡度數」，稍後於本章解釋。源自無限遠物體的光線照射於稜鏡，其不會發散或會聚，而是呈平行的光束。

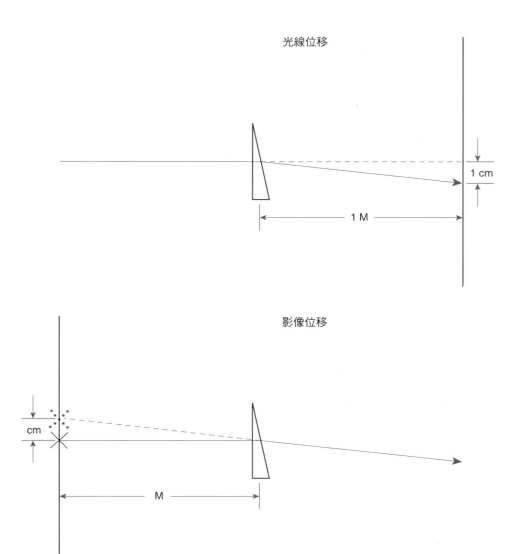

光線位移

1 cm

1 M

影像位移

cm

M

圖 15-7　稜鏡度與光線位移或影像位移之關係。

垂直與水平的稜鏡元件是分開考慮的。若同時需要水平和垂直的稜鏡矯正時，兩種稜鏡元件皆應開立處方。

　　然而，光學磨邊工廠對此有一些限制。首先，若開立了基底向內或基底向外的稜鏡處方，端看稜鏡基底實際朝向所參考的眼睛。若是右眼，基底向內的稜鏡表示基底朝向右側；若是左眼，基底向內的稜鏡表示基底朝向左側。

360 度工廠參考系統

　　儘管用於確認稜鏡的開立處方者方法，非常適合正進行眼睛檢查和配鏡的人員，但對於光學工廠卻是不足的。光學工廠利用 360 度系統或 180 度系統來確認稜鏡基底的方向。

　　360 度工廠參考系統利用標準的方法來確認方位的度數，如圖 15-11 所示。當從前方觀察鏡片時（凸側面向觀察者），確認的基底方向如下：若基底指向右側，基底標註為 0 度；若基底轉向上方，基底標註為 90 度；向左側為 180 度，正下方則為 270 度。

　　開立處方者方法利用水平、垂直的直角座標系統進行量測，工廠方法則是運用度數的極座標系統。

將開立處方者方法轉換至工廠系統

　　假設處方需要基底向下 2 個稜鏡度的稜鏡，在 360 度工廠參考系統時則為何？

　　基底向下的稜鏡在 180 度線以下，因此它必定大於 180 度。由於開立處方者方法只有四個方向，即 0 度、90 度、180 度或 270 度。270 度的方向是正

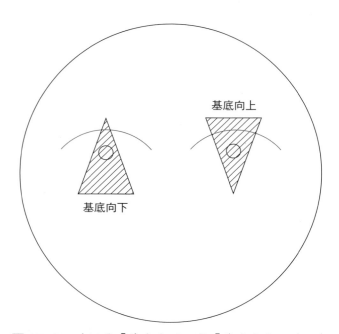

圖 15-8　確認是「基底向下」或「基底向上」時，無需了解哪一眼睛有稜鏡（然而對於配戴者而言，右眼前方基底向下與左眼前方基底向上的效果相同，它們並非是相反的效果）。

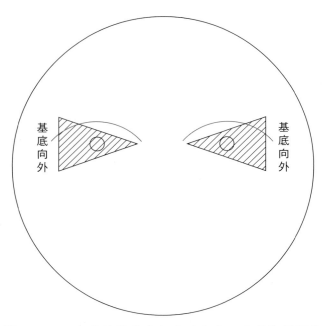

圖 15-10　即使稜鏡基底朝向反方向，兩者皆歸類為「基底向外」。尚未確認是右眼或左眼前，不可能準確得知基底向外的稜鏡是轉向哪個方向。

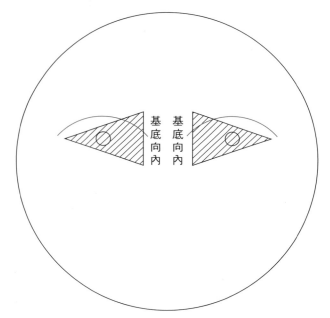

圖 15-9　針對兩眼開立水平方向的稜鏡處方時，都是基底向內或皆為基底向外。右眼和左眼上的基底向內稜鏡不會互相抵銷，而是增強預期的效果。

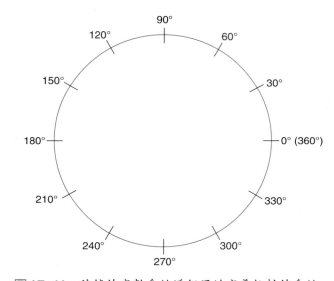

圖 15-11　稜鏡的度數系統近似用於定義柱軸的系統。

包含兩個稜鏡元件的開立處方者方法之轉換

　　某些時候，處方上有兩個稜鏡在不同的方向，且兩者皆在相同的眼睛上。當鏡片磨邊後，不可能與兩個稜鏡搭配，必須將兩個稜鏡組合成一個新稜鏡。幸虧最終結果是相同的。

　　利用一個稜鏡取代兩個，如同走完一條穿過田野的捷徑。可以向東北方向走 2.83 英哩，以取代向東走 2 英哩後再向北走 2 英哩，如此也可到達完全

下方，因此基底向下 2 個稜鏡度的稜鏡相當於基底 270 度。

　　當處方鏡片只有一個稜鏡元件時，轉換則較為簡單（圖 15-12）。然而，若有兩個元件，轉換結果則全 360 度都有可能。

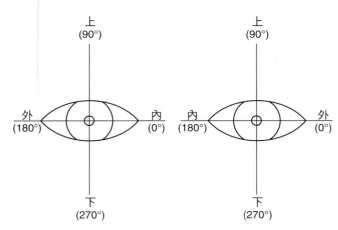

圖 15-12　稜鏡基底方向是依據眼睛，以確認向上、向下、向內或向外。基底方向也可用度數表示，然而個人的眼鏡處方卻很少這樣寫。

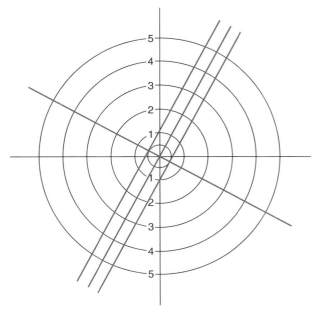

圖 15-13　若視標位於鏡片驗度儀中央時，鏡片的光學中心即已定位。

相同的地方（熟悉幾何學的人將能了解此為簡單的兩個向量和）。因此，可在這兩個角度之間磨邊 2.83 個稜鏡度的稜鏡（此例相當於基底 135 度），以取代磨邊右眼 2 個稜鏡度基底向外的稜鏡（稜鏡在 180 度），以及 2 個稜鏡度基底向上的稜鏡（稜鏡在基底 90 度）。

　　儘管開始鏡片驗度儀是難以觀察的，但任何人只要使用此系統一段時間，就會習慣它。鏡片驗度儀利用儀器內部的環狀系統，以標示稜鏡測量的大小。若鏡片驗度儀已對焦，則視標上的十字線將位於鏡片的光學中心。通常會移動鏡片，直至視標線與鏡片驗度儀的刻度標線中心重疊，如圖 15-13 所示。若視標線不在中心位置，表示在鏡片驗度儀所測量的鏡片位置上產生了稜鏡效應。稜鏡量取決於視標線的交叉位置。

　　例如，若視標線交叉在刻度標線環「1」的標示上，顯示鏡片稜鏡度為 1。若此視標線位於刻度標線環「1」之處，且在標線中心的正上方，如圖 15-14 所示，則稜鏡的方向為基底向上。基底向內或基底向外如預期將出現在左側或右側，端看所量測的鏡片為左眼或右眼（圖 15-15）。

　　將鏡片置於鏡片驗度儀上，若視標線交叉於垂直或水平的刻度標線外，則會同時出現垂直和水平的稜鏡。從視標中心至水平和垂直的刻度標線繪製假想線，便可各別進行量測。圖 15-16 中若鏡片是右眼鏡片，所示的稜鏡量是 2 個稜鏡度基底向內，以及 1 個稜鏡度基底向上。然而，視標中心的位置確

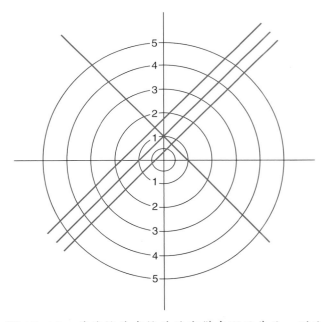

圖 15-14　若某鏡片在鏡片驗度儀中顯示為此，則此鏡片在光穿過的點上，有 1 個稜鏡度基底向上的稜鏡，這無關於它是左眼或右眼鏡片。

實僅顯示一個稜鏡量。觀察此圖，可見稜鏡量約 2.25 個稜鏡度，基底方向約為 27 度（大部分的鏡片驗度儀在刻度標線外緣有度數刻度，可用於量測角度）。目前已有簡單的系統可將開立處方者方法轉換成記錄稜鏡的工廠參考系統。由於每次需查看鏡片驗度儀有些不便，可使用合成稜鏡圖（resultant prism chart）

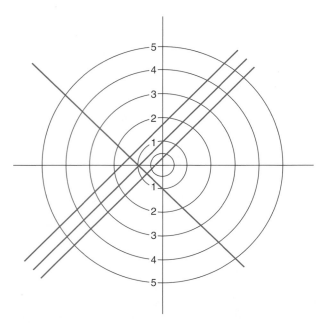

圖 15-15　此鏡片的稜鏡量為 1 個稜鏡度。然而，我們不了解該鏡片是用於左眼或右眼，故無法得知稜鏡是基底向內或向外。若是右眼鏡片，則為基底向外。

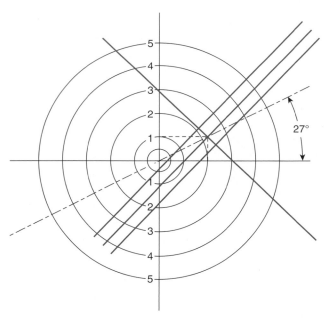

圖 15-16　假設此鏡片是用於右眼，稜鏡效應顯示為 2Δ 基底向內和 1Δ 基底向上，合成的稜鏡基底方向是 27 度。需注意傾斜的三條線與單一的視標線並無法得知基底方向。接目鏡中有一條細線，它會旋轉直至交叉於視標中心，此細線可指出正確的度數（未顯示內部的度數刻度）。

的工具作為替代方式，如圖 15-17 所示。此圖是以相同的方法獲得，但不需使用鏡片驗度儀。

　　針對開立處方者方法與工廠方法的轉換，在此列出某些常見的問題。

例題 15-11

若右眼鏡片需要 1 個稜鏡度基底向內的稜鏡，則其基底角度為何？

解答

目視稜鏡方向時，總會認為鏡片（或眼鏡）的凸面朝向自己（意即當注視眼鏡時，它們似乎被某人配戴）。因此，針對基底向內的右眼鏡片，方向會指向右側，在稜鏡圖上位於 0 度方向，故答案是 1 個稜鏡度，基底為 0。

例題 15-12

若例題 15-11 中的處方是針對左眼，亦需要 1 個稜鏡度基底向內的稜鏡，則結果將為何？以角度表示，基底的方向將為何？

解答

從前方觀察左眼鏡片時，鼻子將位於左側，因此基底方向是朝左。透過稜鏡圖可見此時基底在 180 度的方向。

　　答案是 1 個稜鏡度基底 180，此時即使開立處方者方法顯示基底向內稜鏡，對於右眼鏡片與左眼鏡片兩者，右眼稜鏡是基底 0，而左眼稜鏡是基底 180。

例題 15-13

處方顯示右眼需要 1Δ BI（1 個稜鏡度基底向內）和 2Δ BU（2 個稜鏡度基底向上），請以工廠參考系統表示之。

解答

檢視圖 15-18 的稜鏡圖，可找到 1Δ 基底 0 的位置。接著找出 2Δ 基底 90 的位置。若以這兩點為角形成一個矩形，可找出結果是在 2.25Δ 基底 64 度的位置。

　　本章末提供更多的習題，解答在本書最後。

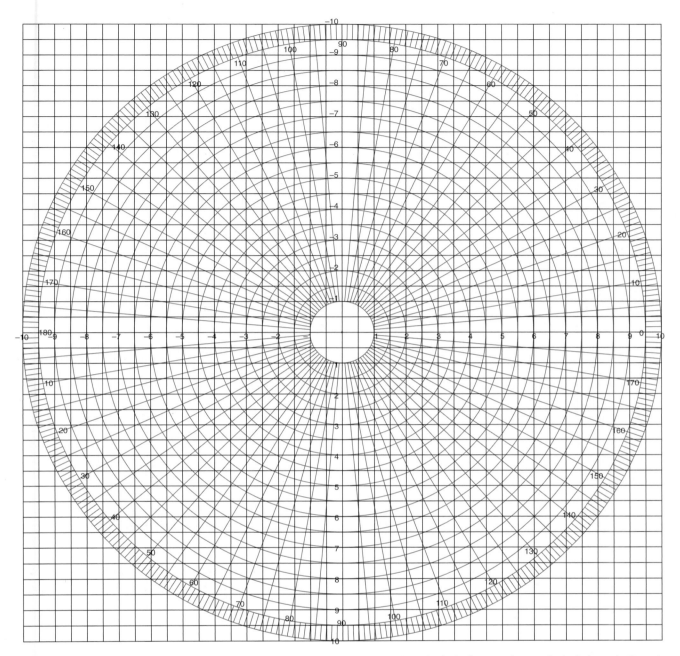

圖 **15-17**　合成稜鏡圖。此圖與鏡片驗度儀上的視標相同，但包含可觀察直角座標系統 (基底向內、向外、向上和向下) 的背景線以及極座標系統。

改良式 (180 度) 參考系統

　　由於在確認柱軸時，光學領域的人士慣用 180 度系統，因此在確認稜鏡基底方向時，許多人偏愛只使用 0 ～ 180 度。柱軸中的 90 度和 270 度並無差異。柱軸是一條連續的線，然而稜鏡的基底方向並非如此，稜鏡基底 270 度的方向與基底 90 度的方向完全相反。因此，當僅使用 0 ～ 180 度時，度數務必註明「向上」或「向下」，故「基底 90」為「基底 90 向上」，基底 270 為「基底 90 向下」。

　　現實情況中，若基底方向介於 0 ～ 180 度之間，將省略「向上」兩字。然而，若基底方向在 360 度系統中大於 180 度，則將減去 180 度，並補充「向下」兩字。例如在 180 度參考系統中，基底 270 度等於 (270 – 180) 或基底 90 DN (向下)。

成對鏡片的稜鏡基底方向

　　開立稜鏡處方時，通常是用於補償眼睛協調運作困難 (目的是解決兩眼視力問題)。由於兩眼的運

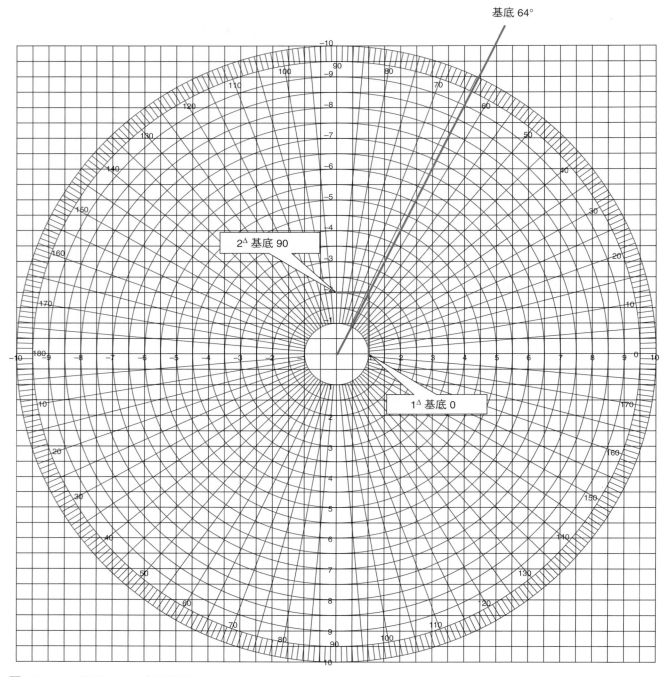

圖 15-18 例題 15-13 的稜鏡圖 (Courtesy Coburn Equipment Catalog, Coburn Optical Industries, Muskogee, Okla)。

作如同是一個團隊,若將稜鏡置於單眼前方將會對兩眼產生作用,因此所有稜鏡矯正應置於單眼前方,或是兩眼分別進行矯正。可將稜鏡相等分割,或將不相等的量置於兩眼前方。

分割水平稜鏡

水平稜鏡最常相等分割於兩眼前方,兩稜鏡都是基底向內或皆為基底向外。

分割不等的稜鏡是完全合理的,例如取代分割稜鏡為:

R: 2∆ 基底向外

L: 2∆ 基底向外

開立處方者可開立如下處方,以獲得兩眼相同的效果:

R: 3∆ 基底向外

L: 1∆ 基底向外

或甚至：

R: 0 稜鏡

L: 4∆ 基底向外

　　淨效果的結果相同。稜鏡不等分的其中一個原因可能是眼睛的主導性，其他例子則是選擇如何分割稜鏡以改善鏡片外在的美觀，或使鏡片的厚度一致。

　　右眼前方基底向外的稜鏡，其光學效果等同左眼前方基底向外的稜鏡；右眼前方基底向內的稜鏡，其光學效果等同左眼前方基底向內的稜鏡。

分割垂直稜鏡

　　兩眼前方的垂直稜鏡也可透過等分或不等分的方式進行分割，稜鏡相等分割的一個例子為：

R: 2∆ 基底向上

L: 2∆ 基底向下

　　例如，開立處方者可開立如下處方，以獲得兩眼相同的效果：

R: 3∆ 基底向上

L: 1∆ 基底向下

或者

R: 0 稜鏡

L: 4∆ 基底向下

　　對於垂直的稜鏡，單眼前方基底向上所產生的效果，等同於另一眼基底向下的效果。

　　記住稜鏡使眼睛轉向稜鏡頂點的方向後，將更容易了解此概念。因此若右眼轉向上方，右眼前方之基底向下的稜鏡將使眼睛轉向上方（在稜鏡頂點的方向），如此將有助於避免眼睛疲勞或出現複視。

　　結論：

右眼		左眼
基底向外		基底向外
基底向內	如同	基底向內
基底向上		基底向下
基底向下		基底向上

組合稜鏡與分解稜鏡

　　如先前所見，處方可能要求水平與垂直兩種稜鏡在相同的鏡片上。在製造過程中，某一簡單的稜鏡經過計算後，可產生如同將兩特定稜鏡組合後完全相同的效果。當兩個稜鏡根據度數與基底方向組合成一個稜鏡，且其效果等同於兩個稜鏡時，此過程稱為組合稜鏡 (compounding prism)。

　　組合稜鏡的反向是將斜向基底的稜鏡，表示成兩個方向互相垂直的稜鏡。將單一斜向稜鏡表示成兩個垂直的分量，此過程稱為分解稜鏡 (resolving prism)。

　　使用鏡片驗度儀分析一副包含水平和垂直分量的眼鏡處方時，此兩個分量如同斜向基底組合後的稜鏡。此稜鏡可分解為水平和垂直的分量。理解組合與分解的過程後便可容易執行。

組合

　　組合兩個稜鏡成為一個稜鏡，完全如同用於獲得兩個向量和的過程（第 11 章）。兩稜鏡依據比例畫成向量。每個單位長度相當於稜鏡度的單位。箭頭指向稜鏡基底方向。

例題 15-14

右眼的處方需要 3∆ 基底向內和 2∆ 基底向上。在鏡片表面上必須磨成何種組合稜鏡，以符合處方的要求？

解答

稜鏡依據比例畫成如圖 15-19, A 所示，完成一個平行四邊形（圖 15-19, B)，並畫出所得結果的稜鏡（圖 15-19, C)。稜鏡量測結果為 3.6∆。利用分度器量測基底方向，結果為 34 度。因此相加組合的稜鏡是 3.6∆ 基底 34 度。

　　此問題也可利用幾何學與三角函數求解。水平稜鏡分量設為 H，垂直分量為 V，合成後的稜鏡為 R，合成的稜鏡新基底方向為 θ。此圖解結構包含直角三角形，故可利用畢氏定理求得結果。

$$R^2 = V^2 + H^2$$
$$R = \sqrt{V^2 + H^2}$$

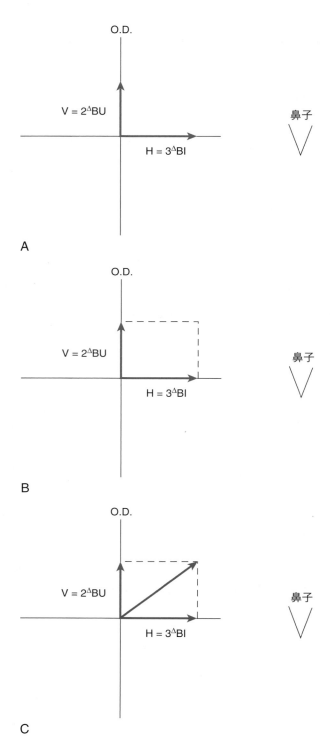

A

B

C

圖 15-19　A. 利用圖解法組合兩個稜鏡成為一個稜鏡，首先在直角座標系統的軸線上繪製兩個向量。B. 利用這兩個稜鏡向量的表示方法，完成一個平行四邊形。C. 組合的稜鏡其結果為平行四邊形始於原點的對角線（BI = 基底向內；BU = 基底向上）。

由於 V = 2 且 H = 3，

$$R = \sqrt{2^2 + 3^2}$$
$$= \sqrt{13}$$
$$R = 3.61\Delta$$

基底方向由下式得出

$$\tan\theta = \frac{V}{H}$$

由於對邊角度 θ 是垂直分量，鄰邊是水平分量。

使用計算機，tan 反函數 ($\tan^{-1}$) 可求得 θ 為 33.69 度。

因此合成的稜鏡是 3.61Δ，基底為 33.69 度。

分解

顛倒先前所述的過程，可將某斜向稜鏡分解成水平和垂直的分量。首先，斜向稜鏡依比例畫成向量，所指方向為處方的基底方向。從箭頭尖端至 180 度與 90 度的軸線上畫出水平和垂直線（直角座標系的 x 軸與 y 軸）。在與 x 軸和 y 軸相交的位置，標示自原始稜鏡分解出的水平與垂直之稜鏡度數。

例題 15-15

將配戴者的右眼鏡片置於鏡片驗度儀後發現有稜鏡。稜鏡讀出 2.00Δ 基底 30 度。該稜鏡可證實其水平與垂直的稜鏡數值為何？

解答

此稜鏡畫在座標系統上，如圖 15-20 所示。從向量尖端至 x 軸和 y 軸畫出水平和垂直的線，距離從 0 點開始量測。測得的垂直分量為 1.00Δ 基底向上，水平分量為 1.70Δ 基底向內（若為左眼鏡片，基底方向將遠離鼻子，讀出基底向外）。

在此例題中，鏡片驗度儀的視標線代表球面與柱面的度數，將由中心點移至與圖解法中合成箭頭方向相同且度數相等的位置（圖 15-21）。想像從鏡片驗度儀的視標線中心，將線延伸交叉於 x 軸與 y 軸上，以確認稜鏡的度數。

稜鏡的分解也可根據三角幾何學計算而得。利用幾何圖形的方程式推導，如下所示：

$$V = P\sin\theta$$
$$H = P\cos\theta$$

其中 P 是斜向稜鏡的度數，θ 是基底方向。根據先前的問題，

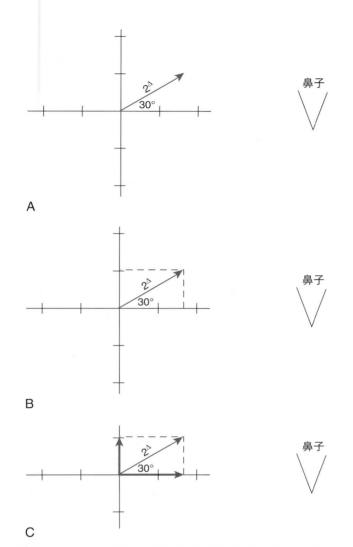

A

B

C

圖 15-20　**A.** 將單一稜鏡分解成等效的水平與垂直分量，首先在圖上畫一向量，其長度代表此稜鏡的度數，並以度數代表基底的方向。　**B.** 各別的分量長度可由畫出垂直於 x 軸與 y 軸的線找出。　**C.** 利用對角線反向建構出平行四邊形，簡單量測兩側長度可獲得水平及垂直的分量。

$$V = 2.00 \sin 30$$
$$= 2.00 \times 0.5$$
$$= 1.00$$

如前，求得的垂直分量為 1.00Δ。

　　至於水平分量

$$H = 2.00 \cos\theta$$
$$= 2.00 \times 0.86603$$
$$= 1.73\Delta$$

水平分量的度數為 1.73Δ，基底方向明顯是原始稜鏡的分向量方向。

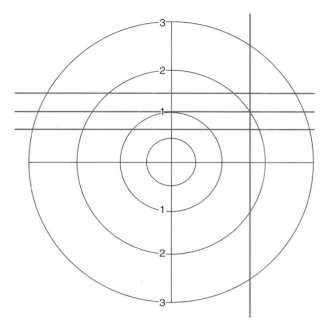

圖 15-21　日常發生分解稜鏡最熟悉的例子是當使用鏡片驗度儀時。球面與柱面度數線的交叉點即為稜鏡基底的位置，從交叉點垂直向下或水平穿過 x、y 座標軸，在內部刻度的位置上指出水平與垂直的稜鏡分量（在球柱面鏡片的驗證過程中，球面與柱面視標線可能旋轉至 90 度或 180 度以外的方向，若僅沿著這些視標線尋得與 x 軸和 y 軸的交叉點，則未必能獲得正確的解答，乃因其可能是最初從簡化的圖形結構中想像而來）。

組合兩個斜向交叉的稜鏡

　　乍看之下，將兩個斜向稜鏡組合成單一稜鏡似乎相當困難，然而此處並無新的概念，通常可透過如下步驟來完成：

1. 將每個斜向稜鏡分解成水平和垂直的分量。
2. 將兩個稜鏡的水平分量相加成一個。
3. 將兩個稜鏡的垂直分量相加成一個。
4. 組合相加的垂直與水平分量成為單一新稜鏡。

　　以下是其中一個例子：

例題 15-16

組合此兩個斜向稜鏡成為一個稜鏡：

　　　　2.83Δ 基底 135
　　　　5.00Δ 基底 037

解答

將此兩個稜鏡畫成向量，有助於使問題視覺化，如圖 15-22, A 所示。求得 2.83Δ 基底 135 稜鏡的水平與

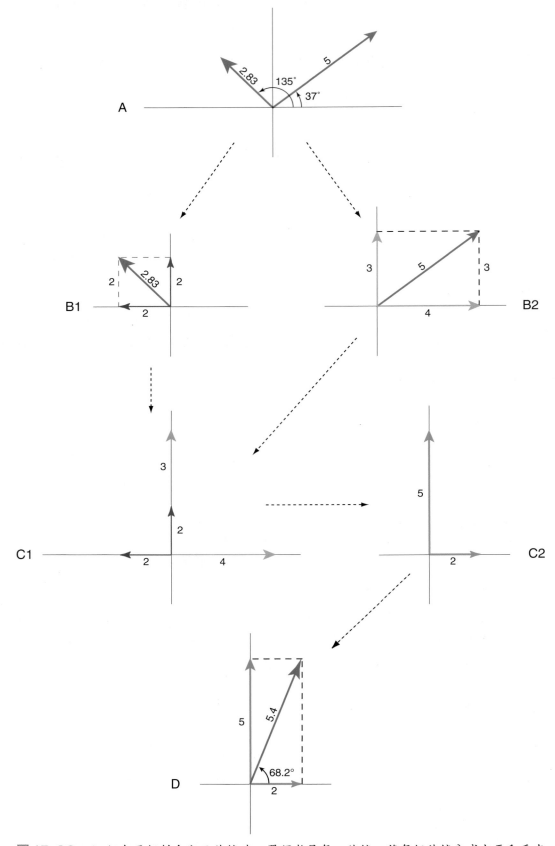

圖 15-22　A. 組合兩個斜向交叉稜鏡時，單獨考量每一稜鏡，將每個稜鏡分成水平和垂直的分量。 B1. 2.83Δ 基底 135 的稜鏡變成 2Δ 基底向左或基底 180，以及 2Δ 基底向上或基底 90。B2. 5Δ 基底 37 的稜鏡變成 4Δ 基底向右（或基底 0），以及 3Δ 基底向上（或基底 90）。C. 此兩個斜向交叉稜鏡的水平和垂直分量相加後，變為 2Δ 基底向右（或基底 0），以及 5Δ 基底向上（或基底 90）。D. 將 2Δ 基底向右（或基底 0）與 5Δ 基底向上（或基底 90）組合後，它們變成 5.4Δ 基底 68.2。

垂直分量，畫出如圖 15-22, B1 所示。我們可見垂直分量為：

$$V = P\sin\theta$$
$$= 2.83\sin 45$$
$$= (2.83)(6.707)$$
$$V = 2.00\Delta$$

基底方向是 90，垂直分量是 2.00Δ 基底 90。

此三角形是具有兩個 45 度角的直角三角形，因此可知其水平分量為 2.00Δ，基底方向是向左或 180 度（即 2.00Δ 基底 180）。

畫出第二個斜向稜鏡 5Δ 基底 37，如圖 15-22, B2 所示，其垂直分量為：

$$V = P\sin\theta$$
$$= 5\sin 37$$
$$= 5(0.60)$$
$$= 3.00\Delta$$

基底方向是基底向上或基底 90 度（即 3.00Δ 基底 90），其水平分量為：

$$H = P\cos\theta$$
$$= 5\cos 37$$
$$= 5(0.799)$$
$$= 4.00\Delta$$

基底方向是向右或基底 0 度（即 4.00Δ 基底 0）。

此時，我們將兩個水平和兩個垂直的分量相加，如圖 15-22, C 所示。

2.00Δ Base 90 + 3.00Δ Base 90 = 5.00Δ Base 90
2.00Δ Base 180 + 4.00Δ Base 0 = 2.00Δ Base 0

若僅需要水平和垂直的分量，至此即已完成。若是右眼，答案將為 5.00Δ 基底向上以及 2.00Δ 基底向內。若是左眼，則為 5.00Δ 基底向上以及 2.00Δ 基底向外。

然而，完成此問題的答案是單一個稜鏡，我們需確認兩個稜鏡的向量和。如圖 15-22, D 所示，計算如下：

$$P^2 = V^2 + H^2$$
$$P = \sqrt{5^2 + 2^2}$$
$$= \sqrt{25 + 4}$$
$$= \sqrt{29}$$
$$P = 5.4\Delta$$

利用此方法找出基底方向出：

$$\tan\theta = \frac{V}{H}$$
$$\tan\theta = \frac{5}{2} = 2.5$$
$$\theta = 68.2 \text{ 度}$$

最終的稜鏡量為 5.4Δ 基底 68.2。附帶一提，也可依比例畫出這兩個稜鏡，量測得出合成的稜鏡向量為 5.4Δ 基底 68.2，如圖 15-23 所示。

旋轉稜鏡

斜向交叉稜鏡常應用於眼鏡實務中，此應用稱為旋轉稜鏡 (rotary prism) 或睿士里稜鏡 (Risley's prism)。旋轉稜鏡是兩個稜鏡的組合，這兩個稜鏡上下交疊。最初，它們的基底方向完全相同，但當旋轉稜鏡時，其基底以相等的程度朝反方向移動。

例如，假設兩個 10Δ 的稜鏡其基底對基底相疊在一起，總稜鏡效應是 20Δ（圖 15-24, A）。然而，若它們是基底對頂點相疊在一起，則總稜鏡效應為 0（圖 15-24, B）。

假設此時從兩個 10Δ 基底向下的稜鏡開始，加總後為 20Δ 基底向下。接著順時針旋轉一個稜鏡基底 37 度，另一個則逆時針旋轉 37 度。此時呈現的稜鏡效應為何？

我們將每個稜鏡畫成垂直與水平的分量，如圖 15-25 所示。此處顯示相同的水平分量，但為反向而相互抵銷。垂直分量皆為 8Δ 基底向下，相加等於 16Δ 基底向下。

稜鏡繼續反向旋轉，水平分量將等量增加且持續互相抵銷，同時垂直分量減少。持續動作直至兩個稜鏡完全平行－其中一個基底向左，另一個則基底向右。此時並非是水平或垂直稜鏡，稜鏡效應為 0。若兩個稜鏡持續旋轉超過水平，基底向上垂直的稜鏡開始增加，持續增加直至兩個稜鏡完全基底向上。旋轉這些稜鏡時，僅呈現垂直的稜鏡而無其他。

相同作法可產生只有水平變化量的稜鏡。欲產生只有水平的稜鏡，首先使兩個稜鏡基底向左。順時針旋轉一個稜鏡的基底，而另一個稜鏡以逆時針方向旋轉相同的量（圖 15-26）。此時水平的稜鏡出現變化，垂直的稜鏡則維持在 0。

在眼鏡實務中，睿士里稜鏡或旋轉稜鏡有兩種常見形式，一種見於綜合驗光儀，可測量眼睛的斜位 (phorias) 和轉動 (ductions)（圖 15-27）。另一種則見於某些鏡片驗度儀，可測量含大量稜鏡的眼鏡鏡片（圖 15-28）。

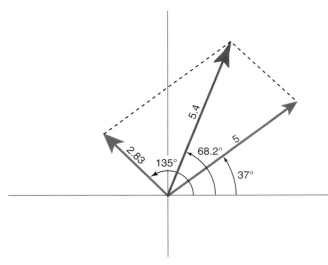

圖 15-23 依據比例繪製時，斜向交叉稜鏡可圖形化組合，直接測量合成的稜鏡量及基底方向，無需以三角函數進行計算，如前圖所示。

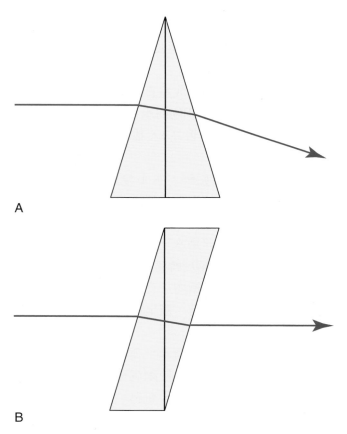

圖 15-24 **A.** 睿士里稜鏡或旋轉稜鏡實際上是兩個稜鏡，一個疊在另一個上方。當這些相同度數的稜鏡基底對基底置放在一起時，組合後可獲得最大稜鏡量。**B.** 當睿士里稜鏡或旋轉稜鏡其中兩個稜鏡元件基底對頂點相疊時，合成的度數為 0。

對於近距物體之稜鏡的有效度數如何改變

　　稜鏡可一致地位移光線。然而相較於注視遠距物體，注視近距物體時，其對眼睛的影響有些不同。透過稜鏡注視近距物體，比起透過相同稜鏡注視遠距物體，眼睛轉動的程度較低。因此，當量測光進入眼睛的角度時，稜鏡的有效度數將隨著物體移近配戴的稜鏡而降低。儘管稜鏡可一致地位移光線，但當被觀察的物體越接近稜鏡，以光射入眼睛的角度進行量測時，稜鏡的度數將隨之減少。

　　針對無限遠的物體，稜鏡會使物體位移，位移角度 (d) 等於眼睛旋轉的角度 (d_e)（圖 15-29）。意即對於遠距視力，稜鏡會使光偏移或彎曲呈某個角度 d，該角度等於實際的（有效的）眼睛轉動之角度 d_e。

　　針對近距視力，稜鏡如同在遠距也會使光偏移相同的量，乃因稜鏡本身是相同的。稜鏡使光偏移的量是 d，如同之前。然而對於近距視力，光進入稜鏡時是發散的（圖 15-30）。儘管稜鏡使光線彎曲相同的量，但進入眼睛的角度 (d_e) 不如遠距視力那麼大。有效偏移量 d_e 將小於角度偏移量 d。

　　若我們將量測的角度 d 和 d_e 轉換成稜鏡度，稜鏡度 P 相當於角度 d，稜鏡度 P_e（有效稜鏡度數）則相當於角度 d_e（有效偏移）。根據稜鏡度的定義，我們可以說：

$$\frac{P}{100} = \frac{y}{|l|}$$

根據光學符號的規定，l 以絕對值表示，鏡片或稜鏡是位於數線的 0 點。測量的距離從稜鏡向右為正，稜鏡向左則為負。

　　對於近距圖，

　　l = 稜鏡至近距點的距離
　　s = 稜鏡至眼睛旋轉中心的距離
　　y = 影像的位移

根據圖 15-30 的幾何學

$$\frac{P_e}{100} = \frac{y}{|l| + s}$$

我們得知此例中的 l 值為負，為了遵循符號的規定且使方程式運作正確，將先前兩個方程式寫成

$$\frac{P}{100} = \frac{y}{-l}$$

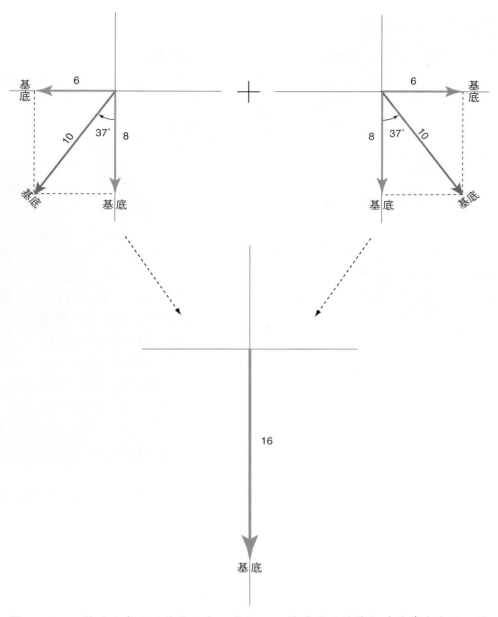

圖 15-25　對於此睿士里稜鏡組合，兩個 10Δ 的稜鏡元件最初時是基底向下，總計為 20Δ 基底向下。接著將它們以相反的方向旋轉，一個為順時針，另一個為逆時針，如此可使相同且相反的水平分量互相抵銷，其垂直分量則相加，在此相加的結果為 16Δ 基底向下。

水平旋轉稜鏡

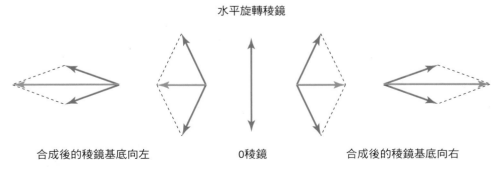

　合成後的稜鏡基底向左　　　　　　0稜鏡　　　　　合成後的稜鏡基底向右

圖 15-26　水平轉動睿士里稜鏡或旋轉稜鏡，其兩個稜鏡分量的組合動作如向量所示。

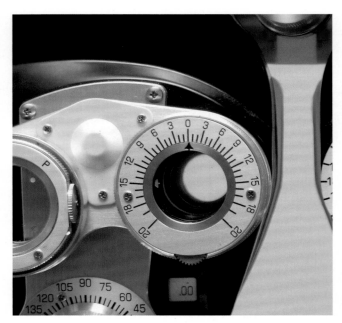

圖 **15-27**　**Von Graefe** 稜鏡測試是使用睿士里稜鏡或旋轉稜鏡,量測屈光檢查時的眼睛斜位和轉動。在此將旋轉稜鏡設定為量測水平的稜鏡。旋轉底部的小拇指齒輪,使兩個相連的稜鏡以相反方向旋轉。

以及

$$\frac{P_e}{100} = \frac{y}{-l+s}$$

轉換第一個方程式可得

$$y = \frac{P(-l)}{100}$$

轉換第二個方程式變成

$$y = \frac{P_e(-l+s)}{100}$$

此時我們有兩個 y 值,它們必須相等,因此可將兩個組合為:

$$\frac{P(-l)}{100} = \frac{P_e(-l+s)}{100}$$

簡化成

$$P(-l) = P_e(-l+s)$$

變為

$$P_e = \frac{P(-l)}{(-l+s)}$$

轉換的結果稱為有效稜鏡度數公式 (*effective prism power formula*):

圖 **15-28**　某些鏡片驗度儀包含輔助稜鏡,用於量測大量稜鏡,乃因其通常超過可見的視標區域範圍。此輔助稜鏡是睿士里稜鏡或旋轉稜鏡應用的一個例子。紅色刻字是一個方向的稜鏡度數,同一環上的白色刻字顯示了相反的基底方向之稜鏡度數,角度刻字則表示稜鏡基底的方向。當補償的旋轉稜鏡軸為 0 時,稜鏡度數刻度上的其中一個方向是基底向內,另一個方向則是基底向外。當補償的旋轉稜鏡軸為 90 時 (如此處所示),稜鏡軸刻度上的其中一個方向是基底向上,另一個則是基底向下。

$$P_e = \frac{P}{1 - \dfrac{s}{l}}$$

針對近距物體,稜鏡的有效度數可用數學方式與無限遠物體的稜鏡真實度數相比,其比值可由上式得出。

若以文字表示,有效稜鏡度數讀成:

$$有效稜鏡度數 = \frac{真實稜鏡度數}{1 - \dfrac{稜鏡至旋轉中心的距離}{稜鏡至近距物體的距離}}$$

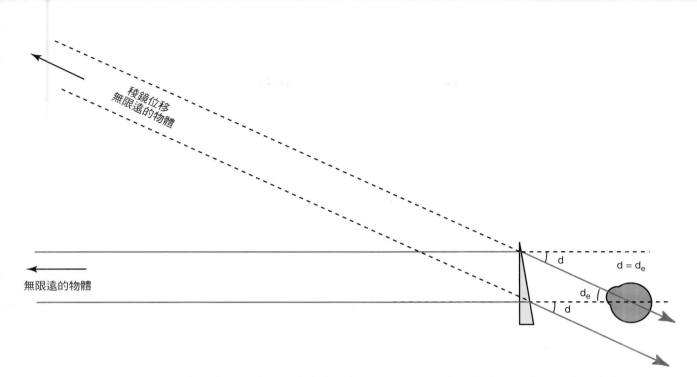

圖 15-29　對於源自無限遠的光線，具有真實度數 P 的稜鏡，將使物體的光位移一定的偏移量，如圖所示之 d。d_e 是眼睛為了看見物體而需轉動的量。對於遠距視力，這兩個量相等。當 d 和 d_e 以稜鏡度表示時分別為 P 和 P_e，P_e 是稜鏡的有效度數。因此對於遠距視力，稜鏡的真實度數等於有效度數。

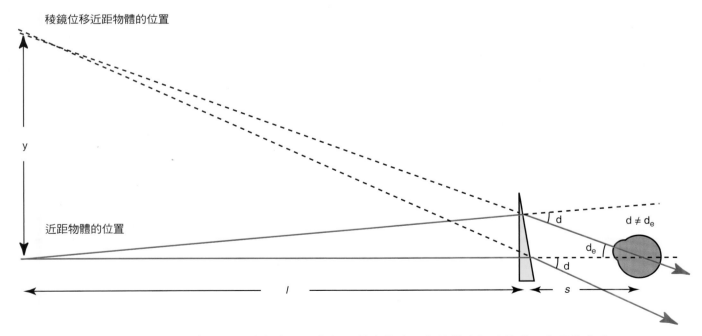

圖 15-30　對於近距視力，光是發散的，故當它照射稜鏡時，會被彎曲相同的量（分別檢查兩條光線的角度）。然而它將以不同（且較小）的角度進入眼睛，導致稜鏡的有效度數 (P_e) 小於稜鏡的真實度數 (P)。

例題 15-17

某 5Δ 基底向內的稜鏡作為遠用處方,將該鏡片配戴在 20 mm 的頂點距離處。對於距離 40 cm 的物體,此稜鏡的有效度數為何?

解答

利用方程式求解之前,注意給定的頂點距離並非是至眼睛旋轉中心的距離。若我們利用有效稜鏡度數公式,必須知道稜鏡至眼睛旋轉中心的距離。此未知的量是角膜前表面至旋轉中心的距離。該距離通常假設為 13.5 mm。若假設角膜至旋轉中心的距離是 13.5 mm,則稜鏡至旋轉中心的距離將為 20 mm + 13.5 mm,即 33.5 mm。

注意,根據符號規定,鏡片 (稜鏡) 至近距物體的距離為負值 (−400 mm)。當將數值代入公式時,可得:

$$有效稜鏡度數 = \frac{5}{1 - \dfrac{33.5}{-400 \text{ mm}}}$$
$$= \frac{5}{1 - (-0.084)} = \frac{5}{1.084}$$
$$= 4.61Δ$$

當用於觀看距離 40 cm 處的物體時,5.00Δ 基底向內的稜鏡,其有效度數是 4.61Δ 基底向內。

例題 15-18

假設某物體距離 6 個稜鏡度基底向下的稜鏡只有 −10 cm,若將此稜鏡配戴在距離眼睛旋轉中心 25 mm 處的位置,此稜鏡的有效度數為何?

解答

由於 $l = -100$ mm,$s = 25$ mm 且 $P = 6Δ$,則

$$P_e = \frac{P}{1 - \dfrac{s}{l}}$$
$$= \frac{6}{1 - \left(\dfrac{25}{-100}\right)}$$
$$= \frac{6}{1 + 0.25}$$
$$= 4.8Δ$$

注意: 當物體趨近稜鏡表面時,該稜鏡的有效度數將持續降低,立即失去度數直至物體觸及稜鏡前方,有效度數最終降低至 0。

學習成效測驗

1. 某稜鏡的頂角是 4.5 度,以折射率為 1.49 的塑膠製成。問此稜鏡的偏移角為何?
   a. 2.2 度
   b. 3.0 度
   c. 4.5 度
   d. 6.7 度
   e. 以上皆非

2. 利用針對薄稜鏡的簡化方程式,求出頂角呈 5 度,折射率為 1.5 的稜鏡之偏移角。
   a. 2.0 度
   b. 2.5 度
   c. 3.0 度
   d. 3.5 度
   e. 5.0 度

3. 某頂角呈 9 度的稜鏡使光偏移 6 度。此稜鏡材料的折射率為何？
   a. 1.49
   b. 1.53
   c. 1.59
   d. 1.67
   e. 1.70

4. 某人遮住左眼並將稜鏡置於右眼前方。稜鏡的基底向外朝向頭部顳側。從此人的角度穿過稜鏡注視，影像將往哪一個方向位移？
   a. 右方
   b. 左方
   c. 上方
   d. 下方
   e. 無位移

5. 某稜鏡使光偏移 1.5 度，此稜鏡的稜鏡度為何？
   a. 1△
   b. 1.5△
   c. 2.6△
   d. 0.9△
   e. 以上皆非

6. 光進入空氣中的某稜鏡後將偏移方向至：
   a. 基底
   b. 頂點
   c. 基底或頂點，端看稜鏡的折射率

7. 某稜鏡使無限遠處的物像向上偏移 6 度。此稜鏡的度數為何？
   a. 8.75△
   b. 99.50△
   c. 6△
   d. 10.50△
   e. 以上皆非

8. 承上題，此稜鏡的基底方向為何？
   a. 基底向上
   b. 基底向下
   c. 基底向內
   d. 基底向外
   e. 基底在 6 度方向

9. 某個 3.25△ 稜鏡將使距離 4 m 的物像位移多少？
   a. 3.25 cm
   b. 13 cm
   c. 1.3 m
   d. 12.3 cm
   e. 以上皆非

10. 對於 6△ 稜鏡，6 m 遠處牆上的某點將出現在距離其實際位置 _____cm 的地方？
    a. 36
    b. 1
    c. 6
    d. 60
    e. 以上皆非

11. 某物體被度數未知的稜鏡位移了 18 cm，若稜鏡與物體的距離為 4 m，則稜鏡度數為何？
    a. 0.22△
    b. 7.2△
    c. 4.5△
    d. 22△
    e. 以上皆非

12. 若 1.75 m 遠處的物體其影像被位移了 1.75 cm，此稜鏡的度數約為何？
    a. 1.75△
    b. 3.06△
    c. 0.10△
    d. 3.50△
    e. 以上皆非

13. 某物體被位移了 4 cm。若此稜鏡的度數為 0.50Δ，則該物體距離為何？
    a. 2 m
    b. 20 cm
    c. 8 m
    d. 8 cm
    e. 以上皆非

14. 某稜鏡的度數為 25Δ，另一個稜鏡的度數為 25∇。哪一個稜鏡偏移光的能力較強？
    a. 25Δ 稜鏡
    b. 25∇ 稜鏡
    c. 相等

15. 若一稜鏡其基底方向向右（配戴者的左方）：
    a. 以配戴者右眼為參考，此稜鏡的基底方向為何？
       (1) 基底向下
       (2) 基底向上
       (3) 基底向內
       (4) 基底向外
    b. 以配戴者左眼為參考，此稜鏡的基底方向為何？
       (1) 基底向下
       (2) 基底向上
       (3) 基底向內
       (4) 基底向外

16. 某處方其右眼的稜鏡處方為 2.0 稜鏡度基底向內。在 360 度工廠系統下，此稜鏡應如何書寫？
    a. 2.00 基底 0
    b. 2.00 基底 180
    c. 2.00 基底 90
    d. 2.00 基底 270

17. 某處方其左眼的稜鏡處方為：
    4.00 基底向內
    2.00 基底向下
    使用 360 度工廠參考系統，則稜鏡的度數與基底方向為何？
    在 180 度參考系統下應如何表示？

18. 稜鏡度數 3.25 基底 287，在 180 度參考系統下為何？

19. 稜鏡度數 1.50 基底 1 DN，在 360 度參考系統下為何？

20. 某處方的左眼鏡片需要稜鏡如下：
    5.00 基底向內
    2.00 基底向上
    當寫成一個稜鏡時應為何？給定度數及基底方向。

21. 假設某處方的左眼鏡片處方需要稜鏡，其度數為：
    3.00 基底向內
    1.50 基底向上
    當寫成一個稜鏡時應為何？給定度數及基底方向。

22. a. 右眼鏡片的稜鏡為 4.00 基底 330，另外兩個書寫方式為何？（給定具體的基底方向及度數）
    b. 若此鏡片為左眼鏡片，答案為何？

下列所描述的稜鏡處方實例中，鏡片上稜鏡的度數與方向為何？（答案包含 360 全度數常規方式以及 180 度參考系統方式）。

	兩個稜鏡量		組合的合成稜鏡
23.	R: 3.00 BO	180	_____
	2.50 BU	360	_____
	L: 3.00 BO	180	_____
	2.50 BU	360	_____
24.	R: 1.50 BO	180	_____
	2.00 BD	360	_____
	L: 1.50 BO	180	_____
	2.00 BD	360	_____
25.	R: 6.00 BO	180	_____
	5.00 BU	360	_____
	L: 6.00 BO	180	_____
	5.00 BD	360	_____

兩個稜鏡量		組合的合成稜鏡

26. R: 3.00 BO　180　_____

4.00 BU　360　_____

L: 3.00 BO　180　_____

4.00 BD　360　_____

27. R: 4.50 BI　180　_____

3.00 BD　360　_____

L: 0.75 BO　180　_____

4.00 BD　360　_____

28. R: 5.50 BO　180　_____

1.00 BD　360　_____

L: 2.25 BI　180　_____

4.00 BD　360　_____

29. R: 3.00 BO　180　_____

3.00 BD　360　_____

L: 3.00 BO　180　_____

3.00 BU　360　_____

30. R: 0.75 BI　180　_____

2.50 BD　360　_____

L: 0.75 BI　180　_____

2.50 BU　360　_____

31. R: 2.50 BO　180　_____

4.25 BD　360　_____

L: 2.00 BI　180　_____

4.25 BU　360　_____

32. R: 0.50 BI　180　_____

1.75 BU　360　_____

L: 0.50 BI　180　_____

1.75 BD　360　_____

33. R: 4.00 BI　180　_____

0.75 BU　360　_____

L: 4.25 BI　180　_____

0.75 BD　360　_____

34. R: 4.25 BI　180　_____

2.00 BU　360　_____

L: 3.75 BI　180　_____

2.00 BD　360　_____

35. R: 4.50 BI　180　_____

2.75 BU　360　_____

L: 3.50 BI　180　_____

4.00 BD　360　_____

兩個稜鏡量		組合的合成稜鏡

36. R: 0.75 BO　180　_____

1.00 BD　360　_____

L: 0.25 BO　180　_____

1.25 BD　360　_____

37. R: 1.25 BI　180　_____

0.75 BD　360　_____

L: 1.00 BI　180　_____

1.00 BU　360　_____

38. R: 3.25 BO　180　_____

0.50 BU　360　_____

L: 3.00 BO　180　_____

1.50 BD　360　_____

39. a. 對或錯？一對稜鏡 (R: 2 BI；L: 無稜鏡) 與另一對稜鏡 (R: 1 BI；L: 1 BI) 將有相同的雙眼性淨稜鏡效應

b. 對或錯？一對稜鏡 (R: 2 BI；L: 無稜鏡) 與另一對稜鏡 (R: 無稜鏡；L: 2 BO) 將有相同的雙眼性淨稜鏡效應

c. 對或錯？一對稜鏡 (R: 2 BU；L: 無稜鏡) 與另一對稜鏡 (R: 無稜鏡；L: 2 BU) 將有相同的雙眼性淨稜鏡效應

40. 鏡片驗度儀針對有稜鏡的左眼鏡片，讀出在 150 度為 2.00 基底。將此稜鏡分解成垂直與水平的分量 (取最接近¼D 的答案)

a. 1.00 基底向上，1.75 基底向外

b. 1.00 基底向上，1.75 基底向內

c. 1.75 基底向上，1.00 基底向外

d. 1.75 基底向上，1.00 基底向內

e. 以上皆非

41. 在左眼前方，某 3.00Δ 基底向上稜鏡與另一 4.00Δ 基底向內稜鏡組合，合成的稜鏡為何？組合後其合成的基底方向為何？

42. 在右眼前方，稜鏡基底 45 度等同下列何種稜鏡基底：
    a. 上與外
    b. 上與內
    c. 下與外
    d. 下與內
    e. 無法確定

43. 兩組斜向交叉的稜鏡組合時，其合成的稜鏡為何？答案先以直角座標系統回答，再以極座標系統回答。
    a. 5Δ 基底 37
       5Δ 基底 143
       （右眼）
    b. 2.5Δ 基底 53
       2.5Δ 基底 217
       （左眼）
    c. 1.41Δ 基底 45
       5Δ 基底 323
       （右眼）

44. 某人的右眼配戴稜鏡 4Δ 基底向下，左眼配戴稜鏡 4Δ 基底向上。
    a. 若鏡片的頂點距離為 12 mm，角膜至眼睛旋轉中心的距離為 13.5 mm，則稜鏡在 40 cm 處的有效度數為何？
    b. 此單光鏡片配戴者不時在 15 cm 極近的距離工作。在此工作距離下，其稜鏡處方的有效度數為何？

45. 某 6Δ 稜鏡當觀看距離 20 cm 處的物體時，其有效度數為何？
    a. 6.99Δ
    b. 6.00Δ
    c. 5.25Δ

光學稜鏡：移心與厚度

有時難以理解一般正鏡片或負鏡片與光學稜鏡的關係，例如當鏡片的光學中心偏離眼前的預期位置時，此時鏡片便產生稜鏡效應。若鏡片偏移原始位置越遠，所產生的稜鏡量則越大。本章將說明稜鏡效應如何發生，以及稜鏡與鏡片厚度差值的關係。掌握這些概念後將更能理解稜鏡與鏡片處方。

球面鏡片的移心

當光直線穿過鏡片的光學中心 (OC) 時，其不會彎曲，當光行徑穿過鏡片的其他點時，則會產生彎曲。光線照射鏡片的位置距離光學中心越遠時，需越多的彎曲才能到達鏡片的焦點。此鏡片特性能幫助使用稜鏡的鏡片處方，但若鏡片並未適當定心置於眼前時，也會造成問題。

定心鏡片

在鏡片確切的光學中心上，鏡片的前後表面互相平行，通過鏡片光學中心的直線稱為光軸 (optical axis)。源自無限遠物體的光聚焦於光軸上的某處。焦點的確切位置取決於鏡片度數。

若鏡片的光軸通過瞳孔中心，則鏡片已定心於眼前。若移動鏡片使其與視線 (在此為瞳孔中心) 不一致，則該鏡片即已移心 (decentered)。

移心鏡片

某人配戴矯正鏡片時，鏡片的光學中心通常皆位於眼前。配戴者在此情況下往前直視，物體不會自實際位置產生位移 (圖 16-1)。

若移動鏡片使鏡片的中心不再位於眼睛中心的前方，如此將出現何種變化？欲了解此狀況，需考量正鏡片的形狀。由側面觀看 (橫切面)，它像極了兩個基底與基底置放在一起的稜鏡 (圖 16-2)，負鏡片則如同兩個稜鏡其頂點與頂點置放在一起 (圖 16-3)。當配戴者的視線穿過鏡片中心時，物體不會自實際位置產生位移。然而若移動正或負鏡片，使其中心自眼前偏離，便會產生如圖 16-2 和 16-3 所示的物體位移，這是移心鏡片 (decentered lens) 造成的稜鏡效應 (prismatic effect)。

普氏法則

記住，稜鏡度數 (prism power) 是指在距離鏡片或稜鏡 1 m 處其光的位移量 (單位為 cm)。

焦距 (f) 和移心量 (c) 的關係如圖 16-4 中的相似三角形。此關係和稜鏡度數的定義相同：在 1 m 處所產生的位移 (單位為 cm)。

根據圖 16-4, B 與 C 中的相似三角形，可見：

$$\frac{c\,(cm)}{f\,(m)} = \frac{影像位移(cm)}{1\ m}$$

從稜鏡度的定義中得知

$$\Delta = \frac{影像位移(cm)}{1\ m}$$

因此，我們得知

$$\frac{c}{f} = \Delta$$

若我們已知單位為公分的鏡片移心量 (c) 以及鏡片的焦距 (f)，即可計算出因移心所致的稜鏡效應。

由於

$$F = \frac{1}{f}$$

上述公式可簡化為

$$\Delta = cF$$

此方程式 $\Delta = cF$ 常稱為普氏法則 (Prentice's rule)。

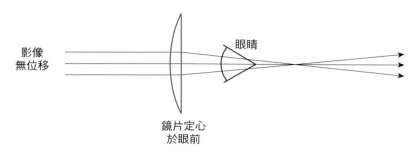

圖16-1　鏡片的光學中心位於眼睛正前方時，不會產生稜鏡效應。

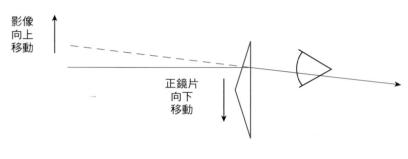

圖16-2　正鏡片的光學中心向下移動時，將產生基底向下的稜鏡效應。

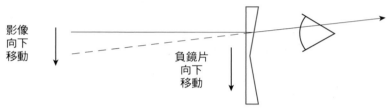

圖16-3　負鏡片的光學中心向下移動時，將產生基底向上的稜鏡效應。

例題 16-1

某鏡片的度數為 +3.00 D，自眼睛中心偏移了 5 mm，其產生的稜鏡效應程度為何？

解答

計算稜鏡效應時，僅需將鏡片位移的距離（單位為 cm）乘以鏡片度數。5 mm 等於 0.5 cm，故

$$稜鏡度 = 0.5 \times 3.00$$
$$\Delta = 1.5$$

移心鏡片的稜鏡基底方向

鏡片被移心後即產生稜鏡效應。移心的鏡片顯現出稜鏡度數及其基底方向。稜鏡度數取決於鏡片移心量和移心鏡片的屈光度，稜鏡的基底方向則依據鏡片偏移的方向和鏡片的正負性而定。

如前所述，正鏡片的外觀類似兩個基底相連的稜鏡。兩個基底皆位於鏡片中心，因此移心的正鏡片所產生的基底方向，相當於鏡片移心的方向。某個向下偏移的正鏡片將產生基底向下的稜鏡作用（圖16-2）。

負鏡片的外觀則類似兩個頂點相連的稜鏡。兩個頂點皆位於鏡片中心，因此若某負鏡片向下偏移，將產生基底向上的稜鏡效應，與移心方向相反（圖16-3）。

例題 16-2

某 −4.00 D 球面鏡片向上偏移 5 mm，其產生的稜鏡效應程度為何？基底方向為何？

解答

依據普氏法則計算稜鏡效應。

$$\Delta = cF$$

在此情況下

$$\Delta = (0.5)(4.00) = 2.00$$

（使用普氏法則計算鏡片度數時，度數通常以絕對值表示，忽略鏡片的正負值。）鏡片移心後產生 2.00Δ 的稜鏡量。由於鏡片是負度數，其基底

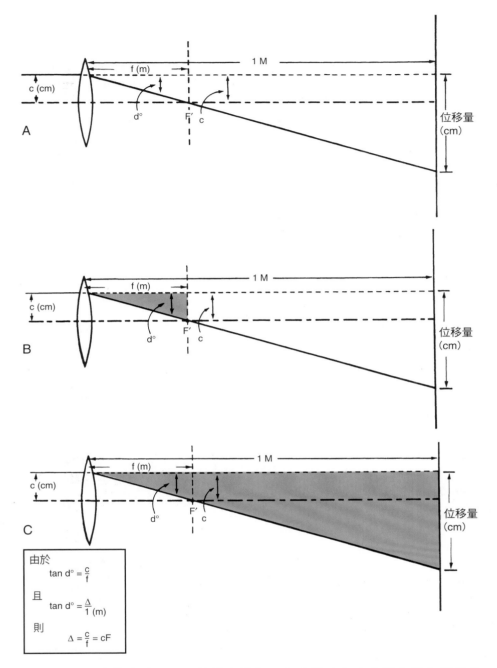

圖 16-4 **A.** 將鏡片移心，位移的光線行經穿過鏡片焦點其幾何學如圖所示。
B. 由於偏移的光線通過焦點，可利用以下關係式帶入已知的兩個參數 (f 和 c)，計算求得偏移角度 (d)：

$$\tan d° = \frac{c}{f}$$

C. 求得 d 值後，可從圖中得知如何以稜鏡度顯示稜鏡量。根據此關係導出普氏法則，如圖左下方框內方程式所示。

方向與移心方向相反，因此完整的答案為 2.00Δ 基底向下。

例題 16-3

將某 +6.50 D 鏡片置於右眼前方，並朝鼻側偏移 3 mm，其產生的稜鏡量為何？基底方向為何？

解答

再次應用普氏法則，如下：

$$\Delta = cF$$
$$\Delta = (0.3)(6.50) = 1.95$$

此為正鏡片，故基底方向等同移心方向。朝向鼻側即是向內，因此為基底向內。最終答案是 1.95Δ 基底向內。

例題 16-4

某右眼鏡片的處方為 +4.00 D 球面，該處方亦需右眼前方 2Δ 基底向外的稜鏡。如何將鏡片移心以取得正確的稜鏡量？

解答

此題缺少移心量和移心方向等參數。普氏法則經過簡單的代數轉換後可求得移心量。

$$\Delta = cF$$
$$c = \frac{\Delta}{F}$$
$$c = \frac{2}{4.00}$$
$$= 0.5 \text{ cm}$$

由於是正鏡片，因此也必定向外移心。鏡片必須向外偏移 5 mm。

例題 16-5

開立以下處方：

OD：−5.00 D 球面
OS：−5.00 D 球面
PD = 60 mm

選用過大的鏡框。鏡框因過大，除非使用極大的鏡坯，否則無法依照正確的瞳距 (PD) 裝配。使用一般鏡坯將無法提供足夠的移心量。鏡片材料不足以填滿鏡框，而形成暫時性間隙。在繼續使用此鏡坯的

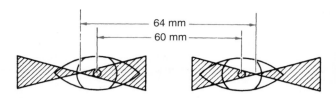

圖 16-5　負鏡片的橫切面圖顯示兩個頂點相連的稜鏡。以圖展示這兩個稜鏡在眼前移動所產生的移心量，能更簡單地找出其基底方向。

情況下，便會誤將鏡片置於 64 mm 的瞳距處。若使用上述錯誤的瞳距，則所產生的稜鏡量為何？基底方向為何？

解答

此問題示意於圖 16-5。若兩個鏡片的光學中心距離 64 mm，每個鏡片的視軸錯誤地向外偏移 2 mm。從圖中可見產生了基底向內的稜鏡（與移心方向相反）。

由普氏法則得知：

$$\Delta = (0.2)(5.00)$$
$$= 1\Delta$$

需錯誤配置鏡片以避免使用過大的鏡坯，然而如此將使兩眼前皆產生 1Δ 基底向內不理想的稜鏡。

球面鏡片的水平和垂直移心

若球面鏡片同時有水平和垂直向偏移時，分別考量這兩種分量，乃求得稜鏡效應之最直接的方式。

例題 16-6

某 +3.50 D 球面鏡片向內偏移 4 mm，向下偏移 5 mm，其產生的稜鏡效應為何？

解答

針對此情況，分別計算兩種移心的結果。

水平移心的結果：

$$\Delta = (0.4)(3.50) = 1.40$$
或 1.40Δ 基底向內

垂直移心的結果：

$$\Delta = (0.5)(3.50) = 1.75$$
或 1.75Δ 基底向下

多數情況下，此答案即已足夠。若需單一合成稜鏡

的答案，可依照第 15 章「組合稜鏡與分解稜鏡」內文所描述的方式進行計算。

例題 16-7

某右眼鏡片的度數為 −7.00 D 球面，並向外偏移 3 mm，向上偏移 4 mm，其產生的水平和垂直向稜鏡效應為何？

解答

水平分量為：

$$\Delta = (0.3)(7.00) = 2.10$$
$$或 \ 2.10\Delta \ 基底向內$$

如圖 16-6, A 所示。

垂直分量為：

$$\Delta = (0.4)(7.00) = 2.80$$
$$或 \ 2.80\Delta \ 基底向下$$

如圖 16-6, B 所示。合成的移心量如圖 16-6, C 所示。

球面鏡片的斜向移心

若某球面鏡片呈斜向偏移，其將沿著移心的軸線產生稜鏡效應和基底方向。

例題 16-8

某右眼鏡片的度數為 −7.00 D 球面，沿著 127 度軸線向上及向外偏移 5 mm，其產生的稜鏡效應和基底方向為何？

解答

此移心鏡片的稜鏡效應為：

$$\Delta = (0.5)(7.00) = 3.50 \ 稜鏡度$$

負鏡片的基底方向正好與移心方向相反，因此基底方向為：

$$(127) + (180) = 307 \ 度$$

所產生的稜鏡效應和基底方向是 3.50Δ 基底 307（圖 16-7）。右眼 307 度的基底方向為基底向下及向內。

注意，上述兩個例題完全相同。將鏡片向外偏移 3 mm，向上偏移 4 mm，如同該鏡片沿著 127 度

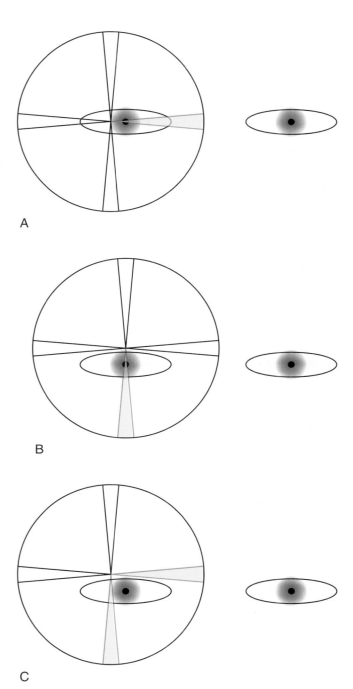

圖 16-6 **A.** −7.00 D 球面鏡片向外偏移 3 mm，產生基底向內的稜鏡。**B.** −7.00 D 球面鏡片向上偏移 4 mm，產生基底向下的稜鏡效應。**C.** 加總上述兩個基底方向，即產生基底向下及向內的稜鏡。可表示成兩個稜鏡效應或兩個稜鏡效應組合為單一稜鏡。

軸線向上及向外偏移 5 mm。若將 3.50Δ 基底 307 分解成水平和垂直分量，結果為 2.10Δ 基底向內以及 2.80Δ 基底向下，這是因為向外偏移 3 mm 及向上偏移 4 mm，等同於沿著 127 度軸線向上、向外偏移 5 mm。

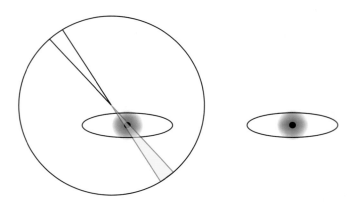

圖 16-7   斜向移心的球面鏡片，其產生的稜鏡軸向將與移心的軸線方向相同。

柱面鏡片的移心

柱面鏡片移心後會產生不同的稜鏡效應。這些稜鏡效應不僅取決於柱鏡的度數，也受柱軸方向影響。

沿著主要軸線移心

若某平光柱鏡的柱軸和移心方向相同，則無論移心量為何，皆不會產生稜鏡效應，乃因該平光柱鏡的軸線並無度數。然而若柱軸與移心方向成直角，則可利用普氏法則計算所產生的稜鏡量。

例題 16-9

某正柱鏡的度數為 pl +5.00×180，若向右偏移 5 mm，其產生的稜鏡效應為何？

解答

不會產生稜鏡效應。如圖 16-8 所示，此鏡片沿著柱軸移心。只要眼睛的視線通過平光柱鏡其軸上的任一點，便不會產生稜鏡效應。

例題 16-10

某右眼鏡片的度數為 pl−2.00×180，若向上偏移 3 mm，其產生的稜鏡量及基底方向為何？

解答

將處方以光學十字表示，可見垂直軸線上的度數為 −2.00 D。凹透鏡因向上偏移而導致基底向下的稜鏡效應。稜鏡量可由下式求得：

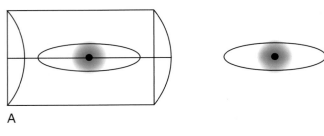

A

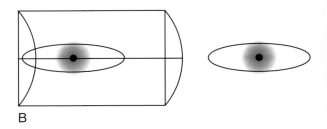

B

圖 16-8   圖 (A) 中的柱鏡不會產生稜鏡效應。B. 即使正柱鏡向右移心，仍不會產生稜鏡效應。眼睛的視線仍位於柱軸上的某點。

$$\Delta = cF$$
$$= (0.3)(2.00)$$
$$= 0.60$$

產生的稜鏡為 0.60Δ 基底向下。

對於平光柱鏡，所產生的稜鏡度數僅取決於柱軸與原始位置的距離。多數的情況下，瞳孔中心即為原始位置。因此不需考量鏡片的位移。

說明上述例題中柱鏡的影像，首先向內偏移 3 mm，再向上偏移 3 mm（圖 16-9）。水平向移心完全無稜鏡效應。第二次的移心—向上 3 mm—產生等同於 0.60Δ 的稜鏡效應。這個問題些許類似地面上某特定點的一把直尺，若向右滑動 3 cm，再從該點向上移動 3 cm，這把尺和該點的距離為何？當然，這把尺與該點的最短距離仍為 3 cm。

例題 16-11

某柱鏡的度數為 pl +4.00×090，若向上偏移 5 mm，向外偏移 2 mm，其產生的稜鏡效應為何？

解答

5 mm 的垂直移心不會產生稜鏡效應，這是因為柱軸亦為上、下軸向（90 度軸）。然而，向外水平移動 2 mm 將與柱軸成直角，水平移心導致此稜鏡效應。

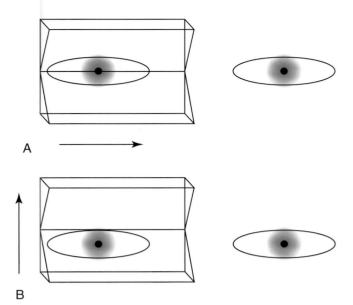

A

B

圖 16-9　某負柱鏡的柱軸為 180，若向右偏移 3 mm，再向上偏移 3 mm，向右的水平向移動不會產生稜鏡效應。當柱鏡往柱軸的垂直向移動時則會產生稜鏡效應，情況如同球面鏡片。**A.** 無稜鏡效應。眼睛的視線在柱軸方向上。即使鏡片往右偏移 3mm，眼睛的視線仍通過柱軸。**B.** 負柱鏡向右偏移 3 mm，再向上偏移 3 mm，產生基底向下的稜鏡效應。基底向下的稜鏡效應僅是因垂直向的偏移所致。

$$\Delta = cF$$
$$= (0.2)(4.00)$$
$$= 0.80\Delta$$

此為正度數鏡片，因此基底方向等同移心方向。其同時有垂直和水平向移心，但僅水平向的偏移導致稜鏡效應（即 0.80Δ 基底向外）。

斜向柱鏡的移心

　　將某平光的正或負柱鏡移心時，可產生與柱軸相差 90 度的稜鏡效應。意即若正柱鏡柱軸為 90 度且被移心時，將產生基底方向在 180 度軸線上的稜鏡效應，其基底方向必定為 0 或 180。

例題 16-12
某柱鏡的柱軸為 120，偏移後其可能產生哪兩種基底方向？

解答
無論移心方向為何，只有兩個可能的答案，即皆距

離柱軸 90 度。這代表一個基底方向是 120 + 90 = 210 度，另一個基底方向則為 120 − 90 = 30 度。

回答斜向柱鏡移心的問題時，結合圖解法和代數法是最簡單的方式，如此有助於了解當偏移斜向柱鏡時所出現的變化。對實際狀況有概念性的理解即是最重要的部分。

例題 16-13
某右眼鏡片的柱面度數為 +4.00 × 030。若鏡片向外偏移 3 mm，將導致何種稜鏡效應？

解答
若正確地將此鏡片置於眼前，即如圖 16-10, A 所示。回答此問題時，需以圖解方式顯示鏡片移心 3 mm 後的柱軸位置（圖 16-10, B）。柱鏡的度數與柱軸成直角，故從原點（此例中為眼睛）畫一條線連接柱軸，使柱軸與線段成直角（圖 16-10, C）。依照比例繪製 *，測得此線段的長度為 1.5 mm。原點與柱軸的這段距離稱為有效移心量（effective decentration, d_e），乃因若將柱鏡偏移至此點，也會產生相同的結果。

柱鏡的有效移心量為 1.5 mm，等同柱軸與原點的距離，可利用普氏法則計算稜鏡度數。

$$\Delta = (0.15)(4.00) = 0.60$$

眼睛的視線通過柱軸下方的正柱鏡部分，使基底方向朝眼睛上方。兩個可能的基底方向－ 120 和 300（兩者皆與柱軸相差 90 度）。又因基底方向朝上，正確的基底方向為 120。

　　於 120 度產生 0.60Δ 基底的稜鏡[†]。此稜鏡可進一步分解為水平與垂直分量，如第 15 章所示。將稜鏡

---

* 每移心 1 mm 時繪製 1 cm 長的向量圖相當有幫助。若向量圖過小，便無法獲得準確的測量值。

[†] 也可利用下列公式計算求得答案

$$d_e = y\cos\theta + x\sin\theta$$

其中 d_e 為有效移心量，x 為水平向移心，y 為垂直向移心，θ 則為柱軸的角度。

使用此公式前需進行特殊的符號轉換，即鼻側為正，顳側為負。符號轉換方式概述如下：

- 若未知稜鏡效應的該點在原點（稱為「光學中心」）鼻側，（技術上而言，柱面鏡片並無光學中心，只有柱軸），則 x 為正。
- 若未知稜鏡效應的該點在「光學中心」顳側，則 x 為負。

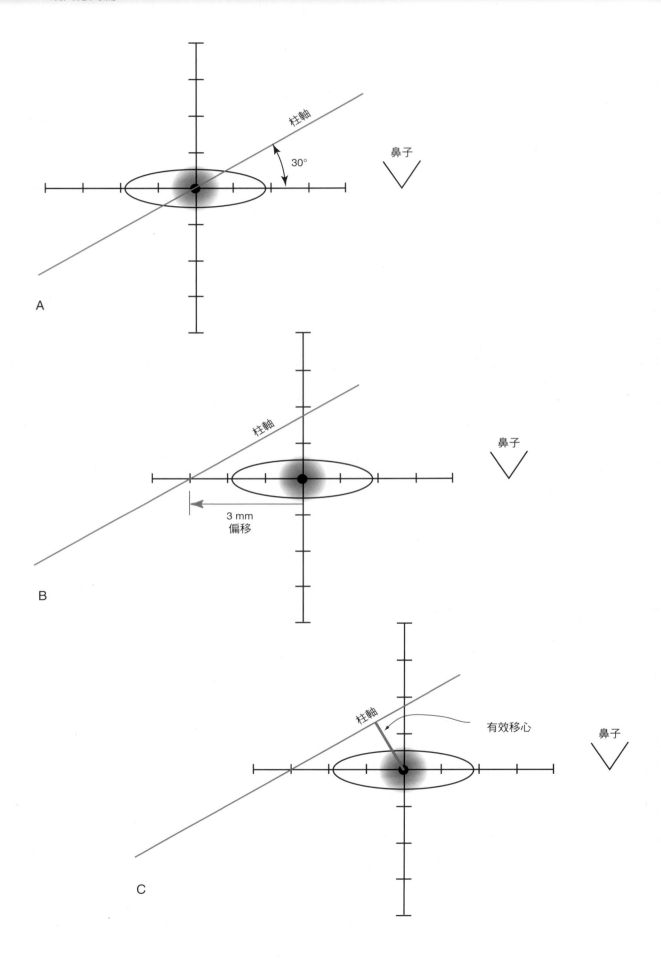

圖 16-10　**A.** 某無移心的鏡片含有柱面成分，使柱軸通過瞳孔中心。**B.** 柱面鏡片向外偏移 3 mm，並不會使柱軸偏離瞳孔中心 3 mm（瞳孔仍位於 x、y 軸的原點）。**C.** 欲確認所產生的稜鏡度數及基底方向，需計算瞳孔中心至柱軸的最短距離。

分解後，發現即使它只是水平移心，產生的稜鏡主要為垂直向。

例題 16-14

某左眼鏡片的度數為 pl −4.00 × 045。此鏡片從瞳孔中心向外偏移 4 mm，其產生的稜鏡量和基底方向為何？

解答

若正確置放平光柱鏡，其柱軸應通過瞳孔中心，如圖 16-11, A 所示。柱鏡向外偏移 4 mm 時將產生稜鏡效應。基底方向為 135 或 315。眼睛視線位於柱軸上方。由於此為負柱鏡，稜鏡的基底方向將遠離軸且有「向上」分量，因此稜鏡的基底方向只可能是 135，產生基底向上且無 135 度的稜鏡（圖 16-11, B）。

若依照比例繪製，可直接測量瞳孔中心與柱軸的最短距離。此距離（單位為 cm）乘以柱面度數即等於稜鏡量。本例題中柱軸至瞳孔的距離為 2.83 mm。

利用以下公式計算度數：

$$\Delta = cF$$

帶入所有已知數字後

$$\Delta = (0.283)(4.00)$$
$$\Delta = 1.13$$

因此答案是 1.13Δ 基底 135（圖 16-12, A）。此稜鏡可

- 若未知稜鏡效應的該點在「光學中心」下方，則 y 為正。
- 若未知稜鏡效應的該點在「光學中心」上方，則 y 為負。
- 若是右眼鏡片，則 θ 等於柱軸。
- 若是左眼鏡片，則 θ 等於 180 度減去柱軸。
- 當角度 θ 為銳角（小於 90 度），則正弦和餘弦皆為正（可利用計算機求得答案）。
- 當角度 θ 為鈍角（大於 90 度），則正弦為正，餘弦為負（可利用計算機求得答案）。

一旦求得 d_e，即可用普氏法則計算稜鏡度數。

$$\Delta = d_e F_{cyl}$$

由於是平光柱鏡，其基底方向必定與柱軸相差 90 度。基底方向將在柱軸的上方或下方。

分解為水平和垂直分量，如圖 16-12, B 所示，兩個稜鏡分別是 0.80Δ 基底向上以及 0.80Δ 基底向內。

斜向柱鏡的水平和垂直移心

柱鏡往水平和垂直向移心所產生稜鏡效應的計算方式，完全如同先前敘述的程序。確認偏移點後，從該點畫一條線與柱軸相連。此後即依據前述步驟進行。

球柱面鏡片的移心

利用下列數種方式，準確回答球柱面鏡片所產生的稜鏡效應：

1. 分別計算球面和柱面所產生的稜鏡效應，並將結果相加。
2. 將處方轉換為交叉圓柱鏡形式。先計算每個柱鏡產生的稜鏡效應，再將結果相加。
3. 運用高等數學進行計算 [1]。

最簡單的方法也許是分別計算球面和柱面，再將球面和柱面的移心結果相加求得最終答案。

例題 16-15

某右眼鏡片的度數為 +3.00 −2.00 × 090。若鏡片向外偏移 7 mm，並向下偏移 2 mm，其產生的稜鏡效應為何？

解答

先考量球面的水平分量：

$$\Delta = cF$$
$$= (0.7)(3.00)$$
$$= 2.1$$

由於是正球鏡，其基底方向與移心方向相同，故求得的水平分量為 2.1Δ 基底向外。

球面的垂直分量為：

$$\Delta = cF$$
$$= (0.2)(3.00)$$
$$= 0.6$$

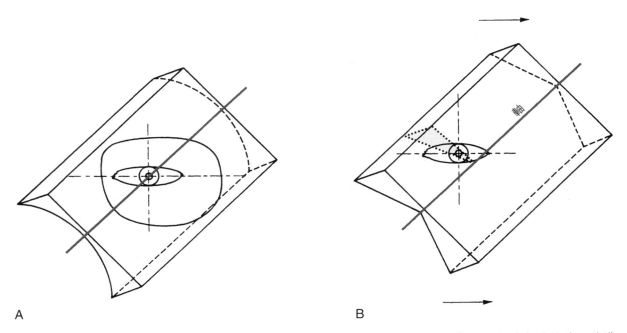

A　　　　　　　　　　　　　　　　　　　　　　**B**

圖16-11　**A.** 某斜向軸的負柱面鏡片置於眼前的示意圖。**B.** 若此斜向柱鏡自原始位置水平偏移,將導致基底朝斜向的稜鏡效應。

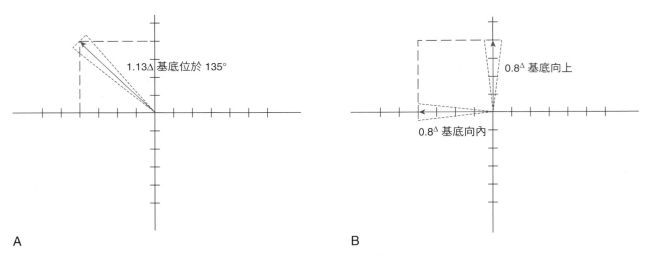

A　　　　　　　　　　　　　　　　　　　　　　**B**

圖16-12　**A.** 以向量圖表示 1.13Δ 基底位於 135 度的稜鏡。**B.** 將 1.13Δ 的稜鏡向量分解為水平和垂直向分量,兩者的稜鏡度數皆為 0.80Δ。

　　該正球鏡向上移心,因此基底方向是朝向上方,結果為 0.6Δ 基底向上。

　　柱鏡的軸向為 90 即垂直,因此柱鏡度數需全數用於計算水平移心。

$$\Delta = cF$$
$$= (0.7)(2.00)$$
$$= 1.4$$

　　柱鏡所產生的基底方向與偏移方向相反,即基底向內,結果為 1.4Δ 基底向內。由於柱鏡在 90 度軸線

上無度數,柱鏡垂直偏移 2 mm 並不會造成垂直方向的稜鏡。

　　此時將上述兩個稜鏡效應相加,所有水平向的稜鏡效應為:

　　(2.1Δ 基底向外)+(1.4Δ 基底向內)= 0.7Δ 基底向外

　　只有一個垂直分量為 0.6Δ 基底向上。可維持上述水平和垂直向分量,或將兩者組合為單一斜向稜鏡。

　　註:當移心方向與柱鏡的任一主要軸線方向相同

時，實際上將更容易畫出光學十字，並能考量各個
軸線。此例題中水平軸線的度數為 +1.00。

$$\Delta = cF$$
$$= (0.7)(1.00)$$
$$= 0.7$$

垂直軸線不變。儘管此例較簡單，但對於斜向柱鏡
則無法運用該方法，因此接著將考量球柱鏡為斜軸
向時的情況。

例題 16-16

某右眼鏡片的度數為 +5.00 −2.00 × 070。若右眼在
此鏡片向上偏移 3 mm 且向外偏移 5 mm，則該點位
置將產生何種稜鏡效應？

重點提示：注意此問題的類型有所不同。先前的例
題是鏡片移動，眼睛保持不動；此例題則是眼睛移
動而鏡片不動。

解答

計算柱面成分。

　先根據情況畫出向量圖，如圖 16-13 所示。此時眼
睛往上移動 3 mm，往外移動 5 mm，等同於鏡片向
下偏移 3 mm 且向內偏移 5 mm。圖 16-13 也顯示該
點（眼睛）與柱軸垂直。測得此有效移心量 (d_c) 的
長度是 5.7 mm。由於柱鏡的度數是 −2.00 D，以普
氏法則計算柱鏡所產生的稜鏡效應為：

$$2.00 \times 0.57 = 1.14$$

　基底方向必定朝向 160 或 340。此為負柱鏡，因此
基底方向會遠離柱軸線段。眼睛位於柱軸的上方，
故基底向上。唯一可能的答案是基底 160，因此鏡片
的柱面部分所產生的稜鏡為 1.14Δ 基底 160。

　接著將 1.14Δ 基底 160 從極座標轉換為直角座標系
統，為此需畫出稜鏡的分解圖，如圖 16-14 所示。不

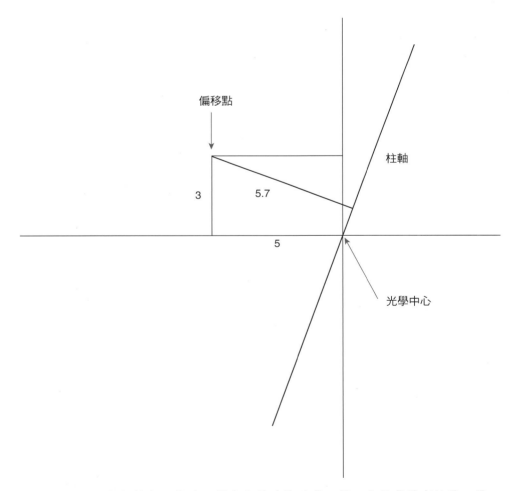

圖 16-13　欲找出斜向柱鏡移心所產生的稜鏡效應，第一步是求得有效移心量。
計算有效移心量時，記住此為至柱軸的最短距離（不是計算偏移點至「光學中心」
的距離，這將得出 5.83 mm 的錯誤答案）。

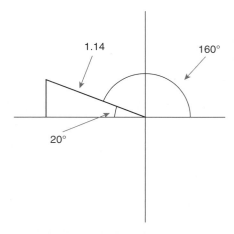

圖 16-14 求得斜向柱鏡移心時所產生的稜鏡效應後，可在另一張圖上畫出斜角上的稜鏡，並計算水平和垂直向分量。

可試著延用先前的向量圖。利用下述方式求得垂直和水平向稜鏡成分。

$$\sin 20 = 0.342 = \frac{y}{1.14}$$
$$y = 0.39\Delta \text{ 基底 } 90$$
$$\cos 20 = 0.94 = \frac{x}{1.14}$$
$$x = 1.07\Delta \text{ 基底 } 180$$

計算球面成分。

由鏡片的球面部分產生垂直向的稜鏡效應為：

$$\Delta = 0.3 \times 5$$
$$= 1.5\Delta \text{ 基底向下}$$

由鏡片的球面部分產生水平向的稜鏡效應為：

$$\Delta = 0.5 \times 5$$
$$= 2.50\Delta \text{ 基底 } 0$$

加總球面和柱面的結果。

由球面和柱面產生的組合稜鏡為：

$$垂直向 = 1.50\Delta \text{ 基底向下} + 0.39\Delta \text{ 基底向上}$$
$$= 1.11\Delta \text{ 基底向下}$$
$$水平向 = 2.50\Delta \text{ 基底 } 0 + 1.07\Delta \text{ 基底 } 180$$
$$= 1.43\Delta \text{ 基底 } 0 \text{ (基底向內)}$$

利用近似值計算球柱面鏡片的移心

光學實驗室必需能將鏡片的光學中心從鏡框的方框中心 (boxing center) 移至眼前位置。實驗室的作法是將鏡片中心磨成稜鏡，使光學中心移至其他位置。若光學中心位於眼前，則鏡片方框中心的稜鏡量等同磨邊鏡片所需的稜鏡量。實驗室計算出鏡片方框中心所需的稜鏡量，再將方框中心磨成該稜鏡量。光學中心即可移至正確的位置。

光學實驗室在過去幾年運用近似法求得移心稜鏡量，但現已被實驗室電腦大量取代，乃因後者能更精確得出移心稜鏡量。在某些情況下仍會使用該方法。近似法以斜向柱面軸線的曲率為概念。此概念已於第 13 章說明，我們在該章中可求得平光柱鏡於斜向軸線上的曲率 (圖 13-38 和 13-39)。

利用以下方程式取得斜向軸線的表面曲率：

$$R_\theta = R_{cyl} \sin^2 \theta$$

其中

$R_\theta = $ 斜向軸線的曲率
$R_{cyl} = $ 度數軸線的曲率
$\theta = $ 斜向軸線與柱軸的角度

由此導出下列方程式

$$F_\theta = F_{cyl} \sin^2 \theta$$

如前所述，此斜向軸線的度數假設不完全正確，但在某些情況下有所幫助。

計算斜向軸線上柱鏡的「度數」：

1. 先找出「θ」，θ 是該軸線與柱軸的角度差值。
2. 接著將柱面度數帶入正弦平方公式 ($F_\theta = F_{cyl} \sin^2 \theta$) 中。

例題 16-17

某柱鏡的度數為 pl +3.00 × 030，其在 180 度軸線上的「度數」為何？

解答

為了求得 θ，需確認柱軸與 180 度軸線的角度差值。此例題為 30 度。使用以下公式得出柱鏡在 180 度軸線上的「度數」：

$$F_\theta = F_{cyl} \sin^2 \theta$$
$$= (+3.00) \sin^2 30$$
$$= (+3.00)(0.25)$$
$$= +0.75 \, D$$

此柱鏡在 180 度軸線上的「度數」是 +0.75 D。

使用正弦平方法估算移心稜鏡量

若使用正弦平方法估算移心稜鏡量，需依循以下步驟 [2]：

1. 計算所需移心量。
2. 求得柱鏡在 180 度軸線上的「度數」。需使用公式計算。
3. 將減少的柱面度數與球面度數相加，求得在 180 度軸線上的總度數。
4. 使用在 180 度軸線上的總度數，求得移動光學中心所需的稜鏡量。可使用普氏法則。

$$\Delta = cF$$

其中

Δ = 稜鏡度數
c = 移心量 (單位為 cm)
F = 180 度軸線上的度數

5. 找出稜鏡的基底方向。

例題 16-18

某左眼鏡片的度數為 −2.00 −1.50 × 070，該鏡片在 180 度軸線上的「度數」為何？將鏡片的光學中心往鼻側偏移 3 mm 所需的稜鏡量為何？（換言之，距離理想的光學中心顳側 3 mm 的位置，該點產生的稜鏡量為何？）

解答

1. 根據上方所列的步驟，已知移心量為 3 mm*。
2. 此柱鏡在 180 度軸線上的「度數」是：

$$F_\theta = F_{cyl} \sin^2 \theta$$
$$= (-1.50) \sin^2 70$$
$$= (-1.50)(0.88)$$
$$= -1.32\, D$$

3. 在 180 度軸線上的球面度數為 −2.00，加上減少的柱面度數 −1.32，因此在 180 度軸線上的總度數為 −3.32。
4. 此時依據在 180 度軸線上的「度數」，利用普氏法則求出所需的稜鏡量，即

$$\Delta = cF$$
$$= (0.3)(3.32)$$
$$= 1.0\Delta$$

---

* 欲求出將鏡片表面磨成稜鏡所需的移心量，則使用下述公式

$$每個鏡片的移心量 = \frac{A + DBL - PD}{2}$$

5. 在 180 度軸線上的鏡片度數為負值。完工鏡片上的參考點將位於光學中心顳側 3 mm 之處，因此稜鏡的方向是基底向外（對於左眼，基底向外也可寫成基底 0）。

正弦平方法的陷阱

　　實驗室負責鏡片磨面處理，為了移心需求而將單光鏡片磨成稜鏡，此時使用正弦平方法的效用極佳。然而此方法有兩個陷阱，因而無法應用於每種鏡片類型。

　　此方法最大的陷阱是未將垂直向稜鏡納入考量。以 180 度軸線上的「度數」來計算水平向的稜鏡量，並未考量斜向柱鏡所產生的垂直稜鏡量。欲了解其運作方式，取一球柱鏡置於鏡片驗度儀上，將角度調整至某斜軸。調整鏡片驗度儀及鏡片位置使其對焦，讓發光的視標通過鏡片驗度儀上十字交叉線的中心。觀看對焦的鏡片驗度儀，同時將鏡片左右移動。此時，發光視線不僅左右移動，且出現上下移動。垂直方向的動作是斜向柱鏡的垂直稜鏡量所致。若在磨面處理時不將此垂直稜鏡納入考量，則鏡片的光學中心將高於或低於預期位置，導致在計算多焦點鏡片時產生問題。

　　正弦平方法的第二個陷阱是利用此方法求得的水平向稜鏡量，將會與其他精確方法計算得出的數值不同。

磨製稜鏡與移心稜鏡的比較

　　如先前內容所述，有度數的鏡片可經由移心產生稜鏡。也可在磨面過程中，以某角度磨邊鏡片表面以產生稜鏡。

　　經由磨邊和移心所產生的稜鏡，在光學上並無差異，品質也無優劣區別。相較於鏡片移心的方式，磨製稜鏡的方式可做出較薄的稜鏡鏡片，然而這關乎鏡片的鏡坯厚度，而非稜鏡品質。

稜鏡厚度

稜鏡基底與頂點的厚度差值

　　稜鏡使光改變方向，乃因光必須通過非平行的兩個表面。兩個表面之間有夾角，故所形成的稜鏡頂端（頂點）較薄且底部（基底）較厚。稜鏡度數取決於前、後表面的夾角及材料的折射率。由於稜鏡

表面帶有斜角，鏡片加上處方稜鏡後，將使鏡片厚度產生變化。

若得知稜鏡基底和頂點的厚度差值，可用以下公式求得稜鏡量：

$$P = \frac{100g(n-1)}{d}$$

其中

P = 稜鏡量

g = 稜鏡頂點與基底的厚度差值

n = 鏡片材質的折射率

d = 稜鏡頂點與基底的距離

請見圖 16-15 並仔細閱讀圖片說明。

若已知稜鏡量，重新排列公式後即可求得稜鏡頂點與基底的厚度差值 (g)：

$$g = \frac{dP}{100(n-1)}$$

稜鏡厚度的公式適用於所有鏡片，而不單只是平光稜鏡，無論鏡片的屈光度為正或負。測量點的厚度差值仍可預測該兩點中間處的稜鏡度數。

例題 16-19

某鏡片由折射率為 1.5 的材料製成，其直徑為 50 mm。鏡片的頂端厚度為 2 mm，而底部厚度為 5 mm。鏡片中央產生的垂直稜鏡量為何？

解答

可利用下列公式：

$$P = \frac{100g(n-1)}{d}$$

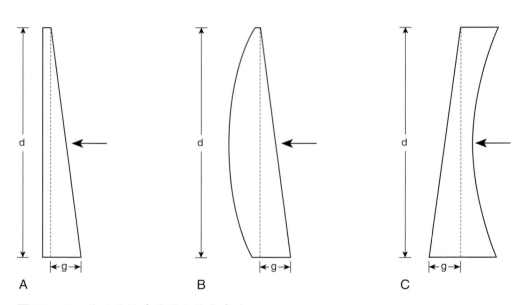

A　　　　　　B　　　　　　C

圖 16-15　使用稜鏡邊緣厚度的公式時：

$$P = \frac{100g(n-1)}{d}$$

d 是兩個測量點的距離，g 是測量點的厚度差值。稜鏡效應 P 是兩個測量點的中間點。注意在圖 (A) 中，標記為 g 的尺寸小於稜鏡基底的寬度。g 尺寸是稜鏡底部的寬度減去稜鏡頂端的寬度 (即厚度差值)。儘管正鏡片 (B) 上有屈光度，但 (A) 和 (B) 在中間點 (箭頭標示處) 有相同的稜鏡效應。這是因為兩者的厚度差值 (g) 相同。C. 此為負鏡片。即使鏡片為負度數，但厚度差值原理仍然適用。位於兩測量點中間的稜鏡效應，不受鏡片的屈光度影響。這些圖中的測量點為鏡片的頂端和底部，然而不需測量鏡片的邊緣處。軸線上兩個測量點中間的稜鏡效應取決於厚度差值，無論是由何處進行測量。總結：圖 A 鏡片任一點的稜鏡量皆相同，乃因該稜鏡只有稜鏡度數 (Δ)，而無屈光度 (D)。圖 B 和圖 C 中的鏡片皆有屈光度，計算所得的稜鏡效應是中間點的稜鏡效應，鏡片其他點的稜鏡效應則有所不同。求得的答案只適用於中間點。

求得答案。

此例中，鏡片的頂端和底部的厚度差值 (g) 是：

$$g = 5 - 2 = 3\ mm$$

已知鏡片的直徑為 50 mm，折射率為 1.5，將這些數值帶入稜鏡厚度公式求得：

$$P = \frac{100 \times 3 \times (1.5 - 1)}{50}$$
$$= \frac{300 \times (0.5)}{50}$$
$$= 3\Delta$$

注意，針對此特殊情況，當折射率接近 1.5 且直徑為 50 mm 時，厚度差值即可直接預測稜鏡量。

例題 16-20

假設某鏡片由聚碳酸酯 (折射率 = 1.586) 製成，其度數為 −6.50 D。為了配合鏡框而將鏡片磨成橢圓形，其 A 尺寸為 48 mm。鼻側的邊緣厚度為 4.2 mm，顳側的邊緣厚度為 5.8 mm，則鏡片中心的水平向稜鏡效應為何？

解答

再次使用稜鏡厚度公式求得答案：

$$P = \frac{100g(n-1)}{d}$$

此例中，

$$g = 5.8 - 4.2 = 1.6\ mm$$
$$d = 48\ mm，以及$$
$$n = 1.586$$

將已知數值帶入公式，可得

$$P = \frac{100 \times 1.6 \times (1.586 - 1)}{48}$$
$$= \frac{160 \times (0.586)}{48}$$
$$= 1.95\Delta$$

顳側的鏡片邊緣比鼻側厚，因此稜鏡基底朝向顳側，即基底向外。鏡片中央的水平稜鏡量為 1.95Δ 基底向外 (注意，儘管已知鏡片的屈光度為 −6.50 D，但在計算稜鏡量時不需此數值)。

稜鏡處方如何影響鏡片厚度

若某鏡片包含稜鏡，則鏡片中心的厚度將有所改變。多數情況下是假設當存在稜鏡時，將使鏡片的

Box 16-1

根據處方稜鏡改變鏡片厚度

正鏡片

基底向內：中心厚度將增加稜鏡厚度差值的一半。

基底向外：中心厚度最多將減少一個厚度差值，取決於實際的移心量。

小鏡框 B 尺寸的垂直稜鏡：中心厚度不會改變。

大鏡框 B 尺寸的垂直稜鏡：中心厚度最多將增加厚度差值的一半。

負鏡片

基底向內：中心厚度稍微增加 (光學中心是鏡片最薄的部位，且依據處方稜鏡產生位移)。

基底向外：中心厚度稍微增加 (光學中心是鏡片最薄的部位，且依據處方稜鏡產生位移)。

厚度增加稜鏡厚度差值的 ½ g，無論稜鏡的基底方向為何。這簡化了問題，但並不總是正確，基底方向僅能確認處方稜鏡量改變中心或邊緣厚度的程度。Box 16-1 概述其運作方式，並在以下內容做說明。

正鏡片

基於配戴者的瞳距，正鏡片通常朝內偏移。鏡片裝入鏡框之後，鏡片邊緣較厚的部分將位於鼻側，較薄的部分則位於顳側 (圖 16-16, A)。這代表若處方稜鏡為基底向內，鏡片最厚的部分將變得更厚 (圖 16-16, B)。較薄的顳側部位必須保持相同的最小厚度，因此鏡片的中心厚度將約增加基底與頂點之厚度差值的一半。

由於處方稜鏡將位於鏡片原始的光學中心處，進而導致中心厚度增加。若含有處方稜鏡，該點即為主要參考點。

例題 16-21

某正度數的皇冠玻璃鏡片其弦直徑為 54 mm，在無處方稜鏡的情況下，求得中心厚度為 3.4 mm。若需增加 2.5 個稜鏡度、基底向內的稜鏡處方，則鏡片的中心厚度將為何？

解答

為了求得稜鏡所產生的厚度，需使用以下公式：

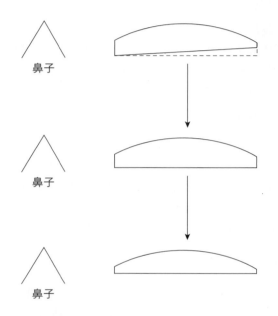

圖 **16-16**　A. 為了配合配戴者的瞳距而往內偏移的正鏡片，在鼻側會較厚。B. 若對正鏡片配戴者開立基底向內的稜鏡處方，則鏡片將變得更厚。

圖 **16-17**　若對正鏡片配戴者開立基底向外的稜鏡處方，顳側的鏡片將變得較厚。此時由於最薄的邊緣增厚，故可減少整片鏡片的厚度。

$$P = \frac{100g(n-1)}{d}$$

再將公式轉換為：

$$g = \frac{dP}{100(n-1)}$$

厚與薄鏡片邊緣的厚度差值是：

$$g = \frac{(54)(2.5)}{100(1.523-1)}$$
$$= 2.58 \text{ mm}$$

稜鏡中心的厚度將為此數值的一半，即 $\frac{g}{2}$。

$$增加的中心厚度 = \frac{g}{2}$$
$$= \frac{2.58}{2}$$
$$= 1.3 \text{ mm}$$

新的中心厚度將為

$$3.4 + 1.3 = 4.7 \text{ mm}$$

基底向外的處方稜鏡。若處方稜鏡為基底向外，稜鏡較厚的部位將會朝外。這可對應於正鏡片向內偏移的最薄部分，淨效應為鼻側和顳側的鏡片厚度相似。若鏡片的中心和鼻側邊緣厚度足夠，則最多可減少 1 個稜鏡厚度的差值 g。因此，對於含基底向外處方稜鏡且往鼻側移心的正鏡片，在無處方稜鏡的情況下，鏡片將可能變得更薄 (圖 16-17)。

　　基底向上或基底向下的處方稜鏡。若鏡框垂直向 (B) 的尺寸比 A 尺寸小，少量基底向上或基底向下的處方稜鏡將不會影響鏡片的中心厚度。然而若有大量稜鏡的處方，或鏡框的 B 尺寸較大時，則會影響中心厚度。中心厚度可能增加至接近一半的稜鏡厚度差值。

負鏡片

　　稜鏡量會影響負鏡片的邊緣厚度。基底向外的

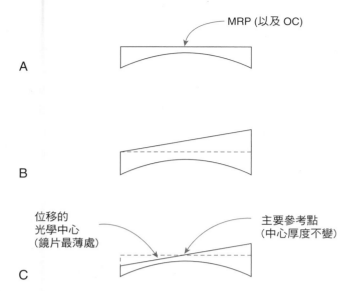

圖 16-18　**A.** 此為尚未磨邊的完工鏡片，無移心且無稜鏡。主要參考點 (MRP) 和光學中心 (OC) 的位置相同。**B.** 此負鏡片含有稜鏡。僅將負鏡片的厚度加上一半的稜鏡頂點、基底厚度差值，便使鏡片增加不必要的厚度。**C.** 使含大量稜鏡的負鏡片其主要參考點變薄至正常的最小厚度，將導致負鏡片已位移的光學中心變得過薄。光學中心位移後將不再位於主要參考點。

稜鏡使顳側的邊緣厚度增加，所增加的量等於稜鏡的基底厚度。

　　當負鏡片含有基底向外或基底向內的處方稜鏡時，其中心厚度將隨之增加。鏡片上最薄處從主要參考點移至位移的光學中心位置，如圖 16-18 所示。

參考文獻

1. Long WF: Decentration of spherocylindric lenses, Optom Weekly 66:878-880, 1975.
2. Brooks C: Understanding lens surfacing, Newton, Mass, 1992, Butterworth/Heinemann.

學習成效測驗

1. 某 +4.00 D 鏡片從瞳孔中心向內偏移 3 mm，其產生的稜鏡效應為何？基底方向為何？

2. 某鏡片向上偏移 3 mm，並產生 2.10Δ 基底向下的稜鏡效應，則鏡片的度數為何？

3. 某負鏡片的光學中心向顳側過度位移，其產生的稜鏡效應為何？
   a. 基底向內
   b. 基底向外
   c. 無法從上述資料中得知

4. 某人右眼的鏡片處方為 −1.25 +0.25 × 180，需要 1.00Δ 基底向上的稜鏡。鏡框為矩形且垂直尺寸為 40 mm，則移心量需為何以可產生上述的稜鏡量？
   a. 向上 8 mm
   b. 向下 8 mm
   c. 向上 10 mm
   d. 向下 10 mm
   e. 以上皆非

5. 當視線通過球面鏡片光學中心右側 7 mm 的某點時，發現位於 6 m 以外的物像向右偏移 42 cm。此鏡片的度數為何？
   a. +7.00 D
   b. −7.00 D
   c. +10.00 D
   d. −10.00 D
   e. 以上皆非

6. 確認一副眼鏡時，已知配戴者的瞳距為 60。兩鏡片中心的距離為 68，且兩鏡片皆為 −4.00 D。當兩眼一起配戴時，其產生的稜鏡量 (最接近 0.25Δ) 與基底方向為何？
   a. 2.50Δ 基底向內
   b. 1.50Δ 基底向外
   c. 1.50Δ 基底向內
   d. 3.25Δ 基底向外
   e. 3.25Δ 基底向內

7. 某配戴者的瞳距為 70 mm。一副眼鏡的兩鏡片度數皆為 −6.25 D，其光學中心的距離為 63 mm。處方不含稜鏡。此人配戴時產生的稜鏡量為何？基底方向為何？(不需四捨五入)

8. 配戴者的雙眼瞳距為 66。兩眼位置對稱，鏡片處方如下：
   O.D. −5.00 D sph.
   O.S. −8.00 D sph.
   誤將光學中心置於 62 mm 處，所產生的稜鏡效應為何？

9. 使用鏡片驗度儀讀取一副眼鏡的度數資料如下：
   R +2.75 −1.00 × 180
   L +2.75 −1.00 × 180
   兩鏡片光學中心的距離為 56 mm。配戴者實際的瞳距是 66 mm。此人配戴時產生的稜鏡量為何？基底方向為何？(處方以光學十字表示有助於回答問題)

10. 使用鏡片驗度儀讀取一副眼鏡的度數資料如下：
    O.D. −2.00 −1.00 × 180
    O.S. −3.00 −1.00 × 090
    (注意柱軸) 兩個光學中心的距離是 76 mm(從眼鏡中心至兩點的距離相同)。配戴者的瞳距為 66 mm。配戴時的總稜鏡量為何？基底方向為何？(假設兩眼於頭部上的位置對稱 [即單眼瞳距相同])

11. 某處方如下：
    O.D. −3.50 −1.00 × 090
    O.S. −5.50 −1.50 × 090
    瞳距為 64 mm。為了避免使用過大的鏡坯，實驗室需「擴展瞳距」，使每個鏡片的光學中心向外偏移 2 mm，導致雙眼瞳距為 68 mm，如此產生的稜鏡效應總量為何？

12. 開立某處方如下：
    −1.00 −1.75 × 090
    −1.50 −1.75 × 090
    配戴者的瞳距為 59。選用眼型尺寸較大的鏡框。當處方從實驗室送回時，根據鏡片打點的標記得知兩個光學中心相距 63 mm。依據通行的稜鏡誤差標準 (prevailing prism tolerance standards)，規範兩眼總合的稜鏡誤差為 0.67Δ，則 63 mm 的瞳距是否可接受？
    a. 是
    b. 否
    c. 上述資訊不足

13. 以鏡片驗度儀檢測一副眼鏡的右眼鏡片。將鏡片調整至最初鏡片驗度儀的鏡片座是位於水平中線上，並朝向鏡片幾何中心的顳側。當鏡片移至操作人員的左側時，可見視標由視野的下半區 (基底向下的稜鏡效應) 移至上半區。應如何敘述該鏡片？
    a. 鏡片含有稜鏡
    b. 鏡片含有基底向下的稜鏡
    c. 鏡片含有斜向柱鏡，負柱軸介於 90 ～ 180 之間
    d. 鏡片含有斜向柱鏡，負柱軸介於 0 ～ 90 之間
    e. 無法從上述資料判斷

14. 某右眼鏡片的度數為 pl −3.00 × 045 且向外偏移，
    其產生的稜鏡效應為何？
    a. 基底向上及向外
    b. 基底向下及向內
    c. 基底向下及向外
    d. 基底向上及向內
    e. 基底向內

15. (此為概念題，不需進行任何計算)
    以下顯示已磨面的右眼鏡片。光學中心往鼻側
    移動。鏡片正對著你，凸面向上。以下列出數
    種可能的鏡片處方，每個鏡片處方皆包含位於
    鏡坯幾何中心的稜鏡。你預期在此位置的稜鏡
    其基底方向為何？(若使用直角座標系統，同時
    包含水平和垂直稜鏡，則會有一種以上的基底
    方向)

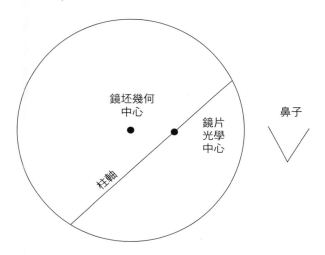

    a. +4.00 D 球面 (忽略鏡片上標示的柱軸)
       (1) 基底向內
       (2) 基底向外
       (3) 基底向上
       (4) 基底向下
    b. pl −3.00 × 040
       (1) 基底向內
       (2) 基底向外
       (3) 基底向上
       (4) 基底向下
    c. 以極座標系統表示上述「b 題」中的鏡片，
       在該鏡坯幾何中心的稜鏡基底方向為何？

    d. +4.00 +1.00 × 040 (註：鏡片為正柱面鏡片)
       (1) 基底向內
       (2) 基底向外
       (3) 基底向上
       (4) 基底向下
    e. +4.00 −1.00 × 040 (此時鏡片為負柱面鏡片)
       (1) 基底向內
       (2) 基底向外
       (3) 基底向上
       (4) 基底向下

16. 某右眼鏡片的處方為 −6.00 +1.00 × 090，含有
    3.00Δ 基底向內的稜鏡。主要參考點向鼻側或顳
    側偏移的距離需為何才是光學中心？
    a. 往顳側偏移 6 mm
    b. 往顳側偏移 5 mm
    c. 往鼻側偏移 5 mm
    d. 往鼻側偏移 6 mm
    e. 以上皆非

17. 訂立某處方如下：
    pl −2.75 × 015
    pl −2.75 × 165
    瞳距 63
    確認處方後發現瞳距為 67。假設配戴者的眼睛
    位置對稱，則雙眼 (O.U.) 的垂直和水平稜鏡組
    合後的結果為何？

18. 某右眼鏡片的度數為 pl +3.50 × 075 且向外偏移
    5 mm。以垂直和水平分量表示產生的稜鏡量為
    何？

19. 某 −4.00 −2.00 × 055 右眼鏡片向外偏移 3 mm。
    以垂直和水平分量表示眼前產生的稜鏡量為
    何？

20. 某 −3.50 −2.75 × 030 左眼鏡片向外偏移 3 mm。
    以垂直和水平分量表示眼前產生的稜鏡量為
    何？

21. 某處方如下：

    O.D. −4.00 −2.00 × 055

    O.S. −3.50 −2.75 × 030

    某鏡片依處方磨邊後的光學中心間距為 65 mm，若配戴者的瞳距為 59 mm，其產生的稜鏡效應總和為何？

22. 以「正弦平方法」求得下列鏡片在 180 度軸線上的「度數」：

    a. pl −2.00 × 180

    b. pl −2.00 × 090

    c. pl −2.00 × 020

    d. pl −2.00 × 070

    e. −1.00 −2.00 × 090

    f. −1.00 −2.00 × 150

23. 某右眼鏡片的度數為 −3.00 −2.50 × 120。利用正弦平方法回答以下問題。

    a. 鏡片在 180 度軸線上的「度數」為何？

    b. 將鏡片的光學中心向鼻側偏移 4 mm，所需的水平稜鏡量為何？（換言之，從理想的光學中心位置往顳側偏移 4 mm 的該點上，所產生的稜鏡量為何？）

24. 某右眼鏡片的度數為 +4.00 −1.50 × 020。利用正弦平方法回答以下問題。

    a. 鏡片在 180 度軸線上的「度數」為何？

    b. 將鏡片的光學中心向鼻側偏移 2 mm，所需的水平稜鏡量為何？（換言之，從理想的光學中心位置往顳側偏移 2 mm 的該點上，所產生的稜鏡量為何？）

25. 某折射率為 1.80 的鏡片被磨成橢圓形，其顳側邊緣厚度為 4.2 mm，鼻側邊緣厚度則為 3.2 mm。鏡片 A 尺寸是 54 mm。此鏡片幾何中心處的稜鏡效應為何？

26. 某右眼鏡片的球面度數為 +4.75 D，鏡片折射率是 1.66。鏡片已磨邊且裝入鏡框內。你在鏡片打上主要參考點，從主要參考點向鼻側偏移 20 mm 處測量鏡片厚度，亦在主要參考點向顳側偏移 20 mm 處進行測量。主要參考點向顳側偏移 20 mm 處的鏡片厚度是 7.8 mm；主要參考點向鼻側偏移 20 mm 處的鏡片厚度則是 5.4 mm。在主要參考點的稜鏡效應和基底方向為何？

CHAPTER 17

菲涅耳稜鏡與鏡片

正常的鏡片與稜鏡其厚度變化與鏡片或稜鏡的度數及尺寸有關，然而菲涅耳鏡片與稜鏡因構造不同而非此情況。儘管無法取代正常鏡片，但菲涅耳鏡片與稜鏡的活用度極高，在某些特定的情況下相當實用。

何謂菲涅耳稜鏡？

傳統的稜鏡具有兩面平坦、互不平行的表面。平行光進入稜鏡後向稜鏡的基底彎曲，再以某角度自稜鏡後表面離開。稜鏡的基底較頂點厚，稜鏡越大則基底越厚。

菲涅耳稜鏡 (Fresnel prism) 所環繞的厚度是由小且寬的稜鏡堆疊成「塔狀」所構成。欲了解菲涅耳稜鏡如何運作，想像有大量度數相同的稜鏡，將它們的頂端切除後，以一個堆疊於另一個上方的方式貼附於薄塑膠板 (圖 17-1)。儘管菲涅耳稜鏡是由澆注一體成型，但它的構型如同上述想像的範例 (圖 17-2)。菲涅耳稜鏡的厚度僅為 1 mm。

菲涅耳稜鏡的優勢為何？

菲涅耳稜鏡有數種優勢。首先它非常薄且重量極輕，具有彈性，可直接應用於原有的眼鏡鏡片，即使無室內光學實驗室，也可能應用於室內的鏡片。

鏡片的材質柔軟且有彈性，故可用剪刀或鋒利的刀片切割成任何形狀。這表示其可切割並應用於鏡片的部分區域 (實際應用容後再述)。

普通的稜鏡由頂點至基底增厚許多，故高度數的稜鏡會有放大率不同及鏡片度數改變的問題。菲涅耳稜鏡仍有這些問題，但卻可大幅度減少放大率的差異。

菲涅耳稜鏡的劣勢為何？

菲涅耳稜鏡與普通鏡片的外觀不同，差異程度足以引起他人注意。菲涅耳稜鏡有許多小突起，因此較普通鏡片難以清潔。

高度數的稜鏡會稍微減弱視力，主要是稜鏡相關的色差和變形所致。普通鏡片和菲涅耳稜鏡皆會發生視力減弱的現象。菲涅耳稜鏡也會因稜鏡面反射造成輕微的視力減弱，尤其在特定的光源下。在 90% 對比程度的 Snellen 視力表測試下，菲涅耳稜鏡造成視力減退的最小值比普通稜鏡稍微減少一行[1]。

何時使用菲涅耳稜鏡？

菲涅耳稜鏡有許多臨床用途，以下分為六部分探討主要的用途。

高稜鏡量

基於厚度的優勢，菲涅耳稜鏡對於高稜鏡量非常有用。

可重複使用

菲涅耳稜鏡容易應用與移除，其可重複使用。對於確認某特定稜鏡量時，將長時間使用或用於視力訓練時，都相當有幫助。

局部應用

部分癱瘓的眼外肌導致不同方向的視線所需之稜鏡量各異。可將菲涅耳稜鏡切割成符合特定的鏡片面積，其僅出現在需使用稜鏡之處。

用於垂直失衡矯正

若某人需接受垂直失衡矯正，菲涅耳稜鏡可應用於原有的鏡片，在正式治療前觀察一定程度的垂直失衡矯正是否有用 (更多關於垂直失衡矯正的內容請見第 21 章)。

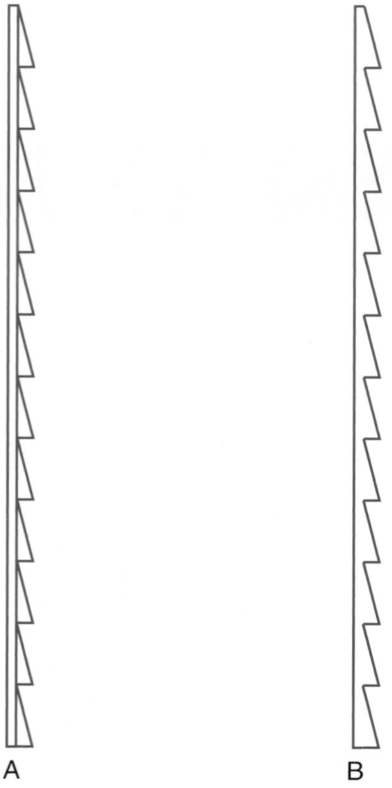

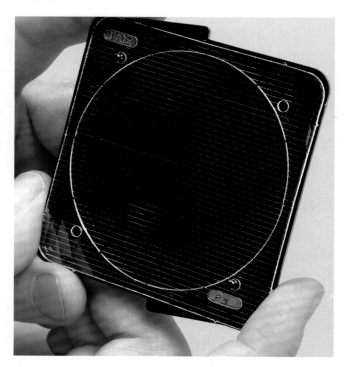

圖17-1　**A.** 菲涅耳稜鏡實際上是由一系列稜鏡一個堆疊於另一個上方所組成，因此外觀為薄。圖示各個稜鏡貼附於薄塑膠板。**B.** 事實上，菲涅耳稜鏡是由澆注一體成型。

圖17-2　菲涅耳鏡片表面上有一連串隱微可見的細線。這些突出的邊緣代表稜鏡基底的位置，基底方向垂直於可見細線的方向。

用於水平近端稜鏡

針對僅用於近端的水平稜鏡之處方，只在鏡片的下半部使用菲涅耳稜鏡是可行的（更多關於水平近端稜鏡的內容請見第 19 章）。

視野缺損

由於視野缺損，稜鏡只能應用於鏡片的特定區域，稜鏡的基底方向與缺損同向，稜鏡的邊緣接近中央視野區域。眼睛在透過稜鏡接收影像前僅行經一段短距離。影像看似較接近中心，且不需移動頭部即可見影像。

某人可能出現左、右兩眼視野右半側盲的視野缺損，此缺損稱為同側性偏盲 (homonymous hemianopia)。菲涅耳稜鏡可應用於左、右兩鏡片的右側。此例中稜鏡的基底方向向右。有了稜鏡後，配戴者可往右看，不需轉動眼球太遠即可看見右側視野的物體。

若缺損使視野限縮為 5～15 度的視野範圍，20～30 個稜鏡度的稜鏡可利用基底向外的方式置於鏡片的顳側，以及基底向內的方式置於鼻側[2]。

應用於同側性偏盲

在同側性偏盲的例子中，為了測量稜鏡在眼鏡一半鏡片上的位置是否正確，應使配戴者配戴適當調整後的眼鏡。配戴者直視配鏡人員的眼睛，通常會使用遮眼板遮蔽鼻側視野缺損的那一眼，再使用近點視力卡或其他直尺由顳側（盲側）推進。當配戴者首次回報看見卡片時，鏡片上必須以垂直線標記卡片的位置（圖 17-3, A）。稜鏡的邊緣應在距離此標記 3～5 mm 靠近顳側的位置（圖 17-3, B）[3]。稜鏡量可能有所變化。儘管其他人已使用菲涅耳稜鏡，Lee 和 Perez 卻運用 12 個稜鏡度的分段稜鏡 (sectorial prism)* 而非菲涅耳稜鏡，他們認為菲涅耳稜鏡使視力減退的程度過大。

在過去，當分段稜鏡應用於同側性偏盲時，都是置於每一眼的盲區。現今，許多配鏡人員僅將單一分段稜鏡應用於顳側視野缺損的眼睛。

---

* 削薄 (slab-off) 稜鏡可透過垂直方向而非水平方向磨製，通常用於矯正垂直失衡。尚有其他的低視力稜鏡可選用。

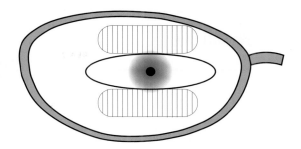

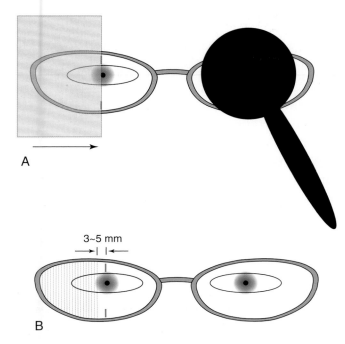

圖 **17-4** 　這些 30 ～ 40Δ 基底向外的暫時性菲涅耳稜鏡之子片區域，可使同側性偏盲視野缺損的病人產生周邊複視，之後將以構建在眼鏡載體鏡片內的稜鏡子片取代。

圖 **17-3** 　**A.** 針對同側性偏盲的配戴者置放菲涅耳稜鏡，遮蔽有鼻側視野缺損的眼睛。對於顳側視野缺損的眼睛，自顳側向內移動卡片，直至配戴者看見卡片。記錄卡片的位置 (圖中以紅線表示)。**B.** 記號處往後 3 ～ 5 mm 找到稜鏡的頂緣位置，再將稜鏡置於鏡片的顳側。

減緩眼球震顫

　　眼球震顫是一種眼部持續前、後運動為特徵的現象。這種運動非自主性，且會使視力減退。在某些例子中，當病人看向側邊時，眼球震顫可能會減緩。例如當檢查者發現病人看向右側時，眼球震顫的情形減緩，兩眼鏡片可使用相同的稜鏡量。正確的基底方向向左。由於眼球轉向稜鏡頂點，基底向左的稜鏡可使頭部在眼球轉向右側時仍保持直立。眼球已轉向右方，眼球震顫於是減緩。表 17-1 歸納了菲涅耳稜鏡的相關應用。

何謂菲涅耳鏡片？

　　第 12 章說明了鏡片運作的方式。圖 12-20 呈現正鏡片有如一系列稜鏡的運用觀念，每個稜鏡的度數皆大於前一個。鏡片光學中心的前、後表面平坦，但若與光學中心的距離越遠，鏡片表面的角度則越大。

　　菲涅耳鏡片類似於一系列同心稜鏡，每片的稜鏡效應皆比前一片稍高 (圖 17-5)。當同心表面所呈的角度正確時，可產生任何理想度數的正或負球面鏡片。菲涅耳鏡片的優勢與劣勢如同菲涅耳稜鏡。

何時使用菲涅耳鏡片？
眼鏡以外的應用

　　菲涅耳鏡片不僅應用在眼鏡，也常用於當觀看投影機的書寫表面時 (調整焦距至稍微失焦，即可見鏡片的同心環投影於螢幕)。

　　有時大型的菲涅耳負鏡片可應用在窗戶，以產

Eli Peli 高度數稜鏡子片

　　另一種稜鏡的分段應用法可協助同側性偏盲者使用高度數 (30 ～ 40Δ) 的稜鏡，置於鏡片的某子片區域內 [4]。將底─頂軸方向在水平位置的兩個稜鏡子片區域，置於針對視野缺損的眼睛所開立的鏡片上。上方的稜鏡置於瞳孔上方，與上角膜緣對齊，下方的稜鏡則置於瞳孔下方，與下角膜緣對齊 (圖 17-4)。稜鏡呈現基底向外，使該眼產生複視。透過子片區域所見的物體，從視盲變成有可見部分的視野。配戴者適應後可透過稜鏡看見部分物體，擴展視野區域達 20 度。

　　這類稜鏡可建構為稜鏡子片，用於配戴者的眼鏡鏡片。首次成功的例子是將菲涅耳稜鏡切割成特定的尺寸，置於完工鏡片的稜鏡子片區域內。

盲眼的裝飾

　　第 21 章將討論如何利用稜鏡改善盲眼或義眼的外觀，菲涅耳稜鏡也有這類運用。

表 17-1
菲涅耳稜鏡的臨床應用

使用	建議
高稜鏡量	維持鏡片薄度
暫時性稜鏡	配鏡人員可在訂購前先了解稜鏡的功用
	不需重配眼鏡即可改變稜鏡量
用於眼肌麻痺者的稜鏡分段應用	可應用在一半的鏡片或是鏡片的任何位置
視野缺損如同側性偏盲	將分段稜鏡應用於盲區
	基底方向朝向盲區
只應用於雙光區的稜鏡	可為水平和／或垂直向稜鏡
盲眼或轉向眼的裝飾改善	利用反轉稜鏡 (例如眼睛往外轉，稜鏡的基底向外)
治療眼球震顫	利用共軛稜鏡減少眼球運動 (例如兩基底皆向左或兩基底皆向右)
對於無法自床上坐起身者	利用 15 ～ 30Δ 基底向下的共軛稜鏡
	(註：斜臥用眼鏡也有這種功能)
作為部分遮眼板之用	在非弱視眼前置放處方稜鏡，例如菲涅耳稜鏡，以達稍減視力之效

圖 17-5　圖中的菲涅耳鏡片仍置於原始容器內，但已被轉動使同心環更為明顯。戴上後，同心環不如圖片所示那麼明顯，乃因其位於菲涅耳鏡片的後表面，而菲涅耳鏡片將置於載體眼鏡鏡片的後方。

生較寬闊的視野，或用於海邊燈塔的警告光線，如此可增強從建築物內投射出的光源亮度。

短暫配戴

實際情況中，菲涅耳鏡片若為短時效配戴則非常有用，例如在進行視力訓練，或因糖尿病控制不佳或某些術後情況所致度數經常改變時。

產生加入度數

菲涅耳鏡片也可應用於眼鏡鏡片的部分結構，能產生高的加入度數，用於低視力或職業需求的目的。

度數為 +1.00 D ～ 6.00 D 的菲涅耳鏡片可預先切割成平頂雙光子片。這些子片在配鏡時也可運作良好，提供雙光子片高度的真實模擬 (圖 5-22)。

菲涅耳鏡片或鏡片子片可用於製造特殊的職業鏡片。例如若某人需要雙 D 職業用鏡片，可在現有的雙光或漸進多焦點鏡片的頂端置放一個上下顛倒的菲涅耳雙光子片，將其轉變成職業用鏡片。若將菲涅耳子片置於一副單光太陽眼鏡上，可使太陽眼鏡變成雙光處方鏡片。

表 17-2 歸納了菲涅耳鏡片的相關應用。

如何將菲涅耳鏡片或稜鏡應用於眼鏡？

根據下列步驟應用菲涅耳稜鏡和鏡片：

表 17-2
菲涅耳鏡片的臨床應用

使用	建議
產生薄鏡片	無論鏡片度數為何，菲涅耳鏡片向來都很薄
暫時性鏡片	菲涅耳鏡片在進行視力訓練或因糖尿病控制不佳造成鏡片度數需經常改變時特別好用
水下潛水面鏡、蛙鏡等	容易應用在光學表面
分段應用	正常或高度數的正鏡片可作為多焦點的加入度數應用，此加入度數能暫時性或永久性運用於某些特殊的職業需求或低視力需求
雙光眼鏡試用	適用於度數 +1.00 ～ 6.00 D
	用於準確判斷雙光子片高度、暫時性配戴或製作多焦點的處方太陽眼鏡

1. 對於鏡片，在載體鏡片前方將鏡片光學中心的預定位置做記號（載體鏡片是已裝在鏡框內的眼鏡鏡片）。

   確認稜鏡正確的基底方向（若有水平和垂直向稜鏡時，確認兩稜鏡組合後的單一稜鏡量和基底方向）。
2. 將鏡框內的載體鏡片取出。
3. 將菲涅耳鏡片或稜鏡置於載體鏡片後方，以滑順面接觸載體。確保光學中心或基底方向正確。
4. 以鋒利的刀片對菲涅耳鏡片或稜鏡進行修邊，符合載體鏡片的切邊斜面（亦可使用鋒利、高品質的剪刀）。
5. 移除菲涅耳鏡片或稜鏡，再次將載體鏡片裝入鏡框中。
6. 使用不含藥水的液體清潔劑清洗載體和菲涅耳鏡片。
7. 在溫水中或是利用流動的溫水，將菲涅耳鏡片的滑順面貼附於載體。移除夾在兩平面之間的任何氣泡。
8. 將鏡片歸還給配戴者，提醒其在完全乾燥前 24 小時內應特別注意。

   處理菲涅耳鏡片或稜鏡時，也可用外用酒精取代水，據說鏡片將更快速黏合，氣泡較容易滑出，蒸散速度也較快，鏡片完工時間較迅速，無需擔心菲涅耳稜鏡會滑動移位[5]。

如何清理菲涅耳鏡片或稜鏡

製造商建議清理這些鏡片的方式是將鏡片以流動的溫水沖洗。若鏡片的溝槽內有灰塵，可利用軟毛刷清潔。以柔軟、無棉絮的衣物擦乾，硬式隱形眼鏡的清潔液也可用於清潔菲涅耳鏡片。

參考文獻

1. Flom MC, Adams AJ: Fresnel optics. In Duane TD, editor: Clinical ophthalmology, vol 1, Philadelphia, 1995, Lippincott-Raven.
2. Tallman KB, Haskes D, Perlin RR: A case study of choroideremia highlighting differential diagnosis and management with Fresnel prism therapy, J Am Optom Assoc 67:421-429, 1996.
3. Lee AG, Perez AM: Improving awareness of peripheral visual field using sectorial prism, J Am Optom Assoc 70(10):624-628, 1999.
4. Peli E: Field expansion of homonymous hemianopia by optically induced peripheral exotropia, Optom Vis Sci 77(9):453-464, 2000.
5. Rubin A: Fitting tip: applying Fresnel prisms, Opt Dispensing News (215): 2005.

學習成效測驗

1. 某菲涅耳稜鏡呈基底向外置放，鏡片上的可見線條將為水平或垂直向移動？

   a. 水平

   b. 垂直

2. 對或錯？菲涅耳稜鏡提供的視力較普通稜鏡佳。

3. 對或錯？菲涅耳鏡片和稜鏡不可重複使用。

4. 菲涅耳稜鏡和鏡片如何應用：

   a. 滑順面朝外貼附於眼鏡鏡片的後方

   b. 滑順面朝外貼附於眼鏡鏡片的前方

   c. 滑順面朝內貼附於眼鏡鏡片的後方

   d. 滑順面朝內貼附於眼鏡鏡片的前方

5. 稜鏡可用於減緩眼球震顫。若病人的頭部轉向左側仍直視前方時，眼球震顫的情況減輕，此時稜鏡該如何應用？

   a. 基底朝向配戴者左眼的右側以及右眼的左側

   b. 基底朝向配戴者左眼的左側以及右眼的右側

   c. 基底朝向配戴者兩眼的右側

   d. 基底朝向配戴者兩眼的左側

   e. 這類稜鏡無法減輕眼球震顫的現象

6. 對於同側性視野缺損的病人，可將菲涅耳稜鏡（或削薄稜鏡）置於缺損區域的鏡片前方，以「增加」視野（或至少能提升快速看見更多盲區的能力）。針對此作法，基底方向應為？

   a. 基底朝視野缺損的方向

   b. 基底朝遠離視野缺損的方向

CHAPTER 18

鏡片設計

　　一個設計良好的鏡片，無論是鏡片中心或周邊區域皆具有優良的光學品質。此外，鏡片應盡量美觀且容易配戴。本章將說明對鏡片的要求，以及如何在設計鏡片時做出適當的選擇。

鏡片發展的簡史

　　鏡片已歷經數個發展階段，在此快速總結並列出數個主要的類別與時間表[1]。下述時間點為鏡片正式開發上市時期，而非鏡片的理論發展階段。

1. 「平面」鏡片 (1200 ～ 1800 年)：事實上，使用「平面」一詞是錯誤的，乃因鏡片的兩面皆非平面，而是呈豆子的形狀，如扁豆－即可代表鏡片的形狀。此類鏡片提供良好的中心視力，但鏡片邊緣的視力則不佳。

2. 周視鏡片 (1800 年代)：鏡片的後表面為 –1.25 D，以改善周邊視力。

3. 6 D 基弧彎月形鏡片 (*six-base meniscus lenses*)（自 1890 年代開始）：此類鏡片以數種方式提升視力。周邊視力的品質獲得大幅改善。裝配鏡片時也能更接近眼睛，乃因鏡片弧度不會觸及睫毛。6 D 基弧的鏡片在 1960 年代以前仍持續使用。1950 ～ 1960 年代期間，幾乎只有低價產品仍使用 6 D 基弧的鏡片，最終廠商因而停止生產這類鏡片[2]。

4. 矯正弧度鏡片 (1900 年代初期)：卡爾蔡司公司於 1908 年推出了焦點型 (Punktal) 鏡片，用於矯正鏡片周邊的斜散光差。這類鏡片需使用非常大量的基弧，1913 年於美國正式上市。美國光學公司於 1919 年發表一系列的矯正弧度鏡片，亦能矯正斜散光差，但不同於先前的焦點型鏡片需使用大量的基弧，美國光學公司的鏡片設計是在基弧的屈光度間隔為 1 或 2，可更容易管理半完工鏡片的庫存。1960 年代是單光鏡片從正柱鏡形式 (複曲面在前表面) 轉換為負柱鏡形式的時期，以配合多焦點鏡片使用複曲面在後表面的設計。

5. 非球面鏡片 (*aspherics*)：在 20 世紀初期，非球面鏡片已應用於極高正度數的「白內障」型矯正。在 20 世紀後期，低度數的正、負單光鏡片形式也開始採用此類鏡片，但直至高折射率塑膠鏡片材料上市後才更廣泛應用。

6. 非複曲面鏡片 (*atorics*)：非複曲面鏡片現正快速取代非球面鏡片，成為新一代完工單光鏡片。然而，非複曲面鏡片通常無法用於多焦點鏡片。唯一的例外是以自由成型技術各別設計與客製化製造的漸進多焦點鏡片。

鏡片的像差

　　為了理解這些鏡片設計的發展和特性，需先熟悉設計者試圖避免的問題為何。這些問題使鏡片成像產生缺陷，稱為像差 (*aberration*)。

　　源自點光源的光行進穿過某度數正確的眼鏡鏡片，卻無法產生完美的影像，此即鏡片的像差所致。有數種類型的鏡片像差會導致不完美的影像，可將這些像差區分為兩大類：色像差 (*chromatic aberration*) 和單色像差 (*monochromatic aberration*)。

　　色像差與顏色有關，它會使影像邊緣有彩色的條紋。單色像差則發生在光源僅含單一波長 (單一顏色) 時。

色像差

　　色像差有兩種表現形式，其中一種稱為縱向色像差 (*longitudinal chromatic aberration*)。當由數種波長組合而成的點光源 (例如白光)，沿著光軸形成一系列的點像時，便會發生縱向色像差。每個影像的顏色皆不同，其焦距也有些微差異。

　　色像差的第二種形式稱為橫向色像差 (*lateral chromatic aberration*)。這類色像差將使不同顏色的光線在鏡片焦距處，產生尺寸有些微差異的影像。

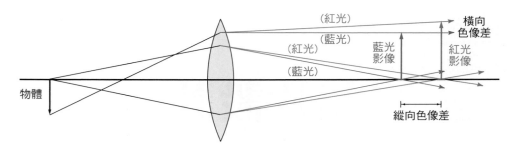

圖 18-1　色像差有兩種類型。一種是縱向色像差，代表波長各異的光將聚焦於鏡片不同的焦距上。另一種類型是橫向色像差。此圖及圖 18-2 顯示橫向色像差。

縱向（軸向）色像差

各種顏色或波長入射至相同的表面曲率後，所歷經的折射率略為不同，縱向色像差可導致一系列的焦點分布於光軸（圖 18-1），因此縱向色像差可用兩個極端的光－藍光 (F_F) 和紅光 (F_C) 的屈光度差值表示。縱向色像差的公式為：

$$縱向色像差 = F_F - F_C$$

縱向色像差與稜鏡效應無直接關係，因此平光稜鏡不具有縱向色像差。

我們通常認為玻璃或塑膠的鏡片材料只有一個特定的折射率 (n)。實際上，鏡片材料的折射率因波長不同而有些微差異。我們所知的鏡片材料折射率，其實是指以黃光測出的折射率。相對無色像差的鏡片材料，在每個波長下的折射率幾乎相同。對於含有大量色像差的材料，例如玻璃或水晶吊燈，其折射率的範圍較廣。

縱向色像差可用另一種方式表示。欲了解為何如此，我們可從造鏡者公式開始推導：

$$F = (n-1)R$$

其中

F = 鏡片度數
n = 鏡片折射率(黃光)
R = 鏡片曲率

（註：$R = R_1 - R_2$，其中 R_1 = 鏡片的第一表面曲率，R_2 = 鏡片的第二表面曲率。）

這表示由於：

$$縱向色像差 = F_F - F_C$$

縱向色像差也可表示為：

$$
\begin{aligned}
縱向色像差 &= (n_F - 1)R - (n_C - 1)R \\
&= (n_F - 1 - n_C + 1)R \\
&= (n_F - n_C)R
\end{aligned}
$$

此數值 ($n_F - n_C$) 有助於判斷材料的色像性質，稱為平均色散 (mean dispersion)。

由於鏡片度數是依黃光而定，F 也可寫成 F_D。

若

$$F = (n-1)R$$

則

$$F_D = (n_D - 1)R$$

可轉換寫為

$$R = \frac{F_D}{n_D - 1}$$

又因為

$$縱向色像差 = (n_F - n_C)R$$

也可被寫為

$$縱向色像差 = (n_F - n_C)\frac{F_D}{n_D - 1}$$

或是

$$縱向色像差 = \frac{n_F - n_C}{n_D - 1}F_D$$

此數值

$$\frac{n_F - n_C}{n_D - 1}$$

表 18-1
具代表性鏡片材料的阿貝值

鏡片材料	折射率	阿貝值
皇冠玻璃	1.523	58
CR-39 塑膠	1.498	58
康寧 Photogray Extra (玻璃)	1.523	57
Trivex (塑膠)	1.532	43-45
Spectralite (塑膠)	1.537	47
康寧折射率 1.6 PGX (玻璃)	1.600	42
Essilor Thin-n-Lite (塑膠)	1.74	33
Essilor Stylis (塑膠)	1.67	32
Schott High-Lite 玻璃	1.701	31
聚碳酸酯	1.586	30

可用於量化表示特定材料的色像差，也稱為色散力 (dispersive power)。色散力的縮寫為希臘字母 omega (ω)，意指縱向色像差可寫為：

$$縱向色像差 = \omega F_D$$

阿貝值

色散力的數值包含小數點，因此在計算時較難處理，使用其倒數則相對容易計算。色散力的倒數是整數。ω(色散力) 的倒數是以希臘字母 nu(ν) 表示。意即，

$$\frac{1}{\omega} = v$$

此數值有三種不同的名稱，分別是 *nu* 值 (*nu value*)、倒色散係數 (*constringence*)、阿貝數 (*Abbé number*) 或阿貝值 (*Abbé value*)。

阿貝值是最常用於確認特定鏡片材料的色像差程度的數值。阿貝值越高，則鏡片的色像差越小。若阿貝值越小，透過鏡片視物時越可能出現彩色條紋，並使高度數鏡片周邊的視力下降。表 18-1 列出某些具代表性的眼科材料的阿貝值與折射率。

使用阿貝值後，可進一步將縱向色像差寫為

$$縱向色像差 = \frac{F}{v}$$

例題 18-1

對於兩個分別由聚碳酸酯和皇冠玻璃製成的 +6.00 D 鏡片，其縱向色像差的差異為何？求出皇冠玻璃和聚碳酸酯鏡片的縱向色像差。

解答
將鏡片度數除以鏡片材料的阿貝值，即可求得縱向色差。聚碳酸酯的阿貝值為 30，而皇冠玻璃的阿貝值是 58。先計算聚碳酸酯的部分：

$$縱向色像差_{(聚碳酸酯)} = \frac{F}{v}$$
$$= \frac{6}{30}$$
$$= 0.20D$$

皇冠玻璃的縱向色像差為：

$$縱向色像差_{(皇冠玻璃)} = \frac{F}{v}$$
$$= \frac{6}{58}$$
$$= 0.10D$$

橫向色像差與「色稜鏡度」

可用影像放大倍率差值或稜鏡效應差值來表示橫向色像差。

放大倍率差值。 折射鏡片的橫向色像差可用放大倍率差值 (*magnification difference*) 加以描述。兩個不同波長的光，例如紅光和藍光，所產生的影像尺寸差異稱為放大倍率差值 (圖 18-1)。

稜鏡效應差值。 當以稜鏡效應量化表示時，稜鏡的橫向色像差為兩個不同波長的光之稜鏡效應差值 (圖 18-2)。可用公式描述：

$$橫向色像差 = (藍光的稜鏡效應) - (紅光的稜鏡效應)$$

或

$$橫向色像差 = \Delta_{藍光} - \Delta_{紅光}$$

鏡片也會產生稜鏡效應，但鏡片的稜鏡效應取決於其與光學中心的距離。當視線與鏡片中心距離越遠，則稜鏡效應越為明顯。可利用普氏法則求得鏡片某特定點的稜鏡效應。普氏法則如下所示：

$$\Delta = cF$$

其中 c 是某點與光學中心的距離 (單位為 cm)，而 F 是鏡片的屈光度。有時會以字母 d (代表距離) 取代 c (代表公分)。在計算橫向色像差的情況下即是如此。因此，由於

$$\Delta_{藍光} = dF_F \text{ 以及 } \Delta_{紅光} = dF_C$$

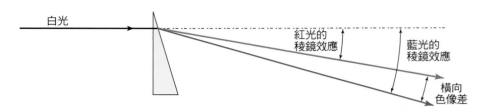

圖 18-2　當兩個不同波長的光通過稜鏡並導致不同偏折量時，即產生橫向色像差。

以及

$$橫向色像差 = \Delta_{藍光} - \Delta_{紅光}$$

則

$$橫向色像差 = dF_F - dF_C$$
$$= d(F_F - F_C)$$

使用下列兩個公式計算縱向色像差：

$$縱向色像差 = F_F - F_C$$

以及

$$縱向色像差 = \frac{F}{v}$$

上述兩個公式相等並可交替使用，因此我們得知：

$$F_F - F_C = \frac{F}{v}$$

若方程式的兩側皆乘以 d(偏移量)，可得：

$$d(F_F - F_C) = d\frac{F}{v}$$

方程式的左側即是橫向色像差的公式，這代表橫向色像差也可寫為：

$$橫向色像差 = \frac{dF}{v}$$
$$= \frac{稜鏡效應}{v}$$
$$= \frac{\Delta}{v}$$

v 為阿貝值，故在已知鏡片阿貝值的情況下，可快速求得橫向色像差。

當橫向色像差意指稜鏡效應的差值時，如先前所述，有時也稱為色稜鏡度 (chromatic power)。

色稜鏡度的概念使我們了解，隨著稜鏡效應增加，色像差的效果將更明顯，因而對視力的負面影響越大。

例題 18-2

在先前的例題中，我們求得 +6.00 D 鏡片的縱向色像差。橫向色像差為稜鏡效應的函數。我們可確認由特定材料製成的稜鏡之橫向色像差，但不能只提問「由特定材料製成的 +6.00 D 鏡片，其橫向色像差為何？」然而，我們可提問 (且正要詢問) 以下問題。某 +6.00 D 鏡片若是由 (A) 聚碳酸酯材料或 (B) 皇冠玻璃製成，在距離光學中心 8 mm 的某點上，所產生的橫向色像差為何？

解答

稜鏡的橫向色像差是稜鏡量 (Δ) 除以阿貝值 (v)。

$$橫向色像差 = \frac{\Delta}{v}$$

計算鏡片上某特定點的橫向色像差時，我們需知道該點的稜鏡效應。對於有度數的鏡片，稜鏡效應是鏡片度數乘以自光學中心偏移的距離，即 $\Delta = dF$。這使得橫向色像差等於：

$$橫向色像差 = \frac{dF}{v}$$

該點距離聚碳酸酯鏡片中心 8 mm 處的橫向色像差為：

$$橫向色像差_{(聚碳酸酯)} = \frac{(0.8)(6)}{30}$$
$$= 0.16\Delta$$

在皇冠玻璃鏡片上同一點的橫向色像差為：

$$橫向色像差_{(皇冠玻璃)} = \frac{(0.8)(6)}{58}$$
$$= 0.08\Delta$$

何種情況下橫向色像差會降低視力？　假設某人配戴一副處方眼鏡鏡片，直接透過光學中心注視某物。當配戴者的視線通過光學中心時，不會產生稜鏡效應，也因此無色稜鏡度。

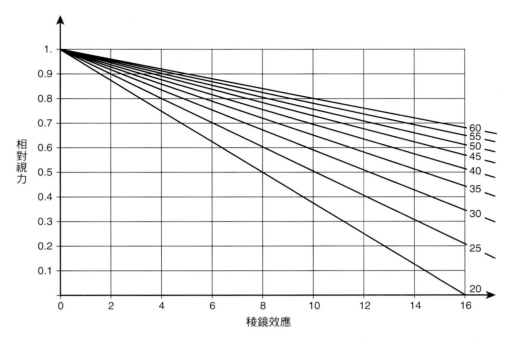

圖 18-3　色像差可利用阿貝值進行測量。此圖右側數字為阿貝值。稜鏡效應隨著高度數鏡片往周邊區域移動而增加。此圖顯示稜鏡效應增加對視力的影響。若鏡片的色像差越明顯，則將越快速影響視力 (From Meslin D, Obrecht G: Effect of chromatic dispersion of a lens on visual acuity, Am J of Optom Physiol Opt 65:25–28, 1988. Figure 2, The American Academy of Optometry, 1988)。

　　當配戴者看向左或右側時，鏡片的稜鏡效應及色稜鏡度亦隨之增加。色稜鏡度(橫向色像差)越高，影像將變得越模糊。相較於低度數鏡片，高度數鏡片周邊區域的稜鏡效應較高，且周邊視力下降較快。

　　色像差越高，則阿貝值越小。阿貝值越小，則周邊視力下降越快(圖 18-3)[3]。

　　幸虧在正常配戴眼鏡期間，很少需從鏡片周邊區域視物。若需清楚看見某物，配戴者會轉動頭部，因此也提高了低阿貝值材料在鏡片應用上的接受度。

　　欲減少色像差造成困擾的可能性，應考量 Box 18-1 列出的配鏡要點。

例題 18-3

某 –7.00 D CR-39 鏡片其阿貝值為 58，當視線通過從鏡片光學中心往顳側偏移 12 mm 的某點時，所預期的視力為何？比較若視線通過聚碳酸酯鏡片上相同點的答案？

解答

回答此問題時，需使用普氏法則計算稜鏡效應，並

Box 18-1

低阿貝值鏡片的配鏡要點(聚碳酸酯和高折射率材料)

1. 使用單眼瞳距。
2. 測量主要參考點的高度時，需考量前傾角(第 5 章)。
3. 使用較短的頂點距離。
4. 有足夠的前傾角，但高度數鏡片的前傾角不應超過 10 度。
5. 注意相關的邊緣厚度(若磨邊鏡片的光學中心比水平中線高出許多，將導致頂端和底部的邊緣厚度有相當大的差異)。

從圖 18-3 中找出相對視力。稜鏡效應為：

$$\Delta = cF$$
$$= (1.2)(7)$$
$$= 8.4$$

　　當鏡片材料的阿貝值為 58，且稜鏡效應是 8.4Δ 時，查出相對視力為 0.82。以 Snellen 視力計算則等於：

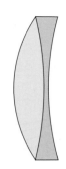

圖 18-4　無色像差鏡片是由兩種不同材料所製成，每一種材料的折射率各異，其色像差作用可相互抵銷。無色像差鏡片不適合用於一般眼鏡鏡片。

$$相對視力 = \frac{測得的視力}{最佳視力}$$

$$0.82 = \frac{20/x}{20/20} = \frac{20}{x}$$

$$x = \frac{20}{0.82} = 24$$

$$測得的視力 = \frac{20}{24}$$

因此 CR-39 鏡片的 Snellen 視力為 $\frac{20}{24}$。

可從圖中相同的 8.4Δ 處查出聚碳酸酯鏡片的相對視力，再計算得知 Snellen 視力為 $\frac{20}{29}$。

無色像差鏡片

　　若所有可見光的波長皆聚焦於同一點，即可將該鏡片視為完全無色像差，但這不會發生在眼鏡鏡片材料上。欲製造無色像差鏡片，需使用兩種不同材料的正鏡片和負鏡片組合。兩鏡片度數應相加成所需總度數，光譜線中的 F（藍）和 C（紅）光必須聚焦於鏡片的焦點。此鏡片即稱為無色像差鏡片 (achromatic lens) 或雙合鏡片 (doublet)（圖 18-4）。無色像差雙合鏡片不作為一般眼鏡鏡片配戴。

　　欲產生無色像差鏡片，必須完成以下事項：

1. 兩鏡片的縱向色像差必須互相抵銷，意即

$$\frac{F_1}{v_1} = -\frac{F_2}{v_2}$$

2. 兩鏡片加總後必須等於理想的度數，因此所需度數為

$$F = F_1 + F_2$$

3. 結合上述兩個方程式，得出雙合鏡片中第一個鏡片的方程式。

$$F_1 = \frac{Fv_1}{v_1 - v_2}$$

4. 求得 F_1 後，即可求得第二個鏡片 (F_2)

$$F_2 = F - F_1$$

例題 18-4

某無色像差雙合鏡片的所需度數為 +6.00 D，其兩鏡片的所需度數為何？兩鏡片使用的鏡片材料如下：

折射率為1.523，阿貝值為58
折射率為1.701，阿貝值為31

解答

使用下列方程式求得鏡片組合的第一個成分

$$\begin{aligned} F_1 &= \frac{Fv_1}{v_1 - v_2} \\ &= \frac{(6)(58)}{58 - 31} \\ &= \frac{348}{27} \\ &= +12.89 \, D \end{aligned}$$

第二個成分是：

$$\begin{aligned} F_2 &= F - F_1 \\ &= 6 - 12.89 \\ &= -6.89 \, D \end{aligned}$$

單色像差

　　即使只有單色光入射鏡片，仍可能產生像差，這類像差稱為單色像差 (monochromatic aberration)，它對相機或光學系統的影響甚過處方眼鏡，但在設計眼鏡鏡片和評估視覺性能時仍需將之納入考量。

Seidel 像差

　　光線通過鏡片時，我們預期光線將聚焦於某特定位置。當這些是近軸（或中心）光線時，我們可運用基本近軸方程式以預期聚焦的位置＊：

$$F = L' - L$$

＊請見第 14 章「簡略厚度與折射率」相關內文。

也可寫為：

$$L' = L + F$$

基本近軸方程式是根據 Snell 定律在基礎假定下所導出，該假定是當以小角度入射（以弧度而非角度測量）時 $\sin\theta = \theta$。然而，$\sin\theta$ 更精確的近似值仍需以下列多項式級數展開求得：

$$\sin\theta = \theta - \frac{\theta^3}{3!} + \frac{\theta^5}{5!} - \frac{\theta^7}{7!} + \cdots$$

第一項代表 $\sin\theta = \theta$ 的近軸近似值。若取此方程式的第一項和第二項，即稱為 $\sin\theta$ 的第三階。意即我們以 $\sin\theta = \theta - \frac{\theta^3}{3!}$ 取代 $\sin\theta = \theta$（再次以弧度而非角度測量）。此取代方式使我們能得到更高階的近似值。第三階近似值可作為光的特定波前通過鏡片、鏡片表面或鏡片系統後，會聚於適當的焦點之品質判斷基準。在穿過鏡片的過程中，波前可能會失去部分的球面形狀，此即顯露出像差與不完美的聚焦。

當只考慮到第三階時，會有 Seidel 所分類的五種像差，這五種像差互有關連。若改變鏡片使一種像差值降低，可能會影響其他像差值。這五種像差稱為 Seidel 或第三階像差（採用高階近似值時會產生其他像差，例如第五階或第七階）。這五種 Seidel 像差為球面像差 (spherical aberration)、彗星像差 (coma)、斜（徑向或邊緣）散光差 (oblique astigmatism)、場曲（度數誤差）(curvature of field) 以及畸變 (distortion)。這些將於稍後簡短說明。

Seidel 像差的缺點之一是假設所有鏡片表面皆為球面。為了更佳描述非球面鏡片所產生的像差，例如眼球的折射面，應使用不同系統進行計算。

運用 Zernike 多項式分類像差

若給定的波前通過折射面、鏡片或折射系統，而從完美的球面偏移時，可使用其他系統進行分類。其中一個描述人眼像差的系統是 Zernike 多項式。Zernike 多項式能更完整表示鏡片或人眼的波前像差。此外，該系統是基於非球面的假設，Seidel 像差則是基於球面的設想。人眼像差的議題越加重視，使 Zernike 系統備受關注。主要是受到幾個因素的推動，包括：

1. 欲清楚看見眼內結構，以偵測疾病所致的變化。眼部像差使視網膜成像品質降低。矯正這些像差將有助於眼部疾病的早期診斷。
2. 執行屈光手術的挑戰。不幸的是，常因執行屈光手術而使眼睛像差增加。理想的情況是病人不但希望能矯正球面和柱面的屈光不正，且能減少其他像差，以提高視覺表現。
3. 欲測量眼球像差進而加以矯正。若可測得眼球像差，下一個步驟則是找出矯正的方法。選項包括屈光手術、隱形眼鏡或其他方式。

如前所述，Zernike 多項式已廣泛用於描述和測量眼部單色像差。Zernike 多項式中的項數用於描述像差的幾何形狀。項目又分為不同階數（這些階數不同於先前所描述 Seidel 像差中的階數，儘管某些 Zernike 項數與特定的 Seidel 項數類似）。以下說明 Zernike 階數如何用於描述常見的眼部像差 [10]。

階數	像差
第一	稜鏡
第二	離焦和散光（離焦包括球面屈光不正，例如近視和遠視）
第三	慧星像差和三葉差
第四	球面像差與其他模式
第五至第十	高階不對稱像差

上述階數分類中的第二階像差是錯誤的，可用書面眼鏡處方進行矯正。這些人眼「像差」需以球面或柱面鏡片做矯正。第三階及第三階以上的像差則歸類為高階像差 (higher order aberration)。

Seidel 的五種像差
球面像差

球面像差是 Seidel 像差的一種，發生於某物體的平行光入射大面積的球面鏡片表面時（圖 18-5）。若有球面像差，周邊光線和近軸光線在光軸上的聚焦點將有所不同（入射鏡片邊緣的光線為周邊光線。近軸光線則是通過鏡片中央區域的光線）。

若物點位於系統的光軸上，即存在球面像差。當物點不在光軸上時，將引起其他 Seidel 像差。

瞳孔會限制任何角度入射眼睛的光線數量，因此眼鏡鏡片的球面像差問題不大。

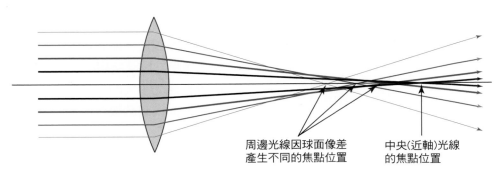

周邊光線因球面像差
產生不同的焦點位置

中央(近軸)光線
的焦點位置

圖 18-5　此誇張的描述顯示當存在球面像差時，若光線越接近鏡片邊緣，則其焦距將越短。相較於中央（近軸）光線，周邊光線的焦距逐漸地減短（此球面像差的特殊類型為正球面像差。另一種類型的球面像差稱為負球面像差，即周邊光線的焦距長於中央光線的焦距）。

圖 18-6　彗星像差使穿過鏡片周邊區域的光聚焦於比實際像點更遠的位置。越接近周邊區域的光將越加偏離焦點，其影像畸變成彗星形狀，如圖所示。此為簡化後的圖形，顯示出影像產生的方式。實際上應有無限多且融合在一起的模糊「圓圈」，外觀類似彗星的尾巴。

彗星像差

第二種 Seidel 像差是彗星像差。當物點在光軸外，穿透鏡片上不同區域的光線其放大率各異（可將不同區域視為鏡片上假想的同心環狀帶，其半徑由內往外增加）。周邊「區域」的焦點範圍不同於近軸光線的焦點位置，成像形狀類似彗星或是冰淇淋的甜筒，而非在光軸外形成單點影像。甜筒的尖端朝向光軸。此像差稱為彗星像差（圖 18-6)。

斜散光差

斜散光差是另一種 Seidel 像差，發生在當離軸物點的光線穿過眼鏡鏡片時。當一小束光斜向照射球面鏡片時，斜散光差將使光聚焦成兩條線形影像，即正切和矢狀影像，而非單一像點（圖 18-7）。彷彿光是通過散光鏡片，而不是球面鏡片。

斜散光差產生兩條焦線的距離稱為散光差 (astigmatic difference)。以屈光度表示時，此差異稱為斜散

光差誤差 (oblique astigmatic error)。斜散光差誤差用於測量斜散光差的程度。

斜散光差會對眼鏡配戴者造成麻煩，設計眼鏡鏡片時必須將此納入考量。確認特定鏡片度數的最佳基弧，進而減少斜散光差。有圖顯示了消除特定離軸視角所致的斜散光差之最佳鏡片形式。該圖為橢圓形曲線，稱為 Tscherning 橢圓 (Tscherning ellipse)（圖 18-8)。當試著減少斜散光差時，依據鏡片設計人員使用的視物距離和角度，橢圓形狀將有所不同。

斜散光差的同義詞有兩個，分別為徑向散光 (radial astigmatism) 和邊緣散光 (marginal astigmatism)。

傾斜鏡片的效應

當眼前的鏡片傾斜時，斜散光差的效應則越顯著，乃因鏡片的光軸亦隨著鏡片傾斜所致。被注視的物體最初是位於鏡片光軸上，此時則成為離軸物體或離軸點。由於鏡片相對於所注視的物體是傾斜的，斜散光差將影響該點的影像。傾斜前，位於光軸上的物體依據鏡片實際的球面度數形成單點影像。對於傾斜後形成的影像，則是通過新的球面和柱面並產生折射。

先求得鏡片正切和矢狀軸線上的有效度數，以確認「原有的」鏡片傾斜產生之新的球面和柱面度數[4]，結果顯示正切軸線和鏡軸傾斜量一致。若為前傾斜，傾斜軸將沿著水平軸線或 180 度軸線，因此水平軸線即為矢狀軸線；若為鏡框面傾斜，傾斜軸將沿著垂直軸線或 90 度軸線，垂直軸線即為正切徑線（正切軸線垂直於矢狀軸線，如圖 18-7 所示）。

在矢狀軸線上的有效度數為：

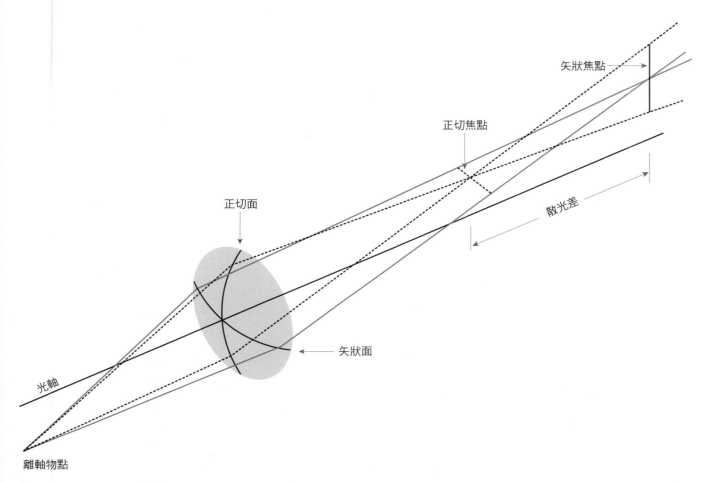

圖 18-7 光照射鏡片的正切面並聚焦於某焦線，進而造成斜散光差。若光照射鏡片的矢狀面，則將聚焦於另一焦線 (鏡片的正切面是與光軸及離軸物點相交的平面。矢狀面與正切面相差 90 度)。

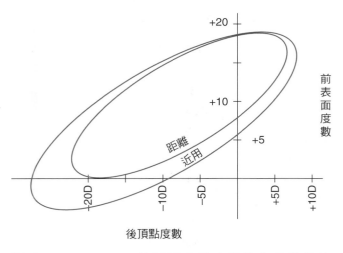

圖 18-8 Tscherning 橢圓圖示矯正正斜散光差所需的基弧。不同視物距離形成的橢圓形各異 (From Keating MP: Geometric, physical and visual optics. Boston, 1988, Butterworth-Heinemann)。

$$F_s = F\left(1 + \frac{\sin^2\theta}{2n}\right)$$

其中

F_s = 矢狀軸線上的度數

F = 鏡片傾斜的度數 (即「舊有」鏡片)

θ = 傾斜角

n = 鏡片折射率

在正切軸線上的度數為：

$$F_T = F\left(\frac{2n + \sin^2\theta}{2n\cos^2\theta}\right)$$

矢狀和正切度數的差值即所產生的散光量，意即產生的柱面度數為：

$$產生的柱面 = F_T - F_S$$

有時會省略球面鏡片的正切度數方程式，直接計算所產生的柱面近似值：

$$產生的柱面 \approx F\tan^2\theta$$

其中

F = 鏡片傾斜的度數 (即「舊有」鏡片)

θ = 傾斜角

　　所產生的柱鏡符號等同傾斜鏡片的符號 (+ 或 –)，產生的柱軸與傾斜軸相同。相較於計算正切和矢狀度數的差值，利用上述方程式求得所產生的柱面較不準確。

　　包覆式處方鏡片。　包覆式處方眼鏡有獨特的光學問題，可能需要補償鏡片度數的變化，以維持處方預期的光學效果。以下為處方鏡片安裝至包覆式鏡框時，數種可能發生的光學狀況。

例題 18-5

某人訂購了一副包覆式太陽眼鏡，並安裝內夾式處方鏡片。處方鏡片是由折射率為 1.50 的塑膠製成，其球面度數為 –5.75 D。前框的包覆式設計導致內夾式前框與鏡片呈 9 度。內夾式前框面無移心，意即配戴者的瞳距等於前框的 A + DBL，則包覆式太陽眼鏡產生的有效度數為何？

解答

若鏡片無移心，則不需調整框面 (第 5 章)，然而鏡片會傾斜 9 度。包覆式鏡框導致鏡片傾斜，使傾斜角位於 90 度軸線上。

我們先求得矢狀度數，這將成為新的等價球面度數。使用先前提供的公式，矢狀度數為

$$F_s = -5.75\left(1 + \frac{\sin^2 9}{2(1.5)}\right)$$
$$= -5.75\left(1 + \frac{0.02447}{3}\right)$$
$$= -5.75(1.008)$$
$$= -5.80\,\text{D}$$

欲求得有效柱面度數，我們將使用另一個方程式計算近似值：

$$\text{產生的柱面} \approx F\tan^2\theta$$
$$\approx -5.75\,(\tan^2 9)$$
$$\approx -5.75\,(0.025)$$
$$\approx -0.14\,\text{D}$$

產生的柱軸與傾斜軸度相同，皆為 90 度，因此鏡片的有效度數為：

$$-5.80 - 0.14 \times 90$$

此例中鏡片傾斜的效應相對較小。鏡片度數較大或鏡片傾斜較多時才會產生大量的改變。

例題 18-6

此時假設相同的 –5.75 D 鏡片是由折射率為 1.586 的聚碳酸酯材料製成，並安裝於「包覆式」鏡框內，從 90 度軸向前傾斜 25 度 (某些包覆式鏡框可能前傾約 30 度 [5])。配戴者的瞳距等於框面 (A + DBL)，因此鏡片也不需移心。安裝於此鏡框的傾斜鏡片所產生的有效度數為何？

解答

重複先前相同的計算方式，我們發現矢狀度數將成為新的等價球面度數。

$$F_s = -5.75\left(1 + \frac{\sin^2 25}{2(1.586)}\right)$$
$$= -5.75\left(1 + \frac{0.1786}{3.172}\right)$$
$$= -5.75(1.0563)$$
$$= -6.07\,\text{D}$$

此時我們將計算另一軸線上的正切度數，以求得更準確的柱面度數。

$$F_T = F\left(\frac{2n + \sin^2\theta}{2n\cos^2\theta}\right)$$
$$= -5.75\left(\frac{2(1.586) + \sin^2 25}{2(1.586)\cos^2 25}\right)$$
$$= -5.75\left(\frac{3.172 + 0.179}{(3.172)(0.821)}\right)$$
$$= -5.75\left(\frac{3.351}{2.604}\right)$$
$$= -7.40\,\text{D}$$

取矢狀和正切軸線的差值，我們求得有效柱面度數為：

$$\text{產生的柱面} = F_T - F_S$$
$$= -7.40 - (-6.07)$$
$$= -1.33\,\text{D}$$

鏡片的有效度數為：

$$-6.07 - 1.33 \times 90$$

　　可見鏡片的傾斜效應變大而成為問題，除非將傾斜效應納入考量，並調整鏡片度數以補償產生的球面和柱面度數。鏡片被安裝至包覆式鏡框後，將因鏡片傾斜之故而明顯影響某些處方。

例題 18-7

包覆式鏡框使鏡片向前傾斜 25 度，若欲產生 −5.75 D 球面，則所需的鏡片度數為何？

解答

這題等同詢問 −5.75 D 球面處方需要補償多少度數，才能在鏡片裝上前傾 25 度的鏡框後仍維持相同的度數。對此我們需反向計算，即使用以下公式：

$$F_s = F\left(1 + \frac{\sin^2\theta}{2n}\right)$$

最後 F_s 值應等於 −5.75 D。我們需求得傾斜軸線上的 F 值。此例中的傾斜軸線為 90 度。

$$F_s = F\left(1 + \frac{\sin^2\theta}{2n}\right)$$
$$-5.75 = F\left(1 + \frac{\sin^2 25}{2(1.586)}\right)$$
$$-5.75 = F\left(1 + \frac{0.179}{3.172}\right)$$
$$-5.75 = F(1.056)$$
$$F = \frac{-5.75}{1.056}$$
$$F = -5.45\ D$$

因此在 90 度軸線上所需的度數為 −5.45 D。

由於為球面鏡片，最終在正切 (180 度) 軸線上的度數亦需為 −5.75 D。在此也使用以下公式反向推算：

$$F_T = F\left(\frac{2n + \sin^2\theta}{2n\cos^2\theta}\right)$$

我們希望 F_T 的最終度數是 −5.75。因此：

$$F_T = F\left(\frac{2n + \sin^2\theta}{2n\cos^2\theta}\right)$$
$$-5.75 = F\left(\frac{2(1.586) + \sin^2 25}{2(1.586)\cos^2 25}\right)$$
$$-5.75 = F\left(\frac{3.172 + 0.179}{(3.172)(0.821)}\right)$$
$$-5.75 = F\left(\frac{3.351}{2.604}\right)$$
$$-5.75 = F(1.287)$$
$$F = \frac{-5.75}{1.287}$$
$$F = -4.47\ D\ (在180度軸線上)$$

若我們在 90 度軸線上的度數是 −5.45 D，在 180 度軸線上為 −4.47 D，理論上所需鏡片的度數為 −4.47 −0.98 × 180。將使用 −4.50 −1.00 × 180 的鏡片。

傾斜的球柱鏡。　當球柱面鏡片傾斜時也會產生度數變化。若球柱面鏡片前傾或鏡框面在 90 度或 180 度軸上傾斜時，鏡片傾斜使球柱面鏡片產生新的球面度數和柱面度數。鏡片「原有的」(未傾斜的) 主要軸線為水平和垂直向。選擇球柱面鏡片在矢狀軸線上的度數，以計算有效的矢狀度數 (F_S)。球柱面鏡片在正切軸線上的度數則用於計算有效的正切度數 (F_T)。

求得新度數後，將度數以光學十字表示，並確認新的 (或有效的) 球柱鏡參數 (球面、柱面以及軸)。

若球柱面鏡片前傾或鏡框面傾斜時且為斜軸向時，柱軸將產生變化，球面和柱面的有效度數也會改變。此處所用的計算方式較為複雜，需將斜向交叉柱鏡併入結式計算中。亦可如同先前採用反向推算，求得包覆式鏡框所需的鏡片處方，以避免不必要的度數變化。關於如何進行此運算的說明，請見 Keating MP: Geometric, Physical, and Visual Optics[4]。

包覆式眼鏡產生的稜鏡。　傾斜鏡片也會產生稜鏡效應。欲了解其運作方式，可取一鏡片處方並置中於鏡片驗度儀上，中和處方鏡片度數。再將處方鏡片傾斜，以模擬包覆式鏡框的效果。產生的稜鏡現像即鏡片傾斜的結果。

此稜鏡效應取決於傾斜角、基弧曲率、材料的折射率和鏡片厚度。利用以下方程式預測所產生的稜鏡效應[6]

$$\Delta = 100\tan\theta\,\frac{t}{n}F_1$$

其中
Δ = 產生的稜鏡量
θ = 傾斜角
t = 參考點的鏡片厚度 (單位為 m)
n = 鏡片折射率
F_1 = 鏡片前弧
注意，此稜鏡效應方程式並未納入鏡片的屈光度，僅包含鏡片前弧的度數。

光入射鏡片的角度將影響所產生的稜鏡之基底方向。若光從光軸上方入射鏡片，將產生基底向下的稜鏡。若光從鏡片左方入射鏡片，則將產生基底向右的稜鏡。

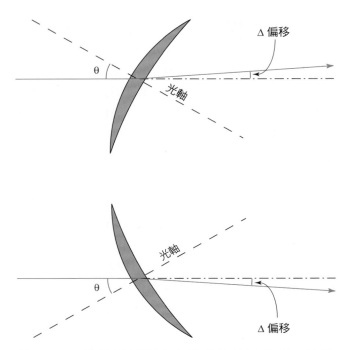

圖 18-9　鏡片傾斜將產生微量的稜鏡效應。稜鏡偏移量等於 $\Delta = 100\tan\theta\,\dfrac{t}{n}\,F_1$。此圖中 θ 是光軸與入射中央光線的夾角。

對於前傾斜的鏡片，其鏡片底部往臉部方向傾斜。當光從正前方照射鏡片時，其效應如同光由上方入射鏡片，因此將產生基底向下的稜鏡。由於左、右鏡片產生的稜鏡皆是基底向下，其總稜鏡效應為 0。兩眼的鏡片皆使影像向上偏移，故偏移量基本上是相同的，因此不需加以補償。

當光從包覆式眼鏡配戴者的正前方照射傾斜的右眼鏡片時，其效應如同光來自左方時（圖 18-9），因而稜鏡為基底向右。對於右眼，基底向右的稜鏡效應等同基底向外；對於左眼，將產生基底向左，即基底向外的稜鏡。當兩眼的稜鏡皆為基底向外時，眼睛必須略為向內轉動，以維持視物時的單一影像。為了補償基底向外的稜鏡效應，需使用基底向內的稜鏡。當包覆式眼鏡安裝無度數的曲面鏡片時，也必須如此處理，然而若鏡片前表面平坦，則不會產生稜鏡效應。

例題 18-8

一副包覆式鏡框將安裝處方鏡片，每個鏡片皆有 25 度前傾斜。磨製成基弧為 +8.00 D 的聚碳酸酯鏡片，且中心厚度為 2.0 mm，其所產生的稜鏡量為何？基底方向為何？若該眼鏡加上補償稜鏡以抵銷產生的稜鏡效應，所需的基底方向為何？

解答

利用公式計算因鏡片傾斜所產生的稜鏡量：

$$\Delta = 100\tan\theta\,\frac{t}{n}\,F_1$$

$$= 100\tan 25\left(\frac{0.002}{1.586}\right)8$$

$$= 0.47$$

稜鏡量為 0.47Δ。由於光從鼻側的斜角射入鏡片，稜鏡的基底方向將位於另一側，即基底向外。每一眼將產生 0.47Δ 基底向外的稜鏡。需使用基底向內的補償稜鏡。

使用前傾斜明顯的包覆式鏡框，搭配中至高度數處方，應選擇在安裝傾斜鏡片方面有豐富經驗的實驗室，才能在屈光度和稜鏡上給予正確的補償。

試圖傾斜鏡片以避免問題

在先前鏡片傾斜的例題中，配戴者的瞳距和鏡框 A + DBL 尺寸相同。換言之，不需移心。然而多數的處方至少需要少量的向內移心，乃因配戴者的瞳距通常小於鏡框 A + DBL 的測量結果。

若處方必須向內移心，則框面應有一定的彎曲角度。向內移心的鏡片且框面無彎曲，最終將在光學中心處產生傾斜。第 5 章有更詳盡的說明（特別注意圖 5-2、5-3 和 5-4）。利用框面彎曲角度補償移心，確實將可避免移心鏡片在光學中心產生傾斜。然而一旦加入過多的框面彎曲角度，將造成上述非預期球面和柱面度數誤差。

場曲（度數誤差）

若設計者製作出一個完全無斜散光差的鏡片，當配戴者透過鏡片周邊視物時，仍會產生另一種像差。這是 Seidel 五種像差的第四種，稱為場曲（*curvature of field*）或度數誤差（*power error*）。度數誤差是最佳的形容方式，乃因在配戴時此像差使鏡片周邊的球面度數產生誤差（圖 18-10）〔影像實際聚焦與預期之聚焦點的屈光度差值稱為成像殼差（*image shell error*）〕。

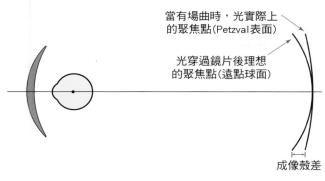

圖 18-10 場曲像差發生在當光入射鏡片周邊區域，無法聚焦於理想位置（即遠點球面）（眼球往鏡片周邊視物時需轉向，故遠點球面為彎曲面），而是聚焦於 Petzval 表面時。矯正斜散光差後即形成 Petzval 表面。Petzval 表面亦稱為影像球面。

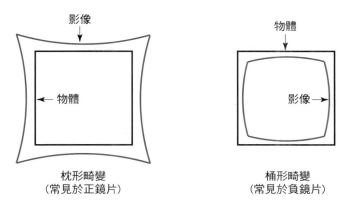

圖 18-11 正鏡片的影像被放大，而負鏡片的影像則縮小。然而，鏡片上的放大倍率不一，導致影像被放大或縮小的畸變現象，如圖所示。

針對每個鏡片度數，務必使用製造商所建議的基弧。最佳基弧能將斜散光差和度數誤差降至最低。若使用錯誤的基弧，將降低配戴者透過鏡片周邊視物的能力。

畸變

Seidel 五種像差中的最後一種為畸變。畸變 (distortion) 發生的原因是鏡片周邊區域各點至光學中心的距離不同，因而使得放大率各異。正鏡片的放大率隨著距離變遠（越接近周邊）而增加，負鏡片的放大率則是隨著距離變遠而減少。透過高正度數鏡片觀看正方形窗戶的中心點時，將發現相較於窗戶兩側中央（或頂端和底部的中間），角落距離鏡片中心較遠。這表示角落的放大率較高，使窗戶看似為枕形（圖 18-11），此稱為枕形畸變 (pincushion distortion)。

負鏡片的角落部位比兩側中央的放大率為少，進而導致桶形畸變 (barrel distortion)。

眼鏡鏡片設計

如前所述，在設計眼鏡鏡片時，需將某些影響較大的像差納入考量。概述如下：

- 考量使用高折射率眼鏡鏡片材料，或選擇融合多焦點玻璃眼鏡鏡片的子片時，色像差的影響相當大。
- 基於瞳孔尺寸之故，Seidel 像差中的球面像差和彗星像差的影響較小。

- 設計眼鏡鏡片時，三種最難處理的 Seidel 像差分別是斜散光差、度數誤差和畸變。

簡單而言，眼鏡鏡片的設計有三種可能性：

1. 鏡片設計者可完全矯正斜散光差，留下未矯正的度數誤差。以此方式設計的鏡片稱為點焦鏡片 (point focal lens)。
2. 設計者可專注於消除度數誤差，但選擇殘留未矯正的散光。此鏡片類型稱為珀茲伐形式鏡片 (Percival form lens)。
3. 設計者可根據最小正切誤差形式 (minimum tangential error form) 設計鏡片，即上述兩種選項的折衷方式。此時將無法僅採用「點焦」或「珀茲伐」形式來設計鏡片。介於這兩種形式之間的鏡片是常見的作法。

需注意上述三種選項稱為矯正弧度 (corrected curve) 或最佳形式 (best form) 鏡片。

鏡片設計的四種變數

為了讓特定度數的鏡片成為最佳形式鏡片，設計者可使用的四種變數為：

1. 頂點距離
2. 鏡片厚度
3. 折射率
4. 鏡片前、後表面的度數

針對單光鏡片組，必須確認全組的前三種變數，因此唯一可在實作時調整的變數為前、後表面的度數。

經表面處理的鏡片，使用正確基弧的重要性

當實驗室接收到完工單光鏡片組時，鏡片的基弧已被預先設定。在移除鏡片包裝後，僅剩下鏡片磨邊相關的選項。然而若鏡片需進行表面處理時，實驗室檢查所需的鏡片度數，針對特定度數選擇有適當前 (基) 弧的鏡坯。鏡片設計者針對該鏡片度數建議可搭配的基弧，而實驗室通常會遵從此準則。

對於某鏡片度數，若選擇了錯誤的基弧，雖不會影響配戴者從鏡片中心視物時的視力品質，但將降低從鏡片周邊的視力品質。

使用正確的基弧便能降低最難控制的單色像差。從 Tscherning 橢圓 (圖 18-8) 得知，在 +7.00 D ～ –23.00 D 的球面度數範圍內，有可能完全矯正斜散光差 *。在此範圍以外的度數，便無可消除斜散光差的球面基弧。然而還有另一個選項，即是使用非球面鏡片。

Tscherning 橢圓亦顯示有兩種基弧能用於矯正斜散光差。位於下方的橢圓對應於現今較常用的鏡片形式。

適當的基弧

可用近乎無限多種鏡片形式產生相同度數的鏡片。若鏡片的前弧為 +2.00 D，後弧為 –6.00 D，所產生的度數幾乎如同前、後弧分別為 +3.00 D 和 –7.00 D 的鏡片。若許多鏡片形式可產生相同的度數，對於某鏡片度數是否需選擇特定的前弧？

儘管有一定範圍的鏡片形式可供選擇，但超出範圍將導致整體效果不佳。若選擇錯誤的基弧，從鏡片正前方視物的視力品質是可接受的。然而當眼球轉至旁側視物時，鏡片周邊的視力將大幅下降，這是因為使用了錯誤的鏡片形式所致的像差效應。

製造商的建議值

鏡片製造商建議每個鏡片度數適用的特定基弧，這些建議值列出度數範圍及其相對應的鏡片基弧。

---

* 「完全矯正斜散光差」意指某人於特定距離從斜視角視物時可消除斜散光差。此外也能大幅降低其他角度和距離的斜散光差，但並未完全消除。

一般準則

鏡片度數決定了鏡片的形狀。

- 無 球 面 度 數 的 平 光 鏡 片，其 後 弧 通 常 接 近 –6.00 D。

- 隨著鏡片的負度數增加，其後表面變得較陡，前表面變得較平。

- 隨著正鏡片的度數增加，其後表面逐漸地變平，前弧變得較陡。

由前方觀看，負鏡片看似較平，正鏡片則變陡。

基弧的公式

從預先計算的基弧推導出簡化公式，乃估算適當基弧範圍的一種方式。這類公式無法用以取代製造商的建議值。*Vogel* 公式 (*Vogel's formula*)[7] 即此類公式的其中一種，指出正鏡片的基弧等於鏡片的等價球面度數加上 6 個屈光度。以公式表示為：

$$基弧_{(正鏡片)} = 等價球面度數 + 6.00\ D$$

(鏡片的等價球面度數是球面度數加上一半的柱面度數) 使用 Vogel 公式計算負鏡片的基弧時，先將鏡片的等價球面度數除以 2，再加上 6 個屈光度。如以下公式：

$$基弧_{(負鏡片)} = \frac{等價球面度數}{2} + 6.00\ D$$

Box 18-2 為上述公式的總結。

(記住，此公式有助於估算某鏡片度數適用的基弧。鏡片的實際基弧可能有所不同。正鏡片的實際基弧比估算值略平，高折射率鏡片的實際基弧則可能更為平坦。)

Box 18-2

使用 Vogel 公式計算基弧 *

正鏡片：

$$基弧 = 等價球面度數 + 6.00\ D$$

負鏡片：

$$基弧 = \frac{等價球面度數}{2} + 6.00\ D$$

其中

$$等價球面度數 = 球面度數 + \frac{柱面度數}{2}$$

---

* 註：這些基弧估算值適用於玻璃和低折射率的塑膠鏡片，正鏡片的估算值將略高於實際基弧。僅作為一般參考使用，不適用於製造鏡片。

例題 18-9

使用 Vogel 公式估算 +2.00 D 球面度數鏡片的基弧。

解答

對於球面，不需計算等價球面度數，因此該鏡片的基弧為：

$$基弧_{(正鏡片)} = +2.00 \text{ D} + 6.00 \text{ D}$$
$$= 8.00 \text{ D}$$

例題 18-10

假設某鏡片的處方為 +5.50 −1.00 × 70。利用 Vogel 公式計算基弧為何？

解答

此鏡片有柱面度數，故需先計算鏡片的等價球面度數。

$$等價球面度數 = +5.50 + \frac{(-1.00)}{2}$$
$$= +5.00 \text{ D}$$

基弧估算值為：

$$基弧_{(正鏡片)} = +5.00 \text{ D} + 6.00 \text{ D}$$
$$= +11.00 \text{ D}$$

例題 18-11

某負鏡片的度數為 −6.50 −1.50 × 170。使用 Vogel 公式求得基弧估算值。

解答

−6.50 −1.50 × 170 的等價球面度數為：

$$等價球面度數 = -6.50 + \frac{-1.50}{2}$$
$$= -7.25 \text{ D}$$

負鏡片和正鏡片使用不同的基弧公式；因此基弧的近似值為：

$$基弧_{(負鏡片)} = \frac{-7.25}{2} + 6.00 \text{ D}$$
$$= -3.62 \text{ D} + 6.00 \text{ D}$$
$$= +2.38 \text{ D}$$

進位至最接近 ½ D，即 +2.50 D（實際上，實驗室在管理鏡片庫存時，會將基弧進位至最接近的小數點）。

考量一副眼鏡的左、右眼鏡片

之前我們只根據單一鏡片度數來選擇基弧，在兩眼度數完全相同的情況下不會產生問題。然而若兩眼度數不同，左、右眼鏡片可能需使用不同的基弧，這在某些情況下便會產生問題。

若一副眼鏡的其中一片鏡片度數只比另一片多 0.50 D，在查詢兩鏡的製造商建議值時，右、左鏡片的度數跨越兩個可用的基弧（鏡坯的度數並非連續，而是以 2、4、6…增加）。兩鏡片分別需要 +6.00 和 +8.00 的基弧。若兩鏡片選用兩種不同的基弧，從鏡片外觀可明顯看出差異，且左、右眼所見影像產生的放大率各異，因此需決定如何調整兩眼的基弧。

若選用錯誤的基弧，從光學的角度來看，對高度數鏡片的影響比度數接近 0 的鏡片更嚴重，因此應以高度數鏡片作為基準。

這表示：

1. 若兩鏡片皆為正鏡片，兩者中較陡的基弧（基弧數值較高者）是光學角度正確的選擇。從美觀角度而言，則未必會遵循此選擇。
2. 若兩鏡片皆為負鏡片，應選擇較平坦的基弧。
3. 若一個為負鏡片，另一個為正鏡片，從光學角度而言，應選擇基弧數值較高的鏡片。

當兩眼基弧相差大於 2 個屈光度時，通常會建議維持各個鏡片的基弧選擇。選擇正確的基弧能產生清晰的視力，無論配戴者是從眼鏡的中心或周邊視物。若兩眼的建議基弧相差過大，將導致鏡片周邊視力不良（考量不等像的情況，也可能影響基弧的選擇。第 21 章有更多關於不等像與基弧的說明）。

影響基弧選擇的其他因素

多數金屬鏡框（*metal frame*）的鏡框邊採用彎曲的設計，以利安裝 6 D 基弧的鏡片，乃因此為最常見的基弧。基於這個原因，處方中一般較陡的基弧會為了配合鏡框，而改選擇較平的基弧（除了較平的基弧，使用非球面鏡片是更佳的選項。非球面鏡片可使用較平坦的基弧，而不會降低光學品質）。

塑膠鏡框款式（*plastic frame style*）無良好的鏡片固定能力，若選擇較平的基弧，將有助於提升鏡片固定效果。

處方含有大量稜鏡時會導致鏡片厚度增加。影

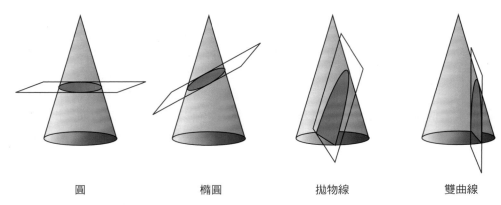

圓　　　　　　橢圓　　　　　　拋物線　　　　　　雙曲線

圖 18-12　常將圓錐切面所產生的曲線用於鏡片表面。圓適用於以球面為基礎的鏡片。橢圓、拋物線和雙曲線則用於非球面鏡片。

像放大率隨著鏡片增厚而增加，使眼睛看似更大，這對正鏡片的影響特別明顯。較陡的前弧導致放大率增加，這表示使用較平的基弧可降低放大率。另一個益處在於較小的鏡片基弧有利於加上較大的稜鏡。

非球面鏡片

何謂非球面鏡片？

　　非球面 (aspheric) 一詞意指「不是球面」。球面鏡片的彎曲度為連續且均勻，整個表面具有相同的曲率半徑，如同球或球狀物。非球面鏡片的表面形狀較為複雜，整個表面的曲率半徑各異。一般而言，非球面鏡片是根據圓錐曲線的表面曲率而定。圓錐曲線即圓錐的切面。圓錐曲線共有 4 種類型（圖 18-12），分別為：

1. 圓 (circle)：圓是由直立圓錐的平面或切面所形成。
2. 橢圓 (ellipse)：橢圓是由有斜角的平面與圓錐相截所形成，但不與圓錐底部相交。
3. 拋物線 (parabola)：若平面平行於圓錐的任一側，兩者相交形成的曲線稱為拋物線。
4. 雙曲線 (hyperbola)：當平面與圓錐底部形成的夾角大於圓錐任一側與底部的夾角時，兩者相交形成雙曲線。

　　當鏡片前表面採用這些形狀時，其比較結果如圖 18-13 所示。

　　通常以「p 值」區分鏡片表面採用的非球面類型。P 值是指下述方程式中 p 的數值[8]：

$$y^2 = 2r_0x - px^2$$

　　此方程式描述上述的圓錐曲線。r_o 值為圓錐曲線頂點的曲率半徑。若已知 p 值，將可區分不同的圓錐曲線，如 Box 18-3 所示。

　　請見圖 18-13。若已知非球面表面的「p 值」，則有助於理解所用的非球面類型，以及表面和圓形或球形的距離。例如當表面的 p 值為 –3.0 時，代表為雙曲線表面。相較於 p 值為 +0.5，該表面與球形的距離較遠。當 p 值為 +0.50 時，表示為扁橢圓表面。

　　非球面表面具有不同的曲率半徑，因此除了鏡片中心表面，其每一表面的散光量各異。這表示可選擇一種特定的非球面表面，以中和不必要的斜散光差。例如若我們需使用的鏡片具有相對較平的基弧。球面鏡片的基弧變平坦，將導致斜散光差增加，使周邊的光學品質下降。然而，若選用相配且能抵銷表面散光量的非球面表面，即可使用較平的基弧。

Box 18-3

非球面表面形狀的 p 值

若 p 值為：		則非球面表面類型為：
p > 1	(p 大於 1)	扁橢圓 (橢圓的長軸為垂直向)
p = 1	(p 等於 1)	圓
0 < p < 1	(p 介於 0 和 1 之間)	長橢圓 (橢圓的長軸為水平向)
p = 0	(p 等於 0)	拋物線
p < 0	(p 小於 0)	雙曲線

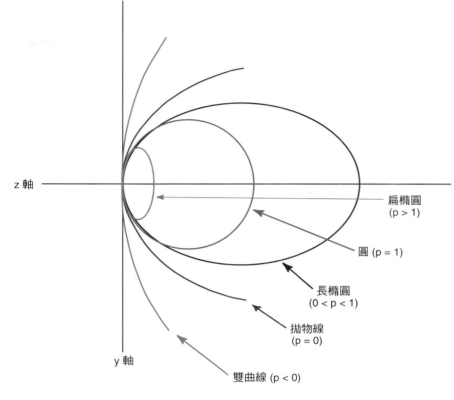

圖 18-13　此圖顯示幾何圓錐曲線如何用於鏡片前、後表面，以產生各種非球面類型。利用「p 值」分類表面所用的非球面類型。P 值是指方程式中 p 的數值，描述不同形狀的圓錐曲線，如圖 18-12 所示。另一種分類非球面的方法是使用「Q 值」，Q 是評估非球面的二次曲面常數。透過此分類系統，圓的 Q 值為 0，而 p 值為 1 (From Jalie M: Ophthalmic lenses & dispensing, ed 2, Boston, 2003, Butterworth-Heinemann)。

圖中標示：
- 扁橢圓 (p > 1)
- 圓 (p = 1)
- 長橢圓 (0 < p < 1)
- 拋物線 (p = 0)
- 雙曲線 (p < 0)
- z 軸
- y 軸

使用非球面設計的目的

　　生產非球面表面鏡片令人滿意的原因最少有 5 個。

1. 第一個原因是能以光學方式矯正鏡片像差。
2. 第二個原因是可製作出更平坦的鏡片，進而減少放大率並使鏡片更加美觀。
3. 第三個原因是可製造更輕薄的鏡片。
4. 第四個原因是確保鏡片能穩固安裝於鏡框內。
5. 第五個原因是可製造漸進光學鏡片。

非球面的光學用途

　　如前所述，大多度數都可使用一般球面鏡片製成。然而，一旦鏡片度數超過 +7.00 D ～ −23.00 D，便需使用非球面設計。

　　非球面鏡片的中央表面為球面。在距離光學中心的特定範圍中，鏡片表面將以抵銷周邊像差的速率逐漸改變其曲率 (本章的高正度數鏡片內文將更深入討論此概念)。

非球面使鏡片變平坦

　　對於使用球面基弧的鏡片，正度數越高將導致基弧越陡峭 (圖 18-14)。可惜對於高正度數鏡片，若

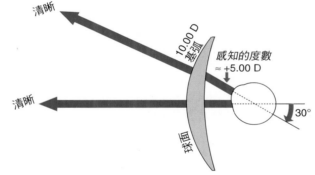

圖中標示：
- 清晰
- 10.00 D 基弧
- 感知的度數 ≈ +5.00 D
- 清晰
- 球面
- 30°

圖 18-14　某平光鏡片的正常基弧為 +6.00 D。此 +5.00 D 鏡片的前表面為 +10.00 D，看似相當陡峭且導致較高的放大率。然而，此球面矯正弧度鏡片在鏡片中央和周邊區域皆可提供敏銳的視力 (From Meslin D: Varilux practice report no. 6: asphericity: what a confusing word!, Oldsmar, Fla, November, 1993, Varilux Press. Figure 1A. Courtesy Varilux Corp)。

基弧越陡峭，則鏡片的美觀度越差。選擇較平坦的基弧，將可降低鏡片厚重的球狀感，並且減少放大率。鏡片更為美觀，外觀甚至比先前更薄，儘管實際厚度僅略薄些。平坦的基弧可降低放大率，使配戴者的眼睛不會顯得那麼大。

　　可惜若使一般鏡片變平，將導致其光學性能差，

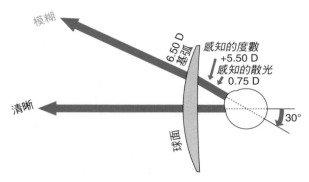

圖 18-15　將 +5.00 D 鏡片的球面基弧從 +10.00 D 降至 +6.50，使其看似為低度數正鏡片。此較平的基弧不再是光學正確的鏡片。即使鏡片中央可產生 20/20 的視力，周邊區域仍受到度數誤差和斜散光差的影響 (From Meslin D: Varilux practice report no. 6: asphericity: what a confusing word!, Oldsmar, Fla, November, 1993, Varilux Press. Figure 1B. Courtesy Varilux Corp)。

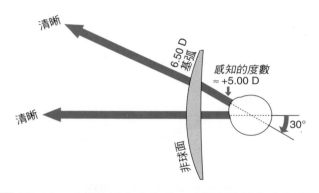

圖 18-16　正確使用非球面鏡，可將鏡片變平且能消除周邊像差。此例中 +5.00 D 鏡片的前弧已降至 +6.50，但因前弧為非球面，故周邊仍可維持清晰的視力 (From Meslin D: Varilux practice report no. 6: asphericity: what a confusing word! Oldsmar, Fla, November 1993, Varilux Press. Figure 1C. Courtesy Varilux Corp)。

周邊的球面度數下降 (度數誤差所致)，且產生不必要的柱面 (斜散光差所致)(圖 18-15)。

　　非球面的鏡片表面變平後，可能仍具備美觀度與良好的光學性能 (圖 18-16)。接近鏡片邊緣時，這種鏡片甚至可改變非球面度，使鏡片變得更平。

使基弧變平的另一個原因

　　若基弧越陡峭，鏡片將越容易從金屬鏡框中脫落。因此實驗室有時會將基弧變平，以提升鏡片在鏡框中的穩固性。然而與其讓一般鏡片變平，使用較平的非球面鏡片設計是更好的選擇。

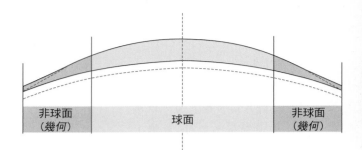

圖 18-17　為了讓正鏡片變薄而使用非球面時，前表面會變平導致邊緣增厚。正鏡片的中心厚度受限於邊緣厚度。若非球面可增加邊緣厚度，則整個鏡片都會變薄，也能減少中心厚度 (虛線顯示球面鏡片尚未減薄的形狀) (From Meslin D: Varilux practice report no. 6: asphericity: what a confusing word! Oldsmar, Fla, November 1993, Varilux Press. Figure 2A. Courtesy Varilux Corp)。

非球面使鏡片減薄 (幾何非球面)

　　非球面可達到讓鏡片減薄的目的。應用於正鏡片時，可使鏡片前、後表面接近邊緣處更平坦些。若周邊平坦，可磨製整個鏡片使之變薄 (圖 18-17)。當然，對於減薄鏡片有幾點需加以考量，通常會互相影響。圖 18-18 顯示鏡片厚度如何減少鏡片直徑、使鏡片折射率增加，以及對非球面設計的影響。

　　欲使負鏡片減薄，需將鏡片前表面的周邊部位變陡，或使後表面的周邊部位變平，或兩者一併執行，如此即可減少邊緣厚度 (圖 18-19)。

確保鏡片良好且穩固地安裝於鏡框內

　　多數的鏡框設計能更好固定於約 6 D 基弧的鏡片。使用一般的鏡片磨邊方式時，越陡峭的基弧則越難以穩固安裝於鏡框內。由於非球面設計的鏡片基弧可製作成接近 6 D，且不會影響周邊視力，非球面設計有助於確保鏡片能安裝在鏡框內。

非球面用於產生漸進度數變化

　　根據定義，任何不是球面的鏡片表面即為非球面。漸進多焦點鏡片是以漸進地方式使表面曲率變陡，以達到增加度數的目的，因此漸進多焦點鏡片亦為非球面鏡片。

　　大部分的漸進多焦點鏡片設計，持續遵循與球面基弧鏡片設計相同的規則，意即其遠用區的基弧將如同針對球面矯正弧度鏡片所預期的基弧。

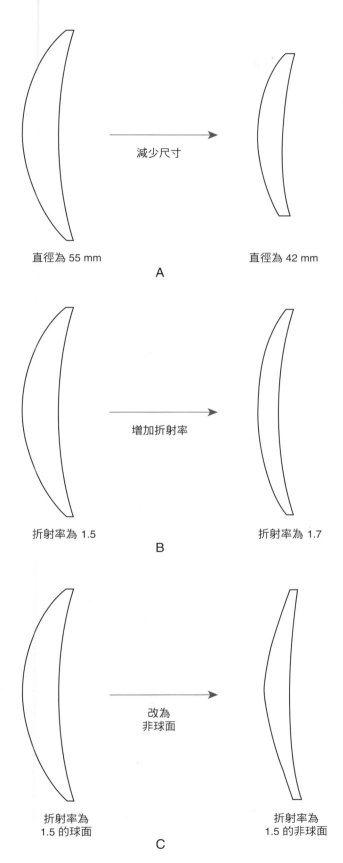

直徑為 55 mm

減少尺寸

直徑為 42 mm

A

折射率為 1.5

增加折射率

折射率為 1.7

B

折射率為
1.5 的球面

改為
非球面

折射率為
1.5 的非球面

C

圖18-18　減少鏡片外徑 **(A)**、提高鏡片的折射率 **(B)**、將球面改為非球面 **(C)** 皆可使正鏡片減薄。

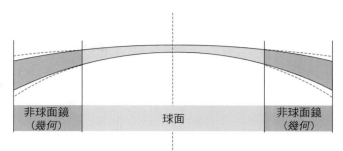

非球面鏡
（幾何）

球面

非球面鏡
（幾何）

圖 18-19　非球面能讓高負度數鏡片邊緣變薄，為此需使前弧的周邊變得陡峭及／或後弧的周邊變得平坦 (From Meslin D: Varilux practice report no. 6: asphericity: what a confusing word! Oldsmar, Fla, November 1993, Varilux Press. Figure 2B. Courtesy Varilux Corp)。

漸進鏡片的遠用區也可使用較平的基弧。為了避免不必要的像差，前表面應為已補償的非球面，如同其他非球面設計的非漸進鏡片（結果如預期般，合併非球面後將大幅提升設計的複雜度）。

非複曲面鏡片

當以球面為基礎的鏡片選用適當的基弧，產生矯正後的弧度設計，可將鏡片周邊像差降至最低。非球面鏡片也能達到相同的效果。事實上，在維持矯正弧度品質以消除像差的情況下，非球面鏡片可製成基弧較平的鏡片，且通常更為輕薄。

如同以球面為基礎的鏡片，非球面鏡片的基弧和／或非球面組合，僅適用於某特定鏡片度數。當鏡片處方增加柱面成分以矯正散光時，則鏡片有兩個度數，如此便產生了問題。在鏡片同一表面上有兩個曲線，稱為複曲面鏡片 (toric lens)。哪個度數將用於非球面的矯正度數？選擇一個矯正度數意指另一個度數的周邊散光將無法完全消除。往往會選擇介於兩個度數之間的折衷度數，使兩個度數皆不是最理想的。

非球面鏡片在各方向上的表面曲率變化率皆相同。當有兩個鏡片度數時，兩個度數軸線上的表面曲率變化率各異。兩個軸線有不同的曲率變化率，代表變化率可依據軸線上的度數產生效果。使複曲面鏡片的每個軸線最佳化後，稱為非複曲面鏡片 (atoric lens) 設計。對於含有柱面度數的鏡片，可用非複曲面設計以擴增周邊較清晰的視力範圍，並優於設計良好的（最佳形式）球面鏡片或非球面鏡片（圖 18-20）。

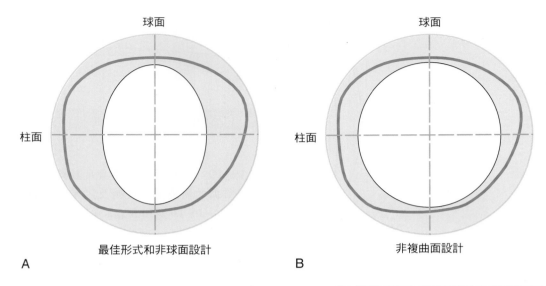

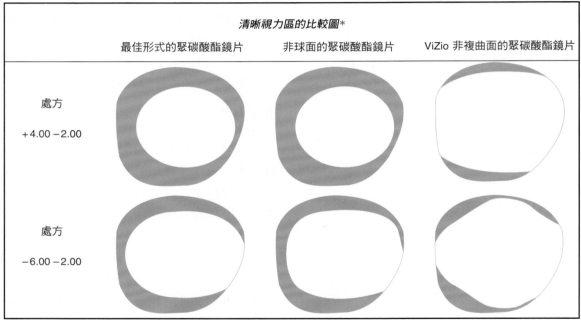

圖 18-20　A. 此概念圖顯示最佳形式的球面或非球面球柱面鏡片，針對球面度數軸線優化後的最佳視力區域。圖中所示的柱面度數相當高。基於柱軸方向之故，使球面軸線產生較寬的區域，並與較細的垂直軸線重疊。B. 圖 B 中的非複曲面鏡片，可同時將球面和柱面度數的軸線最佳化，形成較大的可視區域 (Illustrations **A** and **B** courtesy of Darryl Meister, Carl Zeiss Vision)。C. 此為具有兩個特定球柱面鏡片度數的三個聚碳酸酯鏡片，在最佳、非球面和非複曲面形式下，其清晰視力範圍的比較圖。假設鏡片皆正確裝配，在使用最佳形式（矯正弧度）球面設計和非球面設計的情況下，其鏡片周邊清晰度的差異很小。非複曲面鏡片可分別矯正兩個散光軸線的周邊像差，因此非複曲面設計在周邊區域能獲得最大的清晰可視區域 (From Meister D: ViZio the next generation of aspheric lenses, Sola optical publication #000–0139–10460, 10/98)。

建議若柱面度數高於 2.00 D，即使處方的球面成分很低，皆應使用非複曲面鏡片。若柱面度數高於 1.25 D 也有幫助。幸好，市面上許多較新的高折射率單光鏡片組，已改用非複曲面取代非球面設計。

比較以球面為基礎、非球面和非複曲面鏡片的結構差異

以下將以球面為基礎、非球面和非複曲面等單光鏡片結構做快速且概括性的比較。

以球面為基礎的鏡片

- 單純球鏡 (無柱鏡) 的前表面為球面，後表面亦為球面。
- 球柱鏡的前表面為球面，後表面為複曲面。

非球面鏡片

- 在多數情況下，單純球鏡 (無柱鏡) 的前表面為非球面，而後表面為球面。
- 球柱鏡的前表面為非球面，後表面為複曲面。當鏡片以此方式設計時，無法同時矯正柱面鏡片兩個主要軸線上的像差。

非複曲面鏡片

- 使用非複曲面設計的鏡片組，包含球鏡和球柱鏡。這意指此例中球鏡的鏡片實際上是非球面。技術上而言，由於無柱面度數，因此不可能是非複曲面。
- 製作非複曲面鏡片的方法有許多種，預期這些方法的數量將會增加。
  1. 完工的單光鏡片其前表面為球面，後表面為非複曲面。
  2. 半完工的單光鏡片其前表面度數，隨著鏡片的非複曲面度數逐漸地改變。後表面為一般複曲面，用以矯正柱面度數。因此後表面負責處理柱鏡的屈光度，而前表面以非複曲面的變化處理周邊像差。
  3. 第三種類型為非複曲面設計結合漸進多焦點鏡片。

在過去，非複曲面只能用於單光鏡片，多焦點和漸進鏡片也無法使用非複曲面。鏡片的子片或漸進區需依據鏡片處方進行表面處理，以正確定位柱軸方向。子片或漸進區位於鏡片前方。由於無確切可行的方法能將非複曲面的光學磨邊拋光至鏡片後側，僅單光鏡片能採用非複曲面。現今「自由成型

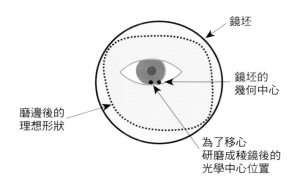

圖 18-21　若未經表面處理和磨邊的鏡坯尺寸較小或是鏡框較大，實驗室可能必須將光學中心自鏡坯中心移開。為此需將鏡坯中心研磨成稜鏡，使鏡片經磨邊後其光學中心於正確的位置。

技術」能進行製造和拋光，因此非複曲面鏡片可用於多種較新的客製化漸進鏡片設計。

處理非球面和非複曲面
非球面設計禁止磨製稜鏡以符合移心要求

傳統的 (球面) 單光鏡片經表面處理後，實驗室可將光學中心移至鏡片的任何位置。作法為磨製稜鏡以移心，在使用大鏡框時特別有幫助。為了移心而磨製稜鏡，導致光學中心遠離鏡坯中央。以球面為基礎的鏡片，可移動其光學中心而不會產生新的光學問題 (圖 18-21)。若鏡坯明顯小於鏡框尺寸，使用移心稜鏡將有所幫助。

若非球面鏡坯的光學中心自幾何中心移開，將出現何種變化？若移動非球面鏡片的光學中心，將使非球面與眼球位置錯位 (圖 18-22)。當眼睛注視於某一方向時，移至非球面區的速度過快。當眼睛注視於另一方向時，移至非球面區的速度過慢。簡單而言，非球面鏡片的光學中心必須固定於鏡坯某處。

處方稜鏡仍適用於非球面鏡

僅因非球面鏡不允許為了移心而使用稜鏡，不代表非球面鏡無法使用處方稜鏡。非球面鏡可使用處方稜鏡。稜鏡必須於實驗室做表面處理進行磨製，以能在非球面區中心產生正確的稜鏡量。不同於一般以球面為基礎的鏡片，完工的單光鏡片無法僅經由移心產生稜鏡效應。偏移現有的非球面鏡片以產生稜鏡量，代表配戴者的視線將不再通過非球面區中央。

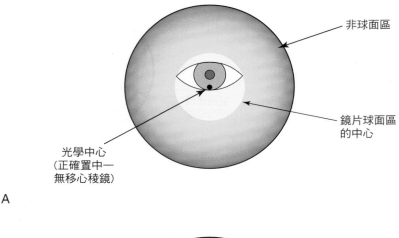

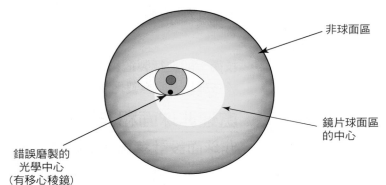

圖 18-22　A. 非球面鏡片的光學中心需位於鏡片球面區的中央。隨著眼睛看向左、右方，使用鏡片的方式如同預期。若為了移心而將非球面鏡片磨成稜鏡，如圖 B 所示，當眼睛朝某個方向時，通過非球面的速度過快，往另一個方向時卻又過慢 (配合前傾斜和閱讀需求，眼睛的位置可略高於光學中心)。註：勿將移心稜鏡與處方 (Rx) 稜鏡混淆。將稜鏡磨成非球面鏡片的處方稜鏡是可接受的。

分辨鏡片為非球面或非複曲面鏡片

　　某人戴著眼鏡進入辦公室，若了解其所配戴的眼鏡是否為非球面鏡片則相當有幫助，然而這並不容易辨別。以下為數種辨別非球面鏡片的可行方法。

- 使用鏡片鐘 (lens clock)：將鏡片鐘的三個針腳置於鏡片前表面，左右移動鏡片鐘，這可分辨某些非球面鏡片。若鏡片前表面的度數改變，則為非球面鏡片。然而若鏡片已磨邊並安裝於鏡框內，鏡片鐘能移動的範圍有限，因而可能錯誤判斷許多非球面鏡片。
- 使用方格圖形 (grid pattern)：透過高正度數鏡片觀看方格圖形。若方格無變形，即可分辨特定類型的非球面鏡片，但並非所有種類皆能被辨識。
- 注意鏡片的曲率 (lens curvature)：相較於其他相同度數的鏡片，注意前弧 (和後弧) 的平坦度。上述用於分辨非球面鏡片的三種方式之中，這可能是最佳的方式。
- 尋找識別標誌 (identifying markings)：幸好，某些製造商將識別標誌置於鏡片的前表面，這有助於確認是使用何種品牌的非球面鏡片，如同用於判斷

漸進多焦點鏡片的系統。然而需注意，漸進鏡片的標誌將出現於 180 度線上，但因非球面鏡片在磨邊期間被旋轉，使標誌可能出現在鏡片的任一軸線。

為何非球面鏡必須遵循配鏡規則

　　設計良好的非球面鏡片可產生絕佳的光學效果和美觀度，然而必須謹記於心的是非球面鏡片對配鏡誤差的容忍度比一般鏡片低。若一般鏡片未遵循所有裝配規則直接安裝，鏡片配戴者仍可能接受其視力品質，但若未正確裝配非球面鏡片，鏡片的光學品質將比一般球面鏡片更差。

非球面鏡片的裝配準則

　　非球面鏡片和其他鏡片的裝配準則差異不大。記住需使用單眼瞳距、測量主要參考點高度，並使用正確的前傾斜度。

使用單眼瞳距

　　眼睛必須位於鏡片「非球面同心環」的水平

正中處，使用單眼瞳距即可確保眼睛位於上述位置。

測量主要參考點高度並補償前傾角

首先以傳統方式測量主要參考點的高度（第 5 章），接著運用傾斜補償量的經驗法則（即每 2 mm 的前傾斜度減去 1 mm 的主要參考點高度）。非球面區以同心圓的方式環繞鏡片的光學中心，因此主要參考點不可移動低於瞳孔下方 5 mm 以上，即使傾斜補償量的經驗法則要求移動 5 mm 以上。主要參考點往下移動過遠時，可導致周邊非球面區影響正常的遠距視力。主要參考點不應低於瞳孔下方 5 mm 以上，因此高度數非球面鏡片處方不建議使用大於 10 度的前傾斜。

確認主要參考點高度的替代方法：頭部後仰並測量。 求得主要參考點高度的替代方法，首先需將配戴者的頭部後仰，直至框面與地面垂直。請配戴者維持該擺位，測量此時的主要參考點高度（若鏡框的前傾斜度相當大，則於頭部無傾斜的情況下重新測量高度。兩個測量值不應相差 5 mm 以上）。頭部傾斜法的測量結果應等同前傾斜補償量，此方式也較容易（第 5 章已詳細說明主要參考點高度）。

注意：某些實驗室假設訂單上指定的主要參考點高度，是將主要參考點置於眼前。若存在前傾斜，即成為錯誤的假設。某些實驗室則是減少訂單上指定的主要參考點高度以補償傾斜。必須了解實驗室針對主要參考點高度採取何種作法。

Box 18-4 總結了非球面鏡的裝配準則。

完全與不完全非球面鏡

運用非球面鏡時，我們通常會思考鏡片表面曲率半徑的變化，由鏡片的光學中心開始。最初是漸進式變化，距離鏡片中心越遠的變化則越為明顯。這類非球面鏡片稱為完全非球面鏡片（full aspheric lens）。由於改變幾乎是由鏡片中央開始，故遵循裝配準則相當重要。若眼睛在非球面鏡片的位置有誤，如此可能導致比球面鏡片裝配錯誤更差的效果。

為了協助減少裝配不良的問題，某些非球面鏡片的設計具有球面中心區域或鏡蓋（cap），其尺寸取決於鏡片製造商的設計。在這個中心區域，鏡片的特性如同以球面為基礎的鏡片。若眼睛未正確置中，

Box 18-4

非球面鏡的裝配準則

1. 使用單眼瞳距。
2. 以傳統方式測量主要參考點高度。每 2 mm 的前傾斜度需減去 1 mm 的主要參考點高度（光學中心不應低於瞳孔 5 mm 以上）。

   計算主要參考點高度的替代方法：首先將配戴者的頭部後仰，直至框面與地面垂直。接著測量此擺位下的主要參考點高度。此替代方法所得結果應等同前傾斜補償量求得的數值。
3. 記住，實驗室無法為了移心而將非球面鏡片磨成稜鏡。若光學中心自非球面區中心偏移，將會破壞非球面鏡的光學優勢。

其結果並不明顯。這類鏡片稱為不完全非球面鏡（nonfull aspheric）[9]，該鏡片的另一項優勢是可包含少量的移心稜鏡，且不會產生許多副作用。

何時建議使用非球面和非複曲面

正鏡片配戴者

若正鏡片的度數高於 +3.00 D，可建議使用非球面，然而對於何時建議使用 +2.00 D ～ +4.00 D，或甚至更低度數的非球面鏡則持有不同的意見。記住，隨著鏡框尺寸增加，在建議使用非球面鏡片之前所需的正度數亦隨之下降。若鏡片尺寸越大，建議所用的非球面鏡片之度數將越低。

負鏡片配戴者

針對負鏡片度數大於 –3.00 D 的配戴者，建議使用非球面鏡。建議「最低的」鏡片度數持續下降。同樣地，負非球面鏡的最低度數建議值也有所不同，依據鏡框尺寸和配戴者的狀況而定（註：若使用高折射率的非球面鏡主要是為了減薄鏡片，將此類鏡片安裝在鏡片尺寸小且垂直尺寸狹窄的尼龍絲鏡框內，可能會產生不良結果。尼龍絲鏡框需有最小邊緣厚度，供尼龍絲嵌入鏡片邊緣溝槽內。為了配合鏡框，需將這類高折射率鏡片做得更厚些）。

建議不等視者使用非球面鏡

若某人兩眼的度數相差 2.00 D 以上時，也會導

致不同的放大率。一般而言,非球面鏡較平且薄,
也更接近眼睛,因此可減少放大率的差異。

使用非球面鏡的其他情況

　　非球面鏡也建議用於
- 對於自己的眼鏡外觀相當在意的兒童。
- 隱形眼鏡配戴者,使其可避免因眼鏡鏡片厚重、
難看而超時配戴隱形眼鏡。
- 早期即已配戴眼鏡者,可減輕其眼鏡的重量。

適應非球面鏡和非複曲面鏡

　　將以球面為基礎的鏡片更換為非球面或非複曲
面,可改變基弧並減少配戴者所感知的畸變程度。
這似乎是件好事,事實上確實如此。然而,若某人
配戴的鏡片使直線彎曲時,代表配戴者已有一定程
度的適應。配戴者可在腦中矯正鏡片所致的畸變。
大腦將光學變形(彎曲)的線條拉直,使之看似為直
線。當新的矯正鏡片不再使直線彎曲時,大腦仍嘗
試對其補償,導致所見的影像外觀有些陌生。重新
適應後,看到的影像才會變得正常。將傳統以球面
為基礎的鏡片改為非球面或非複曲面鏡片時,應告
知配戴者需要時間適應新鏡片。一旦配戴者習慣非
球面鏡和非複曲面鏡,其將會更喜歡這類鏡片(假
設鏡片經過仔細測量和裝配)。

高正度數鏡片的設計

　　在人工水晶體植入術出現之前,白內障手術後
常需配戴高度數的正鏡片,因而發展出多種高正度
數鏡片的選項。至今仍有些選項未被使用。由於高
正度數鏡片的選項常被視為「白內障水晶體」,因
而可能未被充分利用。對於從未接受白內障手術,
卻需要高正度數鏡片矯正的配戴者,仍適用此類特
殊鏡片設計。

一般球面鏡片

　　高正度數鏡片配戴者可使用以球面為基礎的一
般鏡片,即使其光學性能不佳。有時將此類鏡片稱
為「全視野鏡片」,這名稱較好聽。實際上,當鏡
片全表面皆有處方度數時,即可稱為全視野鏡片(圖
18-23)。

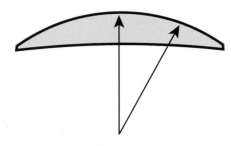

圖 18-23　此鏡片前表面具有相同的曲率半徑。「全
視野」鏡片即整體皆為光學可視區域,因此就技術而
言,這個以球面為基礎的一般鏡片也可稱為全視野鏡
片。

圖 18-24　此為縮徑鏡片的正視圖,位於中心的孔徑
為光學可視區域,外側是由載體所環繞。

高折射率的非球面鏡

　　對於高正度數鏡片的配戴者,應盡可能使用高
折射率的非球面鏡片。某些度數極高的正鏡片可能
無法使用高折射率的非球面鏡。

　　可惜,後續內容所描述之多種特殊的高正度數
鏡片,僅適用於一般折射率為 1.498 的 CR-39 鏡片材
料,乃因在設計這些鏡片時,CR-39 是最大量使用
的材料。

縮徑鏡片

　　縮徑鏡片的中心區域為處方鏡片度數,由很
小或無度數的外部區域包圍。中心區域稱為孔徑
(aperture),外部區域則稱為載體(圖 18-24)。採用縮
徑的樣式是為了減薄鏡片,如同將一片小型正鏡片
附加在薄的平光鏡片上(圖 18-25)。

　　可選擇球面或非球面的縮徑鏡片。球面縮徑鏡
片(spheric lenticulars)的外觀如圖 18-25 所示。非球面

縮徑鏡片 (*aspheric lenticulars*) 具有非球面孔徑。可將非球面縮徑鏡片視為小型非球面設計的正鏡片，置於接近平光的載體上 (圖 18-26)。在這兩種縮徑鏡片設計中，非球面縮徑鏡片是較佳的選擇。

縮徑鏡片設計的優勢

縮徑鏡片設計的最大優勢是可減輕重量、減少厚度，非球面縮徑鏡片尚有光學性能良好的優點。

縮徑鏡片設計的劣勢

縮徑鏡片設計的主要缺點為鏡片外觀。即使鏡片尺寸小，通常仍可見孔徑的邊緣。若鏡框的鏡片尺寸過大，鏡片看似煎蛋的蛋黃部位。

高度數多次降度正鏡片的發展

為了提升縮徑鏡片設計的美觀度並維持鏡片的薄度，因而發展出 Welsh 4 降度 (*Welsh 4-Drop*) 鏡片。Welsh 4 降度的後弧幾乎平坦。鏡片前表面有 24 mm 的球面中心區域。中心區域以外的鏡片表面為非球面，共有 4 個屈光度，度數以每次減少 1 個屈光度的速率遞減 (圖 18-27)。例如若鏡片的中心基弧為 +14.00，其外側有四層同心圓，度數分別為 +13.00 D、+12.00 D、+11.00 D 和 +10.00 D。每個區域和下一個區域結合在一起，故無法觀察到度數的變化。

比起先前的正鏡片設計，Welsh 4 降度的設計全然不同。儘管光學性能未達理想，但鏡片較薄也較美觀。鏡片競爭廠商在得到此概念後再加以修正。

同類競爭產品的同心圓區域不再有劇烈的變化。無論基弧為何，非球面的屈光度遞減量不再受限於 4 D。這些鏡片通常分類為多次降度 (*multidrop*) 鏡片。

在開發多次降度鏡片的初始階段，使用非球面鏡只是為了改善美觀度和重量，仍不具備矯正像差的功能。最終，多次降度鏡片發展為能有效處理周邊像差且兼具美觀度。新型多次降度鏡片的中心部位具有類似非球面縮徑鏡片光學性能的區域。一旦超出此範圍，如傳統設計的中心區域，前表面會突然變平。鏡片外部區域的功能如同載體。鏡片的本質類似於大型、融合的非球面縮徑鏡片 (圖 18-28)。

高負度數鏡片的設計

對於高負度數鏡片的配戴者，其所面臨的最大問題或許是鏡片邊緣厚重。若選擇適當的鏡框，便可解決絕大部分的問題 (請見第 4 章為高負度數鏡片的配戴者之鏡框選擇)。

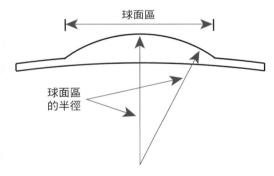

圖 18-25　此為球面縮徑鏡片的橫切面，顯示位於中心的光學可視區域有相同的表面曲率半徑。外側載體區相對較為平坦。

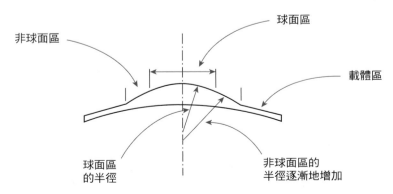

圖 18-26　此為非球面縮徑鏡片的橫切面，孔徑的曲率半徑各異。中心孔徑和載體之間仍可見分界線。

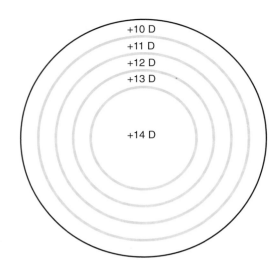

圖 18-27　原始的 Welsh 4 降度鏡片從前表面的中心至邊緣共減少 4 D。

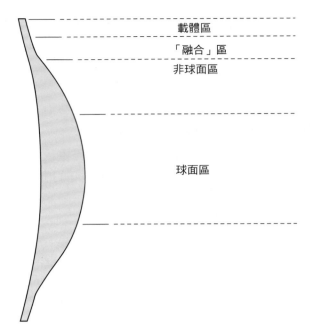

載體區

「融合」區

非球面區

球面區

圖 18-28　多次降度鏡片的優勢包括非球面鏡在光學正確情況下的近距－周邊視力，以及非球面鏡在接近邊緣處的屈光度快速變化，幾乎可被認為是融合的非球面縮徑鏡片。

若在配鏡時首先採用傳統的配鏡原則，例如小型有效直徑尺寸、高折射率鏡片、滾壓和拋光以及鍍抗反射膜，則可能不需運用以下所討論的高負度數鏡片之眾多選項。然而若鏡片的度數過高，這些措施可能仍不足夠。若發生這種情況，需採用特殊高負度數鏡片的設計。

負縮徑鏡片設計

高度數負縮徑鏡片採用與高度數正縮徑鏡片相同的設計概念。鏡片的中心區域含有鏡片處方屈光度。周邊（載體）區域使鏡片尺寸延長而不增加厚度。

負縮徑鏡片有多種形式；其中一種是碟狀近視鏡片 (myodisc)。務必記住，負縮徑鏡片設計並非僅限於一種鏡片材料，也可由高折射率材料製成。

碟狀近視鏡片

按照傳統定義，碟狀近視鏡片的前表面設計為平坦或近乎平坦。前方通常包含處方的柱鏡成分。碟狀近視鏡片也包含平光的後載體區。在後表面中央形成「碗狀」的高負度數鏡片（此類鏡片最初是由玻璃製成，具有 20 或 30 mm 的小形碗狀尺寸。Myodisc 為商品名稱）。

碟狀近視鏡片類型的鏡片具有接近平光的載體，因此載體區的厚度不變。碗狀區域越大，載體將變得越厚。對於碗狀區域尺寸相等的鏡片，增加鏡片度數將導致載體增厚（圖 18-29）。

由於碟狀近視鏡片含有平光的載體，隨著碗狀尺寸和／或鏡片度數增加，鏡片邊緣厚度也變得更明顯。此時應使用不同類型的負縮徑鏡片設計，以減少邊緣厚度。

負縮徑鏡片

採用縮徑鏡片設計的高負度數鏡片，可製成非平光的載體。圖 18-30 顯示數種負縮徑鏡片的範例。

若載體的後側為 +，如圖 18-30 中的 B 和 D 所示，外緣將顯著變薄。實驗室在製造此類鏡片時，通常會先採用前弧為 +6 以上的半完工鏡片。碗狀負鏡片被磨成半完工鏡片的「前面」，並成為負縮徑鏡片的後面。柱鏡和剩餘的度數則是磨成鏡片的前面。

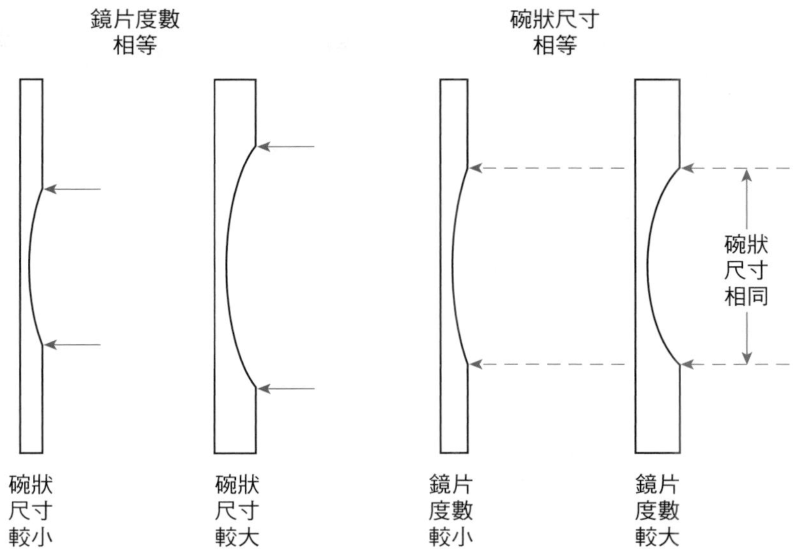

鏡片度數
相等

碗狀尺寸
相等

碗狀
尺寸
相同

碗狀
尺寸
較小

碗狀
尺寸
較大

鏡片
度數
較小

鏡片
度數
較大

圖 18-29　碟狀近視鏡片（含有平光載體）的邊緣厚度隨著鏡片度數和碗狀尺寸增加而增厚。

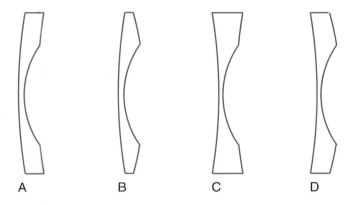

A　　　B　　　C　　　D

圖 18-30　負縮徑鏡片可製成多種形式，在此列出一些例子。碗狀區域中心皆為高負度數鏡片。為了便於說明而使用以下數值。**A.** 載體後弧為 −2.00 D、前弧為 +2.00 D 的負縮徑鏡片。**B.** 載體後弧為 +6.00 D、前弧為 +2.00 D 的負縮徑鏡片。+6 的載體後弧有助於減少鏡片邊緣的厚度。**C.** 載體後弧為 −2.00 D、前弧為 −2.00 D 的負縮徑鏡片。負鏡片的前弧使負鏡片總度數增加，但不會造成碗狀後弧更加凹陷。**D.** 載體後弧為 +6.00 D、前弧為 −6.00 D 的負縮徑鏡片。+6 的後弧再次使鏡片邊緣減薄。若鏡片後表面使用較高的載體後弧時，有可能導致邊緣厚度更薄些。

參考文獻

1. Bruneni JL: The fine art of aspherics, Eyecare Business 56-62, 2000.
2. Bruneni JL: The evolution continues: a review of current aspheric technology, LabTalk, 27, 1999.
3. Meslin D, Obrecht G: Effect of chromatic dispersion of a lens on visual acuity, Am J Optom Physiol Opt 65:27, 1988.
4. Keating MP: Geometric, physical and visual optics, ed 2, Boston, 1988, Butterworth-Heinemann.
5. Yoho A: Curve control, Eyecare Business 28, 2005.
6. Meister D, Sheedy JE: Introduction to ophthalmic optics, Petaluma, Calif, 2002, Sola Optical.
7. Borover WA: Opticianry: the practice and the art in the science of opticianry, vol 2, Chula Vista, Calif, 1982, Gracie Enterprises.
8. Jalie M: Ophthalmic lenses & dispensing, ed 2, Boston, 2003 Butterworth-Heinemann.
9. Bruneni J: The evolution continues: a review of current aspheric technology, LabTalk 24-27, September 1999.
10. Liang J, Williams DR, Aberrations and retinal image quality of the normal human eye, J. Opt. Soc. Am. Vol. 14, No. 11, November 1997, p. 2879.

學習成效測驗

1. 造成色像差問題的因素之一：
   a. 裝配技術不良導致額外的單色像差
   b. 處方存在斜柱面
   c. 低阿貝值的鏡片鍍抗反射膜

2. 對或錯？色像差可能很惱人，但無論鏡片度數為何，當配戴者從鏡片周邊視物時，視力並不會降低。

3. 何種像差與球面像差相似，但當物體離軸時變得更為明顯？

4. 閱讀一篇關於新鏡片的文章，該鏡片的阿貝數為 22。這提供了何種資訊？
   a. 相較於多數鏡片，該鏡片較輕
   b. 相較於多數鏡片，該鏡片的色像差較多
   c. 相較於多數鏡片，該鏡片較重
   d. 相較於多數鏡片，該鏡片的色像差較少
   e. 阿貝數與重量或色像差無關

5. Tscherning 橢圓適用的鏡片設計為：
   a. 選擇球面鏡片的整體最佳鏡片設計
   b. 選擇珀茲伐形式鏡片
   c. 選擇點焦鏡片
   d. 選擇矯正弧度鏡片
   e. 以上皆非

6. Tscherning 橢圓是由哪兩個參數所繪製？

7. Tscherning 橢圓：
   a. 無論工作距離為何，皆為相同尺寸
   b. 使用特定球面基弧且度數介於 +7.00 和 −22.00 D 的情況下，顯示可消除視物距離的斜散光差
   c. 顯示可矯正斜散光差的特定鏡片度數之鏡片形式

8. 矯正弧度鏡片：
   a. 可矯正斜散光差
   b. 可矯正場曲
   c. 可試圖減少斜散光差以及場曲
   d. 以上皆是
   e. 以上皆非

9. 下列基弧中，何者是產生 −10.00 D 球面的最佳選擇？
   a. +6.00 D
   b. 平光
   c. +8.00 D
   d. +4.00 D

10. 在選擇適當的鏡片基弧後，當鏡片正度數越大，則鏡片後弧越 ＿＿＿＿＿＿＿ 。
    a. 陡峭 (更多凹陷)
    b. 平坦 (較少凹陷)

使用 Vogel 公式估算以下鏡片度數 (問題 11 ～ 18) 的基弧 (答案不需進位)。

11. +3.00 D 球面

12. +4.50 −1.50 × 025

13. +2.00 −0.50 × 175

14. −4.00 D 球面

15. −1.00 −1.00 × 090

16. −2.75 −0.75 × 075

17. −2.75 −2.75 × 160

18. −5.25 −1.50 × 015

19. 對或錯？含平頂雙光子片的非球面高正度數鏡片，存在開立處方者無法改變之固定的子片降距和內移。

20. 當配戴者的處方距離為 +3.75 D 時，需採用非球面鏡片設計的原因可能為何？（可能有一個以上的正確答案）
    a. 產生較薄的鏡片
    b. 產生較輕的鏡片重量
    c. 產生較平坦的基弧
    d. 若度數相同，此鏡片中心比起以球面為基礎的鏡片能產生更好的視力

21. 碟狀近視鏡片的載體厚度隨著何者增加：
    a. 碗狀直徑減少
    b. 碗狀直徑增加
    c. 在碗狀尺寸不變的情況下，負鏡片度數增加
    d. 在碗狀尺寸不變的情況下，負鏡片度數減少

22. 縮徑鏡片最外圍區域稱為：
    a. 孔徑
    b. 閉合
    c. 載體
    d. 皮質
    e. 以上皆非

23. 相較於球面設計，何種鏡片設計能產出最薄的鏡片？
    a. 縮徑設計
    b. 非球面設計
    c. 縮徑或非球面設計皆無法
    d. 縮徑以及非球面設計

24. 對或錯？所有縮徑鏡片皆有非球面中心區域。

25. 對或錯？縮徑鏡片的中心厚度將隨著有效直徑與鏡片移心而改變。

CHAPTER 19

子片型多焦點鏡片

多數眼鏡鏡片只能矯正一種距離的視力，稱為單光鏡片 (single vision lenses)。然而，根據人於不同距離的視力需求，所需使用的鏡片度數各異。改變鏡片一個或多個區域的度數，即可滿足這些需求。

多焦點鏡片

多焦點鏡片能將光聚焦於不同的距離上，以滿足配戴者的需求。最初所有多焦點鏡片皆有明顯的子片。漸進多焦點鏡片亦有不同度數的區域，但無明顯的界線。為了分辨具有漸進光學的多焦點鏡片和有明顯度數界線的多焦點鏡片，子片明顯的鏡片稱為子片型多焦點鏡片 (segmented multifocals)。

近用加入度的概念

眼內水晶體隨著年齡增長而失去彈性，此現象稱為老花眼 (presbyopia)。無論矯正後的遠距視力為何，老花眼使人對於近距離視物產生模糊，此時配戴者需增加正鏡片度數，以可清楚地看見近距離物體。

假設某人無需矯正遠距視力，在此情況下，僅需考量近距離視物所需的正鏡片度數。若近距視力所需的正度數為 +2.00 D，可將鏡片製成一般單光鏡片形式，且整體度數皆為 +2.00 D。亦可製成主要區域無度數的鏡片，但鏡片下半部含有正度數的小型區域，如圖 19-1 所示。此為雙光鏡片的概念。

然而，若配戴者需矯正遠距視力，則需在原本配戴的鏡片處方中「增加」額外近用視力所需的度數，因此稱為近用加入度 (near addition)。近用加入度如同於鏡片下半部增加小型正鏡片。基於此原因，這類鏡片常稱為近用子片 (near segment) 或簡稱子片 (seg)。遠用度數與加入度相加後的總度數稱為近用度數 (near power) 或近用處方 (near Rx)。

以下是以處方形式寫出近用加入度的範例：

O.D. +3.25 D 球面
O.S. +3.25 D 球面
加入度 +2.00 D

由此可知兩鏡片皆包含近用子片，並在放置子片的區域增加 +2.00 D 的正度數。

上述範例需在遠用度數上多增加入度，右眼鏡片遠用區測得的球面度數為 +3.25 D，於近用區測得的球面度數為 +5.25 D（圖 19-2）。簡單來說，若近物位於近用加入「鏡片」的焦點，加入度使入射光進入遠用鏡片，如同光源來自遠物。此方式使光和遠用視力聚焦在同一點（圖 19-3）。

接著考量鏡片同時具有球面和柱面度數的範例。若鏡片的遠用度數為 +2.00 −0.75 × 180，加入度為 +2.00 D，從近用區測得的實際度數將是 +4.00 −0.75 × 180。可用兩個光學十字說明，如圖 19-4 所示。當兩個軸線相加時，近用總度數仍含有相同的柱面度數。無論遠用區的度數是正或負，近用區仍為遠用度數和近用加入度的數字總和。

例題 19-1

鏡片遠用區的球面度數為 −2.50 D，近用加入度為 +2.50 D，則子片的近用度數為何？

解答

近用總度數的計算如下：

$$(遠用度數) + (近用加入度) = (近用度數)$$

則

$$(-2.50) + (+2.50) = 0.00$$

通過雙光鏡片的總度數將等於 0。透過此方式檢查近用度數，可容易了解為何有較低的負度數遠用處方的配戴者，不熱衷於多焦點鏡片。他們只需移除眼鏡即可清楚視物。

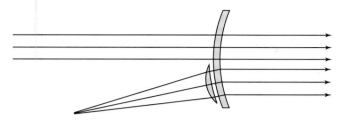

圖 19-1　雙光鏡片的子片是位於常用矯正遠距視力鏡片上的小型正鏡片。此例中的雙光鏡片被置於無度數的遠用區鏡片上。

三光鏡片的中間區

　　某些鏡片在遠用區和近用區之間存在中間區。此區域用於中距離視物時，意即超出正常閱讀距離，但又不到遠距離的中間距離，適合的子片型多焦點鏡片為三光鏡片 (trifocal)（圖 19-5）。

　　三光鏡片中間區的度數，通常是處方近用加入度的 ½，以百分比表示。中間區的度數往往是近用加入度的 50%。若鏡片中間度數為近用加入度的 61%，則為特殊的中間視物距離。

　　欲計算三光鏡片中間區的預期度數，首先需

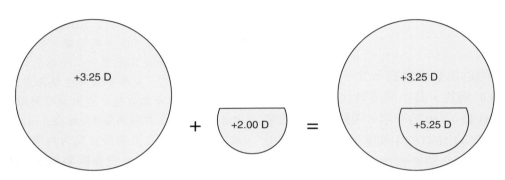

圖 19-2　含加入度的雙光鏡片－加至遠用度數。此例中的遠用度數為 +3.25 D，供近距離視物的加入度為 +2.00 D。近用區的總度數為 +5.25 D。僅供閱讀使用的單光鏡片度數亦為 +5.25 D。

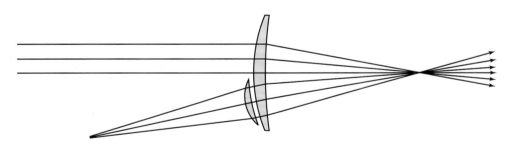

圖 19-3　製成雙光鏡片含近用加入度的正鏡片。

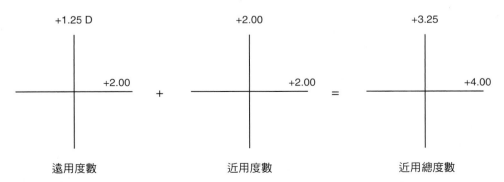

圖 19-4　當鏡片的近用區含有 +2.00 D 的加入度時，不代表近用區的度數即為 +2.00 D，而是遠用度數與近用加入度加總後的度數。

圖 19-5　三光鏡片有三個視區。

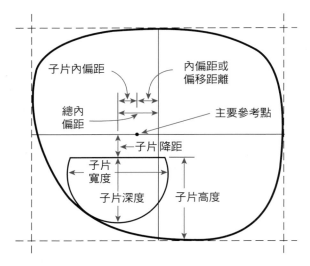

圖 19-6　鏡片主要參考點 (MRP) 和瞳孔位於相同的垂直平面，前者低於後者數公釐。若鏡片處方不含處方稜鏡，MRP 和鏡片光學中心即為同一點 (當遠用區含有處方稜鏡時，光學中心和主要參考點的位置不再相同)。主要參考點自鏡片幾何中心側向偏移的量稱為內偏距或外偏距〔亦稱為偏移距離 (distance decentration)〕。近用子片中心自主要參考點向內偏移的量為子片內偏距。內偏距加上子片內偏距即為總內偏距〔或子片總內偏距 (total seg inset)〕。

求得三光鏡片的近用加入度百分比。例如近用加入度為 +2.50 D 的鏡片，其中間度數比遠用度數多 +1.25 D。+1.25 D 是 +2.50 的一半，因此該鏡片的中間度數為 50%。此 +1.25 D 的中間區加入度需與遠用度數相加，以求出鏡片驗度儀預期將測得的中間總度數。

何時需使用三光鏡片

　　若眼睛仍保留一定程度的聚焦能力，僅需增加 +1.50 D 或以下的度數即可獲得清晰的視野。當經由鏡片上方 (遠用區) 視物時，眼睛可利用其聚焦能力清楚看見中距離物體，不需使用三光鏡片的中間區。基於此原因，多數三光鏡片的加入度不低於 +1.50 D。

　　若加入度超過 +1.50 D，將產生一般雙光鏡片的遠用區和近用區皆無法清楚視物的中間區。為了在此區域有清晰的視野，配戴者需從鏡片上部視物並往後退，或是從鏡片下方的雙光部分視物並往前進。三光鏡片的中間區可讓上述模糊間距的視力變得清晰 (漸進多焦點鏡片也可解決此問題。關於漸進多焦點鏡片的詳細內容請見第 20 章)。

術語

　　雙光鏡片有多種形狀和尺寸的子片可供選擇，包括小型圓形子片以及尺寸等同眼鏡鏡片下半部的子片，其尺寸和位置可用數種標準術語表示。

　　子片的水平尺寸或稱子片寬度 (seg width)，即測量子片區域最寬處所得的寬度 (圖 19-6)。若子片在裝框時被切割和磨邊，仍採用磨邊前測得的最寬尺寸作為子片寬度。

　　子片於垂直向的最大尺寸為子片深度 (seg depth)。子片高度 (seg height) 取決於鏡框和鏡片磨邊的情況，並從鏡片最低點垂直測量至子片頂點 (第 5 章)。子片降距 (seg drop) 是鏡片的主要參考點 (MRP) 至子片頂點的垂直距離。

　　鏡片遠用區必須從鏡片的幾何中心處偏移，以配合配戴者的瞳孔間距 (PD)，這稱為內偏距 (inset) 或外偏距 (outset)。務必再次偏移子片，以配合近用瞳距。子片偏移稱為子片內偏距 (seg inset)。

　　內偏距(或外偏距) + 子片內偏距 = 總內偏距

(外偏距將以負數表示。)

如何構成多焦點鏡片

　　雙光鏡片和三光鏡片通常利用下述三種主要的方法製成：熔合、一體成形和膠合 (如圖 19-7 橫切面所示)。

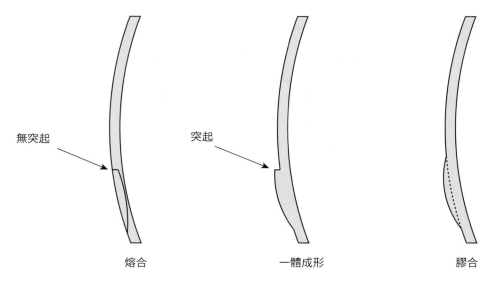

圖 19-7　左側顯示的熔合子片鏡片是由玻璃所製成，且子片的折射率高於主片。一體成形鏡片有可感知的突起，且幾乎能由任何鏡片材料製成。膠合子片是將單光遠用鏡片與小尺寸的子片黏合在一起。

1. 熔合－熔合多焦點鏡片僅限用於玻璃。鏡片的子片是由折射率高於遠用「載體」鏡片的玻璃製成 *。熔合的玻璃雙光鏡片無突起，代表前表面的曲率不變。由於子片已完全融入遠用區，因而無法感知子片的存在。

2. 一體成形－一體成形多焦點鏡片是由單一鏡片材料製成。鏡片表面曲率改變將導致子片區的度數出現變化。察覺子片的分界線，便可分辨一體成形多焦點鏡片。若發覺突起或曲率改變，則不是熔合鏡片，最有可能是一體成形鏡片設計。

   一體成形多焦點鏡片可用任何鏡片材料製成。所有塑膠鏡片都被製成一體成形多焦點鏡片。一體成形玻璃多焦點鏡片通常是富蘭克林式鏡片，其近用區占據整個鏡片下方，或是具有大型圓形子片。

3. 膠合鏡片－膠合鏡片為客製化鏡片，遠用鏡片上黏有小型子片。僅作為特殊客製化用途，這類鏡片通常是小型圓形子片。

   另一個偶爾使用的子片型鏡片，實際上是由兩部分鏡片黏合為一。上半部為遠用鏡片，下半部為近用鏡片。將兩鏡片切半，並分別使用一半的鏡片。這類鏡片最常見的應用是僅於近用區產生水平向稜鏡。

雙光鏡片的類型

　　雙光鏡片的子片樣式可分為數種主要類型，但在這些類型中仍存有許多變異 (圖 19-8 和表 19-1)。基本樣式包括圓形子片、平頂子片、弧頂和弧頂圓角型子片、富蘭克林式 (或 E 型) 子片。

圓形子片

　　圓形子片 (round segment) 的尺寸變異包括小型鏡片為 22 mm，最大可至 40 mm，最常見的尺寸為 22 mm。針對大型圓形子片尺寸，有時會使用 38 mm。邏輯上而言，圓形子片的光學中心 (OC) 應位於子片中心。圓形子片為多功能鏡片，乃因將圓形子片旋轉後，其看似仍為非傾斜狀。亦可將之置於鏡片的特殊位置，例如位於高爾夫球員右眼鏡片的顳側上角 (當然，假設高爾夫球員的慣用手為右手)。高爾夫球員的視線不會因此受到子片干擾，在填寫計分卡和閱讀時仍可使用近用區。

　　熔合雙光鏡片 (blended bifocals) 為具有圓形子片的雙光鏡片，其子片分界線經過平滑處理因而無法被察覺。

---

* 遠用鏡片標示為「載體」鏡片，乃因多焦點子片附加於其之上。子片是由遠用區所承載。

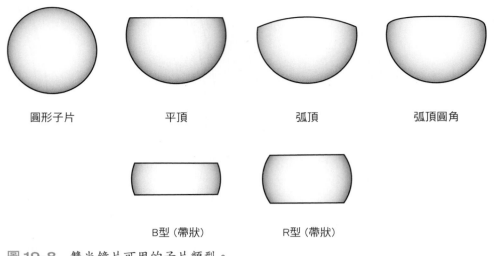

圓形子片　　　　平頂　　　　弧頂　　　　弧頂圓角

B型（帶狀）　　　　R型（帶狀）

圖 19-8 雙光鏡片可用的子片類型。

平頂子片

平頂子片 (*flat-top segment*) 基本上是頂端被切平的圓形子片，通常「切除」子片中心上方 4.5 ～ 5.0 mm 的頂端部分，意即子片的光學中心約在子片分界線下方 5 mm 處，如此可讓配戴者在閱讀時，鏡片子片擁有最大的閱讀寬度。平頂子片最寬部分的分隔線即子片光學中心所在之處。平頂子片亦稱為 D 型子片 (*D segs*)。

平頂子片是含線多焦點鏡片最主要的款式。子片尺寸範圍為 22 ～ 45 mm，現今大部分使用的平頂子片尺寸為 28 mm 或以上。

弧頂和弧頂圓角型子片

弧頂子片的上緣呈弓形，而非平坦，除此之外其外觀類似平頂子片。兩端角落為尖角。弧頂圓角型子片的頂端亦為弧形，但角落為圓角。

帶狀子片

帶狀子片基本上是頂端以及底部被切除的圓形子片，共有兩種類型：B 型和 R 型子片。B 型的深度僅為 9 mm，適合遠用視力必須在雙光區下方的配戴者。可藉由 *bricklayer*（泥水匠）一詞的「B」字首和泥水匠的工作以協助記憶。泥水匠通常在高處工作，需要能從子片下方清晰看遠的視力。

R 型子片的深度為 14 mm，很少作為一般雙光鏡片。含有 R 型子片的雙光鏡片如同改良後作為

「'R' 補償型」的子片，後者有時可用於矯正垂直向的不平衡。

B 型和 R 型子片的光學中心皆位於子片中央。帶狀子片僅限用於玻璃。

富蘭克林式 (E 型) 子片

富蘭克林式鏡片最為人所知的是其商品名稱 *Executive*。此為一體成形鏡片，子片寬度等同鏡片寬度。此鏡片的優勢在於其有相當寬的近用區。

此鏡片有一些缺點。隨著加入度增加，子片的突起更大且較不美觀。由於鏡片厚度取決於近用度數而非遠用度數，使整體鏡片比平頂雙光鏡片厚。厚度亦隨著加入度增加而增厚，使鏡片逐漸地變重（可利用基底向下的共軛稜鏡將鏡片減薄。漸進多焦點鏡片亦採用此原理，請見第 20 章的說明）。

富蘭克林式雙光鏡片的子片光學中心位於子片分界線上，因此有人將這類鏡片稱為「單焦點」雙光鏡片，然而單焦點雙光鏡片是指遠用區和子片的光學中心位於鏡片同一點。E 型鏡片有可能是單焦點，但只發生在鏡片經表面處理後，其子片光學中心和遠用光學中心位於相同的雙光鏡片分界線上。若採用現今的表面處理方式，預期將不會發生上述效果。

若使用 E 型鏡片，應避免鏡片尺寸與有效直徑過大。若某人希望雙光鏡片有較大的閱讀區，取代富蘭克林式鏡片的較佳方案即是採用較大的平頂鏡片，例如平頂 35，大型平頂鏡片將能減少重量與厚度，且仍具備較寬的近用區。

表 19-1
雙光鏡片

一般樣式	子片名稱	子片寬度 (mm)	子片光學中心位置 (mm)	備註
平頂 (flat-top)	平頂、直頂 (ST) 或 D 型子片	22 25 28 35 40 45	5 以下 5 以下 5 以下 4.5 以下 分界線上 分界線上	平頂是最常使用的雙光鏡片樣式。
弧頂 (curve-top)	CT	22 25 28 40	4.5 以下	此鏡片設計基本上如同平頂子片，但上方的子片分界線呈弧形。
弧頂圓角型 (panoptik)	P 型	24 28	4.5 以下	弧頂圓角型是弧頂子片的變化形式，其頂端較平並帶有圓角。
帶狀 (ribbon)	B 型子片	寬 22 或 25；深 9	4.5 以下	帶狀子片類似於平頂子片，其頂端和底部較為平坦。
	R 型子片	寬 22 或 25；深 14	7 以下；子片光學中心置中	
富蘭克林式 (Franklin)	E 型 一線 全子片	鏡片全寬度	分界線上	子片頂端為直線並橫跨整個鏡片。子片占據整個鏡片的下半部。
圓形 (round)	圓形子片	22 24 25	子片光學中心置中	22 mm 的圓形子片通常稱為「Kryptok」。實際上，Kryptok 是指便宜的熔合玻璃子片。
	A 型	38		大型圓形子片，採用玻璃或塑膠一體成形的設計。 38 mm 的 A 型子片呈半圓形，乃因是從鏡坯的子片中心處切開。 這代表子片高度不超過 19 mm。
	AA 或 AL 型 R-40 型	38 40		AA、AL 或 R-40 型子片並非呈半圓形，而是較接近圓形。因此，若圓形子片需較高的子片高度，即可採用這類鏡片。 一體成形的玻璃或塑膠圓形子片鏡片，有時稱為「Ultex」鏡片。 Ultex 是一體成形圓形子片多焦點鏡片的商品名稱。
	熔合雙光鏡片 (隱形子片)	22 25 28	子片光學中心置中	熔合子片是一體成形的圓形子片，具有平滑的子片分界線。
	Rede-Rite(上弧負加入度)	38	子片光學中心置中	半圓的上弧設計，近用度數位於主片，遠用度數位於「加入區」，即鏡片上方處，通常稱為「負加入度」鏡片。整個下半部皆為近用區。

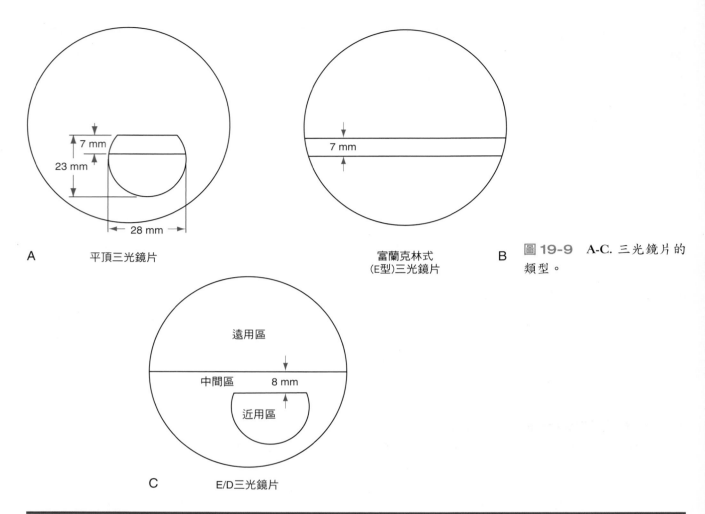

A　平頂三光鏡片

富蘭克林式
(E型)三光鏡片

B

圖 19-9　A-C. 三光鏡片的
類型。

C　E/D三光鏡片

表 19-2
三光鏡片

一般樣式	子片名稱	子片尺寸 (mm)	備註
平頂 (flat-top)		7 × 25 7 × 28 7 × 35	子片尺寸之第一個數字是指中間區的深度；第二個數字代表子片寬度。若鏡片其子片中間區特別深，則功能更類似職業用鏡片，並歸類於職業用鏡片的樣式。
富蘭克林式 (Franklin)	(E 型)	中間區為 7 mm	
E/D(E over D)	E/D 三光鏡片	中間區為全寬度，近用區為 D 型 25 mm	中間區的深度是 8 mm，環繞於寬為 28 mm 的近用「D 型」子片。

三光鏡片的種類

三光鏡片的樣式大多如同雙光鏡片的樣式。三光鏡片具有中間區，提供相當大的中距離可視區（圖 19-9 和表 19-2）。

平頂三光鏡片

平頂三光鏡片具有中間區，其寬度範圍為 22～35 mm，深度為 6～14 mm（圖 19-9, A）。

任何深度大於 8 mm 的三光鏡片，不應作為長時間配戴的鏡片。這類鏡片較適用於當需要較大的中距離工作範圍時。三光鏡片也可製成標準 50% 中間度數之外的數值。

富蘭克林式 (E 型) 三光鏡片

E 型或稱富蘭克林式鏡片為全寬度子片鏡片，含有 7 mm 的全寬度中間區（圖 19-9, B）。此類鏡片所面臨的問題如同富蘭克林式雙光鏡片，且因有明

顯可見的雙突起，顯現出配戴者有年齡相關鏡片矯正之需求。

E/D 三光鏡片

E/D 三光鏡片結合了 E 型鏡片與 25 mm D 型（平頂）子片的特點（圖 19-9, C）。鏡片結構包括與鏡片等寬的分界線，將遠用區與中間區隔開，看似為 E 型三光鏡片的分界線。平頂子片亦位於較低的中間度數區。這類子片可滿足配戴者的近距離工作之需求。

此鏡片是最適合辦公室工作者的子片型鏡片。近用子片兩側以及子片上方 8 mm 處，皆為中距離視物區，這提供了寬闊、各方向有一個手臂長度的工作區域之清晰視力。

職業用多焦點鏡片

任何經過深思熟慮後所選出的鏡片，若可在特定情況下提供清晰的視野，即歸類為職業用鏡片。然而某些鏡片樣式是根據特定的工作環境所設計。此類鏡片稱為職業用多焦點鏡片（occupational multifocals）（圖 19-10 和表 19-3）。後續三個單元將討論本書出版時可用的鏡片樣式。

雙子片鏡片

某些人在往上看時需要中距離和近距離視野，包括水管工人、藥劑師、圖書館員、電工、汽車技工和其他多種特殊環境工作者。雙子片鏡片是為了上述職業人員所開發，其具有一片在正常位置的子片，第二片子片則位於鏡片頂端（圖 19-10, A）。兩子片中間的垂直間隔距離為 13 mm 或 14 mm（詳見表 19-3 的說明）。

雙子片鏡片較少用。有許多配戴者將受益於可近距離視物，只需將視線通過上方的子片區域。在使用其他鏡片的情況下，配戴者需將頭部後仰且長時間處於此極度不適的擺位，乃因其未被告知若使用雙子片鏡片便可解決頸部的問題。

上方子片可製成多種度數，包括：

1. 上方子片的度數等同下方子片。
2. 上方子片的度數比下方子片的度數少½ D。
3. 上方子片的度數是下方子片度數的某個百分比，例如 50% 或 60%，非常類似於三光鏡片。

決定最適合使用何種子片的正確方式，即重現配戴者的工作環境、測量工作距離並確認上方子片的度數。完成上述步驟後，選擇能滿足處方度數需求的鏡片（如何測量雙子片鏡片的子片高度之相關內容請見第 5 章）。

最常見的雙子片鏡片為平頂樣式，例如雙 D 型。

四光鏡片（quadrafocal lens）是鏡片底部為平頂三光鏡片，頂端有上下顛倒的平頂子片之雙子片鏡片（圖 19-10, B），適合同時需要三光鏡片和雙子片鏡片的配戴者。「quad」意指四，鏡片是根據四個不同的視區而命名。此鏡片僅限使用玻璃材質。

負加入度「Rede-Rite」雙光鏡片

Rede-Rite 雙光鏡片的歷史悠久，其頂端有大型圓形子片，故稱為上弧雙光鏡片（圖 19-10, C）。大部分鏡片是在磨邊後才進行切割，這使得下方區域的上緣呈圓形，因此稱為上弧（upcurve）。此鏡片為負加入度，表示鏡片頂端子片的負度數高於其他部位。事實上，此為底部有廣大加入度區域的雙光鏡片，頂端的遠用區相對較小。此鏡片適合想要子片型鏡片，且需全鏡寬近用區的配戴者，同時不需移除眼鏡即可有清晰的遠距視力。

更多功能的替代品是漸進多焦點鏡片，可提供寬廣的近用區以及清晰且寬廣的中距離視力。此類鏡片的兩個例子為 AO Technica 和 Hoya Tact。Technica 有小型遠用區，其位置如同 Rede-Rite 的遠用區（更多關於職業用漸進鏡片的說明請見第 20 章）。

根據閱讀眼鏡訂購正確的鏡片度數

當寫下含有加入度的眼鏡鏡片處方時，通常未考量所使用的鏡片種類。這表示在訂購鏡片時，可能需將處方改寫成不同形式，以維持相同的光學效果。例如若某人只想要閱讀眼鏡，在訂購單上不需寫上加入度，而是針對單光鏡片書寫。

例題 19-2

某處方書寫如下：

$$+0.25 -0.50 \times 180$$
$$+0.25 -0.50 \times 180$$
加入度：+1.50

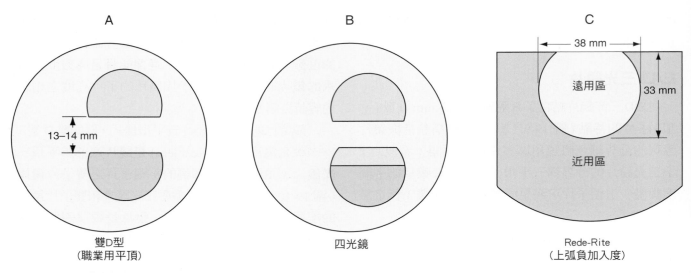

圖 19-10　職業用多焦點鏡片的三種類型。

表 19-3
職業用鏡片

一般樣式	子片名稱	子片尺寸 (mm)	備註
雙子片 (double segment)	職業用平頂或「雙 D 型」	22/22 25/25 28/28 28/25 35/35	下方子片如同平頂。 上方子片如同上下顛倒的平頂。 子片之間通常相隔 13 ～ 14 mm，但特殊訂製的玻璃鏡片可能相隔 12 ～ 15 mm。 上方子片的加入度可能是： a. 等於下方子片的加入度 b. 比下方子片的加入度少 0.5 個屈光度 c. 下方子片加入度的某個百分比，如 60% 或 50%
	雙圓形	22/22 25/25	子片之間通常相隔 13 ～ 14 mm。工廠訂單可生產間隔 11 ～ 20 mm 的玻璃子片。
	雙 E 型	子片全寬度	
	四光鏡	7×22 (22 上方) 7×25 (25 上方) 7×28 (28 上方)	下方有平頂三光鏡片，上方有上下顛倒的平頂雙光鏡片。僅限於玻璃材質。 子片間隔：10 mm 和 13 mm。特殊訂製的子片間隔為 9 ～ 20 mm。
職業用三光鏡片 (occupational trifocals)	平頂	8×35 9×35 10×35 8×34 10×35 12×35	此類三光鏡片具有寬廣的中間區，中間度數為 50%。 此類三光鏡片有較深的中間子片區域，中間度數為 61%。
圓形雙光子片 (round bifocal segs)	客製子片尺寸	7-25	可客製化玻璃的尺寸。特殊訂製的圓形子片尺寸範圍為 7 ～ 25 mm。
漸進多焦點鏡片 (progressive add lenses)			職業用多焦點鏡片的相關內容請見第 20 章。

配戴者決定只需要單光閱讀眼鏡，則應訂購的度數為何？

解答

訂購供閱讀用的度數必須等於雙光鏡片的子片度數。本章稍早曾提及：

(遠用度數) + (近用加入度) = (近用度數)

由於閱讀眼鏡必須採用近用度數，此例中將加入度與遠用處方的球面度數相加，即為近用度數。

$$\begin{array}{c} +0.25 -0.50 \times 180 \\ +1.50 \\ \hline +1.75 -0.50 \times 180 \end{array}$$

常見的錯誤是僅針對閱讀鏡片訂購 +1.50 D 的球面度數，實際所需的近用度數為遠用處方加上 +1.50 D 的球面度數。加入度需加上遠用處方的球面度數以及柱面度數，以使閱讀眼鏡產生正確的度數。無論視線是通過遠用區或近用區，眼睛仍有散光現象，因此必須包括柱面度數。

僅針對中間區和近用區訂購正確的鏡片度數

　　某些人的工作環境只需要清晰的中距離和近用視力，無需矯正遠用視力。這如同僅需三光鏡片的中間度數和近用度數 (圖 19-11)。

例題 19-3

某鏡片的處方如下：

R：+0.25 −0.25 × 170
L：+0.25 −0.25 × 010
加入度：+2.50

配戴者很滿意目前所用的半眼鏡架鏡框，而不在乎遠距處方，只需具備清晰的中距離視力，因此決定在半眼鏡架鏡框內安裝雙光鏡片。對此應訂製何種度數的鏡片？

解答

為求得新的「遠用」度數，需了解該處方若製成一般三光鏡片，通過中間區的鏡片度數為何。為此必須先求出「中間加入度」。

　　正常的中間度數是近用加入度的 50%，+2.50 D 近用加入度的 50% 或 ½ 是：

$$\frac{+2.50}{2} = +1.25$$

因此對於新的半眼鏡架雙光鏡片頂端，必須是配戴者的遠用鏡片處方加上中間區加入度 +1.25 D。右眼度數為：

$$\begin{array}{c} +0.25 -0.25 \times 170 \\ +1.25 \\ \hline +1.50 -0.25 \times 170 \end{array}$$

左眼度數為：

$$\begin{array}{c} +0.25 -0.25 \times 010 \\ +1.25 \\ \hline +1.50 -0.25 \times 010 \end{array}$$

以上是新鏡片的「遠用」度數。

利用鏡片驗度儀測得半眼鏡架雙光鏡片的近用度數，必須等同依照原始處方製成的一般雙光鏡片所測得的度數。原始處方中右眼的近用度數是：

$$\begin{array}{c} (遠用度數) \\ +(近用加入度) \\ \hline (近用度數) \end{array}$$

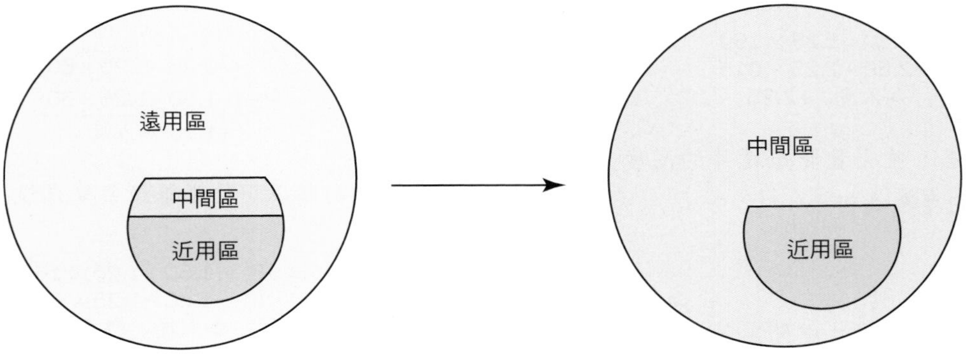

圖 19-11　若子片型多焦點鏡片只用於中距離和近距離視物，其中間度數將取代原有的遠用度數區域。這將影響鏡片必須如何訂購，包括調整加入度以維持度數正確。

或

$$+0.25 -0.25 \times 170$$
$$+2.50$$
$$\overline{+2.75 -0.25 \times 170}$$

經由鏡片驗度儀測得的近用度數必須為：$+2.75$ -0.25×170。

若

$$(遠用度數) + (近用加入度) = (近用度數)$$

轉換後可得

$$(近用加入度) = (近用度數) - (遠用度數)$$

可寫成：

$$\begin{array}{c}(近用度數)\\-(遠用度數)\\\hline(近用加入度)\end{array}$$

故加入度為：

$$\begin{array}{c}(+2.75 -0.25 \times 170)\\-(+1.50 -0.25 \times 170)\\\hline +1.25 \text{ 加入度}\end{array}$$

因此半眼鏡架雙光鏡片必須訂購的處方如下：

$$+1.50 -0.25 \times 170$$
$$+1.50 -0.25 \times 010$$
$$加入度：+1.25$$

當訂購上述處方時，實際鏡片度數將和原始處方相同。

例題 19-4

配戴者在配戴新的三光鏡片一段時間後，返回告知其可接受三光鏡片，但中間區的閱讀範圍不夠大，因此他們想要一副雙光鏡片眼鏡僅在工作時配戴。新的雙光鏡片其頂端的度數，應等同現有三光眼鏡的中間度數。配戴者滿意現有近用區的尺寸與度數，希望這部分維持不變，其目前的鏡片處方如下：

$$-2.50 -1.25 \times 160$$
$$-2.50 -1.25 \times 015$$
$$加入度：+2.25$$

選擇另一副鏡框，並測量雙光鏡片的高度。對於此新鏡片需訂購的度數為何？

解答

首先需確認目前三光鏡片中間區的度數。可利用鏡片驗度儀進行測量，但最好是先檢視書面處方。假設中間區為加入度的 50% 或½，則「中間區加入度」將為：

$$\frac{+2.25}{2} = +1.13$$

新的「遠用」區度數將為原有中間區的度數。原有右眼中間區的度數，將由配戴者的遠用處方加上中間區加入度所取代。

$$-2.50 -1.25 \times 160$$
$$+1.13$$
$$\overline{-1.37 -1.25 \times 160}$$

左眼則為：

$$-2.50 -1.25 \times 015$$
$$+1.13$$
$$\overline{-1.37 -1.25 - 015}$$

使答案最接近¼屈光度，必須將 $-1.37\,\mathrm{D}$ 的球面度數改成 $-1.50\,\mathrm{D}$ 或 $-1.25\,\mathrm{D}$。我們選擇將度數進位，因此新的右眼「遠用」處方為 $-1.50 -1.25 \times 160$。

接著需得知處方的近用度數，以可確認新眼鏡的加入度。原始處方中右眼的近用度數為：

$$\begin{array}{c}(遠用度數)\\+(近用加入度)\\\hline(近用度數)\end{array}$$

或

$$-2.50 -1.25 \times 160$$
$$+2.25$$
$$\overline{-0.25 -1.25 \times 160}$$

利用鏡片驗度儀測得的近用度數必須為 $-0.25 -1.25 \times 160$。

由於

$$\begin{array}{c}(近用度數)\\-(遠用度數)\\\hline(近用加入度)\end{array}$$

新的加入度為

$$\begin{array}{c}(-0.25 -1.25 \times 60)\\-(-1.50 -1.25 \times 60)\\\hline +1.25 \text{ 加入度}\end{array}$$

因此必須訂購以下的半眼鏡架雙光鏡片：

$$R: -1.50 -1.25 \times 160$$
$$L: -1.50 -1.25 \times 015$$
$$加入度：+1.25$$

（註：若在進位時選擇 $-1.25 -125 \times 160$ 作為「遠用」度數，則加入度將為 $+1.00\,\mathrm{D}$。）

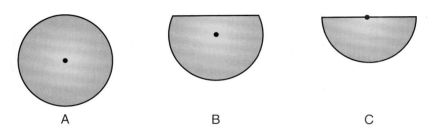

圖 19-12　A-C. 對於不同的子片樣式，其子片頂點至子片光學中心的距離各異。三種同高度、不同樣式的子片，其子片光學中心的位置明顯不同。

根據上述例題，欲保留處方的目的，有時需調整鏡片的度數。若最初即運用這些範例，將有助於了解如何設計特殊眼鏡以符合配戴者的需求，且不變更原始處方之目的。

跳像

雙光鏡片的子片區域如同迷你鏡片，除了尺寸較小之外，其特性如同一般單光鏡片。雙光部分有如大鏡片上的小鏡片。當子片呈圓形時，子片的光學中心將位於子片的正中央 (圖 19-12, A)。例如，若是 22 mm 的圓形子片，子片的光學中心將在子片頂端下方 11 mm 處。

然而並非所有子片皆呈圓形，某些子片的頂端被切除，使得上分界線更接近子片光學中心 (圖 19-12, B)。子片光學中心也可能正好位於上分界線處 (圖 19-12, C)。依據配戴者的職業用視力需求選擇子片的樣式。

子片形狀對子片光學中心與上分界線的相對位置可能造成不良影響。若眼球至光學中心的距離越遠，則將產生更顯著的稜鏡效應。

當單光鏡片配戴者往下看時，產生的稜鏡效應隨著眼球向下移動而增加，雙光鏡片的子片也會產生稜鏡效應。子片產生的稜鏡量取決於子片光學中心的位置。跨越子片分界線時，遠用區產生的稜鏡效應突然改變，乃因受到子片區域所致的稜鏡量之影響。稜鏡效應的劇烈變化使物體看似突然位移。

跨越雙光鏡片的分界線使影像突然位移，稱為跳像 (image jump)。特定雙光鏡片樣式所產生的跳像量，無關於遠用區的度數。可運用普氏法則進行計算。

例題 19-5

含有 22 mm 圓形子片的雙光鏡片，若加入度為 +2.00 D，則產生的跳像量為何？

解答

由於圓形子片的光學中心位於中央，雙光鏡片的上分界線在鏡片中心上方 11 mm 處。當視線通過距離 +2.00 D 鏡片光學中心 11 mm 處的某點時，產生的稜鏡效應等於：

$$\Delta = cF = (1.1)(2.00) = 2.20$$

因此加入度為 +2.00 D、尺寸為 22 mm 的圓形子片將產生 2.20Δ 的跳像。

例題 19-6

如圖 19-12, B 的平頂子片，其產生的跳像量為何？該子片的尺寸如下：

子片寬度 = 25 mm

子片深度 = 17.5 mm

加入度 = +1.50 D

解答

基本上，平頂樣式子片是頂端被切除的小型圓形鏡片，因此需求得子片分界線至子片光學中心的距離，即子片深度減去一半的子片寬度。

$$17.5 \text{ mm} - 12.5 \text{ mm} = 5 \text{ mm}$$

計算子片上分界線的稜鏡效應以求得跳像量。此例中，由於至子片光學中心的距離為 5 mm，我們運用：

$$\Delta = cF = (0.5)(1.50) = 0.75$$

得出的跳像量為 0.75Δ。

調節及效用

比較正鏡片和負鏡片配戴者時，有幾個未解之謎。以下列出其中一些：

- 為何遠視眼鏡鏡片配戴者比近視鏡片配戴者更早需要雙光鏡片或漸進鏡片？
- 為何當中年近視者改為配戴隱形眼鏡時，有時會出現閱讀障礙，但中年遠視者則無這類問題？事實上，當遠視者改為配戴隱形眼鏡時，似乎可延緩矯正閱讀視力的需求。
- 為何有些先前需配戴眼鏡的近視者，在接受屈光手術後會出現閱讀障礙？

上述問題皆與調節需求及眼鏡鏡片效用有關。在此說明眼鏡鏡片如何影響調節需求，並與隱形眼鏡及無鏡片的情況做比較。

遠視者和近視者誰需先配戴雙光鏡片或漸進鏡片？

某人為清楚看見近距離物體，所需的調節取決於下述三項：

1. 看近物的距離
2. 所配戴遠用眼鏡的鏡片處方度數
3. 眼睛主平面至鏡片的距離

眼睛的第一和第二主平面即垂直於光軸的平面，入射光和出射光於該處折射。眼鏡鏡片至眼睛主平面的距離可視為是頂點距離再加上 1.5 mm[*]。

在回答誰需先配戴雙光鏡片之前，應考量完全不需配戴鏡片的正視者[†]。假設正視者配戴無鏡片的鏡框，其頂點距離為 12.5 mm。欲在此距離內清楚視物則無需調節，乃因從無限遠處入射眼球的平行光其會聚度為 0[‡]。在正常閱讀或近距離工作的情況下，正視者從距離眼鏡平面 40 cm 處視物，這代表光先由近物行進 40 cm 至鏡框處，再從眼鏡平面行進 12.5 mm 到達角膜，最終由角膜行進 1.5 mm 至眼睛主平面。意即，該近物距離主平面 −40.14 cm 或 −0.4014 m。透過「玻璃」聚焦於近物所需的調節量，即光源自遠物和近物之會聚度的差異。換言之，

---

[*] 根據 Gullstrand 模型眼，眼睛的主平面位於角膜後方 1.47 mm 和 1.75 mm 處。

[†] 正視者既非近視也不是遠視。

[‡] 針對此情況，眼睛至光源的距離（單位為 m）之倒數即光的會聚度。

$$眼睛調節量 = L_d - L_n$$

其中 L_d 是光從遠物（無限遠）抵達眼睛主平面之會聚度，L_n 是光從近物抵達眼睛主平面之會聚度。

正視者的眼睛調節量為：

$$\begin{aligned}眼睛調節量 &= L_d - L_a \\ &= \frac{1}{\infty} - \frac{1}{-0.4014} \\ &= 0 - (-2.49) \\ &= +2.49\ D\end{aligned}$$

問題在於，遠視眼鏡鏡片配戴者是否也需要 2.49 D 的眼睛調節量？回答例題 19-7 以求得答案。

例題 19-7

對於 +7.00 D 單光眼鏡鏡片配戴者的調節量應為何，使其可清楚看見距離眼鏡平面 40 cm 處的物體？（假設頂點距離為 12.5 mm）

解答

記住，眼睛調節量是在眼睛主平面上遠距和近距會聚度的差異。求出光被鏡片折射後於眼睛主平面之會聚度，作法基本上等同計算有效度數的問題（第 14 章）。有效度數的公式為：

$$L_d = \frac{1}{\dfrac{1}{F_v'} - d}$$

其中

L_d 是指從無限遠至角膜平面之光的會聚度

F_v' 是指鏡片度數

d 是指從鏡片參考位置至新的參考位置之距離（單位為 m）

第 14 章運用頂點距離計算有效度數，但在此則是使用主平面距離（即頂點距離加上 1.5 mm）（圖 19-13）。這將使 L_d 等於光在眼睛主平面的會聚度，因此對於 +7.00 D 的正視者，

$$\begin{aligned}L_d &= \frac{1}{\dfrac{1}{+7} - 0.014} \\ &= +7.76\ D\end{aligned}$$

某近物的距離為 40 cm，光照射鏡片之會聚度為 $1/_{-0.40}$，即 −2.50 D（圖 19-14）。將此會聚度與鏡片度數相加，以求得光離開鏡片的會聚度。光離開鏡片的會聚度為：

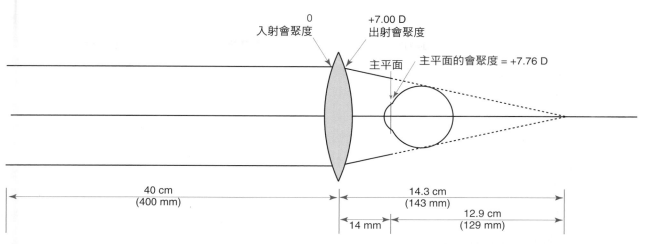

圖 19-13　光行進穿過眼鏡鏡片抵達眼睛的會聚度，不同於光離開鏡片後表面的會聚度。

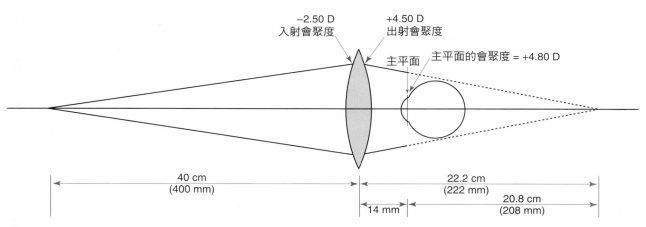

圖 19-14　所需的眼睛調節量即光於眼睛的遠距和近距會聚度之差異。此例中，所需的眼睛調節量為 +7.76 − 4.80 = +2.96。這比對於 40 cm 遠的物體所預期之調節量約為 +2.50 D 再更多。

$$\left(\frac{1}{-0.40}\right) + F'_v$$

意指近物在眼睛主平面之光的會聚度將為：

$$
\begin{aligned}
L_n &= \cfrac{1}{\cfrac{1}{\left(\cfrac{1}{-0.40}\right) + F'_v} - d_v} \\[2mm]
&= \cfrac{1}{\cfrac{1}{-2.50 + F'_v} - d_v} \\[2mm]
&= \cfrac{1}{\cfrac{1}{-2.50 + 7.00} - 0.014} \\[2mm]
&= \cfrac{1}{\left(\cfrac{1}{4.5}\right) - 0.014} \\[2mm]
&= \cfrac{1}{0.208} \\[2mm]
&= +4.80 \text{ D}
\end{aligned}
$$

針對某位 +7.00 D 的遠視者，為了清楚看見距離

40 cm 處的物體，則需要 +7.76 − 4.80 = 2.96 D 的調解量。此數值比正視者所需的調節量多出約 ½ D。

　　若以相同方式計算 −7.00 D 的近視者，將發現眼睛調節量僅為 +2.00 D。此數值小於一般所預期的調節量。意即，欲清楚看見 40 cm 處的物體，配戴 +7.00 D 單光鏡片的遠視者所需調節量比 −7.00 D 的近視者幾乎多出 1 個屈光度。這表示配戴眼鏡的遠視者，將比近視者更早需要近用加入度。

隱形眼鏡對所需調節量的影響

　　儘管配戴眼鏡鏡片的近視者和遠視者所需的調節量各異，當遠視者和近視者同樣配戴隱形眼鏡，前者不會比後者更早需要雙光鏡片，乃因眼鏡鏡片是造成所需調節量不同的因素，隱形眼鏡直接置於眼球，將使高度數的正鏡片和負鏡片配戴者回復至近似正視者的狀態，導致所需的調節量一致。

加入度增加的影響

有趣的是，一旦眼鏡鏡片配戴者使用雙光鏡片，遠視者和近視者所需的調節量之差異將隨著加入度增加而下降。完全老花時，+7.00 D 的遠視者不再需要預期約 +3.00 D 的加入度。這是因為源自 40 cm 處的光在眼鏡平面上發散為 −2.50 D，但眼鏡平面上的 +2.50 加入度將發散光轉為平行光，使光線離開加入度區域，平行進入遠用鏡片並聚焦於視網膜上，彷彿光是源自遠物。

確認新的工作距離所需的職業用加入度

當某人因特定職業需求而需要第二副眼鏡時，新的工作距離可能不同於正常配戴時。一般近用處方適用的工作距離為 40 cm。在新的工作距離下，配戴者所需的調節量如同在一般工作距離時，這可確保近用處方強弱適中，因此必須改變加入度。處方可在新的工作距離下做測試，以求得正確的加入度，或在已有處方的情況下，利用先前描述的光學原理計算新的加入度 *。

為何有些非老花者需要不同的近用柱面矯正度數

基於職業而需大量近距離工作的非老花者，有時抱怨近距離視物導致眼睛疲勞。檢查者致力於重複檢查屈光度以找出問題來源，但仍無法尋得解答。當處方包含高柱面度數，則可能不易及時發現光學答案。

如先前所述，眼鏡鏡片的度數將影響近距離視物所需的調節量。含大量柱面成分的眼鏡鏡片，其兩個主要軸線上的屈光度之差異相當大。這表示在比較單光鏡片遠用和近用的效用時，配戴者於兩鏡片軸線上所需的調節量各異。若遠用球面度數也很高，則此效應可能更為明顯。這些差異的淨效應將導致近用區產生新的散光，不同於遠用區的散光數值。在近用閱讀距離內並未完全矯正此新的散光量。

最初的反應可能是計算新的近用柱面矯正量。除了試著計算新的柱面矯正量以解決近用問題，最佳的解決方案是測量近用視力的柱面度數和軸度。驗光時，以近用視標重新測量的方法優於重新計算，乃因眼睛輻輳時也可能出現些微旋轉 (cyclorotation)†。輕微的眼球旋轉將改變柱軸，因此在這種情況下，最好測量近用的柱面度數與軸度。

若遠用區和近用區的柱面度數不同且軸度改變，則需要第二副單光鏡片供近距離工作使用。一旦老花情況嚴重且加入度增加，此兩軸線所需調節量的差異亦隨之減少。

僅在近用區產生水平向稜鏡

有時處方需使用水平向稜鏡，但僅用於近距離視物。為何有些人僅在近用視物時需要稜鏡？儘管此情況不常發生，但基底向內或向外的水平向稜鏡可能有助於近距離視物。鏡片遠用區也可能已包含水平向稜鏡，但近用區仍需不同的稜鏡量。以下為可能發生此情況的範例：

1. AC/A 比值非高即低。某些人的 AC/A 比值異常高或低。AC/A 比值是「調節性會聚 (AC) 與調節能力 (A) 的比例，通常以調節性會聚（單位為稜

---

* 可利用公式將職業用加入度換算為相等的一般加入度。該公式是在眼睛主平面上，比較光源自處方加入度距離 (通常為 40 cm) 和新的「職業用」距離之物體的會聚度差值。此差值代表所需調節量在新的工作距離下之變化。再將調節量的變化加上原有加入度，以求得職業加入度。公式如下：

新的加入度 = (目前的加入度) + (眼睛主平面上之眼睛調節量的變化)

新的加入度 = (目前的加入度) + (在一般40 cm的工作距離下，光於主平面的會聚度) − (在新的職業用工作距離下，光於主平面的會聚度)

$$\text{新的加入度} = (\text{目前的加入度}) + \cfrac{1}{\left(\cfrac{1}{\left(\cfrac{1}{-d_{(1)}}\right) + F_v' + F_a}\right) - (d_{pp})} - \cfrac{1}{\left(\cfrac{1}{\left(\cfrac{1}{-d_{(2)}}\right) + F_v' + F_a}\right) - (d_{pp})}$$

其中 F_v' 為遠用鏡片的度數，F_a 為目前的加入度，$d_{(1)}$ 為處方加入度的距離，$d_{(2)}$ 為職業用工作距離，d_{pp} 則為鏡片至主平面的距離 (即頂點距離加上 1.5 mm)。

†Cyclorotation 是眼睛沿著對應至視線的假想軸往順時針或逆時針旋轉。

鏡度) 除以調節反應 (單位為屈光度) 的商數表示[1]。有此問題者不會失去雙眼視力，兩眼仍可準確對著所視物體。然而在看近時需要融像以避免複視而導致眼睛過勞。

2. 僅於近距離發生週期性斜視。斜視是指兩眼無法同時注視同一物體的情況 (此病人常被稱為「鬥雞眼」或「脫窗」)。有時只在近距離視物期間發生斜視。針對此情況，在病人近距離視物時給予基底向內或向外的處方稜鏡，其便能同時以雙眼視物。

3. 存在非共同性斜視。非共同性斜視有不同的偏移角。這類病人的眼睛在看近物和遠物的斜視角度不同。若遠用區和近用區使用相同的稜鏡量，或許能解決遠距離視物的問題，但近距離視物的問題仍存在。針對這種情況，近用區應使用不同的稜鏡量。

　　若僅近用區需使用水平向稜鏡 (或近用區和遠用區使用不同的稜鏡量)，則有數種方式可解決這類問題：

1. 使用兩副眼鏡－當有兩副眼鏡時，遠用處方不包含稜鏡。提供第二副眼鏡用於近距離視物，該處方包含水平向稜鏡和近用加入度。

2. 僅近用區使用菲涅耳按壓式稜鏡－菲涅耳稜鏡可達到處方的目的，但無法作為永久的解決方案。

3. 使用較大的平頂子片鏡片並將子片偏移－實驗室將子片從傳統的近用瞳距位置往內或外移動，以產生基底向內或向外的稜鏡。

4. 使用對切鏡片－每副眼鏡的鏡片是由兩個不同的鏡片所組成，如同富蘭克林雙光鏡片的製造方式。鏡片上半部和下半部膠合，分別是遠用度數和含有所需稜鏡的近用度數，詳見對切鏡片的相關說明。

5. 使用膠合子片的結構－有些實驗室能將遠用處方運用於單光鏡片，接著黏上特殊構造的子片鏡片。子片的後弧必須等於遠用鏡片的前弧。子片可僅由稜鏡製成，或是包含稜鏡與加入度。

偏移子片以產生近用的水平向稜鏡

　　以多焦點鏡片矯正近用的水平向稜鏡，最便宜的方法是使用較大的平頂子片。這類子片的偏移量通常會多於或少於近用瞳距 (圖 19-15)。所需的子片偏移量取決於近用加入度，但受到以下限制：

- 若所需的偏移量過多，將無法移動子片至足夠的距離，這受限於鏡片的尺寸。

圖 19-15　雙光鏡片的子片是小型正鏡片，表示若子片的光學中心往鼻側位移，將導致基底向內的稜鏡效應。此稜鏡效應僅發生在近用區。

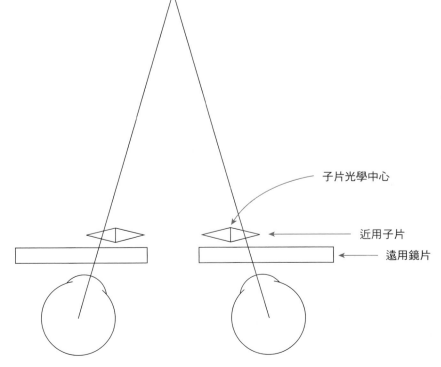

子片光學中心

近用子片

遠用鏡片

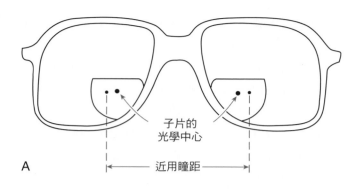

A

子片的
光學中心

近用瞳距

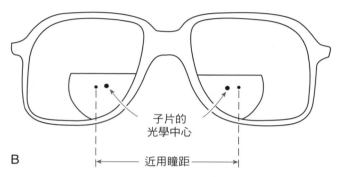

B

子片的
光學中心

近用瞳距

圖 19-16　完成近距離工作後，眼睛不會維持在近用瞳距點，而是來回掃視。經由子片偏移產生垂直向的近用稜鏡，需特別注意子片寬度。**A.** 子片外部區域空間不足，眼睛無法正常移動。**B.** 若選擇較大的子片即可解決問題。

- 若子片過小，子片的邊緣將更接近視線，導致無足夠的閱讀區域。

　　從業人員應得知子片必須偏移的距離為何，以及這類子片的最小尺寸，使子片仍保有足夠的閱讀區域 (圖 19-16)。

求出近用稜鏡所需的子片偏移量與尺寸的步驟

　　下述步驟為確認子片偏移的方式，並說明必須保留多大的子片尺寸，以維持足夠的子片區域供閱讀 (Box 19-1 總結下述步驟)。

1. 求得慣用的子片內偏距。

$$子片內偏距 = \frac{遠用瞳距 - 近用瞳距}{2}$$

2. 利用普氏法則的轉換形式，計算所需增加的子片內偏距，以產生近用處方稜鏡量。

　　在此提供一些例題作為說明。

Box 19-1

計算近用處方稜鏡所需的子片偏移量與尺寸

1. 求出慣用的子片內偏距。

$$子片內偏距 = \frac{遠用瞳距 - 近用瞳距}{2}$$

2. 求出產生處方稜鏡所需增加的子片內偏距。

$$c_a = \frac{近用稜鏡}{F_a}$$

其中 c_a = 增加的子片內偏距，F_a = 加入度。

3. 確認增加的子片內偏距是向內或向外。實際上，子片是小型正鏡片，若近用處方稜鏡為基底向內，增加的子片內偏距將為向內。若近用處方稜鏡為基底向外，則增加的子片內偏距為向外。

4. 求出子片總內偏距。

子片總內偏距 = 子片內偏距 + 增加的子片內偏距

5. 求得能提供配戴者足夠的閱讀區域所需的最小子片尺寸。

子片尺寸 = 2 (10 + 增加的子片內偏距)

例題 19-8

某處方如下：

+2.00 −1.00 × 180　僅近用區有1.25Δ 基底向內的稜鏡

+2.00 −1.00 × 180　僅近用區有1.25Δ 基底向內的稜鏡
加入度：+2.25
瞳距 = 64/60

偏移的平頂子片可否產生此稜鏡矯正量？若可，子片的尺寸應為何，使子片閱讀中心至邊緣的距離最少為 10 mm ？閱讀中心位於近用瞳距處。

解答

依照先前內文提及的步驟，求得上述問題的答案。

1. 此處方的慣用子片內偏距為：

$$子片內偏距 = \frac{遠用瞳距 - 近用瞳距}{2}$$
$$= \frac{64 - 60}{2}$$
$$= 2 \text{ mm}$$

2. 求出超過一般近用瞳距所需增加的偏移量。對此使用以下公式：

$$c_a = \frac{近用稜鏡}{F_a}$$

此例中

$$c_a = \frac{1.25\Delta}{2.25D}$$
$$= 0.55 \text{ cms}$$
$$= 5.5 \text{ mm}$$

3. 由於近用的水平向稜鏡為基底向內，故增加的子片內偏距亦為向內。

4. 因此子片總內偏距為：

子片總內偏距 = 子片內偏距 + 增加的子片內偏距
$$= 2 + 5.5$$
$$= 7.5 \text{ mm}$$

5. 所需最小子片尺寸將是：

子片尺寸 = 2 (10 + 增加的子片內偏距)

步驟 2 求得的 c_a 值即為增加的子片內偏距，故針對此例

子片尺寸 = 2(10 + 5.5)
$$= 2(15.5)$$
$$= 31 \text{ mm}$$

由於平頂子片無 31 mm 的尺寸，故可選擇下一個最大的子片，即尺寸為 35 mm 的子片。結論是使用 35 mm 的平頂子片，並將兩眼子片分別向內偏移 7.5 mm。

例題 19-9

假設我們想要指定先前例題中子片的位置，在訂購單上不使用子片總內偏距，改以「近用瞳距」表示。該處方的「近用瞳距」為何？（此時「近用瞳距」即是子片中心水平向的間距，無關於配戴者的近用瞳距）。

解答

若兩鏡片的總內偏距皆為 7.5 mm，則近用子片的間距將短於遠用瞳距，兩距離的差異為子片總內偏距的 2 倍。這表示近用子片的間距是 (2) × (7.5) = 15 mm，短於遠用瞳距。此處方的子片中心間距為：

「近用瞳距」 = 64 − (2)(7.5)
$$= 64 − 15$$
$$= 49 \text{ mm}$$

當遠用瞳距等於 64 mm，且近用瞳距和子片中心間隔 49 mm，如此便能產生所需的近用稜鏡量。於訂購單寫下的讀值為 64/49（在訂購單上書寫這類資料時，應附帶相關說明，否則可能將被視為筆誤）。

近用稜鏡的附加備註

若選擇鏡片尺寸大的鏡框，偏移的鏡坯可能不夠大。當鏡坯尺寸可能造成問題時，建議確認最小的鏡坯尺寸為何（第 5 章）。

若子片需大量向外偏移，以產生基底向外的近用稜鏡，可請實驗室互換鏡坯（左右交換），往往便能解決鏡坯尺寸的問題。意即將左眼鏡坯磨成右眼鏡片，以及將右眼鏡坯磨成左眼鏡片。

訂購近用水平向稜鏡

如先前所述，僅產生近用稜鏡最便宜的方式是將近用子片偏移。求得所需的偏移量後，確認可切割的鏡片尺寸符合預期，根據例題 19-9 指定稜鏡的「遠用瞳距／近用瞳距」，即可維持較低的成本。

然而除了成本問題，從業人員應能預先確認偏移子片是否可產生所需近用稜鏡量，避免訂購不正確的鏡片。上述方法有助於預先判斷可行性。

使用對切鏡片產生近用稜鏡

當近用處方稜鏡量不同於遠用稜鏡矯正量時，便無法使用對切鏡片。每副眼鏡的左、右眼鏡片，最初是兩片鏡片－一片是無稜鏡遠用鏡片，另一片則是含有處方稜鏡與加入度的近用鏡片。由於有兩個鏡片，實際的稜鏡基底可能朝任何方向。兩鏡片各切成一半。將遠用鏡片的上半部和近用鏡片的下半部黏合在一起。

為此，實驗室需使兩鏡片的基弧相同，並嘗試配對兩鏡片的中心厚度。製作出兩鏡片後，作為上半部的鏡片被定心，並在遠用鏡片上標出「子片分界線」，遠用光學中心將位於子片分界線上方 3 ～ 4 mm。沿著子片分界線切割鏡片。在近用鏡片上標出另一個「子片分界線」。此鏡片將使用「子片分界線」以下的部分。切割鏡片並磨平鏡片邊緣處，再將兩個各半的鏡片膠合在一起使之乾燥。此時，新產生的鏡片已完成裝框前的定心、研磨與磨邊等步驟。

應告知接收對切鏡片者，此鏡片不如其他鏡片可防撞擊，並請對方簽署關於防撞擊的免責聲明。儘管可用單光鏡片做成膠合子片鏡片，也較能承受撞擊，但這類鏡片並不適用。

參考文獻

1. Hofstetter HW, Griffin JR, Berman MS et al: The dictionary of visual science, ed 5, Boston, 2000, Butterworth-Heinemann.

學習成效測驗

子片型多焦點鏡片

1. 下列何者正確？
   a. （遠用度數）＋（近用度數）＝（近用處方）
   b. （近用度數）－（遠用度數）＝（近用加入度）
   c. （近用加入度）＝（遠用度數）－（近用度數）
   d. （近用度數）－（遠用度數）＝（近用處方）
   e. 以上皆非

2. 下列敘述何者正確？
   a. 子片高度必定等於子片深度
   b. 子片深度必定大於或等於子片高度
   c. 子片高度必定大於或等於子片深度
   d. 子片高度必定大於子片深度
   e. 以上皆非

3. 若右眼鏡片的外偏距為 1 mm，子片內偏距為 2.5 mm，則總內偏距為何？
   a. 1.0 mm
   b. 1.5 mm
   c. 2.5 mm
   d. 3.5 mm
   e. 以上皆非

4. 鏡片驗度儀的讀數：
   遠用區為 $-1.00\ -1.00 \times 180$
   中間區為 $+0.50\ -1.00 \times 180$
   近用區為 $+1.50\ -1.00 \times 180$
   近用加入度為何？
   a. $+1.50\ D$
   b. $+1.75\ D$
   c. $+2.00\ D$
   d. $+2.25\ D$
   e. $+2.50\ D$

5. 承第 4 題，中間子片度數的百分比為何？
   a. 40%
   b. 50%
   c. 60%
   d. 70%
   e. 以上皆非

6. 若無法看見鏡片，僅能以手指觸碰鏡片表面，將無法分辨以下何種多焦點鏡片和單光鏡片之差異？
   a. 熔合玻璃多焦點鏡片
   b. 一體成形結構的多焦點鏡片
   c. 膠合子片型多焦點鏡片
   d. 可分辨上述鏡片與單光鏡片之差異
   e. 無法分辨上述鏡片與單光鏡片之差異

7. E 型鏡片是下列何種結構的例子？
   a. 熔合
   b. 一體成形
   c. 膠合子片

8. 下列何種多焦點鏡片結構僅適用於玻璃？
   a. 熔合
   b. 一體成形
   c. 膠合子片

9. 對或錯？一體成形多焦點結構只限用於塑膠鏡片，無法用於玻璃。

10. 下列為雙光鏡片子片及子片頂點下方至光學中心的距離，將之進行配對 (選項可重複使用)。
    a. 22 mm 圓形子片　　　　1. 4.5 〜 5 mm 以下
    b. 平頂 28 子片　　　　　 2. 19 mm 以下
    c. 富蘭克林式子片　　　　3. 11 mm 以下
    d. 38 mm 圓形子片　　　　4. 0 mm 以下
    e. 弧頂子片　　　　　　　5. 3 mm 以下
    　　　　　　　　　　　　6. 7 mm 以下

11. 下列何種雙光鏡片必定為單焦點？
    a. 22 mm 圓形子片
    b. 平頂 45 子片
    c. 富蘭克林式子片
    d. 弧頂 25
    e. 以上皆非

12. 能取代 Rede-Rite 雙光鏡片且可能表現更佳的鏡片為？
    a. ED 三光鏡片
    b. 一般漸進多焦點鏡片
    c. 上下顛倒的 E 型鏡片
    d. 職業用漸進鏡片，例如 Hoya Tact 或是 AO Technica
    e. 並無可替代的鏡片

13. 看似為結合富蘭克林式鏡片與平頂雙光鏡片的三光鏡片稱為：
    a. 四光鏡
    b. ED
    c. DBL
    d. Rede-Rite

14. 某鏡片看似為平頂三光鏡片，但上半部為上下顛倒的平頂雙光鏡片，該鏡片稱為：
    a. 四光鏡
    b. ED
    c. DBL
    d. Rede-Rite

15. 此鏡片的頂端有大型圓形子片，底部無子片。頂端的圓形子片區域為遠用處方，鏡片的其他部分則是近用加入度。該鏡片稱為：
    a. 四光鏡
    b. ED
    c. DBL
    d. Rede-Rite

16. 對或錯？富蘭克林式子片可用於雙子片職業用鏡片。

17. 某鏡片的尺寸如下：
    形狀：矩形
    鏡片深度 (「B」尺寸) = 36 mm
    鏡片寬度 (「A」尺寸) = 50 mm
    處方：　　　　O.D. +2.50 −1.50 × 090
    　　　　　　　O.S. +2.50 −1.50 × 090
    　　　　加入度：+1.75 雙眼
    子片尺寸：　子片寬度 = 28 mm
    　　　　　　子片深度 = 19 mm
    　　　　　　子片高度 = 15 mm
    　　　　　　子片內偏距 = 2 mm
    子片降距為何？
    a. 6 mm
    b. 5 mm
    c. 4 mm
    d. 3 mm
    e. 以上皆非

跳像

18. 承第 17 題，該鏡片的跳像量為何？
    a. 0.525Δ
    b. 0.70Δ
    c. 0.875Δ
    d. 1.05Δ
    e. 以上皆非

19. 20 mm 圓形雙光鏡片的遠用處方為 +2.00 D 球面，子片位於遠用中心下方 3 mm，而加入度是 +2.00 D，此鏡片的跳像量為何？
    a. 0.60△
    b. 2.00△
    c. 1.40△
    d. 此鏡片無跳像
    e. 以上皆非

20. 計算以下雙光鏡片的跳像量：+3.00 − 1.00 × 080；加入度為 +2.50 D
    子片頂點位於遠用光學中心下方 3 mm。子片樣式是直頂 25，且子片光學中心位於分界線下方 5 mm。
    a. 1.25△
    b. 1.75△
    c. 2.25△
    d. 2.75△
    e. 以上皆非

21. 針對上述鏡片，若子片頂點低於遠用光學中心 5 mm，則其跳像量為何？
    a. 1.25△
    b. 1.75△
    c. 2.25△
    d. 2.75△
    e. 以上皆非

22. 求得以下處方的跳像量：
    O.D. +3.00 −1.00 × 180
    O.S. +3.50 −1.25 × 180
    加入度：2.25 D
    子片高度 = 15 mm
    子片樣式為 Ultex A
    鏡片安裝於 48 mm 的圓形鏡框內，無遠用偏移，子片內偏距為 2.5 mm。
    a. 6.75△
    b. 2.025△
    c. 8.55△
    d. 3.375△
    e. 以上皆非

訂購閱讀和中距離的鏡片

23. 某處方如下：
    −0.50 −0.25 × 180
    −0.50 −0.25 × 180
    加入度：+2.00
    配戴者希望有一副遠用眼鏡和一副閱讀眼鏡。閱讀眼鏡的度數應為何？
    a. +2.00 D 球面
       +2.00 D 球面
    b. +2.00 −0.25 × 180
       +2.00 −0.25 × 180
    c. +2.50 −0.25 × 180
       +2.50 −0.25 × 180
    d. +1.50 D 球面
       +1.50 D 球面
    e. +1.50 −0.25 × 180
       +1.50 −0.25 × 180

24. 某名三光鏡片配戴者的處方如下：
    O.D. −1.25 −0.50 × 005
    O.S. −1.75 −0.25 × 175
    加入度：+2.50 D
    三光鏡片的中間區為 50%
    配戴者覺得中間度數剛好適合電腦工作，且近用度數適合文書處理，其從未使用遠用區。何種處方符合配戴者的使用目的？
    a. pl −0.50 × 005
       −0.50 −0.25 × 175
       雙光鏡片加入度：+2.50
    b. −0.62 −0.50 × 005
       −1.12 −0.25 × 175
       雙光鏡片加入度：+1.75
    c. −2.25 −0.50 × 005
       −2.75 −0.25 × 175
       雙光鏡片加入度：+1.25
    d. pl −0.50 × 005
       −0.50 −0.25 × 175
       雙光鏡片加入度：+1.25
    e. 以上皆非

25. 某處方如下：

　　$+2.00\ -1.00 \times 090$

　　$+2.00\ -1.00 \times 090$

　　加入度：$+2.50\ D$

　　雙光鏡片的中間區為 70%

　　利用鏡片驗度儀讀取的中間區度數為何？

　　a.　$+3.15\ -1.00 \times 090$

　　b.　$+3.75\ -1.00 \times 090$

　　c.　$+2.45\ D$

　　d.　$+3.25\ -1.00 \times 090$

　　e.　以上皆非

調節和效用

26. 41 歲的某人剛開始感覺長時間近距離工作有些困難，他表示希望將眼鏡改為隱形眼鏡。此人的遠用處方為：

　　右：$+6.75\ -0.75 \times 180$

　　左：$+6.75\ -0.75 \times 180$

　　下列敘述何者正確？

　　a.　此人在配戴隱形眼鏡之後，近距離工作時將感覺更疲勞

　　b.　此人在配戴隱形眼鏡之後，近距離工作時的疲勞感將獲得改善

　　c.　此人在配戴隱形眼鏡之後，近距離工作時的疲勞程度仍然相同

27. 下列眼鏡鏡片處方的配戴者，何者在近距離工作時可能感覺較為疲勞？

　　a.　$+2.00\ -1.00 \times 180$

　　　　$+2.00\ -1.00 \times 180$

　　b.　$+3.00\ -2.50 \times 180$

　　　　$+3.00\ -2.50 \times 180$

　　c.　$+5.50\ -3.50 \times 180$

　　　　$+5.50\ -3.50 \times 180$

　　d.　$+6.00\ -3.75 \times 180$

　　　　$+6.00\ -3.75 \times 180$

　　　　加入度：$+2.25$

28. 某位 50 歲的 $-6.00\ D$ 近視者，其加入度為 $+1.00\ D$，決定接受屈光手術。假設屈光手術後雙眼的遠距屈光誤差為 0，你預期手術後將發生何事？

　　a.　此人即使接受了屈光手術，可能仍需要 $+1.00\ D$ 的加入度

　　b.　此人將需要比手術前稍低的加入度

　　c.　無論手術醫師植入的人工水晶體為何，此人於屈光手術後可能不再需要加入度

　　d.　此人於屈光手術後需要高於 $+1.00\ D$ 的加入度

29. 某人配戴 $+6.00\ D$ 的眼鏡鏡片處方，其頂點距離為 13 mm。若欲清楚看見距離眼鏡平面 25 cm 的物體，眼睛所需的調節量為何？

近用區的水平向稜鏡

30. 兩鏡片的子片各需要 0.75Δ 基底向內的處方稜鏡。若經由子片偏移產生此稜鏡量，超過近用瞳距測量值或計算結果，則所需增加的子片內偏距為何？（加入度為 $+2.00\ D$)

　　a.　每個鏡片需增加 1.5 mm 的子片內偏距

　　b.　每個鏡片需增加 2.7 mm 的子片內偏距

　　c.　每個鏡片需增加 3.8 mm 的子片內偏距

　　d.　每個鏡片需要 1.5 mm 的子片外偏距

　　e.　以上皆非

31. 某處方如下：

　　$+0.50\ -0.75 \times 005$　　僅近用區有 1.50Δ 基底向內的稜鏡

　　$+0.50\ -0.75 \times 175$　　僅近用區有 1.50Δ 基底向內的稜鏡

　　加入度：$+2.00$

　　瞳距 $= 66/62$

　　a.　使用平頂子片產生正確的近用稜鏡量，所需的子片總內偏距為何？

　　b.　欲使近用瞳距的閱讀中心至子片邊緣最少有 10 mm 的距離，則所需的子片尺寸為何？首先以理論上的子片尺寸作為答案。接著根據現有的平頂子片尺寸，寫出你將使用的尺寸。

32. 處方的遠用度數為 pl −1.00 × 180，加入度為 2.00。兩眼於近用區的處方亦需要 1.5Δ 基底向內的稜鏡。若使用偏移的平頂 35s 產生近用稜鏡，則需將子片往哪個方向偏移？
    a. 向內
    b. 向外

33. 承第 32 題，子片需從原始近用瞳距位置偏移多遠，以產生僅近用區所需的稜鏡效應？
    a. 1.3 mm
    b. 3.0 mm
    c. 7.5 mm
    d. 13.0 mm
    e. 資訊不足無法作答

以下內容適用於第 34 ～ 35 題。

某處方如下：
+1.00 −0.50 × 180 　　僅近用區有 2.00Δ 基底向內的稜鏡
+1.00 −0.50 × 180 　　僅近用區有 2.00Δ 基底向內的稜鏡
加入度：+2.25
配戴者的瞳距為 65/62
經水平向偏移子片以產生近用稜鏡

34. 若使用瞳距尺和一般方式進行測量，配戴者眼鏡兩子片光學中心的距離為何 (單位為 mm) ？
    a. 40 mm
    b. 44 mm
    c. 47 mm
    d. 80 mm

35. 欲執行近距離工作，理論上鏡片的子片尺寸最小應為何 (單位為 mm) ？ (答案不需對應至現有的多焦點鏡片子片)
    a. 28 mm
    b. 31 mm
    c. 35 mm
    d. 38 mm
    e. 45 mm

36. 某處方如下：
−2.00 −0.50 × 090 　　僅近用區有 2.50Δ 基底向外的稜鏡
−2.00 −0.50 × 090 　　僅近用區有 2.50Δ 基底向外的稜鏡
加入度：+2.00 D
配戴者的瞳距為 64/61
經水平向偏移子片以產生近用稜鏡。每個子片所需的總內偏距或外偏距為何 (單位為 mm) ？
    a. 6.5 mm 外偏距
    b. 8 mm 外偏距
    c. 11 mm 外偏距
    d. 12.5 mm 外偏距
    e. 14 mm

37. 針對第 36 題的處方，若需有足夠的閱讀區域，則所需的子片尺寸最小為何？
    a. 28 mm
    b. 35 mm
    c. 40 mm
    d. 45 mm
    e. 以上子片皆過小

38. 這個問題相當困難，請仔細思考。某眼鏡鏡片配戴者的遠用處方為 −2.50 D 球面，加入度為 +2.50。若子片向鼻側或顳側偏移，則子片可視區的水平向稜鏡效應是否出現變化？
    a. 是
    b. 否

漸進多焦點鏡片

漸進多焦點鏡片 (**progressive** addition lenses) 有時稱為隱形雙光鏡片。隱形雙光鏡片包含圓形子片，其遠用區和雙光子片之間的分界線已拋光去除，而使這兩區域似乎熔合在一起。事實上，隱形雙光鏡片即為熔合雙光鏡片，並非是漸進多焦點鏡片 (關於熔合雙光鏡片的詳細內容請見第 5 章)。

第一部分
漸進多焦點鏡片的測量與裝配

漸進多焦點鏡片是由特殊設計的前弧製成，鏡片前弧曲面的變化使正度數由遠用區往近用區逐漸地增加。根據設計，此類可變度數的漸進多焦點鏡片僅需調整頭部和眼睛的位置，即可在任何視物距離下皆能獲得清晰的視野。

漸進多焦點鏡片的構造

如同子片型多焦點鏡片，漸進多焦點鏡片 (PAL) 可將鏡片分為不同的區域，但無法察覺漸進多焦點鏡片的這些區域。圖 20-1 的鏡片顯示了這些區域。

鏡片的上半部基本上是遠用區。近用區位於鏡片下方內側，即近用加入度數所在之處。介於遠用區和近用區之間的區域稱為漸進區 (*progressive corridor*)，乃鏡片度數逐漸變化的區域。

選擇鏡框

為漸進多焦點鏡片的配戴者選擇鏡框時，必須留有足夠的空間供漸進區和近用區使用。這兩個區域不如雙光鏡片的子片易於察覺，因此可能會在無意中被切除。漸進多焦點鏡片剛在美國推出時，曾發生這個問題。當時流行垂直高度較窄的鏡框，此類鏡框裝配漸進多焦點鏡片，將導致大量的近用區被切除。由於人們無法近距離視物，配鏡人員誤認為是鏡片的問題，因此在裝配漸進多焦點鏡片時，務必選擇合適的鏡框。以下是需記住的幾個重點：

1. 鏡框必須具備足夠的垂直高度。每種鏡片類型皆有製造商建議的最低裝配高度，應使用鏡片製造商的建議值。漸進多焦點鏡片的最小裝配高度視情況而定，最低約為 18 mm。若垂直高度低於最小裝配高度，則需選擇不同的鏡框，或使用針對高度較窄之鏡框所設計的特殊短帶型鏡片，否則將無法保留足夠的閱讀區域。

2. 鏡框在鼻側下方必須有足夠的鏡片區域，以容納近用漸進光學區。有時鏡框有足夠的「B」尺寸，但切除了鼻側的鏡片區域。飛行員款式即此類鏡框的範例。

3. 鏡框應有較短的頂點距離。鏡框越接近眼睛，便可提供越寬廣的閱讀與遠距離雙重視野。

4. 鏡框必須能配合臉型調整前傾角，建議的傾斜角為 10 ~ 12 度。當漸進區和近用區更接近眼睛時，可產生較寬的中間和近用視野。

5. 鏡框必須有足夠的鏡框彎弧 (face form)，以使漸進區產生較寬的可視區域。

第 4 章詳細討論漸進多焦點鏡片的鏡框選擇規範。建議讀者再次閱讀該章節，特別注意圖 4-14。

選擇適當的漸進多焦點鏡片類型

大部分的漸進多焦點鏡片為通用型，乃因多數配戴者只有一副眼鏡。儘管通用型漸進多焦點鏡片適用於大多數的配戴者，但仍有一些其他的考量：

1. 適合使用何種通用型漸進多焦點鏡片？可依據配戴者的需求選擇特定類型的通用型漸進多焦點鏡片。詳細內容請見第二部分的通用型漸進多焦點鏡片。

2. 配戴者的處方是否包含較高的柱面度數？若是如此，應考慮使用非複曲面的鏡片設計 (請見「使用非球面／非複曲面磨面方法的設計」之內文)。使用此設計將減少鏡片周邊不必要的畸變。

3. 若鏡框的垂直「B」尺寸較小，應選擇短帶型漸

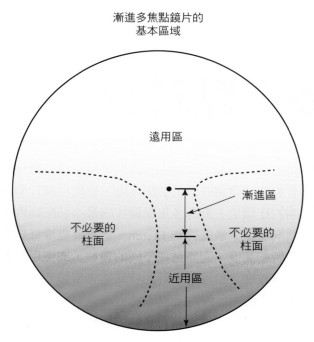

漸進多焦點鏡片的
基本區域

遠用區

漸進區

不必要的
柱面

不必要的
柱面

近用區

圖 20-1　漸進多焦點鏡片的基本構造包括位於鏡片上半部的遠用區、位於下半部中央的近用區（略接近鼻側），以及介於遠用區和近用區之間且度數逐漸增加的漸進區。漸進區和近用區兩側則有不必要的柱面量。新型設計將能更佳控制周邊區域的光學性能，使此區域比預期更有可用性。

進多焦點鏡片。儘管短帶型鏡片使用廣泛，但特別適用於這類鏡框。更多關於此主題的內容，請見第三部分的特殊漸進多焦點鏡片。

4. 配戴者是否長時間使用電腦？或是在小型辦公室環境中工作而需中距離視力？若上述為真，配戴者可能需要近用變焦職業型漸進多焦點鏡片。此類鏡片的近用區位於鏡片頂端，並具備較寬的中間漸進區與近用區。配戴者不應將職業用漸進多焦點鏡片作為唯一的一副眼鏡，除非此人的處方不含遠用度數，只需配戴閱讀眼鏡。這類鏡片應作為第二副眼鏡使用。更多關於此主題的內容，請見第三部分的特殊漸進多焦點鏡片。

漸進多焦點鏡片的測量和訂購

漸進多焦點鏡片連接鏡片遠用區和近用區的漸進區相對狹窄，該區域也用於中距離視物。除非眼球沿著此區域正中心往下移動，否則這類鏡片的效果不佳，因此必須分別測量兩眼的瞳距及其準確的垂直高度。

製造商利用配鏡十字 (fitting cross) 協助確認漸進區的位置。配鏡十字通常位於漸進區起始點上方 4 mm，應在配戴者瞳孔中心的正前方。

漸進多焦點鏡片的標準配鏡測量方式

下列測量技術適用於所有漸進多焦點鏡片的製造商或設計，需搭配使用該鏡片製造商的中心定位圖 (centration chart)。圖 20-2 為中心定位圖的範例。

1. 測量單眼瞳距。建議使用瞳距儀進行測量（瞳距儀的使用方式請見第 3 章）。

2. 依據配戴者的需求調整鏡框，包括前傾斜、鏡框高度、頂點距離、鏡框彎弧和鼻墊對齊。確認鏡框戴在臉部時無歪斜。若未調整鏡腳，應在測量時固定鏡框，避免鏡框滑下鼻樑。

3. 若鏡框尚未安裝透明塑膠鏡片或配戴者的舊鏡片，應將無色（無紋路）透明膠帶貼於整個空鏡框上。

4. 配鏡人員和配戴者的眼睛保持同高。當配戴者注視配鏡人員的鼻樑時，配鏡人員在鏡片或膠帶上畫一條水平線，該線應通過瞳孔中心。以相同方式測量左、右眼。

5. 將鏡框置於製造商的中心定位圖，並向左或向右移動，直至鼻橋對準中央的箭頭圖形。接著將鏡框上下移動，使瞳孔中心的水平標記線重疊於圖中的水平軸（圖 20-3）。在水平線上以垂直線標記先前測得兩眼的瞳距（圖 20-4）。

6. 根據中心定位圖依序讀取第一、第二鏡片的配鏡十字高度（配鏡十字高度是配鏡十字至鏡框下緣內斜角的垂直距離）。將配鏡十字高度和單眼瞳距記錄在訂購單和配戴者記錄表中〔註：配鏡十字高度常被誤認為主要參考點 (MRP) 高度，但事實上兩者並不相同〕。

7. 根據中心定位圖的鏡片圖形檢查鏡框的尺寸和形狀，即是將鏡框置於中心定位圖的鏡坯圓圈，使襯片十字重疊於定位圖中的配鏡十字（圖 20-5）。鏡框中的鏡片應完全在圓圈內。

8. 將附有標記之鏡片或膠帶的鏡框寄至實驗室。

兒童的配鏡十字高度

有時兒童也會使用漸進多焦點鏡片，建議兒童

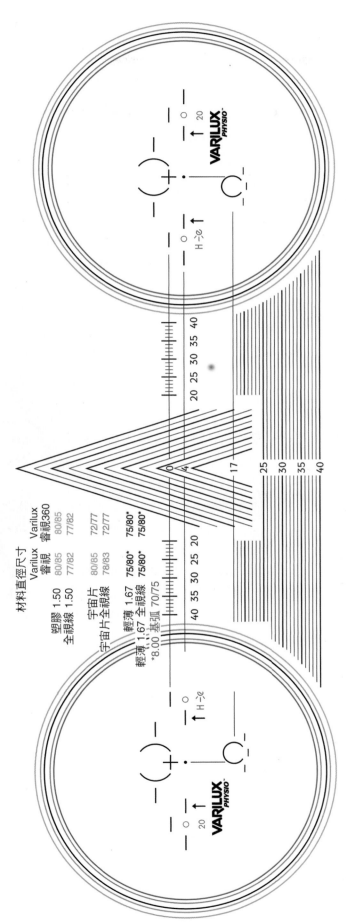

©2005 ESSILOR OF AMERICA, INC. ESSILOR IS A REGISTERED TRADEMARK AND VARILUX PHYSIO IS A TRADEMARK OF ESSILOR INTERNATIONAL, S.A.　LPHY200025　1105 CPI

圖 20-2　製造商的中心定位圖有助於讀取配鏡十字的高度。若單眼瞳距尚未以瞳距儀測得，但已標記於鏡片上時，透過此圖的水平刻度將可易於確認瞳距（圓圈是用於確認最小鏡坯尺寸）(Courtesy of Essilor of America, Dallas, TX)。

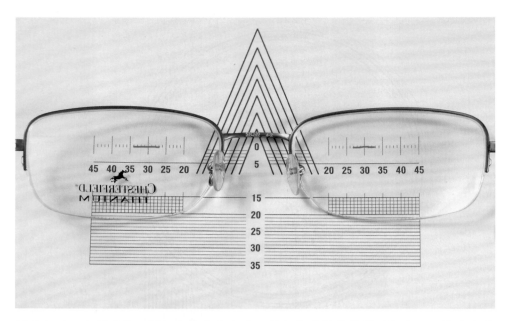

圖 20-3　此副眼鏡已標記配鏡十字高度。鏡框的鼻橋對準箭頭中央。配鏡十字線位於水平線上，鏡片最低處所對齊的水平線刻度即為配鏡十字高度。

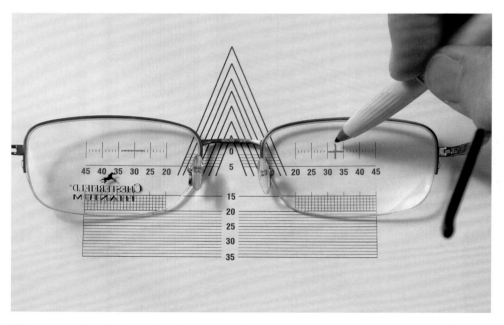

圖 20-4　在檢查鏡框所用的鏡坯是否夠大之前，需將先前測得配戴者的單眼瞳距標記於鏡片上。

的鏡片裝配高度比正常高 4 mm[1]。調節性內斜視即為兒童可能配戴漸進多焦點鏡片的範例。

若兒童在接受白內障手術後失去調節能力，此時裝配高度不會位於瞳孔中心上方 4 mm，而是將配鏡十字保持在正常的位置。

配鏡十字高度位於瞳孔中心上方 4 mm 處，有助於確保兒童能透過近用區閱讀。這與對兒童雙光鏡片所建議的配鏡高度一致。裝配兒童雙光鏡片時，其子片分界線通常位在瞳孔中心。

兒童對配鏡十字提高 4 mm 的適應良好，並使用近用區進行近距離工作。Kowalski 等人[2]比較配戴漸進多焦點鏡片的 235 名近視兒童，以及配戴單光鏡片的 234 名近視兒童的適應能力。漸進多焦點鏡片的配戴者其配鏡十字高於瞳孔中心 4 mm，該研究

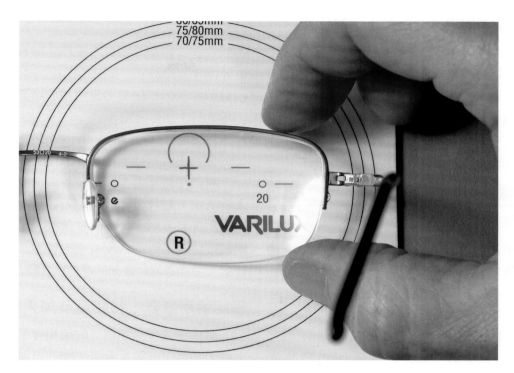

圖 20-5　欲確認鏡框使用的鏡坯是否夠大，可將襯片上已標記的配鏡十字置於鏡坯圖形的配鏡十字之上。經磨邊處理的鏡片或鏡片開口應完全在圓圈內，該圓圈即所需的最小鏡坯尺寸。若圖中最大的鏡坯尺寸無法圈住已磨邊的鏡片或鏡片開口，表示鏡框過大而應選擇另一種鏡框。

總結出「多數輕度至中度近視的兒童，能成功適應高於標準成人裝配高度 4 mm 的漸進多焦點鏡片。此較高的配鏡高度準則有助於確保兒童能獲得近用加入度的所有益處。如同對成人的作法，亦需向兒童展示並強調漸進多焦點鏡片的正確使用方式，包括頭部姿勢的變化、頭部移動、眼睛移動，以及提供初期可能發生的適應症狀。這些結果顯示漸進多焦點鏡片不會干擾兒童在課堂上、使用電腦或體能活動 (如運動) 時的視覺需求[2]」。

　　儘管該研究只包含輕度至中度近視的兒童，但可假設其他屈光不正的兒童也有相似結果。

漸進多焦點鏡片配鏡測量的替代方式
在襯片或膠帶上標記十字

　　有時無法以瞳距儀測量單眼瞳距。針對此情況，可只用油性筆和鏡框的方式取代：

1. 調整鏡框以正確貼合配戴者的臉型。
2. 保持與配戴者的視線在同一高度，相隔約 40 cm。
3. 閉上右眼，請配戴者注視你睜開的左眼。

4. 使用油性筆在右眼鏡片上標記十字。若鏡框尚未安裝鏡片，將透明膠帶貼在鏡片開口處並標記於膠帶上。在配戴者右眼瞳孔中心前方的膠帶上畫十字 (圖 3-5)。
5. 接著閉上左眼，睜開右眼，請配戴者注視你睜開的右眼。在左眼瞳孔中心前方的鏡片或膠帶上標記十字。
6. 標記瞳孔中心所涉及的動作易使配戴者無意移動頭部，因此務必仔細重複檢查這些標記。若配戴者的頭部稍微偏向一側，則將導致錯誤的單眼瞳距。由於兩眼的單眼瞳距略有誤差，然而加總後卻成為正確的雙眼瞳距，而使錯誤難以被發現。
7. 確認已準確標記瞳孔中心後，即可移除鏡框。使用漸進多焦點鏡片製造商的中心定位圖，分別測量並記錄鼻橋中心至兩個十字中心的距離。

　　選擇使用角膜反射取代瞳孔幾何中心的配鏡人員，可將筆燈直接置於配鏡人員睜開的眼睛下方，作為反射所需的光源 (第 3 章)。

使用紅點程序主觀地確認配鏡十字的位置

為了主觀地確認配鏡十字的位置，可運用先前所述方法，但以紅點取代十字或是在十字中心畫紅點。完成測量後，請配戴者直視遠方的物體。若配戴者的視線通過紅點，該物體應呈現粉紅色。首先分別遮住兩眼。若配戴者的單眼或雙眼需轉動頭部才可見粉紅色的物體，則需重新標記鏡片[3]。

漸進多焦點鏡片的確認

主要參考點或區域

自實驗室送回的處方眼鏡上有可移除的標記，例如遠用度數參考弧、配鏡十字、水平標誌線以及稜鏡參考點 (prism reference point, PRP)，亦可能包含近用度數參考圈 (圖 20-6)。遠用度數參考弧指出鏡片驗度儀測得鏡片遠用度數的建議位置。

- 遠用參考點 (distance reference point, DRP) 位於參考圈的中心。

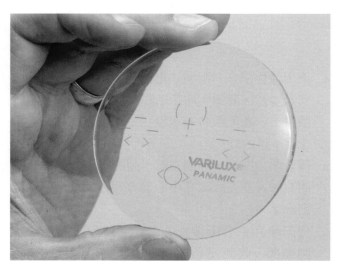

圖 20-6　剛收到的漸進多焦點鏡片通常有可見的標記或轉印圖樣，這些標記是用於確認與裝配，如照片所示。上方的半圓或括號區域可用於確認鏡片的遠用度數。配鏡十字應位於瞳孔正前方。位於配鏡十字正下方的點是稜鏡參考點 (主要參考點)，可確認稜鏡效應的位置。下方的圓圈則用於確認近用度數。左、右兩組水平標誌線為隱形標記所在之處，能重現被清除的可視標記。左、右兩組括號 <> 是隱形商標及標示加入度數的位置。無論隱形商標是否以橢圓形表示，皆標示於漸進多焦點鏡片上，可用於辨認未知的漸進多焦點鏡片品牌。

- 配鏡十字通常位於瞳孔中心。
- 鏡片左、右側的兩條水平標誌線有助於確認鏡片呈水平或傾斜。
- 位於中央的稜鏡參考點可用於確認稜鏡度數，其等同於主要參考點。
- 近用參考點 (near reference point, NRP) 在鏡片下方的參考圈內，可用於確認近用度數 (圖 20-7)。

建議保留漸進多焦點鏡片表面的標記，直至病人確認處方鏡片並完成裝配，如此配鏡人員可確認遠用和近用度數。最終調整鏡框後，也能更容易判斷鏡片位置是否符合配戴者的臉型。若已清除臨時標記，可透過鏡片表面的隱形刻印使記號重現。

確認遠用度數、稜鏡量及加入度數

測量漸進多焦點鏡片的遠用度數時，應將鏡片上標記為遠用度數參考弧／圈的區域置於鏡片驗度儀的孔徑前方 (圖 20-8)。遠用度數的測量區是由製造商決定，稱為遠用參考點。

然而，儘管視標稍顯模糊，稜鏡量需在稜鏡參考點的特定位置進行測量 (圖 20-9)。由於漸進區始於稜鏡參考點，位於視野下半部的視標可能變得模糊。

可預期所有類型的多焦點鏡片，漸進多焦點鏡片近用區的度數，會受到遠用度數和加入度數的影響，應從近用度數區中央的圓圈標記處讀取度數 (圖 20-10)。此參考點由製造商設定，稱為近用參考點。

圖 20-10 顯示近用加入度可由後頂點度數測得，如同標準多焦點鏡片，但為了求得最準確的加入度，應在鏡片倒轉的情況下讀取遠用和近用度數，並計算加入度數 (圖 20-11)。實務中具有低加入度數的低度數鏡片可採用後頂點度數測量值，但在遠用度數與加入度數其一或兩者皆較高的情況下，前頂點度數能提供更準確的讀值 (第 6 章)。

實務中很少測量漸進多焦點鏡片的近用加入度數，乃因近用加入度數會以隱形標記數值出現在鏡片前表面上。相較於使用鏡片驗度儀測量近用度數，確認隱形標記是常見的作法。

確認配鏡十字高度和單眼瞳距

檢查配鏡十字高度和單眼瞳距時，應將眼鏡鼻橋對準製造商中心定位圖中央的箭頭圖形。鏡片的

圖 20-7　確認漸進多焦點鏡片時，作為確認遠用度數的區域將高於其他類型鏡片。製造商決定用於確認的位置稱為遠用參考點，以半圓形標記其位置。稜鏡參考點可確認稜鏡量，等同於主要參考點 (MRP)（注意位於瞳孔中心的配鏡十字不同於主要參考點。儘管如此，許多配鏡人員仍將「配鏡十字高度」和「主要參考點高度」這兩個詞彙互換誤用）。在製造商設定的圓圈位置確認加入度數，稱為近用參考點。配鏡十字的位置則無需確認。

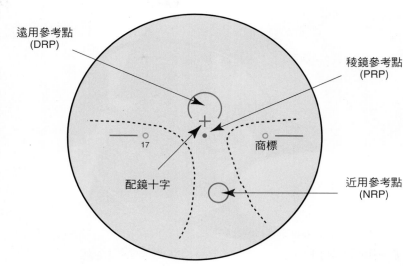

漸進多焦點鏡片的
裝配及確認點

遠用參考點 (DRP)

稜鏡參考點 (PRP)

配鏡十字　　17　　商標

近用參考點 (NRP)

圖 20-8　確認漸進多焦點鏡片的遠用度數時，必須將鏡片的參考圈對準鏡片驗度儀的孔徑周圍，如圖所示，以確保度數讀值不受到漸進區度數變化的影響。

水平線必須位於（或平行於）中心定位圖的水平軸，且配鏡十字高度與「0」齊平。根據此位置確認單眼瞳距與配鏡十字高度。

　　亦應確認鏡片上隱形刻印的位置（圖 20-12），以確保鏡片已確實標記。有時實驗室也需將在鏡片處理過程被移除的可視標記重新補上。若可視標記看似正確，但與隱形刻印不一致時，鏡片即不正確。

定位漸進多焦點鏡片的隱形刻印

　　所有漸進多焦點鏡片其表面皆有相當類似的標記或刻印，這些標記可直接用於識別設計、製造商及加入度數。亦能間接用於重建臨時標記，如遠用度數、稜鏡參考點和近用度數。用於重建臨時標記的隱形刻印，以圓形、方形、三角形或是鏡片兩側的商標等方式呈現。

　　多數品牌的加入度數刻印於顳側標記下方 4 mm

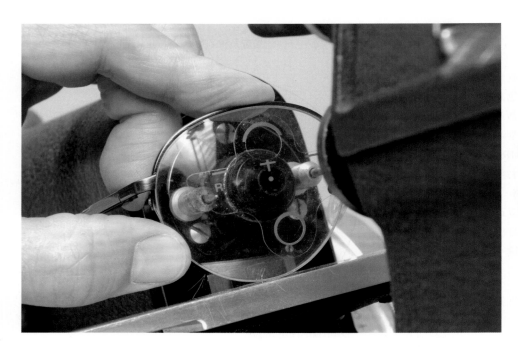

圖 20-9　在確認稜鏡效應時，需確認鏡片位於配鏡十字正下方中央點的稜鏡參考點。

圖 20-10　當遠用和近用度數皆較低時，可透過圖中顯示的後頂點度數確認近用度數。在任何情況下，必須以近用參考圖讀取近用度數。然而正確的方式是利用前頂點度數求得近用加入度，如圖 20-11 所示。

處，有些則位於該標記之上。許多品牌將用於識別設計或製造商的標記，刻印於鼻側標記下方 4 mm 處。

有時不易發現隱形刻印。以下三段將討論有助於配鏡人員定位刻印的方法。

使用黑色背景

使用黑色背景時，需手持鏡片以確保有充足的光線。在鏡片對側的兩邊或上方放置光源，通常也有所幫助。將鏡片傾斜並由各個角度檢視前表面，直至可見標記。

使用螢光燈泡

將螢光照明光源置於鏡片後方，可找出鏡片上的隱形標記。使用此方式時，需手持鏡片並朝向背景的螢光燈，以便檢視鏡片表面。

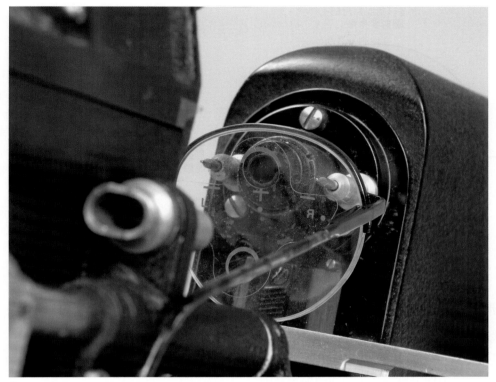

A

B

圖 20-11　若遠用度數和／或加入度數較高，則需以前頂點度數測量加入度數（並非是遠用度數），如同其他類型的多焦點鏡片。**A.** 欲取得精確的加入度數，第一步是透過遠用區測量前頂點度數。**B.** 為了準確測量加入度數，第二步是透過近用區測量前頂點度數。兩個前頂點度數之差值即為近用加入度數。

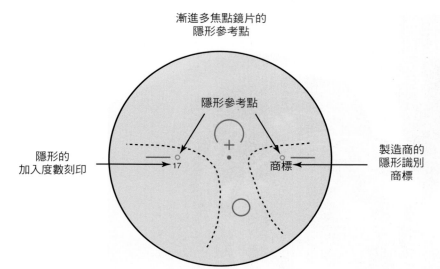

漸進多焦點鏡片的
隱形參考點

隱形參考點

隱形的
加入度數刻印

製造商的
隱形識別
商標

圖 **20-12**　製造商將隱形標記置於漸進多焦點鏡片前表面的原因有四個：(1) 辨識其產品，使配鏡人員能確認訂購了正確的產品；(2) 識別已被配戴的不明鏡片；(3) 顯示度數；(4) 提供參考點以重新標示可視標記作為確認。此圖中的 17 代表加入度數為 +1.75 D。

使用找出隱形圓圈的儀器

用於尋找隱形圓圈的依視路 (Essilor) 儀器，是由放大鏡和以燈泡照明的鏡片放置區所組成。如此在受控制的環境下可方便識別鏡片 (圖 20-13)，乃因鏡片看似較大且清楚，也更容易看見標記。圖 20-14 顯示透過該儀器所見的隱形標記。

識別未知的漸進多焦點鏡片

若某人配戴的漸進多焦點鏡片，其鏡片製造商、鏡片設計或鏡片材料不明時，隱形標記將顯示所需訊息。記住，用於辨識設計的隱形標記，常刻印在鼻側隱形圓圈或標記下方 4 mm 處。欲「解讀」這些標記，請見美國光學實驗室協會 (OLA) 的漸進多焦點鏡片識別圖 (*Progressive Identifier*) (圖 20-15)，該文件顯示各種漸進多焦點鏡片類型及其隱形標記的圖片，前方是標記的索引。根據索引尋得標記，找出對應頁數的鏡片。漸進多焦點鏡片識別圖提供的資料包括鏡片種類、材料、配鏡十字位置和建議最小裝配高度，可透過批發商的光學實驗室或直接向光學實驗室協會索取。

使用隱形刻印重新標示鏡片

重新標示鏡片時，可用細頭筆在前表面點出兩個隱形刻印圓圈 (或標記) 的中心處，再將這兩點置於相對應的製造商中心定位圖上。可從定位圖找出其他標記，如度數控制參考圈、配鏡十字和光學中心 (OC)。亦可用塑膠製配鏡轉印圖樣作為替代方案。

轉印圖樣為一組兩個，每一側眼睛各一個，其近用參考圈會往鼻側偏移。

漸進多焦點鏡片的裝配

配戴者的配鏡確認

確認處方正確後，需調整鏡框以符合配戴者的臉型，並遵循正常鏡框安裝準則。此外，為了提供最大的可能視野，應依照下述方式調整鏡框：
1. 縮小頂點距離
2. 有足夠的鏡框彎弧
3. 看似適合配戴者的最大前傾斜

若鏡片上仍有可視標記，亦需確認下列內容：
1. 配鏡十字應於每個瞳孔中心的前方 (若兩眼的垂直高度不等，確認配鏡十字的位置尤其重要)。
2. 鏡片上的水平標誌線應呈水平且無傾斜。

移除可視標記

實驗室送回的漸進多焦點鏡片上有非水溶性的可視標記，可利用酒精或酒精棉片將之去除。有時標記可能難以去除。建議先以熱風烘框器將鏡片加熱，即可較容易去除這些頑固的標記。酒精對於加熱過的標記或許能發揮更好的效用。

配鏡時給予配戴者的指示

配鏡時對新配戴者說明漸進多焦點鏡片的特性，有助於使其更加適應。

為了說明漸進多焦點鏡片有全視區的特性，取

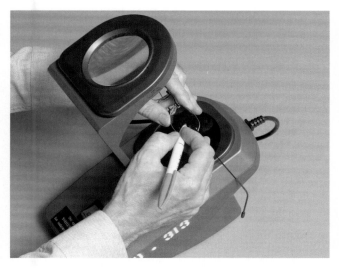

圖 20-13　相較於以肉眼查看，透過此依視路儀器可更容易觀察到漸進多焦點鏡片上的隱形標記。鏡片採開放式置於儀器上，可透過儀器查看，並同時以記號筆點出標記的位置。

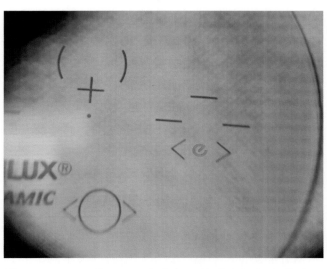

圖 20-14　此圖顯示漸進多焦點鏡片在依視路儀器下所見的永久性隱形標記。永久性鏡片識別商標位於暫時性括號標記之間（為了提高清晰度，圖中透過儀器所見的照片已做修改）。

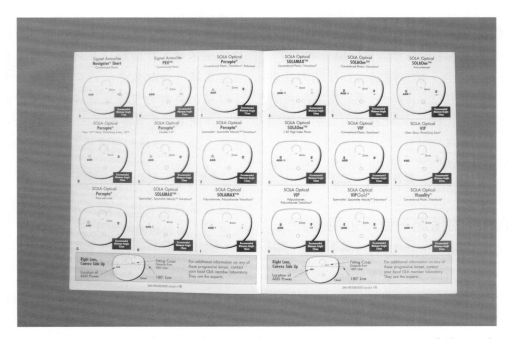

圖 20-15　此頁取自美國光學實驗室協會的漸進多焦點鏡片識別圖，可獲得漸進多焦點鏡片的相關資料。

出近點視力表並保持與視線等高的中距離範圍內。指示配戴者透過遠用區直視近點視力卡，接著請病人將頭部後傾，直至視力卡上的字母清楚顯示。當視力卡逐漸接近眼睛方向移動時，頭部持續後傾以顯示鏡片所有的視區。

　　配戴漸進多焦點鏡片時較需移動頭部，因此有些配鏡人員建議配戴者在視物時，先將鼻子朝向該物體，再抬頭或低頭直至物體清晰為止。

　　亦應請配戴者注意，若從鏡片周邊注視時將出現畸變，使之了解此現象是可預期的。請配戴者的頭部保持不動並注視近點視力卡，當左右移動視力卡時，可顯示近用區視力較不清晰的區域。有些研

究觀察到，對畸變和頭部移動次數增多的適應速度，攸關於是否持續配戴鏡片，意即長時間配戴鏡片可加速適應過程。請對新配戴者強調這點的重要性。

再次記住，最好將鏡片上的任何畸變區域告知配戴者，而非使其自行「發現」當作問題回報。若預先告知此鏡片特性，當問題發生時，將會認為配鏡人員是專業的。若配戴者發現此問題並回報之，事後再解釋的配鏡人員將處於尷尬的場面。

排除漸進多焦點鏡片的問題

漸進多焦點鏡片配戴者所面臨的多數問題皆與不遵守配鏡準則有關，以下列出數個不應發生的常見錯誤。

- 一側眼睛的單眼瞳距正確，另一眼則為錯誤。這發生在使用直尺或於鏡片上測量單眼瞳距的情況下，且配鏡人員僅依據單眼數據測量兩個鏡片。
- 瞳距測量值為雙眼瞳距，而非兩個單眼瞳距。
- 只測量單眼的配鏡十字高度，但兩眼使用相同的測量值。必須在左、右眼分別測量配鏡十字高度。

若配戴者返回抱怨，檢查問題最直接的方式是先回復漸進多焦點鏡片上的標記，並於實際配戴時檢查標記的位置是否正確，如此通常可直接找出問題所在。

若未立即尋得解決方式，表 20-1 提供一些常見的抱怨及其原因，並列出可能的解決方案。

在近用瞳距錯誤的情況下使用近用瞳距法

有時需解決近用區視野不足的問題，造成此現象的原因有許多種 (表 20-1)。當所有方案皆無法解決問題時，便可能是單眼遠用瞳距正確，但單眼近用瞳距卻過大或過小。可用下列方式解決此問題。

許多漸進多焦點鏡片的近用區皆內移 2.0 ～ 2.5 mm，多數製造商採用每片鏡片內移 2.5 mm 的作法 (新型漸進多焦點鏡片則依遠用度數決定近用內移量 *)。對於某些配戴者，每個鏡片的「子片」內偏距可能不同於瞳距儀所測得的近點瞳距。內偏距

過多可能導致錯誤的通道位置，即過於接近鼻側並限制近點視野，造成配戴者無法適應的狀況 [4]。

針對遠用瞳距較小者，所需的內偏距將少於標準漸進多焦點鏡片使用的內移量。此狀況也可能出現在裝配漸進多焦點鏡片的兒童中。

以下說明如何根據近用瞳距測量值來訂購漸進多焦點鏡片：

1. 以瞳距儀測量單眼近用瞳距。
2. 將左、右單眼近用瞳距測量值加上製造商的子片內偏距量。
3. 以新的遠用瞳距計算值訂購鏡片。

有一種方法可預知錯誤的近用瞳距是否會造成問題，該程序請見 Box 20-1。相同的方法也可用於確認近用瞳距位置，評估新的漸進多焦點鏡片配戴者抱怨近用視野寬度不足的問題。

例題 20-1

某位新的漸進多焦點鏡片配戴者返回抱怨鏡片的閱讀區域不足。你回復鏡片的標記後，發現配鏡十字位置正確。請配戴者將頭部後傾並注視你的鼻樑，你發現配戴者的視線未通過近用參考圈。參考圈過度向鼻側偏移。目前的單眼遠用瞳距為右眼：28.5；左眼：29.0。你應如何重新訂購適當的眼鏡？

解答

將瞳距儀設定在近距離工作 40 cm 處，測量單眼近用瞳距，兩個數據分別為：

右眼：27.5 mm
左眼：28.0 mm

鏡片製造商提供的資料顯示，所用的漸進多焦點鏡片其每鏡片子片內偏距量為 2.5 mm*。為了有正確的近用瞳距，設定左、右眼鏡片的遠用瞳距時，需比測得的近用瞳距寬 2.5 mm，因此單眼遠用瞳距將為

右眼：27.5 + 2.5 = 30.0
左眼：28.0 + 2.5 = 30.5

訂購的遠用瞳距則是

左眼：30.0 mm
右眼：30.5 mm

---

* 當遠用處方有較高的負度數，也可能需要較少的「子片」內偏距，當眼睛輻輳時，通過鏡片往鼻側注視所致基底向內的稜鏡效應 (請見第 3 章如何根據遠用瞳距和遠用鏡片度數預測近用瞳距的相關內容)。

* 若未標示內偏距，可測量製造商的鏡片中心定位圖中配鏡十字至近用參考圈中心的水平距離，以求得此數值。

表 20-1

排除漸進多焦點鏡片的問題

抱怨	可能的原因	可能的解決方案
配戴者需低頭才能開車或清楚看見遠距離物體。	1. 配鏡十字過高。配戴者的視線通過漸進區的始點。	A. 調整鏡框以降低配鏡十字。 B. 重新測量裝配高度並訂購鏡片。
中心遠距視力模糊。	1. 配鏡十字過高。配戴者的視線通過漸進區的始點。 2. 遠用屈光度錯誤。	A. 調整鏡框以降低配鏡十字。 B. 重新測量裝配高度並訂購鏡片。 A. 重新確認處方的屈光度。
於中心有清晰的遠距視力，然而兩側模糊（周邊區域）。	1. 鏡片為軟式設計且頂點距離過大。 2. 配戴者無遠用處方或度數很低。鏡片為軟式設計，且遠用區周邊出現畸變。 3. 該鏡片選用錯誤的基弧。	A. 調整鏡框以減少頂點距離。 A. 改為硬式設計，可減少遠用區周邊的畸變程度。 A. 檢查該基弧是否適用於鏡片的遠用度數。
近用視野過小和／或近用視力不佳。	1. 鏡片至眼睛（頂點）的距離過遠。 2. 未指導配戴者如何使用鏡片。 3. 一眼或兩眼的單眼瞳距錯誤。眼睛未在閱讀區的中央，使可用的閱讀區變窄。 4. 鏡片或鏡框裝配過低。 5. 漸進多焦點使用垂直高度過小的鏡框，導致過多的近用區被切除。 6. 加入度數錯誤。 7. 該鏡片設計的近用區寬度無法滿足配戴者的需求。 8. 單眼遠用瞳距正確，但單眼近用瞳距過大或過小。	A. 調整鏡框以減少頂點距離，使鏡框更接近臉部。 B. 增加前傾斜角度，使鏡框下方（近用區）更接近臉部。 A. 指導配戴者如何使用鏡片，並確認其是否了解如何正確使用近用區。 A. 重新測量單眼瞳距並訂製鏡片。 A. 調整鏡框並提高其在臉部的位置。 B. 重新測量並訂製鏡片。 A. 使用垂直高度較高的鏡框。 B. 選擇適用於垂直高度狹窄的鏡框之短帶型鏡片設計。 C. 勿提高加入度數以期解決或避免此問題！ A. 若加入度數過高，正常近用區的度數將不再正確。必要時可重新檢查屈光度並訂購鏡片。 A. 選用近用區較寬的鏡片設計。 B. 建議訂製第二副用於小型辦公室環境的職業用鏡片。 A. 重新測量單眼近用瞳距。將該數值加上製造商的子片內偏距，以此數值訂製單眼遠用瞳距。
配戴者在閱讀時需將閱讀物移至一側。	1. 單眼瞳距錯誤。	A. 重新測量並以正確的單眼瞳距訂製鏡片。
配戴者在閱讀時需將頭部後傾。	1. 鏡片裝配過低。 2. 漸進區對配戴者而言過長。	A. 調整鏡框並提高其在臉部的位置。 B. 重新測量並訂製鏡片。 A. 選用漸進區較短的漸進多焦點鏡片。
中間視物距離的寬度不足	1. 鏡片至眼睛的裝配距離過遠（頂點距離過長）。 2. 單眼遠用瞳距錯誤。 3. 配鏡十字高度錯誤。 4. 鏡片設計過硬。 5. 對於通用型漸進多焦點鏡片，配戴者的中間視物需求過大。	A. 調整鏡框使鏡片更接近臉部。 A. 重新測量單眼瞳距並訂製鏡片。 A. 在正確的裝配高度下調整鏡框。 B. 重新測量配鏡十字高度並訂製鏡片。 A. 鏡片選用軟式設計。 A. 建議訂製第二副職業用漸進多焦點鏡片。

（接續下頁）

表 20-1
排除漸進多焦點鏡片的問題 (續)

抱怨	可能的原因	可能的解決方案
配戴者走動時，周邊物體似乎在移動或「搖晃」。	1. 鏡片不夠接近配戴者的眼睛。	A. 調整鏡框以減少頂點距離。 B. 增加鏡框彎弧。
欲清楚看見中距離和近距離的物體，配戴者需多次移動頭部。	1. 鏡片不夠接近配戴者的眼睛。	A. 調整鏡框以減少頂點距離。 B. 增加鏡框彎弧。
	2. 加入度數過高。	A. 重新檢查近用加入度數，並製作加入度數較低的鏡片。

Data from Enhancing patient satisfaction with Varilux Comfort, video #306-922043, 0399-CP, Essilor of America, St. Petersburg, Fla; Brown WL: Progress in progressive addition lenses, 2001 Ellerbrock memorial continuing education program, Philadelphia, PA, 12/6/2001, pp 303-306; Reference Guide 2002, LPAN200009 05/02CP, Essilor of America.

若遠用鏡片度數較低，也可使用測量近用瞳距的方法。然而若遠用瞳距的度數較高，錯誤的遠用瞳距將導致過多的稜鏡效應。

第二部分
通用型漸進多焦點鏡片
通用型漸進多焦點鏡片的光學特性

　　第一副成功的漸進多焦點鏡片設計，仍保持部分的雙光鏡片特性，其中一個重要的特徵是鏡片上半部為傳統鏡片光學，因此鏡片中線之上的度數即等於遠用處方度數。眼睛從鏡片中線沿著預期視線往下移動，鏡片正度數亦隨之增加。一旦達到完整的加入度數，鏡片度數不再變化。漸進區連接遠用區和近用區。此類鏡片具有球面上半部，乃因鏡片上半部的前表面為球面，而不是非球面。

　　事實上，第一副成功的漸進多焦點鏡片是 1959 年的原始 Varilux 鏡片 (Varilux lens)[5]。1959 年的 Varilux 鏡片運用此設計理念。

不必要的柱面

　　不必要的柱面是漸進多焦點鏡片固有的最大問題。漸進區在正確裝配後能提供清晰的視力，但該區域的兩側將有某些不必要的柱面度數。柱面量和方向的變化取決於鏡片設計及加入度數。若眼睛在漸進區內橫向移動的距離夠遠，柱面將變得更為明顯。

Box 20-1

檢查近用視區

若某人的瞳距特別小，或若你擔心近用視區可能錯誤，可利用以下步驟預先檢查：

1. 測量單眼遠用瞳距及配鏡十字高度。
2. 在安裝於鏡框內的樣品鏡片上標記測量值。
3. 利用鏡片製造商的中心定位圖，定位鏡片近用度數的建議位置。定位圖上以圓圈標示此區域。
4. 使用記號筆在鏡片上描出參考圈。
5. 閉上一眼，在睜開的眼睛下方置放筆燈，將筆燈指向配戴者的雙眼 (你應在配戴者的正常近距離工作範圍內，通常為 40 cm 或 16 in)。
6. 請配戴者注視你睜開的眼睛。將手指置於配戴者的下巴下方，抬起下巴直至眼睛可穿過先前描繪的參考圈視物。
7. 若參考圈未置中，則需調整瞳距使參考圈置中。

為了評估新的漸進多焦點鏡片配戴者抱怨近用視區過小的問題，需找出鏡片的隱形參考圈。在鏡片上描出配鏡十字和近用參考圈 (詳細說明請見本章關於使用隱形刻印重新標示鏡片的內容)。執行上述步驟 5 ～ 7。

沙盤推演

　　某些設計特性可改變鏡片周邊不必要的柱面量。為了協助理解其運作方式，我們簡單以沙盤作為例子。將圓形沙盤內的沙塑形為表面平滑的球面，類似一般單光鏡片的前表面。假設我們想改變沙子

某區的表面曲率，目標是讓表面變成新的「度數」，如同漸進多焦點鏡片的近用區。

我們可從中央開始，逐步增加沙盤內對應至鏡片漸進區的表面曲率。意即我們開始刮沙的表面，將此區的沙子移至另一區。然而沙盤首要的規則之一是「沙子不得離開沙盤*」，對此應如何處置沙子？欲於鏡片上半部保留所有的遠用度數，則不可將沙子移至該處。僅能將沙子堆在漸進區的兩側，再將沙的表面推平。這會改變表面弧度，進而產生不必要的柱面。

漸進多焦點鏡片的相關設計因素

以下列出一些通用的設計因素，可能對不必要的柱面度數及其他鏡片參數造成影響[†]。

1. 加入度數－隨著加入度數增加，將使不必要的周邊柱面量增多。
2. 漸進多焦點鏡片度數變化的速率－遠用區至近用區的漸進度數可或快或慢變化著，形成短或長的漸進區。快速改變代表漸進區的表面曲率於極短距離內產生變化，導致較短的漸進區鏡片。
   當度數快速變化時
   - 中間區的寬度通常較小。
   - 近用區通常較寬且較大[6]。
     若漸進區較長，正度數的變化將較為緩慢。漸進區較長代表不必要的柱面較少；漸進區較短則代表不必要的柱面較多。
3. 中間區的寬度－較大的最小中間區寬度與不必要的柱面量較少有關[6]。若中間區的寬度和面積越小，則不必要的柱面將越大。然而，不必要的散光量與近用區尺寸兩者間並無直接的關係。
4. 各區域的寬度－遠用區、中間區和近用區的寬度互相影響。當其中一個區域較大或較寬時，其他兩區將變得較窄或較小[6]。

使用等高線圖評估漸進多焦點鏡片

1982 年時首次出現用於描述漸進多焦點鏡片表面特性的標準格式，此格式將度數相同的點連接，概念與顯示山地高度的地形圖類似。這類線圖稱為等高線圖 (contour plot)。

其中一種形式的等高線圖將不必要的柱面度數量繪出，顯示鏡片表面的柱面度數增加的速度為何。柱面度數相等的區域以連接線繪製，這些線稱為等柱度線 (isocylinder lines) (圖 20-16, B)。另一種類型的等高線圖將相同等價球面度數的區域繪出 (圖 20-16, A)。根據這些線可知：

1. 漸進區內的度數增加多快？
2. 上、下鏡片周邊產生何種度數變化？

透過等高線圖可更了解漸進多焦點鏡片的常見特點，以及不同於鏡片設計的獨有特性，並且應了解等高線圖無法精準顯示配戴時實際的鏡片特性。漸進多焦點鏡片配戴者的臨床選擇，可能不同於等高線圖的預期值。

等高線圖顯示了漸進區的相對寬度、硬式或軟式的光學設計，且預期鏡片上半部不必要的柱面量。這也有助於找出符合配戴者光學需求之特定漸進多焦點鏡片的類型。

漸進多焦點鏡片設計如何變化

我們不認為現今的漸進多焦點鏡片如同首次成功使用的漸進多焦點鏡片。漸進多焦點鏡片的設計是根據配戴時最重要的鏡片特性所進行的專業判斷。這些判斷未必總是正確。此外，有些設計理念在某個配戴情況下是正確的，但於其他情況中則為錯誤。以下列出設計鏡片時的某些對比狀況。

球面與非球面的遠用區

針對漸進多焦點鏡片的設計，最初是為了使上半部如同一般的單光鏡片。上半部的前表面為球面 (圖 20-17)。Varilux 於 1974 年提出的設計乃試圖減少不必要的柱面，即是將柱面分散於較大的區域*，立即證明配戴者可容忍遠用區周邊引發的少量散光。基於此原理所設計的鏡片，其上、下半部皆為非球面[†]，而非僅是包含漸進區的下半部

---

* 記住這只是推演，而非漸進多焦點鏡片的實際狀況，此僅用於說明鏡片設計者所面臨的問題。
[†] 在此所示的資料大多取自 Sheedy JE: Correlation analysis of the optics of progressive addition lenses, Optometry and Vision Science 81(5):350–361, May 2004。

---

* 此鏡片稱為 Varilux 2 或 Varilux Plus。
[†] 非球面的鏡片表面是指不保持固定的球面弧度，而在特定區域中發生弧度變化。非球面表示不是球面。

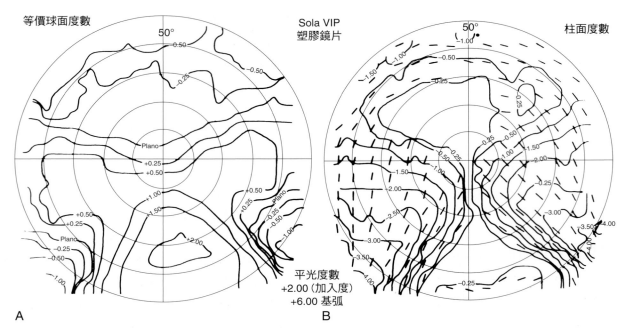

等價球面度數

Sola VIP 塑膠鏡片

柱面度數

平光度數
+2.00（加入度）
+6.00 基弧

A　　　　　　　　　　　　　　**B**

圖 **20-16**　等高線圖 **A** 以等價球面度數顯示鏡片度數的變化。

$$等價球面度數 = 球面度數 + \frac{柱面度數}{2}$$

等高線圖 **B** 僅顯示不必要的柱面。兩個等高線圖源自同一鏡片，其遠用度數為 0，加入度數為 +2.00 (From Sheedy JE, Buri M, Bailey IL et al: Optics of progressive addition lenses, Am J Optom Physiol Optics 64:90-99 1988, Figure 1)。

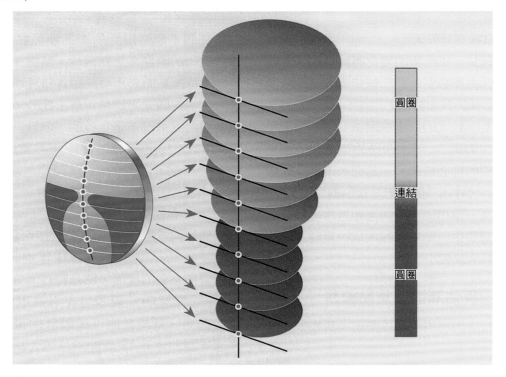

圓圈

連結

圓圈

圖 **20-17**　原始的 Varilux 鏡片是為了維持鏡片上半部呈球面所做的設計，具有兩個相連的大型球面遠用區和近用區 (From Progressive addition lenses, Ophthalmic Optics File, p. 28, Figure 25, Esselor International, Paris France, undated publication)。

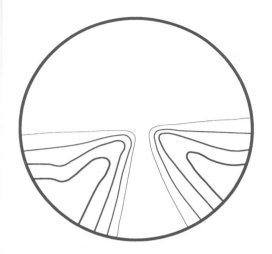

圖 20-18　此為鏡片上半部前表面呈球面的簡化等高線圖。同心線代表散光增加的區域（此為依據理論所繪的等高線圖，並非源自現有的鏡片）。

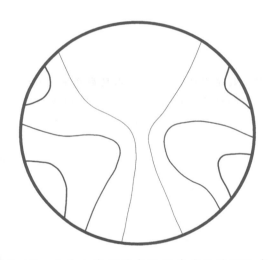

圖 20-19　此為上半部前表面呈非球面的漸進多焦點鏡片。非球面可延續至鏡片上半部，且鏡片上半部周邊具有少量散光（此為依據理論所繪的等高線圖，並非源自現有的鏡片）。

（圖 20-18 和 20-19）。回到先前提及的簡化版沙盤推演，我們發現讓「沙」移動散布於較大的區域中，可減少區域內不必要的柱面量。上半部為球面的鏡片通常是「硬式」設計，上半部為非球面的鏡片則是「軟式」設計。接著將簡短介紹這些術語。

硬式與軟式設計

　　當漸進多焦點鏡片配戴者的視線通過鏡片的近用區，並緩慢地往一側移動時，配戴者的眼睛逐漸離開近用區。一旦離開近用區，度數即刻出現改變，使不必要的柱面度數隨之增加。

硬式設計

　　雙光鏡片的近用區和其他區域之間有明顯的分界線，可明確得知近用區的範圍。某些類型的漸進多焦點鏡片在跨區後，其度數變化和散光增加情況甚過其他類型。例如不必要的柱面可能在幾公釐的範圍內，從 0 快速增加至 0.50 D，再快速上升至 1.00 D 和 1.50 D。由於跨過不同視區分界線而產生快速變化，此類設計稱為硬式設計（圖 20-20）。

　　硬式設計通常可提供較大且光學度數變化較小的遠用區和近用區。採用硬式設計時，漸進通道的度數往往迅速增加。當配戴者往下看時，眼睛可立即到達完整的加入度數區域。

　　硬式設計的缺點攸關於快速增加的柱面度數，以及不必要的柱面所集中之區域。度數快速變化造成的畸變，可能代表配戴者需較長的適應期。從鏡片下半部所見的直線略為彎曲，比其他的設計方式更為明顯（注意所有漸進多焦點鏡片或多或少皆有此現象，至少會出現在適應初期。雙光鏡片的近用區可使直線顯得彎曲）。鏡片中間區的垂直和水平視野可能受限，配戴者需將視線更加對準中距離物體以能清楚視物。

軟式設計

　　相較於硬式設計，軟式設計是指近用區至周邊區域呈漸進式變化（圖 20-21）。配戴者的眼睛往近用區側面移動離開，不必要的柱面量將隨之增加，但為逐漸發生。從配戴者的角度而言，找出近用區的範圍並不容易。軟式設計在垂直向（遠用區至近用區）的度數變化較緩慢，意即漸進通道較長也往往較寬，這代表配戴者眼睛向下移動至鏡片下半部區域的距離較遠，以能達到完整的近用加入度數。

　　軟式設計的優點為較容易適應，且適應時間較短；從鏡片周邊視物時較少畸變；頭部移動時亦較少出現物體「搖晃」的狀況。軟式設計的近用區通常較小，使像差得以分布於較大的區域，包含鏡片的上半部，這代表不必要的柱面將有較小的屈光度數。

　　軟式設計的缺點包括鏡片上半部遠用周邊區域

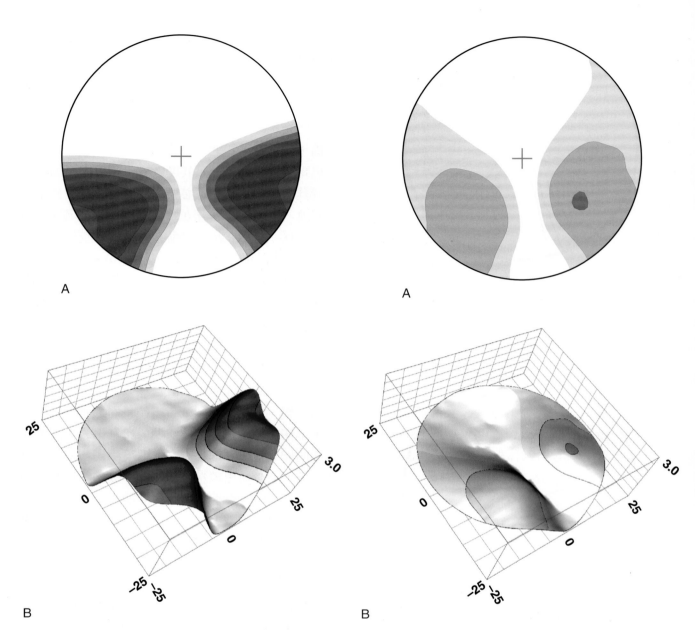

A

B

A

B

圖 20-20　此例為採用較屬硬式設計的漸進多焦點鏡片。**A.** 等高線圖顯示從近用區和漸進區的邊界處開始散光增加。圖中可見離中央區越遠的等高線區域顏色越深，代表柱面度數測量值的變化。近用區範圍較大，在近用區和漸進區邊界處的等高線分布較密集，顯示柱面度數變化較快。**B.** 此 3 D 立體圖顯示相同鏡片其柱面量增加狀況，可由增加的高度看出。此鏡片為 50 mm 的圓形鏡片 (Illustrations courtesy of Darryl Meister, Carl Zeiss Vision)。

圖 20-21　**A.** 此為容易配戴的軟式漸進多焦點鏡片設計，其近用區看似狹窄，但散光增加的間距較遠，顯示柱面度數增加的速率較為緩慢。**B.** 此為相同鏡片的 3 D 立體圖，顯示軟式設計在較大區域中通常有較小的最大柱面度數 (Illustrations courtesy of Darryl Meister, Carl Zeiss Vision)。

Box 20-2

硬式和軟式漸進多焦點鏡片設計的差異

硬式設計	軟式設計
遠用區和近用區皆有較寬的穩定光學區域	至近用區的距離較長
較窄的中間區	較寬的中間區
較長的適應期	較短的適應期
較明顯的直線彎曲	較不明顯的直線彎曲
周邊畸變的最大屈光度高於軟式設計	軟式設計的周邊畸變最大屈光度通常小於硬式設計
至近用區的距離較短	

的視覺清晰度可能略為降低、眼睛需向下移動更遠以達到完整的加入度數 *，且近用區「較小」。然而應注意，配戴者未必能察覺近用區的範圍較小，如散光等高線圖所示。不必要的柱面量隨著眼睛橫向離開近用區而逐漸增加，因此配戴者仍可使用近用區的外圍區域，儘管此區域包含某種程度之不必要的柱面度數。硬式和軟式設計的比較總結於 Box 20-2。

單一設計進展至多重設計

可想像設計漸進多焦點鏡片的方式有許多種，嘗試並預測配戴者的需求為設計者的工作。最初，所有漸進多焦點鏡片對於各種度數皆使用相同的設計，後來稱為「單一設計」。此單一設計將受限於它的功效。

某人剛邁入老花眼的年齡時，僅需少量的近用加入度數，這表示新診斷為老花者仍具備相當程度的調節量。例如若某人的加入度數為 +1.00 D，事實上並不需要特別矯正中距離的視力。對於加入度數為 +1.00 D 的老花者，則需特別矯正中距離視力。市面上已出現加入度為 +1.00 D 的三光鏡片，但三光鏡片的加入度數仍不得低於 +1.50 D。

設計者據此開始思考，是否相同的漸進多焦點鏡片應根據近用加入度數而使用不同的設計。

---

* 欲解決此問題，設計者必須提高度數增加的速率，以更早達到大部分的加入度數。例如 Varilux 通用型 (Varilux Comfort) 鏡片在配鏡十字下方 12 mm 處可達到 85% 的加入度數。

若加入度數的變化是決定漸進多焦點鏡片設計的重要因素，邏輯上而言需針對各種加入度數設計不同的鏡片，此為多重設計鏡片 (multidesign lens) 的原理，即根據加入度數的變化調整需求。

應為左、右眼訂製各別的漸進多焦點鏡片

從歷史觀點來看，漸進多焦點鏡片首次上市時，左、右眼鏡片的鏡坯常是相同的，並無任何差異。由於在閱讀時眼球會向內轉，故漸進區必須向內傾斜。需將每一鏡片旋轉，以使通道向鼻側傾斜。

這並非是最佳的設計，乃因在轉動鏡片後，左、右眼注視某方向所致的稜鏡效應各異。若兩眼皆看向鏡片右下方區域，這兩個位置的度數及所致的稜鏡效應並不同。

專為左、右眼設計的一副鏡片，其周邊度數、柱面和垂直向稜鏡需互相搭配以利雙眼視物。

配合新型鏡片設計之新的製造方式

近期的鏡片製造方式出現了某些重大改變，採用不同於一般製作鏡片表面的方法。現今能將各種鏡片表面形狀調整為可變表面曲率的獨特形式，再拋光成符合光學性能的鏡片。這類製造方式常稱為自由曲面成型 (free-form generating)，該名詞為鏡片製造商 Shamir 的註冊商標，但目前尚未出現能取代的通用術語。

以下為一些不同製造方式的範例，及其對漸進多焦點鏡片帶來的可能性。某些可能僅適用於特定設計，並非所有方式皆能用於相同的鏡片。

- 漸進多焦點鏡片的後表面可製成非球面或非複曲面。非複曲面的弧度可減少稱為斜散光差的周邊像差（第 18 章），這對於含柱面之漸進多焦點鏡片的配戴者特別重要。若存在未經矯正的斜散光差，其將結合漸進多焦點鏡片周邊既有的畸變，可進一步降低周邊視力。非複曲面設計可改善周邊視力。

- 漸進多焦點鏡片常被製成含特定基弧的半完工鏡片，接著在實驗室內對這些半完工鏡片進行磨面。使用自由曲面成型方法進行磨面時，可客製化前表面至任何基弧與漸進的光學性能。完成前表面的成型後，再處理後表面，如此基弧可更密切符合鏡片度數。

- 若裝配鏡框時選擇特定的頂點距離，將可能影響該鏡片的處方度數。這種情況下的度數變化，不受限於每次只能增加¼屈光度。在磨製（精磨）和拋光期間，不再使用可提高表面光學性能的特殊工具。
- 鏡片傾斜時，球面度數將產生變化，進而產生柱面，其軸位於旋轉軸線上（第18章）。無論是前傾斜或鏡框彎弧所致的傾斜，可依照各別情況補償度數的變化。補償度數時不受限於僅能增加¼屈光度，故可得到更精確的度數。
- 若使用此類成型方式，可訂製漸進多焦點鏡片的鏡片前表面、鏡片後表面或鏡片前後兩表面的漸進度數（Definity鏡片採用此方式，使漸進加入度分散於前表面和後表面）。
- 此類成型方式可依據配戴者的需求，選擇不同的鏡片漸進區寬度。
- 鏡片漸進區可配合鏡框的垂直高度，以及配戴者眼睛的垂直高度而縮短或延長。

使用非球面／非複曲面磨面方法的設計

　　鏡片品質受限於鏡片像差矯正的程度。第18章說明了眼鏡鏡片的設計原理，其中一個限制因素是矯正含柱面度數鏡片之斜散光差的能力。使用特定基弧或改用非球面表面，可矯正球面鏡片的斜散光差。然而若鏡片有兩個不同的度數，即當處方包含柱面度數時，僅使用非複曲面鏡片設計，才可同時矯正兩個軸線上的斜散光差。非複曲面較容易製成單光鏡片，乃因其可在工廠內以模具製作，但非複曲面無法製成子片型多焦點鏡片或漸進多焦點鏡片，原因是此類鏡片需在光學實驗室進行磨面製成正確的度數。實驗室只能針對球面或複曲面的鏡片表面進行磨面，無法處理非複曲面表面。

　　現可為非球面或非複曲面進行客製化磨製和拋光（儘管所需設備相當昂貴），如此可更有效地矯正任何眼鏡鏡片的斜散光差，不只是漸進多焦點鏡片。

　　漸進多焦點鏡片的鏡片周邊有不必要的柱面，乃漸進多焦點鏡片固有的缺點。鏡片像差所致的斜散光差將結合不必要的柱面，且進一步降低周邊視力。若可減少斜散光差，則周邊視力將有所改善。

　　首先採用非球面／非複曲面磨面方式的其中一

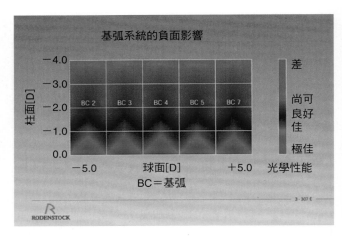

圖 20-22　　若鏡片是由具有特定基弧間距的半完工鏡坯製成時，其光學品質會依實際採用的基弧和理想值的差異而改變。然而當鏡片含大量柱面時，即使是理想的基弧也無法提供理想的光學性能。此概念圖說明為何理想的球面基弧，無法同時滿足兩個不同度數的需求。此圖並非實際視力測量值 (From Baumbach P: Rodenstock Multigressiv — a technical prospective, Rodenstock, RM98052, p. 3, Figure 4)。

種漸進多焦點鏡片類型，稱為配戴位置 (position-of-wear) 或配戴中 (as-worn) 的漸進多焦點鏡片設計。

配戴位置或配戴中的鏡片設計

　　自由曲面成型而產生稱為配戴位置或配戴中的鏡片設計方式，使漸進多焦點鏡片有了重大改變，其中一個主要的範例為 Rodenstock 的 Multigressiv 2 鏡片。此鏡片包含鏡片設計的下列所有因素：

- 前傾斜
- 頂點距離
- 表面為非球面或非複曲面，使矯正鏡片像差的效果最佳化

　　從業人員需指定球面度數、柱面度數和柱軸數值，以及頂點距離和前傾斜角度。接收處方後，針對鏡片前表面選出最佳基弧，根據前傾斜角度和頂點距離調整處方（圖 20-22 和 20-23）。接著計算出每個主要軸線後表面所需的非球面量。鏡片被送回後，隨附的相關資料包括球面度數、柱面度數、柱軸和加入度數如同當初的訂單，亦包含依據計算值所更新的球面度數、柱面度數、柱軸和加入度數。例如訂購鏡片時所用的度數可能是

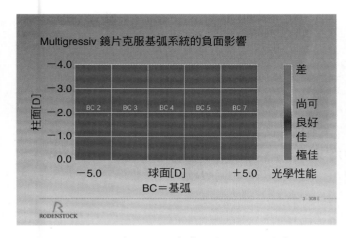

圖 20-23　此概念圖顯示當處方包含柱面度數，且可同時矯正鏡片表面兩個軸線上的基弧時對光學品質的影響。對此採用非複曲面的鏡片表面，並經客製化切割以符合處方需求。此圖並非實際視力測量值 (From Baumbach P: Rodenstock Multigressiv — a technical prospective, Rodenstock, RM98052, p. 7, Figure 15)。

$$-4.00 \ -0.25 \times 45$$
$$+2.00 \text{(加入度)}$$

回覆訂單時可使用以下的度數

$$-3.96 \ -0.27 \times 36$$
$$+1.82 \text{(加入度)}$$

第二組度數是鏡片實際使用的度數。第二組數值是用於做驗證。

此鏡片類型不需指定頂點距離和前傾斜角度，藉由改變鏡片表面的非球面量即可優化基弧，這類鏡片仍具有強大的優勢。

非複曲面漸進多焦點鏡片

漸進多焦點鏡片不需採用配戴位置的設計，即可納入非複曲面光學。在美國裝配的鏡片較少測量頂點距離和前傾斜角度，但使用非複曲面光學具有相當大的優勢，特別是針對處方含柱面的鏡片。可更準確矯正鏡片的像差，並提供各別的處方度數，但必須採用自由曲面成型技術對鏡片進行客製化磨面。撰寫本章之時，僅主要製造商能生產此類鏡片(少數例外)。

這類鏡片的例子包括 Shamir Autograph、Zeiss Gradal Individual、Zeiss Short i* 以及 Varilux Physio 360。

圖 20-24　用於測量頭部和眼睛動作的 VisionPrint 系統，測量結果將決定如何根據配戴者的頭部和眼睛需求客製化 Varilux 視爵漸進多焦點鏡片。

Varilux Physio 採用波前技術的鏡片設計，但以傳統方式進行磨面。這不是非複曲面鏡片。Varilux Physio 360 運用的基本設計如同 Varilux Physio，但採用製造非複曲面鏡片所需的成型程序，優化鏡片所有軸線的光學性能。

個人化漸進多焦點鏡片

基於可依據需求製造任何鏡片表面，下一步是生產其漸進光學可滿足配戴者個人的習慣和需求之漸進多焦點鏡片。Varilux 視爵 (Varilux Ipseo) 鏡片是針對使用者客製化的鏡片，視爵鏡片設計能符合配戴者頭部與眼睛的移動習慣。某些人在視物時轉動眼睛比轉動頭部多，另一些人則偏好轉動頭部。Varilux 視爵使用稱為 VisionPrint 系統的設備，以測量頭部和眼睛的動作 (圖 20-24)。鏡片的設計使近用區更加符合每位配戴者的用眼習慣。

此外，視爵鏡片的設計方式亦將處方和鏡架特性考慮在內。實驗室送回鏡片後，訂購的處方度數已依據鏡片表面的非球面量進行調整，使用修改後的參數做驗證。例如若鏡片度數為

$$+2.25 \ -1.25 \times 27 \text{，加入度 } +2.25$$

需驗證的度數是

$$+2.21 \ -1.22 \times 25，加入度 \ +2.07$$

預期其他鏡片製造商可能會根據配戴者的其他個人特質、用眼習慣和職業需求開發出替換的鏡片。

第三部分
特殊漸進多焦點鏡片

多年來，絕大多數的老花眼鏡配戴者選擇雙光鏡片和三光鏡片，但此類鏡片無法滿足配戴者的所有視覺需求，進而發展出多種子片型的特殊鏡片。

儘管漸進多焦點鏡片的使用狀況普遍多於子片型多焦點鏡片，但若認為通用型漸進多焦點鏡片比子片型鏡片更能滿足每個人的特殊需求亦不實際。當漸進多焦點鏡片只適用於特殊工作而非長期配戴時，該鏡片稱為職業用漸進多焦點鏡片 (occupational progressive lens, OPL)。漸進多焦點鏡片 (PALs) 則是在一般狀況下使用。

短帶型漸進多焦點鏡片

事實上，短帶型 (short corridor) 特殊漸進多焦點鏡片屬於通用型漸進多焦點鏡片的子類型。此鏡片設計特殊之處在於使垂直尺寸短的鏡框得以裝配漸進多焦點鏡片。一般漸進多焦點鏡片的漸進區過長。選用 B 尺寸狹窄的鏡框時，在一般漸進多焦點鏡片接受磨邊處理後，過多的近用區域將被切除。

短帶型漸進多焦點鏡片在鏡片遠用區和近用區之間有較快的轉換區，這代表當配戴者往下看時可立即到達近用區。由於轉換區較短，故適合近用視覺，然而此舉卻犧牲了最初可能較大的中間區。

選擇短帶型漸進多焦點鏡片時，應確認可滿足鏡框的最小配鏡高度。若鏡框非常狹窄，短帶型漸進多焦點鏡片的近用區也可能過短。

Box 20-3 列出短帶型漸進多焦點鏡片的一些範例。

短帶型漸進多焦點鏡片的裝配方式如同一般漸進多焦點鏡片。需要單眼瞳距，並將配鏡十字置於瞳孔中央。

近用型變焦鏡片

近用型變焦鏡片 (near variable focus lenses) 最初可作

Box 20-3

短帶型漸進多焦點鏡片的範例 *

	最小配鏡高度
Hoya Summit CD (壓縮型設計)	14 mm
Varilux Ellipse	最小為 14 mm，最大為 18 mm
Shamir Piccolo	16 mm
Rodenstock Progressiv Life XS	16 mm
Zeiss Gradal Brevity	16 mm
Kodak Concise	17 mm

* 上述僅為短帶型漸進多焦點鏡片的少數範例，不代表現今市面上的所有鏡片。短帶型鏡片設計如同其他漸進多焦點鏡片仍持續創新中。

為單光閱讀眼鏡的替代品。此鏡片也有其他名稱，包括室內型漸進多焦點鏡片 (small room environment progressives)、閱讀器的替代品 (reader replacements) 或職業用漸進多焦點鏡片。隨著時間推移，此類鏡片已成為小型辦公室工作人員配戴鏡片的最佳選擇，主要用於觀看中距離和近距離物體。

為了解鏡片的構造，在此以無遠用度數但有 +2.00 D 加入度的處方作為範例。一般漸進多焦點鏡片的度數如圖 20-25 所示，鏡片上半部 (遠用區) 無度數。下半部的近用區度數逐漸增加，直至處方加入度數為 +2.00 D。

大部分的近用型變焦鏡片往往並非如此。在小型辦公室環境工作的人員需能清楚看見最遠距離，可能是坐在辦公桌對面的同事。其亦需清楚看見在中距離的電腦螢幕，以及一般 40 cm 的近用閱讀距離。據此，我們的鏡片範例應採用遠用區具有適度正度數的設計。

若鏡片上半部使用的度數是 +1.00 D，我們可逐漸增加正度數，直至近用區的總度數為 +2.00 D，如圖 20-26 所示。注意，相較於通用型漸進多焦點鏡片的一般漸進區，此類鏡片的漸進區更長且更寬。鏡片在這種工作環境下的性能良好，這類職業用漸進多焦點鏡片能提供絕佳的中距離和近距離視力，且有較少的周邊畸變。原因如下：

- 較長的漸進區將減少周邊畸變。
- 近用型變焦鏡片其上半部和下半部的度數差值通

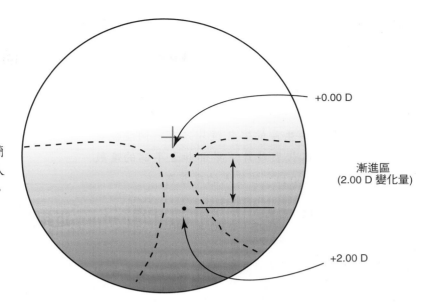

圖 20-25　此為漸進多焦點鏡片結構的簡化圖，處方為平光遠用度數和 +2.00 D 加入度。此鏡片的「度數範圍」為 2 個屈光度。

+0.00 D

漸進區
(2.00 D 變化量)

+2.00 D

標準漸進多焦點鏡片

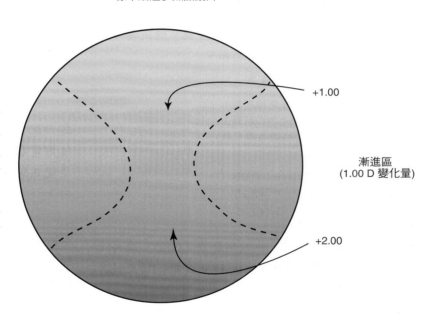

圖 20-26　當近用變焦鏡片的處方為平光遠用度數和 +2.00 D 加入度，且度數範圍為 1.00 D 時，上半部和下半部區域的度數差值較小。漸進區的長度也增加，使漸進區變得較寬，減少了周邊畸變的程度。此鏡片結構簡化圖和圖 20-25 的標準漸進多焦點鏡片使用相同處方，故可比較兩者之差異。

+1.00

漸進區
(1.00 D 變化量)

+2.00

中間型／近用型特殊漸進多焦點鏡片

常較小。此例中，鏡片的差值僅為 +1.00 D，並非是 +2.00 D。事實上，加入度是 +1.00 D，而非 +2.00 D。若加入度數較小，則可減少不必要的柱面。

- 相較於標準漸進多焦點鏡片著重在清晰的遠用視力，配戴近用型變焦鏡片時，將使用更多中間和向下的視覺工作。設計者可選擇將漸進多焦點鏡片固有的周邊畸變，其中一大部分移至鏡片上半部的周邊區域 [7]。增加畸變的區域範圍將可降低畸變的強度。

度數範圍

對於一般漸進多焦點鏡片，我們認為是從上半部的遠用度數開始，往下逐漸增加正度數，近用型變焦鏡片則是從近用度數開始。參考度數是近用度數而非遠用度數。我們由下半部的近用度數開始，往上移動至遠用區並減少正度數。這不再是增加度數，而是減少度數，由於度數減少稱為遞減 (degression) [7]。製造商通常稱此為鏡片的度數範圍 (power range)。

這代表近用型變焦鏡片不像通用型漸進多焦點

鏡片有固定的加入度數，而是以一個或多個度數範圍作為取代。度數範圍是近用型變焦鏡片下半部和上半部的度數差值。

例題 20-2

假設由某個製造商生產的變焦鏡片只有一個度數範圍，即 1.00 D，這代表鏡片下半部和上半部的度數差異（遞減）為 1.00 D。若某人的處方為

> 右眼：平光
> 左眼：+0.25 −0.50 × 180
> 加入度：+2.25

使用該製造商的近用型變焦鏡片時，鏡片下半部和上半部的度數為何？

解答

首先試著預測變焦鏡片的總近用度數。總近用度數是遠用度數和近用加入度的總和。

右眼鏡片的總近用度數為

$$\begin{array}{r}（遠用度數）\\ +（加入度數）\\ \hline =（總近用度數）\end{array}$$

或

$$\begin{array}{r}0.00\\ +2.25\\ \hline =+2.25\end{array}$$

由於鏡片有度數範圍，遞減度數為 1.00 D，鏡片上半部將比下半部的度數少 1.00 D 正度數，因此鏡片上半部的度數為

$$\begin{array}{r}（總近用度數）\\ −（遞減度數）\\ \hline =（鏡片上半部的度數）\end{array}$$

或

$$\begin{array}{r}+2.25\\ −1.00\\ \hline =+1.25\end{array}$$

鏡片驗度儀顯示鏡片上半部的度數為 +1.25 D，近用區的度數則是 +2.25 D。

左眼鏡片的總近用度數為

$$\begin{array}{r}（遠用度數）\\ +（加入度數）\\ \hline =（總近用度數）\end{array}$$

或

$$\begin{array}{r}+0.25 −0.50×180\\ +2.25\\ \hline =+2.50 −0.50×180\end{array}$$

故鏡片上半部的度數為

$$\begin{array}{r}+2.50 −0.50×180\\ −1.00\\ \hline =+1.50 −0.50×180\end{array}$$

近用型變焦鏡片的差異

許多製造商都會生產近用型變焦鏡片，製造出的鏡片有所差異。每一鏡片皆有其特定的度數範圍，因此預期使用的效果大不相同。表 20-2 列出數種變焦鏡片的部分範例。

例題 20-3

某配戴者的正常遠用和近用處方為

> +0.75 −0.75 × 175
> +0.75 −0.75 × 005
> 加入度 +2.50

然而配戴者在小型辦公室環境中工作，且長時間使用電腦。若選擇 1.50 D 度數範圍（遞減）的近用型變焦鏡片，右眼鏡片下半部和上半部的度數將為何？

解答

對於近用型變焦鏡片，由近用度數開始最為容易，接著確認鏡片上半部的度數。將近用加入度加上處方遠用度數，即可求得近用度數。

$$\begin{array}{r}+0.75 −0.75×175\\ +2.50\\ \hline =+3.25 −0.75×175\end{array}$$

鏡片的遞減度數為 1.50 D，表示近用度數將減少的正度數。鏡片上半部的度數為近用度數減去 1.50 D。

$$\begin{array}{r}（總近用度數）\\ −（遞減度數）\\ \hline =（鏡片上半部的度數）\end{array}$$

或

$$\begin{array}{r}+3.25 −0.75×175\\ −1.50\\ \hline =+1.75 −0.75×175\end{array}$$

鏡片上半部的度數將為 +1.75 −0.75 × 175。

表 20-2
近用型變焦鏡片的範例 *

近用型變焦鏡片的類型	度數範圍 (遞減)	製造商建議的範圍
Essilor Interview	0.80 D	所有加入度
Sola Continuum	1.00 D	所有加入度
Sola Access	0.75 D 和 1.25 D	若加入度 ≤ +1.50，範圍為 0.75 D；若加入度 ≥ +1.75，範圍為 1.25 D。
Zeiss Business	1.00 D 和 1.50 D	若加入度 ≤ +1.75，範圍為 1.00 D (此鏡片亦適用於半眼鏡架)；若加入度 ≥ +2.00，範圍為 1.50 D。
Rodenstock Cosmolit Office	1.00 D 和 1.75 D	若加入度是 +1.00 ～ +1.75，範圍為 1.00 D；若加入度 ≥ +2.00，範圍為 1.75 D。
Zeiss Gradal RD (室內距離)	度數範圍總是比配戴者的正常加入度數少 0.50 D	鏡片的度數範圍為加入度減去 0.50 D。例如若加入度是 +2.00 D，則使用 +1.50 D 度數範圍的鏡片。

* 上述是撰寫本書時市面上可用的部分鏡片範例，僅作為參考範例。新型鏡片設計將持續出現，可用性的變化快速。

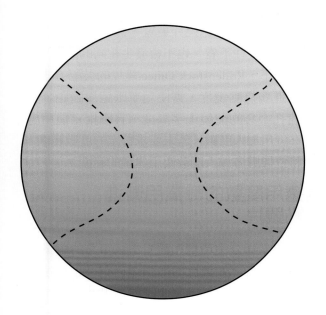

度數範圍較小的
職業用漸進多焦點鏡片

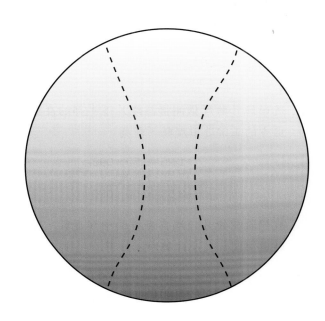

度數範圍較大的
職業用漸進多焦點鏡片

圖 20-27　當近用型變焦鏡片的遞減度數 (度數範圍) 較小時，將產生較大的最佳視力區。在此可見兩個分別代表鏡片遞減度數較小和遞減度數較大的簡化圖。何者是最適合的鏡片，將取決於鏡片中間區和／或近用區之使用目的。

垂直軸線的度數變化

　　根據表 20-2 所示，不同鏡片的遞減度數差異相當大。若遞減的度數越大，其等高線圖將更類似通用型漸進多焦點鏡片。圖 20-27 為鏡片遞減度數較少和遞減度數較多的簡化比較圖。當遞減度數較大時，將產生狹窄的漸進區及較多不必要的周邊散光量 (但因職業用漸進多焦點鏡片的漸進區較長，即使遞減度數較大，其漸進區將比標準漸進多焦點鏡片更寬)。

根據配戴者的需求客製化近用型變焦鏡片

　　當某人有兩種主要的工作距離，檢查者可能會依據該工作距離決定處方。針對此例需依據處方的度數範圍選擇鏡片類型。以下為處理方式。

例題 20-4

假設某人的正常處方為

右眼：+1.25 −0.50 × 090
左眼：+1.25 −0.50 × 090
+2.25（加入度）

此人主要的近用工作距離如一般為 40 cm，但於中距離使用電腦螢幕。檢查者測試此電腦螢幕距離的最佳屈光矯正，發現所需中間加入度為 +1.25。若在使用近用型變焦鏡片的情況下：

A. 鏡片驗度儀測得近用型變焦鏡片上半部和下半部的處方為何？（假設鏡片上半部的度數等同中間區的度數）。

B. 正確的度數範圍為何？

C. 從表 20-2 中挑選鏡片類型，何種鏡片的上半部符合此度數需求？

解答

A. 透過鏡片驗度儀測得該鏡片下半部的度數，如同處方的正常近用度數，即為

+1.25 −0.50 × 090
+2.25（加入度）
————————————
= +3.50 −0.50 × 090

我們希望鏡片頂端為處方的中間度數，即遠用度數與中間加入度的總和，如下

+1.25 −0.50 × 090
+1.25（加入度）
————————————
= +2.50 −0.50 × 090

B. 度數範圍或遞減度數乃鏡片下半部和上半部之間所減少的度數－意即中間區和近用區的度數差值。可計算 +2.50 −0.50 × 090 和 +3.50 −0.50 × 090 的差值，即

(+3.50 − 0.50 × 090)
−(+2.50 − 0.50 × 090)
————————————
= 1.00

亦可計算中間和近用加入度數的差值，求得度數範圍或遞減度數，即

(+2.25)
−(+1.25)
————————
= 1.00

兩種方式皆可得出 1.00 D 的度數範圍。

C. 利用表 20-2 找出度數範圍是 1.00 D 的數種選擇，包括 Sola Continuum、Zeiss Business 和 Rodenstock Cosmolit Office。其他的近用型變焦鏡片也可能有相同的度數範圍，只是未列於此表中。

上述例題假設職業用漸進多焦點鏡片最遠的視物距離等於眼睛至電腦螢幕的距離。若視物距離大於電腦螢幕的距離，則需選擇更大的遞減度數。

近用型變焦鏡片的裝配

近用型變焦鏡片依據鏡片類型而有不同的裝配建議。例如 Access 鏡片僅需雙眼近用瞳距，不需測量配鏡高度，其裝配方式如同用於閱讀的單光鏡片。可使用雙眼瞳距代替單眼瞳距的原因，在於鏡片漸進區比標準漸進多焦點鏡片更寬，故若眼睛不沿著漸進區的正中央往下看，也不會發生相同的問題。

相較之下，Rodenstock Office 鏡片的裝配方式如同標準漸進多焦點鏡片，需使用單眼遠用瞳距，並測量至瞳孔中心的配鏡十字高度，且應指定遠用處方和標準近用加入度數。若未要求特定的度數範圍，實驗室將依據處方加入度數使用建議的範圍。

包含遠用度數的職業用漸進多焦點鏡片

用於小型辦公室環境和觀看電腦螢幕的職業用漸進多焦點鏡片，在鏡片的最頂端仍有一小型遠用區。配戴者需將下巴往下，使視線通過鏡片上半部的遠用區。然而該鏡片為職業專用鏡片，因此這不是個缺點，而是為了加強中距離視力的折衷方案。

鏡片的中間區位於眼睛前方，如同視線是通過三光鏡片正中央的子片（圖 20-28）。由於漸進區較長，幾乎橫跨已磨邊的眼鏡鏡片之頂端至底部，使中間區和近用區仍比標準漸進多焦點鏡片更寬，但比遞減度數較小的近用型變焦鏡片窄。

此類鏡片的裝配方式如同一般漸進多焦點鏡片，但鏡框需有足夠的垂直高度，以避免切除鏡片頂端和底部所需的區域。它們不適用於 B 尺寸狹窄的鏡框。

此類鏡片的兩個範例為 AO Technica 和 Hoya Tact，兩者皆不可用於取代長時間配戴的一般漸進多焦點鏡片。

第四部分
稜鏡和漸進多焦點鏡片

稜鏡削薄設計

漸進多焦點鏡片有個小缺點，即在某些度數範圍下會出現厚度的問題。當遠用度數為正度數或較低的負度數時，厚度增加特別明顯。若漸進多焦點鏡片為正度數或較低的負度數時，將比度數相等的平頂多焦點鏡片更厚。鏡片下半部的前弧較陡，如此使得厚度增加（相同的問題亦出現在「E 型」多焦點鏡片，可運用同一方式加以解決）。隨著鏡片下方漸進區的正度數逐漸增加，表面曲率將更為陡峭，

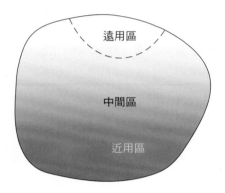

圖 20-28　Technica 鏡片具有大型可視中間區，鏡片上半部亦有小型遠用區。

使鏡片下緣變薄。為了避免鏡片下緣變得過薄，必須使整個鏡片的厚度增加。

為了克服該問題，必須在不增加上緣厚度的情況下使下緣增厚。作法是整個鏡片加入基底向下的稜鏡，若正確執行將可減少鏡片整體的厚度，此技術稱為基底向下的共軛稜鏡 (yoked base-down prism)，如圖 20-29 所示。左、右眼鏡片必須加入等量基底向下的稜鏡，否則不必要的垂直向稜鏡差值將使配戴者出現複視。

有效削薄鏡片所需的精確稜鏡量，取決於加入度、鏡片磨邊後的尺寸和形狀以及鏡片的設計。根據經驗法則，Varilux 建議加入的稜鏡度數約等於加入度數的 ⅔（應用在 Varilux 鏡片的基底向下共軛稜鏡稱為 Equithin）。

現今批發商的光學實驗室，大多已常規使用稜鏡削薄的設計，不會事前徵詢使用者的意見。在適當的度數範圍內，稜鏡削薄能有效減少鏡片厚度與重量，因此應使用之 *。Sheedy 和 Parsons 的研究指出 [9]，少量基底向下的共軛稜鏡不會對配戴者造成影

---

*Darryl Meister 指出在某些情況下，高負度數鏡片可用基底向上的稜鏡削薄設計。若負鏡片的配鏡十字位置夠高，即可產生較厚的鏡片下緣 [8]。

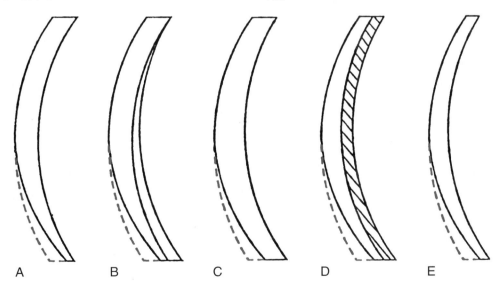

圖 20-29　此圖顯示使用基底向下的稜鏡，以減少漸進多焦點鏡片的厚度。**A.** 磨製無稜鏡削薄的漸進多焦點鏡片，虛線顯示若是單光鏡片而非漸進多焦點鏡片時的弧度。**B.** 加入基底向下的稜鏡後，僅使鏡片下緣增厚。**C.** 移除稜鏡和原始鏡片之間的線條。可見鏡片在加入基底向下的稜鏡後，由於頂端和底部等厚，故可進一步減薄。**D.** 斜線區域為可移除的鏡片厚度，此時兩端邊緣等厚。**E.** 移除多餘的鏡片厚度後，即達到稜鏡削薄設計的目的。

響。受測者無法分辨兩眼無稜鏡且 2Δ 基底向下的狀況，但當稜鏡增加至 4Δ 基底向下時，配戴者將有明顯的姿勢變化。

稜鏡削薄設計導致稜鏡參考點產生稜鏡

應注意使用基底向下的稜鏡減薄鏡片，該稜鏡將顯現於鏡片的稜鏡參考點。在僅單眼鏡片需更換的情況下特別重要，乃因左、右眼鏡片必須有等量的垂直向稜鏡，故當左、右眼鏡片有等量的垂直稜鏡時，於鏡片的稜鏡參考點出現垂直向稜鏡是可被接受的。

處方稜鏡對裝配漸進多焦點鏡片的影響

單眼瞳距的水平位置精確度，決定能否成功裝配漸進多焦點鏡片。若單眼瞳距有誤，眼睛便無法沿著漸進區往下移動，進而導致中距離視力下降。錯誤的瞳距也會造成閱讀區域位移，減少可用的近用區範圍。

配鏡十字高度的精準度亦影響裝配漸進多焦點鏡片的成功與否。錯誤的配鏡十字高度將導致一側眼睛比另一眼以更快的速度通過漸進區，這代表兩眼的加入度數之增加速度不同。較快通過漸進區的一側眼睛，所見的正度數高於速度較緩慢的另一眼。錯誤的配鏡十字高度亦使眼睛在通過漸進區時偏移中心，縮窄中距離視覺區的有效寬度[10]。

將稜鏡置於眼前時，稜鏡使物像往稜鏡的頂點方向位移。眼睛必須往頂點方向轉動，以可見位移的影像。例如若將基底向下的稜鏡置於一眼前方，該眼需往上轉動朝向頂點，以可見位移的影像（已在圖 5-29 說明此概念）。

垂直處方稜鏡改變配鏡十字（及雙光鏡片）的高度 *

當處方含有垂直向稜鏡時，將導致配戴者一眼略往上或下轉動，但在測量配鏡十字高度時並不包

---

* 在此所示的資料大多取自 Brooks CW, Riley HD: Effect of prescribed prism on monocular interpupillary distances and fitting heights for progressive add lenses, Optom Vis Sci 71:401–407, 1994。

含稜鏡。若配戴者可兩眼同時視物且不受稜鏡影響，則其雙眼呈現往前直視的狀態。不可能僅一眼往上或往下轉動。然而，一旦鏡框內安裝了處方鏡片，眼睛必須轉向處方稜鏡的頂點方向。每 1Δ 的處方稜鏡將在眼鏡平面上產生 0.3 mm 的位移量。

若存在垂直向稜鏡時，每 1 個稜鏡度基底向下的稜鏡應將配鏡十字提高 0.3 mm，或每 1 個稜鏡度基底向上的稜鏡應將配鏡十字下降 0.3 mm。

若所有的垂直處方稜鏡位於一側眼睛的前方，應將垂直向的配鏡十字位移量置於同一鏡片。然而若垂直向稜鏡是分布於雙眼鏡片，亦應以相同比例分配配鏡十字的位移量。

為了確認處方稜鏡所致的配鏡十字垂直向位移量，測量配戴者的右眼配鏡十字時可遮住其左眼，接著在測量左眼的配鏡十字高度時可遮住其右眼。

例題 20-5

某處方如下：

右眼：+2.75 −1.00 × 180　　3Δ 基底向上
左眼：+2.75 −1.00 × 180　　3Δ 基底向下

選擇的鏡框需依據配戴時的需求進行調整。接著在襯片上標記配鏡十字高度，以對應瞳孔中心的位置。高度測量值如下：

右眼：27 mm
左眼：27 mm

應訂購的配鏡十字高度為何？

解答

注意右眼鏡片的垂直向稜鏡。利用以下方式計算垂直向補償量：

垂直稜鏡量 × 0.3 ＝ 配鏡十字高度的調整量（單位為mm）

針對此情況

$$3 \times 0.3 = 0.9\,mm$$

計算值進位至 1 mm。處方稜鏡將導致右眼瞳孔向下位移 1 mm，因此配鏡十字亦需下移 1 mm。

左眼鏡片有等量但方向相反的垂直稜鏡，故左眼鏡片的稜鏡迫使配鏡十字需上移 1 mm。最終兩眼配鏡十字高度的調整量如下

右眼：26 mm
左眼：28 mm

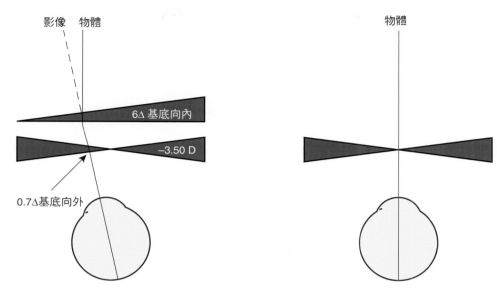

影像　物體

6△ 基底向內

−3.50 D

0.7△基底向外

物體

圖 20-30　將需測量的稜鏡置於驗光鏡片前方，如此便導致眼睛向外轉動。眼睛轉動離開先前於鏡片光學中心正後方的位置 (From Brooks CW, Riley HD: Effect of prescribed prism on monocular interpupillary distances and fitting heights for progressive add lenses, Optom Vis Sci 71:403, 1994. Figure 4)。

水平處方稜鏡改變瞳距測量值

　　當處方包含水平向稜鏡時，若未給予主要參考點水平向的補償量，將導致眼睛沿著漸進區的內緣或外緣移動，如此大幅減少了可用的中間區，使近距離視野變得狹窄。

例題 20-6

假設某處方如下：

　　右眼：−2.25 −0.50 × 180　　　5△ 基底向內
　　左眼：−2.25 −0.50 × 180　　　5△ 基底向內

使用瞳距儀測得的單眼瞳距如下：

　　　　　　　右眼：29.5 mm
　　　　　　　左眼：30.0 mm

為了補償處方水平向稜鏡，應訂購的單眼瞳距為何？

解答

注意水平向稜鏡，並計算瞳孔位移量：

$$5 \times 0.3 = 1.5 \text{ mm}$$

基底向內的稜鏡將導致眼睛外移，每 1 個稜鏡度的水平向稜鏡將產生 0.3 mm 的外移量。此例中 5△ 基底向內的稜鏡將導致瞳孔向外偏移 1.5 mm。最終的單眼瞳距調整量為

　　　　　　　右眼：31.0 mm
　　　　　　　左眼：31.5 mm

何時可修改水平稜鏡量？

　　當一般非漸進多焦點鏡片處方包含稜鏡時，不會為了修正瞳孔位置而更改瞳距。非漸進多焦點鏡片的寬度大於漸進多焦點鏡片的漸進區寬度，因此不需修改瞳距是可接受的。

　　配鏡人員測試稜鏡時，將需測量的稜鏡置於綜合驗光儀的球柱面鏡片組合前方。當欲測量的稜鏡度數增加，眼睛亦隨之反應而轉動，離開最初於屈光鏡片光學中心後方的位置。眼睛離開鏡片組合的光學中心後，產生鏡片「移心」所致的第二個稜鏡效應 (圖 20-30)。實際上第二個稜鏡效應無關緊要，乃因已納入測量的稜鏡中。然而若在配鏡期間改變主要參考點的位置又會如何？依據因稜鏡效應而改變的眼睛位置來調整配鏡十字，於驗光期間產生的移心稜鏡會隨之消失。若無移心稜鏡，驗光期間產生的稜鏡淨效應將有所不同。當處方球面和柱面度

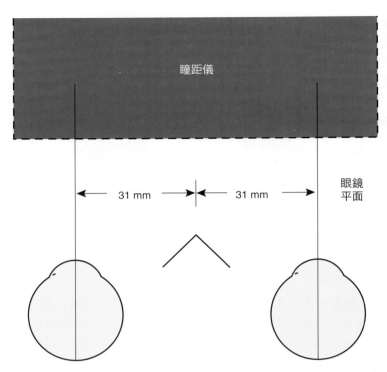

圖 20-31 瞳距儀通常測量在無鏡片矯正且眼睛往前直視情況下的瞳孔間距 (From Brooks CW, Riley HD: Effect of prescribed prism on monocular interpupillary distances and fitting heights for progressive add lenses, Optom Vis Sci 71:403, 1994. Figure 5)。

數較小時，亦可減少稜鏡效應，但隨著屈光度數增加，稜鏡量將變得更為顯著。

例題 20-7

假設配戴者的鏡片處方或需求如下：

右眼：−3.50球面
左眼：−3.50球面以及6△基底向內的稜鏡
　　　 +2.25(加入度)

(儘管不建議將所有稜鏡置於單眼前方，我們仍基於簡化之目的使用此範例。)

驗光前以瞳距儀測量單眼瞳距。在尚未置入驗光鏡片時，瞳距測量值如下 (圖 20-31)：

右眼單眼瞳距 = 31 mm
左眼單眼瞳距 = 31 mm

如何調整單眼瞳距和處方稜鏡量，使雙眼能準確沿著漸進區往下移動，且仍維持相同的稜鏡矯正淨效應？

解答

將 6△ 基底向內的稜鏡置於左眼前方，將導致該眼向外偏移

$$6 \times 0.3\,mm = 1.8\,mm$$

將答案進位至 2 mm。

在測試斜位期間，眼睛通過 −3.50 D 的驗光鏡片並往顳側偏移 2 mm (圖 20-30)。使用普氏法則，我們可知眼睛偏移鏡片中心所致的稜鏡是

$$\begin{aligned}\Delta &= cF\\&= 0.2 \times 3.5\\&= 0.7\Delta\end{aligned}$$

由於為負鏡片，眼睛偏移將導致基底向外的稜鏡，因此眼睛的稜鏡淨效應為

(處方△) + (移心△) = (總和△)

此例為

6 基底向內 + 0.7 基底向外 = 5.3 基底向內

欲將漸進區定位於眼前，主要參考點必須向外移動 2 mm (當主要參考點的位置移動時，必須同步移動配鏡十字。配鏡十字位於主要參考點的正上方)。當主要參考點往外偏移時，最終眼鏡鏡片處方將與驗光的情況不同，乃因 −3.50 D 鏡片所致的 0.7△ 移心稜鏡不再存在 (圖 20-32)。為了維持相同的稜鏡淨效

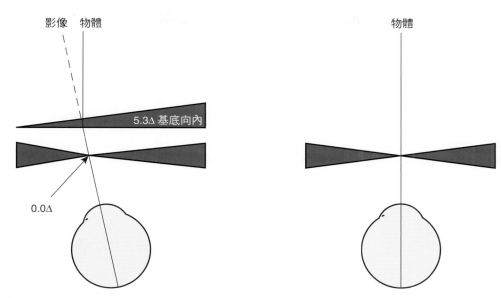

圖 20-32　若為了補償因眼睛偏移所致的稜鏡效應，以及矯正漸進區的位置進而改變單眼瞳距，則需同時更改處方稜鏡量。此時因測量稜鏡造成眼睛偏移所致的移心稜鏡將不再存在 (From Brooks CW, Riley HD: Effect of prescribed prism on monocular interpupillary distances and fitting heights for progressive add lenses, Optom Vis Sci 71:403, 1994. Figure 6)。

應，處方稜鏡必須由 6Δ 基底向內降至 5.3Δ 基底向內。

訂購的瞳距如下：

右眼單眼瞳距 = 31 mm

左眼單眼瞳距 = 33 mm

當主要參考點往眼睛偏移的方向移動時，將導致負鏡片的處方稜鏡減少、正鏡片的處方稜鏡量增加，意即：

- 負鏡片：減少的處方稜鏡等於計算得出的移心稜鏡。
- 正鏡片：增加的處方稜鏡等於計算得出的移心稜鏡。

填寫現有處方時，應了解更改處方稜鏡量以維持處方光學效果的作法，如同因改變鏡片頂點距離而需更改球面與柱面度數（第 14 章）。更改

「處方稜鏡量」以補償移心稜鏡，不會使處方產生變化。

總結

漸進多焦點鏡片的處方若包含垂直向稜鏡，則需將配鏡十字提高或下降，其位移量為 0.3 乘以稜鏡量。移動方向與稜鏡的基底方向相反。

漸進多焦點鏡片的處方若包含水平向稜鏡，則需增加或減少單眼瞳距，此偏移量等於 0.3 乘以稜鏡量。主要參考點和眼睛的移動方向與處方稜鏡基底方向相反。修改配鏡十字高度所需的步驟如 Box 20-4, A 所示。修改單眼瞳距量的步驟則請見 Box 20-4, B。

僅於處方稜鏡產生臨床重要性變化的情況下更改稜鏡量，這只發生在當處方稜鏡 ≥ 6.00Δ，且稜鏡軸線上的屈光度大於正或負 2.50 D 之時。針對此情況，可根據 Box 20-5 的步驟更改處方稜鏡。

Box 20-4

針對處方稜鏡補償配鏡十字高度或單眼瞳距

A. 如何針對處方垂直向稜鏡補償配鏡十字高度
1. 測量配鏡十字高度。
2. 將處方垂直稜鏡量乘以 0.3。
3. 若為基底向下的稜鏡，配鏡十字高度的上移量等於計算值；若為基底向上的稜鏡，配鏡十字高度的下移量等於計算值。

B. 如何針對處方水平向稜鏡補償單眼瞳距
1. 以瞳距儀測量單眼瞳距。
2. 將處方水平稜鏡量乘以 0.3。
3. 依據計算值調整單眼瞳距，基底向內的稜鏡需增加瞳距，基底向外的稜鏡則應減少瞳距。

Box 20-5

若修改單眼瞳距導致處方稜鏡產生臨床顯著變化時應予以補償

若移動主要參考點將導致 ≥ 0.50Δ 的稜鏡效應，一般認為給予補償具有**臨床重要性**。若處方稜鏡總量 ≥ 6.00Δ，且移動軸線上的屈光度數 ≥ ±2.50 D，則至少將產生 0.50Δ 的變化。

1. 若存在水平向稜鏡，求出鏡片在水平軸線上的度數；若存在垂直向稜鏡，求出鏡片在垂直軸線上的度數。
2. 在眼睛移動軸線上的度數乘以單眼瞳距或配鏡十字高度的變化。即，

$$\Delta = cF$$

其中 Δ = 處方稜鏡度數的變化；c = 稜鏡參考點位置的變化 (單位為 cm)；F = 稜鏡參考點移動軸線上的度數。

3. 負鏡片需將處方稜鏡減去變化量，正鏡片則需將處方稜鏡加上變化量。

參考文獻

1. Smith JB: Progressive addition lenses in the treatment of accommodative esotropia, Am J Ophthal 99:1, 1985.
2. Kowalski PM, Wang Y, Owens RE et al: Adaptability of myopic children to progressive addition lenses with a modified fitting protocol in the correction of myopia evaluation trial (COMET), Optom Vis Sci 82(4):328–337, 2005.
3. Red dot procedure for marking progressive lenses, Southbridge, Mass, undated, American Optical Corp.
4. Musick J: A better way to fit progressive lenses, Rev Optom 128:66, 1991.
5. Maitenez B: Four steps that led to Varilux, Am J Optom Arch Am Acad Optom 43:441, 1966.
6. Sheedy JE: Correlation analysis of the optics of progressive addition lenses, Optom Vis Sci 81(5):356,358, 2004.
7. Sheedy JE: The optics of occupational progressive lenses, Optom 76(8):432, 2005.
8. Meister D: Understanding prism-thinning, lens talk, vol 26, no. 35, October, 1998.
9. Sheedy JE, Parsons SD: Vertical yoked prism patient acceptance and postural adjustment, Ophthal Physiol Optics 7:255, 1987.
10. Young J: Progressive problems, 20/20, March 2000.

學習成效測驗

1. 下列何者通常不是漸進多焦點鏡片之重要的配鏡因素？
   a. 良好的前傾斜角度
   b. 較短的頂點距離
   c. 足夠的垂直鏡框尺寸
   d. 良好的單眼鏡片中心定位
   e. 指定漸進通道的鼻側旋轉量

2. 下列何種情況之通用型漸進多焦點鏡片的配鏡十字裝配會高於鏡片製造商的建議值？
   a. 較矮的配戴者
   b. 較高的配戴者
   c. 若漸進多焦點鏡片是用於抑制兒童的調節性內斜視
   d. 遠離光學中心可能存在稜鏡不平衡的位置
   e. 其中一眼的位置高於另一眼

3. 為兒童裝配漸進多焦點鏡片時，由於其仍具有調節能力，因此配鏡十字通常位於：
   a. 下眼瞼
   b. 瞳孔中央
   c. 瞳孔中央下方 2 mm
   d. 瞳孔中央上方 2 mm
   e. 瞳孔中央上方 4 mm

4. 對或錯？兒童在運動或活動期間不應配戴漸進多焦點鏡片。

5. 對或錯？漸進多焦點鏡片的配鏡十字高度應下移，以利首次配戴者適應此類鏡片。

6. 對或錯？在漸進多焦點鏡片上確認稜鏡和遠用處方的位置不同。

7. 對或錯？配鏡十字位於主要參考點上。

8. 主要參考點的同義字為：
   a. 配鏡十字
   b. 遠用參考點
   c. 稜鏡參考點
   d. 近用參考點
   e. 以上皆非

9. 對或錯？若漸進多焦點鏡片的設計隨著加入度數不同而改變，即稱為多重設計鏡片。

10. 對或錯？適應漸進多焦點鏡片包括改變注視時所用的眼睛和頭部動作。

11. 裝配漸進多焦點鏡片時，下列所有因素皆很重要，何者對配戴者的滿意度影響最大？
    a. 配鏡的精準度
    b. 選擇的漸進多焦點鏡片的品牌與類型
    c. 驗證的精準度
    d. 選擇的鏡片材料種類

12. 對或錯？確認漸進多焦點鏡片時，實際上很少測量近用加入度數。

13. 下列何者不是查看漸進多焦點鏡片之隱形標記的建議方式？
    a. 手持鏡片並以透過鏡子的反射光查看表面
    b. 將鏡片置於黑色背景的前方並從後方照亮
    c. 手持鏡片並置於螢光照明光源前方加以檢視
    d. 使用針對照明和放大鏡片表面所設計的設備
    e. 以上皆是

14. 漸進多焦點鏡片配戴者已選擇一副鏡框，鏡框的部分參數及配鏡資料如下，何者是有問題的？
    a. 實驗室訂購單指定雙眼瞳距 ＝ 65 mm
    b. 鏡框為飛行員款式
    c. 調整後的鏡框前傾斜為 12 度
    d. 以上皆正確

15. 對或錯？若配戴者返回抱怨，檢查問題最直接的方式是先復原漸進多焦點鏡片的標記，並確認在配戴處方的情況下標記是否正確。

16. 漸進多焦點鏡片不必要的周邊柱面度數：
    a. 隨著加入度數增加而減少
    b. 隨著加入度數增加而增多
    c. 等於遠用處方的柱面度數
    d. 不受加入度數的影響

17. 對或錯？相較於軟式設計，硬式設計通常可在鏡片遠用區提供較寬的高視力範圍。

18. 遠用區至近用區的漸進度數變化速率可快或慢。若變化速率快，將不會出現以下何者狀況？
    a. 鏡片的漸進區較短
    b. 中間區的寬度通常較窄
    c. 近用區通常較小
    d. 更多不必要的周邊柱面
    e. 上述狀況中有兩種不會發生

19. 對或錯？遠用區、中間區和近用區的寬度相互影響，若其中一區較大或較寬時，另外兩個區域將變得較窄且較小。

20. 對或錯？等高線圖記錄漸進多焦點鏡片的前表面高度。

21. 下列何者無法從等高線圖中得知？
    a. 漸進區的相對寬度
    b. 採用硬式或軟式光學設計
    c. 預估鏡片上半部不必要的散光量
    d. 預期整個鏡片的色像差將增加或減少
    e. 預期特定模糊區的位置

22. 若漸進多焦點鏡片的上半部前表面為球面，則較可能是硬式或軟式設計？
    a. 硬式
    b. 軟式

23. 何種鏡片設計容易有大量的周邊散光？
    a. 採用硬式設計的鏡片
    b. 採用軟式設計的鏡片

24. 特別為 B 尺寸狹窄鏡框所設計的漸進多焦點鏡片，較類似於硬式或軟式設計？
    a. 硬式設計
    b. 軟式設計
    c. 無法得知

25. 習慣有清晰遠用視力的老花正視者，較容易抱怨採用硬式設計或軟式設計的漸進多焦點鏡片？
    a. 硬式設計的鏡片
    b. 軟式設計的鏡片
    c. 無法預測

26. 製作以下何種鏡片不需使用自由曲面成型技術？
    a. 根據配戴位置所設計的漸進多焦點鏡片
    b. 加入度數分布於前表面和後表面的鏡片
    c. 依據配戴者的用眼偏好，客製化漸進區寬度的漸進多焦點鏡片
    d. 非複曲面弧度的漸進多焦點鏡片
    e. 半完工鏡片經實驗室加工成型的漸進多焦點鏡片
    f. 以上皆需

27. 根據配戴位置所設計的鏡片能矯正或補償以下所有情況，除了何者之外？
    a. 驗光與配戴者眼鏡的頂點距離差值
    b. 鏡片於驗光期間無前傾斜
    c. 根據鏡片度數所需的基弧各異
    d. 使用非複曲面表面的球柱面鏡片，於兩個度數軸線上所致的斜散光差量各異
    e. 上述情況皆能矯正

28. 對或錯？近用型變焦鏡片適用於小型辦公室環境，且鏡片上半部皆有 50% 的加入度數。

29. 近用型變焦鏡片具有遞減度數，遞減度數為：
    a. 處方遠用度數和近用度數的差值，由近用區至遠用區
    b. 變焦鏡片的總近用度數至鏡片頂端度數的度數範圍
    c. 近用區至鏡片中間的度數範圍
    d. 近用區至配鏡十字的度數範圍

30. 近用型變焦鏡片設計將用於加入度數皆不同的老花者。各種品牌的近用型變焦鏡片有幾個度數範圍？
    a. 1
    b. 2
    c. 3
    d. 與加入度數的數量等多
    e. 以上皆正確

31. 假設某製造商的變焦鏡片對於加入度為 +2.25 配戴者所建議的度數範圍是 1.25 D，該名配戴者的左、右眼鏡片遠用矯正度數皆為 −0.50 +0.75 × 090，加入度是 +2.25，則鏡片上半部的驗證度數為何？

32. 近用型變焦鏡片於鏡片上半部的度數為 +1.25 −0.50 × 010，鏡片下半部的度數為 +2.75 −0.50 × 010，則該鏡片的遞減度數（度數範圍）為何？
    a. +0.75 D
    b. +1.25 D
    c. +1.50 D
    d. +1.75 D
    e. +2.75 D

33. 對或錯？近用型變焦鏡片的配鏡方式如同標準漸進多焦點鏡片，包括測量單眼瞳距以及將配鏡十字置於瞳孔中央。

34. 對或錯？專為小型辦公室和電腦所設計的職業用漸進多焦點鏡片，其鏡片頂端無遠用度數，只有中間度數。

35. 漸進多焦點鏡片使用稜鏡削薄設計的經驗法則 *，預期下列兩個處方的稜鏡削薄量為何？
    a. 右眼和左眼遠用度數：+3.00 −0.75 × 090，加入度：+2.25
    b. 右眼和左眼遠用度數：−3.00 球面，加入度：+1.00

36. 下列為一副漸進多焦點鏡片，根據減薄鏡片的經驗法則，其所需基底向下的共軛稜鏡量為何？

    $$+3.00 \ -0.75 \times 130$$
    $$+3.00 \ -0.75 \times 040$$
    $$加入度 \ +1.50$$

    a. 0.75△
    b. 1.00△
    c. 1.25△
    d. 1.50△
    e. 以上皆非

37. 下列為一副漸進多焦點鏡片，根據減薄鏡片的經驗法則，其所需基底向下的共軛稜鏡量為何？

    $$-3.50 \ -0.50 \times 180$$
    $$-3.50 \ -0.50 \times 180$$
    $$加入度 \ +2.00$$

    a. 1.00△
    b. 1.50△
    c. 1.75△
    d. 2.00△
    e. 以上皆非

38. 某處方如下：

    $$+2.00 \ D \ 球面 \ 3\triangle \ BD$$
    $$-5.00 \ D \ 球面 \ 3\triangle \ BU$$
    $$加入度 = +2.25$$

    配鏡十字高度的測量值：

    右眼：20 mm
    左眼：20 mm

    補償處方垂直向稜鏡所需的配鏡十字高度為何？

39. 某處方如下：

    $$-1.25 \ -0.50 \times 180 \ 球面 \ 5\triangle \ 基底向內$$
    $$-1.25 \ -0.50 \times 180 \ 球面 \ 3\triangle \ 基底向內$$
    $$加入度 = +2.25$$

    單眼瞳距：

    右眼：30 mm
    左眼：30.5 mm

    補償處方水平向稜鏡所需的單眼瞳距為何？是否需變更稜鏡量？若需要，則所需量為何？

40. 某處方如下：

    $$-5.00 \ D \ 球面 \ 3\triangle \ 基底向內$$
    $$-5.00 \ D \ 球面 \ 3\triangle \ 基底向內$$
    $$加入度 = +2.00$$

    單眼瞳距：

    右眼：31 mm
    左眼：31 mm

    在未安裝鏡片的情況下，測量瞳距和配鏡十字高度，並無顯性斜視 (即兩眼未向外偏斜)。
    A. 訂購漸進多焦點鏡片時，是否會依處方稜鏡更改瞳距？若會，則應如何更改？
    B. 若對尺寸進行修改，是否也應更改稜鏡量？若是，則應如何更改？

---

* 應記住以經驗法則求得的預期值，未必等同光學實驗室使用電腦程式並考量遠用度數、近用度數和鏡框尺寸與形狀計算而得的數值。

不等視

當處方中左右眼鏡片的差異明顯時，可能發生的問題主要是鏡片導致相同物體的兩個成像有所不同。本章節將檢視這些問題，並列出可能的解決方法。

簡介

不等視 (*anisometropia*) 是指左眼和右眼的屈光度有差異的狀況。不等視可以對老花眼病人有利。當一隻眼是正視眼且不需矯正，但另一隻眼有近視時，這樣的人可以避免使用閱讀用眼鏡。一隻眼用來看遠，另一隻眼看近。事實上，這種狀況常見於配戴隱形眼鏡的狀況，稱為單視眼。一側的隱形眼鏡是淺的近用矯正度數而不是遠用矯正度數，因此老花眼病人可以避免配戴閱讀用眼鏡。

然而總體來說，程度明顯的不等視終究會產生問題。對兒童來說，若未留意到雙眼之間屈光度的誤差，可導致模糊的一眼無法發展出良好的視力，這個狀況稱為弱視。即使已經將屈光不正徹底矯正，弱視眼仍將無法達到 20/20 的視力。因此，在發現不等視時立刻矯正非常重要。

用鏡片校正不等視後，問題並未能完全解決。鏡片本身也可能製造問題。配戴時離眼睛有一段距離的鏡片會放大或縮小透過鏡片看見的任何東西。不同的鏡片度數會放大不同的程度。當兩個鏡片度數不同時，透過右眼鏡片看到的物體成像與透過左眼鏡片看到的成像尺寸就不同。大腦會嘗試將兩個影像融合成一個物體。

隨著鏡片度數增加，鏡片的稜鏡效應也會增加。從低度數鏡片的光學中心下方視物只會造成輕微的成像位移。但在相同距離，從更高度數鏡片的光學中心下方觀看相同物體，可能會造成更明顯的成像位移。既然兩個影像彷彿在不同位置上，雙眼就必須往下轉不同程度以免產生複視。

本章節談的主要是關於不等視造成的問題，以及怎樣用鏡片去克服這些問題。

不等像

不等像 (aniseikonia) 是指左眼和右眼所見的像在尺寸及／或形狀上有差異 (圖 21-1)。成像尺寸的差異可以是眼睛本身或是矯正鏡片的光學性質所造成。

不等像的類型
生理性不等像

即使是雙眼都相同的人，也會產生有限但具實用度的不等像。假設一個人的雙眼往左觀看一個物體，右眼會比左眼稍微離物體遠一點。右眼中的物體成像會比左眼所見的成像稍微小一點。這個尺寸上的差異提供了有助於在空間中將物體定位的線索。這種類型的不等像是可預期的，稱為生理性 (或自然) 不等像 (*physiologic / natural aniseikonia*)。任何其他達到臨床上顯著程度的不等像都屬於異例，稱為不規則性不等像 (*anomalous aniseikonia*) 或直接稱為不等像 (*aniseikonia*)。不規則性不等像可由眼部解剖構造或眼睛或矯正鏡片的光學性質造成。

對稱性不等像

一眼可能比另一眼看到的像對稱且更大 (即在每個軸線上都相等程度的放大)，為對稱性不等像 (*symmetrical aniseikonia*)(圖 21-2)。另一類型的不等像仍然是對稱的，不過是在一眼的某一條軸線上與另一眼在軸線上的尺寸有差異。這種類型稱為軸線性不等像 (*meridional aniseikonia*)。軸線性不等像可出現在水平或垂直軸線上，也可能出現在斜向軸線上 (圖 21-3)。

非對稱性不等像是視野中的成像有逐漸增加或減少的情形。一眼的成像會沿著視野逐漸增大 (圖 21-4)。這不會在自然狀況下發生，而是發生在眼睛前方放置平稜鏡的時候。正度數與負度數鏡片將造成影像的畸變。這是由於正度數鏡片的基底向中心

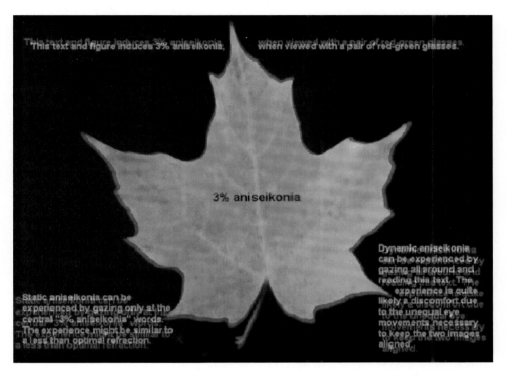

圖 21-1　這個圖只有在透過紅綠立體眼鏡看時才會變得真實。配戴紅綠眼鏡時，雙眼會嘗試將兩個影像合而為一，模擬發生在有不等像的人身上的狀況。(From de Wit GC, Remole A: Clinical management of aniseikonia, Optom Today 43(24):39-40, 2003.)。

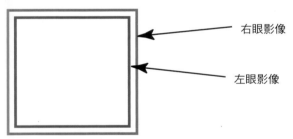

圖 21-2　對稱性不等像是一隻眼的影像在每條軸線上都比另一隻眼看到的影像相同程度的放大。

稜鏡效應，與負度數鏡片基底向邊緣的稜鏡效應的變化所造成。這種變異性的放大率造成一種非對稱性不等像，如第 18 章圖 18-11 所示的枕形和桶形畸變。

解剖性與光學性不等像

　　當不等像是由解剖構造所造成時，即稱為解剖性不等像 (anatomic aniseikonia)。解剖性不等像可導因於一眼與另一眼之視網膜組成 (桿細胞與錐細胞) 的分布不相等所造成。

　　不等像也可能是眼睛或矯正鏡片的光學性質所造成。當不等像是由眼睛的光學性質造成，稱為遺傳光學性不等像 (inherent optical aniseikonia)。當不等像是由外源如矯正鏡片造成，稱為誘導性不等像 (induced aniseikonia)。

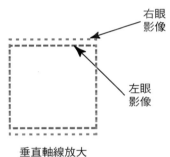

垂直軸線放大

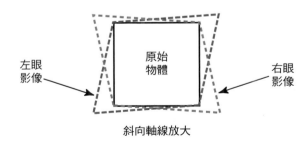

斜向軸線放大

圖 21-3　軸線性不等像仍然是對稱的，不過是在一眼的某一條軸線上與另一眼在軸線上的尺寸有差異。軸線性不等像可以發生在水平或垂直軸線上。在上圖中，不等像是垂直。軸線性不等像可能也會在斜向軸線發生，如下圖所示。

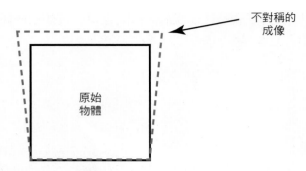

圖 21-4 非對稱性不等像是指沿著視野逐漸遞增或遞減。一隻眼的成像會漸漸沿著視野增大,如圖所示。

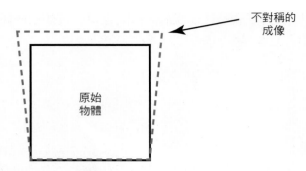

形狀   度數
因素   因素

圖 21-5 眼鏡放大率與鏡片形狀和鏡片度數有關。這張圖試著將這兩個因素概念性的分開,幫助將眼鏡放大率的這兩個面向視覺化。

眼鏡放大率:鏡片如何改變成像尺寸

  本段落,我們只看一個鏡片如何改變一眼影像的放大率,並未對兩眼之間不同的放大率做比較。由單個鏡片所導致的放大率變化稱為眼鏡放大率(spectacle magnification)。

  眼鏡放大率是同一個人配戴眼鏡時所見的成像尺寸與未配戴眼鏡時所見的成像尺寸之比較。換句話說,

$$眼鏡放大率 = \frac{相同眼已矯正的視網膜上成像尺寸}{相同眼未矯正的視網膜上成像尺寸}$$

以比率表示,如 1.04 或 0.96。以百分比表示,比率 1.04 的放大率是 4%,比率 0.96 的縮小率是 4%。

  眼鏡鏡片有兩個影響成像放大率(或縮小率)的因素。一個與鏡片度數有關,另一個則與鏡片形狀有關。形狀因素沒有淨度數,但能造成放大率的變化。這像望遠鏡一樣,望遠鏡改變物體的放大率,但因為離開望遠鏡的光束是平行的,可說是沒有淨度數。所以把眼鏡鏡片想成有兩個組成:

1. 無焦點(如同望遠鏡)組成
2. 度數組成

  這兩個組成各自影響放大率。厚度、折射率與鏡片前表面弧度的無焦點組成部分,屬於形狀因素,配戴距離和鏡片後頂點度數的度數組成部分,屬於度數因素(圖 21-5)。這兩個因素對放大率的影響可以用方程式的形式表示成:

$$眼鏡放大率 = (形狀因素)(度數因素)$$

或是

$$SM = \left(\frac{1}{1 - \frac{t}{n}F_1}\right)\left(\frac{1}{1 - hF_v'}\right)$$

 t = 鏡片厚度(單位為 m);n 為折射率
 F_1 = 鏡片的前表面屈光度
F_v' = 鏡片的後頂點度數
 h = 鏡片後頂點到瞳孔之間的距離(單位為 m)(瞳孔通常假定距離角膜前表面 3 mm)

  以下是如何計算眼鏡放大率的例子＊。

例題 21-1

某個 +5.00 D 的 CR-39 鏡片,基弧 +10.00 D,中心厚度 4.6 mm,頂點距離 14 mm,其放大率為何?(假設 +10.00 D 基弧是鏡片表面的屈光度,不是真實或標稱基弧。)

解答

由於眼鏡放大率的公式是:

$$SM = \left(\frac{1}{1 - \frac{t}{n}F_1}\right)\left(\frac{1}{1 - hF_v'}\right)$$

＊ 如果鏡片是複曲面,有柱鏡組成,每一條軸線必須分開計算。

記得，我們需要在瞳孔與角膜前表面之間的距離 (3 mm) 加上頂點距離 (14 mm)，以求得 h 值（鏡片後頂點到瞳孔的距離）。此值為 17 mm，但必須以公尺為單位，即 0.017 m。所以帶入以下式子：

$$SM = \left(\frac{1}{1 - \frac{0.0046}{1.498}10.00} \right) \left(\frac{1}{1 - (0.017 \times 5.00)} \right) = 1.12752$$

眼鏡放大率是 1.1275 或放大 12.75%。

理論上，被認為是預防不等像的最佳矯正為何？

要回答這個問題，我們需要了解兩種類型的非正視眼。

軸性與屈光性非正視眼

「非正視眼 (ametropia) 是當眼睛沒有進行調節作用時，平行光未聚焦在視網膜的屈光狀況[1]。」非正視眼包括近視、遠視和散光。非正視眼可能因為眼球的軸長太短或太長而發生。這種類型的非正視眼稱為軸性非正視眼 (axial ametropia)。另一種極端則是眼球長度正常，但仍是非正視眼。這是因為眼睛屈光組成的弧度造成誤差，稱為屈光性非正視眼 (refractive ametropia)。根據不等視的「古典理論」，非正視眼的種類決定了不等像該如何矯正。

產生「正常」的成像尺寸（相對眼鏡放大率）

正常的成像尺寸照慣例是指具有 +60.00 屈光度的標準正視眼的成像尺寸。假設另一隻經鏡片矯正的非正視眼產生的影像大於標準尺寸。這隻眼的放大率相對於標準眼則稱為相對眼鏡放大率 (relative spectacle magnification)。相對眼鏡放大率以方程式表示為：

$$相對眼鏡放大率 = \frac{已矯正非正視眼的成像尺寸}{標準正視眼的成像尺寸}$$

眼鏡放大率 (SM) 與相對眼鏡放大率 (RSM) 的差別是：

- 眼鏡放大率 (SM) 比較的是單眼的未矯正和已矯正狀態下的成像尺寸。
- RSM 比較的是已矯正的非正視眼和標準正視眼（不需要矯正的）。

要為近視眼、遠視眼、散光選擇合適類型的屈光矯正以產生正常的成像尺寸。

內普定律與軸性非正視眼

如果非正視屬於軸性，光學理論預測成像尺寸會和正常的不同，因為眼球的軸長和正常的不同。根據內普定律 (Knapp's law)，「當矯正鏡片放置於眼睛前方，讓軸性非正視眼的前側焦點落在第二主要平面上，視網膜上影像的尺寸會如同正視眼的眼球狀況[1]」（注意：要滿足內普定律的條件，非正視眼必須是只有軸性，且沒有解剖性不等像）。

換句話說，如果一個人的眼球太長或太短，成像尺寸會比正常來得大或小。內普定律指出使用鏡片* 可以讓視網膜的成像恢復正常尺寸。

解釋過內普定律後，必須注意以下事項：即使光學理論是這麼說的，但軸性非正視眼在理論上正確的位置以鏡片矯正後，不等像依然存在[2]。這是「視網膜不均等的成長或拉長」的結果[3]。在閱讀關於不等像的剩下篇幅時，要將內普定律與臨床實作不一致之處銘記在心。在決定矯正不等像的適合方法時，這在臨床上有重要涵義。

軸性非正視近視眼的成像尺寸。對於因長眼球造成的近視，未矯正的成像尺寸會大於正常眼所見的尺寸。先前可能會說，根據內普定律，鏡片縮小成像尺寸令其恢復正常，消除不等像。然而隱形眼鏡更接近眼睛的主要平面，並不會像放在眼睛前方一段距離的負度數鏡片那樣縮小成像。

當有近視不等視時，光學理論會說，我們想把兩個成像恢復成正視眼，讓放大率的差異不存在。內普定律會說，當有近視軸性非正視時，鏡片會讓影像恢復成正常大小。理論上，這會讓眼鏡鏡片成為矯正選擇。然而從臨床角度來看，以隱形眼鏡矯正時，軸性不等視會減輕[4]。Winn 等人也陳述：與內普定律相反，眼鏡「所產生的不等像程度會比隱形眼鏡更為明顯[5]」。這表示即使對非正視近視眼使用鏡片可以讓視網膜成像尺寸相等，並不表示大腦皮質內成像尺寸也會相等。

軸性非正視遠視眼的成像尺寸。理論與實作之間的矛盾一樣存在於軸性非正視遠視眼。對於因短

---

* 內普定律中提到的眼鏡鏡片是假設為薄而平的鏡片。實際上，眼鏡鏡片是彎曲的，可能是厚的，且不需要符合這個假設。

眼球造成的遠視，未矯正的成像尺寸會小於正常眼所見的尺寸。理論上會說，眼鏡放大成像並讓成像尺寸恢復正常，而隱形眼鏡會讓成像保持縮小。根據內普定律，應該選擇眼鏡鏡片而非隱形眼鏡。但臨床上卻不是如此。隱形眼鏡仍然表現較佳。（必須注意，屈光矯正手術跟隱形眼鏡都在相同的位置，即角膜平面上進行屈光矯正。因此，屈光矯正手術也能和隱形眼鏡以相同的方式減輕不等視。）

屈光性非正視與成像尺寸

如果是屈光性的非正視眼，未矯正的成像尺寸會與正常正視眼的成像尺寸相同。因此，在矯正屈光性非正視的不等視眼時，我們想讓成像尺寸保持不變。我們不想要屈光矯正影像放大或縮小。隱形眼鏡能夠矯正誤差，且讓成像尺寸幾乎不變。因此，對屈光性非正視的近視眼或遠視眼來說，理論和臨床上預防不等像的選擇都是隱形眼鏡。

屈光性非正視存在著一個常用指標，即是兩眼的角膜彎度計讀數有顯著差異，顯示兩眼角膜前表面的度數不同。另一個指標，則是一眼有發展中的白內障將會造成不等視。

伴隨散光的不等視。散光是一種屈光性不等視。如果眼鏡鏡片用於高度散光，則每條軸線都會產生不同程度的放大率。即使是對於等視的高度散光 *，隱形眼鏡仍有減少軸線性放大率差異的優勢。因此，隱形眼鏡是伴隨散光的不等視者最適宜的矯正方法選項。

檢測臨床上顯著的不等像

雖然臨床上顯著的不等像有明顯和較不明顯的徵象和症狀，但有時候仍難以辨認。不等像常跟未矯正的屈光誤差或眼球運動不平衡的情形有相同的症狀。差別在於，不等像的情形在矯正或解決其他問題後依然存在。

除了以上提到的之外，這裡也列出一些臨床上顯著的不等像的指標：

1. 高度不等視或高度散光
2. 眼球存在某些物理上改變的因素，如人工水晶體、鞏膜扣壓術、角膜移植、屈光矯正手術、視神經萎縮 [6]

---

* 等視是指雙眼的屈光不正有相同種類和量的狀態。

3. 抱怨空間扭曲，如地板或牆壁傾斜、地面太近或太遠
4. 當僅使用單眼視物時光學舒適性較佳

注意這些現象是否發生在更改處方或配新眼鏡之後。假設屈光正確且鏡片經過校驗，當不等視出現時，很可能是不等像。有幾個方法可以解決不等像的問題。

以眼鏡鏡片矯正不等像

如果發現不等像確實存在，改變相對眼鏡放大率可改善軸性或屈光性不等視 [6]。這是因為鏡片有專門的調整方法可以改變鏡片的放大率。即使通常會建議在有不等像的情形時要配戴隱形眼鏡，但病人可能不願意配戴隱形眼鏡。改變眼鏡鏡片的基弧、鏡片厚度和頂點距離仍能用來矯正不等像。

有幾個方法可以解決不等像的問題：

1. 如果你認為不等像可能會是問題，但沒有明確證據，可使用「首渡法」。
2. 如果你很確定不等像的存在，想自行解決它，但卻沒有測量的方法，可個別給予兩個鏡片做「定向正確的放大率調整」。
3. 根據處方來估計放大率的差異，據此調整鏡片的參數。
4. 測量兩眼放大率的差異，據此調整鏡片的參數。

「首渡法」預防可能的問題

擔心不等像可能會是問題時，在鏡架和鏡片選擇上能做一些調整，以減少眼鏡放大率的差異，以免發生不等像。這能在一開始即做好，也不會造成任何傷害，即使不等像根本不是問題。

1. 選用頂點距離短的鏡架，如果有鼻墊，可以更加減少頂點距離。
2. 選用眼型尺寸小的鏡架。這能再減少頂點距離。
3. 選用非球面鏡片設計。這通常能讓基弧更平。
4. 選用高折射率的鏡片材質。這會減少鏡片中心厚度。

進行「定向正確」的放大率調整

如果相當確定不等像問題存在，但卻無法確切測量，還是有可能處理這樣的問題。這能藉由在適當的面向個別調整兩個鏡片（減少或增加放大率）來

Box 21-1

如果雙眼都是正度數鏡片（遠視性不等視）

- 選擇具有最小頂點距離的鏡架
- 維持小的眼型尺寸

對於度數較高的正度數鏡片

- 基弧要更扁平
- 減少鏡片厚度
- 減少頂點距離

對於度數較低的正度數鏡片

- 基弧要更彎曲
- 增加中心厚度。盡可能不要厚於另一個度數較高的鏡片
- 如果鏡片邊緣夠厚，將鏡片斜面從鏡片前方移到後方。（不要超過美觀上可接受的程度。）這能將鏡架中的鏡片往前方移動，增加放大率

Box 21-2

如果雙眼都是負度數鏡片（近視性不等視）

- 選擇具有最小頂點距離的鏡架
- 維持小的眼型尺寸
- 不建議改變負度數鏡片的基弧，除非能確定會產生怎樣的效果。（如果鏡片度數比 −2.00 還高，只增加基弧可能不會達到預期效果。增加基弧會增加放大率，但也增加鏡片彎曲的程度，造成頂點距離的增加。* 負度數鏡片的頂點距離增大會增加放大率，可能造成相反的效果。）

對於度數較高的負度數鏡片

- 鏡片斜面盡量往前方移動，以減少頂點距離
- 如果需要大幅調整放大率，可能需要大幅增加基弧彎曲的程度。如果這麼做，鏡片也必須加厚，且斜面移至鏡片前表面以減少頂點距離。如果沒這麼做，增加基弧彎曲的程度可能不會產生理想的效果 †

對於度數較低的負度數鏡片

- 鏡片斜面盡量往後方移動，以增加頂點距離。（完全移到後方會看起來很糟）
- 不要減少鏡片厚度

---

* 基弧每改變 1 D 會改變頂點距離約 0.6 mm。

†Brown WL. 負度數等像鏡片設計中基弧的重要性。

做到。有時候這能減少放大率的差異，恰好能緩和問題，但並沒有「確實解決」。使用這個方法時，要注意兩個重點：

1. 要記得左右鏡片度數差異越大，改變程度就會越大。改變的面向是頂點距離、基弧和鏡片厚度。
2. 關於不等像的部分，如果有老花眼，別忘了可能需要同時矯正垂直不平衡。

　　每個鏡片各自需要做怎樣的調整，與左右眼鏡片度數之間的差異有關。

- 如果雙眼都是正度數鏡片，但一個度數較大，請遵照 Box 21-1 的指示。
- 如果雙眼都是負度數鏡片，但一個度數較大，請遵照 Box 21-2 的指示。
- 如果一個是正度數鏡片，另一個是負度數鏡片，請遵照 Box 21-3 的指示。

估計放大率百分比的差異

　　從處方本身估計放大率的差異是有可能做到的 *。至於每鏡度會改變多少放大率，有好幾種估計

值。Linksz 和 Bannon 提到 [7]，若是屈光性不等視，對於每一鏡度的不等視，我們能預期有 1.5% 的變化。然而，因為非正視眼可能帶有軸性的成分，所以每鏡度 1% 比較接近現實。現在公認的經驗法則是每鏡度 1%。

　　若要矯正估計出來的不等像，我們知道如果有問題存在，大概會是在 1% 和 2% 之間。關於如何具體地調整鏡片參數以精確調整放大率，會在本章節之後的部分討論。

測量放大率百分比的差異

　　矯正不等像的理想方式是直接測量不等像。歷史上的傳統測量方法是使用空間影像測量計。**空間光像測定儀 (space eikonometer)** 是以量化方式測量成像尺寸差異，目前已經停產。

---

* 注意：用來估計放大率百分比的掃描儀似乎不夠準確到有效的程度。成像尺寸差異大會造成雙眼視覺喪失且不會產生症狀。少量的差異無法使用掃描儀準確測量，所以通常會是造成大部分問題的原因。

Box 21-3

一個是正度數鏡片且另一個是負度數鏡片（屈光參差）

- 選擇具有最小頂點距離的鏡架
- 維持小的眼型尺寸

對於正度數鏡片

- 基弧要更扁平
- 減少鏡片厚度
- 減少頂點距離

對於負度數鏡片

- 鏡片斜面盡量往前方移動，以減少頂點距離
- 不要減少鏡片厚度

當一側的鏡片是正度數時，有些人會建議較高正度數的鏡片要使用高折射率鏡片，較低正度數的鏡片則使用一般折射率鏡片。這會減少鏡片厚度和基弧，其次，也能減少較高正度數鏡片的頂點距離。

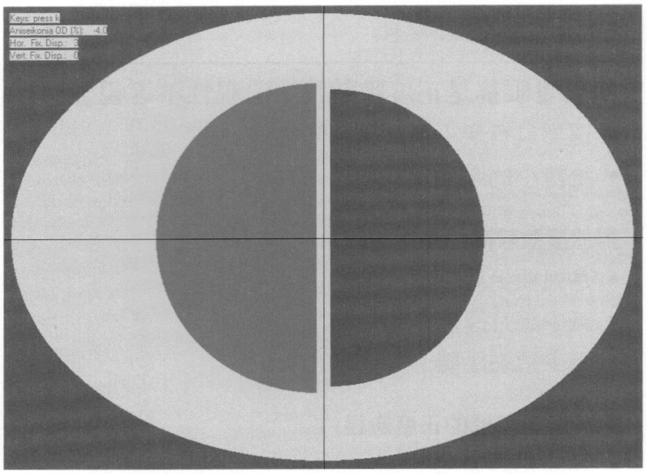

圖 21-6　不等像檢查儀的螢幕模擬會顯示，右眼如何看到一個比左眼更小的成像。（From the Optical Diagnostics website:http://www.opticaldiagnostics.com/products/ai/screenshots.html.）

　　另一替代方法是使用適當的 Keystone View 立體鏡卡片，最好與 Keystone 直光鏡（一種具備「最小程度扭曲」鏡片的立體鏡）一起使用。另一種更準確的測試方法是 Awaya 新式不等像測試（日本東京 Handaya 有限公司）。

　　當完成不等像檢驗之後，仍需要決定個別鏡片的哪些參數應該調整多少的量。有現成的表格和列線圖，可以根據基弧、鏡片厚度、頂點距離、和折射率的改變，指出放大率調整的量[7]。

　　也能使用 Excel 試算表或同類軟體來建立程式，可以直接使用眼鏡放大率包含形狀因素和度數因素的公式*。每當考量任一副給定鏡片的放大率時，左右鏡片通常會有很大的差異。這個落差不必減少到零。兩個眼鏡放大率之間的落差，反而應該降低到同等於左右眼之間不等像差異的量。（即使不等像的程度稍微減輕後，症狀可能會消失。）

　　幸好，有另一個方法可以將測試和鏡片設計整合在電腦軟體程式中。

不等像檢查儀

　　不等像檢查儀是電腦軟體程式，螢幕介面如圖 21-6 所示。受測者配戴紅綠眼鏡，然後螢幕中的影像會調整到兩半都是同等尺寸。檢查儀測量的是水平、垂直和對角線方向的放大率差異。

　　一旦找出放大率的差異，並輸入處方資訊，程式會產生一個表單，列出相關的鏡片參數，包括基弧、厚度、頂點距離及折射率。藉由調整眼鏡放大率公式的參數，可以看到放大率的計算結果。左右鏡片以剖面圖表示，也隨著參數的調整而變化。表單形式和／或鏡片的折射率均可以修改，直到得出合適的左右眼眼鏡放大率。

　　即使能精確測量出左右眼的百分比差異，可能不需要完全矯正這個差異。因為當達到完全矯正放大率差異時，可能會導致極度不尋常的鏡片，其中某個會有非常厚的中心或不恰當彎曲的基弧。

　　在使用這個程式的時候，或只是改變鏡片形狀以改變放大率或其他不等像的狀況時，有一些需要考量的重點。（也可參照 Box 21-1 到 21-3）

1. 僅僅是減少兩個鏡片的頂點距離就會有幫助。
2. 即使是調整某個鏡片的基弧也可能有幫助。（將最大的基弧減少到與較低的基弧相等，能大幅改變放大率的差異。）
3. 使用非球面鏡片設計。對於正鏡片而言，兩側的基弧都會更扁平。這能減少較厚側鏡片的厚度。較薄側鏡片就會跟另一側的厚度相同。

---

* 在建立試算表時，必須記得鏡前彎弧是鏡片屈光度，而不是 1.53 折射率的基弧。如果試算表內建換算公式，可使用 1.53 的參考折射率。

圖 21-7　通常鏡片的兩個表面都是球面。這用以下第一組光學十字表示。第一個表面有 +9.00 D 的度數，第二個表面是 −5.00 D。忽略鏡片厚度，產生的鏡片度數會是 +4.00 D 球面。

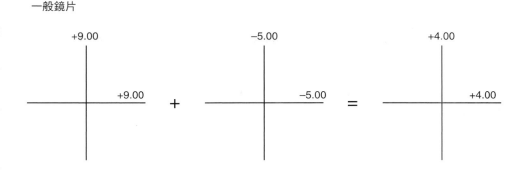

一般鏡片

這裡有一個相當簡單的複曲面鏡的例子。假設一個鏡片有相同的度數 +4.00 D。鏡片可以在前表面有柱面度數，如下圖所示。只要第二個表面抵銷前表面的度數，鏡片仍然有 +4.00 D 的度數。這個鏡片會在每條軸線上產生不同的放大率。

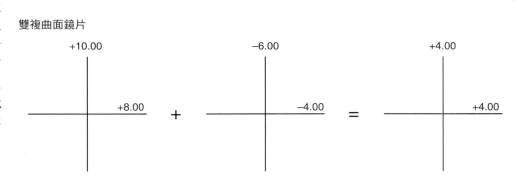

雙複曲面鏡片

4. 增加鏡片折射率會讓鏡片變薄。

5. 如果度數較低的正度數鏡片夠厚，能藉由將鏡片斜面向後移動，以使鏡架中的鏡片往前推移。這能增加頂點距離。

6. 要提高正鏡片的放大率差的調整可行性，可在度數較低的鏡片使用較大基弧的球面鏡，而度數較高的鏡片則使用非球面設計。

7. 兩個鏡片都使用抗反射鍍膜，以降低鏡片可見程度及兩個鏡片之間能被注意到的其他差異。

矯正不等像有什麼助益？

考慮「調整鏡片以矯正不等像」這件麻煩事究竟會有什麼幫助，是很合邏輯的，因為實際上並非總是會做這些調整。在 Emory 眼科中心的一項研究中，Achiron 等人比較了 34 名不等視者的矯正結果。他們發現，修改鏡片設計而讓相對眼鏡放大率相等，能同時減輕不等像並改善受測者的舒適度和表現。研究結論指出，與傳統眼鏡相比，93% 的研究對象偏好經過調整而矯正不等像的眼鏡。

他們的研究結果也發現，與內普定律相反，軸性非正視眼和屈光性非正視病人一樣，都能因調整相對眼鏡放大率而受益。

什麼是雙複曲面鏡片？

左右眼的兩條主要軸線上可能會有放大率的差異。可以在個別軸線上單獨調整放大率。

通常柱面鏡片的前表面是球面，後表面是複曲面。複曲面的兩條主要軸線有著不同的曲率半徑，因此能矯正散光。然而，即使是球面鏡片，鏡片的前後表面也能同時採用複曲面。如果為了讓一條軸線上的放大率比另一條上的更大，選擇不同的鏡片前表面弧度，就會發生這樣的狀況。如果這麼做，則會選擇特定的後表面弧度，以抵銷複曲面前表面產生的柱面度數。這種前後表面都是複曲面的鏡片稱為雙複曲面鏡片 (bitoric lens)（圖 21-7）。

成對鏡片的稜鏡效應

描繪一副眼鏡的光學原理時，眼鏡配戴者通常被表示為直接透過兩個鏡片的光學中心 (OC) 視物。這個狀況當然只會發生在部分時間，因為鏡片後方配戴者的視線方向會改變。

當看向右方或左方、上方或下方時，因為是透過鏡片的非中間區域視物，每個鏡片都會產生稜鏡效應。這個稜鏡效應是可預測的，且能計算出來。

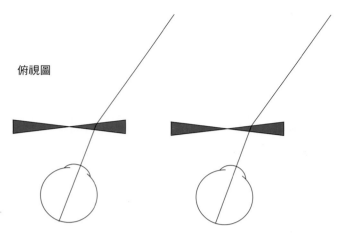

俯視圖

圖 21-8 透過處方眼鏡鏡片的邊緣視物時,來自無限遠物體的光線會因為鏡片的稜鏡效應偏折。當兩個鏡片的度數相同時,偏折的方向會對稱。穿透鏡片的光束雖然會偏折,但仍然平行。因此眼球的相對位置既不是會聚也不是發散。

如果左右眼鏡片在各面向都相同,則在任何角度的視線下,兩個鏡片造成的稜鏡度數也會相等。

例題 21-2

雙眼配戴 –3.00 D 鏡片 (O.U.) 的人,轉動他的雙眼注視右方的遠距物體,他的視線穿過鏡片上距離光學中心右方 1 cm 的一個點 (圖 21-8)。此雙眼鏡片所產生的稜鏡效應各為何?

解答

使用普氏法則,可以看做是:

$$\Delta = cF$$

在這個例子中

$$\Delta = (1)(3.00) = 3.00$$

因此,右眼鏡片產生 3.00Δ 的稜鏡,左眼產生 3.00Δ 的稜鏡。右眼的底部方向是基底向外,左眼是基底向內。如圖 21-8 所示,都是基底向右。結果雙眼保持平行,沒有往內轉 (會聚) 或往外轉 (發散)。

眼位不等

當一個人需要不同度數的鏡片時 (一個鏡片比另一個度數深或淺),此狀況稱為不等視。當此人透過鏡片上非光學中心的點注視一個物體時,雙眼鏡

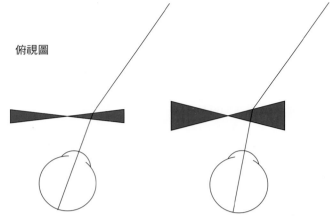

俯視圖

圖 21-9 當來自無限遠物體邊緣的平行光到達一副度數不相等的鏡片時,在這些鏡片非中心位置產生的稜鏡效應就不相等,導致光線穿過一鏡片時偏折比另一鏡片多。導致眼球會聚或發散取決於鏡片度數。

片各自產生的稜鏡效應會不相等。這種狀況稱為眼位不等 (anisophoria)。

例題 21-3

假設配戴以下度數的處方:

O.D. – 7.00 D 球面

O.S. – 3.00 D 球面

在觀看位於右側的遠距物體時,距離鏡片光學中心右方 1 cm 的點所產生的稜鏡效應為何 (圖 21-9) ?

解答

對右眼稜鏡效應為求得稜鏡效應為 (使用普氏法則):

$$\Delta = cF$$
$$\Delta = (1)(7.00) = 7.00\Delta$$

對左眼,造成 3.00Δ 的稜鏡。

例題 21-2 中,當兩個鏡片的度數相等時,雙眼之間沒有不平衡存在。雙眼繼續指向相同的方向。然而在例題 21-3 中,右眼被迫比左眼多轉動 4.00Δ。因為基底向外稜鏡的度數比基底向內稜鏡的度數還大,雙眼的淨稜鏡度數是 4.00Δ 基底向外。眼睛轉向稜鏡頂點方向,雙眼被迫會聚。

幸好眼睛不需要長時間維持這樣的位置,很快就會適應固視的變化。

垂直不平衡

當在不同角度的視線因為左右眼鏡片度數的差異而產生不同的稜鏡效應時，很顯然也會出現垂直稜鏡效應。最麻煩的狀況可能會發生在閱讀或近距離工作延續一段時間的時候。當配戴者的視線落在鏡片光學中心下方，且雙眼產生了不相等的垂直稜鏡效應，這種稜鏡效應的差異稱為**垂直不平衡** (vertical imbalance)。

考慮配戴以下處方的同一個人，以了解垂直不平衡：

O.D. – 7.00 D 球面
O.S. – 3.00 D 球面

如果這個人現在透過光學中心下方 1 cm 的點視物，產生的稜鏡效應會是右眼 7.00Δ 基底向下，左眼 3.00Δ 基底向下（圖 21-10）。總結是右眼前方 4.00Δ 基底向下的稜鏡。

誰該負責矯正垂直不平衡？

垂直不平衡常在驗光及配鏡過程中被忽略。這可能有很多原因，然而最主要的原因是：除非已經知道子片和主要參考點 (MRP) 高度，否則不平衡的量無法測出，因為這些測量值在選擇鏡架前都不會知道。理想中，給予處方者應該注意到這樣的需求並在處方中矯正，然而這種事並不總會發生。因此，除非配鏡師和驗光師密切合作，不然責任會落在配鏡師身上。配鏡師必須先辨識出需要矯正垂直不平衡的時機。

何時需要矯正垂直不平衡？

當不等視的配戴者從單光鏡片轉換到多焦點鏡片時，不一定需要矯正垂直不平衡。

對單光鏡片配戴者來說，如果不相等的垂直稜鏡會在視線往下閱讀時造成麻煩，只要低頭就能解決問題。這樣雙眼的視線都會穿過光學中心，而光學中心上的稜鏡效應為零，所以能減輕問題。對於多焦點鏡片的新配戴者而言，因為有子片，所以就無法選擇這個方法。配戴者必須使用鏡片中央以外的部位，放低視線透過雙光子片閱讀。

每個人對於閱讀區的垂直不平衡的容忍程度有所不同。一般而言，當左右眼垂直子午線的度數差

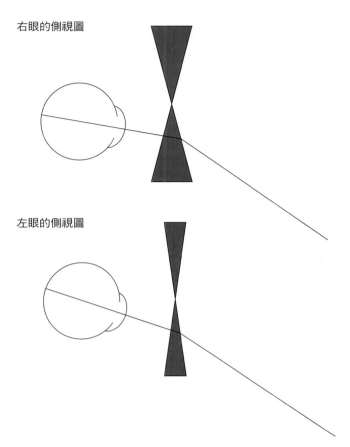

右眼的側視圖

左眼的側視圖

圖 21-10　透過眼鏡鏡片的頂端或底部視物時，跟透過側邊視物一樣，不相等的鏡片度數也會造成相同類型的稜鏡效應。不幸的是，這個問題對眼睛來說比較難克服，因為將一眼轉動得更上或下並不是一種自然的眼球運動。

異大於 1.5 D 時，就可能會有垂直不平衡的問題；而當度數差大於 2 ～ 3 D 時，就值得考慮矯正垂直不平衡。有些不等視病人對於不平衡很敏感，有些程度較嚴重的人卻不感到困擾。觀察配戴者如何以舊的單光鏡片處方閱讀，或許能透露一些端倪。

決定是否需要矯正垂直不平衡的方法是，給受測者一張閱讀紙卡，請他閱讀，此時注意對方的動作。如果對方在閱讀時眼睛往下轉，表示已習慣垂直不平衡，則不需要特別做補償。如果對方低下頭閱讀，則表示是透過遠距光學中心閱讀，以避開鏡片下半部的稜鏡不平衡。這些人配戴多焦點鏡片時，如果不平衡並未完全補償，可能會遭遇困難。在某些情況下，只需要補償一部分的不平衡。

當垂直不平衡是近期才發生的狀況，則矯正不平衡就顯得特別重要。這會發生在已進行單眼白內

障手術或屈光矯正手術的人身上。這兩種情形都會造成不等視，在近用區產生垂直不平衡，讓多焦點鏡片的配戴者無法補償。在這些例子中，因為尚未經過一段時間適應，所以要徹底矯正不平衡的狀況。

矯正垂直不平衡

以下有幾種矯正垂直不平衡的方法，有些能比其他方法補償更多的稜鏡不平衡。清單上的前四個方法是嘗試避免垂直不平衡的問題發生。後四個方法則試著修正問題。

1. 隱形眼鏡
2. 兩副眼鏡
3. 降低主要參考點高度
4. 升高子片高度
5. 菲涅耳按壓式稜鏡
6. 稜鏡削薄（雙中心研磨）
7. 非相似形子片
8. R 補償子片

應注意，透過矯正垂直不平衡而受益的人，也將從適當選擇鏡片參數以消除不等像（成像尺寸差異）而受益。關於不等像該如何選擇鏡片，在本章節前面的部分已經解釋過。

隱形眼鏡

純由光學上的角度來看，矯正垂直不平衡的最佳方法是隱形眼鏡。隱形眼鏡的光學中心會隨著眼球轉動。當配戴隱形眼鏡時，眼鏡造成的稜鏡度數差將消失，且沒有垂直不平衡的問題。

兩副眼鏡

當不等視病人配戴單光眼鏡時，垂直不平衡的問題很少浮上檯面。這是因為單光眼鏡配戴者可以低頭，透過鏡片光學中心視物，而不是視線往下，使用光學中心以下的鏡片。這表示，如果不等視病人決定不採用多焦點鏡片，就不必被迫使用鏡片下半部，也就是近用子片的位置。因此，克服垂直不平衡的方法之一就是配兩副單光眼鏡，一副看遠用，一副看近用。使用兩副眼鏡時，閱讀用眼鏡的光學中心必須比正常來得低。這樣配戴者就能透過光學中心視物。另配一副近距用的單光眼鏡並不能矯正垂直不平衡，而是避免產生垂直不平衡。為此目的，

訂製兩副眼鏡時，建議將近用處方的光學中心定在鏡架垂直中心的下方 5 mm。

如果不使用一般鏡架搭配近用處方並降低光學中心，也可使用半眼鏡框。這樣光學中心就會比較低，即使光學中心在原本的位置上。光學中心不用再降低。

降低主要參考點高度

實作上，會降低多焦點鏡片的光學中心或主要參考點，以減少看近時垂直不平衡的量，但就光學上而言不如其他方法穩妥。降低光學中心後，光學中心到閱讀高度的距離縮小，連同稜鏡效應也減少。然而降低光學中心會把不平衡從近用區轉移到遠用區，因為經由鏡片上半部的不平衡增加，可使近用區的不平衡減輕。降低多焦點鏡片的主要參考點或許能成功解決不嚴重的案例，但並不是最好的方法。

升高子片高度

升高子片高度，但不要同時升高遠距光學中心（即主要參考點），配戴者就不用在看近時將視線向下移動太多。如果閱讀時視線距離光學中心並不遠，則垂直不平衡就不會太嚴重。

但如果鏡片磨面工廠將遠距光學中心隨著子片上移，那就沒什麼益處。如果使用升高子片這個方法，最好在設定子片高度的同時也要指定主要參考點高度。

菲涅耳按壓式稜鏡

菲涅耳按壓式稜鏡 (Fresnel press-on lens) 是由「輕薄、透明、彈性的塑膠材料製成，按壓固定後黏合在鏡片的表面上[1]」。因此能切割菲涅耳按壓式稜鏡，使其符合一個鏡片的下半部，以抵銷垂直不平衡。菲涅耳稜鏡置於鏡片的後表面，模擬稜鏡削薄的鏡片。這種菲涅耳鏡片的應用通常不被當作是永久性的解決方案，而是當作測試，用來檢查是否可以減輕配戴者的視力問題。（更多關於菲涅耳鏡片的資訊請參見第 17 章。）

稜鏡削薄（雙中心研磨）

矯正垂直不平衡最常見的方法，從雙光子片界線的高度開始，只在一個鏡片的下半部造成垂直稜

鏡效應。這種矯正稱為稜鏡削薄 (slab off) 或雙中心研磨 (bicentric grind)。特徵為在子片頂端的高度上有一條水平線橫越鏡片。

　　除非需要矯正的不平衡小於 1.50Δ，不然幾乎總是會用稜鏡削薄。小於 1.50Δ 的狀況時，則很難控制削薄線的外觀和位置。幸好在垂直不平衡小於 1.50Δ 的狀況下，垂直不平衡不常成為問題。稜鏡削薄可以做到相當大的程度。但在給定的鏡片上使用 6Δ 以上的稜鏡削薄時，建議考慮在一眼使用一般 (基底向上) 的稜鏡削薄，而另一眼使用反向 (基底向下) 的稜鏡削薄。(反向稜鏡削薄從 1.50Δ 開始，以 ½Δ 的幅度遞增至 6Δ。)

　　稜鏡削薄可以研磨在任何鏡片上，無論是玻璃或塑膠鏡片。

熔融玻璃多焦點鏡片的稜鏡削薄

　　當熔融玻璃多焦點鏡片進行雙中心研磨 (稜鏡削薄) 時，會在閱讀區磨出基底向上的稜鏡。稜鏡削薄

只會做在一個鏡片上。會選擇 90 度軸線上負度數較大 (或正度數較少) 的鏡片。加工過程如圖 21-11 所示及描述。

　　跟其他方法相較之下，稜鏡削薄最大的優點之一是可以做大幅度的稜鏡補償。稜鏡研磨完成後所產生的界線也較不明顯。這條界線與鏡片上的平頂子片界線重疊，並被遮蓋掉一部分 (圖 21-12)。雖然任何形狀的子片，甚或沒有子片，皆可用於雙中心研磨的狀況，但平頂子片的美觀效果最好。

　　對於熔融玻璃鏡片來說，雙中心研磨會產生基底向上的稜鏡。因此在需要稜鏡削薄時，總是應該選擇負度數最大或正度數最小的鏡片。

塑膠鏡片的稜鏡削薄

　　稜鏡削薄能用在任何塑膠鏡片上，包含漸進多焦點鏡片。加工過程和玻璃鏡片差不多，但如圖 21-13 所示。

　　漸進多焦點鏡片的稜鏡削薄。當稜鏡削薄用於

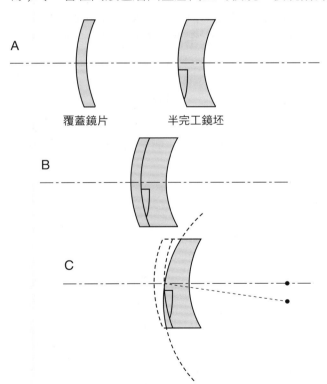

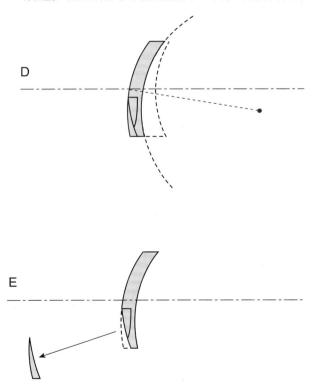

圖 **21-11**　削薄稜鏡的製造過程。**A.** 製造一個覆蓋鏡片，其內側彎弧與所需半完工鏡坯的基弧相同。**B.** 這個覆蓋鏡片黏在半完工鏡坯上。(實際作法是只需要半塊鏡片，蓋住鏡片中央以下的範圍。然而，為了教學目的，圖中顯示完整的覆蓋鏡片。) **C.** 在鏡片前表面研磨出基底向下的稜鏡。磨去玻璃，直到覆蓋鏡片的下半部只剩子片邊線以下的部分。稜鏡的鏡度等於補償所需要的處方量。**D.** 磨上遠用度數，過程中 (磨面時) 去除稜鏡效應。現在整個鏡片又沒有稜鏡了。**E.** 最後，移除覆蓋鏡片剩下的部分。這個楔形部位是基底向下的稜鏡，其值等於之前磨上的稜鏡，如 C 所示。淨稜鏡效應是子片下方的基底向上稜鏡加上鏡片。

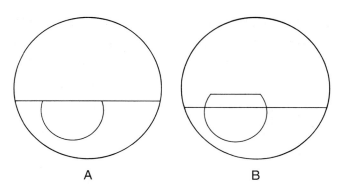

A　　　　　　　B

漸進多焦點鏡片上，削薄邊線會在鏡片的後表面，而界線的高度通常位在近用校驗圈的略上方。通常是根據稜鏡參考點（不是配鏡十字）到近用校驗圈之間的距離，來計算出完全的稜鏡削薄矯正量。

Sheedy 指出，漸進多焦點鏡片上的削薄稜鏡，和有子片多焦點鏡片的削薄稜鏡效果一樣好。任何稜鏡削薄矯正的關鍵在於選擇配戴對象。「且在垂直軸線上有大於 2-3 D 的不等視，預期會導致老花眼時，應該考慮做稜鏡削薄。然而，如果病人已經成功適應多焦點鏡片，不會抱怨看近時有問題，我們就不考慮稜鏡削薄。我們也傾向避免在第一次配戴多焦點鏡片時即做稜鏡削薄，乃因很多不等視病人能夠成功地處

圖 21-12　削薄稜鏡產生的細線很容易被平頂子片所掩飾。子片越寬，這條線越不明顯。**A**. 雙光鏡片如圖所示。**B**. 顯示削薄稜鏡在平頂三光鏡片上的正確位置。塑膠三光鏡片的雙中心研磨程序是從鏡片後表面以類似圖 21-13 所示的方式完成。

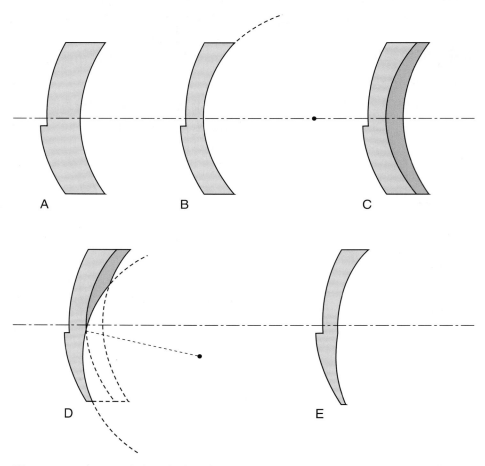

A　　　　　　B　　　　　　C

D　　　　　　　　　　E

圖 21-13　塑膠鏡片的雙中心研磨程序必須完全在後表面執行，因為前表面包含一體成形的雙光子片區域。程序由半完工鏡片開始 **(A)**。半完工鏡片先磨面到所需處方，且留下足夠的厚度，以便之後進行二次稜鏡研磨 **(B)**。將一種液體樹脂材料倒在凹陷的後表面，待其乾燥。這種樹脂 **(C)** 與玻璃鏡片技術使用的覆蓋鏡片具有相同用途。將鏡片在某個角度重新磨面 **(D)**。將鏡片在某個角度磨面是為了磨出稜鏡。磨面所使用的工具與 **(B)** 所使用的相同，所以能保持正確的度數。近用區現在包含適量的基底向上稜鏡以及正確的度數。最後，將鏡片冷卻，讓剩下的樹脂脫離。鏡片上半部自一開始的磨面後並未改變。**E**. 完工鏡片。雙中心研磨的塑膠鏡片，其特點是削薄邊線是在鏡片後表面，而不是前表面。

理垂直稜鏡的問題。我們偏好只在必須時使用稜鏡削薄。這些病人通常也受益於矯正不等像的鏡片設計，至少讓中心厚度和基弧均為相等[9]。」

預鑄稜鏡削薄鏡片 (反削鏡片[10])

研磨稜鏡削薄塑膠鏡片需要相當高的技術。由於稜鏡削薄塑膠鏡片的需求增加，以及技術上的需求，讓預鑄稜鏡削薄鏡片的開發得以浮上檯面。第一款預鑄 CR-39 稜鏡削薄鏡片是由 Aire-o-Lite 於 1973 年所開發[11]，是設計給 25 mm 的圓形子片。之後在 1983 年，由 Younger Optics 稜鏡削薄鏡片系列接續發展。

預鑄稜鏡削薄鏡片是使用平頂 28 鏡片製造的。鏡坯很大且子片在中央，因此可以用來做右眼或左眼鏡片 (圖 21-14)。

削薄的稜鏡從 1.50Δ 至 6.00Δ，以 ½Δ 的幅度遞增。與傳統研磨方式的稜鏡削薄相反，預鑄稜鏡是反削鏡片。這表示在削薄邊線下方區域的不是基底向上稜鏡，而是基底向下稜鏡。稜鏡削薄是在鏡片前表面鑄造成型，所以半完工鏡胚能夠以正常方式在後表面磨面 (圖 21-15)。在一些案例中，會產生比較薄的鏡片 *。

如果是配戴後表面削薄研磨的鏡片，有些有子片的多焦點鏡片配戴者會遭遇看到兩條線的狀況。他們在前表面看到子片邊線，後表面看到削薄邊線。在預鑄鏡片上，削薄邊線和子片邊線是一起在前表面，所以配戴者不會看到兩條線。因為反削鏡片是基底向下而不是基底向上的稜鏡，稜鏡方向和配戴者的眼睛位置反過來了。反削鏡片是放在正度數最大或負度數最小的鏡片上，而不是負度數最大或正度數最小的鏡片。

配戴者從傳統稜鏡削薄鏡片轉換到預鑄稜鏡削薄鏡片似乎沒有困難[12]。但如果一個人有一副以上的眼鏡 (包括太陽眼鏡)，就有可能要更換所有眼鏡，不然配戴者可能因為換眼鏡造成物體影像位移而感到困擾。

稜鏡削薄的校驗

我們能透過鏡片驗度儀比較削薄鏡片和配對鏡片的子片區域，來校驗稜鏡削薄的量。而更簡單的

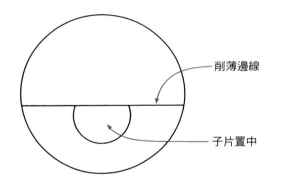

圖 21-14　Younger 模造削薄鏡片在前表面有稜鏡削薄。稜鏡是基底向下，而不是慣常的基底向上。子片置中對齊，所以鏡坯可以適用右眼或左眼鏡片。

---

* 正度數相等的常規稜鏡削薄鏡片會比反削鏡片更厚。因為一般稜鏡削薄會選擇放在正度數最小的鏡片上，增加厚度可以幫助平衡左右鏡片厚度及放大率。對負度數鏡片來說，一般削薄及反削鏡片的中心厚度會相等，但反削鏡片的下緣會比一般削薄鏡片的下緣更厚。

削薄邊線

子片置中

塑膠鏡片

玻璃鏡片

塑膠鏡片

塑膠鏡片

圖 21-15　數種無遠用度數的削薄鏡片與無削薄塑膠鏡片做比較。這些剖面圖顯示削薄稜鏡研磨的位置，以及稜鏡研磨如何影響平光鏡片的厚度。

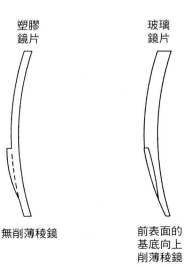

無削薄稜鏡

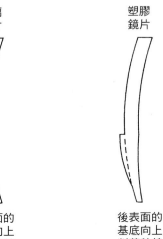

前表面的基底向上削薄稜鏡

後表面的基底向上削薄稜鏡

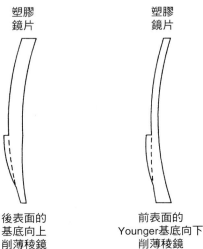

前表面的 Younger 基底向下削薄稜鏡

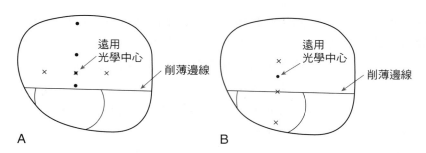

圖 21-16 A. 要校驗稜鏡削薄的量，測量鏡片的三個接觸點要先朝向 X 或圓點的方向。B. 第二個位置如圖所示。對於一般折射率的鏡片，兩個讀數之間的差即為削薄稜鏡的量。

方法是使用鏡片驗度儀。先使用鏡片鐘，讓接觸點的方向水平穿過鏡片遠用光學中心，與削薄線平行，以求出雙中心研磨鏡片的基弧。在標記基弧後，將鏡片鐘的接觸點轉向與削薄線垂直。鏡片鐘最中央的接觸點直接壓在線上。對常規折射率的鏡片，這兩個讀數之間的差即為稜鏡削薄的量（圖 21-16）。

非相似形子片

　　補償閱讀區域垂直不平衡的一個可能方法是利用雙光鏡片子片的稜鏡效應。

　　如果雙光鏡片配戴者透過雙光子片視物，除非透過子片的光學中心，否則子片（子片本身即是一個迷你鏡片）會產生稜鏡效應。這種稜鏡效應和遠用區鏡片產生的有所不同。

　　當左右雙光子片都設定在相同的高度，且有相同的加度數時，則產生的垂直稜鏡效應在左右眼也會相同。

例題 21-4

某位眼鏡配戴者從 22 mm 對稱放置的圓形雙光子片上緣的下方 4 mm 處視物。如果雙光子片的加度數為 +2.00 D，兩眼雙光子片所產生的垂直稜鏡度各為何？

解答

因為兩個子片的加度數相等且對稱放置，兩個子片都會產生相同的稜鏡。可先由找出子片光學中心到視線穿過的點之間的距離來決定稜鏡效應。

　　如果子片是 22 mm 的圓形子片，子片光學中心距離子片頂端 11 mm。子片頂端下方 4 mm 的一點即是子片中心上方 11-4 或 7 mm 處。

找到視線穿過的位置後，就能帶入普氏法則，找出子片在這一點產生的稜鏡。由於

$$c = 7 \text{ mm 或 } 0.7 \text{ cm}$$

以及

$$F = \text{加入度，或} +2.00 \text{ D}$$

因此

$$\Delta = cF$$
$$= (0.7)(2.00)$$
$$= 1.40\Delta$$

因為子片是正度數，且此點在子片中心上方，基底方向會是向下。

　　答案是兩眼各為 1.40Δ 基底向下。

例題 21-5

現在假設雙光子片的子片光學中心在子片邊線上，如圖 19-12 C 所示。如果加入度保持為 +2.00 D 且配戴者透過子片邊線頂端下方 4 mm 的一點視物，子片所導致的稜鏡效應為何？

解答

因為子片光學中心位於上方的界線，欲求得的點在光學中心下方 4 mm 處。再次運用普氏法則。

$$c = 4 \text{ mm}$$
$$= 0.4 \text{ cm}$$

以及

$$F = +2.00 \text{ D}$$

現在

$$\Delta = cF$$
$$= (0.4)(2.00)$$
$$= 0.80\Delta$$

正度數子片的光學中心在視線通過處的上方，所以基底方向朝上。對於這類型子片，答案是 0.80Δ 基底向上。

善用子片所產生的稜鏡

我們可以善用子片光學性質所導致的稜鏡，來抵銷度數不等的遠用鏡片所產生的垂直不平衡。

例題 21-6

一個遠用處方如下：

O.D. – 7.00 D 球面
O.S. – 4.50 D 球面
加入度 +2.00 D

子片界線在遠距光學中心的下方 5 mm 處（子片降距 = 5 mm）。如果配戴者閱讀時的視線穿過遠用光學中心下方 10 mm 處，則右眼鏡片會產生 7.00Δ 基底向下的稜鏡，而左眼是 4.50Δ 基底向下的稜鏡。最後結果是右眼前的 2.50Δ 基底向下的稜鏡（或左眼前，基底向上）的垂直不平衡。要如何在兩個鏡片分別使用不同類型的子片，以矯正垂直不平衡？

解答

如前所述，雙光子片是在鏡片的遠用區域，研磨或熔融上去的小鏡片。這種小「鏡片」也會產生稜鏡效應，其所產生的稜鏡度大小取決於子片度數（加入度），以及閱讀高度與子片光學中心之間的距離。

在這個例題中，配戴者透過遠用光學中心下方 10 mm 的一點視物。因為子片界線在遠用光學中心下方 5 mm，配戴者會透過子片界線下方 10-5（或 5）mm 處視物。由於沒有註明採用的子片類型，就無法得知子片光學中心的位置，因此無法決定子片產生的稜鏡度。但如果兩個子片都是相同類型，雙眼產生的稜鏡度就會相等，不平衡的總量即是右眼 2.50Δ 基底向下。如果選用兩種不同類型的子片，不平衡的淨量可能會改變，甚至消失。

要抵銷右眼前基底向下的稜鏡，應該要讓右眼子片光學中心比左眼子片光學中心高。這樣的組合可以讓左眼比右眼產生更多的基底向下的稜鏡效應。

簡而言之，右眼的選擇是光學中心在子片頂端下

方 5 mm 的平頂子片。當配戴者透過此點視物時，雙光子片不會產生稜鏡。若要消除垂直不平衡，左眼要選擇在子片頂端下方 5 mm 處會產生 2.50Δ 基底向下稜鏡的子片。

因此已知子片度數以及想要的稜鏡度數（Δ = 2.50），可運用普氏法則求出 c（子片光學中心到本題所求之點兩者之間的距離）

由於

$$\Delta = cF_s$$

則

$$c = \frac{\Delta}{F_s} = \frac{2.50}{2.00} = 1.25\,\text{cms}$$

子片光學中心必須在配戴者視線穿過的點下方 1.25 cm（或 12.5 mm）處。這也表示子片光學中心應該在子片頂端的下方 17.5 mm 處。最符合這些條件的雙光鏡片是 A 鏡片（傳統上稱為 Ultex A 鏡片）。A 鏡片是一種半圓形雙光子片，直徑 38 mm，子片光學中心在頂端界線下方 19 mm（圖 21-17）。

實際上，子片光學中心的垂直落差直接是由垂直不平衡和近用加入度計算而來。這裡，垂直不平衡的量是 2.50Δ，且加入度為 +2.00 D。使用普氏法則：

$$\Delta = cF$$

我們知道 Δ 是 2.50 且 F 是 +2.00，所以

$$c = \frac{\Delta}{F} = \frac{2.50}{2} = 1.25\,\text{cms 或 } 12.5\,\text{mm}$$

所以子片光學中心之間的垂直距離差應該要有

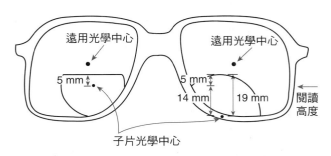

圖 21-17　以非相似形子片矯正垂直不平衡時，會用到子片本身導致的稜鏡。對於給定的閱讀高度（深度），子片產生的稜鏡隨著子片光學中心位置而定。子片光學中心的位置由雙光子片形狀決定，所以使用兩個謹慎選擇的不同形狀子片或許能矯正看近時的垂直不平衡。

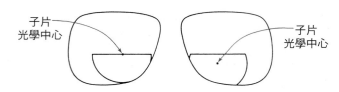

圖 21-18　兩個不同類型的平頂大鏡片能同時順利地矯正少量的垂直不平衡。子片高度越低，鏡片的差異會越不明顯。

12.5 mm。子片光學中心位置最高的子片總是放在負度數最大或正度數最小的鏡片上。

雖然光學上能使用少見的非相似形子片組合來矯正嚴重的垂直不平衡，但這樣並不美觀。此外，鏡片視野中也有一些區域可讓配戴者一眼透過遠用區視物，同時另一眼透過子片視物。除了少量的垂直不平衡，通常只在預算受限時，才會考慮使用非相似形子片，乃因其比稜鏡削薄便宜。

用來矯正輕度垂直不平衡的非相似形子片

使用兩種不同類型的寬平頂子片來矯正輕度垂直不平衡，是一種很不錯的子片組合。有些大的平頂子片的子片光學中心在子片界線下方 4.5 mm。其他的子片光學中心則在子片界線上。如果一眼使用一個大平頂子片 35，其子片光學中心在子片界線下方 4.5 mm，另一眼使用平頂子片 45，其子片光學中心在子片界線上。子片看起來很像，但會產生不同程度的垂直稜鏡效應（圖 21-18）。把這個 4.5 mm 的差乘上子片加入度數，就能求出這個子片組合可矯正的垂直不平衡的量。

舉例來說，如果加入度是 +2.50，這個子片組合可矯正的不平衡量會是

$$矯正稜鏡不平衡 = (0.45)(2.50)$$
$$= 1.125\Delta（不平衡）$$

記住以下內容會有所幫助：垂直不平衡所造成的不適（主觀症狀），即使沒有徹底矯正不平衡，也是有可能紓緩的。一副大平頂子片可能是選項。要記得，如果不平衡的量小於 1.50Δ，就無法使用稜鏡削薄，所以價格經濟的非相似形子片組合會是美觀上可接受的選擇。（Box 21-4 的整理很重要，解說了找出正確非相似形子片的步驟。）

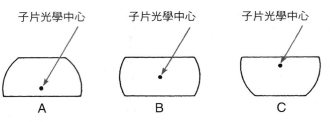

圖 21-19　「R」補償子片是由緞帶形的子片製成。光學中心降低或升高 (A) 和 (C)。光學上來說，「R」補償子片的作用如同非相似形子片。

Box 21-4

找出正確非相似形子片的步驟

1. 計算在閱讀高度的垂直不平衡量
2. 計算子片光學中心抵銷不平衡量所需的間距

$$\Delta = cF_s \text{ 或 } c = \frac{\Delta}{F_s}$$

c = 子片中心的間距（單位為 cm）
F_s = 加入度數（非近用處方 Rx）
Δ = 必要的稜鏡度

3. 標記出需要比較高子片光學中心的鏡片（垂直軸線上有最大負度數或最小正度數的鏡片，必須包含子片光學中心較高的子片。）
4. 選擇兩種子片類型，讓子片頂端在相同高度，而子片光學中心保持應有的距離。（此距離即是步驟 2 求出的 c 值）

「R」補償子片

R 補償子片 (compensated "R" segs) 可以用來矯正 1.5Δ 以下的子片垂直不平衡。R 補償子片有 22 mm 寬及 14 mm 高，頂端跟底部都是平的。當在子片上重新磨出稜鏡時，鏡片就能補償垂直不平衡。這個重新磨面的程序讓一個鏡片的子片光學中心往上移動，另一個則往下移動（圖 21-19）。稜鏡度的上限是依據加入度決定。

R 補償子片很少使用，也只有玻璃材質。

決定補償垂直不平衡的正確稜鏡度

決定垂直不平衡所需的稜鏡度的步驟如下：

1. 選擇一副合適的鏡框，並測量雙光子片高度。

2. 決定閱讀時視線通過子片的垂直位置。這個高度稱為閱讀高度 (reading level)。（閱讀高度跟閱讀深度是同義詞。）

3. 決定用以矯正不平衡的稜鏡度。

　　雙光子片高度根據第 5 章說明的方法決定。閱讀高度可以透過主觀、客觀或計算決定。

決定閱讀高度的方法
決定閱讀高度的客觀方法

　　使用正確尺寸的樣品鏡架可以客觀地測量閱讀高度。將膠帶貼在雙光子片預計放置的高度上，遮住遠用區，讓配戴者透過膠帶以下的區域視物。然後放置閱讀物件，模擬一般的工作或閱讀狀態。將你自己的位置放低於配戴者眼睛的高度，幾乎跟閱讀物件連成一線。從膠帶的底邊開始測量，直到視線穿透的位置（視線從瞳孔中央延伸到閱讀物件）。將這個值加上子片降距（主要參考點高度減去子片高度），以求出閱讀高度。

決定閱讀高度的主觀方法

　　以主觀決定閱讀高度，則將樣品鏡架如前述方法貼上膠帶。這次讓配戴者固視位於近處工作距離的一點。從上方將一張卡片往下移動到貼膠帶的高度，直到恰好勉強遮住固視的那一點。標記卡片邊緣跟膠帶重疊的距離，將這個值加上子片降距。

決定閱讀高度的計算方法

　　根據計算決定閱讀高度，則需要先評估大部分近距離工作會發生在子片界線下方多遠的距離。也就是說，估計閱讀高度會在子片界線下方多遠的位置。此評估容許一定程度的彈性空間。閱讀高度越靠近子片邊線，不平衡的量越可能無法完全矯正。因此，計算者能藉由選擇較高的閱讀高度，保有一定的不平衡量不加以矯正。在大多數情況下，閱讀高度是在子片界線下方 3 ～ 5 mm。閱讀高深度為子片降距加上閱讀高度在子片界線下方的估計距離。

例題 21-7

某副平頂雙光鏡片的主要參考點都是 23 mm 高。鏡片測量出的子片高度是 18 cm。其閱讀高度為何？

解答

閱讀高度位置的估計值是子片邊線下方 3 mm。這讓主要參考點跟閱讀高度之間的距離能夠計算出來。首先，決定子片邊線的位置。

$$
\begin{array}{r}
23\ \text{mm（主要參考點位置）} \\
-\ 18\ \text{mm（子片高度）} \\
\hline
=\ 5\ \text{mm（主要參考點下方的子片降距）}
\end{array}
$$

要求出閱讀高度，將這個值加上 3 mm，讓眼睛能夠充分透過子片區域閱讀。

$$
\begin{array}{r}
5\ \text{mm（主要參考點下方的子片降距）} \\
+3\ \text{mm} \\
\hline
=\ 8\ \text{mm（閱讀深度）}
\end{array}
$$

決定稜鏡矯正量的方法
開立處方者如何決定所需的不平衡矯正量

　　矯正看近處垂直不平衡時，或許不需要完全計算出補償量（在「透過計算矯正所有的不平衡」的部分，會提到如何計算垂直不平衡的量）。有些人在長時間垂直不平衡後會適應，並藉由閱讀或近距離作業時，讓雙眼垂直方向發散，抵消部分稜鏡效應。因此，許多眼鏡配戴者能自行補償一部分的不平衡。例如，某人可能需要 2.00Δ 的削薄稜鏡，但實際計算出來的需求是 3.00Δ。可以測試看看需要多少不平衡量。如此人配戴的眼鏡正是現時有效的遠距處方，即是最好進行測試的狀況。

　　在受測者配戴正確的遠距處方時，將膠帶貼在鏡片上，實際或理論上的界線位置的上半部。這迫使受測者透過鏡片下半部區域視物，如同閱讀時的高度。將固視偏差測試裝置擺在閱讀位置，並用偏光鏡蓋住鏡片。將手持式垂直稜鏡棒（有一系列度數遞增的稜鏡）放在配戴者其中一眼的前方。（如果沒有稜鏡棒，可使用個別分開的測試用稜鏡組。）移動稜鏡棒，讓稜鏡度漸漸增加，直到固視偏差的標靶適當的對齊。此為稜鏡削薄所需的正確量。

　　如果沒有固視偏差測試裝置，可以將一個筆型手電筒放在閱讀高度，並將紅色 Maddox 桿放在一眼前方。移動稜鏡棒，讓稜鏡度漸漸增加，直到紅線與白光相交。這個方法可能會比固視偏差法算出更大的垂直稜鏡度。當不平衡是由這些方法決定的時候，稜鏡度就會是處方的一部分。

有時處方單純顯示需要削薄，但並未寫出削薄的量，而是讓配鏡師或光學鏡片工廠計算。在很多案例中，即使有削薄稜鏡的需要，卻沒有包含在處方中。不過，既然垂直不平衡是眼鏡鏡片導致的問題，這不妨礙配鏡師將稜鏡削薄加入眼鏡處方。

如何使用鏡片驗度儀決定不平衡的量

如果配戴者的遠用處方沒有改變，不平衡的量能用以下方法決定：

1. 定位出鏡片的主要參考點。
2. 預先決定好閱讀位置後，標定閱讀中心的位置。從主要參考點往下測量到閱讀高度，往內測量子片內偏距的值。
3. 將先前新找到的閱讀中心定位。（這會與配戴者在閱讀高度的近用瞳孔間距［近用瞳距］一致）。
4. 在鏡片驗度儀光圈前定出一個鏡片的閱讀中心，得出垂直稜鏡量。在不上下移動鏡片驗度儀檯面下，滑動鏡片使另一個鏡片的閱讀中心位於驗度儀光圈的前方，並測量此點的垂直稜鏡量。
5. 這兩個垂直稜鏡讀數之間的垂直稜鏡差，即是配戴者感受到的稜鏡的完全垂直不平衡量。

如果遠用處方有所改變，舊的眼鏡就不能用來測量垂直不平衡。

光學鏡片工廠如何決定不平衡的量

光學鏡片工廠以計算來決定削薄稜鏡的量。工廠最大的優勢即是有包含適當公式的電腦軟體。工廠會以電腦計算完全不平衡量。如果配鏡師沒有指定閱讀高度，工廠會選擇一個。

透過計算矯正所有的不平衡

如果打算完全矯正垂直不平衡，就要計算矯正量。以下段落將說明幾個能使用的計算方法。這些方法不全得出完全相同的答案。如同所有移心的問題，當處方的複雜度增加，計算的難度也隨著增加──最簡單的是球面鏡，而最難的是球柱鏡組合。以下是一般用來找出垂直不平衡量的步驟。

1. 找出閱讀深度。閱讀深度（或閱讀高度）是子片降距加上子片頂端到配戴者預計閱讀的高度之間的距離（通常是 3 ～ 5 mm）。
2. 求出兩個鏡片在 90 度軸線上的度數。

3. 求出兩個鏡片在閱讀深度上的稜鏡效應。
4. 求出左右眼鏡片的稜鏡差（垂直不平衡）。
5. 當使用削薄稜鏡時，決定哪一個鏡片要接受不平衡矯正。

使用普氏法則計算球面鏡的垂直不平衡

計算垂直不平衡的傳統方法是使用普氏法則。以球面鏡處方的例子開始解釋此傳統方法。

例題 21-8

假設以下處方的近距垂直不平衡要進行矯正：

O.D. +3.00 D 球面

O.S. +0.50 D 球面

加入度+2.00 D

鏡架B尺寸 = 46 mm

子片高度 = 19 mm

閱讀高度在子片邊線下方4 mm。

閱讀高度上的垂直不平衡是為何？

解答

從求出閱讀高度開始。計算不平衡時，將題目描述的狀況畫出會有所幫助。因為 B 尺寸是 46 mm，

$$子片降距 = \frac{B}{2} - 子片高度$$
$$= \frac{46}{2} - 19$$
$$= 23 - 19$$
$$= 4$$

因為閱讀高度是在子片邊線下方 4 mm 處，會是在遠距光學中心下方 8 mm（如圖 21-20 所示）。

使用普氏法則決定閱讀高度的垂直稜鏡效應。在例題中，閱讀高度是在光心下方 8 mm 處，所以右眼的垂直稜鏡效應是：

$$\Delta_v = cF$$
$$= 0.8 \times (3.00)$$
$$= 2.40\Delta$$

底部方向是向上，乃因鏡片是正鏡片（由於我們只關心稜鏡垂直不平衡，不需計算出水平稜鏡效應）。

左眼閱讀中心上的垂直稜鏡效應，使用跟右眼相同的方式計算出來：

$$\Delta_v = cF$$
$$= 0.8 \times (0.50)$$
$$= 0.40\Delta 基底向上$$

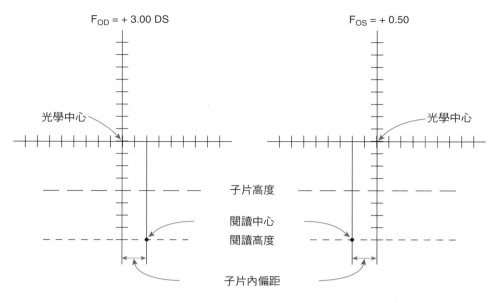

$F_{OD} = + 3.00\ DS$ $F_{OS} = + 0.50$

光學中心   光學中心

子片高度

閱讀中心
閱讀高度

子片內偏距

圖 21-20 閱讀中心的位置是根據兩個尺寸所決定。橫向位置是由近用瞳孔間距決定,這也決定了子片內偏距,而垂直位置是由閱讀高度決定。

因此,垂直不平衡就是左右眼在閱讀高度上的垂直分量之間的差。

$$2.40\Delta\ 基底向上(O.D.)$$
$$- 0.40\Delta\ 基底向上(O.S.)$$
$$= 2.00\Delta\ 基底向上(O.D.)$$

要完全矯正垂直不平衡,必須在右眼前方的近用區消除 2.00Δ 基底向上的稜鏡。這能透過以下方法做到:

1. 在左眼前方的近用區放置 2.00Δ 基底向上的稜鏡,或是

2. 在右眼前方的近用區放置 2.00Δ 基底向下的稜鏡

　　根據使用的補償方法做選擇。如果使用傳統的削薄稜鏡矯正不平衡,削薄矯正會放在負度數最大或正度數最小的鏡片上。在這個例子中,正度數最小的是左眼鏡片。

使用普氏法則計算球柱鏡的垂直不平衡
柱軸在 90 度或 180 度的球柱鏡

　　當柱軸在 90 度或 180 度時,球柱鏡近用區的垂直不平衡的計算相當直接。

例題 21-9

計算以下處方的不平衡:

$$O.D. + 4.00 - 0.50 \times 180$$
$$O.S. + 2.00 - 1.25 \times 180$$
$$加入度 +2.00\ D$$
$$子片降距 = 4\ mm$$

閱讀高度在是子片邊線下方 4 mm。

解答

1. 首先,我們求出鏡片光心到閱讀高度之間的距離。此時子片降距加上子片邊線到閱讀高度之間的距離。在這個例子是

$$閱讀深度 = 4\ mm + 5\ mm$$
$$= 9\ mm$$

2. 接下來求出兩個鏡片在 90 度軸線上的度數。將處方放在光學十字上以求出度數,如圖 21-21 所示。右眼鏡片在 90 度軸線上的度數是 +3.50 D。左眼鏡片在 90 度軸線上的度數是 +0.75 D。

3. 現在,我們使用普氏法則求出閱讀高度上的垂直稜鏡效應。右眼鏡片會是

$$\Delta = cF$$
$$= 0.9 \times 3.50$$
$$= 3.15\Delta$$

因為鏡片是正度數鏡片,且我們透過光學中心下方視物,所以底部方向是基底向上。稜鏡效應是 3.15Δ 基底向上。

　　左眼鏡片則是

$$\Delta = cF$$
$$= 0.9 \times 0.75$$
$$= 0.675\Delta$$

稜鏡效應是 0.675Δ 基底向上。

4. 因為兩個鏡片都有基底向上的稜鏡效應,將兩個數字相減以求出稜鏡差。

$$3.15\Delta\ 基底向上 - 0.675\Delta\ 基底向上 = 2.475\Delta\ 基底向上$$

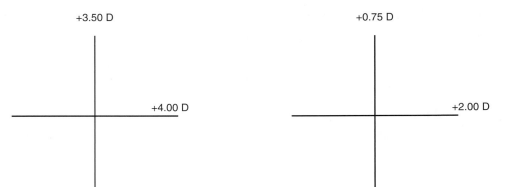

圖 21-21　若要計算柱軸在 90 或 180 度的球柱鏡的垂直稜鏡效應，將鏡片度數放在光學十字上會有幫助。90 度軸線上的度數就會變得容易看出。

不平衡量進位成 2.50△ 基底向上，寫為 2.50△ 基底向上右眼（也可表示為 2.50△ 基底向下左眼）。不要將不平衡量與矯正量混淆了！

削薄矯正量會是基底向上，所以會放在 90 度軸線上，負度數最大或正度數最小的一眼。對這個處方而言，削薄稜鏡會在左眼鏡片。

例題 21-10

計算以下處方的不平衡

$$O.D. - 4.00 - 1.00 \times 180$$
$$O.S. + 1.00 - 0.50 \times 180$$

加入度 +1.50 D

鏡架 B 尺寸 = 34 mm

子片高度 = 14 mm

閱讀高度在雙光子片邊線頂端下方 4 mm。

解答

首先求出閱讀高度。求出子片降距，並將其加上子片邊線往下到閱讀高度的間距。子片降距是

$$子片降距 = \frac{B}{2} - 子片高度$$
$$= \frac{34}{2} - 14$$
$$= 17 - 14$$
$$= 3 \text{ mm}$$

3 mm 的子片降距加上 4 mm 的閱讀高度間距，總共是 7 mm。

接下來，我們求出兩個鏡片在 90 度軸線上的度數。右眼鏡片在 90 度軸線上的度數是 −5.00 D。左眼鏡片是 +0.50 D。

右眼鏡片的部分，在遠用區光學中心下方 7mm（0.7 cm）處的垂直稜鏡效應，以普氏法則求得。

$$\Delta = cF$$
$$= 0.7 \times 5$$
$$= 3.5\Delta\,(基底向下)$$

方向是基底向下，乃因鏡片是負鏡片，且我們透過光學中心下方的位置視物。

左眼的稜鏡效應會是

$$\Delta = cF$$
$$= 0.7 \times 0.5$$
$$= 0.35\,\Delta\,(基底向上)$$

稜鏡方向為基底向上，乃因我們透過鏡片下半部視物，且鏡片度數為正。為了求出不平衡的量，我們需要將兩個稜鏡度相加。因為一個底部方向是基底向下，另一個是基底向上。不平衡的總量可以用其中任何一個方式表示

5.5 △ 基底向下，右眼，或
5.5 △ 基底向上，左眼

矯正的量必須相等且方向相反。右眼前方 5.5 △ 基底向上，或左眼前方 5.5 △ 基底向下。常規的削薄稜鏡是基底向上。所以削薄矯正會放在右眼。（傳統的削薄稜鏡總是放在負度數最大或正度數最小的一眼。右眼是負度數最大的那眼。）

平柱鏡和球柱鏡，斜向軸（傳統方法的精確計算）

在計算斜向軸平柱鏡的不平衡時，需要更繁複的計算以求得最準確的答案。其中一個方法與第 16 章：斜向柱鏡的移心以及斜向柱鏡的水平和垂直移心，這兩個段落所描述的計算方式相同。

計算球柱鏡遠用區閱讀中心的稜鏡效應時，先計算球面組成產生的稜鏡效應，再計算柱面組成產

生的稜鏡效應。然後再把這兩個步驟求得的稜鏡效應相加。這個方法所需要的計算確實可行，但很困難，所以臨床上很少實際使用。

使用餘弦平方法和普氏法則求垂直不平衡

當處方有斜向柱鏡時，可用餘弦平方法快速求出垂直不平衡。此方法求出的答案雖不是非常準確，但卻迅速簡便許多，也可以快速求出 90 度軸線上的鏡片總度數。要使用此方法，須遵照以下步驟：

1. 使用以下公式，求出右眼鏡片在 90 度軸線上的斜向柱鏡「度數 *」

$$F_{90cyl} = F_{cyl} \cos^2 \theta$$

其中

F_{90cyl} = 90 度軸線上的柱面度數

F_{cyl} = 柱面度數

θ = 柱軸

2. 將右眼鏡片在 90 度軸線上的柱面度數與右眼鏡片的球面度數相加 ($F_{90cyl} + F_{sph}$)。
3. 重複步驟 1 和 2，計算左眼鏡片的部分。
4. 以下二選一：(A) 將這兩個度數各自乘上閱讀深度，然後求出此二值的稜鏡差 (比較慢的方法)，或 (B) 求出左右眼鏡片的稜鏡差，再將此值乘上閱讀深度 (比較快的方法)。

例題 21-11

使用餘弦平方法計算以下處方的垂直不平衡：

O.D. +3.00 +2.50 × 030

O.S. +0.50 +1.00 × 135

加入度+2.00

平頂雙光子片的子片降距為 3 mm。

閱讀高度是子片頂端下方 5 mm。

解答

1. 求出 90 度軸線上的柱面度數，使用：

$$F_{90cyl} = F_{cyl} \cos^2 \theta$$
$$= (+2.50) \cos^2 30$$
$$= (+2.50)(0.75)$$
$$= +1.875 D$$

---

* 實際上，在距離柱軸 90 度的軸線上 (即在柱鏡的度數軸線) 只有度數。這個公式會準確求出非軸線的曲率。如前所述，這個傳統上會使用的方法可以求得接近但不精確的近似值。

2. 將 90 度軸線上的柱面度數 (+1.875 D) 加上球面度數 (+3.00)，得到：

$$+3.00 + 1.875 = +4.875 D$$

3. 左眼鏡片重複以上步驟：

$$F_{90cyl} = F_{cyl} \cos^2 \theta$$
$$= (+1.00) \cos^2 135$$
$$= (+1.00)(0.5)$$
$$= +0.50 D$$

在 90 度軸線上的柱面度數。

$$在90度軸線上的鏡片總度數 = (F_{90cyl} + F_{sph})$$
$$= (+0.50) + (+0.50)$$
$$= +1.00 D$$

4. 這個步驟，可以選擇以下兩種方法之一。第一種方法比較花時間，是前面例題使用的方法。

A, 將 90 度軸線上的鏡片度數各自乘上閱讀深度 (單位為 cm)。我們知道 90 度軸線上的鏡片度數，但不知道閱讀深度。閱讀深度是子片邊線下方 5 mm 處，且子片降距為 3 mm。這讓閱讀高度在遠用光學中心下方 8 mm 處。現在我們可以求出垂直稜鏡效應。

右眼鏡片的稜鏡效應是：

$$(4.875)(0.8) = 3.9 \Delta \text{ 基底向上}$$

左眼鏡片的稜鏡效應是：

$$(1.00)(0.8) = 0.8 \Delta \text{ 基底向上}$$

看近時的總垂直不平衡是這兩個稜鏡效應的差。

$$\begin{array}{r} 3.90\Delta \text{ 基底向上(O.D.)} \\ -0.80\Delta \text{ 基底向上(O.S.)} \\ \hline = 3.10\Delta \text{ 基底向上(O.D.)} \end{array}$$

若要簡化過程，我們可以使用第二種方法：

B, 求出左右眼鏡片度數的差。在 90 度軸線上，度數差為：

$$(+4.875) - (+1.00) = +3.875 D$$

下一步，將度數差乘上閱讀深度 (單位為 cm)

$$(3.875)(0.8) = 3.10 \Delta \text{ 基底向上，右眼}$$

這兩種求出不平衡的方法得出的垂直不平衡量是相同的。

Box 21-5

使用餘弦平方法計算垂直不平衡

1. 求出閱讀高度

$$閱讀高度 = 子片降距 + 5\,mm(通常)$$

2. 使用公式求出右眼鏡片 90 度軸線上的斜向柱鏡「度數」：

$$F_{90cyl} = F_{cyl} \cos^2 \theta$$

其中，F_{90cyl} ＝ 在 90 度軸線上的柱面屈光度

$$F_{cyl} = 柱面屈光度$$

$$\theta = 柱鏡的軸度$$

3. 將右眼鏡片 90 度軸線上的柱面度數與右眼鏡片的球面度數相加

$$(F_{90cyl} + F_{sph})$$

4. 在左眼鏡片重複步驟 2 和 3。

5. 求出左右鏡片的度數差，並將度數差與閱讀深度相乘。

（關於如何使用餘弦平方法計算垂直不平衡重點整理，請參考 Box 21-5）

Remole 氏法

　　Arnulf Remole 在一系列的文章 [13,14,15,16,17] 中，揭示一些以傳統方法所計算出的垂直不平衡的缺失。Remole 指出，使用普氏法則的一個基本問題。這個問題源自普氏原本的假設。普氏提出此法是使用於「單鏡片，假想的薄鏡片 [18]」。在這種狀況下，他的方法可以得出正確結果。然而，鏡片上給定一點的稜鏡效應，也會受到鏡片厚度和基弧的影響。

　　第二個問題與眼睛向下轉動的程度有關。要以傳統方法求出垂直不平衡，我們必須決定閱讀高度。要計算垂直不平衡，我們假設雙眼向下轉動的量相等，透過左右眼光軸下方相同距離的閱讀高度視物。雖然我們知道垂直稜鏡不相等是由左右眼度數不相等所導致。這造成雙眼向下轉動的量不相等。這也會讓雙眼在稍微不同的位置上，而不是相同的閱讀高度。

　　Remole 提出另一個求出稜鏡效應的方法，這方法將鏡片厚度、基弧、左右眼垂直轉動不相等都納入考慮，也顯示不等像與垂直不平衡有關，以及不等像的矯正如何直接影響垂直不平衡所需的矯正量。

稜鏡效應和放大率有關

　　放大率是鏡片上稜鏡效應變化產生的結果。計算有不等像的放大率時，需要眼鏡放大率公式。這個公式將基弧和鏡片厚度納入考量。改變基弧或鏡片厚度會造成放大率的變化。Remole 使用眼鏡放大率，以更準確地求出鏡片上特定點的稜鏡效應。

　　在計算與不等像相關的眼鏡放大率時，一般會使用眼睛的瞳孔開口。以下是在先前討論不等像時提到的，傳統上使用的公式。

$$SM = \left(\frac{1}{1 - \frac{t}{n}F_1} \right)\left(\frac{1}{1 - dF_v'} \right)$$

$$= (S)(P_{stst})$$

此處

SM ＝ 靜態眼鏡放大率

t ＝ 中心厚度

F_1 ＝ 前表面鏡片度數

n ＝ 折射率

d ＝ 從鏡片後表面到瞳孔開口的距離（通常是頂點距離加 3 mm）

F_v' ＝ 後頂點鏡片度數

S ＝ 形狀因素

P_{stat} ＝ 靜態度數因素

　　Remole 使用 P_{stat} 表示未移動的眼睛的度數因素。然而當眼睛在移動時要計算眼鏡放大率，Remole 堅持比較合乎邏輯的參考點是眼睛的旋轉中心。「因為瞳孔開口會隨著眼球轉動而移動，所以不能當作參考點，應該改用旋轉中心 [13]。」當眼睛不再是往前看的標準位置時，公式就改變了。因此這個公式即變成「動態眼鏡放大率公式」：

$$G = \left(\frac{1}{1 - \frac{t}{n}F_1} \right)\left(\frac{1}{1 - sF_v'} \right)$$

$$= (S)(P_{dyn})$$

式中

G ＝ 動態眼鏡放大率

t ＝ 中心厚度

$F_1 =$ 前表面鏡片度數

$n =$ 折射率

$s =$ 從鏡片後表面到眼球旋轉中心的距離

$F_v' =$ 後頂點鏡片度數

$S =$ 形狀因素

$P_{dyn} =$ 動態度數因素

所以「就動態眼鏡放大率而言,是參考眼球旋轉中心來決定主要成像尺寸,而不是瞳孔開口[13]。」

例題 21-12

對一副由 Trivex 鏡片材料製成的鏡片,在閱讀高度為在光學中心下方 10 mm 處,使用 Remole 氏法求出左右眼鏡片的稜鏡效應。接著決定雙眼的垂直不平衡。鏡片後表面到眼球旋轉中心的距離是 27 mm。以下是鏡片的參數。

右眼鏡片:

度數 = +2.00 D 球面

折射率 = 1.53

真實基弧 = +6.30 *

中心厚度 = 3.2 mm

左眼鏡片:

度數 = +4.00 D 球面

折射率 = 1.53

真實基弧 = +8.34

中心厚度 = 4.4 mm

解答

在解這種問題時,記得 10 mm 的閱讀高度就是鏡片後頂點平面的高度,即從物體發出的光束到達鏡片處。這個 10 mm 的測量值以 m 表示,即物偏心矩 (圖 21-22)。除非鏡片度數為零,否則這一點不會是成像的光束穿過的那一點。鏡片的稜鏡效應讓眼球從這一點轉開。從鏡片中心到成像點的距離稱為像偏心矩,以 m' 表示。

要用物體跟成像偏心矩求出稜鏡效應,我們要先求出動態眼鏡放大率。

動態眼鏡放大率是:

* 因為 Trivex 的折射率是 1.53,真實基弧也是鏡片前表面的屈光度。如果折射率是 1.53 以外的值,就在將 F_1 代入公式前,就需要將真實基弧換算為屈光度。

$$G = \left(\frac{1}{1 - \frac{t}{n} F_1} \right) \left(\frac{1}{1 - sF_v'} \right)$$

右眼鏡片的動態眼鏡放大率是:

$$G = \left(\frac{1}{1 - \frac{0.0032}{1.53}(+6.30)} \right) \left(\frac{1}{1 - (0.027)(+2.00)} \right)$$
$$= (0.98682)(1.05708)$$
$$= 1.04315$$

物角 (a) 是光軸和物體跟眼球旋轉中心的連線之間所夾的角 (參照圖 21-22)。既然 m 和 s 都已知,便能計算出這個角度。記得,

m 是物體在鏡片後頂點平面上的投影。(在這個例子中 m 等於閱讀高度。)

s 是鏡片後頂點平面到眼球旋轉中心之間的距離。

因此從圖中的幾何形狀,我們知道:

$$\tan a = \frac{m}{s}$$

我們用 $\frac{m}{s}$ 的反正切函數可以求出 a

也就是

$$a = \tan^{-1} \frac{m}{s}$$

例題中的這個角度是:

$$a = \tan^{-1} \frac{m}{s}$$
$$= \tan^{-1} \frac{10}{27}$$
$$= \tan^{-1} 0.37037$$
$$= 20.32314°$$

這表示如果鏡片的度數為零,眼球會轉動 20.3 度視物。

要求出鏡片造成的稜鏡效應,我們需要知道鏡片讓物體的成像位移多少。因此,我們需要求出像角 a'。要求出這個角,我們需要知道 m'。而要求出 m',我們需要知道物體成像被放大多少。將放大係數 G 乘上物偏心矩 m,即可求出。所以

$$m' = Gm$$

右眼鏡片是:

$$m' = (1.04315)(10)$$
$$= 10.4315 \text{ mm}$$

知道了 m',我們就能求出像角 a'。我們使用與之前計算物角相同的方法:

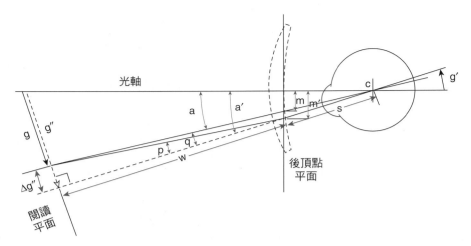

圖 21-22　在這個圖中，眼球正在看向偏離軸外的一點，經歷了稜鏡效應。在閱讀平面上的物體以 g 表示，物體的成像以 g′ 表示。動態眼鏡放大率所導致的物體跟成像尺寸差距則以 Δg″ 表示。當物體投影穿過眼球的旋轉中心 (以 c 表示) 時的角度縮寫為 a。物體成像的投影縮寫為 a′。字母 q 是物角 a 和像角 a′ 的差。字母 m 和 m′ 則是物體 a 和成像 a′ 在鏡片後頂點平面上的投影。m 是物偏心矩；m′ 是像偏心矩。工作距離是 w；s 是停止距離。字母 p 是由目標點的主要光束和進入眼球主要光束的投影所夾的角。圖片未按照比例表示。 (From Remole A: New equations for determining ocular deviations produced by spectacle corrections, Opt Vis Sci 77(10):56, 2000.)

$$a' = \tan^{-1} \frac{m'}{s}$$
$$= \tan^{-1} \frac{10.4315}{27}$$
$$= \tan^{-1} 0.38635$$
$$= 21.12413°$$

這兩個角之間的差即是鏡片造成的稜鏡效應。以度數表示為：

$$q = a' - a$$

q 是眼球從沒有鏡片時視物的角度所偏移的角度 (眼球偏移角)。此為以度數表示的稜鏡效應。右眼鏡片是：

$$q = 21.12413° - 20.32314°$$
$$= 0.80099°$$

要轉換為稜鏡度，我們使用稜鏡度的定義。所以

$$q_{PD} = 100 \tan q$$
$$= 100 \tan(0.80099°)$$
$$= 100(0.01398)$$
$$= 1.40Δ$$

所以右眼在 10 mm 閱讀高度的稜鏡效應是 1.40 稜鏡度，基底向上。

左眼部分重複以上程序。

動態眼鏡放大率是：

$$G = \left(\frac{1}{1 - \frac{t}{n} F_1} \right) \left(\frac{1}{1 - sF_v'} \right)$$

$$G_{OS} = \left(\frac{1}{1 - \frac{0.0044}{1.53}(+8.34)} \right) \left(\frac{1}{1 - (0.027)(+4.00)} \right)$$
$$= (1.02457)(1.12108)$$
$$= 1.14862$$

左眼的物角 (a) 跟右眼相同。但像偏心矩 (m) 和像角 (a′) 會改變。

$$m' = Gm$$

左眼鏡片的像偏心矩是：

$$m' = (1.14862)(10)$$
$$= 11.4862 \text{ mm}$$

而左眼鏡片的像角是：

$$a' = \tan^{-1} \frac{m'}{s}$$
$$= \tan^{-1} \frac{11.4862}{27}$$
$$= \tan^{-1} 0.38635$$
$$= 23.04562°$$

左眼的稜鏡效應以度數表示是：

$$q = 23.04562° - 20.32314°$$
$$= 2.72248°$$

以稜鏡度表示則等於：

$$q_{PD} = 100 \tan q$$
$$= 100 \tan 2.72248°$$
$$= 100(0.04755)$$
$$= 4.76Δ$$

所以左眼在 10 mm 閱讀高度的稜鏡效應是 4.76 稜鏡度，基底向上。

左右眼之間的垂直不平衡為：

4.76Δ 基底向上 − 1.40Δ 基底向上 = 3.36Δ 基底向上，左眼

縮短程序。 求出左右眼的像角 (a′) 可以縮短一些程序。但不要將這些角度轉換為稜鏡度，反而應先將這兩個角度相減。以下是這個方法如何應用在上面的例題。我們求出相對稜鏡效應（相對 q）作為左右眼的像角差，以度數表示。

相對 q =（像角 a′ 較大的眼）−（像角 a′ 較小的眼）
= (23.04562°) − (21.12413°)
= 1.92149°

以度數表示的相對差之後再轉換成稜鏡度。

$$q_{PD} = 100 \tan（相對 q 值）$$
$$= 100 \tan 1.92149$$
$$= 100 (0.003355)$$
$$= 3.36Δ$$

因為較大的正度數在左眼，不平衡是 3.36Δ 基底向上，左眼。這與前面求出的答案完全相同。

要注意這個垂直不平衡的量比使用普氏法則求出的值大了許多。普氏法則會得出不平衡是 2Δ 基底向上，左眼。

關於如何使用 Remole 氏法求得垂直不平衡的摘要整理，請參見 Box 21-6。

Remole 也提出一個使用放大橢圓的方法，可以求出在有斜向柱鏡上任何一點的稜鏡效應。他說「要決定圓柱鏡片的稜鏡效應差，依據動態眼鏡放大率和放大橢圓的方法遠比向量法簡單許多……這些方法可以應用到所有類型的眼鏡鏡片，包括等影像的矯正。[14]」（關於這個主題的更多討論請參照文獻 Remole A: A new method for determining prismatic effects in cylindrical spectacle corrections, Optom Vis Sci 77:4, 2000.)

Box 21-6

使用 Remole 氏法求出垂直不平衡

1. 求出左右眼鏡片的動態眼鏡放大率 (G)。
2. 如果還不知道配戴者的閱讀高度，決定一個高度。
3. 求出該閱讀高度的物角 (a)，以度數表示。
   a. 物角可以這樣計算：

$$\tan a = \frac{m}{s}$$

   m 是物體在鏡片後頂點平面上的投影。（在這個例子中，m 等於閱讀高度。）
   s 是鏡片後頂點平面到眼球旋轉中心的距離。
   b. 要求出 a，我們使用：

$$a = \tan^{-1} \frac{m}{s}$$

4. 使用動態眼鏡放大率 (G) 和物偏心矩 (a) 求出兩眼的像偏心矩 (a′)，以度數表示。
   a. 沿著後頂點球面的像偏心矩 (a′) 等於物偏心矩 (a) 乘上動態眼鏡放大率 (G) 和，或是 a′ = aG。
5. 求出左右眼鏡片像角之間的差。

相對 q =（像角 a′ 較大的眼）−（像角 a′ 較小的眼）

6. 將度數轉換為稜鏡度。

$$q_{PD} = 100 \tan（相對 q）$$

這就是雙眼的垂直不平衡。

比較 Remole 氏法和普氏法則的結果

使用 Remole 氏法得出的結果和使用普氏法則求出的結果不會相同。因為 Remole 氏法將鏡片厚度和基弧都納入考量，應會產生更準確的結果。所以這兩個結果要如何比較？

所幸，「傳統上普氏法則的應用可以適用於大部分低度數和一般度數的不等視負度數鏡片矯正，而不會產生臨床上顯著的誤[13]。」然而，「使用正確公式求得的負度數鏡片稜鏡效應差會比普氏法則的估計值小，而對於正度數面鏡，稜鏡效應則是比較大[13]。」事實是，「傳統上應用普氏法則在不等視正度數鏡片矯正時，通常會產生很大的誤差[13]。」

簡單講，「……普氏法則的教科書用法會低估

了正度數鏡片矯正的稜鏡差，高估了負度數鏡片矯正的稜鏡差[13]。」

減少不等像也會減少垂直不平衡

當不等像存在時，一個鏡片與另一個鏡片的度數不同。這表示高度數鏡片的邊緣有較大的稜鏡效應。改變參數，例如基弧和鏡片厚度，會讓放大率改變，且如同本章前面段落提到的，也會改變稜鏡效應。這表示，假設我們能讓左右眼鏡片都有相同的放大率*，我們也會消除垂直不平衡。「此外，整個雙眼視野都不會有稜鏡效應，明顯優於削薄鏡片[13]。」

然而，如同 Remole 自己所指出的，通常不會是這樣的狀況，因為臨床上測量出的不等像通常小於計算出的量。所以計算出的不等像不會完全被矯正。但這不表示，任何不等像的矯正量都應減少垂直不平衡的矯正量。

總而言之：

1. 減輕不等像會減少所需的垂直不平衡矯正量。
2. 減輕不等像或許能減輕足夠程度的垂直不平衡，讓剩下的不平衡在臨床上不夠顯著到需要矯正。

設計可改變盲眼外觀的鏡片

一般來說，鏡片度數只是用來矯正屈光不正以及稜鏡度數，以減輕雙眼視覺的問題。但度數、稜鏡，甚至與屈光不正無關的染色，也有一個其他的用途；這些也能用來改善盲眼或義眼的外觀。

技藝純熟的義眼製作師能夠將義眼的虹膜和鞏膜的顏色及外觀與有視力眼相互搭配。但由於眼窩的狀況，可能讓義眼看起來不正常，即使眼睛顏色搭配的很好。如果整型手術沒有幫助，眼鏡鏡片或許能提升美觀程度。美化用的鏡片並不是處方的一部分。這要由配鏡師在選擇鏡架時做出決定。

改變眼睛的外觀尺寸

如果是正鏡片，即有光學的放大效果；如果是負鏡片，即有縮小效果。當正鏡片放大時，不只讓配戴者看這世界時較大，也讓其他人看配戴者的眼睛時相對較大？通常配鏡師會嘗試減輕這樣的效果，使用非球面鏡片來讓鏡片更扁平且薄。但有時刻意讓無視力眼看起來更大反而是有利的。

使用球面鏡

如果某人失去一隻眼睛，並以義眼取代，義眼的顏色或許能完美搭配有視力眼。然而義眼看起來可能會有凹陷的外觀，讓它看起來比較小。要矯正這個效果，手持正度數測試鏡片在義眼前方，直到義眼尺寸看起來接近有視力眼。當找到相配的鏡片時，採用這時找到的度數。同樣的，如果失去視力眼看起來太大，可以使用負度數鏡片讓它看起來比較小。

使用柱鏡

平柱鏡或許能用來改變眼睛的水平或垂直尺寸。例如，有時候眼睛的水平尺寸看起來正常，無視力眼的瞼裂[†]垂直深度可能會比有視力眼來得小。要讓瞼裂的垂直距離看起來更大，或許可使用柱軸 180 度的正柱鏡。若要找出正確的度數，在眼睛前方手持正柱鏡，直到外觀達到希望的效果。

傾斜柱鏡以改變眼瞼偏斜

在一些案例中，安裝義眼的眼瞼可能會偏斜。當柱鏡沿著柱軸旋轉，會造成水平線傾斜。正柱鏡會讓直線向著旋轉的反方向傾斜，而負柱鏡會讓直線沿著旋轉的方向傾斜。在決定是否要使用正或負柱鏡時，決定因素是放大率。

要決定最佳的柱軸位置，在眼睛前方手持柱鏡（使用測試用鏡架較適合）並轉動柱軸，直到傾斜的眼瞼與平直的眼瞼相配[20]。

摘要

1. 眼睛的整體外觀尺寸能使用正或負球面鏡片加以改變。
2. 使用平柱鏡能增加或減少眼睛在一條軸線上（柱鏡有度數的軸線）的尺寸。在 90 度軸線（柱軸所在的軸線）上的放大率會維持不變。
3. 沿著水平或垂直軸線旋轉平柱鏡會產生傾斜。如

---

* 這個放大率必須是動態眼鏡放大率，以眼球旋轉中心作為參考點計算，而不是靜態眼鏡放大率；動態眼鏡放大率比平常計算得出的（靜態）眼鏡放大率更大。

† 瞼裂是指上下眼瞼之間的區域。

果眼瞼看起來不自然的傾斜，將柱鏡放在無視力眼的前方，並旋轉柱軸，直到眼瞼看起來更像正常的眼睛。

使用鏡片掩飾疤痕或畸形

有時候無視力眼會有疤痕或畸形，但還不到需要配戴眼罩的程度。在這種狀況，應該選擇讓眼睛可見程度變低的鏡片。鏡片可以使用染色，如完全染色或漸層染色。不應該使用抗反射鍍膜。要注意，如果兩個鏡片都染色，會減弱配戴者的夜間視力。美觀上的考慮不應該超過安全上的顧慮。

改變眼睛的外觀位置

導致失去眼睛的創傷有時也會讓眼窩移位。這讓義眼看起來比有視力眼更高或更低。如果盲眼或義眼與有視力眼相比，會較低或較高，或看起來內偏或外偏，可以用稜鏡改變盲眼的外觀位置。

稜鏡的底部方向總是朝向眼球位移的方向。換句話說，如眼球看起來太高，使用基底向上的稜鏡。如果眼球往內側轉，使用基底向內。調整好之後，對觀看者來說，配戴者的眼睛看起來會移向稜鏡的頂點。這樣的稜鏡稱為反向稜鏡 (inverse prism)，因為它的方向與一般有視力眼的處方相反。

例題 21-13

假設右側的義眼有向下的位移，如圖 21-23A 所示。要如何讓此眼看起來更正常？

解答

手持基底向下的遞增稜鏡在義眼前方，直到使用 10Δ 基底向下的稜鏡，讓義眼與有視力眼的位置看起來相對平均一些。為了避免右眼鏡片的下半部看起來太厚，選用較小垂直尺寸的鏡架（B 尺寸要小）。若要讓稜鏡較不明顯，應該要使用抗反射鍍膜。

讓稜鏡不均等的分開到左右眼是可行的。如果稜鏡要分開，垂直稜鏡的最大量在有視力眼前不應超過 4Δ。超過 4Δ 可能會造成姿勢改變，並在感知物體位置時造成誤差。在這個例子，應該在右眼前使用 7Δ 基底向下，在左眼前使用 3Δ 基底向上的稜鏡。

表 21-1 整理了因美觀效果而使用鏡片的狀況。

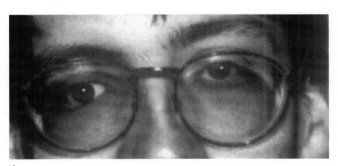

A

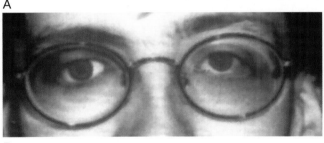

B

圖 21-23　A. 此人的右眼是義眼。其與左眼相比位置較低。B. 嘗試改變眼睛的美觀效果。可藉由將 10Δ 基底向下的稜鏡放在右眼鏡片完成。為了避免右眼鏡片的下緣過厚，應該選擇垂直尺寸窄的鏡架。為了幫助掩飾鏡片厚度，鏡片有經過抗反射鍍膜處理。（感謝 Laurie Pierce, Tampa, Fla 提供）。

表 21-1
使用鏡片達到希望的美觀效果

問題	希望的美觀效果	鏡片解決方案
眼睛看起來較小	讓眼睛看起來更大	使用正球面鏡片
眼睛看起來較大	讓眼睛看起來更小	使用負球面鏡片
眼睛張開程度不像有視力眼一樣寬 （瞼裂的垂直尺寸看起來太小）	讓瞼裂的垂直尺寸加寬	使用正柱面鏡片，柱軸 180 度
眼睛張開程度比有視力的眼更寬 （瞼裂的垂直尺寸看起來太大）	讓眼睛閉上一些	使用負柱面鏡片，柱軸 180 度
眼睛水平尺寸看起來較小	讓眼睛的水平尺寸加寬	使用正柱面鏡片，柱軸 90 度
眼睛水平尺寸看起來太寬	讓眼睛的水平尺寸加寬	使用負柱面鏡片，柱軸 90 度
眼睛看起來太低	提升眼睛的外觀高度	使用基底向下的稜鏡
眼睛看起來太高	降低眼睛的外觀高度	使用基底向上的稜鏡

表 21-1
使用鏡片達到希望的美觀效果（續）

問題	希望的美觀效果	鏡片解決方案
眼瞼歪斜	讓傾斜的眼瞼旋轉以符合有視力眼的水平外觀	將正柱軸往想要傾斜的方向反轉，或將負柱軸往想要傾斜的方向旋轉

正柱軸

負柱軸

問題	希望的美觀效果	鏡片解決方案
眼睛外觀不佳，在眼瞼或眼窩上有疤痕	減少眼睛的可見程度	使用染色鏡片——完全染色可以全面遮蓋，漸層染色可以遮蓋上半部。如果不使用染色，要避用抗反射鍍膜

參考文獻

1. Hofstetter HW, Griffin JR, Berman MS et al: The dictionary of visual science, ed 5, Boston, 2000, Butterworth-Heinemann.
2. Rabin J, Bradley A, Freeman RD: On the relation between aniseikonia and axial anisometropia, Am J Optom & Physiol Optics 60:553-558, 1983.
3. Bradley A, Rabin J, Freeman RD: Nonoptical determinants of aniseikonia, Investig Ophthalmol Vis Sci 24(4):507, 1983.
4. Winn B, Ackerly RG, Brown CA et al: Reduced aniseikonia in axial anisometropia with contact lens correction, J Ophthalmic Physiol Opt 8:341-344, 1988.
5. Winn B, Ackerly RG, Brown CA et al: The superiority of contact lenses in the correction of all anisometropia, Transactions BCLA conference:95, 1986.
6. Achron LR, Witkin NS, Ervin AM et al: The effect of relative spectacle magnification on aniseikonia, JAOA 69(9):591-599, 1998.
7. Linksz A, Bannon RE: Aniseikonia and refractive problems, Int Ophthalmol Clin, 5(2):515-534, 1965.
8. Stephens GL, Polasky M: New options for aniseikonia correction: the use of high index materials, Optom Vis Sci 68(11):899-906, 1991.
9. Sheedy JE: Answer to reader query: slab-off in progressive addition lenses? Opt Dispensing News 223, 2005.
10. Brooks CW: Understanding Lens Surfacing, Boston, 1992, Butterworth-Heinemann, p 290.
11. Drew R: CR-39 slab-off lenses: now ready cast, Optic Manage 13:23, 1984.
12. Rosen K: Premolded slab-offs bring results, Optic Manage 13:32, 1984.
13. Remole A: Determining exact prismatic deviations in spectacle corrections, Opt Vis Sci 76(11):783-795, 1999.
14. Remole A: A new method for determining prismatic effects in cylindrical spectacle corrections, Opt Vis Sci 77(4):211-220, 2000.
15. Remole A: New equations for determining ocular deviations produced by spectacle corrections, Opt Vis Sci 77(10):555-563, 2000.
16. Remole A: Compensating for vertical anisometropic imbalance by the positioning of segment centers, Opt Vis Sci 78(7):539-555, 2001.
17. Remole A: The theory of object and image eccentricities: a new dimension in ophthalmic optics, Opt Vis Sci 80(10):708-719, 2003.
18. Remole A: Correspondence: new equations for spectacle induced ocular deviations: responses to some typical questions, Opt Vis Sci 78(7):481, 2001.
19. Remole A: A new method for determining prismatic effects in cylindrical spectacle corrections, Opt Vis Sci 77(4):220, 2000.
20. Flynn MF, Hosek DK: Cosmetic ophthalmic lenses: prescribing them for patients with ocular prostheses, Opt Today 3:49, 1995.

學習成效測驗

1. 有種形式的不等像發生時雙眼的狀況都相同（雙眼沒有屈光不正，或都有相同程度的屈光不正），且是有限但實用的程度。這種形式的不等像是用來幫助決定物體在空間中的位置，稱為：
   a. 對稱性不等像
   b. 解剖性不等像
   c. 光學性不等像
   d. 軸性不等像
   e. 生理性不等像

2. 某人配戴以下處方：
   右眼：+3.00
   左眼：+0.50
   a. 右眼鏡片是由折射率 1.498 的 CR-39 塑膠製成，4.3 mm 厚，且前表面屈光度為 +8.50 D。兩枚鏡片都配戴於 13 mm 的頂點距離。右眼鏡片的眼鏡放大率為何？
   b. 左眼鏡片是 2.0 mm 厚，也是以 CR-39 塑膠製成，前表面屈光度為 +6.00 D，且也配戴於 13 mm 的頂點距離。左眼鏡片的眼鏡放大率為何？
   c. 左右眼鏡片的眼鏡放大率的差為何？

3. 對或錯？將非正視眼造成的放大量與「標準正視眼」產生的成像尺寸做比較，稱為相對眼鏡放大率。

4. 如果一隻眼是軸性非正視眼，且太長或太短，成像尺寸會比正常來的大或小。根據內普定律，在這樣的眼睛使用眼鏡鏡片會讓視網膜成像尺寸回歸正常。以下哪一條關於內普定律的描述為真？
   a. 內普定律不只是理論。它在臨床上可應用。
   b. 在臨床實作上，內普定律不總是有效。

5. 對或錯？不等像的症狀常與未矯正的屈光不正或是眼球運動不平衡類似。差別在於有不等像時，症狀不是無法透過矯正改善，就是在屈光或眼球運動問題矯正後才出現。

6. 以下哪種鏡片和鏡架選項無助於降低不等像問題的可能性？
   a. 使用頂點距離短的鏡架。
   b. 使用眼型尺寸小的鏡架。
   c. 使用基弧彎曲程度較大的鏡片。
   d. 使用非球面鏡片設計。
   e. 使用高折射率鏡片材料。

7. 某個配戴者有不等視眼，且左右眼鏡片都是正度數。一個鏡片比另一個的度數高。要減輕不等像，以下所有步驟都是適當的，其中一個除外。以下哪個步驟不適當？
   a. 減少度數較高的正鏡片厚度。
   b. 增加度數較高的正鏡片的基弧彎曲程度。
   c. 選用有最小頂點距離的鏡架。
   d. 增加度數較低的正鏡片的中心厚度。

8. 一個鏡片是正鏡片，另一個是負鏡片。我們想要讓不等像的程度最小。以下所有步驟都是錯誤的，其中一個除外。以下哪個步驟是正確？
   a. 增加正鏡片的基弧彎曲程度。
   b. 將鏡片斜面的位置移到鏡片邊緣的後方，增加負鏡片的頂點距離。
   c. 減少兩個鏡片的厚度。
   d. 選用頂點距離較小的鏡架。
   e. 使用眼型尺寸較大的鏡架。

9. 決定左右眼眼鏡放大率差異的可能方法是根據眼鏡鏡片處方估計此差異大小。使用的經驗法則是將左右眼鏡鏡片處方的差，乘上一個特定的百分比。目前公認估計值最接近的經驗法則是：
   a. 每一鏡度的不等視有 0.5% 的放大率差異
   b. 每一鏡度的不等視有 1.0% 的放大率差異
   c. 每一鏡度的不等視有 2.5% 的放大率差異
   d. 每一鏡度的不等視有 3.5% 的放大率差異

10. 以下是一些關於修改眼鏡鏡片數值以減輕不等像的描述。以下哪個描述最正確？
    a. 修改眼鏡鏡片數值以補償不等像是沒價值的。
    b. 修改眼鏡鏡片數值以補償不等像只有少許價值的，因為實際上很少這樣做。
    c. 與不補償不等像相比，修改眼鏡鏡片數值以補償不等像大概有一半的機會可以讓配戴者產生主觀可感受到的差異。
    d. 與不補償不等像相比，修改眼鏡鏡片數值以補償不等像可以讓相當多數的配戴者產生主觀可感受到的差異。

11. 什麼是雙複曲面鏡片？
    a. 雙複曲面鏡片是指在鏡片的一個表面上有兩個鏡片彎弧的鏡片。
    b. 雙複曲面鏡片是指在鏡片的前後表面都是非球面鏡片。
    c. 雙複曲面鏡片是指在鏡片的前後表面上各有兩種鏡片彎弧的鏡片。
    d. 雙複曲面鏡片是指鏡片有非球面的前表面以及非複曲面的後表面。

12. 垂直不平衡的狀況最令配戴者困擾的是：當這樣的狀況
    a. 長期存在
    b. 最近才發生

13. 隱形眼鏡可以用來克服垂直不平衡，因為：
    a. 眼鏡鏡片在看近時產生垂直不平衡，但隱形眼鏡不會。
    b. 隱形眼鏡有垂直不平衡，但不平衡的量較小，因此不造成困擾。
    c. 可以將稜鏡壓載在其中一個隱形眼鏡上，矯正垂直不平衡。
    d. 隱形眼鏡不會用來解決垂直不平衡的問題。

14. 閱讀區域的垂直不平衡容許值因人而異。一般來說，任何時候，當左右眼鏡片之間的屈光度有 ＿＿＿ 到 ＿＿＿ 的差異，就值得考量有垂直不平衡問題的可能性。
    a. 0.50 D 和 1.00 D
    b. 1.00 D 和 2.00 D
    c. 2.00 D 和 3.00 D
    d. 3.00 D 和 4.00 D

15. 以下列出的是一些關於垂直不平衡的選項。將選項正確的配對，指出該選項如何克服（或不能克服）垂直不平衡的問題。
    a. ＿＿＿ 隱形眼鏡
    b. ＿＿＿ 兩副眼鏡
    c. ＿＿＿ 降低主要參考點高度
    d. ＿＿＿ 提升子片高度
    e. ＿＿＿ 菲涅耳按壓式稜鏡
    f. ＿＿＿ 稜鏡削薄（雙中心研磨）
    g. ＿＿＿ 非相似形子片
    h. ＿＿＿ 「R」補償子片
    1. 此選項有等量但相反的稜鏡可以抵銷不平衡。
    2. 不平衡仍然存在，但此選項讓配戴者透過鏡片中的特定區域視物，讓不平衡不成問題，或不算明顯的問題。
    3. 此選項讓不平衡不再存在。
    4. 此選項造成一種折衷的情形，讓看近時的垂直不平衡減輕，但看遠時會增加。
    5. 此選項對於矯正或避免不平衡都沒幫助，不應該使用。

16. 對或錯？以鏡片矯正不等視而造成看近時的垂直不平衡，最佳的矯正總是在閱讀中心處計算出來的完全稜鏡效應。

17. 當削薄稜鏡矯正用在雙光鏡片時，削薄邊線：
   a. 一定和雙光子片邊線在同一側鏡片表面上。
   b. 一定和雙光子片邊線在相反側鏡片表面上。
   c. 可能與雙光子片邊線在同一側或相反側，依子片類型而定。

18. 對或錯？削薄稜鏡矯正能用於漸進多焦點鏡片上。

19. 熔合玻璃多焦點鏡片的削薄稜鏡總是研磨在：
   a. 正度數最大或負度數最小的鏡片。
   b. 兩個鏡片中度數較大的鏡片。
   c. 負度數最大或正度數最小的鏡片。
   d. 較厚的鏡片。
   e. 慣用眼。

20. 反削鏡片：
   a. 和熔合玻璃多焦點鏡片有相同的削薄稜鏡矯正，不但有基底向下的稜鏡效應。
   b. 只在遠用區產生基底向上的稜鏡。
   c. 對於 25 mm 圓形子片塑膠鏡片而言，是唯一可能的選擇。
   d. 在正度數最大或負度數最小的鏡片上有稜鏡
   e. 以上皆非

21. 某個處方如下：
   O.D. −3.50 −1.00 × 090
   O.S. −5.50 −1.50 × 090
   加入度 +2.00 D
   使用計算垂直不平衡的傳統方法，在遠用光學中心下方 10 mm 的閱讀高度，垂直不平衡的值為何？
   a. 1.10Δ 基底向下，O.D.
   b. 2.00Δ 基底向下，O.S.
   c. 2.00Δ 基底向下，O.D.
   d. 2.50Δ 基底向下，O.S.，和 0.50Δ 基底向上 O.D.
   e. 以上皆非

22. 某個處方如下：
   O.D. +5.00 −2.00 × 180
   O.S. +3.00 −2.00 × 090
   在光學中心下方 10 mm 的閱讀高度，會出現垂直不平衡嗎？
   a. 是
   b. 否

23. 使用傳統方法計算垂直不平衡，要在何種鏡片上研磨多少量的削薄稜鏡，才能徹底矯正以下處方在遠用光學中心下方 10 mm 處的垂直不平衡？
   O.D. +2.75 D 球面
   O.S. −2.75 D 球面
   a. 2.75Δ 基底向下，O.D.
   b. 0.00
   c. 5.50Δ 基底向上，O.D.
   d. 5.50Δ 基底向上，O.S.
   e. 以上皆非

24. 以下的鏡片矯正在閱讀高度產生了多少量的垂直不平衡 (閱讀高度是遠用光學中心下方 10 mm) ？ (使用傳統方法計算求解。)
   O.D. +3.00 +1.00 × 180
   O.S. +1.00 +0.75 × 180
   a. 2.00Δ
   b. 5.75Δ
   c. 2.25Δ
   d. 已知條件不足
   e. 已知條件足夠，但以上皆為錯誤。

25. 以下是一個即將配戴削薄稜鏡矯正的人的處方：
   右眼：+4.50 球面
   左眼：+1.00 球面
   加入度 = +2.00
   對以下每個鏡片而言，哪隻眼睛會放置削薄稜鏡？
   a. 熔合玻璃平頂 28 雙光鏡片
      1. 右眼
      2. 左眼
      3. 無法製作
   b. CR-39 塑膠 E 型 (一線) 雙光鏡片
      1. 右眼
      2. 左眼
      3. 無法製作
   c. Younger 預鑄削薄平頂 28 雙光鏡片
      1. 右眼
      2. 左眼
      3. 無法製作

26. a. 假設閱讀高度是雙光子片內 4 mm 處，以下處方的垂直不平衡以最接近的 1/4 D 表示為何？（再度使用傳統方法計算不平衡。）

　　　右眼：−6.00 − 1.00 × 180
　　　左眼：−0.50 − 0.50 × 180
　　　加入度 = +2.25
　　　子片高度 = 18 mm
　　　A尺寸 = 50 mm
　　　B尺寸 = 40 mm
　　　鏡片間距 = 18 mm
　　　瞳孔間距 = 64 mm

　　b. 此削薄稜鏡是使用於 E 型 (一線) 雙光鏡片。削薄稜鏡應該放在哪一側鏡片上？

　　　1. 右側
　　　2. 左側

27. 某個處方如下：

　　　右眼：−5.50 − 2.50 × 030
　　　左眼：−2.50 − 1.50 × 160
　　　加入度 = +2.00
　　　鏡架B尺寸 = 48 mm
　　　子片高度 = 20 mm

假設閱讀高度是子片邊線下方 5 mm，鏡片出現的垂直不平衡的量為何？（使用餘弦平方法計算不平衡，並取最接近 1/4 D 的答案。）

　　a. 3.25△
　　b. 3.50△
　　c. 4.00△
　　d. 4.50△

28. 某個處方如下：

　　　右眼：+4.25 − 0.50 × 105
　　　左眼：+0.50 − 1.25 × 065
　　　加入度 = +2.25
　　　鏡架B尺寸 = 44 mm
　　　子片高度 = 19 mm

假設閱讀高度是子片邊線下方 5 mm，鏡片出現的垂直不平衡的量為何？（使用餘弦平方法計算不平衡，並取最接近 1/4 D 的答案。）

　　a. 3.25△
　　b. 3.50△
　　c. 4.00△
　　d. 4.50△

29. 某個配戴者的眼鏡處方有以下度數：

　　　右眼：−1.00 − 0.25 × 175
　　　左眼：−7.50 − 2.50 × 025

削薄邊線是在一副漸進多焦點鏡片的稜鏡參考點下方 7 mm 處。閱讀高度設為削薄邊線下方 4 mm 處。使用餘弦平方法，在閱讀高度會出現多少垂直不平衡？

30. 以下處方的垂直不平衡必須矯正，閱讀高度是遠用光學中心下方 10 mm 處：

　　　右眼：+4.50 D 球面
　　　左眼：+2.75 + 0.50 × 180
　　　加入度 = +2.50 D
　　　子片降距 = 5 mm

可以使用以下哪種組合的非相似形子片？

　　a. 1 和 2　　1. 22 mm 圓形子片
　　b. 2 和 3　　2. 38 mm 圓形子片
　　c. 3 和 4　　3. 平頂 22 或 25 或 28 或 35(所有的子片中心都在子片邊線下方 5 mm)
　　d. 1 和 3
　　e. 2 和 4　　4. 平頂 45 或 E 型 (一線，子片中心在邊線上)

31. 上個問題中，左眼是採用何種類型的鏡片？

　　a. 22 圓形子片
　　b. 38 圓形子片
　　c. 平頂 22 或 25 或 28 或 35
　　d. 平頂 45 或 E 型 (一線)

32. 某個處方有 +2.00 D 加入度，找出理論上能矯正處方產生的 2.80△ 垂直不平衡的非相似形子片組合。

　　a. 1 和 2　　1. 22 mm 圓形子片
　　b. 2 和 3　　2. 38 mm 圓形子片
　　c. 3 和 4　　3. 平頂 22 或 25 或 28 或 35(所有的子片中心都在子片邊線下方 5 mm)
　　d. 1 和 3
　　e. 2 和 4　　4. 平頂 45 或 E 型 (一線)

33. 一個人配戴以下處方：

$$O.D. +1.00 - 0.75 \times 180$$
$$O.S. -3.00 - 0.50 \times 180$$
加入度 +2.00 D

並且透過遠用光學中心下方 8 mm 處閱讀。

a. 兩個非相似形子片的光學中心要相距多遠，才能完全矯正使用傳統方法計算出的垂直不平衡？

　　1. 13 mm

　　2. 15 mm

　　3. 19 mm

　　4. 20 mm

　　5. 以上皆非

b. 即使這在光學上是可行的，這通常會被認為是在美觀上可接受的解法嗎？

34. 對或錯？對於有不等視的處方，減少不等像的量也能減少矯正垂直不平衡所需的量。

35. 對或錯？兩個鏡片有相同度數，但基弧和中心厚度不同。對於遠距光學中心下方 10 mm 的一點，兩個鏡片可能不會有相同的稜鏡效應。

36. 對於高度數正鏡片不等視的矯正，使用 Remole 氏法計算出來的垂直不平衡與普氏法則計算出來的相較之下如何？

a. 使用普氏法則計算會得出較大的不平衡。

b. 使用 Remole 氏法計算會得出較大的不平衡。

c. 兩種方法都會得出相同的不平衡。

37. 某個左眼是裝有義眼的盲眼，比有視力的右眼位置低。除此之外，雙眼很相配。我們能做什麼讓整體外觀更佳？

a. 在左眼前使用正鏡片。

b. 在左眼前使用負鏡片。

c. 在左眼前使用基底向上的稜鏡。

d. 在左眼前使用基底向下的稜鏡。

38. 某個裝有義眼的右眼，瞼裂比有視力的左眼大。瞼裂的水平長度絕對不會大於有視力眼。對於義眼而言，何者是測試鏡片的首選？

a. 一個平頂正柱面鏡片，柱軸為 180

b. 一個平頂正柱面鏡片，柱軸為 90

c. 一個平頂負柱面鏡片，柱軸為 180

d. 一個平頂負柱面鏡片，柱軸為 90

e. 一個正球面鏡片

CHAPTER 22

吸收鏡片

配鏡學中最受誤解的領域之一，就是吸收鏡片或染色鏡片。其中，關於某些特定色相具有傷害性或療效性的迷思跟傳言持續不斷。這可能對配戴者甚至是配鏡人員造成困惑，有些配鏡人員會結合所學的事實及專業推測，進而發展出自成一格、關於吸收鏡片相關理論的個人哲學；或是造成另一種配鏡人員只是追隨時尚潮流變化以取悅配戴者。

然而，盡可能知道更多關於吸收鏡片的知識，是眼睛照護從業人員的責任。本章節提供了詳盡的介紹。

分類

吸收鏡片根據兩種變因分類。第一種是鏡片染色 (the tint of the lens) 本身，第二種是鏡片穿透率 (the lens transmission)。具有相同基本色彩的染色，會以各種名稱標示，通常是根據製造商，或者以塑膠鏡片來說，命名的依據是用來給鏡片染色的染料名稱。當兩家製造商的產品放在一起比較時，色調的濃淡有時是可分辨出來的。基於這個原因，鏡片的來源必須記載於配戴者的配鏡記錄中，讓替換的鏡片可以跟原本的鏡片相配。鏡片的相對吸收率，最常以「穿透百分率」或「吸收百分率」表示 (20% 穿透率等於 80% 吸收率)。

吸收率過去是以英文字母代表 (例如 A、B、C、D)，或是數字 (如 1、2、3)。數字越高或字母順序越後面，染色越深。

因為此系統是根據隨厚度增加而改變穿透率的染色玻璃鏡片而發展出來的，因此數字或字母代號相同但度數不同的鏡片，穿透率可能有所不同。由於此系統的使用度有其限制，配鏡人員必須熟知這些潛在的差異。

預染玻璃鏡片的均勻穿透率問題

一個預染玻璃鏡片的規定穿透率適用於 2 mm 厚的平光鏡片，要注意任何偏離這個厚度的狀況，都會造成穿透率的改變。原本配戴 C 染色 + 2.00 D 玻璃鏡片的人可能會發現，當處方改變為 + 3.50 D 時，維持 C 染色卻變成令人困惱的較深顏色。

不同區域具有不同厚度的玻璃鏡片，也會在穿透率上顯示成比例的變化。高度數的負鏡片會有較淺色的中央區域，往邊緣會迅速變深 (圖 22-1，A)；正鏡片則顯示加深的染色中央區域，然後逐漸往邊緣變淺至正常該有的濃淡程度 (圖 22-1，B)。或許最不尋常的是高近用度數的平凹柱鏡。在這個例子會發現，一條較淺的色帶穿越鏡片與負柱軸的位置一致 (圖 22-1，C)。幸好，吸收鏡片很少需要使用玻璃鏡片材料，因此這種問題不太會發生。

可見光與不可見光對眼睛的影響

光是在不同波長範圍所發現的電磁輻射，包含紅外線 (IR)、可見光、紫外線 (UV)。並非所有波長都能使產生視覺的感光細胞活化 (圖 22-2)。根據到達視網膜的光線波長，光被解讀為色彩。

可見光譜是指在 380 至 760 nm (奈米) 之間的波長[1] (然而，只要強度夠，即使波長短 [如 309 nm 的光] 仍可能為肉眼所見。如果光線在到達視網膜前沒有被水晶體吸收，強度夠但波長短 [如 298 nm 的光] 仍是可見的)[2]。

大部分在紫外線和紅外線光譜區域的光，進入眼睛後卻從未到達視網膜，反而被眼球的角膜、房水、水晶體、或玻璃體吸收。如果太多這種「光」被個別的人眼組織所吸收，在到達足夠的量或累積超過一段很長的時間，就有可能會造成潛在的傷害。

紫外線輻射的影響

「光」(或者稱為「電磁輻射」更為恰當) 的波長若小於 400 nm，就稱為紫外線輻射。紫外線輻射可再細分為四個區段。[3]

1. UVA 315 ～ 380 nm
2. UVB 290 ～ 315 nm
3. UVC 200 ～ 290 nm
4. UV 真空 100 ～ 200 nm

　　UVA 輻射具有最長的波長帶，且相較之下是三種輻射帶中傷害性最低的會將皮膚曬黑。UVB 比 UVA 具有較短的波長及較高的能量。如果輻射量足夠，期間夠長，UVB 會造成曬傷、光角膜炎 (photokeratitis)、白內障 (cataracts)，以及視網膜病變 (retinal lesions)。UVC 的能量更高，但地球的臭氧層能有效的濾除它。UV 真空出現在地球大氣層的外圍，但被大氣層濾除。波長越短，生物性傷害的輻射就越多。

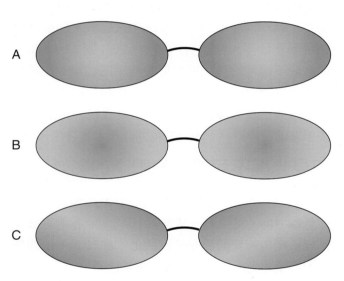

圖 22-1　材料內有染料的玻璃鏡片，其穿透率會隨著鏡片厚度改變。A，高負度數處方鏡片在中央顏色會最淺，往邊緣變深。B，高正度數處方鏡片在中央顏色會最深，往邊緣變淺。C，平光高負度數柱面處方鏡片在柱軸附近顏色最淺。圖中配戴者右眼的負柱軸約為 140 度；左眼約為 40 度。這只發生在染料在玻璃材料內的高度數柱面鏡片。

　　過度暴露於紫外線輻射會造成一些負面影響。問題是什麼條件會構成「過度暴露」？答案並不簡單。單一高劑量紫外線暴露可造成傷害，但長時間低劑量紫外線暴露也會。

　　紫外線輻射是太陽光的正常組成之一，但隨著臭氧層變薄，到達地球的紫外線量一直在增加。臭氧層通常會過濾掉大部分的短波長紫外線輻射。

　　來自太陽光的紫外線輻射在上午 10 點至下午 2 點之間較強，60% 的紫外線輻射在這幾個小時發生[1]。紫外線輻射的年總量在越靠近赤道的地理區域較高，且紫外線輻射量的強度在高海拔地區也會增加。

　　沙子和雪會增加人接受到的紫外線輻射量，因為沙子會反射 20 ～ 30% 的紫外光。新鮮的雪反射 85 ～ 95% 的光，而草地相較之下只有 3%[4]。因此滑雪玩家絕對必須做好紫外線的防護。

　　其他的紫外線輻射來源，包含紫外光燈及焊接作業。

紫外線輻射造成的眼球傷害

　　焊接工灼傷 (welder's burn)，就是由單一高劑量紫外線輻射而造成眼球傷害的例子。焊接工灼傷是指，角膜和結膜吸收波長 210 至 320 nm 之間的紫外線[1]。過量暴露於此波長的紫外線會造成角膜跟結膜發炎，稱為光角膜炎。相同的光角膜炎也會因為進行雪地活動而造成，稱為「雪盲」(snow blindness)。從灼傷發生到產生疼痛感，大約需要 6 小時。雖然症狀很嚴重，包括異物感、畏光、流淚、泛紅、張眼困難，但幸好在多數案例中角膜會痊癒，這些症狀並且會在 6 到 24 小時內消失。

　　另外，白內障的形成，則是由長期累積性的低劑量紫外線輻射，造成眼球傷害的例子。居住在紫外線輻射較高地區的人（高海拔或沙漠或熱帶地區）

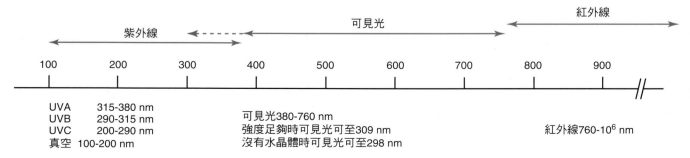

圖 22-2　光譜：紫外線、可見光，以及紅外線。

會提早發生白內障。例如居住在每日平均日照為 12 小時的地區，比平均日照 7 小時地區的居民，產生白內障的機率高出 4 倍[5]。

　　紫外線輻射造成的眼睛相關問題不只有焊接工灼傷和白內障。另一個嚴重問題是視網膜傷害，特別是在無晶體眼者 (aphake，意指沒有水晶體的人)，因為波長在 300 到 390 nm 之間的光不再被水晶體吸收，而是直接落在視網膜上。這種光不僅產生不同程度的屈折，導致無法順利成像，且會直接由視網膜吸收而產生螢光[6]。這會造成某種程度的模糊眩光效應。這種眩光效應不是最主要的問題，而是紫外線和藍色短波光 (400 到 500 nm) 會讓敏感且未受保護的視網膜黃斑部產生腫脹[7]。這很快就會造成敏感的黃斑部發生退化，這種退化現象稱為老年性黃斑部病變 (age-related maculopathy, ARM) 或黃斑部退化 (macular degeneration)。

　　雖然紫外線和短波長光造成的視網膜傷害通常與年齡漸長有關，但要注意兒童的水晶體較為透明，會讓一些紫外光穿透到視網膜上[8]。

　　保護視網膜不受紫外光傷害是必要的措施。對於無晶體眼者，更是絕對必須。現今的白內障手術，是將已混濁的水晶體，以植入人工水晶體的方式來取代。在眼內植入人工水晶體的人稱為人工晶體眼者 (pseudophakes)。雖然現在使用的人工水晶體植入物可吸收紫外線，但仍建議做紫外線防護。

　　翼狀贅片 (pterygium) 是指從眼白部位開始往角膜延伸的增生組織。隨著組織持續生長，翼狀贅片可能延伸至角膜中央，遮蔽清楚的視野。翼狀贅片的發生率與紫外線暴露具有相關性。一種稱為瞼裂斑 (pinguecula) 的類似病徵也可能與紫外線有關。瞼裂斑是帶有黃色的結膜增厚，通常在角膜的鼻側。

加強紫外線傷害的藥物

　　某些藥物可能會增加由紫外線輻射所造成的傷害程度，包括 (但不限於)：磺胺類藥物 (sulfonamides)、四環黴素 (tetracyclines)、某些利尿劑 (diuretics)、鎮靜劑 (tranquilizers)、和口服避孕藥 (contraceptives)。這表示除了前述已討論過的紫外線造成的影響外，服用這些藥物的人更容易曬傷或罹患皮膚癌。建議已經在服用這些藥物的人，需使用紫外線防護眼鏡，並在適當時機使用防曬產品來保護皮膚。

誰應該要做紫外線防護？

　　已知紫外線對眼睛的傷害會隨時間累積。臭氧層變薄的情形惡化，表示紫外線輻射的暴露量比過去幾年更高。因為紫外線輻射隨著時間推移影響每個人，減少因紫外線產生的眼睛疾病的最佳方式是：盡早配戴吸收紫外線的眼鏡及太陽眼鏡。但某些必須在特定環境活動或與工作相關的人，會有更高的罹病風險。例如，在高山地區滑雪的人風險特別高，因為在高海拔地區，可濾除紫外線輻射的大氣層較為稀薄，加上雪會反射約 85% 的紫外光，而且因為反射光的緣故，平常可以用眉毛或帽子提供的基本防護，皆無法具有足夠的防護效果。

　　有關紫外線防護的因素摘要整理於 Box 22-1。不管提高紫外光危險性的特殊因素為何，研究的結論是「這些避免眼球暴露於陽光的簡單方法，適用於所有性別與種族[9]。」

阻隔紫外線輻射的眼鏡

　　目前有幾種鏡片是具有可防護紫外線輻射的作用。有些需要特別訂做，但很多款鏡片已經把濾除紫外線當作鏡片的基本功能。

1. 鏡片材料本身可直接濾除紫外線：最早開發為專門阻隔紫外光的鏡片，會有泛黃的外觀。隨著製造方法與化學技術的改良，已無泛黃現象。

2. 鏡片鍍膜可濾除紫外線：現在許多具有保護性鍍膜的鏡片也有阻隔紫外線的效果。包括所有的聚碳酸酯鏡片和許多的高折射率塑膠鏡片。

3. 鏡片塗層可濾除紫外線：塑膠鏡片在製作過程中，可浸於加熱的紫外線染料而產生紫外線防護效果的塗層，與鏡片染色的方法相同。

4. 偏光鏡片：高品質的偏光鏡片可阻隔紫外線輻射，雖然偏光效應本身與阻隔紫外光無關。

5. 變色鏡片也有阻隔紫外線的功能。變色鏡片變暗時，被認為足以防護紫外光。

6. 防護力超過紫外線的鏡片：有些鏡片不僅是為了簡單的紫外線防護所設計，也可阻隔短波長可見光 (主要是藍光)。這些鏡片一般稱為「眩光控制鏡片」，會在本章節之後的篇幅加以說明。

檢查紫外線吸收量

　　鏡片穿透率通常以光度計檢測。雖然光度計

Box 22-1

較需要紫外線 (UV) 防護的人

有以下疾病狀況的人：
- 早期白內障
- 黃斑部退化
- 翼狀贅片
- 瞼裂斑
- 無晶體眼
- 人工晶體眼

服用以下藥物的人：
- 磺胺類藥物
- 四環黴素
- 利尿劑
- 鎮靜劑
- 治療低血糖症 (hypoglycemia) 的藥物
- 口服避孕藥

(這份清單只是列舉可能會增加紫外線傷害的藥物，並非包含所有會造成影響的藥物。)

在陽光下處於以下狀況的人
- 夏日於上午 10 點至下午 2 點在戶外
- 長時間在戶外 (特別是遊戲中的兒童)
- 滑雪
- 日光浴
- 在高海拔地區
- 靠近赤道地區

靠近紫外線光源的人，包括：
- 焊接工
- 靠近紫外光燈工作者，例如牙醫師和牙技師
- 需使用紫外線輻射的工作者

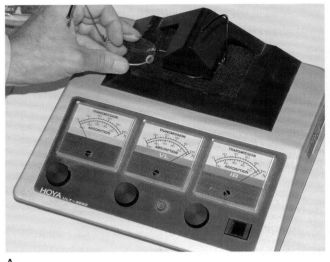

A

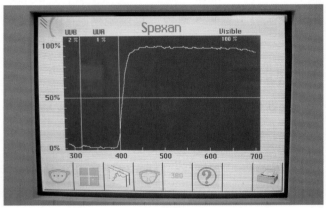

B

圖 22-3　**A**，訂製的紫外線 (UV) 吸收鏡片應使用紫外線測量計檢查。這種光度計可測量紫外線、可見光 (VL)，以及紅外線 (IR)。接受測量的鏡片必須阻隔所有紫外光，並讓大部分的可見光與紅外線穿透。**B**，可使用 Humphrey Model LA360 鏡片分析儀來檢查鏡片的穿透率，這是一種全自動鏡片驗度儀，有螢幕顯示及列印兩種功能。

很有幫助 (圖 22-3，A)，但在本章節寫作的此刻，仍不應完全依賴光度計做絕對的紫外線測量。如 Torgeren[3] 所指出，光度計通常：
- 無法準確測量絕對紫外線穿透率。
- 過度強調 360 ～ 400 nm 的波長段。
- 無法從 UVA 的 380 nm 開始測量，而從 400 nm 開始。
- 受鏡片的屈光度影響。

　　因此，建議從業人員要非常熟悉個別鏡片材料的吸收性質。

　　切記，用來將一般塑膠鏡片轉變為抗紫外線鏡片的染料，只在有限的使用次數內可正常作用，然後就必須替換。即使是訂製的鏡片，紫外線防護很可能常在無意間被鏡片工廠忽視。光度計仍有助於檢測染料是否已經塗上。穿透率也能以 Humphrey 全自動鏡片驗度儀 (圖 22-3，B) 測量，如果沒有紫外線測量計，有一種簡略的測試可用來檢查鏡片是否可阻隔紫外光：

將鏡片置於未磨邊的變色鏡片上方，例如全視線鏡片（一種比玻璃變色鏡片更受紫外線影響的塑膠變色鏡片）。將兩個鏡片在陽光下曝曬。如果變色鏡片在應濾除紫外線的鏡片下方變暗，表示受測的鏡片無法充分濾除紫外光。

選擇鏡架

在選擇太陽眼鏡或紫外線防護鏡架時，以下是需要留意的地方。鏡架應該要能裝上大片的鏡片。應該要靠近臉部，具有最小的頂點距離。包覆式鏡架是較佳的選擇。注意：當包覆式鏡架用於處方眼鏡時，處方度數可能需要補償鏡片傾斜的影響（參見第 18 章）。若要獲得最大程度的防護，一頂鴨舌帽、有大片遮陽板或帽沿的帽子，會相當有幫助。（關於紫外線防護選擇的概要，參見 Box 22-2。）

紫外線指數

紫外線指數是紫外線輻射的一種測量單位。美

Box 22-2

保護眼睛免於太陽紫外線 (UV) 輻射的選擇

帽子
- 遮陽帽
- 鴨舌帽
- 寬沿帽

處方鏡片
- 特別製造的抗紫外線鏡片
- 聚碳酸酯鏡片
- 具有吸收紫外線鍍膜的高折射率鏡片
- 抗紫外線塗層的塑膠鏡片
- 變色鏡片
- 抑制眩光的鏡片
- 符合品質的偏光鏡片

具有以下特性的眼鏡鏡架：
- 頂點距離短
- 有鏡框彎弧

太陽眼鏡
- 吸收紫外線的太陽眼鏡
- 覆蓋面積大的鏡片
- 包覆式太陽眼鏡

國國家氣象局、環境保護局和世界衛生組織使用範圍從 1 到 11 以上的紫外線指數來表示由低到非常高的紫外線強度。這個指數的分級如下：

紫外線指數 (UVI)	曝露等級
0 1 2	低量級
3 4 5	中量級
6 7	高量級
8 9 10	過量級
11 以上	危險級

任何紫外線指數會因時因地而有不同。紫外線指數是為了讓大眾知道紫外線輻射的程度，並鼓勵民眾做好眼睛和皮膚的防護。

紅外線輻射的影響

目前，文獻中只有很少的決定性證據指出：陽光中的紅外線組成在一般的視物狀況下，會造成任何不良的影響。

之前普遍認為日照性視網膜炎 (solar retinitis) 的成因，是長時間直視並強烈曝曬陽光，單獨由紅外線的熱效應所造成。然而，維吉尼亞醫學大學的科學家發現，光譜中的藍光對眼睛造成傷害的可能性，是近紅外線的 800 倍。看來日照性視網膜炎是由短波（紫外線和藍光）輻射的光化學傷害，與長波紅外線的熱傷害兩者所造成[1]。

當紅外線輻射伴隨紫外線輻射和藍光時，會對水晶體有不利的影響。經過一段稍長的時間後，這會造成水晶體混濁，此種水晶體混濁現象常稱為「吹玻璃工人」或「熔爐工人」型白內障。

常見的紅外線來源為：直射日光、熔化的物質（如：玻璃、金屬）、弧光燈、紅外光燈。

在察看特定鏡片的穿透率曲線時，要記得：僅僅因為在最靠近可見光譜的紅外線穿透率有下降現象，未必表示在較長波長紅外線區域也有相同的吸收率。許多在近紅外線區吸收率很強的鏡片，在波長較長的區域有著相當高的穿透率。因此，如果要選擇一個具有紅外線吸收特性的鏡片，需要有完整紅外線光譜範圍的穿透率曲線。

紅外線輻射產生的熱能，會讓眼睛在暴露於紫外線輻射時更容易受到傷害[1]。因此儘管尚未有科學證實，但使用太陽眼鏡仍是理想的作法，不僅可以

達到幾乎完全消除紫外線輻射，同時也阻隔紅外線，如同阻隔可見光一般。目前在商業市場上的抗紅外線鏡片有：NoIR 和 IREX 鏡片。

所需的吸收量

從業人員不斷被問到染色鏡片的顏色應該多深，才能達到最佳的防護效果，或是以流行時尚為主的染色應該多淺，才不會影響到配戴者的視力。答案可能會比預期的複雜得多，因為大部分要根據鏡片使用的活動場合來決定。

若僅考量配戴者的舒適度，那決定通常是主觀性的，且必然是由配戴者過去的經驗來決定。然而其他因素也必須納入考慮。就實際改善視力而言，Miller[6] 發現對於高亮度的環境，顏色夠深的太陽眼鏡可改善某些類型目標物的視覺辨識度，但其他目標物就無法達到。換句話說，對高亮度而言，深色鏡片或許有助於讓個人能夠清楚視物，其視覺舒適度當然會有改善。

染色程度多少才夠？

太陽鏡片一般的穿透率大概是在 15 ～ 30% 之間。穿透率大於 30% 的太陽鏡片，一般的配帶者在日照強烈時配戴，效果不彰[10]。穿透率小於 15% 的太陽鏡片則也可能會出現問題，因為鏡片後表面會反射眩光。以上這些問題可由後表面鍍上抗反射 (AR) 鍍膜來解決。

根據 ANSI Z80.3-2001 太陽眼鏡標準，用於車輛駕駛的通用太陽鏡片染色不應深於 8%，然而對於專門用途，如：滑雪、登山、或在海灘上使用，穿透率可能會低至 3%[11]。

在穿透光譜的低波長端，發現 10% 中性密度的濾光片能讓視力提升*。但對於年齡大於 40 歲的人，如果濾光片暗於 10%，視力會變差[12]。

連續長時間受日光曝曬的人最好使用透光率為 15% 或以下的太陽鏡片。Hecht 等人[10] 發現，單次暴露於一般明亮日光下 2 或 3 小時，會造成暗適應比平常延遲 10 分鐘以上才開始，且過程緩慢，因此也會比平常晚數小時後，才達到正常的夜間視力。

舉例來說，某人（像是救生員）每天長時間暴露

於明亮日光下，即使經過一整夜的黑暗之後，他／她的暗適應仍無法恢復到過去的狀況。如果持續 10 天未經防護的高強度日光曝曬，將會損害暗適應，屆時將需要 3 天以上的非暴露狀況，才能讓暗適應恢復到先前的水準。這種暗適應的喪失可藉由配戴穿透率在 10 ～ 15% 間的太陽眼鏡來預防。對暴露於明亮日光的人而言，配戴以美觀為主而染色，其穿透率在 35 ～ 50% 間的市售鏡片，並無法預防暗適應的損害[12]。事實上，「強烈建議所有白天在明亮日光下工作後，並很快就要再執行重要夜班工作的人，應使用可見光穿透率在 10% 以下的太陽眼鏡[10]。」簡言之，任何從事在夜間需要良好視力工作的人，如果一天必須暴露於明亮日光下 2 小時以上，都必須配戴太陽眼鏡。

染色太深的危險性

如同先前的討論，在某些狀況下，較大的吸收量 (absorption) 是非常有必要的。基於相同原因，也有一些狀況是需要最大的光線穿透度 (transmission)。若有考慮較深的時尚染色，應警示配戴者，在光線昏暗的狀況下這會減弱視力。

染色鏡片與夜間駕駛

已證實因為染色太深而具危險性的常見狀況，就是夜間駕駛。在晚上，眼睛會適應透過擋風玻璃的 0.1 mL 光照強度，通常視力為 20/20 的人會減弱至 20/32。這不是由於透過擋風玻璃視物，而單純是照度降低的結果。任何在觀看者眼睛與被視物體之間的染色物質會進一步降低視力。即使是在夜間配戴穿透率為 82% 的粉紅染色鏡片，也會讓視力降至 20/40。綠色的染色擋風玻璃本身也會使視力降至 20/46。然而，染色擋風玻璃與染色鏡片的組合，則會讓視力降至 20/60 (Box 22-3)[13]。因此，理想的染色程度，需依據配戴場合進行整體考量。

只比現有最淺色澤稍微深一點的染色鏡片，顯然在某些狀況下會迅速成為潛在危害，即使是常見的情況，例如夜間駕駛。一項德國研究[14] 證實，擋風玻璃的染色，會降低夜間駕駛的危險偵測距離達 10%。Allen MJ[15] 也發現，夜間配戴 70% 穿透率鏡片者，比未配戴染色鏡片者，必須要更靠近才能夠看到高速公路上的物體。

---

*中性密度濾鏡是灰色，且在可見光譜區段中均勻吸收光。

Box 22-3

鏡片和擋風玻璃染色對視力的影響

日間視力 = 20/20

夜間視力 = 20/32

夜間 + 82% 穿透率粉紅染色鏡片 = 20/40

夜間 + 染色擋風玻璃 = 20/46

夜間 + 染色擋風玻璃 + 82% 穿透率粉紅染色鏡片 = 20/60

數據來源：Miles PW: Visual effects of pink glasses, green windshields, and glare under night driving conditions, Arch Ophthalmol 52:15-23, 1954.

另一個決定可允許染色量的因素是年齡。隨著年齡增長，在配戴某些光學濾鏡時觀察到的視力表現差異程度會減少。換句話說，一個人在亮度降低的狀況下可有效率工作的能力，會隨著年紀增加而降低。

儘管有反面證據，有些配戴者仍堅持輕度染色有助於在夜間減少車頭燈的眩光。這可能是由於染色能減少一些鏡片的內部反射。不過，使用抗反射鍍膜來減少鏡片的內部反射，是較佳的作法。因為比起染色鏡片，抗反射鍍膜會降低車頭燈的干擾，且能藉由增加光線來提升配戴者的對比敏感度。

色彩特性

過去幾年來，鏡架的類型有著驚人的增長。而鏡架的流行款式也不斷在改變。然而現在，各種設計的鏡架都有人使用。近來，這種影響也可見於鏡片染色方面，因為鏡片具有非常多不同的色調濃淡與色彩種類。因為現有色彩的多樣化，分析每一種色彩的優點變得越來越難，因此本章節會將重點擺在介紹主要的鏡片色彩特性。

透明皇冠玻璃與 CR-39 塑膠鏡片

皇冠玻璃與 CR-39 塑膠都可讓大約 92% 的可見光穿透。未能穿透的 8% 是透過反射而喪失。所有波長小於 290 nm 的紫外線會被皇冠玻璃吸收（圖 22-4 及 22-5）。不巧的是，從實際的角度來看，令人困擾的是波長大於 290 nm 一直到可見光的紫外線[6]。在波長小於 290 奈米的紫外線中，屬於 UVC 和 UV 真空區段的部分，雖然對眼睛的傷害最強，但大部分已經被大氣層吸收了。皇冠玻璃讓紅外線穿透的比例與可見光相同。

用於一般眼鏡鏡片的 CR-39 塑膠包含了一種紫外線抑制劑，雖無法阻隔所有紫外光，但可阻隔波長 350 nm 以下的紫外線。

粉紅染色鏡片

粉紅染色鏡片過去一直被廣泛使用，且會持續被使用，但數量有限。最淺的粉紅色澤可稱作粉紅色、玫瑰色、或膚色*。粉紅染色在可見光譜中有著均勻的穿透率（見圖 22-5），因此對配戴者不會造成任何的色彩失真。

粉紅染色偶爾用於室內照明狀況不佳時，例如明亮的螢光照明，或是工作區域的眩光。雖然這些問題的最佳解決方式是改變照明，而不是在室內使用染色鏡片。而眩光問題或許源自鏡片內部的反射，這最常發生在低負度數的矯正鏡片（參見本章討論抗反射鍍膜的段落）。淺色的染色鏡片確實可減輕部分的反光，但不如抗反射鍍膜來得有效。單憑抗反射鍍膜，便能對許多配戴淺色染色鏡片的人有更好的幫助。

不建議使用染色深於 80% 的室內用染色鏡片，因為在夜間配戴或照明昏暗時，會對知覺和反應時間造成干擾。

黃色染色鏡片

黃色染色鏡片（圖 22-6）特別容易令人產生迷思和疑惑。黃色鏡片能讓人看得更清楚嗎？在回顧文獻之後，Bradley 說：「……很可能沒有辦法。數十項研究都呈現相同的基本結果：透過黃色濾鏡的視力表現，與透過吸收率相同的光譜中性濾鏡的視力大致相同，且比沒有任何濾鏡的狀態更差。少數精選的研究顯示：透過黃色濾鏡的視力，比穿透率相配的光譜中性濾鏡略佳，但這些研究未能顯示，透過黃色濾鏡的視力，比沒有任何濾鏡時更好[16]。」

然而在某些狀況下，如果環繞某個特定物體的背景色彩（如藍色的天空）能被濾鏡改變，那麼便有

---

*玻璃染色鏡片流行時的品牌，包括 Soft-lite (B & L) 與 Cruxite (AO)。

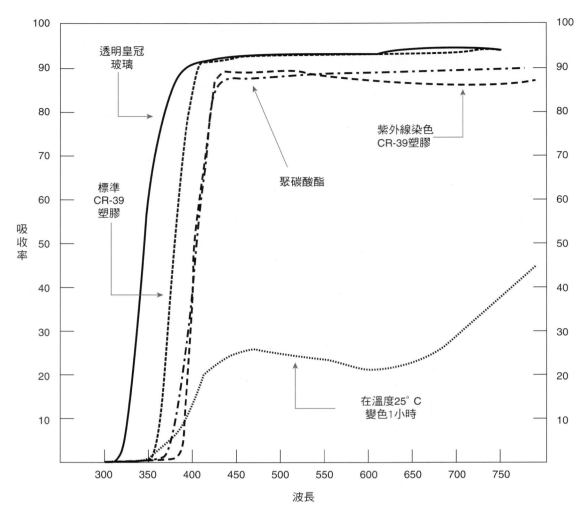

圖 22-4　標準眼鏡鏡片材料的紫外線輻射穿透率。列出的聚碳酸酯鏡片材料具有聚碳酸酯處方鏡片必備的抗刮傷鍍膜。聚碳酸酯鏡片的抗紫外線特性是來自於鍍膜而非材料本身。（穿透率曲線 from: Spectral transmission of common ophthalmic lens materials, St Cloud, Minn, 1984, Vision-Ease, pp 1, 16; Photochromic ophthalmic lenses, technical information, Publication #OPO-232, Corning, NY, 1990, Corning Inc, p 5; Pitts DG and Kleinstein RN: Environmental vision, Boston, 1993 Butterworth-Heinemann.)

可能增加對比，讓物件更容易被看到 [17]。「一直有人在爭論黃色鏡片的優點，是可以選擇性地讓明亮的藍色天空變暗，而不降低地面上綠色、黃色和紅色目標物的明亮程度 [16]。」例如，黃色鏡片傳統上用於競技射擊。許多運動員相信他們的射擊能力，可藉由黃色染色來提升。雖然如此，最早期研究中的一個案例，是讓 136 位射手在陰天的日照狀況下射擊，卻發現只有一個人有顯著的進步。作者下的結論是「黃色鏡片的好處完全依照個人而定；有些人得到幫助，有些人可能反而被妨礙 [18]。」更多種類設計精良的射擊用鏡片持續用於競技射擊，如：Corning 的 Serengeti Vector 鏡片。

一直有人提倡在霧霾中駕駛車輛時使用黃色鏡片。雖然任何鏡片（包含黃色鏡片）只要可吸收光譜的藍光端，都有助於降低來自大氣層散射光的眩光，但這不可延伸到起霧的狀況。因為與大氣層內的氣體相比，霧對散射光的波長並不具有選擇性 [18]。

黃色鏡片偶爾有提議用於夜間駕駛。這並不建議，且不應受到鼓勵。任何染色只要能降低昏暗的照明，更會降低視力，抵消任何降低車頭燈眩光的效果。克服夜間車頭燈眩光的最佳解答是，具有抗反射鍍膜的最新處方。未經矯正的屈光誤差會造成夜間眩光。最新的鏡片處方應有抗反射鍍膜，可進一步減輕鏡片本身內部反射光造成的眩光。

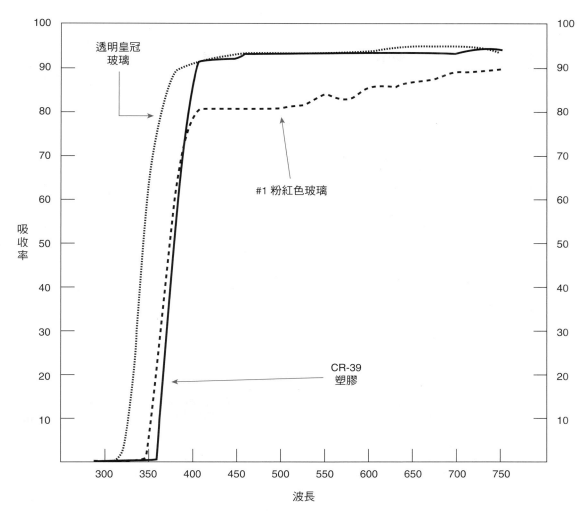

圖 22-5 透明皇冠玻璃、透明 CR-39 塑膠,以及 #1 粉紅染色皇冠玻璃的穿透率曲線。注意粉紅色鏡片與透明鏡片的穿透率曲線很接近。因為粉紅色在可見光譜區段有著相對平緩的水平曲線,應該不會對色覺造成干擾。 (From: Spectral transmission of common ophthalmic lens materials, St Cloud, Minn, 1984, Vision-Ease.)

傳統上有兩種品牌名與黃色鏡片有關: Hazemaster (AO) and Kalichrome H (B & L)。

棕色染色鏡片

德國或其他中歐國家,最常使用棕色或灰棕色鏡片當成太陽鏡片[19]。棕色鏡片與黃色鏡片有一些相同的特色,對於短波長可見光有著較高的吸收率 (參見圖 22-6)。藉由降低光譜藍光端的穿透率,棕色鏡片如同黃色鏡片一般,也常被認為可以在明亮、朦朧或煙霧瀰漫的天候下增加對比。如果是為了這個目的,使用專門的鏡片或許更為適合。

綠色染色鏡片

綠色太陽鏡片的穿透率曲線與人類眼睛的色彩敏感度曲線極為相似。綠色鏡片最早以軍事用途受到歡迎,但現今已經幾乎被中性灰色鏡片取代。綠色染色鏡片的顏色與穿透率特徵來自於氧化亞鐵。在紅外線與紫外線區段,綠色玻璃鏡片都有很好的吸收率 (圖 22-7)。若鏡片是由真空鍍膜為綠色,紅外線吸收率是可接受的,但不如染色玻璃鏡片來得好。

染成綠色的塑膠鏡片與和其顏色深淺接近的玻璃鏡片相比,在紅外線區段的吸收率不佳。對於其他顏色的染色塑膠鏡片而言,這也是典型的特徵。大多數塑膠染色鏡片,在長波長、可見光以及紅外線光譜區段的吸收率均不佳。

灰色染色鏡片

在防曬方面,灰色是最受歡迎的染色,且有充

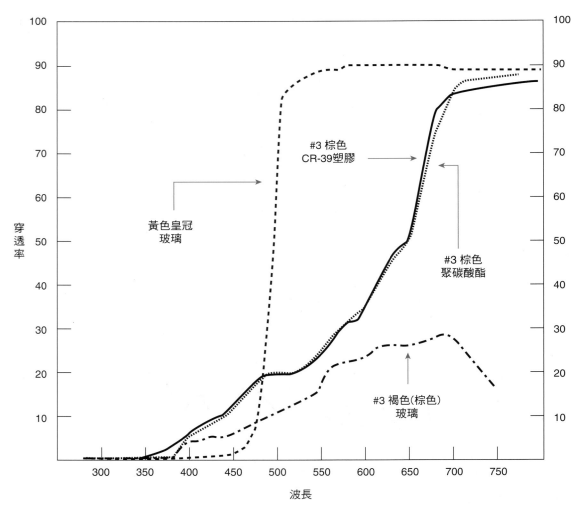

圖 22-6 黃色與棕色染色鏡片的穿透率曲線。黃色鏡片的特徵是在波長 500 ～ 450 nm 之間的區段有明顯落差。棕色鏡片也有落差，但是分布在較大範圍的可見光譜區段。注意染色塑膠與聚碳酸酯鏡片會讓光譜長波端的光穿透，包括紅外線。需要時可使用能吸收紅外線光譜的鏡片染料。(黃色皇冠玻璃鏡片與 #3 褐色 [棕色] 玻璃鏡片的穿透率曲線 from: Spectral transmission of common ophthalmic lens materials, St Cloud, Minn, 1984, Vision-Ease, pp 9, 10. #3 棕色 CR-39 塑膠鏡片與聚碳酸酯鏡片的穿透度曲線 from: Pitts DG and Kleinstein RN: Environmental vision, Boston, 1993, Butterworth-Heinemann.)

分的理由。或許灰色最大的優點是在整個可見光譜有著平均的穿透率 (圖 22-8)。這個特色讓各種色彩能以自然狀態被人們看見。出於這個原因，中性灰色很能符合辨色缺陷者的需求。灰色鏡片無法幫助辨色缺陷者的色覺，但也不會誤判色彩，如同配戴著橫跨可見光譜有不同穿透率的鏡片時常發生的問題。色覺正常的人能夠適應大部分染色鏡片造成的色彩變化，但辨色缺陷者沒有這種適應能力。對辨色缺陷者而言，配戴中性灰色以外的染色鏡片，可能會增加辨色誤差，或讓某些物體呈現不正常或不自然的顏色。

辨色缺陷者用的濾色鏡片 *

辨色缺陷者缺乏三種視網膜錐狀細胞的其中一種。因此，一個人若缺乏對長波光 (紅光) 敏感的錐狀細胞，就無法區分紅色跟綠色。同樣地，缺乏對可見光譜綠色區段敏感的錐狀細胞，也會有類似的紅綠顏色區分問題。

使用可以選擇性吸收某些色彩的濾色鏡片，會改變這些顏色的強度，讓辨色缺陷者可以利用光強

---

* 這個段落大部分的資訊來自於：Bradley A: Special review: colored filters and vision care, Part I, Indian J Optom 6(1):13-17, 2003.

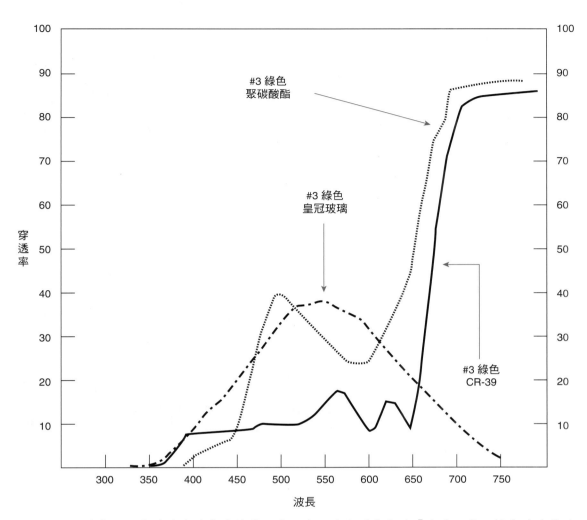

圖 22-7　綠色吸收鏡片的穿透率曲線特徵為，在可見光譜中段呈「山丘」狀。綠色玻璃鏡片對紫外線與紅外線的吸收很好。然而塑膠與聚碳酸酯鏡片，在光譜的長波可見光端與紅外線區域的穿透度很高。這是任何顏色的染色塑膠材料的特徵，除非染料中添加紅外線吸收劑。（穿透率曲線 from: Spectral transmission of common ophthalmic lens materials, St Cloud, Minn, 1984, Vision-Ease, and from Pitts DG and Kleinstein RN: Environmental vision, Boston, 1993, Butterworth-Heinemann.）

度方面的提示，來辨識先前無法區分的顏色。當各色光強度，可以在使用和不使用特殊濾鏡的狀況下相互比較時，這些光強度差異很有幫助。

支持辨色缺陷者使用濾色鏡片的因素

如前所述，濾色鏡片能讓辨色缺陷者，使用光強度方面的提示，來辨別兩種原本無法區分的顏色。紅色濾鏡會讓綠色物體比紅色物體看起來暗一些。對於這種用途的選擇性濾鏡，也可使用於有色隱形眼鏡，如單眼配戴紅色的 X-chrome 隱形眼鏡，或是有不同色彩的 ChromaGen 隱形眼鏡，依照辨色缺陷

類型來決定 *。濾色隱形眼鏡只會放置在一隻眼睛上，所以先閉上一隻眼後，再改閉上另一隻眼，光強度的變化就能比較出來。有些眼鏡的濾色鏡片只放置在鏡片的一部分區域，所以可藉由移動頭部來比較物體看起來的模樣。物體可以先不透過濾鏡觀看，然後再透過濾鏡看。

某些濾色鏡片會讓辨色缺陷者，在看其他色彩時更加鮮明，這是因為在透過濾鏡觀看時，感知到的外觀色彩發生變化。

---

*ChromaGen 濾鏡也有眼鏡鏡片的形式。

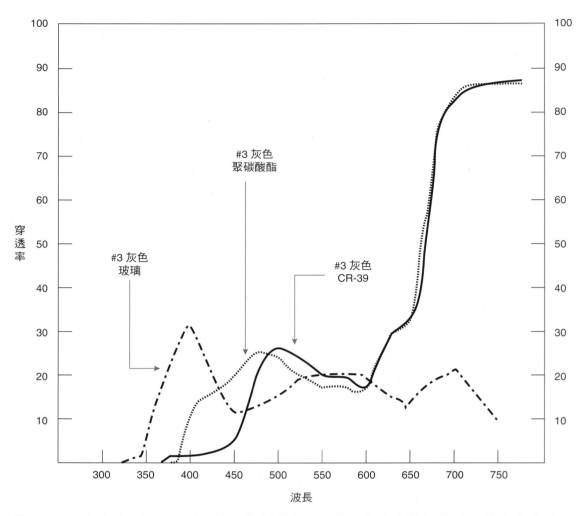

圖 22-8 在大約 400 ～ 700 nm 的可見光範圍中，灰色鏡片有著相當平均的的穿透率曲線，讓色覺接近沒有吸收鏡片的狀況。(穿透率曲線 from: Spectral transmission of common ophthalmic lens materials, St Cloud, Minn, 1984, Vision-Ease, and from Pitts DG and Kleinstein RN: Environmental vision, Boston, 1993, Butterworth-Heinemann.)

辨色缺陷者使用濾色鏡片的負面影響

藉由雙眼配戴濾色鏡片來幫助辨色缺陷者分辨某些顏色，可能造成問題。這是因為原本可分辨的顏色，透過濾色鏡片觀看時，反而變得困惑。

即使如 X-Chrom 隱形眼鏡的濾色鏡片，單眼配戴並非沒有缺點。問題一，物體可能看起來像在閃耀 *。問題二，當雙眼的光強度有差異時，可能會誤判移動中物體的位置，例如他們出現的距離 †。Sheedy 指出，「紅色隱形眼鏡可能會大幅提升假性等色圖測試 (常用於測試色覺) 的表現，但這樣的改變是虛假的，且無法正確地代表在真實世界中僅微幅改善的表現 [20]。」

太陽眼鏡

據 Pitts 與 Kleinstein[1] 指出，一副理想的太陽眼鏡應符合以下條件：

1. 降低陽光的強度，為求最佳的視覺舒適感以及視覺表現。
2. 消除視覺上不需要以及對眼睛具有危險性的部分光譜。
3. 在日間配戴時提供足夠的防護，讓配戴者保有夜間的暗適應和夜間視力。

---

* 這稱為雙眼光澤。
† 這稱為普菲立克現象 (Pulfrich phenomenon)。

表 22-1
非處方太陽眼鏡與時尚眼鏡

主要功能與色調明暗	光穿透率	平均紫外線穿透率			
		UVB (290～315 nm)		UVA (315～380 nm)	
		一般用	高劑量與長時間暴露用	一般用	高劑量與長時間暴露用
美容鏡片或遮片（淺色）	穿透率大於 40%	最高 0.125 Tv	最高 1%	最高 Tv	最高 0.5 Tv
一般用途鏡片或遮片（中等到深色）	穿透率在 8～40%	最高 0.125 Tv	最高 1%	最高 Tv	最高 0.5 Tv
特殊用途鏡片或遮片（非常深色）	穿透率在 3～8%	最高 1%	最高 1%	最高 0.5 Tv	最高 0.5 Tv
強化特殊用途濾色鏡片或遮片（極深色）	穿透率最小為 3%	最高 1%	最高 1%	最高 0.5 Tv	最高 0.5 Tv

「平均紫外線穿透率 (*UV Transmittance*)」是在指定範圍內所有波長的平均穿透率 (UVA 或 UVB)。
「可見光穿透率 (*Tv*)」對於一般用途的鏡片，UVB 可被允許的穿透率為鏡片的最高可見光穿透率的 0.125 倍。所以，如果一個鏡片可讓 40% 的光穿透，最高 UVB 穿透率為 0.125 × 40 或 5%。而如果鏡片可見光穿透率為 10%，最高 UVB 穿透率為 0.125 × 10 或 1.25%。
Data from: ANSI Z80.3-2001: American national standard for ophthalmics—nonprescription sunglasses and fashion eyewear—requirements, Merrifield, Va., 2002, Optical Laboratories Association p 18.

4. 維持正常的色覺，並讓配戴者能夠快速且正確地辨識交通號誌。

5. 耐衝擊及耐刮傷，且只需要最小程度的保養。

　　如同其他眼鏡鏡片，太陽眼鏡必須符合相同的耐衝擊要求，無論是處方或非處方用途。耐衝擊測試是指鏡片能抵擋直徑為 ⅝ 英吋鋼球從 50 英吋高處落下的衝擊。

　　在 ANSI Z80.3-2001 太陽眼鏡與時尚眼鏡標準中，有列入四種分類的太陽眼鏡鏡片，如表 22-1。

　　該標準未提出關於應用此分類的明確範例，但有以下一些基本描述：

- 彩妝用鏡片 (*A cosmetic lens*)：一般而言，美觀性大於功能性。
- 一般用途鏡片 (*A general purpose lens*)：用於多數人常使用的太陽眼鏡。
- 深色特殊用途鏡片 (*A very dark special purpose lens*)：適合光線非常強烈的情況，例如登山。
- 強化濾色特殊用途鏡片 (*A strongly colored special purpose lens*)：比其他鏡片可過濾更多光譜中的某些特定色彩。

　　美國食品與藥物管理局 (FDA) 的非處方太陽眼鏡鏡片指引，包括了與色彩方面有關的要求。這些要求是根據美國國家標準，對於太陽眼鏡和時尚眼鏡的要求條件 *。列入色彩方面的要求，是因為交通號誌辨識上的需要。由於太陽眼鏡不需處方即可販售給任何人，因此必須設計成對任何人都安全。（歐洲與澳洲的標準，允許某幾種美國不允許販售的染色鏡片，但要求標示警語，例如 [不適用於汽車駕駛] 以及 [不適合辨色缺陷者][21]。）辨色缺陷者 † 可以讓他們的色覺感知藉由某些鏡片染色產生顯著的改變。會令辨色缺陷者混淆的鏡片染色，並不會影響色覺正常的人分辨交通號誌顏色的能力。FDA 的文件——非處方太陽眼鏡指引文件載明了以下內容[22]：

「ANSI Z80.3 包含的交通號誌辨識相關規定，在編寫過程中有將辨色缺陷者納入考量。約有 8% 的男性人口及少於 3% 的女性人口有某種辨色缺陷。因此在這部分標準中的一些要求，對於色覺正常者可能過於嚴苛。」

---

*FDA 光學穿透要求標準，是根據 ANSI Z80.3 非處方太陽眼鏡與時尚眼鏡要求。
† 紅綠辨色缺陷者（紅色弱患者或綠色弱患者）可能有不等程度的能力來分辨紅色與綠色。紅綠色盲患者（紅色盲患者或綠色盲患者）不能分辨紅色與綠色。

這可能是為何非處方太陽眼鏡標準，無法應用於處方太陽眼鏡的原因之一。然而，這會增加配處方太陽眼鏡時，處方開立人員與配鏡人員在責任上的負擔。

例如，Bradley[23] 說明了黃色和棕色鏡片都無法符合 ANSI Z80.3（與 FDA）的非處方太陽眼鏡鏡片標準。但這些鏡片染色在處方眼鏡中是現成的，且棕色是常用的處方太陽眼鏡鏡片染色。所以，即使這樣的染色對於色覺正常者，可能不會讓交通號誌的顏色難以辨識，但對於辨色缺陷者仍不足以分辨紅綠燈號誌。

這表示什麼呢？意即，配鏡人員替辨色缺陷者配鏡時，不應故意替他們配不符合 FDA 非處方太陽眼鏡與時尚眼鏡標準的太陽眼鏡或時尚鏡片。

塑膠鏡片的染色

塑膠鏡片因為幾乎任何顏色都可被染上，且也能達到理想的顏色深淺程度。只需將透明塑膠鏡片浸入預定色彩的染料溶液中，鏡片留置在染劑中的時間越久，染色越深。當染料透過鏡片表面被吸收後，品質佳與交聯硬化良好的塑膠鏡片會具有密度一致的染色，與鏡片度數及鏡片厚度變化無關。染色在鏡片較薄的部位不會比較淺，在鏡片較厚的部位也不會比較深，如同染色玻璃鏡片。然而，製造過程中模造時交聯硬化不當的塑膠鏡片，可能會在染色後產生一定數量的不均勻色斑。

漸層染色鏡片

漸層染色鏡片有著顏色較深的上半部，往鏡片下半部逐漸變淺。漸層染色鏡片可由塑膠製造（圖 22-9）。漸層染色是透過將整片鏡片上下顛倒浸入染劑來完成。鏡片重複浸入並移出溶液，每次都到鏡片上稍微不同的高度。鏡片的底端只有偶爾浸入染

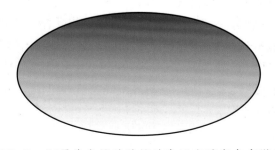

圖 22-9 漸層染色鏡片的鏡片表面穿透率會有變化。

劑，而鏡片上半部的浸泡時間較長，吸收更多染料。當鏡片沒有均勻且連續地浸漬時，就會產生品質差的漸層染色鏡片。在其上下半部之間會有一條相當明顯的界線，而品質佳的鏡片則看不出明顯的分界。一副眼鏡兩片鏡片的顏色必須從上到下均勻變淺，以防止雙眼在鏡片任何高度上的穿透率產生差異。

換色與配色

如果對染色不滿意，已經染色的塑膠鏡片，只要尚未進行後續的抗反射鍍膜製程，都可以再度脫色並重新染色。透明鏡片隨時可以染色，例如，當某人決定更換新鏡架時，只要處方維持不變，舊的眼鏡可以染色作為時尚眼鏡或太陽眼鏡。

如果只有染色鏡片中的其中一片需要更換，要與另一片鏡片原本的顏色相配並不容易。有個讓兩片鏡片相配的方法，是將舊鏡片脫色並和新鏡片一起重新染色。即使這麼做，顏色仍可能難以完全相符，因為兩片鏡片材料若不同，可能不會以相同方式吸收染料。

聚碳酸酯鏡片與高折射率鏡片的染色

作為眼鏡鏡片使用目的的聚碳酸酯鏡片，必須有抗刮傷鍍膜。對於聚碳酸酯鏡片，鏡片染色必須在抗刮傷鍍膜內層。抗刮傷鍍膜無法讓染料均勻滲透，若要將有著較硬鍍膜的鏡片染色，如太陽眼鏡般深的染色標準可能無法達到。有些聚碳酸酯鏡片的供應商，有一系列的預染的聚碳酸酯鏡片可供選擇。這些鏡片在聚碳酸酯材料本身內部即具有染色材料，因此鏡片能進一步以額外的染色來加深顏色。

高折射率塑膠鏡片的著色速度比 CR-39 鏡片慢，且可能需要特殊的製程。特別是深色染色並不容易達成，端看使用的材料類型。也應該要注意到：對於高折射率塑膠鏡片，染料產生的色彩可能不會與 CR-39 樣品鏡片相同。（有些高折射率塑膠鏡片完全無法染色。）

鏡片鍍膜

每個國家在眼鏡鏡片鍍膜的作法上有很大的差異。由配鏡人員自行磨邊以維持鍍膜鏡胚庫存的狀況，是相當普遍的。在美國，維持塑膠的抗反射鍍膜鏡片庫存越來越常見。而在不需要硬化玻璃鏡片

的國家，配鏡人員普遍有抗反射鍍膜玻璃鏡片的庫存。

鍍膜可大幅增進配戴者滿意度。在這個領域有訓練且能應用這些資訊的配鏡人員，會發現這些好處是有回報的。以下是一些有趣的選項。

耐刮傷鍍膜 (SRCs)

因為塑膠鏡片比玻璃鏡片更容易刮傷，製造商已發展出可以更強化表面硬度的塑膠鏡片鍍膜製程，以更耐刮傷。SRC 鏡片不是特別設計用來減少鏡片反射光，但 SRC 塑膠鏡片確實可減少一些鏡片反射。這表示它們與非 SRC 鏡片相較之下，具有較高的光線穿透率。一個未經鍍膜的 CR-39 塑膠鏡片可讓 92% 的入射光穿透。藉由抗刮傷鍍膜，可讓鏡片的穿透率增加到只比 96% 略小。耐刮傷鍍膜也稱為抗刮傷鍍膜或硬鍍膜。

如何加上耐刮傷鍍膜

在製造過程中或在光學工廠中可加上抗刮傷鍍膜。現有鍍膜的品質不一，如果鏡片要加上抗反射鍍膜，硬鍍膜的品質是抗反射鍍膜是否能成功的關鍵因素[24]。以下是兩種加上硬鍍膜的主要方式：

1. 熱交聯硬鍍膜＊。在這種硬鍍膜製程中，鏡片以一致的速率浸入並移出「清漆」(varnish)，以控制鍍膜的厚度。鏡片接著熱交聯硬化或「烘烤」一段長時間[25]。這是鏡片製造商普遍採用的方法。

2. 紫外線交聯化硬鍍膜。耐刮傷鍍膜使用一種能將鍍膜旋轉塗布到鏡片表面的系統。之後使用紫外光來交聯硬化鍍膜。鍍膜裝置通常放置在正壓區域內，以確保是無塵環境。用作液體鍍膜的材料有很多種，根據鏡片材料和鏡片之後是否需要染色來決定。(在鍍膜硬度與可染色性之間要有所取捨。) 紫外線交聯硬化在幾秒內即可完成。這比幾小時長的熱交聯硬化製程快速相當多。目前本書撰寫的當下，紫外線交聯硬化是磨面工廠的首選方法。鍍膜裝置是加工聚碳酸酯鏡片的磨面工廠所必要的設備。

＊零售端一直使用相似但一定不同的方法。這不是很令人滿意。加工過程中，鏡片會裝配在可旋轉鏡片的工具上，並將一種液態材料滴在鏡片上，接著將鏡片靜置至乾燥，或移到一個小烤爐交聯硬化。不過，此製程只為了增加一些抗刮傷程度，但部分成品卻因此出現鍍膜安定性的問題，這是得不償失的。因為目前大部分塑膠鏡片，廠商都已加上硬鍍膜，這個加工程序就不再使用了。

只有前表面或兩面都要？

抗刮傷鍍膜可以只加在鏡片的前表面，或同時加在兩個表面上。已在工廠完工 (即庫存鏡片) 的 SRC 鏡片通常前後表面都會加上鍍膜。如果一個鏡片是半完工狀態，且後表面必須磨面以獲得所需度數，那麼只會在前表面加上抗刮傷鍍膜，除非工廠加上後表面鍍膜。

因為前表面最容易刮傷，只有一面有抗刮傷鍍膜尚屬合理。如果配戴者 (與配鏡人員) 期待一般塑膠鏡片上具有前後表面的抗刮傷防護，可能就要訂做。

耐刮傷鍍膜鏡片的保養

有抗刮傷鍍膜的鏡片不應暴露於過熱的環境；安全溫度上限約為華氏 200 度。(顯然品質較好的鍍膜在有應力的狀況下表現較佳。) 因此在加熱鏡架以裝入鏡片時必須謹慎。不建議將有鍍膜的塑膠鏡片浸入熱鹽浴中。使用吹風機較為安全，有助於避免表面龜裂的可能性。(事實上，使用熱鹽或熱玻璃珠的鏡架加熱器，造成的鏡片損傷狀況層出不窮，因此配鏡人員應該只使用熱空氣來加熱鏡架。)

對鏡片鍍膜的損傷可能不會立刻顯現。在此同時，配鏡過程中暴露於高熱下的錯誤處理程序，也可能不會讓鏡片看起來有任何不同。然而，隨著鏡片使用及暴露於陽光、熱、以及環境中的各種藥劑，配鏡過程中初始產生的弱點，可能會讓鍍膜在之後的某一天失效。大部分鍍膜失效，是由配戴者回報無法徹底清潔鏡片。配戴者會回報有一層薄膜在鏡片表面，無法靠清潔來移除。在檢驗鏡片表面時，可看見輕微的龜裂，且外觀可能有油汙或稍微失去光澤。可以預期的是，便宜的鍍膜最容易失效。

耐刮傷鍍膜鏡片的清潔

SRC 鏡片的清潔指南，基本上與一般的 CR-39 鏡片相同。換句話說，將鏡片前後表面用水沖洗來移除小顆粒。再以柔軟乾淨的布或面紙 (如舒潔) 擦乾鏡片。不要在乾燥時擦拭鏡片。如果鏡片要以乾燥的方式清潔，最好的方法是使用與抗反射鍍膜鏡片相同類型的清潔布。

注意：關於是否可使用面紙來清潔塑膠鏡片，有不同意見。如果鏡片表面骯髒且乾燥，使用乾燥

的面紙可能會在鏡片表面上造成圓形的微型刮傷。如果鏡片表面已經洗滌過或沖乾淨，以面紙擦乾不會造成傷害。

抗霧劑與抗靜電劑可使用在耐刮傷鍍膜上。將不戴的眼鏡不放在柔軟且有內襯的盒中，是最好的收藏方式。

辨識耐刮傷鍍膜鏡片

SRC 鏡片可藉由鏡片表面是否出現像打蠟過的汽車上的水珠來辨認。另一個測試方法，是在鏡片表面用水溶性麥克筆畫記。抗刮傷鍍膜會讓筆跡看起來呈條紋或斑塊狀[26]。這些測試可以成功偵測大多數，但不是全部的抗刮傷鍍膜。不過，檢查是否有耐刮傷鍍膜幾乎是不必要的，因為大多數塑膠鏡片現在都普遍被認為有此鍍膜。

有色鍍膜

透過在真空下使用金屬氧化物，可在鏡片上加上吸收性的鍍膜。這些鍍膜有一些優點：

因為有色鍍膜可被移除且重新鍍上，改為新的顏色或不同穿透率。所以如果鍍膜目前的顏色或明暗程度已不再符合配戴者的需求，這會有所幫助。

有色鍍膜鏡片的一項不可忽視的特色是，平滑的穿透率曲線。一般而言，有色鍍膜鏡片的穿透率曲線，會比內部染色的玻璃鏡片或以染劑著色的塑膠鏡片，在可見光譜區域中更為平均。此外，鍍膜也能持續吸收在近紅外線光譜區段中的較長波長的光，大概是與可見光譜差不多的比例。

過去一直認為有色鍍膜鏡片不應在乾燥時擦拭，而是應該用溼布洗滌或清潔，再以軟布擦乾。幸好由於抗反射鍍膜所採用的先進技術，現在也開始用於有色鍍膜，使得有色鍍膜越來越耐用。

玻璃鏡片的有色鍍膜

有色鍍膜，因為鍍膜密度一致，因此不管對於哪種處方的玻璃鏡片，都有絕對的好處。有色鍍膜鏡片具有可預測的穿透率，然而在熔融玻璃中加入色料的鏡片，染色則會隨著玻璃厚度而加深。結果，C 染色在度數較高的正度數鏡片，會比平光鏡片深很多。但有色鍍膜玻璃鏡片，則無此問題。

因為鍍膜鏡片是由透明玻璃鏡片製造而成，所以鍍膜鏡片有各種豐富的顏色及穿透率可選擇。這對多焦點鏡片特別有利，因為玻璃內染色的多焦點鏡片，只有某些色彩及穿透率可選。

塑膠鏡片的有色鍍膜

因為塑膠鏡片通常是用染料上色，有色鍍膜通常與塑膠鏡片無關。不過，CR-39 塑膠、高折射率塑膠和聚碳酸酯鏡片，仍可進行有色鍍膜。由於高折射率塑膠及聚碳酸酯鏡片可能會有偶爾的限制，有色鍍膜則提供了多變化的替代選擇。

抗反射鍍膜

抗反射鍍膜是用於鏡片表面的一層或數層，薄而透明的鍍膜，目的為 (1) 減少來自鏡片表面不需要的反光，(2) 增加實際穿透鏡片進入眼睛的光。

鏡片反射依據折射率而定

光線在碰到鏡片的前或後表面時，特定比例的光會從表面反射。這個反射光會被看見，可被描述為「窗戶效應」，如同窗戶表面所看到的反射光一樣 (圖 22-10)。反射光的量可被預測，且與鏡片的折射率有關。(更多有關此主題的訊息，請參見本章末「吸收鏡片的計算」的段落。) 折射率越高，反射光越多。因此，若有抗反射鍍膜來消除惱人的反射光，會讓配戴高折射率鏡片者更喜歡他們的鏡片。如表 22-2 所示，低折射率 CR-39 塑膠鏡片反射 7.8% 的入射光，但高折射率鏡片可反射 14.1% 或將近兩倍的光。這不僅會影響鏡片外觀，也會影響鏡片在夜間的表現，因為只有 85.9% 的入射光穿透鏡片。

A　　　　　　　　　　B

圖 22-10　抗反射鍍膜藉由消除來自鏡片的反射光，以去除「窗戶效應」，如照片所示，比較 (A) 沒有抗反射鍍膜與 (B) 有抗反射鍍膜的無框鏡片，看起來的樣子。(From Zeiss ET: Coatings-product facts, publication MI 9054-1198, Carl Zeiss.)

表 22-2
鏡片折射率如何影響表面反射

鏡片材料	折射率	前表面反射率	後表面反射率	兩表面總反射率	總穿透率
CR-39 塑膠	1.498	3.98%	3.82%	7.8%	92.2%
皇冠玻璃	1.523	4.30%	4.11%	8.4%	91.6%
聚碳酸酯	1.586	5.13%	4.87%	10.0%	90.0%
高折射率塑膠鏡片	1.66	6.16%	5.78%	12.0%	88.0%
更高折射率塑膠鏡片	1.74	7.29%	6.76%	14.1%	85.9%

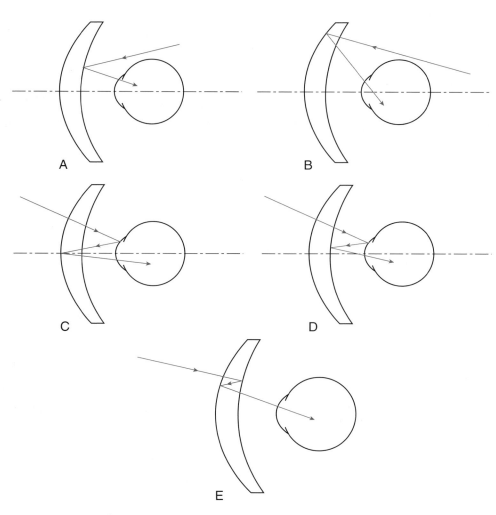

圖 22-11 5 種會對眼鏡配戴者造成困擾的眼鏡鏡片反射光。可使用染色鏡片來減輕反射光 (B)、(C)、(E) 的影響。然而所有反射光都可使用抗反射鏡片鍍膜來消除。鍍膜鏡片是減少鏡片反射光的首選方法,而非淺色鏡片染色。 (From Rayton WB: The reflected images in spectacle lenses, J Optical Soc Amer 1:148, 1917.)

5 種造成麻煩的鏡片反射

基本上,有 5 種反射會對配戴者雙眼造成潛在困擾的反射影像 (圖 22-11)。這些反射是來自於那些未直接進入眼睛的影像光線所造成,但先被鏡片的一個或多個表面反射。

在某些情況下,來自後方的光或物體可被眼鏡配戴者看見。這種情況如圖 22-11 A、B 所示。在圖 22-11 A 中,光被鏡片後表面反射並進入眼睛,而在圖 22-11 B 中,光被鏡片前表面反射。對於一般的眼鏡配戴者,在夜間若照明很低,且後方有明亮的光

源時，這是最值得注意的情形。對於配戴太陽眼鏡者，來自後方的反光即使在白天也可能被看見。這是因為圖 22-11 A 所描繪的影像不會被深色的太陽眼鏡鏡片所減弱，就好像是透過鏡片前表面所看到的物體一樣。

圖 22-11 C ～ E 所描繪的反射影像，會表現得好像是透過鏡片前表面所看到的物體「鬼影」，他們比物體本身弱很多，但在某些情況下，是很容易被注意到的。鬼影最容易在晚上當看向光源時（例如路燈）被看到。在盯著街燈看時，同時把頭轉開，常能看到一個或多個「鬼影」沿著物體邊緣移動。這些鬼影是由圖 22-11 C ～ E 描繪的反射光所造成。

除了配戴者看到的反射影像外，觀察者也會在鏡片表面上看到光源和其他物體的反射。無論來源為何，所有的反射都可明顯藉由抗反射鍍膜來減少。

當配戴者要求適合室內眩光的鏡片染色，抗反射鍍膜是最有幫助的。雖然染色可能有所幫助，但抗反射鍍膜的效果更佳。注意在圖 22-11 中，有四種令人困擾的反射會穿過鏡片至少一次，並可藉由鏡片內的淺染色減輕。但減輕的程度不如使用抗反射鍍膜時的狀況。

未鍍膜的皇冠玻璃鏡片可讓 92% 的入射光穿透。而即使只使用單層的抗反射鍍膜，穿透率將可躍升到約 98%[27]。如果使用多層抗反射鍍膜，穿透率會增加到大於 99%[28]。（要注意，這些圖例中光是從垂直方向進入鏡片。若光線是以某一角度入射鏡片，則會稍微多一些反射。）

抗反射鍍膜的理論

根據光學理論，減輕反射的單層抗反射鍍膜必須符合兩項條件：路徑條件與振幅條件。

路徑條件。 簡而言之，路徑條件決定了單層鍍膜必須具備的光學厚度。要達到此一預期效果，鍍膜厚度必須是波長的 1/4，或是波長 1/4 的奇數倍（例如：1/4、3/4、5/4，以此類推。）當光線到達單層膜鏡片的表面時，一部分光線會從鍍膜表面反射，也有一部分會從鏡片表面反射（圖 22-12）。這會讓兩股反射光波的相位相消，造成破壞性干涉並防止反射（圖 22-13）。

振幅條件。 振幅條件要求鏡片材料內的光波，與鍍膜內的光波其振幅要相等。兩股反射光波產生

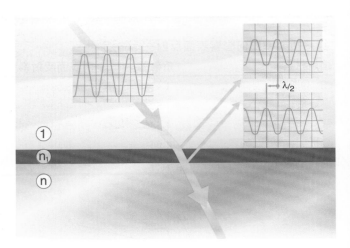

圖 22-12　當光到達單一層正確厚度的抗反射鍍膜的表面時，來自兩表面的反射光，將會有半個波長的相位差。 (From: Coatings, ophthalmic lens files, Paris, 1997, Essilor International.)

的破壞性干涉才能完成，如圖 22-13 所示，這兩股正弦波會結合成為一條水平直線。波形頂端與底端之間的距離必須相等。這可藉由控制鍍膜的折射率來達成。鏡片材料折射率與鍍膜折射率之間的關係必須為：

$$n_{film} = \sqrt{n_{lens}}$$

鍍膜的折射率必須等於鏡片材料折射率的平方根。這個關係式是推導自空氣與鍍膜間的反射因子 (ρ)

$$\rho_1 = \left[\frac{n_F - 1}{n_F + 1} \right]^2$$

及鍍膜與鏡片間的反射因子 (ρ)

$$\rho_2 = \left[\frac{n_L - n_F}{n_L + n_F} \right]^2$$

兩個反射因子必須相等，以滿足振幅條件。換句話說，

$$\left[\frac{n_F - 1}{n_F + 1} \right]^2 = \left[\frac{n_L - n_F}{n_L + n_F} \right]^2$$

可簡化為

$$n_F = \sqrt{n_L}$$

建設性干涉

破壞性干涉

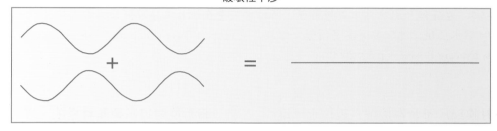

圖 22-13　當兩道光波相位完全相同，如左上圖所示，會產生建設性干涉，結合後產生的振幅會增加，如右上所示。當兩道光波相位完全相反，如左下圖所示，會產生破壞性干涉，疊加後會消失，如右下圖的直線所示。

例題 22-1

若一片高折射率鏡片的折射率為 1.6，加於鏡片上的單層抗反射鍍膜，其理想的折射率應為多少？

解答

由於鏡片的折射率為 1.6，單層抗反射鍍膜的理想折射率，應為 1.6 的平方根。

$$n_F = \sqrt{n_L}$$
$$= \sqrt{1.6}$$
$$= 1.265$$

因此，單層抗反射鍍膜的理想折射率，應為 1.265。

為何單層抗反射鍍膜不是 100% 有效。原因一，如果振幅條件和路徑條件都恰好滿足每一個波長，鏡片會有最小程度的反射，讓接近 100% 的光線穿過鏡片進入眼睛。然而這不是實際的狀況，因為現有的鍍膜材料有限制條件，必須夠堅硬且具備適當的折射率。

原因二，對黃光（可見光譜中央）正確的鍍膜厚度，並不是對藍光和紅光（可見光譜兩端）的正確厚度。這是為何對某些視角而言，單層抗反射鍍膜鏡片有著泛紫色的外觀。由於黃光大約是在可見光譜的中點，並且也是眼睛最敏感的顏色，所以便被選為應可滿足兩個條件的最佳波長。因此，波長比黃光長的紅光與波長較短的藍光，也就無法滿足此二條件了*。紅光與藍光比黃光被反射更多，而紅光與藍光的反射光結合後，讓單層抗反射鍍膜鏡片產生藍紫色的外觀。

一開始，抗反射鍍膜只有單層鍍膜。這對鍍膜的有效性造成某些限制。現在多層膜是常態，抗反射鍍膜鏡片越來越吸引人、越來越有效、更耐刮，且更容易清潔了。

多層膜鏡片

從光學上的觀點看來，使用多於一層的鍍膜，有助於解決單層鍍膜只適用於黃光的問題。極端簡略的說法就是：如果加上另一層特定的不同折射率鍍膜，原本被反射的光線中，就會有更多部分能被允許穿透鏡片；如果再加上第三層膜，甚至會有更多的光線能穿透。如果鏡片經過適當的鍍膜，有很高比例的反射光即可穿透鏡片。但多層鍍膜的光學面向，僅是多層膜鏡片的使用目的之一。

---

* 除了入射光的波長差異，鏡片材料在每個波長上也會有不同的折射率。（參見「色像差」章節中標題為「特殊鏡片設計」的段落。）

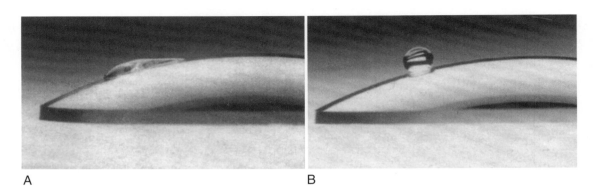

圖 22-14　左邊鏡片沒有防水表層鍍膜，所以水滴會在鏡片上擴散開來。右邊鏡片則有，疏水性鍍膜，讓水呈現滾珠狀且更容易滑落，讓鏡片更乾淨。 (From Bruneni J: AR and other thin film coatings, Eyecare Business p 50, 2000.)

典型的多層膜鏡片不會直接鍍在鏡片上。鏡片會先上底漆，再鍍上硬膜。這層堅硬的鍍膜基本上是抗刮傷鍍膜。下一層是用來提供硬膜與抗反射鍍膜之間的最大附著力。抗反射鍍膜會加上不只一層；有時會交替加上高低折射率的鍍膜[29]。鍍膜的有效性並非直接與幾層有關。接著，抗反射鍍膜會以疏水性 (防水) 的表層封住 (圖 22-14)。許多較新型鍍膜的防汙效果甚佳，導致鏡片表面太滑溜，以至於需要加上暫時性的「外層 *」，讓鏡片在磨邊過程中不會滑脫[30]。

抗反射鍍膜與抗刮傷鍍膜之間的關係。如果鏡片有高品質的抗刮傷鍍膜，抗反射鍍膜可以在鏡片上附著得更好。抗刮傷鍍膜現在被認為是維持良好鍍膜黏著性與減輕鍍膜傷害的基本要素。

抗刮傷鍍膜如何支撐抗反射鍍膜的比喻說明如下：「抗反射鍍膜硬且易碎。相較之下，塑膠鏡片軟且充滿孔洞。試想有一張面紙 (代表抗反射鍍膜) 放在一個柔軟的羽毛枕 (代表鏡片) 上。如果你用手指去戳面紙，很容易破。如果你把一張面紙放在堅固的書桌上，並嘗試用手指戳它，面紙保持完整無損。這個比喻說明在抗反射鍍膜鏡片上可以成立。有機材料的堅硬鍍膜 (在鏡片之上與抗反射鍍膜之下) 支撐了薄脆的抗反射鍍膜，如同堅固的書桌支撐了面紙一般[31]。」這解釋了為何抗反射鍍膜先成功應用於玻璃鏡片，再來才是塑膠鏡片。玻璃是非常堅硬的基材，為薄脆的抗反射鍍膜提供優良的支撐。

將抗反射鍍膜與基材搭配。確認抗反射鍍膜能有好表現的最佳方法是：針對要施作的材質去精心設計。有些製造商就是這麼做。先選擇基本的鏡片材料，如常見的 CR-39。然後再選用適合鏡片和抗反射鍍膜的底漆和硬膜。鏡片在販售時已有鍍膜在鏡片上了。

然而對於單光以外的鏡片，這可能無法控制。會有相當多的變數。特別是在美國市場，因為有相當多樣的光學批發工廠，提供以各式各樣鏡片材料製作的不同品牌鏡片。一個半完工鏡片可能在鏡片前表面已有一種抗刮傷鍍膜。光學工廠在磨面後，為鏡片後表面加上另一種抗刮傷鍍膜。現在鍍膜工廠必須在前後表面都加上一層抗反射鍍膜，讓這層鍍膜附著在鏡片兩面且具有良好功能。如果這些變數都已知道，可能就會得到最佳結果。抗反射委員會推薦的作法為：如果鏡片在自家工廠磨邊，然後送出去鍍膜，須知會鍍膜工廠所使用的鏡片材料類型、鏡片品牌以及硬膜種類[32]。

要克服多樣化的鏡片材料及硬膜，製造商藉由開發一種特別的抗刮傷鍍膜來處理此問題：「它能夠施加在任何非玻璃的鏡片上，無論鏡片是否已經有抗刮傷鍍膜[33]。」這消除了製造商和光學工廠鍍膜的化學與物理性質不同造成的差異，為抗反射鍍膜提供一個已知且一致的基質。另一個方法是徹底剝除鏡片現有的抗刮傷鍍膜，重新從基底的鏡片材料開始。其他製造商不會將鍍膜加在任何非自行製造的鏡片上。

耐衝擊與抗反射鍍膜。塑膠鏡片經過鍍膜後，

---

* 這種外層稱為「止滑系統」，與 Crizal Alizé 抗反射鍍膜一起使用。

耐衝擊性通常會降低。(更多關於此主題的討論，請參見第 23 章)然而藉由精心設計專門適用該材料的鍍膜，有些高折射率塑膠鏡片能夠做到有 1.0 mm 的中心厚度且仍能通過 FDA 的落球測試，因為鏡片有特別的「緩衝」抗刮傷鍍膜，可以吸收震波[33]。

反射顏色

多層抗反射鍍膜沒有單層鏡片鍍膜特有的泛紫色外表，大多數反而有藍色、綠色，或藍綠色的外觀。反射的顏色本身並不能表示鍍膜的品質。然而，如果鏡片的反射色彩，從鏡片上的一個區域到另個區域時有所變化，表示鍍膜不均勻。反射的顏色「可藉由調整多層抗反射鍍膜的各層厚度來微調[34]」。

讓鍍膜具有某個範圍內的任何一種不同反射的色彩，且仍是有效的鍍膜，是有可能的。也可能創造出一種幾乎無色的鍍膜，這會產生微弱的灰色反射光[35]，在視覺上不太討喜，且不會「表明」鏡片是抗反射鍍膜鏡片。簡言之，製造商的目標是製造出具有微弱反射光的鏡片，且反射光是審美上受歡迎的色彩。

預染色鏡片的抗反射鍍膜

預染色鏡片，無論是玻璃或塑膠鏡片，都可能加上抗反射鍍膜。這在一些狀況下相當有好處。應該記住，一旦染色鏡片已有抗反射鍍膜，就不能脫色成較淺的顏色，或重新染上較深的顏色，除非從鏡片上剝除了抗反射鍍膜。

抗反射鍍膜讓淺染色鏡片更能在夜間被接受。如果某人希望鏡片染成淺色，雖然一般認為會影響夜間視力，但抗反射鍍膜可以將鏡片的穿透率恢復到先前未染色的狀態。例如，淺染色可能會將 CR-39 鏡片的穿透率由一般未鍍膜狀態的 92% 降低到 88%。藉由消除前後表面的反射，鏡片的抗反射鍍膜可讓穿透率提升到 95%，比未鍍膜狀態的穿透率還要好。對於夜間駕駛，任何照明降低的情形都會造成視力減退。

如果需要特殊的染色穿透率。如果一片染色塑膠鏡片要加上抗反射鍍膜，必須先染上比期望的穿透率還要深 10 ～ 15% 的顏色，再脫色成預計的顏色。這能確保鏡片色料能在鏡片中滲入較深。因為抗反射鍍膜過程中有頻繁的清潔過程，部分靠近鏡

片表面的色料會被移除。將鏡片染得較深，然後事先以中和劑移除靠近表面的色料，可避免清潔過程中染色變淺 5 ～ 7% 的狀況。

不幸的是，在本書寫作的時刻，施加抗反射鍍膜可能偶爾會改變染色現有的色彩。在鍍膜的過程中，染色可能會變淺、改變色相或變得不相配。並且無法預測這些影響到底是如何發生及何時發生[36]。

太陽眼鏡的抗反射鍍膜。太陽眼鏡的抗反射鍍膜可減少鏡片後表面的鏡面反射。太陽眼鏡鏡片可以藉由抗反射鍍膜提升性能。例如配戴者可能會發現鏡片後表面的反射光很惱人。這是真實的抱怨，因為來自後方完全反射的明亮光線，與透過太陽眼鏡鏡片觀看到的變暗物體影像會形成對比。(參見圖 22-11 A，圖示了這種反射。)抗反射鍍膜可讓來自配戴者後方的大部分光線穿過鏡片，而不會反射回眼睛。

關於鏡片前表面是否要有抗反射鍍膜，意見分歧。不建議的原因是，太陽眼鏡的色彩會與抗反射鍍膜產生不好的殘色[37]。然而，若殘色能夠控制住，則推薦前後表面都要鍍膜，因為「鏡片前表面的後方也會反射較弱的光……(且)會提供太陽眼鏡消費者最佳表現與最高舒適度」[38]。

變色鏡片的抗反射鍍膜。變色鏡片可加上抗反射鍍膜。這會讓最大及最小的穿透率同時增加某個一定的量。鏡片在淺色與深色狀態都會讓更多光線穿透。然而有色鍍膜只應用於變色鏡片的背面，因為加上的色料會去除許多光線，而那些光線可啟動讓鏡片變深色的機制。如果在前表面加上有色鍍膜，鏡片可能無法適當的變深色。

關於染色隱形眼鏡的討論

隱形眼鏡的配鏡人員長期觀察後發現，隱形眼鏡的染色似乎不如染色的眼鏡鏡片，不會對配戴者產生同等減少光量的效果。原因可能與配戴隱形眼鏡時，表面反射的減少有關[39]。如果在空氣中測試一個透明隱形眼鏡的光穿透率，會讓約 91.2% 的入射光穿透。這是因為約 7.8% 的光被前後表面反射，而 1% 是由隱形眼鏡本身吸收。但如果相同的隱形眼鏡放置在眼球上，受到淚液影響，後表面只會反射 0.2%，而前表面只會比沒戴隱形眼鏡的眼球前方多反射 1.5%。這再與鏡片材料吸收的 1% 合併計算，

圖 22-15　夜間駕駛可以充分體驗：**(A)** 未鍍膜鏡片、**(B)** 抗反射鍍膜鏡片，具有明顯差異。(From Zeiss ET: Coatings-product facts, publication MI 9054-1198, Carl Zeiss.)

表示透明隱形眼鏡可讓 97.3% 的入射光穿透。本質上，這如同隱形眼鏡已經有抗反射鍍膜。因此輕度染色的隱形眼鏡，會比無抗反射鍍膜的透明眼鏡鏡片讓更多光線穿透。

抗反射鍍膜的優缺點

抗反射鍍膜的優點同時包含了配戴者注意到的主觀優點，以及觀察者看到的客觀優點。

優點。配戴者提出的主觀優點包括：光線穿透度較佳、眩光減輕、夜間視力提升。也減少了來自發光物體的星芒狀閃光，如車頭燈、車尾燈、路燈（圖 22-15），並使夜間的視力表現更佳[40]。對於漸進多焦點鏡片配戴者，發光數位儀表板配件上，讓人分心的「尾巴」，也會減輕。

客觀優點包括：鏡片表面反射減少（窗戶效應 [the *window effect*]）。少了鏡片反射，讓配戴者的眼睛變得更清楚（參見圖 22-10）。因為邊緣反射減少了，且鏡片更看不出來，抗反射鍍膜讓厚重的鏡片看起來更薄。

鏡片清潔方面曾經是抗反射鍍膜鏡片的最大缺點，現在則變成了優點。因為只有在光線進入鏡片時，最先接觸到的部分是單層或多層抗反射鍍膜，鍍膜才能發揮效果，任何灰塵、水、或皮膚油脂都會降低鍍膜的效果。這表示在抗反射鍍膜鏡片上，即使是一塊非常小的汙漬，對配戴者都是很明顯的。這是因為汙漬不僅本身會被看見，也因為抗反射鍍膜在那塊區域失效，減少了光線穿透率約 4%。體認到這一點，抗反射鍍膜開發者致力於使鏡片更易於清潔。他們藉由加上一層防水防油的疏水表面鍍膜做到這一點（參見圖 22-14）。事實上，這些表面鍍膜的防水效果太好了，以至於無法以普通的麥克筆做標記。必須以陶瓷用麥克筆或 Staedtler 牌永久性投影片用麥克筆來標記。「永久性」標記稍後可以使用酒精清除。因為這些疏水特性，新型的抗反射鍍膜讓鏡片比未鍍膜狀態更容易清潔。

抗反射鍍膜另一大「優勢」就是：若從好的鍍膜或者沒鍍膜擇一，研究顯示人們絕大多數選擇抗反射鍍膜鏡片[40,41]。

缺點。汙漬會比在無鍍膜鏡片上來得更明顯。抗反射鍍膜會增大乾淨與髒汙區域之間的對比。

抗反射鍍膜鏡片的保養

抗反射鍍膜鏡片比以往更加堅韌，然而它們仍不如普通眼鏡鏡片堅韌。因此必須做一些預防措施，讓鏡片維持在良好狀態。包括以下項目：

1. 避免使用超音波清洗機。
2. 避免使用熱鹽或熱玻璃珠鏡架加熱器。
3. 避免過度高熱。（包括炎熱的汽車內部。）
4. 避免腐蝕性化學物質及噴霧，例如丙酮、氨、氯、髮膠和其他噴霧劑。
5. 避免用厚重的墨水標記鏡片。

抗反射鍍膜鏡片的清潔

有正確清潔鏡片的方式，也有需要避免的清潔步驟。鏡片每日應該至少清潔一次。

清潔抗反射鍍膜鏡片的正確方法。以下是清潔抗反射鍍膜鏡片的簡易程序，不需要使用到抗反射鍍膜鏡片專用的清潔劑[42]：

1. 以微溫的水沖洗鏡片。
2. 使用溫和的洗碗精或洗手皂清潔鏡片。洗手皂不可包含護手霜成分，會讓鏡片有汙漬。在鏡片兩個表面搓揉肥皂約 5 秒。（最好同時清洗鏡片和鏡架。）
3. 用自來水將肥皂沖去。
4. 以柔軟乾淨的布料擦乾，例如棉質毛巾。

特別針對清潔抗反射鍍膜鏡片設計的清潔劑，

當然會有更好的效果。但有時使用肥皂或清潔劑清潔鏡架和鏡片，並用大量流水沖洗，以維持鏡架清潔，仍是比較合算的作法。

也有抗反射鍍膜鏡片專用的軟布，可在乾燥狀態下清潔鏡片。隨時使用都很方便，特別是在沒有肥皂和水的狀況。這些清潔布應定期用洗衣皂和水清洗，但不要使用衣物柔軟劑[43]。

清潔抗反射鍍膜鏡片時應避免的事項。有一些處理方法和清潔劑不應用於抗反射鍍膜鏡片。抗靜電劑與防霧劑會在鏡片上形成一層膜。有些常見的鏡片清潔劑也會在表面形成一層膜。任何在抗反射鍍膜表面的膜都會降低抗反射效果。最安全的策略是使用抗反射鍍膜鏡片的專用清潔劑。

抗反射鍍膜的類型越新，越可能以一般鏡片的方式清潔。

如同任何種類的鏡片，抗反射鍍膜鏡片不應接觸到家用噴霧清潔劑、化學品、氨、氯以及髮膠[43]。

防霧鍍膜

防霧鍍膜的適用者為，經常進出溫度變動或暴露於容易導致鏡片起霧的環境。可能會喜歡防霧鍍膜的配戴者包括：廚師、溜冰者、滑雪者。抗霧鍍膜可以是永久性的鍍膜，直接在鏡片製造過程中鍍上。鏡片要產生抗霧的功能，就必須鍍上可吸收濕氣的樹脂薄膜。「當吸收量達到飽和點時，[樹脂內] 的界面活性劑會將水滴轉變為一層薄薄的水[44]。」永久性抗霧鍍膜更常見於運動用眼鏡，例如泳鏡。而處方眼鏡則不一定都有抗霧鍍膜可選擇，即使有，也僅限於單光鏡片。

幸好還有防霧噴劑和滴劑，可用於一般眼鏡鏡片以減輕起霧狀況，如 OMS 光化學品的「零起霧」鏡片防霧劑。雖然「零起霧」宣稱與抗反射鍍膜相容，但並非所有的防霧噴劑或滴劑都是如此。

鏡面鍍膜

鏡面鍍膜可利用真空處理法加在鏡片的前表面，讓鏡片具有和雙面鏡相同的性質。若是全鏡面鍍膜，觀察者便無法看到配戴者的眼睛，只會看到從鏡片反射回來的自己的影像。配戴者能夠透過鏡片正常觀看。當然鏡片的穿透率也會降低，因為有高比例的光被反射。

單憑鏡面鍍膜，無法降低穿透鏡片的光量達到如一般太陽眼鏡的程度。鏡面鍍膜可與染色鏡片一併使用，在強烈日光下，能提供比單獨鏡面鍍膜更多的防護。

金屬化鏡面鍍膜與介電質鏡面鍍膜[45]

鏡面鍍膜的形式有：金屬化鍍膜或介電質鍍膜。

金屬化鍍膜 (metallized coatings) 是將一層薄薄的金屬鍍在鏡片的前表面。鍍膜同時吸收並反射光線。所使用的每種金屬都會在鏡片上顯現出各自的色彩。有些金屬可藉由控制鍍膜的厚度，產生更多的色彩變化。金屬化鍍膜可用於：

1. 全鏡面鍍膜：隱藏配戴者的眼睛。
2. 漸層鏡面鍍膜：在鏡片頂端具有高反射率，然後往底端遞減。
3. 雙漸層鏡面鍍膜：在頂端跟底端有最大反射率，中線處最小。通常用於雪地或水上運動。
4. 閃光鍍膜：只有輕微的反射。

介電質鍍膜 (dielectric coatings) 會選擇性地反射特定波長，比金屬化鍍膜讓更多的光穿透。介電質鍍膜可以只反射一種顏色，或讓鏡片從不同角度看時會改變顏色。

邊緣鍍膜

鏡片的邊緣也可鍍膜，以減輕會被觀察者所看到的同心環現象。邊緣鍍膜是將鏡片斜面加上與鏡架相配的顏色，以掩飾鏡片邊緣。邊緣鍍膜常會看起來很「有趣」，因為通常是用細筆刷加上去的，然後在烤爐中硬化。如果此工序沒做好，或選擇不適合的鏡架，或顏色不符，結果可能比沒有鍍膜還糟糕。

有許多邊緣鍍膜的替代方案，包括：

- 拋光鏡片邊緣
- 滾軋鏡片邊緣
- 抗反射鍍膜
- 使用高折射率鏡片以減少鏡片邊緣厚度
- 使用以上任何組合方案

變色鏡片

吸收鏡片領域的重大突破發生在 1964 年[46]，Corning 發明的 PhotoGray 變色鏡片。變色鏡片受到光線照射時，穿透率會改變。

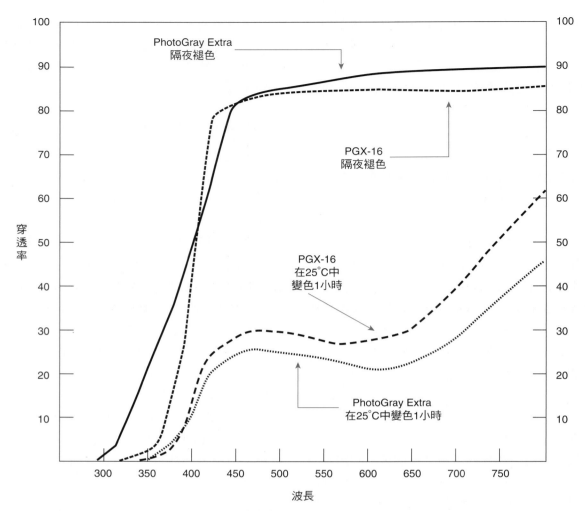

圖 22-16　PhotoGray Extra 的折射率和皇冠玻璃同為 1.523。PGX-16 是效果與 PhotoGray Extra 相等的玻璃材料，折射率為 1.6。如圖所示，兩者的穿透率曲線非常相似，PGX-16 比標準 PhotoGray Extra 材料具有略小的褪色或變色範圍。 (From: 1.6 index photochromic lenses, preliminary technical information, Publication #OPO-245, Corning, NY, 1991, Corning Inc. and Photochromic ophthalmic lenses, technical information, Publication #OPO-232, Corning, NY, 1990, Corning Inc.)

玻璃變色鏡片

　　玻璃鏡片的變暗過程，是由於玻璃內的鹵化銀晶體，被紫外線和波長在 300 ～ 400 nm 之間的短波可見光所活化。

　　此變色過程，類似於當光接觸到攝影感光乳膠（也含有鹵化銀晶體）時的反應。由於晶體被「困」在玻璃中，變暗色的過程是可逆的。隨著時間過去，玻璃變色鏡片雖然已經無法在室內變為如同全新狀態時的淺色，但也不會因反覆變色的循環而損耗。「在一年內，室內光線穿透率會只剩下 70% 左右 [47]。」

　　在美國，最常使用的玻璃變色鏡片是 PhotoGray Extra。這種鏡片的穿透率範圍為 85 ～ 22%，在多種使用狀況下可當作太陽眼鏡用。（但應留意在螢光燈下，變色鏡片不會變淺到最大穿透率狀態，在駕駛車輛時也不會變深。）參見圖 22-16，玻璃變色鏡片褪色與變色的穿透率曲線範例。

塑膠變色鏡片

　　現在的變色鏡片主流是塑膠鏡片。塑膠變色鏡片有各式各樣的品牌與顏色。不同於玻璃鏡片使用

無機材料 (如鹵化銀晶體)，塑膠變色鏡片使用的是有機染料。

如何製造塑膠變色鏡片

塑膠變色鏡片有很多種製造方法，包括 (但不限於)[48]：

- 浸潤 (Imbibition)
- 材質內混合 (In Mass)
- 多重基材 (Multimatrix)
- 浸漬鍍膜 (Dip Coating)
- 前表面鍍膜 (Front Surface Coating)
- 表面轉接 (Transbonding)

在本書寫作期間，前兩個方法是最常用的。

浸潤表面技術。使用浸潤表面技術製作的主要鏡片類型是「全視線」變色鏡片。此鏡片是從透明塑膠鏡片開始製作，可使用類似 CR-39 或其他有機鏡片的塑膠材料。每家鏡片製造商，有責任使用相容的鏡片材料來製造鏡片。這些鏡片之後會傳送到一種設備，使用有專利的加工程序，將鏡片表面與變色物質熔合 (浸潤)。

平均分布的變色物質，會讓整個鏡片在顏色變深時，產生均勻的色彩密度。

材質內混合技術。材質內混合技術是在鏡片成形之前，先將變色染料與液態的鏡片材料混合。這一直是製造玻璃鏡片的標準技術。玻璃鏡片的缺點是在整個鏡片內的變色物質都會起反應，使得負度數鏡片較厚的邊緣區域，會比較薄的中央區域顏色更深。而在塑膠材料鏡片，主要只有靠近鏡片表面的變色物質才會起反應。高負度數玻璃變色鏡片可能會產生輕微的「牛眼」效應。但高負度數塑膠變色鏡片則不會。事實上，材質內混合技術的支持者指出，當靠近鏡片表面的有機染料失效，且顏色無法完全變深時，在鏡片略深處的染料可被入射的紫外線活化。顏色變深的功能便由更深處的染料接續，鏡片的變色功能壽命也得以延長。Corning SunSensors 鏡片與 Rodenstock ColorMatic 鏡片都是以此生產技術製造的例子。

浸漬鍍膜、前表面鍍膜以及表面轉接。雖然浸潤和材質內混合技術是主流，但變色塑膠鏡片也能以其他方式製造。鏡片能在浸漬鍍膜之後以熱加工硬化。另一種方法是將鏡片前表面鍍膜。第三種加工方法稱作表面轉接，用於聚碳酸酯鏡片與高折射率鏡片。這是使用能與一系列眼鏡等級鍍膜結合的表面處理技術[48]。

多重基材[49]。Kodak Insta-Shades 變色鏡片，使用一種稱為多重基材的加工法。這種加工方法從含有 1 mm 厚鍍膜的透明鏡片開始。而這層膜內含有變色染料。

變色鏡片的優點和缺點

隨著時間過去，塑膠變色鏡片會失效，而玻璃變色鏡片無法完全褪色。鏡片失效的時間與鏡片暴露於紫外線的累積時數有關。換句話說，鏡片越常在室外配戴，特別是強烈日照的狀況下，就越快失效。當只有一個鏡片需要替換時，這就成了問題。即使另一個鏡片使用未滿一年，也不建議只替換一個鏡片，因為兩個鏡片會以不同程度老化。

變色鏡片的深色狀態雖然表現得越來越像太陽鏡片，但仍然無法取代太陽眼鏡鏡片。它們仍無法像太陽眼鏡一樣有效，因為在汽車擋風玻璃後方，無法適當的變為深色。雖然全光譜變色鏡片對紫外線和可見光都有反應，但因為開車的人有遮蔽可避開直接日照，且大部分的紫外線輻射都被擋風玻璃阻隔，所以在一般的駕駛狀態下，鏡片顏色無法徹底變深。玻璃擋風玻璃在玻璃的前後層中間有一層塑膠夾層，可在車禍時支撐玻璃碎片。此夾層含有紫外線吸收劑，可讓塑膠不被紫外線分解。對於想要使用任何類型變色鏡片的人，必須告知：鏡片顏色在開車時不會變得很深。這在另一方面也可當成優點，既然變色鏡片是透過紫外線作用，也表示對紫外線吸收良好，可提供眼部的紫外線防護。

影響變色表現的因素

有幾個影響變色鏡片穿透率跟變色速率的因素。有些只影響玻璃變色鏡片，其他則同時影響玻璃與塑膠變色鏡片。

1. 光線強度 (玻璃與塑膠)
2. 溫度 (玻璃與塑膠)
3. 先前曝光時間 (曝光記憶) (玻璃)
4. 鏡片厚度 (玻璃)

要注意，玻璃鏡片的硬化加工也能影響玻璃變

色鏡片的表現。玻璃變色鏡片的首選硬化方法是化學回火強化 *。

光線強度

雖然影響變色鏡片穿透率的最大因素是暴露於紫外線和可見光，但一些其他因素也與褪色及變色有關。有一種變色鏡片是透過暴露於紅光或紅外線以恢復淺色狀態，稱為光學漂白 (optical bleaching)。

溫度

熱能也可漂白鏡片，這稱為熱漂白 (thermal bleaching)。結果會讓變色鏡片在炎熱天氣下無法像在涼爽天氣下變深到相同程度。

利用這個特點，可以用沖溫水 30 秒的方式讓變色鏡片在室內更快褪色。這只建議在少數某些的必要時機使用。（例：配戴者被拍照時）

曝光記憶

玻璃變色鏡片在一段「磨合」期後，才能完全發揮變色範圍及速率。這是累積所造成的效果；鏡片有曝光記憶，表示鏡片對光的反應與累積的近期總曝光量成正比。長時間未使用的狀態，會讓變色鏡片喪失曝光記憶，且必須重新磨合以恢復快速完整的變色循環。基於此原因，使用良好的玻璃變色鏡片，其變色速率會比相同的新鏡片更快。當一副眼鏡中只有一個鏡片更換時，將會產生一種有趣的效應。

玻璃變色鏡片在一般配戴狀況下，很少恢復到最大穿透率的狀態 [50]。因此只換一個鏡片造成的另一個問題是，舊鏡片的褪色狀態會比新鏡片的顏色更深 †。

鏡片厚度

玻璃變色鏡片的穿透率也受鏡片厚度 (lens thickness) 影響。PhotoGray Extra 鏡片在 2 mm 厚時，穿透率會降為 22%，但 4 mm 厚時可降到 11%[51]。即使穿透率隨著鏡片厚度改變，但在高正度數或高負度數染色玻璃太陽鏡片上出現的，從鏡片邊緣到中央的明顯變化，並不存在於玻璃變色鏡片上。

大多數塑膠變色鏡片不受鏡片厚度影響。

現在的變色鏡片有各種材料，包括：聚碳酸酯、Trivex 鏡片、高折射率塑膠。也有偏光鏡片可選擇。

變色鏡片的紫外線吸收性質

變色鏡片對紫外線輻射吸收良好。在深色狀態，玻璃變色鏡片可吸收 100% 的 UVB 輻射及 98% 的 UVA 輻射。深色狀態是紫外線防護所需要的正常情況。

塑膠變色鏡片也具備有效的紫外線吸收特性。

變色鏡片的鍍膜

過去的抗反射鍍膜會干擾塑膠變色的表現。但隨著鍍膜與鏡片的演進，現在已不再是問題。抗反射鍍膜不會減少變色循環的範圍。如同其他任何鏡片，抗反射鍍膜會增加褪色與變色狀態下的穿透率。在褪色狀態下，這可能很重要。在變色狀態下，因為光線穿透鏡片時被吸收，顏色略淺的程度大概只比 1% 多一點，配戴者幾乎不會注意到。

變色鏡片的顏色

變色鏡片可以做成各種顏色。大部分變色鏡片從一種顏色開始，然後變成同一顏色較深的色調。也能讓變色鏡片在褪色狀態是一種顏色，變色狀態又是另一種不同的顏色。這些鏡片過去一直都有，未來也可能重新出現。

偏光鏡片

由反射表面產生的眩光問題，只能被一般的吸

---

* 根據聯邦政府要求，玻璃變色鏡片必須經過某種方法來硬化。有兩種方式可以進行硬化。幸好熱硬化鏡片實際上已經無人使用。將變色鏡片熱硬化會讓鏡片褪色速度變慢，而且降低鏡片在室內褪色狀態時的穿透率，也會降低鏡片在室外高溫變色狀態時的穿透率。降低的程度根據鏡片類型與顏色而定，但可能明顯到肉眼可見的程度。這會讓夜間活動時，熱回火強化鏡片的顏色比化學回火強化鏡片的顏色更深。化學回火強化是變色鏡片的首選方法。

† 要讓新舊玻璃變色鏡片的顏色明暗相同，且作用的模式接近一模一樣，舊的玻璃變色鏡片可以透過下面其中一種方法，還原到接近原始狀態：

1. 硬化新鏡片時，舊鏡片也可重新硬化。溫度變化的循環可幫助均化兩者的差異。這證明是最有效的方法，也是製造商推薦的方法。

2. 將舊鏡片與新鏡片一起重新回火硬化不可行，舊鏡片可以在水中沸煮 2 小時，此過程可以將鏡片熱漂白，讓鏡片恢復到接近新鏡片的狀態。將鏡片置入 212°F（水的沸點）烤爐中相同時間，可達到同等的漂白效果，也可使用加熱燈。

收鏡片減輕一部分。眩光通常是由水面、雪地、高速公路以及金屬表面的反射所造成。普通的吸收鏡片可均勻降低光強度，同時也降低反射的眩光，但仍讓眩光維持在先前與周遭環境相同的相對程度。來自平滑、非漫射面的反射光則不太尋常，因為大部分的光在反射過程中都被偏振了。

偏光鏡片的原理

　　海浪行進時會上下振動，由漂浮其上的軟木栓上下運動可以印證。光波不那麼受限，可自由上下、左右或斜向振動。換句話說，在非偏振狀態下，光波的振動與行進方向垂直，但沒有特別的角度（圖22-17）。然而偏振的過程會限制振動方向。偏振光取代任何方向的振動，只會在一個平面上振動（圖22-18）。

　　當光到達水平反射面時，會被部分偏振，而主要振動方向會在水平面上（圖22-19）。

　　如果光到達可折射物質的表面，例如水或玻璃，大部分的光會在到達水面時折射並進入水中。剩下的光會被反射。有一種入射光的角度，讓光在到達表面時，不只是部分的光，而是全部的光會被偏振。這個角度稱為布魯斯特角（Brewster's angle）（圖22-19、22-20）。更多有關布魯斯特角的資訊請參見Box 22-4。

　　要將反射眩光的強度比周圍物體降低更多，可使用一種可吸收水平振動光的濾片。此濾片適用於眼鏡，且是由聚醋酸乙烯酯（PVA）薄膜所製成。PVA先在一個方向伸展到平常的5倍長度，然後浸漬在碘中。PVA的分子鏈會吸收碘，而這些暗色的線便構成偏光濾片。這種濾片可以夾在兩層醋酸丁酸纖維素（CAB）中間（圖22-21）[52]。這是薄的平光偏光鏡片的製造方式。至於處方鏡片，偏光片是夾在硬樹脂或聚碳酸酯材料中間，也可以附在一層CAB材料上，在鏡片鑄造加工時直接模壓進入塑膠鏡片內。

　　偏光眼鏡鏡片具有方向性，可消除水平振動光，因此降低來自水平表面反射光的強度。雖然反射眩光沒有完全消除，但比視野內的其他物體降低許多了。

　　因為鏡片的偏光必須具方向性以消除水平振動光，因此鏡坯不可旋轉（圖22-22）。鏡片後表面的磨製必須客製化，才能讓偏光的方向與柱軸的方向皆為正確。換句話說，所有的非平光鏡片都必須個別磨面，包括單光鏡片。

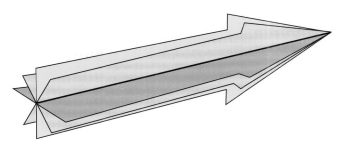

圖 22-17　光波的振動方向不限於單一方向。來自單獨光源的光可在垂直平面、水平平面以及之間的任何平面上，同時振動。

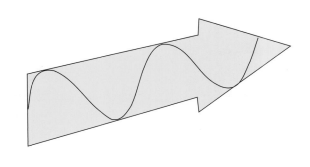

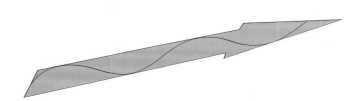

圖 22-18　偏振光只在一個平面上振動。上方的光是垂直振動；下方的光是水平振動。來自水面、沙地或雪地的偏振反射光，是水平振動光。

　　如果一個理想的偏光濾鏡具有適當方向，且所有入射光都被水平偏振，那麼所有的光都會被消除。然而，如果濾鏡傾斜，那麼有些光就可穿透。當濾鏡偏離本來應該在的方向90度時，所有的水平偏振光都會穿透濾鏡。穿透的量由濾鏡的方向決定，且可預測，可使用馬勒斯定律（Malus' law）求得。（更多關於馬勒斯定律，請參考Box 22-5。）如果偏光鏡片的方向不是沿著180度軸線，不會吸收全部的水平偏振光。且如果一個人配戴偏光濾鏡，且將頭部傾斜向一側，濾鏡就不會吸收那麼多水平偏振光。頭部傾斜的越多，吸收的水平偏振光越少。

偏光鏡片的使用時機

　　偏光鏡片在一些不同的場合中有優點，可基於以下理由推薦：

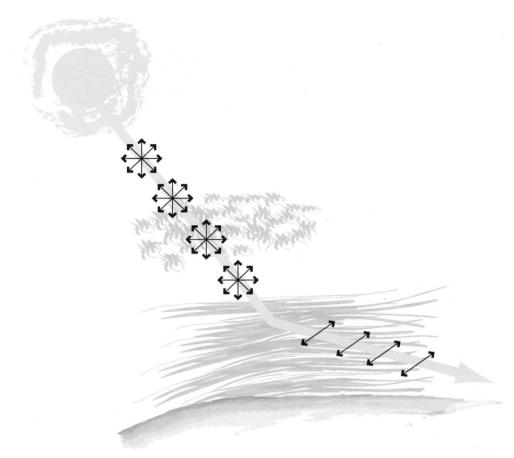

圖 22-19　當光到達水平反射表面時，例如水或沙，會部分偏振，且主要振動方向會在水平平面上。

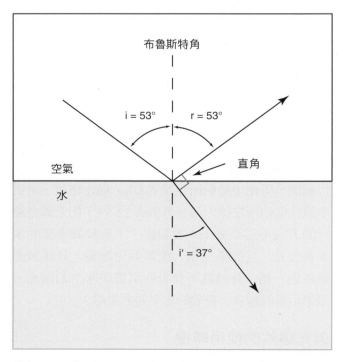

圖 22-20　布魯斯特角，是當反射光完全偏振時的角度。在布魯斯特角，反射光和折射光呈 90 度角。

1. 減少駕駛疲勞與增加駕駛安全：因為大部分路面反射的光都是偏振光，長時間日間駕駛的人會受益於偏光鏡片。擋風玻璃內側也會反射來自儀表板或儀表板上物件的偏振光。偏光太陽眼鏡幾乎可以完全消除這種非常令人分心的眩光。

2. 在水面上釣魚與划船：來自水面的反射光讓人很難看到水面下方。配戴偏光鏡片不只消除反射眩光的不適感，也讓人更容易看到水面下方。

3. 在海灘時有更舒適的視覺感受：沙灘與水域都是偏振眩光的來源。偏光鏡片在這種狀況下特別有幫助。

4. 色彩不會褪色：反射的偏振光會產生一種朦朧的眩光，讓色彩看起來比較不鮮明。當眩光消失，色彩就恢復正常。

5. 在明亮的下雪天不會雪盲：雪具有高度反射性，也會造成偏振光。使用偏光鏡片會對在雪中工作或開車的人有好處。（注意：偏光鏡片對滑雪的

Box 22-4

布魯斯特角

當光到達折射面時，大部分的光會折射進入介質，有一些光被反射。部分的反射光會偏振，直到某個特定的角度時，會完全 (線性) 偏振。在這個角度上，反射光和折射光互為直角，稱為偏振角或布魯斯特角。

當反射光與折射光呈直角時，就會產生偏振的角度 (參見圖 22-20)。當反射光與折射光滿足呈直角的條件時，偏振角的測量值就是光到達表面的入射角 (i)。使用斯乃耳定律求出這個入射角。斯乃耳定律指出，第一種介質的折射率 (n) 乘上入射角 (i) 的正弦函數值，等於第二種介質的折射率 (n′) 乘上折射角 (i′) 的正弦函數值。公式為：

$$n\sin i = n'\sin i'$$

我們知道，對於布魯斯特角，反射光與折射光呈直角，表示：

$$r + i' + 90 = 180$$

此處 r 是反射角，且 i′ 是折射角。

等式可化簡為：

$$i' = 90 - r$$

我們也知道，對於反射光而言，入射角與反射角總是相等。換句話說：

$$i = r$$

這表示我們可以用 i 取代 r，因此：

$$i' = 90 - r$$

變成

$$i' = 90 - i$$

回到斯乃耳定律，將用 90 – i 取代 i，所以：

$$n\sin i = n'\sin(90 - i)$$

根據三角函數，我們知道：

$$\sin(90 - i) = \cos i$$

所以斯乃耳定律現在可寫為：

$$n\sin i = n'\cos i$$

然後以代數表示就是：

$$\frac{\sin i}{\cos i} = \frac{n'}{n}$$

使用數學定律，我們知道如果：

$$\sin = \frac{對邊}{斜邊}$$

且

$$\cos = \frac{鄰邊}{斜邊}$$

那麼

$$\frac{\sin}{\cos} = \frac{\dfrac{對邊}{斜邊}}{\dfrac{鄰邊}{斜邊}}$$
$$= \frac{對邊}{鄰邊}$$
$$= \tan$$

所以現在：

$$\tan i = \frac{n'}{n}$$

如果第一種介質是空氣，那麼 n = 1，且等式變成：

$$\tan i = \frac{n'}{1}$$
$$\tan i = n'$$

在這個等式中，i 就是布魯斯特角。

通常我們已知介質的折射率，而想知道布魯斯特角 (i)。我們可以使用反正切函數求出 i 值。

$$i = \tan^{-1} n'$$

例題

當光以何角度入射水面時，任何反射光都會完全被偏振？

解答

使用布魯斯特角的公式可讓我們求出完全偏振的角度。已知水的折射率為 1.33，我們可以求出對應布魯斯特角的入射角，並讓所有反射光都產生完全偏振。

$$i = \tan^{-1} n'$$
$$= \tan^{-1} 1.33$$
$$= 53 \text{ 度}$$

對於水面，布魯斯特角是 53 度，如圖所示。注意反射角和折射角互為 90 度，這對於布魯斯特角總是成立。

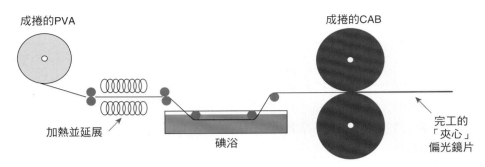

圖 22-21　偏光濾鏡由 PVA 薄膜開始製造，PVA 先在一個方向上伸展到平常的 5 倍長，然後以碘浸漬。PVA 的分子鏈會吸收碘，而這些暗色的線便構成偏光濾鏡。之後這濾鏡被「夾心」在兩層 CAB 中間。 (From Young J: Polar process, 20/20 p 88, 2002.)

圖 22-22　這片完工未切割的偏光鏡片，在兩側切割出缺口，所以知道鏡片應放置的方向，以維持想要的偏光性質。

人可能不如一般所想的有幫助。滑雪時，在轉彎且傾斜身體時，頭部會大幅向左或右轉動，這會讓偏光濾鏡的效果降低，因為鏡架前框的方向不再與地面平行，造成亮度上的變化。)

6. 阻隔紫外線輻射：事實上，所有的處方偏光鏡片，包含玻璃與塑膠鏡片，都可阻隔紫外線。這不是偏光濾鏡的功能，而是製造商的遠見。阻隔紫外光有很大的好處，因為通常會反射偏振光的表面，同時也會反射高比例的紫外光。

7. 偏光鏡片是很好的太陽眼鏡：應該考慮以偏光鏡片作為常規的太陽眼鏡。

有很多偏振眩光是常態發生於戶外活動。會有非常多人因此受益。

大多數鏡片類型都有偏光鏡片，不只單光鏡片，

還有雙光鏡片、三光鏡片，也有漸進多焦點鏡片。材質有玻璃、變色玻璃、塑膠、變色塑膠、聚碳酸酯、高折射率塑膠。更具備各種色彩與染色，包括鏡面與彩虹色。偏光鏡片也可加上抗反射鍍膜。

偏光鏡片的注意事項

在某些案例中，偏光鏡片會造成特殊的狀況，以下是一些例子：

1. 因為擋風玻璃經過回火強化，此強化加工會導致材質內部產生刻意的應力。這種應力可透過偏光鏡片看到，如同用來檢查玻璃鏡片耐衝擊性的交疊偏光濾鏡（考爾瑪鏡）所看到的應力方式。

2. 有些滑雪者相信偏光鏡片會讓雪況變得難以判斷。此外，當滑雪者側向傾斜時，偏光鏡片也會傾斜。而反射自雪地，以及被偏光鏡吸收的水平偏振光比率會變動，根據傾斜角而定，這會造成反射光強度持續不斷變化。

3. 高爾夫球玩家有時也會發現偏光鏡片讓判斷球場狀況更難，因為平滑的草地表面也會造成一定量的反射偏振光。

4. 某些汽車的儀表板使用 LCD（液晶顯示器）來顯示資訊。LCD 的顯示內容會被偏振。如果 LCD 是水平偏振，偏光太陽眼鏡就會讓螢幕看不到。要了解配戴偏光鏡片時的作用原理，將一只 LCD 顯示手錶轉 90 度，時間顯示會消失。或在加油時看著加油站的顯示器，將頭往側邊傾斜，會看到數字漸漸消失。

5. 飛行員在配戴偏光眼鏡時，會經驗到一些不利的狀況，有些可能會造成危險。

Box 22-5

馬勒斯定律

偏光濾鏡有一個吸收軸與一個穿透軸。如果一個理想的偏光濾鏡的方向是吸收軸在 180 度的方向上，會消除所有的水平偏振光。這表示偏光濾鏡的穿透軸會在 90 度方向上，且允許所有垂直偏振光通過。當濾鏡傾斜在這兩個位置之間，只有特定比例的水平偏振光會穿透濾鏡。

馬勒斯定律，可預測有多少偏振光可穿透斜向的偏光濾鏡，以此等式表示：

$$I_x = I_0 \cos^2 \theta$$

I_x 是穿透濾鏡的光強度，I_0 是入射光原本的強度，而 θ 是相對於穿透軸的傾斜角。傳統形式的馬勒斯定律等式是根據穿透軸，而不是吸收軸。對於偏光眼鏡鏡片，吸收軸的方向在 180 度方向，穿透軸在 90 度方向。

例題

一個使用偏光濾鏡的鏡片，其吸收軸方向是沿著 180 度軸線。假設它是理想的濾鏡，且會吸收所有的水平偏振光。偏光鏡片由頭部傾斜 30 度的人配戴。請問，現在有多少百分比的水平偏振光被允許穿透傾斜的濾鏡？

解答

假設我們有 100% 的入射水平偏振光到達濾鏡，而入射水平偏振光強度 (I_0) 為 1。記得馬勒斯定律是根據穿透軸。當配戴者傾斜頭部 30 度時，鏡片的穿透軸是與水平偏振光呈 60 度角。因此，使用馬勒斯定律：

$$I_x = I_0 \cos^2 \theta$$
$$= 1 \cos^2 60$$
$$= 0.25$$

因此，穿過濾鏡的水平偏振光的強度為 25%。所以在配戴偏光鏡時傾斜頭部會讓 25% 的偏振反射光通過，讓傾斜的鏡片變成效果較差的眩光濾鏡。

a. 許多飛機的聚碳酸酯擋風玻璃有應力圖案。在配戴偏光眼鏡時，這些圖案會變得可見且分散注意力。

b. 有些飛機坐艙（就像某些汽車儀表板）可能會

有偏振顯示的數字或影像，透過偏光鏡片看的時候可能會消失。

c. 讓迎面而來的飛機可以被看見的光線，大部分來自於飛機金屬表面的反射光。這些反射光大部分都是水平偏振光。當這種反射光被水平偏振太陽眼鏡消除時，迎面而來的的飛機，可能不會那麼快被看到。

示範偏光鏡片的兩種方法

向潛在消費者解釋偏光鏡片的作用原理，會很有幫助。最好可以親自示範。這裡有兩個可以示範偏光鏡片如何影響光的方法。(也有商業販售的展示組合。)

第一種方法是，取兩個平光偏光鏡片，將其中一個放在另一個的前方，讓偏光軸呈 90 度交叉時，可能會消除所有的入射可見光。一個偏光鏡片無法消除的光，可由另一個消除。要用這個方法來示範偏光鏡片的作用原理，可拿著一個鏡片不動，然後來回旋轉另一個鏡片 90 度。看著透過鏡片所看到的物體完全變暗，然後當鏡片旋轉回來時，又亮回來。

(注意：當交疊偏光片或鏡片沒有呈 90 度時，會有一小部分的光透過去。這會產生潛在的危險問題。有些配戴者可能傾向使用你的展示方式，用一個偏光鏡片和一張偏光片，或是兩副偏光眼鏡來看日蝕。不幸的是，Clark[53] 指出，塑膠偏光片對紅外線輻射的偏振效果不佳，如同大多數的眼鏡鏡片。因此當過量的發熱紅外線到達視網膜，特別是與紫外線或短波藍光一起的時候，會造成傷害。絕對不建議直視日蝕，即使有高吸收率的鏡片。)

第二種方法是，使用一副有偏光鏡片的眼鏡和一本亮面雜誌[54]。將雜誌放在平坦的表面上，背景有光源。亮面雜誌在你與光源之間，雜誌會有反射眩光。移動雜誌位置，直到產生的眩光最嚴重。此時，將眼鏡旋轉 90 度，讓鏡片垂直對齊，而不是像配戴時的水平對齊。透過一個鏡片看雜誌。現在慢慢旋轉眼鏡，直到再度變回水平狀態。隨著眼鏡旋轉，雜誌的眩光會減少。

眩光控制鏡片

偏光鏡片可矯正反射性眩光。然而，也有其他類型的眩光無法單憑偏光鏡片來消除。矯正眩光問

題可從所經歷的眩光類型來著手。對於我們的目標而言，會將眩光分為兩類：(1) 不適性眩光 (Discomfort glare)、(2) 失能性眩光 (Disability glare)。這兩種類型眩光的成因相似，但對於視覺的影響不同。不適性眩光是會「造成不舒適感的眩光，但不會干擾視覺表現或能力[55]」。失能性眩光則會「降低視覺表現及能力，[且] 可能伴隨不舒適感[55]。」

不適性眩光

當雙眼嘗試在相對小的視野內，處理高與低的光強度時，可能會發生不適性眩光。雙眼對於同時適應兩種照明狀況會有困難。不適性眩光最好由改變環境因素來矯正。將電腦螢幕放置在明亮窗戶前方工作的人，會從周遭環境感受到不適性眩光。可藉由調整電腦的位置或遮蔽窗戶來解決。在黑暗房間內看電視時也會感受到不適性眩光。當一個人必須來回觀看差異很大的照明時，就會感到不適。換句話說，會降低視覺的舒適感，但不會干擾解析度的雜光，稱為不適性眩光。[56]

失能性眩光

當雜光干擾對比，讓人難以解析影像時，便會發生失能性眩光。雜光會抹去視網膜上的影像，就如同房間頂燈強光，會減弱投影螢幕上的投影片影像的原理一樣。

如果造成眩光的雜光只由偏振光組成，可以使用偏光濾鏡消除。如果造成問題的雜光是來自於單色光源，能夠以特定的吸收鏡片濾除該色，便可去除擾人的光，來恢復影像的品質。

造成失能性眩光的因素

有許多狀況可造成失能性眩光。例如，閃爍而明亮的對向車頭燈，會讓黑暗的道路難以辨識，讓人幾乎無法看到穿著暗色衣物在路邊行走的人。此外，也有其他因素會造成或增加失能性眩光，其中一個是白內障。如果水晶體開始變混濁，像是髒汙的擋風玻璃，失能性眩光可能會增加。對於正常的眼睛來說，看到夜間迎面而來的車頭燈已經夠糟了。當同樣強度的車頭燈，透過混濁而分散光線的白內障時，效果便會放大許多。

另一個增加眩光的原因，可能與水晶體對紫外線的吸收有關。當眼睛的水晶體吸收波長在 310 ～ 410 nm 之間的紫外線與短波可見光時，會產生螢光，發出波長接近 530 nm 的光[57]。隱形眼鏡配鏡人員在以紫外光燈看眼睛時，會看到瞳孔發出帶泛綠的黃光。這實際上是透過瞳孔看到的水晶體螢光。

使用側遮片對眩光做額外防護

對於眩光特別敏感的人，例如有角膜疤痕的人，使用側遮片可能會有好處。這些側遮片可能有染色，並連接在處方眼鏡上。

有鏡框彎弧的鏡架就像是內建側遮片的鏡架。有鏡框彎弧的鏡架可常見於一般太陽眼鏡，或是特殊濾鏡，如抗紅外線的 NoIR 或 Solar Shield 遮陽片。這些特殊濾鏡許多都設計成可單獨配戴，或配戴在傳統眼鏡之外。

使用吸收濾鏡阻隔短波光

本章節較前面的段落中，我們已知並討論過紫外線輻射對視網膜的影響。除了紫外線，也有報告指出，藍光有一些造成傷害的影響[58,59]。然而，足以造成視網膜損傷程度的光量，在自然環境中並不存在[60]。在足量暴露下，視光學儀器產生的短波光足以造成眼部傷害[61]。但在這些儀器內部，通常會使用濾鏡以預防此種傷害。

為了嘗試減緩某些退化性疾病的病程進展，例如，黃斑部退化或色素性視網膜炎，配鏡人員有時會使用可同時阻隔紫外線與藍光的鏡片。

另一個使用可阻隔短波光鏡片的理由是，嘗試增加對比。透過濾除藍光的鏡片觀看一個藍色物體時，物體不會消失，而是看起來較暗。一個看起來更暗的物體相對於同色的背景，會有更高的邊緣對比。基於此理由，濾除短波光的鏡片可增加對比。

阻隔短波光並控制眩光的鏡片

有些 1980 年代出現的鏡片一直被嘗試用於控制眩光。其中一些鏡片一直被低視力的專業人員，以及大部分顧客為年長配戴者的配鏡人員，大量使用。

眩光控制用 CPF 鏡片

Corning 開發了一系列的變色鏡片，稱為眩光控制用 CPF 鏡片。這系列的鏡片之後由溫徹斯特光學

(Winchester Optical) 取得所有權及販售權*，是使用獨特加工程序製造的特殊變色鏡片。

　　CPF 鏡片的製造，是從已根據處方磨面，並依照鏡架磨邊的變色鏡片材料開始。之後，鏡片在氫氣中加熱「淬火」，將靠近變色鏡片表面的鹵化銀晶體還原為元素銀。只要維持在這個狀態下，導致變色反應的關鍵波長會被阻隔，且鏡片不會變暗。因此鏡片前表面必須重新磨面，以去除產生變化的表層。已產生變化的後表面層讓鏡片，有獨特的光譜吸收性質，則維持原樣。

　　這類鏡片有數個系列，每一種都有名稱編碼，例如 CPF 527。字母「CPF」表示「康寧防護濾鏡」(Corning protective filter)。數字表示波長在此數字以下的光會被吸收。（對於 CPF 527 鏡片而言，所有波長 527 nm 以下的紫外線和可見光都會被鏡片吸收。）

　　CPF 鏡片的描述與比較，如表 22-3。其中一些鏡片在淺色與深色狀態時的穿透率曲線，則如圖 22-23 所示。

　　這些眩光控制鏡片，都不可作為夜間駕駛用途。

眩光控制用染料

　　鏡片染料有一些眩光控制用的「色彩」選項。將透明塑膠鏡片染色成想要的吸收特性，是一個較不昂貴的做法。為了要達到預期的效果，染色不應只符合期待的鏡片色彩。染色鏡片的吸收性質應該也要能滿足想要的穿透率要求。

可控制眩光的非處方鏡片

　　現有可控制眩光的知名非處方濾鏡，是由 NoIR 醫療科技公司提供†。這些是有鏡框彎弧的眼鏡，具有各種尺寸，可以單獨使用，或戴在處方眼鏡之外。有很多選項可供選擇。NoIR 鏡片在吸收光量、吸收光譜的選擇性以及產生的物理性色彩等方面，都各有不同。然而根據一則回顧 318 位來自低視力服務中心病人的研究[62]，當使用 NoIR 鏡片時，89% 的低視力病患會選擇 #101 或 #102 NoIR 濾鏡。

眩光控制型鏡片的缺點

　　可阻隔短波可見光譜的鏡片，有一些缺點。其中最嚴重的缺點，是對於色覺的影響。而造成顏色混淆的程度與類型不一，與鏡片有關。鏡片吸收的可見光譜越多，對於色覺的影響越大。

　　對於色覺正常的人，會大量吸收藍光端光譜的鏡片，或許不會導致顏色混淆。BluBlocker[63] 之類的鏡片可能會造成輕微的顏色混淆，因為吸收的可見光譜範圍更大。

　　對於色覺缺陷者而言，辨色能力會更明顯受到影響，他們在標準色彩測試的分數明顯下降。在某些案例中，這會影響他們快速辨識交通號誌的能力。

　　我們期望眩光控制鏡片讓視覺表現提升。然而對於這類型鏡片的使用族群來說，視覺表現的提升卻不是必然的。事實上，比較相同穿透率的眩光控制鏡片與中性密度濾鏡，在視力或對比敏感度上，可能並沒有統計上顯著的差異[64,65]。回報的視覺改善現象，比較像是配戴者的主觀評估。因此，若要決定使用何種鏡片，通常是由配戴者主觀比較兩種或以上適合的鏡片類型。

　　臨床上，眩光控制鏡片持續受到歡迎，特別是在低視力的專門領域。雖然不是全部有眩光問題的人或退化性眼部疾病的人，都覺得這些鏡片有幫助，但配戴這些鏡片的人會反應，主觀上的視覺改善以及高滿意度。

特殊吸收鏡片

吹玻璃工人鏡片

　　吹玻璃工人，偏好可濾除黃光帶光譜的吸收鏡片，讓他們可以更清楚看到加熱玻璃的色彩發生什麼狀況，而不被黃色的火焰影響。這個功能可透過玻璃釹鐠濾鏡 (didymium filter) 滿足。釹鐠鏡片是雙色的，意思是鏡片在自然光和白熾光下呈玫瑰色，但在螢光燈下呈水藍色。吹玻璃使用的釹鐠鏡片不是焊接用眼鏡，即使有些焊接用眼鏡含有釹鐠成分。

X 光鏡片

　　用於防護 X 光的鏡片，是以折射率 1.80 的厚重玻璃材料製造。這種特殊玻璃比一般玻璃軟，且易被刮傷。（注意：單憑鏡片折射率為 1.8 不表示可以防護 X 光。）X 光防護鏡片無法以化學方式硬化，也不能使用一般眼鏡的空氣硬化設備，來加熱回火強化，不過可用較低的溫度加熱回火強化。但因為大

*Winchester Optical, Winchester, MA 01890.
†NoIR Medical Technologies, P.O. Box 159, South Lyon, MI 48178.

表 22-3
眩光控制鏡片系列比較表

鏡片名稱	顏色、穿透率、描述	適用的活動與眼部疾病
CPF 450X 淺色狀態　深色狀態	穿透率範圍：68 ～ 20%	X 系列鏡片是作為一般用途，有最小程度的色彩扭曲，但仍可阻隔紫外線，並將短波光暴露降到最低。
CPF 511X 淺色狀態　深色狀態	穿透率範圍：53 ～ 15%	
CPF 527X 淺色狀態　深色狀態	穿透率範圍：33 ～ 15%	
GlareCutter 淺色狀態　深色狀態	穿透率範圍：18 ～ 6%	
CPF 450 淺色狀態　深色狀態 可用性仍在發展中	較淺的顏色 適度濾除藍光 從室內檸檬黃色 (67%) 轉變為室外棕色 (19%)	閱讀 看電視 控制螢光燈的眩光
CPF 511 淺色狀態　深色狀態	從室內黃琥珀色 (44%) 轉變為室外棕色 (14%)	發展中的白內障 無水晶體眼與人工水晶體眼 黃斑部退化 角膜營養失調症 視神經萎縮 青光眼或糖尿病視網膜病變
CPF 527 淺色狀態　深色狀態	從室內橙琥珀色 (32%) 轉變為室外棕色 (11%)	同 CPF 511
CPF 550 淺色狀態　深色狀態	從室內橘紅色 (21%) 轉變為室外棕色 (5%) 室內外整體的光穿透率皆低	對光嚴重敏感 暗適應不佳 色素性視網膜炎
CPF 550-XD 淺色狀態　深色狀態	赤棕色：極深色 室內 9% 室外 4% (XD 表示極深) 注意：鏡片顏色太深，不符合 FDA 日間駕駛用的鏡片標準。	極度畏光 無虹膜 色盲

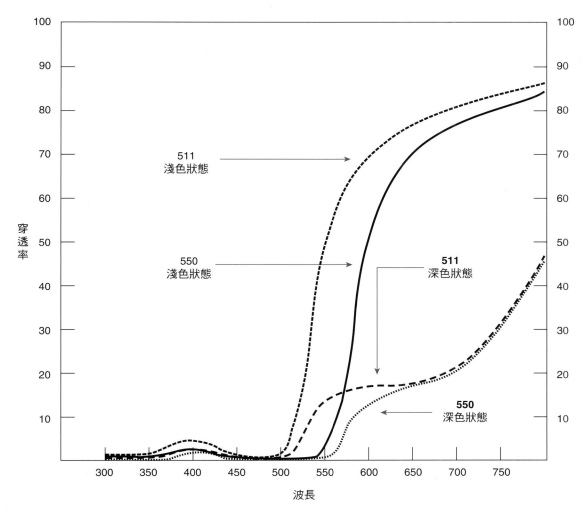

圖 22-23 兩種標準系列的 CPF 眩光控制鏡片的穿透率曲線。注意 CPF 鏡片阻隔所有鏡片名稱中，數字以下波長的光。（即：對於 550 鏡片，波長短於 550 奈米的光無法穿透鏡片）。CPF 527 鏡片（圖中沒有）的光譜穿透率曲線落在 511 鏡片與 550 鏡片之間。（From: Corning Glare Control lens manual, OPM 190, Corning, NY, 1991, Corning Inc.）

部分空氣硬化設備沒有控溫功能[66]，配戴者必須簽署切結書，承認已被告知鏡片不具耐衝擊性。

吸收鏡片的計算

折射率如何影響鏡片的穿透率（菲涅耳方程式）

當光由一種介質進入到另一種介質時，反射的光量是由菲涅耳方程式 (Fresnel equation) 決定。菲涅耳方程式是：

$$I_R = \left[\frac{n' - n}{n' + n}\right] \times I$$

其中 n' 是第二種介質的折射率，n 是第一種介質的折射率，I 是入射光量，而 I_R 是反射的入射光量。

例題 22-2

如果一枚完全透明的 CR-39 塑膠鏡片的折射率為 1.498，我們可期待有多少百分比的光會穿透？

解答

使用菲涅耳方程式，將空氣的折射率 1 代入 n，而 CR-39 塑膠的折射率代入 n'。入射光量是 100% 或 1。因此反射的入射光量等於：

$$I_{R(Front)} = \left[\frac{n'-n}{n'+n}\right]^2 \times I$$
$$= \left[\frac{1.498-1}{1.498+1}\right]^2 \times 1$$
$$= \left[\frac{0.498}{2.498}\right]^2 \times 1$$
$$= [0.1994]^2 \times 1$$
$$= 0.0398$$

反射光以百分比表示為

$$R_F = 100 \, (I_R).$$

因此，來自鏡片前表面的反射光有：

$$R_F = 100 \, (0.0398) = 3.98\%$$

要決定有多少光會被第二個表面反射，再次使用菲涅耳方程式。這次，入射光量的值不是 100% 或 1，而是：

$$I = 1 - 0.0398 = 0.9602$$

因此

$$I_{R(Back)} = \left[\frac{n'-n}{n'+n}\right]^2 \times 0.9602$$
$$= \left[\frac{1-1.498}{1+1.498}\right]^2 \times 0.9602$$
$$= \left[\frac{-0.498}{2.498}\right]^2 \times 0.9602$$
$$= [-0.1994]^2 \times 0.9602$$
$$= 0.0398 \times 0.9602$$
$$= 0.0382$$

以百分比表示，後表面反射的光有：

$$R_B = 100 \, (0.0382) = 3.82\%$$

因為前表面的反射，只有 96.02% 的光到達鏡片的第二個表面，而在第二個表面有 3.82% 的光被反射。這表示穿透鏡片的總光量會是 96.02% − 3.82% = 92.2%。

為何高折射率鏡片搭配抗反射鍍膜效果最佳

　　高折射率鏡片如果有抗反射鍍膜，會令配戴者更為滿意。計算出高折射率鏡片的光穿透率，就可看出原因。

例題 22-3

有多少光可穿透一個折射率為 1.66，完全透明且未鍍膜的塑膠鏡片？

解答

使用菲涅耳方程式，空氣的折射率保持為 1，而 1.66 代入 n'。因此

$$I_{R(Front)} = \left[\frac{n'-n}{n'+n}\right]^2 \times I$$
$$= \left[\frac{1.66-1}{1.66+1}\right]^2 \times 1$$
$$= \left[\frac{0.66}{2.66}\right]^2 \times 1$$
$$= [0.248]^2 \times 1$$
$$= 0.0616$$

且

$$R_F = 100 \, (0.0616) = 6.16\%$$

這表示在第一個表面上的反射，我們已經損失 6% 的光。接下來我們要求出入射第二個表面的光量。

$$I = 1 - 0.0616 = 0.9384$$

因此

$$I_{R(Back)} = \left[\frac{n'-n}{n'+n}\right]^2 \times 0.9384$$
$$= \left[\frac{1-1.66}{1+1.66}\right]^2 \times 0.9384$$
$$= \left[\frac{-0.66}{2.66}\right]^2 \times 0.9384$$
$$= [0.248]^2 \times 0.9384$$
$$= 0.0616 \times 0.9384$$
$$= 0.0578$$

這表示後表面反射的光線百分比為：

$$R_B = 100 \, (0.0578) = 5.78\%$$

如果 93.84% 的光進入第二表面，且該表面反射了 5.78%，那麼穿透鏡片的總光量會是 93.84% − 5.78% = 88.06%。

　　例題中的未鍍膜高折射率塑膠鏡片，在透明的狀態下只讓 88% 入射光穿透。這透光率等於輕度染色的皇冠玻璃鏡片或 CR-39 塑膠鏡片。幸好抗反射鍍膜可讓鏡片穿透率恢復到接近 100%。當這些多於常態的反射光被抗反射鍍膜消除時，高折射率鏡片變得更為美觀。抗反射鍍膜高折射率鏡片與未鍍膜高折射率鏡片相比，在夜間的表現也較佳。這是因為更多光線穿透，且遭遇到更少來自對向光源的眩光。

為何熔合玻璃多焦點鏡片的鍍膜有助於隱藏子片

　　熔合玻璃多焦點鏡片的子片，是由折射率比鏡片遠用區高的玻璃材料製造而成。這表示子片會比遠用區反射更多光，讓子片更明顯。藉由加上抗反射鍍膜，鏡片所有區域的穿透度可接近 100%。鏡片遠用區與子片的穿透率差異變小，讓子片比較不引人注意。

為何染色玻璃鏡片正度數增加時顏色會變深（朗伯特吸收定律）

　　當鏡片材料是在熔融玻璃或樹脂中加入染料製作時，穿透光量會隨著鏡片厚度而變化。改變的量可使用朗伯特吸收定律 (Lambert's law of absorption) 來預測。朗伯特吸收定律指出 [67]：

1. 當光穿過已知厚度的均勻物質時，無論入射光的強度為何，會吸收相同比例的光。
2. 穿透光的強度，隨著光在吸收介質中路徑長度的指數函數而變化。

　　定律的第一部分意指，如果已知厚度的吸收材料可吸收 50% 的暗光，也會吸收 50% 的亮光。會吸收相同比例的光，無論光線多暗或多亮。

　　定律的第二部分是說，若吸收介質的厚度變為 2 倍，效果會等於原本厚度時穿透係數的平方。如果厚度變為 3 倍，效果是 3 次方，以此類推。

例題 22-4

假設一個 1 mm 厚鏡片的穿透係數 (q) 為 0.9。這表示忽略反射時，如果光到達鏡片時，90% 的光會從另一側出去。如果忽略反射，以相同材料製造的 2 mm 厚度鏡片會有多少穿透率？

解答

如果進入鏡片材料的第一個 1 mm 時的光強度是 100% 或 1，離開第一個 1 mm 時的光強度是：

$$I_1 = I_0(q)$$
$$= 1\,(0.9)$$
$$= 0.9$$

接下來，強度為 0.9 的光進入第二個 1 mm。在通過第二個 1 mm 後，離開第二個表面時的光強度為：

$$I_2 = I_1(q)$$
$$= 0.9\,(0.9)$$
$$= 0.81$$

換句話說，第二個 1 mm 吸收了離開第一個 1 mm 的 90% 光，而這光也是 90%。90% 的 90% 是 81%。（這等於 0.9 的平方。）因此原本的入射光會有 81% 通過 2 mm 厚的鏡片。

以方程式表示朗伯特定律

　　為了將朗伯特定律以方程式表示，我們知道如果：

$$I_1 = I_0(q)$$

且

$$I_2 = I_1(q)$$

那麼

$$I_2 = I_0(q)(q) = I_0(q)^2$$

I_0 是原本的入射光量，I_1 是在離開第一層後剩餘的入射光量，I_2 是在離開第二層後剩餘的入射光量，而 q 是該層厚度的穿透係數。同樣的邏輯，我們知道如果有 x 層，那麼在離開第 x 層後剩餘的入射光量為：

$$I_x = I_0(q)^x$$

且光的穿透率會是：

$$T_x = 100\,[I_0(q)^x]$$

使用朗伯特定律時如何將反射光納入考量

　　如果將反射光納入考量，那麼在反射後進入第一個表面的入射光量為：

$$I_0 = I - I_R$$

　　I 是原本的入射光強度，I_R 是反射光強度，I_0 是（在反射後）進入第一層時的光強度。

　　總鏡片穿透率是：

$$T = T_x - R_B$$

其中 T_x 是離開最後一層（或鏡片背面）時的總穿透率，R_B 是後表面反射的光，而 T 是考慮反射和吸收後的鏡片總穿透率。

例題 22-5

一片染色皇冠玻璃鏡片，其每一毫米鏡片厚度的穿透係數為 $q = 0.9$。如果鏡片折射率為 1.523 且厚度為 3.0 mm，鏡片穿透率為何？

解答

從鏡片前表面反射的光強度為：

$$I_{R(Front)} = \left[\frac{n'-n}{n'+n}\right]^2 \times I$$
$$= \left[\frac{1.523-1}{1.523+1}\right]^2 \times 1$$
$$= 0.043$$

進入鏡片（第一層）的光強度為：

$$I_0 = 1 - 0.043$$
$$= 0.957$$

在鏡片後表面（離開最後一層），且後表面反射還沒發生時的光強度為：

$$I_x = I_0(q)^x$$

或

$$I_3 = (0.957)(0.9)^3$$
$$= 0.698$$

離開最後一層且還沒反射時的穿透率為：

$$T_x = 100\,(I_x)$$
$$= 100\,(0.698)$$
$$= 69.8\%$$

在最後一層反射的光強度為：

$$I_{R(Back)} = (0.698)\left[\frac{1-1.523}{1+1.523}\right]^2$$
$$= (0.698)(-0.207)^2$$
$$= (0.698)(0.043)$$
$$= 0.03$$

因此，光線離開鏡片時的總穿透率為：

$$T = T_x - R_B$$
$$= 69.8\% - 3.0\%$$
$$= 66.8\%$$

最終穿透率

最終穿透率 (T_u) 是將每個光線通過的單元其穿透率相乘，以計算出穿透率最終結果為何。

$$T_u = (T_1) \times (T_2) \times (T_3) \ldots etc$$

（例如 3 個鏡片依序排成一列）

例題 22-6

有個人駕駛一輛有著輕度染色擋風玻璃的車，其穿透率為 85%。他配戴了一副穿透率為 87% 的輕度染色眼鏡，搭配穿透率為 20% 的夾式太陽眼鏡。請問，到達眼睛的入射光比例為何？

解答

為了求出最終穿透率，將所有穿透率相乘。在這個例子

$$T_u = 0.85 \times 0.20 \times 0.87$$
$$= 0.15$$

因此，光通過這個「系統」的最終穿透率是 0.15 或 15%。

不透明度

不透明度是穿透率的倒數。（計算透明度時，穿透率不可用百分比表示。）

$$O = \frac{1}{T}$$

例題 22-7

穿透率為 67% 的鏡片其不透明度是多少？

解答

因為穿透率不可用百分比表示，那麼：

$$O = \frac{1}{0.67} = 1.49$$

鏡片的不透明度為 1.49。

例題 22-8

假設一個人配戴穿透率為 80% 的吸收鏡片，進入一輛有染色擋風玻璃的車。擋風玻璃的穿透率為 80%。在這種狀況下，進入眼睛的光線比例為何？若將答案以不透明度表示，會是多少？

解答

我們要找出所有單元組合起來的最終穿透率。在這個例子中：

$$T_u = (T_1) \times (T_2)$$
$$= (.8) \times (.8)$$
$$= 0.64 \text{ 或 } 64\%$$

這個組合的不透明度會是：

$$O = \frac{1}{T}$$
$$= \frac{1}{0.64}$$
$$O = 1.56$$

光學密度

使用穿透率會讓計算怪異的單元厚度時變得困難，然而光學密度可以相加。光學密度是不透明度的對數，表示為：

$$\text{光學密度} = \log_{10}(\text{不透明度})$$

等同於：

$$D = \log O$$

也可表示為：

$$D = \log \frac{1}{T}$$

由於

$$\log \frac{1}{T} = \log 1 - \log T$$
$$= 0.0 - \log T$$

因此

$$D = -\log T$$

例題 22-9

假設鏡片每 1 mm 厚度的穿透率為 0.90，鏡片每 1/10 mm 的光學密度為何？鏡片每 1/10 mm 的穿透率為何？

解答

首先，我們求出 1 mm 厚度的光學密度。

$$D = -\log T$$
$$= -\log 0.90$$
$$= 0.0457575$$

現在，我們可以求出 1/10 mm 厚度的光學密度 (D) 為：

$$\frac{0.0457575}{10} = 0.00457575$$

1/10 mm 厚度的光學密度為 0.00458。

現在，根據光學密度換算第 1/10 mm 的穿透率。我們知道

$$D = -\log T$$

且第 1/10 mm 的光學密度為 0.00458。

因此

$$-\log T = 0.00458$$

所以

$$\log T = -0.00458$$

根據 −0.00458 的反對數，我們求出

$$T = 0.99$$

所以 1/10 mm 厚度的穿透率為 99%。

雷射防護眼鏡須以光學密度表示

當鏡片穿透率是一個非常小的數字時，鏡片的光學密度就會很大。舉例來說，當鏡片的穿透率為 1% (或 0.01) 時，鏡片的光學密度是 2.0。基於此理由，職業用安全染色鏡片或雷射安全染色鏡片，會以光學密度表示，而非穿透率。

舉例而言，在圖 22-24 中，用於氬雷射周圍的雷射防護眼鏡，在 200 ～ 532 nm 間的波長具有高光學密度。這樣的高光學密度可在氬雷射的波長範圍內保護配戴者，然而光學密度在波長 600 nm 以上便掉到接近零，所以可輕易看見波長 600 nm 以上的光。在呈現光學密度的圖表中 (如圖 22-24 所示)，高數值的區域即為防護效果最好的波長範圍。

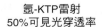

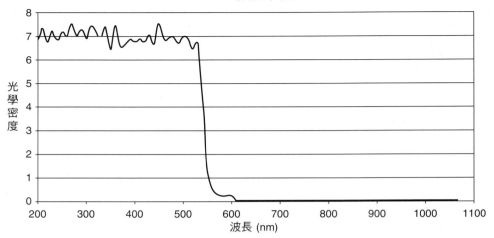

圖 22-24 雷射防護眼鏡使用光學密度而非穿透率，來表示濾鏡的吸收率。光學密度越高，吸收的輻射越多。 (From http://www.noirlaser.com/filters/arg.html, NoIR Laser Co, LLC, 6155 Pontiac Trail, South Lyon, MI, 48178, 8/16/2005.)

參考文獻

1. Pitts DG, Kleinstein RN: Environmental vision, Boston, 1993, Butterworth-Heinemann.
2. Goodeve DF: Vision on the ultraviolet, Nature 134:416-417, 1934. (As cited by Pitts DG, Kleinstein RN: Environmental vision, Boston, 1993, Butterworth-Heinemann.)
3. Torgersen D: UV radiation and the eye, lab talk, 1998. (Also Pitts DG, Kleinstein RN: Environmental vision, Boston, 1993, Butterworth-Heinemann.)
4. Pitts DG: Ultraviolet protection—when and why? Prob Optom 2:97, 1990.
5. Brilliant LB, Grasset NC, Pokhrel RP et al: Associations among cataract prevalence, sunlight hours, and altitude in the Himalayas, Am J Epidemiol 118:239, 1983.
6. Miller D: Effect of sunglasses on the visual mechanism, Surv Ophthal 19:38, 1974.
7. Young RW: The family of sun-related eye diseases, Optom Vis Sci 71(2):125-144, 1994.
8. Reme CJ, Reinboth J, Clausen M et al: Light damage revisited: converging evidence, diverging views? Graefes Arch Clin Exp Ophthalmol 234(1):2-11, 1996 as cited by Bradley A: Special review: colored filters and vision care, part II, Indiana J Optom 7(1):2, 2004.
9. West Sheila K et al: Sunlight exposure and risk of lens opacities in a population-based study: the Salisbury eye evaluation project, JAMA 280:714-718, 1998.
10. Hecht S, Hendley C, Ross S et al: The effect of exposure to sunlight on night vision, Am J Ophthal 31:1573, 1948.
11. ANSI Z80.3-2001: American national standard for ophthalmics-nonprescription sunglasses and fashion eyewear-requirements, Merrifield, Va, 2002, Opt Lab Assoc.
12. Peckham RH, Harley RD: Reduction in visual acuity due to excessive sunlight, Arch Ophthalmol 44:625, 1950.
13. Miles PW: Visual effects of pink glasses, green windshields, and glare under night driving conditions, Arch Ophthal 52:15, 1954.
14. Waetjen R, Schiefer U, Gaigl A et al: Influence of windshield tint and tilt on recognition distance under mesopic conditions, German J Ophthalmol 1:424-428, 1992.
15. Allen MJ: Highway tests of photochromic lenses, J Am Optom Assoc 50:1023-1027, 1979.
16. Bradley A: Special review: colored filters and vision care, part II, Indiana J Optom 7(1):2-4, 2004.
17. Wolffsohn JS, Cochrane AL, Khoo H et al: Contrast is enhanced by yellow lenses because of selective reduction of short-wavelength light, Optom Vis Sci 77(2):73-81, 2000.
18. Luckiesh M, Moss E: The science of seeing, New York, 1937, D Van Nostrand Co.
19. Reiner J: Farbige brillenglaser unter besonderer berucksichtigung der modefarben, Augenoptiker 30:41, 1975.
20. Sheedy J: Dispensing tip: tinted lenses for color blindness, Opt Dispensing News, 248:2005.
21. Dain S: Sunglasses and sunglass standards, Clin Exp Optom 86(2):87, 2003.
22. Guidance document for prescription sunglasses, U.S. Department of Health and Human Services, Food and

Drug Administration, Center for Devices and Radiological Health, Division of Ophthalmic Devices, Office of Device Evaluation, Rockville, Md, October 9, 1998.

23. Bradley A: Special review: colored filters and vision care, part I, Indiana J Optom 6(1):13-17, 2003.

24. LaLuzerne J (with Quinn D): Hard coating chemistry can make or break your AR coating, LabTalk pp 16-20, 2003.

25. Coatings, ophthalmic lens files, Paris, 1997, Essilor International.

26. Lee BK: Tints and coatings—physical considerations, Problems Optom 2(1):176, 1990.

27. Dowaliby M: Practical aspects of ophthalmic optics, Chicago, 1972, The Professional Press Inc.

28. Hoya multicoat lenses, Torrance, Calif, Hoya Lens of America Inc.

29. McQuaid RD: Reflections of antireflection films, JAOA 68(3):196, 1997.

30. Pénaud B: Crizal Alizé, a unique combination of performances for anti-reflective lenses that are less sensitive to smudge and easier to clean, Points de Vue (50):55-57, 2004.

31. Ellefsen E: Advances in anti-reflection coating technology, LabTalk p 8, 2001.

32. http://www.arcouncil.org, 2004, AR Council, 2417 West 105th Street, Bloomington, MN 55431.

33. Bruneni JL: AR and other thin film coatings, Eyecare Business p 52, 2002.

34. Transitions, publication U2S123, St Petersburg, Fla, Transitions Opt.

35. Drew R: Ophthalmic dispensing, the present-day realities, Newton, Mass, 1990, Butterworth-Heinemann.

36. Bell-o-gram, Bell Optical Laboratory, Oct/Nov 1992, p 1.

37. Bruneni JL: Ask the labs, Eyecare Business 10(3):47, 1995.

38. Culbreth G: To AR, or not to AR sunwear … that is the question, LabTalk p 26, 2002.

39. Barron C, Waiss B: An evaluation of visual acuity with Corning CPF 527 lens, J Am Optom Assoc 58:50, 1987, as cited by Pitts DG, Kleinstein RN: Environmental vision. Boston, 1993, Butterworth-Heinemann.

40. Ross J, Bradley A: Visual performance and patient preference: a comparison of anti-reflection coated and uncoated spectacle lenses, JAOA 68(6):361-366, 1997.

41. Bachman WG, Weaver JL: Comparison between anti-reflection-coated and uncoated spectacle lenses for presbyopic highway patrol troopers, JAOA 70(2):103-109, 1999.

42. Sheedy JE: How to present AR coating to your patients, Staff CE Workbook, Optom Today pp 7-13, 1998.

43. An eyecare professional's guide to AR, 2002, AR Council.

44. Bruneni JL: Ask the labs, Eyecare Business 10(4):41, 1995.

45. Karp A: Mirror image lenses and technology, 20/20 Magazine p 54, 2005.

46. Young JM: Photochromics: past & present, Optical World p 16, 1993.

47. Bruneni JL: The new photochromics, Eyecare Business p 52, 2003.

48. Evaluating plastic photochromics, lenses and technology, 2002, Jobson Publications.

49. Morgenstern S: Keeping up with photochromic technology, Vis Care Prod News p 62, 2005.

50. Garner LF: A guide to the selection of ophthalmic tinted lenses, Aust J Optom 57:346-350, 1974.

51. Photochromic ophthalmic lenses, Corning, NY, Corning Glass Works, Publication OPO-232 3/90.

52. Young J: Polar process, 20/20 p 88, 2002.

53. Clark BA: Polarizing sunglasses and possible eye hazards of transmitted radiation, Amer J Optom Arch Amer Acad Optom 46:499-509, 1969.

54. Bittan C: The story of polarizing lenses, Opt Manage 5(12):19-23, 1976.

55. Hofstetter HW, Griffin JR, Berman M, Everson R, Dictionary of visual science and related clinical terms, ed 5, St Louis, 2000, Butterworth-Heinemann.

56. Rosenberg R: Light, glare, and contrast in low vision care, In Faye E, editor: Clinical low vision, Boston, 1984, Little, Brown and Co.

57. Klang G: Measurements and studies of the fluorescence of the human lens in vivo, Acta Ophthalmol Suppl 31:1-152, 1948. (As cited by Miller: Surv Ophthal 19:38-44, 1974.)

58. Harwerth RS, Sperling H: Prolonged color blindness induced by spectral lights in rhesus monkeys, Sci 174:180-184, 1975. (As cited by Dain S: Sunglasses and sunglass standards, Clin Exp Optom 86(2):77-90, 2003.)

59. Ham WT, Mueller HA, Sliney DH: Retinal sensitivity to damage from short wavelength light, Nature 260:153-155, 1976. (As cited by Dain S: Sunglasses and sunglass standards, Clin Exp Optom 86(2):77-90, 2003.)

60. Sliney DH, Wolbarsht M: Safety with lasers and other optical sources, New York, 1980, Plenum. (As cited by Dain S: Sunglasses and sunglass standards, Clin Exp Optom 86(2):77-90, 2003.)

61. Schoolmeesters B, Rosselle I, Leys A et al: Light-induced maculopathy, Bull Soc Belge Ophtalmol 259:115-122, 1995. (As cited by Dain S: Sunglasses and sunglass standards, Clin Exp Optom 86(2):77-90, 2003.)

62. Maino JH, McMahon TT: NoIRs and low vision, J Am Optom Assoc 57(7):7, 1986.

63. Thomas RS, Kuyk TK: D-15 performance with short wavelength absorbing filter in normals, Am J Optom Physiol Opt 65:679-702, 1988.

64. Barron C, Waiss B: An evaluation of visual acuity with Corning CPF 527 lens, J Am Optom Assoc 58:50-54, 1987. (As cited by Pitts DG, Kleinstein RN: Environmental vision, Newton, Mass, 1993, Butterworth-Heinemann.)

65. Lynch DM, Brilliant R: An evaluation of the Corning CPF 550 lens, Optom Monogr 75:36-42, 1984. (As cited by Pitts DG, Kleinstein RN: Environmental vision, Newton, Mass, 1993, Butterworth-Heinemann.)

66. X-Cel Optical Co: Filter glass available from X-Cel Optical. http://www.x-celoptical.com/Occupational%20Eyewear%20Protection.htm, accessed 2/3/2006.

67. Hofstetter HW, Griffin JR, Berman M, Everson R: Dictionary of visual science and related clinical terms, ed 5, St Louis, 2000, Butterworth-Heinemann.

學習成效測驗

1. 對或錯？紫外線波長越長，越可能造成生物性的傷害。

2. 對或錯？單次高劑量紫外線輻射可造成傷害，但眼睛可在長時間低劑量紫外線暴露後恢復，不受影響。

3. 對或錯？一個人在照明較差的環境下有效率工作的能力，隨著年齡增加。

4. 對或錯？塑膠鏡片的鍍膜純粹是為了耐刮傷，沒有抗反射的特性。

5. 對或錯？塑膠鏡片想要同時有染色和抗反射鍍膜，在加上抗反射鍍膜前應該先染色。

6. 對或錯？雖然在某些時候，在明亮日光下配戴10% 中性密度濾鏡可能會增加視力，但若濾鏡暗於 10%，年齡大於 40 歲的人的視力會變差。

7. 對或錯？一般太陽眼鏡的正常穿透率在 15% 和 30% 之間。

8. 對或錯？暴露於日光下超過一段長時間，會減少眼睛暗適應所需的時間。

9. 對或錯？黃色染色鏡片可幫助夜間駕駛，因為可消除藍色的霧霾。

10. 對或錯？抗反射鍍膜可以選擇有任何一種範圍內的反射色彩，或完全無色並仍是有效用的鍍膜。

11. 對或錯？抗反射鍍膜的品質與鍍膜反射色彩的均勻度無關。

12. 對或錯？與只有染色但沒有抗反射鍍膜的鏡片相比，抗反射鍍膜會讓輕微染色的鏡片在夜間表現更佳。

13. 對或錯？將染色塑膠鏡片加上抗反射鍍膜的程序，有時會改變染上的色彩。

14. 對或錯？不建議將太陽眼鏡的後表面加上抗反射鍍膜，因為會讓更多光線穿過鏡片。

15. 對或錯？抗反射鍍膜鏡片最好在辦公室內使用超音波清洗機清潔。

16. 對或錯？使用抗霧劑或抗靜電劑對抗反射鍍膜鏡片有幫助。

17. 對或錯？鏡面鍍膜與染色的組合，可提供對陽光的良好防護，但與相同穿透率的非鏡面鍍膜鏡片相比，會讓更多紫外線與紅外線進入。

18. 抗反射鍍膜對以下哪類的入射光最有效？
    a. 直射進入鏡片的光
    b. 斜射進入鏡片的光
    c. 抗反射鍍膜對入射光的效果相等，無論是筆直或斜向的光。

19. 對或錯？抗刮傷鍍膜通常會受抗霧劑和抗靜電劑的影響

20. 對或錯？塑膠變色鏡片用紫外線或色料染色，會讓鏡片的變色效果更好。

21. 對或錯？吸收可見光譜短波端的鏡片可能有助於減少某些類型的眩光。

22. 對或錯？如果使用數字 (如 1、2、3) 表示鏡片吸收的光量，數字越高，表示越多光可穿透鏡片。

23. 對或錯？沒有所謂的「眩光控制染料」。

24. 對或錯？眩光控制型鏡片不會降低色覺缺陷者在標準色彩測試的分數。

25. 以下所有鏡片都被真空鍍膜為等同「#3 灰色」的染色鏡片。哪一個鏡片顏色會最深？
    a. +7.00 D
    b. 平光
    c. −7.00 D
    d. 要看是邊緣還是中央部分。
    e. 所有的鏡片都一樣深

26. 對於玻璃內染色的正度數中性灰色玻璃太陽鏡片，隨著正度數增加，
    a. 穿透率增加
    b. 吸收率降低
    c. 穿透率降低
    d. 穿透率不變
    e. a 和 b 都正確

27. 哪一種紫外線輻射的波長最長？
    a. UVA
    b. UVB
    c. UVC

28. 以下何者不是因過度暴露於紫外線而導致或增加其嚴重性？
    a. 光角膜炎
    b. 白內障
    c. 糖尿病視網膜病變
    d. 與年齡相關的黃斑部病變
    e. 以上都有可能因過度暴露於紫外線而導致或增加其嚴重性

29. 按照順序將以下鏡片排列，從吸收最多短波可見光和紫外線的鏡片開始，最後到吸收最少短波可見光和紫外線的鏡片。

    1. 有鍍膜的聚碳酸酯鏡片　　　a. 2,4,1,3
    2. 皇冠玻璃鏡片　　　　　　　b. 3,1,2,4
    3. 550 鏡片　　　　　　　　　c. 1,4,2,3
    4. 未鍍膜的 CR-39 塑膠鏡片　　d. 3,1,4,2
    　　　　　　　　　　　　　　e. 3,4,1,2

30. 吹玻璃工人的白內障據信是由以下原因造成：
    a. 紫外線輻射
    b. 短波可見光
    c. 紅外線輻射
    d. 紫外線輻射與短波可見光一起

將下列各種顏色的鏡片與其最適合的特徵配對

31. 淺粉紅色 _____　　a. 吸收藍光
　　　　　　　　　　　　b. 建議夜間駕駛使用
32. 黃色 _____　　　　c. 選擇性吸收紅光
　　　　　　　　　　　　d. 紫外線與紅外線吸收率佳
　　　　　　　　　　　　e. 可見光譜區段的吸收率均勻

33. 灰色 _____　　　　a. 適用明亮有霧霾的天氣
　　　　　　　　　　　　b. 適合色覺缺陷者
34. 綠色 _____　　　　c. 黃光吸收率高
　　　　　　　　　　　　d. 對可見光最高的穿透率在可見光譜的中央
　　　　　　　　　　　　e. 選擇性濾除藍光，留下剩下的可見光譜

從下方清單中挑選出最符合以下特徵的鏡片：

35. 紅外線吸收率差 _____　　a. 染色塑膠鏡片
　　　　　　　　　　　　　　　　b. 熱處理鏡片
36. 染色隨厚度變化 _____　　c. 染色玻璃鏡片
　　　　　　　　　　　　　　　　d. 真空鍍膜鏡片
　　　　　　　　　　　　　　　　e. 以上皆非

37. 有色覺缺陷的人會重新適應以下何種鏡片導致的色彩變化？
    a. 棕色鏡片
    b. CPF-550 鏡片
    c. 黃色鏡片
    d. a 與 c
    e. 以上皆非

38. 作為次要的影響，抗刮傷鍍膜會：
   a. 稍微減少鏡片反射光
   b. 稍微增加鏡片反射光
   c. 不增加也不減少鏡片反射光

39. 嘗試讓一個新更換的玻璃變色鏡片與舊玻璃變色鏡片相配最有效的方法是？
   a. 將舊鏡片與新鏡片一起重新硬化
   b. 沸煮舊鏡片 2 小時
   c. 將兩個鏡片暴露於紫外光燈下一小時

40. 某個人有新鏡片且配戴了一個月，現在決定要加上抗反射鍍膜。鏡片有輕微刮傷。如果鏡片之後加上抗反射鍍膜：
   a. 刮傷會更明顯
   b. 刮傷會更不明顯
   c. 抗反射鍍膜不影響刮傷外觀

41. 一副有 SRC 鏡片的眼鏡，最好使用以下何者來調整是最佳的？
   a. 加壓氣流鏡架加熱器
   b. 鹽浴
   c. 以上任一種都可做的很好，對鏡片不會造成問題

42. 若不考慮耐衝擊性，只考慮穿透特性，何種方法最適合硬化變色鏡片？
   a. 熱回火強化
   b. 化學回火強化
   c. 完工成品沒差別

43. 「Kalichrome H」鏡片的顏色為何？
   a. 灰色
   b. 綠色
   c. 粉紅色
   d. 藍色
   e. 黃色

44. 玻璃內有染料的玻璃吸收鏡片上，有跟鏡片等寬的水平淺色區域。以下何者是可能的處方？
   a. −4.00 球面
   b. +4.00 球面
   c. 平光 −4.00×180
   d. 平光 +4.00×180
   e. +4.00 −4.00×135

45. 以下哪些類型的鏡片的染色可以移除且重新加上？
   a. 真空鍍膜鏡片
   b. 內部染色鏡片
   c. 塑膠鏡片
   d. a 與 c
   e. 以上皆非

46. 以下何種鏡片不應該使用抗反射鍍膜？
   a. 輕度染色的玻璃鏡片
   b. 太陽鏡片
   c. 玻璃變色鏡片
   d. 以上皆可鍍膜
   e. 以上皆不可鍍膜

47. 第一代單層抗反射鍍膜鏡片在從某些角度觀看時，有著泛藍的紫色外觀。會發生這樣的現象，是為了要最大程度滿足大部分的路徑與振幅條件，且要在可見光譜中很大範圍內仍可達到最大抗反射效果，就必須選定一個特定的波長。該波長可對應到何種顏色？
   a. 黃色
   b. 藍色
   c. 紅色
   d. 藍紫色
   e. 所有波長都可相同程度滿足路徑與振幅條件

48. 惱人的鏡片內部反射通常最會發生於：
   a. 高正度數透明鏡片
   b. 低負度數透明鏡片
   c. SRC 透明鏡片
   d. 抗反射鍍膜透明鏡片
   e. 太陽鏡片

49. 造成變色鏡片快速變深色的原因有哪些？請選出正確的組合。

a. 1, 3, 4	1. 紅外線
b. 2, 3, 5	2. 紫外線
c. 1, 4	3. 先前的暴露
d. 2, 5	4. 冷
e. 2, 3, 4	5. 熱

50. 偏光眼鏡鏡片應該要具有方向性以消除：

    a. 垂直振波

    b. 水平振波

    c. 斜向振波

    d. 所有振波

    e. 方向性不重要

51. 根據處方磨製的偏光鏡片其特徵為：

    a. 碘化銀晶體

    b. 鍍膜加工

    c. 熔融玻璃中添加混合物

    d. 結霜加工

    e. 延展聚乙烯醇 (PVA) 薄膜

52. 「眩光控制」鏡片無法幫助改善哪些眩光來源？

    a. 來自光滑表面的眩光

    b. 水晶體螢光造成的眩光

    c. 發展中的白內障造成的眩光

    d. 來自一個小範圍內同時有高低強度的眩光

53. 如果一片鏡片的折射率為 1.66，對於單層抗反射鍍膜來說，其理想折射率為何？

54. 兩片鏡片背對背放置。其中一片的穿透率為 50%；另一片的穿透率為 40%。兩者組合起來的穿透率為何？

55. 如果一片完全透明的未鍍膜鏡片其折射率為 1.73，有多少比例的入射光會穿過鏡片後表面？

鏡片材料、安全眼鏡與運動眼鏡

在工作場所及運動或娛樂活動時的眼睛安全,皆與鏡片材料息息相關。本章將說明鏡片材料的特性,並討論可保護眼睛的合適鏡架及鏡片材料。

鏡片材料

過去幾年來,可用於製作鏡片的材料大量增加,並將繼續擴充種類。由於選擇豐富,從業人員必須熟稔每種鏡片材料的特性,使配戴者的需求與可能的最佳材料能做適當搭配。眼鏡鏡片是由玻璃和塑膠製成。玻璃鏡片常稱為礦物鏡片 (mineral lenses),然而若鏡片是由塑膠製成,則稱為有機材料 (organic material)。

皇冠玻璃

數百年來,傳統上用作為眼鏡鏡片的材料皆為玻璃。玻璃適合作為鏡片材料,乃因其抗刮且不易受環境因素影響。玻璃的主要缺點是重量及耐衝擊性。為了通過美國對於耐衝擊的要求,玻璃必須做硬化處理。

最常用的透明玻璃鏡片材料是由折射率為 1.523 的皇冠玻璃 (crown glass) 製成,這種材料的色像差相當低。

高折射率玻璃

若玻璃鏡片材料的折射率更高,將能減少高度數處方的鏡片厚度。折射率為 1.60 的鏡片容易運用在球面和非球面的設計,以及子片型與漸進多焦點鏡片。康寧透明 16 (Corning Clear 16) 可磨面至中心厚度為 1.5 mm,且在硬化處理後其耐衝擊性足以通過美國食品與藥物管理局 (FDA) 的標準。

亦有折射率高達 1.70 的熔合平頂雙光鏡片,以及折射率更高的單光鏡片可用。目前已有折射率為 1.90 的玻璃鏡片,但在美國仍不常使用,乃因其無法被硬化而不符合耐衝擊標準。

可惜,高折射率玻璃鏡片是由比重較大的材料組成,導致其變得更重。在未要求耐衝擊的國家中,這不是個問題,乃因鏡片可被磨製得非常薄。然而若厚度需達到足夠的耐撞擊性,則高折射率玻璃鏡片的處方度數必須相當高,使之可比皇冠玻璃更薄且輕。高折射率玻璃鏡片的鏡度應為何,以能呈現在厚度與重量方面所預期的優點,這將取決於所用材料的比重。當主要使用的材料為玻璃時,經驗法則是對於度數大於 –7.00 D 的鏡片,高折射率材料才會變得比皇冠玻璃更輕。

高折射率玻璃鏡片材料往往具有接近聚碳酸酯 (PC) 的阿貝值。色像差的測量以阿貝值表示。阿貝值越小,色像差則越大。色像差於高對比邊緣處形成可見的彩色條紋。高對比邊緣的其中一個例子是鋼琴的黑白琴鍵。幸好若鏡片裝配適當,大部分色像差的問題皆可減輕至不成問題的程度。

塑膠鏡片
CR-39

多年來,最常使用的塑膠鏡片材料是 CR-39。CR-39 是由 PPG 工業集團所開發,「CR」意指哥倫比亞樹脂 (Columbia Resin),數字 39 表示使用的樹脂類型。CR-39 鏡片材料在工廠內有良好的加工過程。多年來 CR-39 是在無抗刮鍍膜的狀況下使用,然而現今大多數的 CR-39 鏡片皆有一層抗刮鍍膜,使這種材料更加耐刮。必須磨面的 CR-39 鏡片其後表面通常無抗刮鍍膜,除非訂單註明 (子片型多焦點鏡片及漸進多焦點鏡片是鏡片必須磨面的例子)。

塑膠鏡片的重量約為皇冠玻璃鏡片的一半。對於低速、質量大的物體 (例如壘球),經化學回火的鏡片會比 CR-39 鏡片在耐衝擊性上的表現更佳;對於小型、高速的尖銳物體,CR-39 鏡片的表現則優於經化學回火的玻璃鏡片 (需注意刮痕使玻璃變脆

弱的程度甚過 CR-39 塑膠)。然而應記住針對耐衝擊性，其他某些塑膠鏡片材料比化學回火玻璃和 CR-39 塑膠的表現更佳。根據所用的塑膠種類，其耐衝擊性將有所差異。

　　CR-39 塑膠鏡片不像玻璃鏡片那麼容易起霧。然而焊接或研磨時產生的碎屑會留下凹坑痕跡，或永久黏附於玻璃鏡片，但碎屑不會黏著在塑膠鏡片材料上 (圖 23-1)。

高折射率塑膠鏡片

　　CR-39 塑膠鏡片的折射率約為 1.498，這是製造眼鏡鏡片的最低折射率材料。對於有相同度數和中心厚度的負度數鏡片，若鏡片材料的折射率越高，則鏡片邊緣能做得更薄。因此相較於 CR-39，高折射率塑膠鏡片材料在重量和厚度方面皆占有優勢，是相當吸引人的替代選項。

　　高折射率塑膠材料的選擇多樣。當考慮高折射率鏡片的優點時，材料不應只在折射率上做比較，亦需考量重量、耐衝擊性、完工鏡片厚度、阿貝值 (色像差) 以及製造難易度。表 23-1 即根據一些具代表性的材料提供幾種特性上的比較。

　　表 23-2 總結了許多現有鏡片材料的耐衝擊特性。

聚碳酸酯鏡片

　　聚碳酸酯 (PC) 鏡片材料較軟，需一層抗刮鍍膜，然而材料的柔軟度帶來了高耐衝擊性。柔軟的

圖 23-1　如圖所示，焊接或研磨時產生的碎屑會留下凹坑痕跡或永久黏附於玻璃鏡片。碎屑不會黏著在塑膠鏡片材料上。

表 23-1
具代表性的鏡片材料比較表

鏡片材料	折射率 (n)*	密度 †	厚度 ‡ (負鏡片中心厚度)	阿貝值 §
CR-39 塑膠	1.498	1.32	2.0	58
皇冠玻璃	1.523	2.54	2.0-2.2	59
Trivex	1.532	1.11	1.0-1.3	43-35
Spectralite	1.537	1.21	1.5	47
聚碳酸酯	1.586	1.22	1.0-1.5	29
聚胺酯	1.595	1.34	1.5	36
康寧透明 16 (玻璃)	1.60	2.63	1.5	42
高折射率塑膠	1.66	1.35	1.0-1.7 ‖	32
	1.71	1.4		36
Thin & Lite 1.74 高折射率塑膠	1.74	1.46	1.1	33
高折射率玻璃 30	1.7	2.97	2.0-2.2	31
	1.80	3.37		25
	1.90¶	4.02		30.4

* 若負鏡片的折射率越高，則表示邊緣較薄。
† 鏡片的密度越低表示越輕。
‡ 鏡片厚度是根據可達到美國耐衝擊要求及穩定性 (不會扭曲) 的最薄鏡片。厚度是估計值，可因鏡片鍍膜而有變化。
§ 阿貝值越高表示色像差越小。
‖ 端視鏡片是單光庫存鏡片或已磨面鏡片，以及是否有抗反射鍍膜。
¶ 不會為了耐衝擊進行化學回火，因此將無法通過美國食品與藥物管理局的要求。

表 23-2
各種眼鏡材料的相對耐衝擊性

鏡片材料	評論
未經處理的皇冠玻璃	在美國，基於食品與藥物管理局的規定，未經處理的皇冠玻璃不可用於眼鏡的配戴。
經熱處理的皇冠玻璃	經熱處理的玻璃在刮傷後將失去大部分的耐衝擊性。事實上，對於小型高速物體的衝擊，嚴重刮傷之未處理的玻璃鏡片將比嚴重刮傷之經熱處理的鏡片更耐衝擊。
化學回火的皇冠玻璃	對於大型慢速移動物體的衝擊（例如壘球），化學回火鏡片比 CR-39 塑膠更耐衝擊。然而對於小型高速物體的衝擊，CR-39 塑膠鏡片則耐衝擊的程度較高。
CR-39 塑膠	未鍍膜 CR-39 鏡片的排名如此處所示，然而若此鏡片已鍍膜，耐衝擊性往往下降。降低的程度取決於所用的鍍膜類型。
高折射率塑膠	高折射率塑膠可由各種材料製成，儘管其耐衝擊性各異，仍被歸類為強度等同 CR-39[23]。應記住此分類之下仍有子分類。較新的高折射率塑膠大多表現佳，厚度可薄至 1.0 或 1.5 mm。如同 CR-39，高折射率鏡片在加上抗反射鍍膜後，耐衝擊性隨之降低。聚胺酯鏡片在耐衝擊方面的表現相當不錯。
聚碳酸酯、Trivex 和 NXT 材料	聚碳酸酯、Trivex 和 NXT 鏡片材料的耐衝擊性超越其他常用的處方鏡片材料。抗反射鍍膜確實不同程度地使這些鏡片的耐衝擊性下降，取決於衝擊鏡片的物體類型。眼睛照護從業人員應留意這些鏡片的最新資訊，而非先假設它們在所有狀況下的表現皆相同。

聚碳酸酯材料更能吸收撞擊且僅產生凹陷，而不會因衝擊導致破裂。當安全是主要的考量時，聚碳酸酯至今仍為首要選擇（安全對兒童、單眼者、僅一側眼睛視力良好者、購買安全眼鏡或運動眼鏡者而言是主要的考量）。

聚碳酸酯鏡片比傳統鏡片更為安全，故應告知購買眼鏡者哪些鏡片材料較安全，使其能選擇保護力更佳的鏡片。

Trivex 鏡片

Trivex 鏡片材料是一種極為耐衝擊的鏡片材料，由 PPG 工業集團所開發，即 CR-39 材料的開發者。Trivex 的加工過程相當簡單，也很容易染色。這種鏡片材料最初是軍事用途的塑膠材料，為戰鬥車輛的窗戶提供絕佳的安全性及優良的光學特性[1]。PPG 工業集團推廣的材料將 Trivex 中的「tri」賦予一種三重表現的鏡片材料；表示具備優越的光學特性、耐衝擊性以及超輕量的三重組合。

Trivex 在耐衝擊方面可與聚碳酸酯相競爭，此為鑽孔裝配型鏡片的選擇，乃因其在鑽孔處不會產生裂痕或斷裂。某些實驗室保證不使用 Trivex 以外的材料來製作鑽孔裝配型鏡片。

這種鏡片的重量極輕，密度為 1.11。即使 1.53 的折射率只比皇冠玻璃稍高些，但它能薄至 1 mm，故厚度和重量很少構成問題。阿貝值為 43 ～ 45，小於 CR-39，但高於其競爭者－聚碳酸酯。對於化學物質所致的損害有良好的抵抗性。

NXT 材料[2]

陸續開發出其他鏡片材料，將於未來幾年內加入眼鏡鏡片市場。一種更具有眼鏡用途潛力的材料稱作 NXT 即為此例。1990 年代初期，美國政府在研發一種新防彈材料的合約時，開發出 NXT。此鏡片是一種極為堅硬的輕量材料，且與變色鏡片的染料相容，也具有偏光性。這種材料已用於太陽眼鏡和運動眼鏡、機車面罩、飛機駕駛員座艙門觀景窗、警用防彈盾牌以及車輛裝甲門。

NXT 的折射率為 1.53，密度為 1.11，阿貝值為 45，且彈性極佳。研究指出其適合低度數的球面與柱面處方。

疊層鏡片

由兩層或更多層材料製成的鏡片稱為疊層鏡片（*laminated lenses*）。疊層有多種用途。在塑膠染色鏡片問世之前，有時會在透明玻璃鏡片上疊加一層薄的染色玻璃，使鏡片染色均勻。偏光鏡片則有一層偏光膜夾在兩層一般鏡片材料之間，以消除反射的眩光。疊層也可增加耐衝擊性。

鏡片鍍膜對耐衝擊的效果

　　若某塑膠鏡片有抗刮鍍膜或抗反射 (AR) 鍍膜時，鏡片的耐衝擊性便會降低，這與我們所預期的結果相反。

　　抗刮和抗反射鍍膜皆比其所貼附的塑膠鏡片材料更硬。鏡片會由最脆弱的點開始破裂。當塑膠鏡片被某物撞擊時，鏡片可能撓曲但不會破裂。然而若鍍膜比鏡片更硬，當鏡片撓曲時，較硬 (較脆) 的鍍膜產生裂痕的速度快於未鍍膜的鏡片。當鍍膜與鏡片之間有強烈的連結時，集中在第一道裂痕的能量將被釋放，所釋放的能量通過整個鏡片，進而導致鏡片破裂。

　　Corzine 等人 [3] 運用靜態負荷型式測試 *，將未鍍膜的 CR-39 鏡片與 (1) 抗刮鍍膜鏡片、(2) 五層抗反射鍍膜鏡片、(3) 預做抗反射鍍膜但尚未鍍膜的鏡片做比較。各種鏡片破裂所需的平均破壞負荷如下：

鏡片類型	破壞負荷
未鍍膜的 CR-39	587
抗刮鍍膜的 CR-39	505
抗反射鍍膜的 CR-39	465
預做抗反射鍍膜但尚未鍍膜的 CR-39	609

　　如結果所示，鏡片弱化是鍍膜本身造成，而非鏡片準備進行鍍膜前的加工過程所致。

　　在另一項研究中，Chou 和 Hovis [4] 測試已鍍膜的 CR-39 工業用鏡片的耐衝擊性質，採用加拿大標準協會的彈道測試實驗程序。他們的結論是抗反射鍍膜產生了極差的耐衝擊性，使鍍膜「不適用於欲在工業、運動或其他環境下，只提供最少程度衝擊保護的眼鏡使用 [4]」。他們也總結出僅抗刮鍍膜的 CR-39 鏡片可在這些環境下產生足夠的保護效果。

　　抗反射鍍膜使塑膠鏡片弱化的現象並不限於 CR-39 材料。對於其他比易脆的抗反射鍍膜更柔軟的鏡片材料，預期也將發生某種程度的弱化現象。

表面刮痕對耐衝擊性的影響

　　鏡片表面刮痕會降低耐衝擊性。刮痕於鏡片上形成弱點，並產生一種「斷層」。刮痕會在鏡片受衝擊時產生讓壓力容易累積的區域，使鏡片更容易破裂。為了更好理解這是如何發生，想像利用鑽石在玻璃窗格畫下刻痕，以至於玻璃可能會沿著刻痕破裂。

　　與直覺相反，於鏡片後表面的刮痕會比前表面的刮痕更加降低耐衝擊性。前表面有刮痕的玻璃或 CR-39 鏡片將使耐衝擊性下降 20%，而後表面有刮痕的 CR-39 鏡片會降低 80% 的耐衝擊性 [5]。

一般眼鏡分類

　　我們可將眼鏡分為三大類：

- 日常用眼鏡
  日常用眼鏡是針對每日使用所設計的眼鏡。

- 安全眼鏡
  安全眼鏡是為了符合更高的耐衝擊標準所設計，於對眼睛有潛在危險性的情況下配戴。

- 運動眼鏡
  運動眼鏡設計成在特定運動情況下可保護眼睛及／或提升視力。何者合適則取決於運動類型，此差異相當大。

日常用眼鏡的要求 *

　　若干企業和政府機構對眼鏡產業有直接的影響，這些對配鏡人員皆很重要，確保配戴者獲得的產品已符合眼鏡產業和政府監管單位的要求。以下列出參與過程的機關及其如何影響配鏡。

美國食品與藥物管理局

　　以往，日常用眼鏡鏡片並無任何耐衝擊的要求，在全球多數地方仍然沒有。玻璃鏡片能磨至薄為 0.3 mm，且鏡片依然可配戴。鏡片看似薄得完美，光學性質仍相當優異，但它們對眼睛卻無任何保護作用，在多種狀況下會對配戴者造成危害。

　　基於此原因，美國食品與藥物管理局在 1971 年開始規範日常用眼鏡鏡片的耐衝擊性。至此，所有眼鏡和太陽眼鏡鏡片皆需耐衝擊，除非驗光師或醫

---

* 靜態負荷測試是在鏡片上施予遞增的壓力直至鏡片最終破裂。

* 此段落的大部分資料及接續關於安全眼鏡的內容是取自：Brooks CW: Essentials for ophthalmic lens finishing, St.Louis, 2003, Butterworth-Heinemann。

師發現該鏡片無法滿足病人的視覺需求。若無法宣稱鏡片耐衝擊，則必須記載於病人的記錄上，且應以書面形式通知病人。

何時可配製非耐衝擊鏡片？

　　某些配鏡人員認為若有讓病人承擔責任的書面同意書，即可配製非耐衝擊的鏡片。這無法保證能免於法律責任。以下是美國食品與藥物管理局對於配製非耐衝擊鏡片時三個常見問題的回覆[6]。

問：零售商於何種情況下可配製非耐衝擊的鏡片？

答：當醫師或驗光師判定耐衝擊鏡片無法滿足病人的視覺需求時，才能配製不耐衝擊的鏡片。醫師或驗光師以書面方式指示並提供病人書面通知。

問：若病人要求或病人／顧客同意承擔所有責任，則零售商是否可提供非耐衝擊的鏡片？

答：不可。僅當醫師或驗光師判定耐衝擊鏡片無法滿足病人的視覺需求時，才能提供非耐衝擊的鏡片…針對此情況，醫師或驗光師必須提供病人書面指示，解釋其所接受的是不耐衝擊的鏡片。

問：醫師或驗光師是否可僅因美觀因素，而為病人開立非耐衝擊的鏡片處方？

答：不可。然而若醫療上的問題攸關於美觀考量時，醫師或驗光師可根據專業判斷，援引特殊的免責條款。例如若病人的處方無法採用耐衝擊的鏡片，醫師或驗光師根據先前經驗得知，沉重的鏡片可能造成頭痛、鼻橋或耳朵上承受過大的壓力、壓痛等，進而發現使用耐衝擊鏡片將無法滿足病人的視覺需求。

　　被認證具有耐衝擊性的鏡片，必須符合某些條件。

日常用眼鏡鏡片是否需有最小厚度？

　　以往對於日常用眼鏡鏡片的最小厚度需求是 2.0 mm。現今不論鏡片材料為何，皆無厚度要求。耐衝擊要求取決於性能，且鏡片必須能抵擋預定的衝擊量。若厚度小於 2.0 mm 的鏡片能符合該要求，則該鏡片是可被接受的。目前有許多的鏡片皆符合現有的耐衝擊要求，且厚度小於 2.0 mm，包括某些類型的玻璃鏡片。

圖 23-2　落球測試裝置將一顆鋼球自 50 英吋處投下至鏡片的前表面。

耐衝擊測試的要求條件

　　判定日常用眼鏡鏡片耐衝擊適宜性的標準「裁判測試」即落球測試 (drop ball test)。此測試在執行細節上相當獨特，然而食品與藥物管理局表明不會阻止鏡片製造商採用相同或更高階的測試方法，以測試耐衝擊性。

落球測試

　　判定是否合格時，先將鏡片前表面朝上置於氯丁橡膠墊圈。鏡片必須可承受一顆直徑為⅝英吋、重量為 0.56 oz 的鋼球，自 50 英吋高度落下所致的衝擊 (圖 23-2)。

何時應執行落球測試？

　　玻璃鏡片的測試必須在鏡片磨邊且硬化後、置於鏡架之前進行。塑膠鏡片能在磨邊前「未切割－完工」階段做測試。

玻璃鏡片的落球測試

　　除了少數例外，所有玻璃鏡片必須經過硬化處理且各別接受落球測試。只有因測試可能會受損的鏡片不需經過上述過程。這些鏡片仍必須硬化處理，但不需進行測試。不需進行測試的玻璃鏡片為：

1. 凸出的多焦點鏡片（這些鏡片有突起區域，例如 E 型鏡片）。
2. 稜鏡子片多焦點鏡片。
3. 稜鏡削薄鏡片。
4. 縮徑白內障鏡片。
5. 等像（尺寸）鏡片。
6. 子片凹陷的一體成型多焦點鏡片。
7. 雙凹鏡片、碟狀近視鏡片或負縮徑鏡片。
8. 客製化疊層鏡片（例如偏光鏡片）。
9. 膠合鏡片。

各別測試與批次測試

　　批次測試 (batch testing) 是指在一批製造出的鏡片中，選擇測試統計上有意義的數量。這可避免各別測試時鏡片因測試而受損。批次測試的作法可用於：

1. 塑膠鏡片。
2. 非處方鏡片，例如大量製造的太陽眼鏡鏡片。

　　在完工鏡片工廠中各別製作的玻璃、平光太陽眼鏡鏡片，仍需各別進行落球測試。

何人執行批次測試？

　　鏡片製造商通常會進行批次測試。測試完成後，在完工鏡片工廠中磨邊的塑膠鏡片不需在完工鏡片工廠內各別測試或批次測試。某些最小厚度的半完工鏡片需做批次測試。若這些鏡片磨面至小於所謂的最小厚度，則不再屬於該批次，必須做各別測試。

　　若從製造商接收的鏡片有做改變，例如送去做抗反射鍍膜，則鏡片不再受原始鏡片製造商的保固。鏡片可做非常多種類的鍍膜。每一種鍍膜影響鏡片耐衝擊性的程度各異。

　　一般而言，抗反射鍍膜工廠會為在工廠中鍍膜的鏡片做批次測試，對此所用的材料和最小厚度如同送至鍍膜的鏡片。與鍍膜公司溝通以判定是否符合測試要求，乃完工鏡片工廠的責任。

定義「製造商」

　　製造一副眼鏡的過程中有許多參與者，其中一個公司製造鏡片，另一個為鏡片磨面，第三個為鏡片磨邊，其他則為鏡片鍍膜。誰是完工眼鏡的製造商？儘管在法律訴訟中，每一名參與者皆可能被列入，但最終責任將沉重落在執行鏡片最後加工的單位。以下是美國食品與藥物管理局對該問題的回覆。

問：依照法規，誰是製造商？

答：製造商是指針對用途預製鏡片的人員，或藉由研磨、熱處理、磨成斜面、切割等作法改變鏡片物理或化學特性的人員。基於此法規目的，「製造商」一詞含括了負責將進口眼鏡做轉售的公司[6]。

　　在此加工鏈過程中，可能會出現記錄保存的問題。以下是美國食品與藥物管理局提出的問題及解答。

問：部分完工的鏡片（由一個製造商加工，而由另一個製造商完工）在記錄保存上的要求為何？

答：必須保存記錄以顯示鏡片如何宣稱為耐衝擊、何時與如何進行耐衝擊測試，以及在加工鏈中這些程序是由何人完成[6]。

　　這表示若零售商是製造商，對於製造商記錄保存的要求即適用此狀況。亦要求零售商需保存處方眼鏡購買者的姓名和地址長達 3 年。

配鏡人員在記錄保存中扮演的角色

　　美國食品與藥物管理局為確保符合所有法規且眼鏡鏡片是安全的，要求記錄必須在購買眼鏡後保存 3 年。必須保存的內容包含銷售或配銷處方眼鏡的記錄，包括處方眼鏡購買者的姓名和地址（購買非處方眼鏡者的記錄不需保存）。

　　若配鏡人員有自設的鏡片工廠，對於製造商記錄保存的要求即適用此狀況。這些要求包括：

1. 出貨單、送貨文件、銷售或配銷記錄的複本。
2. 耐衝擊測試的結果（落球測試）。
3. 測試方法及測試所用裝置的描述。

美國聯邦交易委員會

　　美國聯邦交易委員會 (FTC) 創立的宗旨在於防

止不公平的商業行為，例如廣告詐欺和壟斷市場。美國聯邦交易委員會自 1980 年代開始關注眼鏡產業。在「眼鏡一號」和「眼鏡二號」兩系列調查研究後，制訂了眼鏡和隱形眼鏡處方釋出準則。以下討論眼鏡鏡片相關的法規。

眼鏡一號

美國聯邦交易委員於 1978 年總結了眼鏡一號調查研究結果，制訂眼鏡鏡片處方釋出準則。這項準則要求需給予病人一份眼鏡鏡片處方的複本，使其能在任何地方依據處方配鏡。無論病人是否要求處方，在眼睛檢查完成後必須立刻給予處方。即使變動太少以至於不需修改眼鏡，或與先前眼睛檢查的結果相同，仍需給予新的書面處方。眼鏡一號處方釋出準則中列出了處方需包含的最基本資訊：球面度數、柱面度數和柱軸（若有）、稜鏡（若有）以及開立處方的驗光師或醫師簽名[7]。

眼鏡二號

美國聯邦交易委員會於 1989 年做了更複雜的研究調查，主要關注非屬驗光師、眼科醫師或配鏡人員的執業限制。

眼鏡二號準則不需再列出眼鏡鏡片處方的基本資訊，因此開立者可在處方中自由加入其認為對病人的視覺相當重要的資料，包括鏡片材料、鏡片類型、配戴說明。例如假設某病人一側眼睛視力正常，另一眼視力微弱，在這種眼睛保護相當重要的情況下，處方含聚碳酸酯鏡片材料或許能在眼睛損傷事件中，減輕開立處方者法律責任的可能性。

失效日期通常是處方的一部分（儘管複製一副現有眼鏡可能不受限制，配鏡人員仍有道德上的義務告知定期眼睛檢查的重要性。眼睛異常和疾病未必伴有疼痛，因此可能不太明顯。與一般認知相反，美國州法並未設定依照處方配鏡的時間長度限制，例如 2 年。「多數州未要求眼鏡處方需註明失效日期，儘管他們不禁止醫師這麼做。在有法律規定的州，主要關注於管制時間限制最短為何，而非多長時間。對於未管制的州則是由醫師判定[8]」）。

如同眼鏡一號，眼鏡二號仍禁止寫在處方中的免責聲明，例如「不為取自第三方配鏡人員的眼鏡處方材料之準確性負責」。

美國國家標準協會眼鏡鏡片處方建議標準

美國國家標準協會 (ANSI) Z80.1 眼鏡鏡片處方建議標準的要點總結於《配鏡實務篇》一書的附錄 A，第 6 章已說明這些標準的校驗方式。

應注意若是處方鏡片，這些參數僅為建議的參考標準，而非要求條件。從業人員在某些狀況下可能選擇比標準所需更大的自由度，或在其他情況下於某個範圍內可能需更高的準確度。這份文件本身就是最佳的：

「此標準仍是一種參考，因此 Z80 委員會明確指出該標準不可作為管制手段使用[9]」。

安全眼鏡

安全眼鏡仍是減少眼睛損傷極為重要的因素。現今安全眼鏡在工業中不可或缺，眼睛損傷的發生最常是因意外當下未配戴護目鏡，或是配戴了錯誤種類的護目鏡。至今，眼睛損傷最常發生在工作者配戴無側遮片的安全眼鏡之時[10]。

美國國家標準協會建立安全眼鏡標準

安全鏡片和鏡架所遵循的標準是經由美國國家標準協會 (ANSI) 提出及同意。ANSI Z80.1 處方眼鏡標準不是管制手段，然而 ANSI Z87.1 安全眼鏡標準並非如此。以下為此事件發生的過程。

美國職業安全與衛生管理局制訂安全眼鏡標準

美國職業安全與衛生管理局 (OSHA) 是負責管制工作場所及教育場合安全措施的聯邦機構。美國職業安全與衛生管理局的裁決效力等同法律。訪視工作場所通常不會事先告知，檢查時若發現違反美國職業安全與衛生管理局的規範，將被命令糾正違法情形且有鉅額罰鍰。

美國職業安全與衛生管理局選擇沿用 ANSI 所採用的 Z87.1 標準，而非新創一套眼睛及臉部保護的要求規定，因此 ANSI Z87.1 標準是聯邦的要求規定。

由於難以列出所有必須配戴護目鏡的狀況，美國職業安全與衛生管理局選擇將責任交給教育和工業界，只說明「當存在合理的損傷機率，且可由具

防護力的眼睛和臉部等設備預防時，便應要求有此
類設備 [11]」。

安全眼鏡的衝擊要求條件

撰寫此書時，最新的 ANSI Z87.1 安全眼鏡要求
條件已於 2003 年 8 月出版。先前 1998 年的標準對
於所有安全眼鏡使用相同的要求條件。2003 年的標
準有兩個等級的安全標準，一種稱為基本衝擊 (*basic
impact*)，另一種是高衝擊 (*high impact*)。1998 年的
Z87.1 標準與 2003 年標準的基本衝擊等級相同。

安全眼鏡的基本衝擊要求條件

基於安全眼鏡有兩種等級，在可使用高衝擊鏡
片的狀況下，為何仍有人想配戴基本衝擊鏡片？

某些工作場合中，工作者需經常清潔他們的眼
鏡 (例如有大量粉塵、液體或霧氣存在的場所)。在
這些狀況下，塑膠和聚碳酸酯鏡片可能會被刮傷。
玻璃鏡片較可耐刮傷，且不需經常替換。配戴嚴重
刮傷的鏡片時相當惱人，且若視線受損則可產生安
全危害，故即使玻璃鏡片無法通過高衝擊要求，在
缺乏相同耐刮程度的材料下，基本衝擊等級的玻璃
鏡片可能是較適合的鏡片。

基本衝擊等級的厚度要求條件

多年來，對處方安全鏡片的厚度要求至少需
3.0 mm 以上。在鏡片遠用區最大正度數軸線上度數
≥ +3.00 D 的正鏡片是例外情況，原因在於高正度數
鏡片的中心很厚，因此這些鏡片的邊緣厚度可薄至
2.5 mm，但由於整體厚度足夠故仍為堅固。在 2003
年 Z87 的安全眼鏡之基本衝擊類別中，這些標準仍
作為厚度的要求條件。

基本衝擊等級的測試要求條件

基本衝擊等級安全鏡片的測試要求條件類似於
日常用眼鏡鏡片。對日常用鏡片的要求是需能承受
直徑 ⅝ 英吋的鋼球自 50 英吋高度落下所致的衝擊。
基本衝擊等級的安全鏡片必須能承受直徑 1 英吋的
鋼球自 50 英吋高度落下之衝擊。

基本衝擊等級的標示要求條件

基本衝擊等級的安全鏡片必須標有製造商的商

圖 23-3　此標示可識別鏡片為安全鏡片。

標或辨識記號，標示記號在磨邊後加上去。自設工
廠為安全鏡片磨邊時，必須將鏡片做標記。鏡片表
面上的標記應在視線之外，通常出現在鏡片頂端的
中央或是上半部外側角落。若不是透明的鏡片，則
可能需額外標示 (圖 23-3)。表 23-3 為這些標示要求
條件的總結。記住，若某鏡片的厚度足以被分類為
安全鏡片，且強度可通過安全鏡片衝擊測試，在加
上所要求的製造商標示之前，仍無法被視為是安全
鏡片。

基本衝擊等級鏡片的警告標籤

基本衝擊等級的安全眼鏡其耐衝擊程度不如高
衝擊等級的安全眼鏡，配戴該鏡片者需了解此事實，
因此基本衝擊等級的眼鏡必須附上警語。眼鏡所附
上的警語以通知書形式呈現，通知的對象是配戴者。
警語中必須提及該鏡片符合基本衝擊要求，但若暴
露於高衝擊環境，不應倚賴此鏡片作為保護。

安全眼鏡的高衝擊要求

儘管其看似與預期的結果相反，高衝擊要求允
許鏡片加工的比基本衝擊等級鏡片薄。然而相較於
基本衝擊等級鏡片，高衝擊等級鏡片必須承受的測
試更為嚴格。

高衝擊等級的厚度要求條件

對於高衝擊等級的安全鏡片，其厚度要求至少
需 2.0 mm 以上，這包括處方及非處方 (平光) 安全
鏡片。

表 23-3
ANSI Z87.1 鏡片標示的要求條件

鏡片類型	要求 *	基本衝擊範例	高衝擊範例
透明鏡片	製造商的字母縮寫圖案且有時包括 +	JO	JO+
染色 (吸收) 鏡片，特殊用途鏡片除外	製造商的字母縮寫圖案、明暗度數字且有時包括 +	JO 2.5	JO+2.5
變色鏡片	製造商的字母縮寫圖案，「V」表示可變化的明暗度，有時包括 +	JO V	JO+V
特殊用途鏡片 (執行需特殊濾光的視覺工作時，特殊用途鏡片可提供眼睛防護。例子包括含釹錯鏡片、含鈷鏡片、均勻染色鏡片，以及由眼科醫師針對特殊視覺問題開立的處方鏡片)	製造商的字母縮寫圖案，「S」表示特殊用途，有時包括 +	JO S	JO+S

* 所有的標示必須持久且易於辨識，並置於對配戴者視野干擾最小的位置。

表 23-4
安全鏡片的要求條件

	基本衝擊	高衝擊
厚度	3.0 mm 若度數 ≥ +3.00 D 則為 2.5 mm	2.0 mm
標示 (亦見表 23-3)	製造商的商標	製造商的商標 +
衝擊測試	1 英吋鋼球自 50 英吋處落下	1 英吋鋼球自 50 英吋處落下，以及 ¼ 英吋鋼球以秒速 150 英呎撞擊

高衝擊等級的測試要求條件

高衝擊等級的安全鏡片必須通過高速衝擊測試。此測試中需將鏡片安裝在特定的固定器上，其應能承受直徑 ¼ 英吋的鋼球以每秒 150 英呎速度飛行之撞擊力。

高衝擊等級的標示要求條件

高衝擊等級安全鏡片的標示方法如同基本衝擊等級鏡片，但需額外標上正號 (+)，而不是只有製造商的商標 (表 23-4)。

對多層抗反射鍍膜與安全眼鏡的評論

如前所述，相較於同一鏡片的未鍍膜狀態，抗反射鍍膜通常會降低鏡片的耐衝擊性，降低的程度取決於鏡片材料及所用的抗反射鍍膜的類型。這對安全鏡片來說是重要的因素。

Chou 和 Hovis[12] 對厚度為 2 mm 與 3 mm 的聚碳酸酯鏡片進行穿透測試，使用安裝在圓筒狀鋁製托架上工業用縫紉機的針，測試多層抗反射鍍膜及未鍍膜的鏡片 (所有鏡片皆有耐刮鍍膜)。他們證實了聚碳酸酯鏡片較容易被尖銳、高速的發射物穿透，而不是鈍的發射物。亦發現減少鏡片中心厚度並加上多層抗反射鍍膜，將更進一步降低耐穿透性。他們的結論是厚度為 2 mm 的聚碳酸酯鏡片，以及有多層抗反射鍍膜的聚碳酸酯鏡片，都不鼓勵用於工業用護目鏡，乃因可能有尖銳發射物所致的危害。

在第二篇文章中，Chou 和 Hovis[13] 測試了 Hoya Phoenix 品牌的 Trivex 鏡片，使用空氣槍往 2 mm 及 3 mm 厚的鏡片 (有或無多層抗反射鍍膜) 中央發射一顆直徑為 6.35 mm 的鋼球。他們發現日常用和工業用厚度的鏡片若有多層抗反射鍍膜，其耐衝擊程度皆明顯下降，總結出若這些鏡片有多層抗反射鍍膜，則不應用於工業用或運動用護目鏡，特別是當中央厚度為 2 mm 的鏡片暴露於高能量衝擊的高風險之時。

安全鏡架

1989 年，ANSI 針對安全鏡架的標準捨棄了特定

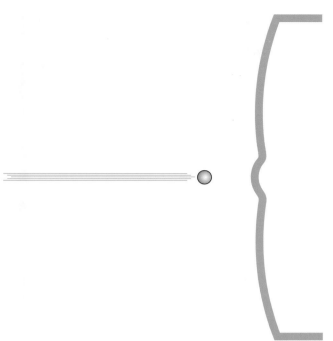

圖 23-4　高速衝擊測試是以每秒 150 英呎的速度，將一顆直徑 ¼ 英吋的鋼球往某鏡架或鏡片發射。

圖 23-5　高重物衝擊測試是自 51.2 英吋處，投下一顆直徑 1 英吋且尖銳的射彈於安全眼鏡的鏡架上，以測試其是否適用 Z87 安全鏡架。

的設計要求 (包括鏡架凹槽設計)，而是根據鏡架的性能決定。安全鏡架必須能承受某些特定的衝擊測試，一般日常用眼鏡不會被要求做這些測試。將鏡架置於人類頭部模型，當發生衝擊時，鏡架不能破損，鏡架或鏡片也不可觸及眼睛。

　　用於測試安全鏡架的第一種測試是高速衝擊測試 (high velocity impact test)，該測試模擬高速、低質量的物體。在高速衝擊測試中，一系列直徑 ¼ 英吋的鋼球以秒速 150 英呎速度行徑，往已安裝襯片的鏡架之 20 處不同部位撞擊 *(圖 23-4)。每次的撞擊皆使用新鏡架。鏡架或鏡片不可毀損，鏡片也不能脫離鏡架。

　　第二種測試模擬大型、尖銳、低速移動物體的撞擊。在高重物衝擊測試 (high mass impact test) 中，一個直徑 1 英吋、重 17.6 oz 的錐狀尖端射彈通過導管發射，墜落 51.2 英吋後觸及眼鏡 (圖 23-5)。當射彈擊中鏡架時，鏡片必須不能毀損或脫離鏡架。

標示安全鏡架

　　「日常用」鏡架和安全鏡架對於安全要求的明

顯差異必須謹記於心。日常用鏡架是每日配戴的鏡架。無論日常用鏡架的結構有多堅固，仍然不是安全鏡架，除非它通過了規定的測試，並特別標示為安全鏡架。鏡架若無這些標示便不屬於安全鏡架。這些標示包括尺寸、製造商的商標，以及最重要的是在鏡腳和前框皆應有 Z87 或 Z87-2 的標示，表示其符合 ANSI Z87 標準。

　　欲使用 2.0 mm 厚高衝擊等級鏡片的安全鏡架，則需以厚度為 2.0 mm 的鏡片進行測試。當成功設計出鏡架且通過測試，便會標記為「Z87-2」，而非只是「Z87」。「2」表示鏡架適用於 2 mm 鏡片 (Box 23-1)。標示為 Z87-2 的鏡架必須能適用於基本衝擊等級 3.0 鏡片以及高衝擊等級 2.0 鏡片，因此預期所有新的安全鏡架皆有 Z87-2 標示。

---

* 已安裝鏡架是指裝有鏡片的鏡架。此例中的鏡片是平光。

Box 23-1

安全鏡架的標示要求

前框
1. A 尺寸 (眼型尺寸)。
2. DBL (鏡片間距)。
3. 「Z87」表示鏡架符合基本衝擊等級標準，或 Z87-2 表示鏡架符合高衝擊等級標準 (Z87-2 鏡架可用於基本和高衝擊等級鏡片)。
4. 製造商的識別商標。

鏡腳
1. 總長度。
2. 「Z87」表示鏡架符合基本衝擊等級標準，或 Z87-2 表示鏡架符合高衝擊等級標準。
3. 製造商的識別商標。

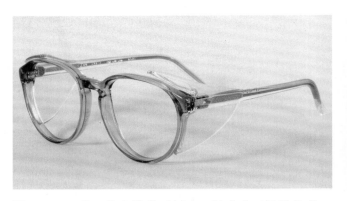

圖 23-6　當配戴者轉動頭部時，側遮片可提供保護，隔絕自不同工作區域及周圍區域飛來的碎屑。

定義安全眼鏡

安全鏡架只能使用安全鏡片。某些安全鏡架較一般日常用鏡架廉價，然而一般鏡片必定不可安裝於安全鏡架，即使如此能減少配戴者的支出費用。若將一般「日常用」鏡片安裝在安全鏡架上，配戴者可能會以為自己所配戴的是安全眼鏡。相較於使用安全鏡片的日常用鏡架，安裝日常用厚度鏡片的安全鏡架更不安全。眼鏡的鏡架與鏡片必須皆符合條件，才能稱為安全眼鏡。

為了增加安全性而製成較厚的鏡片，不應將之裝入一般鏡架。若保證厚鏡片的安全性很重要，則保證安全鏡架或運動用鏡架的安全性亦相當重要。裝入一般鏡架的「安全」鏡片會讓配戴者誤以為安全，產生這是一個「安全」處方的錯誤印象。不應有鏡片標示為安全卻裝入非安全鏡架的狀況。

側遮片

目前有許多場合要求使用護目鏡，發生在配戴安全眼鏡者中的眼睛損傷通常來自側方。在 ANSI Z87.1 2003 安全眼鏡標準的前言中對此特別關注，宣稱：「此標準認可勞動統計局的研究，揭示在職業場合中所配戴的護目鏡和臉部護具，應有正前方防護及對各角度防護上的需求[14]」。

側遮片分為拆卸式或固定式 (圖 23-6)。若能選擇，多數人寧可不配戴側遮片。若經常需要側遮片，則固定式側遮片是合理的選擇。拆卸式側遮片的優點是當處於不具危害的工作環境時可拆除，缺點則是最後通常不再配戴此可拆卸的側遮片。

側遮片無法互換通用。針對某特定類型鏡架所設計的拆卸式側遮片，若用於不同類型的鏡架，未必能提供 ANSI 標準所保障的保護力。

玻璃鏡片的硬化處理

玻璃鏡片的耐衝擊性無法通過美國食品與藥物管理局強制執行的衝擊測試，除非鏡片經過硬化處理。目前有兩種方法可硬化玻璃鏡片，一種是運用熱處理加工，第二種是化學回火加工。並非所有種類的玻璃皆可被回火強化。在美國僅當其他類型鏡片材料皆不能滿足配戴者的視力需求時，才可使用無法經硬化處理的玻璃鏡片。

無論使用何種硬化處理的方法，刮傷的鏡片會比未刮傷的鏡片更容易破裂。鏡片上的刮痕將產生弱點。相較於化學回火鏡片刮傷，熱回火鏡片刮傷後其耐衝擊性將更為下降。為了保障安全，應更換刮傷的鏡片。

熱處理加工

熱處理過程是先將已磨邊的玻璃鏡片置於小型窯爐內，其高溫幾乎足以讓玻璃達到軟化點。將鏡片留在窯爐內約 2～3 分鐘，確切的時間長度取決於：
1. 鏡片厚度。
2. 玻璃類型。
3. 鏡片染色。

亦需考量鏡片重量，有助於確認鏡片於窯爐內更精確的時間長度。

自熱源移開鏡片，同時於鏡片前、後表面吹氣，使鏡片迅速冷卻 (圖 23-7)。

為了解此加工過程如何增加耐衝擊性，需記住當玻璃加熱時會膨脹，且變得更像液體。當炙熱的鏡片外層接觸冷空氣，外層即「凍結」。鏡片內部冷卻較為緩慢。鏡片冷卻時會試著收縮，但鏡片的外層已「凍結」且抵抗縮小。這將於鏡片上形成向

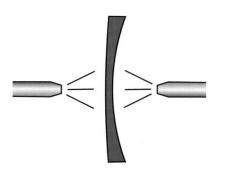

圖 23-7　當空氣吹向一片加熱至略低於軟化點之鏡片的前、後表面時，外層即「凍結」產生一股受控制的內部應力，使鏡片更耐衝擊。

內的拉力，產生應力。一部分的應力是來自表面壓實或擠壓，稱為最大壓縮應力 (*maximum compressive stress*)；另一部分的應力則稱為最大張應力 (*maximum tensile stress*)。此應力產生強度的方式如同自行車車輪上繃緊的輪輻增加輪框的強度，這些應力造成鏡片表面壓縮。鏡片外層的壓縮應力和張應力相接處的深度稱為壓縮深度 (*depth of compression*)。

熱處理的優點是迅速，缺點則是經熱回火的鏡片其耐衝擊性不如化學回火的鏡片。

化學回火

可將玻璃鏡片浸入熔融的鹽類進行化學硬化。透明的皇冠玻璃和染色的皇冠玻璃鏡片所用的熔鹽是硝酸鉀 (KNO_3)。在化學回火過程中，較小的鈉 (Na) 或鋰 (Li) 離子從玻璃鏡片表面釋出，由熔鹽中較大的鉀離子 (K) 取代 (圖 23-8)。這使得表面擁擠，造成一股「擠壓」鏡片的表面張力，此表面張力產生了壓縮應力，進而增加耐衝擊性。確切的壓縮應力為 28 ～ 50 kg/mm^2，熱回火玻璃則是 6 ～ 14 kg/mm$^{2, 15}$。

用於回火變色鏡片的熔鹽與皇冠玻璃鏡片的熔

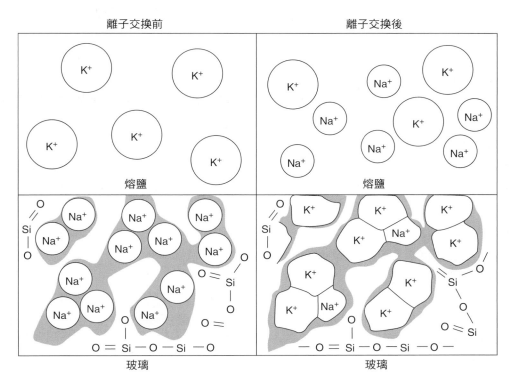

圖 23-8　在化學回火過程中，玻璃內較小的鈉 (Na) 或鋰 (Li) 離子由熔鹽中較大的鉀 (K) 離子取代。

圖 23-9 若誤將皇冠玻璃鏡片置入變色鏡片專用鹽浴時即產生紋裂。

鹽不同。變色鏡片所用的熔鹽是 40% 硝酸鈉 ($NaNO_3$) 和 60% 硝酸鉀 (KNO_3) 的混合物，這兩種熔鹽在乾燥或熔融狀態下皆具有危害。熔鹽分為商業級和試藥級。試藥級較昂貴，但純度更高，無需調整且能避免熔鹽相關的問題。

若熔鹽的比例不正確，或是熔鹽受汙染或使用太久，則鏡片將產生問題。鏡片可能在鹽浴中破裂變得混濁，或產生髮絲狀裂痕。若在變色鏡片所用的鹽浴中加工皇冠玻璃鏡片，將使鏡片產生紋裂 (craze)，呈現髮絲般網絡狀的表面裂痕 (圖 23-9)。

熔鹽需定期更換。當熔鹽的 pH 值升高至中性以上，則需移除部分熔鹽，並加入新的熔鹽以降低 pH 值。當沉澱物堆積於反應槽底部時，所有的熔鹽必須更新。

若同時化學回火皇冠和染色玻璃鏡片，熔鹽的溫度是 450℃ ± 5℃ (842℉ ± 9℉)。欲強化變色玻璃鏡片，則熔鹽需加熱至 400℃ ± 5℃ (752℉ ± 9℉)[16]。

若鹽浴的溫度不準確，變色鏡片將產生問題，如成色錯誤、汙損、無法適當變淺或變深。

化學回火程序。清洗鏡片後置於鏡片固定座上。固定座位於鹽浴上方，以可預熱鏡片，避免溫度急遽改變使之破裂。接著將鏡片浸入熔鹽浴 16 小

時 * (藉由特殊強化程序，將能使標準變色鏡片在 2 小時內完成化學硬化[†])。鹽浴結束後，再度將鏡片置於鹽浴上方。鹽浴後的冷卻時間如同預熱時間。接著自裝置取下鏡片，冷卻至室溫，再以熱水沖洗去除熔鹽。

相較於熱硬化的皇冠玻璃鏡片，經化學硬化的皇冠玻璃鏡片更耐衝擊，即使刮傷也能維持強度。鏡片在化學回火過程中不會變形，但於熱處理過程中的部分鏡片則會變形，乃因其內部張應力小於熱處理鏡片，化學回火鏡片可重新磨邊或再次磨面而不破裂。

若將一副化學回火玻璃鏡片自損壞的鏡架中移出，重新修整形狀以符合新鏡架，則應將鏡片再次硬化 (不可利用磨邊機或手動磨邊機將熱處理鏡片重新磨邊，除非鏡片先經去硬化[‡] 處理)。

相較於熱回火法，化學回火法對於皇冠玻璃鏡片顯然是較佳的選擇。

判斷玻璃鏡片是否經過硬化處理

在兩個交叉的偏光濾鏡之間檢視鏡片，可判斷該鏡片是否經過熱處理。為此所設計的儀器稱為考爾瑪鏡 (colmascope) 或偏光鏡 (polariscope)，它具備一個光源和兩個交叉的偏光濾鏡。透過考爾瑪鏡進行檢視，熱處理鏡片將呈現 Maltese 十字圖形 (圖 23-10)。若有完美形狀的 Maltese 十字圖形，並不表示該鏡片比具有變形 Maltese 十字的鏡片更耐衝擊。當透過考爾瑪鏡檢視時旋轉鏡片，將使 Maltese 十字的外觀改變。顯現出此圖型乃因熱處理鏡片的表面壓縮並不均勻[17]。

化學回火鏡片具有均勻的表面壓縮，因此當透過交叉的偏光濾鏡檢視鏡片時，並不會顯示應力圖型。欲辨識化學回火鏡片，只能藉由將鏡片自鏡架取出，浸入甘油溶液，同時在交叉的偏光濾鏡之間

---

* 有可能將鏡片放置 64 小時度過整個週末。耐衝擊性稍微變差，但變差的程度通常不明顯。

[†] 此處 2 小時變色鏡片加工程序是用於 PhotoGray Extra、Photo-Brown Extra、PhotoGray II 以及 PhotoSun II。

可能不適用 PhotoGray、PhotoBrown、PhotoSun、PhotoGray Extra 16 或 PhotoBrown Extra 16。

[‡] 熱回火鏡片是藉由加熱鏡片使之「去硬化」，如同鏡片需再次熱回火處理。當從熔爐中取出鏡片時，關閉冷空氣使鏡片緩慢冷卻。

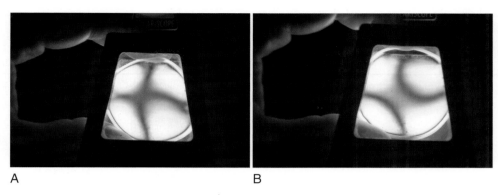

A　　　　　　　　　　　　　　B

圖 23-10　**A 與 B.** 透過考爾瑪鏡的交叉偏光濾鏡進行檢視時，可藉由特有的 Maltese 十字圖形辨識出經熱處理的鏡片。Maltese 十字圖形的對稱性不是重點。旋轉鏡片時，圖形將產生變化，如上方兩張照片所示，相同鏡片於兩個偏光片之間旋轉至不同角度的圖形。

加以檢視。化學硬化鏡片會沿著鏡片邊緣呈現一條光暈般的明亮色帶。此步驟耗時而不便，因此大多是倚賴完工鏡片所附上的說明，作為鏡片已歷經化學硬化處理的保證。

玻璃鏡片重新磨邊對耐衝擊的影響

　　塑膠鏡片的磨邊並不明顯影響耐衝擊性，然而對已硬化的玻璃鏡片磨邊或重新磨邊則會影響耐衝擊性。可將已硬化的玻璃鏡片重新磨邊然後配戴嗎？以下是美國食品與藥物管理局對此問題的回覆。

問：為了耐衝擊而將玻璃鏡片經化學或熱處理後，　　其能否以任何方式再加工？

答：藉由壓縮表面做耐衝擊處理的鏡片，能重新磨　　邊或修改屈光度，然而壓縮表面所產生的效益　　卻大為減少。在將這類鏡片配置給病人前，必　　須再次處理並進行測試[6]。

玻璃鏡片鑽孔與開槽對耐衝擊的影響

　　配戴經熱處理鑽孔後的玻璃鏡片並不安全。它們尚未安裝於鏡架時或許可通過落球測試，但裝配導致的複合應力將使裝配後的鏡片容易失敗。

　　鑽孔後的化學回火鏡片能通過落球測試，受鑽孔裝配的影響程度不如熱處理鏡片。儘管如此，玻璃鏡片很少用於鑽孔裝配，即使是化學回火玻璃。

　　事實上，玻璃鏡片也很少用於開槽鏡片。1993年，美國光學實驗室協會的技術總監 George Chase 在一篇 OLA 技術主題論文中，針對玻璃鏡片的開槽與鑽孔提出討論。其指出鑽孔和開槽後的玻璃鏡片

通常會通過落球測試，但未受保護且暴露的鏡片邊緣很可能在日常使用時發生碎裂或微小裂痕，進而減少耐衝擊的強度。欲製造有鑽孔或開槽的玻璃鏡片，OLA 鼓勵鏡片工廠先取得下訂鏡片者的棄權聲明書[18]。若工廠想向配鏡人員取得棄權聲明書，則清楚表明了配鏡人員不應將玻璃鏡片用於鑽孔裝配或開槽裝配鏡架上。

運動時的眼部保護

　　選擇適合的運動用眼鏡越加重要。若選擇正確的眼鏡，便可在提升運動表現的同時保護配戴者。目前只有某些標準是專門針對運動時的眼睛保護所設計。

　　隨著眼部損傷導致的訴訟案件增加，提升了眼睛照護從業人員的意識，使其發現依據每位病人的需求提供適當的眼睛保護資訊之必要性。

美國試驗與材料學會

　　如名稱所示，美國試驗與材料協會 (ASTM) 訂定了試驗與材料的標準。一些美國試驗與材料協會的標準適用於配鏡，這些已在表 23-5 中列出。

　　這些標準是描述評估眼鏡能力的必備測試，即對於選定運動之常用裝備的撞擊，需能承受並保護配戴者的眼睛。例子包括球與球拍。

　　執行眼睛照護相關工作時，最常使用的標準是 F803，此稱為 F803 特定運動的護目鏡標準規格。這項標準應用廣泛，乃因其適用於許多最受歡迎的運動，例如棒球、籃球、足球和網球。

表 23-5
適用於配鏡的 ASTM 標準

標準識別碼	修改年份	該標準包含的運動項目
ASTM F513	2000	適用於曲棍球員眼睛及臉部護具的標準規格
ASTM F659	1998	適用於滑雪護目鏡及臉部遮罩的標準規格
ASTM F803	2003	適用於選定運動護目鏡的標準規格
		這些運動如下：球拍運動 (包括美式壁球、羽球、網球)、女子長曲棍球、陸上曲棍球、籃球、棒球和足球
ASTM F910	2004	適用於青少年棒球的臉部防護罩的標準規格
ASTM F1587	1999，2005 重新核准	適用於冰上曲棍球守門員頭部及臉部護具的標準規格
ASTM F1776	2001	適用於漆彈運動眼睛護具的標準規格

ASTM 產品標示

ASTM 運動用眼鏡產品標示包括 (1) 眼鏡上的標示、(2) 標籤或吊牌、(3) 關於產品用途的明確警語。

眼鏡上的標示。ASTM 標準包括所需的產品標示，例如 [19] 所有 ASTM F803 核准的眼鏡必須標示：

1. 製造商的識別標示。
2. 護目鏡型號。

標籤或吊牌。此外也應包括附有以下資訊的標籤或吊牌：

1. 製造年份與週次。
2. 護目鏡尺寸及使用說明，考量設計護目鏡時針對的配戴者年齡與性別。
3. 包裝上明確顯示護目鏡是針對何種運動所設計。

ASTM 核准眼鏡附有的明確警語。應列出明確的警語 (配鏡人員務必熟稔這些警語，乃因其適用於安全眼鏡和運動眼鏡)。警語包括但不限於以下所述：

1. 當刮痕令人困擾，或裂痕出現在鏡片邊緣時應更換鏡片。
2. 若護目鏡受到嚴重撞擊而幾乎毀損，則所提供的保護程度將降低，故必須更換護目鏡。若未能更換，將可能造成眼睛的永久傷害。
3. 若鏡片在運動時因撞擊而彈出，配戴者應停止運動並更換護目鏡。
4. 若護目鏡儲存於低溫，應在使用前回復至室溫。
5. 也應包含可能使用的清潔劑與防霧劑的使用說明。

並非只有一種類型的護目鏡用於 F803 防護。Box 23-2 列出可分為四種類型的 F803 防護。

運動眼鏡所附的其他警語。設計成與鏡片同時配戴的鏡架，即使是針對安全或運動用途所設計，也不應在無鏡片的狀況下配戴。儘管鏡片開口小於球，小且快速移動的球可能會延伸穿透空的開口。

當形狀較大的球 (例如足球) 撞擊眼睛，鈍挫傷能產生震波衝擊使眼球扭曲，接著以巨大力量反彈造成眼睛嚴重傷害。形狀較大的球似乎不會使周圍包繞骨架結構的眼睛受損，但事實上有可能發生。運動眼鏡的防護仍相當重要。

若需在防護用眼鏡的內層配戴眼鏡鏡片，則應配戴聚碳酸酯鏡片。

針對各種運動訂製眼鏡的需求

每種運動皆有某些獨特的視覺需求，有些僅需提供適當的太陽眼鏡即可滿足，其他的則需專用處方，包括特定位置的多焦點子片。表 23-6 列出數種

Box 23-2

四種類型的 F803 運動護目鏡

第一型	鏡架前框一體成型－鏡片和前框合為一體
第二型	鏡片與鏡架前框分離後再組裝；鏡片是平光鏡片或處方鏡片
第三型	無鏡片的護目鏡
第四型	全面或局部的臉部遮罩

表 23-6
運動用眼鏡的問題、危險因素以及推薦的解決方案

問題與危險因素	推薦的解決方案
羽球	
1. 羽球及球拍所致的危險。	1. 配戴 ASTM F803 核准的聚碳酸酯鏡片運動護目鏡。
2. 戶外環境的亮度。	2. 適當時使用太陽眼鏡。
棒球	
1. 棒球導致眼球外傷的風險。	1. 打擊手應配戴附有面罩的打擊頭盔，其他守備人員則需配戴 ASTM F803 核准的聚碳酸酯鏡片運動護目鏡。 少棒球員使用能降低外傷機率的球[24]。青少年棒球在適當時可使用 ASTM F910 標準規格的臉部防護罩。
2. 戶外環境的亮度。	2. 適當時使用太陽眼鏡。
籃球	
1. 其他球員的手指、手肘等造成的眼睛危害。	1. 配戴 ASTM F803 核准的聚碳酸酯鏡片籃球護目鏡。
自行車[25]	
1. 跌倒導致的頭部或眼睛外傷。	1. 配戴自行車安全帽。 使用堅固的鏡架及聚碳酸酯鏡片。
2. 灰塵、沙粒或吹入眼睛的微小物體。	2. 若為非處方眼鏡，有鏡框彎弧的鏡架及鏡片較佳。 需要時可加上內夾式鏡架前框。
3. 紫外線輻射。	3. 眼鏡增加紫外線防護功能 (聚碳酸酯鏡片皆有此功能)。
4. 無法在不回頭的狀況下看見後方來車。	4. 使用安裝在鏡架上的特製小鏡子。
5. 戶外環境的亮度。	5. 適當時使用太陽眼鏡。
6. 向前彎腰的擺位使太陽眼鏡配戴者的視線高於鏡架上方。	6. 選擇可在臉部較高位置配戴的鏡架。使用可調整式鼻墊並調高眼鏡的位置。
撞球	
1. 看桌上的球時，視線必須穿過鏡片的最上方區域。	1. 若為傳統鏡架，選擇可在臉部較高位置配戴的鏡架，具有纖細的上半框且可往上方調整。 使用專為撞球設計的鏡架。這種鏡架的鏡框極細，配戴在臉部較高位置且具有後傾斜。
2. 老花眼會使視野模糊。	2. 給予少量額外正度數的處方，乃因大多是從 1 ~ 2 m 遠處觀看，額外的正度數可能需小至 +0.25 D，但通常不會大於 +0.75 D[26]。這能在遠用處方增加該數量的正度數。若對此相同鏡片採用雙光子片，子片位置應偏低，且子片減少的加入度應可等量補償遠用區增加的正度數。
划船	
1. 源自水面的眩光。	1. 使用偏光鏡片，也可遮擋紫外線。
2. 源自頭部上方及反射的紫外光導致密集的紫外線輻射。	2. 使用可阻擋波長 400 nm 以下紫外線的太陽眼鏡。穿戴有帽緣或遮陽的帽子。
3. 眼鏡自臉部落下或被碰撞後沉沒於水中而遺失。	3. 使用裝配合適的鏡架，有纏線式鏡腳的款式尤佳。可考慮在划船時使用運動用眼鏡帶。某些會在鏡腳上連接浮球。
飛行	
1. 頭部上方的儀表板難以透過一般的老花眼矯正鏡片讀取。	1. 告知駕駛員有職業用雙子片鏡片。 然而許多老花眼駕駛員偏好漸進多焦點鏡片。漸進多焦點鏡片是較佳的選擇，乃因必須從不同距離來觀看附近的儀表板。

(接續下頁)

表 23-6
運動用眼鏡的問題、危險因素以及推薦的解決方案 (續)

問題與危險因素	推薦的解決方案
2. 明亮的日間飛行導致在夜間對黑暗的適應下降。	2. 太陽眼鏡應選用大型且頂點距離短的鏡架，或有鏡框彎弧的鏡架。選擇僅穿透 10 ～ 15% 光的鏡片。勿使用偏光鏡片。
美式足球 [24]	
1. 球或其他球員造成的眼睛損傷。	1. 穿戴已核准附有面罩的頭盔。若需要額外的防護，可在頭盔和面罩內使用眼睛護具，例如 Liberty's Helmet Specs。
高爾夫球	
1. 揮桿時，雙光鏡片或其他老花矯正鏡片可能會在看球時造成干擾。	1. 使用單光鏡片。僅使用小型圓形雙光子片：對於慣用右手的球員，子片在右側；慣用左手的球員則在左側。將子片置於最上方靠近顳側的角落或最下方靠近顳側的角落 (最好以有顏色的麥克筆標記子片於襯片上的預計位置。請配戴者使用球桿，預先模擬打球時的狀況)。
2. 鏡架干擾視野。	2. 使用細框、無框或尼龍線鏡架。避免有厚重寬版鏡腳的鏡架。
3. 暴露於紫外線中。	3. 穿戴有帽緣或遮陽的帽子。眼鏡增加紫外線防護功能。
4. 戶外環境的亮度。	4. 適當時配戴太陽眼鏡，但有些球員拒絕使用太陽眼鏡，乃因在察看球場地形時會造成干擾。偏光鏡片會使球員判斷球場地形的能力下降。偏光鏡片用於高爾夫球可能不適合或不被青睞。
手球	
1. 球所致的危險。	1. 使用 ASTM F803 核准的聚碳酸酯鏡片運動護目鏡。
曲棍球：冰上曲棍球 [24]	
1. 橡皮圓盤和球棍所致的危險。	1. 配戴符合 ASTM F513 適用於曲棍球員眼睛及臉部護具標準，或加拿大標準協會核准的頭盔，搭配覆蓋全臉的金屬絲網或聚碳酸酯臉部護具。避免半罩式和貼身式的守門員面罩。
曲棍球：街頭曲棍球、地板曲棍球、陸上曲棍球 [24]	
1. 橡皮圓盤和球棍所致的危險。	1. 配戴符合 ASTM F513 適用於曲棍球員眼睛及臉部護具標準，或加拿大標準協會核准的頭盔，搭配覆蓋全臉的金屬絲網或聚碳酸酯臉部護具。使用 ASTM F803 核准的聚碳酸酯鏡片護目鏡。
長曲棍球：女子用	
1. 球和球棍所致的危險。	1. 使用 ASTM F803 核准針對女子用長曲棍球的聚碳酸酯鏡片護目鏡。
2. 戶外環境的亮度。	2. 適當時可配戴含聚碳酸酯鏡片的護目鏡。
機車 [25]	
1. 摔車導致頭部和／或眼睛損傷。	1. 穿戴有面罩的機車用安全帽。若未戴安全帽，也應使用有通風孔的護目鏡。通風是為了防止起霧。
2. 吹入眼中的灰塵、砂粒或微小物體。	2. 使用堅固的鏡架及聚碳酸酯鏡片。有鏡框彎弧的鏡架和鏡片為佳。
3. 紫外線輻射。	3. 眼鏡增加紫外線防護功能 (聚碳酸酯鏡片皆有此功能)。
4. 戶外環境的亮度。	4. 適當時配戴太陽眼鏡。

表 23-6
運動用眼鏡的問題、危險因素以及推薦的解決方案 (續)

問題與危險因素	推薦的解決方案
登山	
1. 暴露於更多的紫外線之下，乃因被大氣吸收的紫外線較少。	1. 使用可吸收紫外線的護目鏡，能消除波長 400 nm 以下所有的紫外線。
2. 戶外環境的亮度。	2. 對於亮度特別強的高海拔，使用穿透率約為 5% 的太陽眼鏡搭配鏡框彎弧設計，或使用有側遮片 (通常是皮革製) 的太陽眼鏡 [26]。
漆彈	
1. 漆彈損傷眼睛的危險性。	1. 配戴 ASTM F1776 核准的漆彈運動專用護目鏡。
美式壁球	
1. 球與對手球拍所致的危險。	1. 使用 ASTM F803 核准針對美式壁球專用的聚碳酸酯鏡片護目鏡。
騎馬 [24]	
1. 在開闊區域以外的地方騎馬：灌木叢或樹枝。	1. 使用聚碳酸酯鏡片 (騎馬用頭盔應符合 ASTM 標準，但不包括眼睛防護)。
2. 暴露紫外線之下。	2. 若在騎馬時配戴日常用眼鏡，應選擇聚碳酸酯鏡片。
3. 戶外環境的亮度。	3. 適當時配戴太陽眼鏡。
跑步	
1. 流汗導致眼鏡滑落。	1. 使用防汗帶。 使用舒適纏線式鏡腳或眼鏡用頭帶。 若是低處方度數，可嘗試不戴眼鏡。
2. 眼鏡起霧。	2. 確認鏡架未壓迫臉頰。 若眼鏡無抗反射鍍膜，則可使用防霧劑。
3. 暴露於紫外線之下。	3. 穿戴有帽緣或遮陽的帽子。 眼鏡增加紫外線防護功能，或配戴有防護紫外線功能的太陽眼鏡。
射擊：手槍 [27]	
1. 反向排放火藥粉末所致的危險。	1. 使用聚碳酸酯鏡片。
2. 需要寬廣的視野。	2. 使用大尺寸 (A 尺寸甚至在 62 mm 以上) 金屬製飛行員式鏡架。
3. 需提升對比度和／或減少眩光。	3. 傳統上槍手偏好在陰天使用琥珀色染色鏡片。此作法並不推薦，乃因無法證明射擊表現和琥珀色染色有關。 對於那些很想使用染色鏡片的人，康寧製造一種專為競技射擊所設計的 Serengeti 鏡片，名為 Vector。有適用全天候的「運動橙」，以及適用非常陰暗及有霧天候的「運動紅」。兩種皆為變色鏡片且有抗反射鍍膜，可選用平光或處方鏡片。 應評估每種射擊狀況，並運用第 22 章列舉的原則，依照各別需求做出判斷。
4. 手槍射擊有個特別需求，即對焦在手槍瞄準器而非射擊目標。這可能令老花者感到困擾。	4. 輕度老花者應使用安裝於鏡架上的特別設計裝置，該裝置包含安裝在慣用眼前方的光圈，以及安裝在非慣用眼前方的遮光板。替代方案是利用 1/32 英吋的釘子，於電工膠帶上戳一個直徑為 1 ～ 2 mm 的洞。再將戳洞的膠帶直接貼在鏡架上視線會通過的位置。 重度老花者應使用加入度數，為眼鏡平面至手槍瞄準器之距離的處方。為了掌握準確度，對焦於瞄準器的重要性甚過對焦目標。適合的加入度可能是： a. 單光「近用處方」。 b. 針對用於瞄準的眼睛，需將雙光子片置於高處 (在射擊狀態時，透過雙光子片看瞄準器，同時透過遠用鏡片觀看目標的上半部)。 c. 將加入度鏡片安裝在雙前框鏡架的上翻部位。非慣用眼側通常會在上翻部位安裝遮光片。

(接續下頁)

表 23-6

運動用眼鏡的問題、危險因素以及推薦的解決方案（續）

問題與危險因素	推薦的解決方案
射擊：步槍[27]	
1. 反向排放火藥粉末所致的危險。	1. 使用聚碳酸酯鏡片。
2. 步槍前方的瞄準器模糊不清（有些老花者受此問題困擾）。	2. 換成望遠功能的瞄準器，眼睛則無需調節。
3. 需提升對比度或減少眩光。	3. 請見「射擊：手槍」的內文。
4. 慣用眼與慣用手不一致，導致無法以慣用眼瞄準。	4. 有特別設計的槍托可用。
射擊：散彈獵槍[27]	
1. 反向排放火藥粉末所致的危險。	1. 使用聚碳酸酯鏡片。
2. 槍托會振動鏡架。	2. 勿將鏡架調整得過低。選擇前框下緣平直的鏡架。
3. 需提升對比度或減少眩光。	3. 請見「射擊：手槍」的內文。
4. 瞄準時，視線會穿過鏡片的上半鼻側區域，若為高遠用度數的鏡片，將造成稜鏡效應進而產生問題。部分漸進多焦點鏡片也可能出現相同的問題。	4. 使用隱形眼鏡；或若使用框架眼鏡，將視線穿過的位置標記於眼鏡鏡片，請工廠將鏡片的光學中心設定在此處（為了避免雙眼視覺的問題，必須將另一鏡片的光學中心移至相同的垂直位置，並靠向顳側外以維持雙眼瞳孔間距）。 若配戴漸進多焦點鏡片，避免使用讓鏡片上半邊緣區域變成非球面的軟式鏡片設計。
滑雪	
1. 暴露於紫外線輻射造成「雪盲」（光角膜炎所致的灼傷及畏光）。	1. 使用可消除波長 400 nm 以下所有的紫外線防護鏡片。
2. 風及飄舞的雪花。	2. 配戴 ASTM F659 核准的滑雪護目鏡。有些設計為能安裝處方鏡片，有些則具有雙重鏡片可減輕起霧現象。
3. 老花者使用的雙光或三光子片導致模糊。	3. 使用單光鏡片。為了減輕起霧現象，使用非玻璃的鏡片材料。玻璃確實不適合，應使用高耐衝擊的鏡片。
4. 戶外環境的亮度。	4. 防護性太陽眼鏡是合適的。應避免使用偏光鏡片，有些滑雪者認為其將影響對雪況的判斷。當身體傾斜時，偏光鏡片的水平偏折光吸收量將有所變化。
浮潛與水肺潛水[28]	
1. 需清楚視物的眼鏡處方。	1a. 使用可裝入潛水面罩的拆卸式鏡框，如同貼附於潛水面罩前表面的「鏡架前框」。
	1b. 將鏡片黏合在潛水面罩內，步驟如下：戴好潛水面罩，在面罩前表面標記單眼瞳孔間距，如同第 3 章內文所述。 根據眼睛至面罩表面的頂點距離，計算出正確的鏡片度數（第 14 章）。 訂製已矯正的遠用處方鏡片，前基弧是平光（負鏡片可正常使用，但正鏡片將產生問題，乃因前基弧若是平光則應反向配戴）。 使用透明環氧樹脂或紫外線硬化膠將鏡片黏合於面罩內。
2. 潛水面罩內部起霧。	2. 使用防霧鏡片清潔劑（注意：某些防霧劑可能會在揮發後充斥面罩內，進而刺激眼睛甚至腐蝕角膜[29]。若使用防霧劑，在配戴潛水面罩或蛙鏡前應先使防霧劑徹底乾燥）。
3. 老花者難以清楚看見近物。	3. 使用特殊設計的多光鏡片或雙光鏡片潛水面罩。多光鏡片面罩包含遠用和近用處方，而雙光鏡片面罩僅下半部有近用鏡片。 將有近用加入度的鏡片黏在面罩的左側低處。

表 23-6
運動用眼鏡的問題、危險因素以及推薦的解決方案（續）

問題與危險因素	推薦的解決方案
足球	
1. 球或與其他球員撞擊導致的危險。	1. 使用 ASTM F803 核准針對足球用的聚碳酸酯鏡片護目鏡。
壁球	
1. 球與對手球拍造成的危險。	1. 使用合適的 ASTM F803 核准的護目鏡。
游泳	
1. 水進入眼睛而改變一般眼鏡的屈光度，使得在水下配戴一般眼鏡的效果不佳。	1. 使用游泳用蛙鏡。蛙鏡可配有度數的鏡片。接觸水的鏡片基弧必須是平光，以在水面上及水面下皆能保持預期的度數效果。訂製不可替換、有預製屈光度（通常是負度數等價球面鏡片）的蛙鏡。可在平光蛙鏡內配戴隱形眼鏡。
2. 蛙鏡起霧。	2. 使用後表面有防霧功能的蛙鏡（亦見前述浮潛和水肺潛水的內容）。
網球	
1. 球與球拍所致的危險。	1. 使用合適的 ASTM F803 核准的聚碳酸酯鏡片護目鏡。
2. 戶外環境的亮度。	2. 適當時配戴聚碳酸酯太陽眼鏡。
排球	
1. 被球擊中。	1. 使用 ASTM F803 核准的聚碳酸酯鏡片護目鏡。
2. 在戶外運動時，明亮的日光以及沙子或水面導致的反射光可造成阻礙，且暴露於紫外線下也有危險。	2. 使用有紫外線防護功能的聚碳酸酯太陽眼鏡，搭配合適的 F803 護目鏡。
滑水	
1. 濺起的水噴入眼睛。	1. 使用類似游泳用蛙鏡的護目鏡，但其側方有洞以防止起霧。使用游泳用蛙鏡，並在顳側鑽出數個洞，直徑為 $3/16 \sim 1/4$ 英吋。
摔角	
1. 眼睛保護目前無益於此運動。	1. 單眼者或僅一側眼睛有良好矯正視力者應避免摔角運動 [24]。

注意：當列出聚碳酸酯材料時，應注意也可能有其他適合的高耐衝擊性材料。

運動及其危險因素、問題、推薦的解決方案。如同職業用的需求，未必總有一個「標準答案」可符合每人的運動視覺需求。需針對每種狀況做討論，任何設計用於符合特定個人需求的矯正或防護用眼鏡皆應嘗試，然而仍有某些共同主題屢次出現於運動眼鏡中。

運動眼鏡的主題

　　運動眼鏡可能令人困惑，乃因有非常多種類的運動和可能的運動狀況。在此列出一些關於運動眼鏡的普遍說法，有助於一窺全貌：

- 事實上，所有運動皆需要由聚碳酸酯等材料製成的高耐衝擊鏡片。
- 若有頭部損傷的危險則需頭盔。
- 戶外運動需防護紫外線，當強烈日光是影響因素時即適用太陽鏡片。

- 大部分使用圓球的運動需要 ASTM F803 核准的護目鏡，包括棒球、籃球、足球以及任何有球拍的運動（例如網球和羽球）。
- 進行水中運動時，依賴處方者需要特別有內建處方度數的潛水面罩或蛙鏡。
- 撞球和手槍射擊可能需要調整處方。
- 高爾夫球、飛行和射擊可能需要重新定位多焦點子片及／或光學中心。
- 單車和撞球可能需要調整鏡架前框的位置。

提供最佳選擇並避免責任

配鏡人員在協助選擇最適產品時的義務

　　配鏡的過程涉及協助配戴者選擇符合特定需求的最佳產品，這可能包括吸收鏡片、高折射率和非球面鏡片、專用多焦點鏡片、某項運動或消遣專用

的眼鏡或是防護用眼鏡，因此提供每名配戴者充分的資訊成為配鏡人員的責任，使配戴者可在告知後做決定。在適用於個人的特定配戴情況下，配鏡人員有「責任告知」最能提供眼睛安全性的眼鏡選擇為何。

當發生眼鏡相關的訴訟時，案件成立通常是基於產品責任或人為疏失[20]。

產品責任

產品責任表示產品未達到可接受的標準，而這些標準為何，取決於眼鏡的類型。

- 對於日常用眼鏡，判定是否在適當情況下執行落球測試。
- 對於安全眼鏡，關鍵因素乃判定是否符合 Z87 標準－特別是厚度標準。
- 對於運動眼鏡，關鍵因素是錯誤的設計或無法達到預期的耐衝擊性。若 ASTM 標準恰當，是否因選了此類眼鏡才符合標準？

人為疏失

欲證實是人為疏失，必須證明「被告的從業人員並未遵守執業標準，即預期同行在相同或類似情況下的作法。從業人員應採行合理的審慎態度，展現出該專業聲譽良好成員所具備之最基本的學習與技術[20]」。

在配鏡人員的案件中，這可能包括：

- 未能推薦最適合的材料。
- 未告知配戴者相較於最適合的材料，其他材料具有的耐衝擊性較差。
- 未能校驗收到的材料符合所訂材料該具備的標準。

推薦最適合的鏡片材料之責任

眼鏡配戴者所做最重要的決定之一是與產品安全性有關。根據 Classé 的說法[20,21]，安全性對下列這五大類人員相當重要：

1. 單眼視力者（運動時若視力較差的一眼其矯正視力小於 20/40，則被認為是「單眼視」）。
2. 運動員。
3. 兒童。
4. 職業有眼球損傷風險的人員。

5. 眼睛能承受眼部外傷的能力下降，包括無晶體者和人工晶體者、高度近視者、接受屈光矯正手術者以及先前曾眼部損傷者。

辨識出這些個體是配鏡人員的責任，使其對眼睛保護的需求有所自覺，並推薦現有最耐衝擊的鏡片材料。在一些案例中，這也涉及推薦某種類型的鏡架。

無論從業人員是否認為預期的鏡片配戴者需要高耐衝擊鏡片，都應告知每個人現有最安全的鏡片產品，之後顧客便能據此做出個人的決定。

假設某人未被告知現有最安全的鏡片產品，因而發生嚴重的眼部損傷。此例中的配戴者容易說出：「若之前有人告訴我這種鏡片，我會選擇它，這件事將不可能發生在我身上」。

若某人做了眼睛檢查但不需進行屈光矯正，則詳盡記錄病歷的檢查者將發現使用護目鏡的必要性。若應使用護目鏡，對此的需求不限於全日的眼鏡配戴者。針對安全眼鏡或運動眼鏡的必要性，則包含對平光安全眼鏡或運動眼鏡的需求。

若開立處方者堅決某鏡片材料可用於特定的眼鏡功能，則該材料應寫在處方中使之成為必須。

為了避免責任，應告知購買眼鏡者最安全的鏡片產品。

推薦安全鏡架或運動鏡架之責任

若需於接觸身體的運動或對眼睛有危害的活動時配戴眼鏡，則配戴者應了解可能的選擇。若這些選擇未引起配戴者關注，配戴者可能認為其「日常用」鏡架和鏡片將提供所需的防護。

以下是一些可能需安全眼鏡或運動眼鏡的狀況[22]：

- 使用草坪或園藝設備如割草機、碎木機或鏈鋸等工作。
- 使用工場設備如電鋸、電鑽或磨砂輪等工作。
- 操作具有危害的液體（如酸鹼）或使用噴霧器等工作。
- 從事需身體接觸的運動，或使用球類或球拍的運動。

在任何需要安全鏡架的時機，鏡片的耐衝擊性顯然也是最優先考慮的事項。

向配戴者說明鏡片或鏡架的安全性資訊，皆應

予以記錄並註明日期，配戴者最終的鏡片材料與鏡架選擇也應寫入。

檢查完工產品之責任

新完工的眼鏡由工廠送回時，檢視完工產品乃配鏡人員之責。若鏡片屬於安全或運動用產品，則必須完全遵從 ANSI 或 ASTM 標準概述的要求項目。

若發生眼睛外傷，可預期傷者的法律顧問會為傷者檢查所有可能的因素。若有不符合 ANSI 或 ASTM 標準的情形，顯然是 (a) 未經檢查或 (b) 檢查過程不合格或不充分。

參考文獻

1. Chaffin R: Trivex: a new category of lens material, Opti World 30(243):34, 2001.
2. www.nxt-vision.com, 2005, Intercast.
3. Corzine JC, Greer RB, Bruess RD et al: The effects of coatings on the fracture resistance of ophthalmic lenses, Optom Vis Sci 73:8, 1996.
4. Chou R, Hovis JK: Durability of coated CR-39 industrial lenses, Optom Vis Sci 80(10):703-707, 2003.
5. Torgersen D: Impact resistance questions and answers, OLA Tech Topic p 4, 1998.
6. Snesko WN, Stigi JF: Impact resistant lenses questions and answers, HHS Publication FDA 87-4002, U.S. Department of Health and Human Services, Public Health Service, Food and Drug Administration, Center for Devices and Radiological Health, Rockville, Md, 1987.
7. Classé JG, Harris MG: "Doctor, I want a copy of my ..." how to handle requests for Rx's and records in the light of eyeglasses II, Optom Manage 24:19, 1989.
8. Bruneni, JL: Ask the labs, Eyecare Business p 28, 1998.
9. ANSI Z80.1-2005 American national standard for ophthalmic-prescription ophthalmic lenses-recommendations, Optical Laboratories Association, Fairfax, VA, 2006, Fairfax, Va, 2006, Optical Laboratories Association.
10. Eye protection in the workplace, U.S. Department of Labor Program Highlight, Fact Sheet No. OSHA 93-03, GPO: 1993 0-353-374
11. General Industry, OSHA Safety and Health Standard (29 CFR 1910), Washington, DC, 1981, U.S. Department of Labor, Occupational Safety and Health Administration.
12. Chou BR, Hovis JK: The effect of multiple antireflective coatings and center thickness on resistance of polycarbonate spectacle lenses to penetration by pointed missiles, Optom Vis Sci 82(11):964-969, 2005.
13. Chou BR, Hovis JK: Effect of multiple antireflection coatings on impact resistance of Hoya Phoenix spectacle lenses, Clin Exp Optom 89(2): 2006.
14. American national standard practice for occupational and educational personal eye and face protection devices, Z87.1-2003, Des Plaines, Ill, 2003, American National Standards Institute Inc, American Society of Safety Engineers.
15. Krauser RP: Chemtempering today, Corning, NY, 1974, Corning Glass Works.
16. Chemtempering photochromics, publication OPO-5-3/79MA, Corning, NY, Corning Glass Works.
17. Wilson-Powers B: Chemtempering photochromic lenses, Opt Manage 8(5):39, 1979.
18. Chase G: OLA Tech Topic 1993. (As quoted by Torgersen D: Impact resistance questions and answers, OLA Tech Topic p 4, 1998.)
19. F803-03, Standard specification for eye protectors for selected sports, West Conshohocken, Pa, ASTM International.
20. Classé JG: Legal aspects of sports vision, Optom Clin 3:27, 1993.
21. Classé JG: Legal aspects of sports-related ocular injuries, Int Ophthalmol Clin 28:213, 1988.
22. Woods TA: The role of opticianry in preventing ocular injuries, Intl Ophthalmol Clin 28:251, 1988.
23. Lee G: Sorting out those confusing ophthalmic lens options, Optom Manage 26:45, 1991.
24. Vinger PF: Prescribing for contact sports, Optom Clin, Sports Vis 3:129, 1993.
25. Classé JG: Prescribing for noncontact sports, Intl Ophthalmol Clin 3:111, 1993.
26. Gregg JR: Vision and sports: an introduction, Boston, 1987, Butterworth.
27. Breedlove HW: Prescribing for marksmen and hunters, Optom Clin, Sports Vis 3:77, 1993.
28. Legerton JA: Prescribing for water sports, Optom Clin, Sports Vis 3:91, 1993.
29. Doyle SJ: Acute corneal erosion from the use of anti-misting agent in swimming goggles, Br J Ophthalmol 8:419, 1994.
30. Bruneni J: What's driving high index to stand out? Eyecare Business p 31, 1998.

學習成效測驗

1. 對或錯？相較於有相同厚度與度數的皇冠玻璃鏡片，–2.50 D 高折射率玻璃鏡片更重。

2. 對或錯？相較於低折射率皇冠玻璃鏡片，高折射率塑膠鏡片更重。

3. 在熱硬化裝置中將玻璃鏡片加熱後，於鏡片兩面吹氣的目的是：
   a. 為了在鏡片內產生應力，以增加耐衝擊性
   b. 為了快速冷卻鏡片，使之可裝入鏡架
   c. 為了防止灰塵沾染炙熱的鏡片表面
   d. 為了確保鏡片冷卻均勻

4. 將以下這些全新無刮痕的鏡片依據耐衝擊性最佳至最差的順序排列。假設測試耐衝擊性時使用的是小型高速射彈。
   a. CR-39
   b. 未經處理的皇冠玻璃
   c. 化學硬化的皇冠玻璃
   d. 熱回火的皇冠玻璃
   e. 聚碳酸酯

5. 將以下這些材料依據折射率最低至最高的順序排列。
   a. 皇冠玻璃
   b. 聚碳酸酯
   c. CR-39
   d. 康寧透明 16
   e. Trivex

6. 將以下這些材料依據密度（每立方公分的重量）最低至最高的順序排列。
   a. 皇冠玻璃
   b. 聚碳酸酯
   c. CR-39
   d. 折射率 1.80 的玻璃
   e. Trivex

7. 對或錯？眼鏡二號不同於眼鏡一號，不再要求列出眼鏡鏡片處方的基本資訊。

8. 用於檢查玻璃鏡片是否經過熱處理的儀器稱為？
   a. 阿爾法鏡 (alphascope)
   b. 貝塔鏡 (betascope)
   c. 考爾瑪鏡 (colmascope)
   d. 德爾塔鏡 (deltascope)

9. 對於相同度數和厚度的鏡片，在使用小型高速射彈測試時，何種鏡片材料可展現較佳的耐衝擊性？
   a. 未經處理的皇冠玻璃鏡片
   b. 化學回火的皇冠玻璃鏡片
   c. 化學回火的變色鏡片
   d. CR-39 鏡片

10. 對於相同度數和厚度的鏡片，在使用大型低速移動物體測試時，何種鏡片材料可展現較佳的耐衝擊性？
    a. 未經處理的皇冠玻璃鏡片
    b. 化學回火的皇冠玻璃鏡片
    c. CR-39 鏡片

11. 下列平光鏡片中何種最耐衝擊？
    a. 厚度為 3 mm 的變色化學硬化玻璃鏡片
    b. 厚度為 2 mm 的聚碳酸酯鏡片
    c. 厚度為 3 mm 經熱處理的皇冠玻璃鏡片
    d. 厚度為 3 mm 的 CR-39 鏡片

12. 何種鏡片不需各別進行落球測試？（正確答案可能不只一個）
    a. –5.00 D 單光皇冠玻璃鏡片
    b. +2.50 D 單光聚碳酸酯鏡片
    c. –1.00 D 單光變色稜鏡削薄鏡片
    d. +1.75 D 富蘭克林式（E 型）皇冠玻璃雙光鏡片

13. 對或錯？在眼鏡處方中列出鏡片材料並不恰當。

14. 對或錯？鏡片工廠對安全和運動處方眼鏡的準確度應負全責，因此配鏡人員無需校驗鏡片厚度。

15. 稱呼每日使用而非運動或安全用途眼鏡的正確眼鏡術語是：
    a. 休閒眼鏡
    b. 每日眼鏡
    c. 正式眼鏡
    d. 日常用眼鏡
    e. 標準眼鏡

16. 美國食品與藥物管理局強制執行的日常用眼鏡最小厚度要求條件為何？
    a. 1.0 mm
    b. 1.5 mm
    c. 2.0 mm
    d. 2.2 mm
    e. 無最小厚度要求條件

17. 零售商於何種狀況下會配製不耐衝擊的處方鏡片？
    a. 當配戴者簽署棄權聲明書而自行承擔責任時
    b. 無其他類型的耐衝擊鏡片可滿足配戴者的視覺需求時
    c. 當鏡片是高折射率玻璃，無法進行熱處理或化學回火時
    d. 以上皆是
    e. 以上皆非

18. 判定適合日常用眼鏡鏡片其耐衝擊性的標準「裁判測試」為何？
    a. 一顆直徑 1 英吋的鋼球自 50 英吋高度落下至鏡片的前表面
    b. 一顆直徑 1 英吋的鋼球自 52 英吋高度落下至鏡片的前表面
    c. 一顆直徑 ⅝ 英吋的鋼球自 50 英吋高度落下至鏡片的前表面
    d. 一顆直徑 ⅝ 英吋的鋼球自 52 英吋高度落下至鏡片的前表面
    e. 一顆直徑 ¼ 英吋的鋼球以每秒 150 英呎的速度對準鏡片前表面射擊

19. 下列何種鏡片必須各別進行落球測試，而不只是批次測試或免除測試？
    a. 一片庫存的高折射率塑膠抗反射鍍膜鏡片
    b. 一片皇冠玻璃 E 型雙光鏡片
    c. 一片熔合平頂 25 變色玻璃雙光鏡片
    d. 一片玻璃稜鏡削薄鏡片
    e. 以上皆是
    f. 以上皆否

20. 對或錯？大量製造的平光太陽眼鏡不必具有耐衝擊性。

21. 某配戴者的鏡架毀損。你找到一副新鏡架，但舊有的化學回火玻璃鏡片過大。
    a. 新鏡架必須使用新鏡片，化學回火鏡片無法重新磨邊
    b. 鏡片可重新磨邊並放回原有的鏡架。化學回火的效果不受影響，乃因鏡片表面出現化學變化
    c. 鏡片可重新磨邊，但在放入新的鏡架之前，必須整片再次化學回火
    d. 鏡片可重新磨邊，但在放入新的鏡架之前，必須整片再次化學回火並重新做落球測試

22. 下列何種鏡片最可能破裂？
    a. 未刮傷的鏡片
    b. 前表面被刮傷的鏡片
    c. 後表面被刮傷的鏡片
    d. 以上鏡片破裂的可能性均等

23. 針對某人的配鏡需求，告知其最安全選擇為何的「告知責任」是：
    a. 一種法律責任
    b. 一種專業責任
    c. 兼具專業責任與法律責任

24. 何者是基本衝擊等級安全眼鏡的最小厚度？
    a. 2.0 mm
    b. 2.2 mm
    c. 3.0 mm（除了 +3.00 D 以上，其最小厚度為 2.5 mm）
    d. 3.2 mm（除了 +3.00 D 以上，其最小厚度為 2.8 mm）
    e. 3.2 mm（除了 +3.00 D 以上，其最小厚度為 2.5 mm）

25. 何者是高衝擊等級安全眼鏡的最小厚度？
    a. 2.0 mm
    b. 2.2 mm
    c. 3.0 mm（除了 +3.00 D 及其以上之最小厚度為 2.5 mm）
    d. 3.2 mm（除了 +3.00 D 及其以上之最小厚度為 2.8 mm）
    e. 3.2 mm（除了 +3.00 D 及其以上之最小厚度為 2.5 mm）

26. 判定適合基本衝擊等級處方安全鏡片的耐衝擊性，其標準「裁判測試」為何？
    a. 一顆直徑 1 英吋的鋼球自 50 英吋高度落下至鏡片的前表面
    b. 一顆直徑 1 英吋的鋼球自 52 英吋高度落下至鏡片的前表面
    c. 一顆直徑 ⅝ 英吋的鋼球自 50 英吋高度落下至鏡片的前表面
    d. 一顆直徑 ⅝ 英吋的鋼球自 52 英吋高度落下至鏡片的前表面
    e. 一顆直徑 ¼ 英吋的鋼球以每秒 150 英呎的速度對準鏡片前表面射擊

27. 一副適合高衝擊安全鏡片的安全鏡架必須在前框與鏡腳標示？
    a. 尺寸與製造商
    b. 尺寸、製造商、Z87
    c. 尺寸、製造商、Z87+
    d. 尺寸、製造商、Z87-2

28. 對或錯？將厚度為 2.0 mm 的 CR-39 鏡片裝入一副安全鏡架，但未在鏡片上標示為安全眼鏡。若配戴者僅想要日常用眼鏡，這種作法是可接受的。

29. 對或錯？將厚度為 2.0 mm 的聚碳酸酯鏡片裝入一副安全鏡架，但未在鏡片上標示為安全眼鏡。若配戴者僅想要日常用眼鏡，這種作法是可接受的。

30. 下列何種鏡片最耐衝擊？
    a. 厚度為 2.2 mm 未經熱處理或化學回火的皇冠玻璃鏡片
    b. 厚度為 2.2 mm 經熱處理的皇冠玻璃鏡片
    c. 厚度為 2.2 mm 經化學回火的皇冠玻璃鏡片

31. 對或錯？可將鏡片置入考爾瑪鏡以辨認經化學回火的鏡片（考爾瑪鏡由兩片有背光的偏光濾鏡交叉組成）。

CHAPTER 24

鏡片磨邊

光學實驗室包含兩個區域。第一個區域打造鏡片所需的度數，通常是透過鏡片磨面 (lens surfacing) 過程來完成，稱為磨面實驗室 (surfacing laboratory)。

第二個區域則將具有正確度數的鏡片處理完工。妥置鏡片並研磨其邊緣以符合選定鏡框的形狀。此區域稱為完工實驗室 (finishing laboratory)，又稱為磨邊實驗室 (edging laboratory)，鏡片於此處「磨邊」以符合鏡框的適當形狀。

以下敘述鏡片磨邊的概要過程，欲了解鏡片磨邊的完整過程或是完工實驗室的各項細節，請見 Brooks 所著且由 Elsevier 出版的《Essentials of Ophthalmic Lens Finishing》一書。

無稜鏡單光鏡片的定位

首先，預磨邊的鏡片需有正確的屈光度數和光學中心。僅可磨製度數已知的鏡片。

球面鏡片的度數確認及定位

為度數已知的鏡片進行度數確認時，在鏡片驗度儀上設定預期的球面度數。若鏡片為球面，應立即出現清楚的視標，代表鏡片有正確的度數。

移動鏡片使發光的視標中心交會於鏡片驗度儀目鏡上或螢幕上的十字線中心，以在鏡片驗度儀上定位鏡片光學中心 (圖 24-1)。隨後標記裝置就位，即可於鏡片前表面定位。

球柱面鏡片的度數確認及定位

確認球柱面鏡片的度數時，將鏡片驗度儀的度數調節輪旋轉至特定的球面度數。亦將柱軸調節輪旋轉至處方的軸度。鏡片的固定裝置不可觸及鏡片，旋轉鏡片直至鏡片驗度儀的球面度數線清晰且未斷裂。當這些目標線清晰時，即為正確的軸度。

鏡片旋轉至正確的軸度後，往適當方向旋轉鏡片驗度儀的度數調節輪，以確認柱面的度數。

接著謹慎將鏡片往上、下、左、右移動，直至視標準確置中 (記得將鏡片的固定裝置拉開遠離鏡片表面，以避免鏡片被刮傷)，此時鏡片即可定位 (圖 24-2)。

球柱面鏡片定位程序中的度數確認過程總結於 Box 24-1。

標記左、右鏡片

鏡片定位後，應立即自鏡片驗度儀取下，並標記為右眼或左眼的鏡片。以蠟筆在鏡片前表面做標記，大寫的 R 或 L 字母應寫在鏡片上半部，於 3 個定位點之上 (圖 24-2)。

有稜鏡單光鏡片的定位

鏡片的光學中心

處方中若無處方稜鏡，則需以光學中心 (optical center, OC) 作為參考點，此為校準鏡片時的主要參考點 (major reference point, MRP)。因此若處方無稜鏡，光學中心即是主要參考點。

當光學中心未出現在視線上

處方有時包含處方稜鏡，必須將鏡片定位在所需的稜鏡量，其會出現在配戴者的瞳孔前方視線上。當處方中有稜鏡時，鏡片上有正確稜鏡量的位點便成為主要參考點。當處方包含處方稜鏡時，光學中心和主要參考點為兩個不同的點。

主要參考點有一同義詞可多做說明，即稜鏡參考點 (prism reference point, PRP)，此時的稜鏡參考點等同主要參考點。

定位有稜鏡的單光鏡片之過程幾乎與無稜鏡的鏡片相同，唯一差異在於如何將發光視標置中。並非將發光視標中心對準十字交叉線的中心，而是必

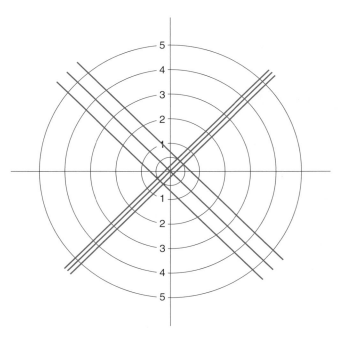

圖 24-1　當球面和柱面標線同時聚焦時，鏡片在各軸線上有相同的度數，稱為球面鏡片。若球面和柱面標線未相交於刻度線的中央，表示鏡片的光學中心並非在鏡片驗度儀光圈中心正前方，明顯呈現出稜鏡。

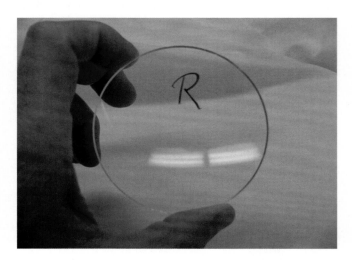

圖 24-2　鏡片標記 (R 或 L) 常見於鏡片的上半部，以避免鏡片在貼附時上下倒置。儘管這對於無稜鏡的完工單光鏡片並不重要，但正反錯放稜鏡或上下倒置的多焦點鏡片將比無用的鏡片更嚴重（圖中鏡片是從後方檢視）。

須使球面和柱面的發光視標線中心位在符合稜鏡效應之處。

例題 24-1

某右眼鏡片需要 2.0Δ 基底向外稜鏡，則該如何定位鏡片？

Box 24-1

如何以標準的十字線視標鏡片驗度儀來定位單光球面或球柱面鏡片

1. 在鏡片驗度儀上調好鏡片的球面度數和柱軸。
2. 將鏡片妥置於鏡片驗度儀上。
3. 定位主要參考點。
4. 若是球面鏡片，則於鏡片上定位。
5. 若鏡片有柱面度數，旋轉鏡片直至球面度數線清晰。
6. 若鏡片有處方稜鏡，移動發光視標至處方所需稜鏡量的位置。
7. 定位鏡片。

解答

正確擺放鏡片：

- 球面和柱面視標相交處的中心必須位在圓形視標線標記 2.0 之處。
- 由於稜鏡呈水平向，發光視標必須位於 180 度線上。
- 右眼的基底向外是朝向左側，因此發光視標的中心必須位於 2Δ 的稜鏡圓上與 180 度線左側相交之處。

正確擺放鏡片後，鏡片驗度儀呈現的視標如圖 24-3 所示。

鏡片擺放完成且柱軸正確後即可定位鏡片。圖 24-4 顯示鏡片上有三個鏡片驗度儀的定位點。此時中心的印點不再位於未切割的鏡片中心，但該中心點仍指出主要參考點的位置。

當處方稜鏡包含水平和垂直成分

若在相同鏡片上同時需要水平和垂直向稜鏡，必須將視標往水平和垂直方向移至預設位置。預設位置即視標中心應在所需水平稜鏡讀數的正上方（或正下方），以及所需垂直稜鏡讀數的左方或右方。

例題 24-2

某右眼鏡片需要 4.0Δ 基底向外及 2.0Δ 基底向上，則該如何擺放鏡片進行定位？

解答

為了正確擺放鏡片，視標必須在中心左側 4 個稜鏡

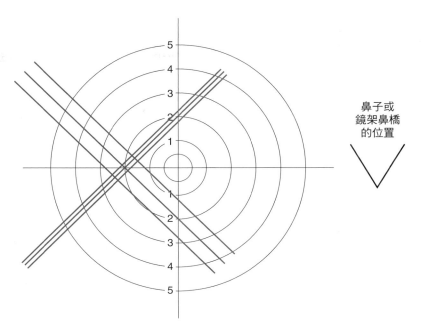

圖 24-3　在鏡片驗度儀下偏移鏡片會產生稜鏡效應，直至球面和／或柱面標線交叉於所設定的數值 (透過偏移鏡片獲得預期的稜鏡量，將受到鏡片的尺寸及屈光度數之影響)。

鼻子或
鏡架鼻橋
的位置

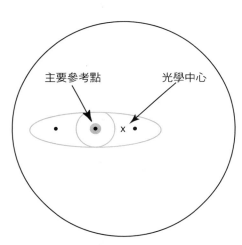

主要參考點　　　光學中心

圖 24-4　鏡片的主要參考點最終將在配戴者的瞳孔中心前方。若處方中有稜鏡要求，則會刻意移開光學中心，因此用於定心的標點將為主要參考點而非光學中心。

度單位以及上方 2 個稜鏡度單位的位置。如圖 24-5 所示。

平頂多焦點鏡片的定位

　　針對多焦點鏡片，雙光鏡片在鏡片驗度儀上的位置應如同被安裝於鏡架中的位置，意即對於平頂雙光鏡片，子片頂端應呈水平向。將鏡片驗度儀調整至球面度數，若鏡片含柱面成分，也應在鏡片驗度儀上調整柱軸。

　　接著定位鏡片的主要參考點，若是球面鏡片，則可定位鏡片。

　　對於有球柱面度數的多焦點鏡片，柱軸已根據特定鏡片進行磨製。調整鏡片驗度儀至特定軸度，並旋轉鏡片為正確軸度。若主要參考點和柱軸皆正確，則可定位鏡片，如同單光鏡片。鏡片定位後，在 180 度線上的 3 個點應平行於平頂子片的上緣 (圖 24-6, A)。若未平行於雙光子片頂端，表示柱軸偏移，鏡片的磨面處理不當。

　　預先檢查一副鏡片，可將兩鏡片前方與前方子片重疊 (圖 24-6, C)。若主要參考點高度或子片內偏距皆無差異，則兩鏡面的中心點應在相同位置。若中心點的位置不同，表示鏡片在磨邊後可能出現了不理想的水平或垂直向稜鏡。

　　平頂多焦點鏡片的定位步驟總結於 Box 24-2。

漸進多焦點鏡片的定位

　　漸進多焦點鏡片在設定鏡片方位時使用了特別的「隱藏」記號，從磨面實驗室送來的鏡片也會印製非水溶性墨水記號。若正確運用這些可見的墨水記號，則不需定位鏡片，然而在磨邊前仍應做確認。

確認預先記號的漸進多焦點鏡片

　　檢查遠用的鏡片度數時，可將鏡片置於鏡片驗度儀，透過稜鏡參考點上方的圓形區域加以檢視 (稜

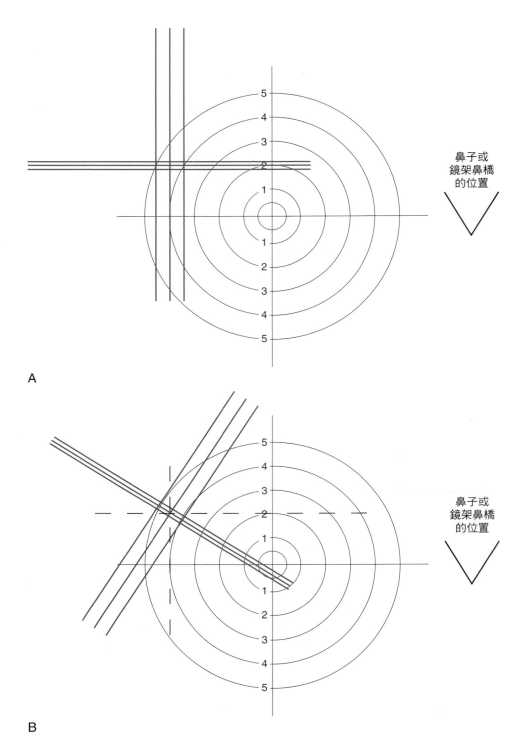

A

B

圖 24-5　置放有稜鏡的鏡片時，唯一重要的參考點即發光視標中心，位於球面和柱面標線相交之處。標線的其他部分也會與圓形刻度線相交，但並不重要。

　　如圖例所示，球面和柱面標線相交點可能在 4.0Δ 圓形刻度線與距離鼻端最遠的水平線相交處的上方或下方。球面和柱面標線相交點亦需位於 2.0Δ 圓形刻度線的頂端位置。A 圖容易觀察，乃因球面和柱面標線呈水平與垂直排列。然而若柱軸並非 90 度或 180 度，則標線排列不同於此，而可能是如 B 圖所示。B 圖呈現的稜鏡效應完全如同 A 圖，皆為 4Δ 基底向外與 2Δ 基底向上。

　　對於有傾斜軸的球柱面鏡片，則難以正確判斷發光視標的中心位置。若面臨困難，可嘗試此方法，暫時將柱軸旋轉至 90 度或 180 度，使發光視標線呈水平或垂直排列。此時儘管這些視標線稍顯模糊，仍呈現 A 圖中的情況，可容易判斷存在的垂直和水平稜鏡量為何。

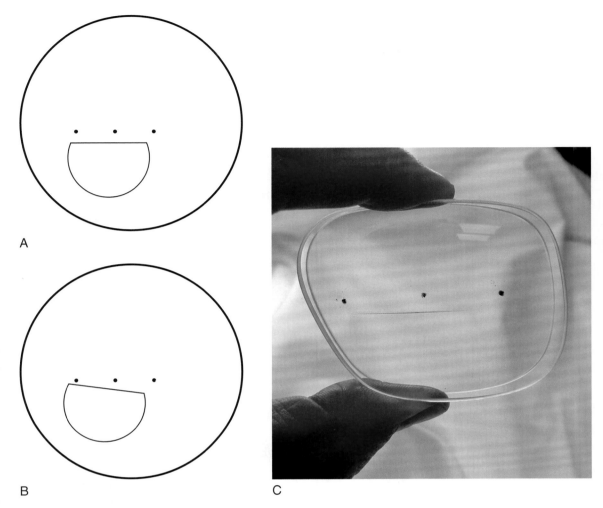

圖 24-6　**A.** 球柱面鏡片的 3 個定位點應平行於子片頂端。若未平行則柱軸必定有誤。**B.** 球面鏡片的 3 個定位點和子片頂端的夾角並不構成問題，即使看似明顯偏離。然而若鏡片含柱面成分，則柱軸必定有誤。**C.** 一旦平頂雙光鏡片定位完成，在磨邊前仍可做預檢查之用。手持已磨邊的兩鏡片且前端對齊，如此可使彼此的子片和定位點更接近，以減少視差的產生。勿擠壓鏡片使其彼此接觸造成刮傷。確認子片相互重疊，當兩鏡片有相同的子片內偏距和下移量，定位點將如圖所示呈現重疊。若未重疊，則瞳距可能出現問題，或是有不必要的垂直稜鏡。

鏡參考點通常以點標記呈現）。此圓形區域可用於定位視遠度數的檢測位置，稱為遠用參考點 (distance reference point, DRP)（圖 24-7）。此外需記住在遠用參考點上幾乎都會出現一些稜鏡，乃因遠用參考點並非是鏡片的光學中心。

檢查遠用度數時，調整度數調節輪至球面度數、柱軸調節輪至預訂的柱軸。旋轉鏡片直至視標線清晰且未斷裂。鏡片上非水溶性的水平參考記號應呈水平且無傾斜。若傾斜則代表柱軸錯誤。

檢查是否有稜鏡時，在鏡片驗度儀上使鏡片

的稜鏡參考點置中（記住，稜鏡參考點即主要參考點）。

若左、右鏡片為漸進多焦點鏡片，通常有等量的垂直向稜鏡，以可將鏡片製作得更薄。利用等量「共軛」垂直向稜鏡達成「稜鏡削薄」的目的，這是可允許及常被預期的作法。左、右鏡片的稜鏡參考點上可能呈現 1.5△ 基底向下，被認為並未具有不理想的垂直向稜鏡。

如先前提及，若鏡片正確且有非水溶性漸進多焦點鏡片的標記，則無需定位鏡片。現有的標記將

用在鏡片貼附模塊過程中。若鏡片無標記或標記顯示錯誤，則必須重新標記。

當漸進多焦點鏡片未預先標記時

若漸進多焦點鏡片無可見的標記，則需重新建

立製造商建議的可辨識標記系統。步驟已於第 20 章說明。

模板

模板測量與術語

為了讓磨邊機可修磨鏡片以符合鏡框形狀，需使用特定模板。模板可能是由塑膠製成的實體模板，或是儲存在電腦中的電子模板。下列為一些模板測量的特性和術語。

模板的機械中心 (mechanical center) 即模板旋轉時的中心。機械中心可容易尋得，乃因它在模板內大型孔洞的中央 (圖 24-8)。

定心和移心

移動鏡片至眼睛前方的過程稱為定心 (centration)。將鏡片中心移至眼睛前方，鏡片勢必會離開既有的參考點。移動鏡片偏離既有參考點的過程稱為移心 (decentered)。此例中，鏡片離開機械中心和方框中心的過程即為移心。

模板製作

由於鏡框的形式多樣，模板資料庫不可能涵蓋所有鏡框樣式，無法使正確的模板適用於各種鏡框的鏡片製造過程。從實驗室訂製每一種鏡框的模板

Box 24-2

平頂多焦點鏡片的定位

1. 在鏡片驗度儀上調好鏡片的球面度數和柱軸。
2. 將鏡片妥置於鏡片驗度儀上。
3. 定位主要參考點。
4. 若是球面鏡片，則於鏡片上定位。
5. 若鏡片有柱面度數，旋轉鏡片直至球面度數線清晰。
6. 若鏡片有處方稜鏡，移動發光視標至處方所需稜鏡量的位置。
7. 定位鏡片。
8. 針對球柱面鏡片以及有處方稜鏡的鏡片，檢查子片頂端是否與 3 個鏡片驗度儀的定位點相互平行。
9. 若鏡片皆已定位，可將兩鏡片的前方對齊，以檢查左、右鏡片的定位是否準確，此時中心點應重疊。

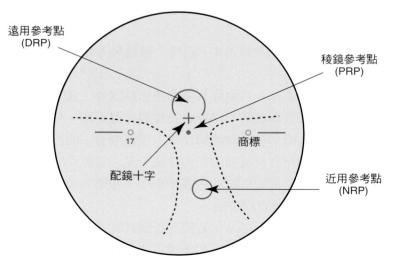

漸進多焦點鏡片的裝配及確認點

遠用參考點 (DRP)

稜鏡參考點 (PRP)

配鏡十字

近用參考點 (NRP)

商標

圖 24-7　漸進多焦點鏡片上的參考點。

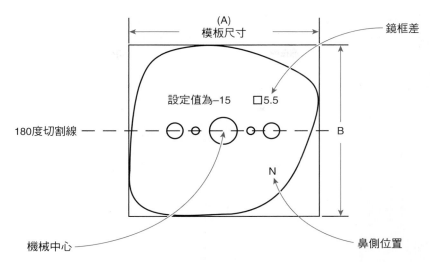

圖 24-8　用於鏡框和鏡片的量測系統，也可運用在模板上。模板並非由圖中標記的 A 和 B 尺寸來決定，但有模板設定值確實可協助確認正確的磨邊機設定值。當配鏡實驗室無鏡框時，「鏡框差」有助於定位主要參考點及多焦點高度。

是不切實際的作法，配戴者恐怕不會接受拖延的時間，更何況將產生大量的文件。因此在操作使用模板的磨邊機時，必須有一個製作模板的系統。

如何將模板置入磨邊機

多數人在使用磨邊機時，習慣上會從右眼鏡片開始。將模板置入磨邊機後，模板的前緣或後緣會先與磨邊機嵌合，其中一種方式會磨出右眼鏡片的形狀，另一種方式則磨出左眼鏡片的形狀。

將鏡框掃描儀運用在無模板系統的磨邊

無模板的磨邊機不具備實體模板，但仍需有一個形狀利於機器追蹤。此形狀以數位形式傳送至磨邊機。為了取得模板的數位形狀，依然必須透過實體掃描，數位化後再傳輸至磨邊機。

模板形狀是由鏡框掃描儀 (frame tracer) 產生。鏡框掃描儀可追蹤鏡框的鏡片區域形狀，再將之轉換為數位形式。

鏡框掃描儀可應用在多種位置
掃描儀可置於磨邊機旁

將掃描儀置於磨邊機旁，使鏡框在鏡片磨邊人員的前方 (圖 24-9)。此配置的優勢在於容易目測何種斜角位置看似為佳。

掃描儀可以是磨邊機的一部分

若掃描儀是磨邊機的一部分，優勢在於可縮小所需的工作空間 (圖 24-10)。

掃描儀可置於實驗室的訂單登錄區域

若將掃描儀置於實驗室的訂單登錄區域，資料僅需登錄一次。訂單登錄區域的掃描儀必須與實驗室的中央電腦連線。

掃描儀可置於具遠端遙控的配鏡部門

最令配鏡人員頭痛的問題是配戴者欲保留舊有的鏡框，但無法或不願意將鏡框送至實驗室過久時間。若配鏡部門有鏡框掃描儀，配鏡人員可移除一側或兩側的鏡片，掃描鏡框外型後重新安裝鏡片，再將眼鏡歸還配戴者 (圖 24-11)。

接著，資料經由連線傳送至實驗室電腦系統，如同在實驗室訂單登錄區域進行輸入的結果。

配鏡人員利用鏡框掃描儀傳送資料後，實驗室可根據處方在新鏡框抵達前開始動作。若有時間方面的考量，配鏡人員不需運送新鏡框，自行安裝鏡片即可。

掃描儀可將資料傳送至磨面實驗室

磨面實驗室將鏡片磨至適當的厚度，實驗室需有準確的數據，對於正鏡片尤其如此。磨邊前必須

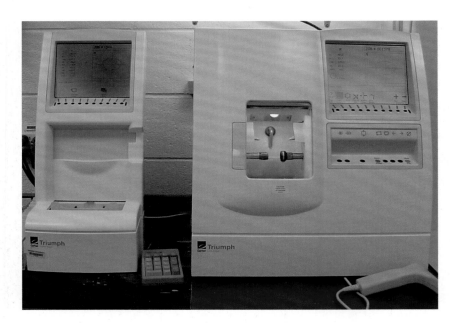

圖 24-9　鏡框掃描儀位於磨邊機旁，它能與磨邊機連線，並可在磨邊前透過螢幕檢視掃描後的形狀。

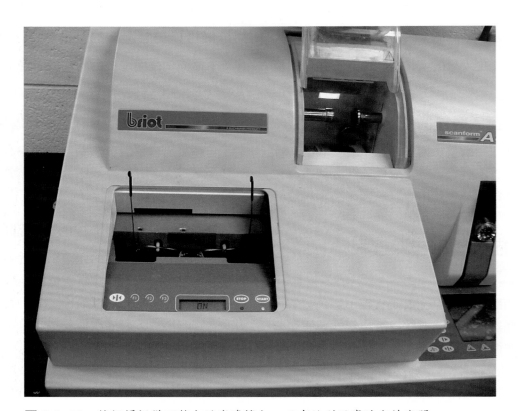

圖 24-10　鏡框掃描儀可整合於磨邊機內，以有效利用實驗室的空間。

知道鏡片的形狀和大小，以計算正鏡片的厚度。資料越準確，將越能精準控制厚度。若鏡片曾進行掃描，所獲得的數值可傳送至磨邊機以外更多處，數值可被傳送到磨面軟體中，計算鏡片的曲率和厚度，並控制製作鏡片的機器。

鏡片的定心

單光鏡片的定心

　　磨邊過程中，鏡片以一個中心點為基準進行旋轉，直至磨成符合鏡框的特定形狀。此旋轉中心點

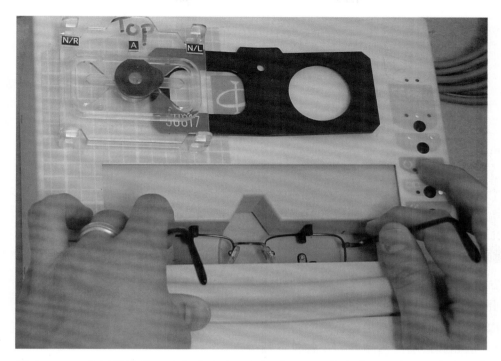

圖 **24-11**　鏡框掃描儀可用在遠端非工廠位置。此方式能確保配鏡部門所讀取的鏡框尺寸符合輸入至磨邊機的數值。

對應於模板的孔洞，該孔洞應在模板中央，以利於磨邊機磨製鏡片。這個中心點稱為鏡片的幾何中心 (*geometric center*) 或方框中心 (*boxing center*)，即鏡片上垂直線與水平線相交而成的最小矩形之中心。

將鏡片的主要參考點置中於配戴者的瞳孔前方時，必須移動鏡片或使之移心偏離鏡片的方框中心。

中心距

符合方框測量系統的鏡框，其中心距 (distance between centers, DBC) 等於鏡框眼型尺寸 (縮寫為 A) 加上鏡片間距 (*distance between lenses, DBL*)。

$$DBC = A + DBL$$

每個鏡片的移心

配戴者的瞳距 (PD) 通常小於中心距，此時需將鏡片向內 (鼻側) 移心朝向鏡框中心。中心距 (鏡架 PD) 減去配戴者的瞳距後再將數值除以 2，便可得知每個鏡片的移心量。

$$\frac{DBC - 配戴者PD}{2} = 每個鏡片的移心量$$

例題 **24-3**

某位配戴者的瞳距 (PD) 是 62 mm，鏡框的 A 尺寸是 48 mm，鏡片間距 (DBL) 是 20 mm，則每個鏡片所需的移心量為何 ?

解答

利用公式確認每個鏡片的移心量

$$每個鏡片的移心量 = \frac{DBC - PD}{2}$$

由於

$$DBC = A + DBL,$$
$$每個鏡片的移心量 = \frac{A + DBL - PD}{2}$$

因此

$$
\begin{aligned}
每個鏡片的移心量 &= \frac{48 + 20 - 62}{2} \\
&= \frac{68 - 62}{2} \\
&= \frac{6}{2} \\
&= 3\,mm
\end{aligned}
$$

此例題中每個鏡片所需的移心量為向內 3 mm。

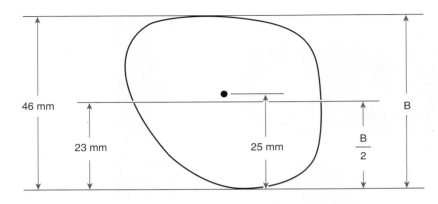

圖 24-12　若主要參考點的位置是以距離鏡片最底部的高度來表示,則可將其減去 B 尺寸的一半並計算下降或上移量。

根據單眼瞳距確認移心量

　　當處方說明配戴者的瞳距應依據單眼各別判斷之,則應分別測量兩眼的瞳距,該測量稱為單眼瞳距 (monocular PD)。單眼瞳距基本上是鼻橋中心至瞳孔中心的距離,例如若依照慣例測得的雙眼瞳距為 64 mm,有可能右眼的單眼瞳距是 31 mm,左眼的單眼瞳距是 33 mm。常見左、右兩眼單眼瞳距存在差異,乃因許多正常人的臉部並非完全對稱。

　　使用單眼瞳距時,移心量的計算是先將鏡框的中心距 (DBC) 除以 2,再減去單眼瞳距。因此

$$移心量 = \frac{DBC}{2} - 單眼瞳距$$

或者

$$移心量 = \frac{A + DBL}{2} - 單眼瞳距$$

如何計算垂直定心量

　　在圍繞鏡片形狀的方框中,下方水平線至主要參考點的距離即為主要參考點高度。實驗室必須將主要參考點高度轉換成主要參考點上移量 (或下移量)。

例題 24-4

某訂單指出主要參考點高度是 25 mm,鏡框垂直尺寸 (B) 是 46 mm,則主要參考點的上移量為何?

解答

垂直移心量的計算方式為

$$垂直移心量 = 主要參考點高度 - \frac{B}{2}$$

例題中的主要參考點高度為 25 mm,鏡框垂直尺寸 (B) 為 46 mm,因此

$$垂直移心量 = 25 - \frac{46}{2}$$
$$= 25 - 23$$
$$= 2 \text{ mm}$$

從中可知主要參考點高度大於鏡框垂直尺寸的一半,垂直移心量為正值,故該鏡片需往上移動 2 mm。圖 24-12 顯示在鏡片水平中線以上 (或以下) 的高度位置。

單光鏡片的定心步驟

　　以下是單光鏡片使用定心儀器的步驟:

步驟一:定位鏡片 (如先前所述)。

步驟二:若儀器有貼附模塊的功能,則在鏡片模塊上黏貼雙面膠墊,並將此模塊安裝於儀器,接著撕下膠帶紙以暴露黏膠。

步驟三:利用公式計算每個鏡片所需的水平移心量。

$$每個鏡片的移心量 = \frac{A + DBL - PD}{2}$$

步驟四:決定鏡片該向右或向左移心。鏡片在多數的定心儀器中需朝上擺放,若是右眼鏡片朝上擺放,「向內」移心即往右移動;若是左眼鏡片朝上擺放,「向內」移心則往左移動。

步驟五:根據計算而得的左、右鏡片移心量,調整儀器中可移動的垂直參考線 * 之位置。

---

* 對於單光鏡片,可移動的垂直線基本上能作為鏡片置放的記號。擺放單光鏡片時,有些人傾向完全不使用可移動的垂直線,而是直接移動鏡片上的參考點至所需的移心量位置。

圖 24-13　鏡片已被貼附以進行磨邊。

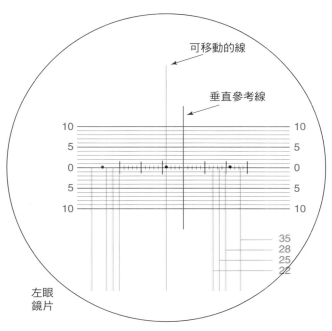

可移動的線

垂直參考線

左眼
鏡片

圖 24-14　已預設可移動的線至正確的移心位置。此可移動的線有助於避免鏡片上的定位點消失在網格中。可移動的線指出主要參考點的預期位置，如圖所示。

步驟六：接著將右眼鏡片朝上（前表面朝上）置於螢幕。將鏡片的 3 個定位點對齊儀器螢幕上的水平線。

步驟七：將鏡片的中心定位點置於可移動的垂直參考線上（記住，垂直參考線的位置對應於水平移心量）。

步驟八：確認主要參考點高度後，將鏡片向上（或罕見的向下）移心，移心量需符合正確的主要參考點上移量（或下移量）（單位為 mm）。

步驟九：握住儀器的把手，妥置鏡片模塊或按下按鈕或腳踏開關，如此即可貼附鏡片（圖 24-13）。

例題 24-5

某鏡框的眼型尺寸 (A) 為 54 mm，鏡片間距為 20 mm。配戴者的瞳距為 66 mm。該鏡片已定位，則儀器應如何設置以及鏡片需如何擺置，以能適當將模塊貼附於鏡片？假設此為左眼鏡片。

解答

鏡片的移心量計算如下

$$每個鏡片的移心量 = \frac{A + DBL - PD}{2}$$
$$= \frac{54 + 20 - 66}{2}$$
$$= \frac{8}{2}$$
$$= 4 \text{ mm}$$

預先在儀器中為左眼鏡片設置可移動的垂直線時，首先回想主要參考點應往哪個方向移動。由於配戴者的瞳距小於鏡框的幾何中心距離〔或稱鏡框瞳距 (frame PD)〕*－鏡片將向鼻側（向內）移心。鏡片的凸面朝上，因此左眼鏡片會向左移動，使可移動的垂直線位在中央參考線左方 4 mm 處。

此時將鏡片正面朝上置於儀器中對齊，使中心定位點在水平線與可移動的垂直線之交會處，如圖 24-14 所示。其他兩個定位點必須位於水平參考線上。

貼附鏡片。鏡片模塊的中心位置將成為磨邊鏡片的方框中心（圖 24-15）。

漸進多焦點鏡片的定心

配鏡十字必須位於配戴者的瞳孔正前方，並在鏡片上留下可見標記。對配鏡人員而言，此為水平和垂直向鏡片擺位時的唯一參考點，也是提供給磨邊實驗室有關鏡片水平與垂直位置的主要參考點。

簡單而言，漸進多焦點鏡片與單光鏡片的定心

---

*「鏡框瞳距」＝ 鏡框眼型尺寸 (A) ＋ 鏡片間距 (DBL)。

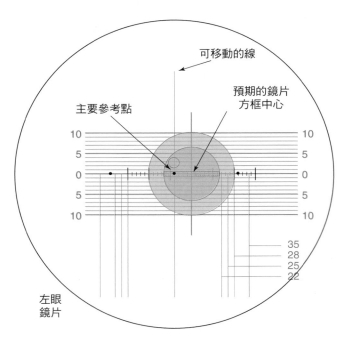

可移動的線

預期的鏡片
方框中心

主要參考點

10　　　　　　　　　　10
5　　　　　　　　　　5
0　　　　　　　　　　0
5　　　　　　　　　　5
10　　　　　　　　　　10

35
28
25
22

左眼
鏡片

圖 24-15　在定心儀器上，模塊總是位於原點。模塊中心對應於已磨邊鏡片預期的幾何或方框中心位置。

過程相同。依據訂購方式，單光鏡片的主要參考點在正確的單眼或雙眼瞳距處；漸進多焦點鏡片的配鏡十字則位於正確的單眼瞳距上。

　　若為單光鏡片，則主要參考點位於鏡片的水平中線上，或在指定的主要參考點高度處；若為漸進多焦點鏡片，則配鏡十字位於指定的配鏡十字高度處。

例題 24-6

漸進多焦點鏡片的訂單資料如下：

R：+3.00 −1.00 × 070
L：+3.00 −1.00 × 110
加入度：+1.50

單眼瞳距為：

R: 33
L: 31

垂直配鏡十字的高度為：

R: 25
L: 23

鏡框尺寸為 A = 50，B = 40，DBL = 20

　　回答下列問題：

1. 每個鏡片所需的水平移心量為何？

2. 每個鏡片的配鏡十字上移量或下移量為何？

3. 若右眼鏡片已正確定心貼附，其於定心儀器的呈現為何？

解答

1. 漸進多焦點鏡片單眼瞳距的水平移心量計算方式如同單光鏡片，因此

$$移心量 = \frac{(A+DBL)}{2} - 單眼瞳距\ PD$$
$$= \frac{(50+20)}{2} - 33$$
$$= 2\ mm$$

因此右眼鏡片的水平移心量為 2 mm。
　　左眼鏡片的水平移心量則為

$$移心量 = \frac{(A+DBL)}{2} - 單眼瞳距\ PD$$
$$= \frac{(50+20)}{2} - 31$$
$$= 4\ mm$$

2. 右眼鏡片的配鏡十字與水平中線的距離計算如下：

$$上移或下移量 = 配鏡十字高度 - \frac{B}{2}$$
$$= 25 - \frac{40}{2}$$
$$= 25 - 20$$
$$= +5\ mm$$

因此右眼鏡片的配鏡十字將上移 5 mm。
左眼鏡片的配鏡十字高度為

$$上移或下移量 = 配鏡十字高度 - \frac{B}{2}$$
$$= 23 - \frac{40}{2}$$
$$= 23 - 20$$
$$= +3\ mm$$

因此左眼鏡片的配鏡十字將上移 3 mm。

3. 利用配鏡十字作為參考點，將鏡片置於定心儀器上。

漸進多焦點鏡片的磨邊定位過程總結於 Box 24-3。

子片型多焦點鏡片的定心

　　常見的子片型多焦點鏡片在近距離視物的子片

Box 24-3

漸進多焦點鏡片的定心步驟

1. 找出鏡片前表面的隱藏圓圈所在之處，並標記兩個隱藏圓圈的中心點。
2. 將鏡片置於製造商所附的鏡片空白表上，定位點必須在表格中隱藏圓圈的位置。核對鏡片標記的準確性，尤其是配鏡十字的位置。若出現錯誤則清除舊有的標記，在鏡片上重新劃記。
3. 核對遠用參考點上的遠用度數、稜鏡參考點上的稜鏡度數、近用參考點上的近用度數以確認鏡片。
4. 利用單眼瞳距計算每個鏡片的遠用移心量。
5. 計算配鏡十字的上移或下移量。
6. 根據遠用移心量，重設定心儀器可移動線的位置。
7. 將鏡片朝上置於定心儀器，使配鏡十字位於可移動的線上。
8. 向上移動鏡片直至配鏡十字位於正確的配鏡十字高度處。
9. 確認鏡片上的 180 度標記線已平行於定心儀器的水平線。
10. 貼附鏡片以進行磨邊。

朝上，右眼鏡片向右移心，左眼鏡片則向左移心。

5. 根據計算而得的移心量，將儀器上可移動垂直線的位置向右或向左移。
6. 計算所需的子片下降或上移量。

$$子片下移量 = 子片高度 - \frac{B}{2}$$

7. 將鏡片朝上置於儀器並對齊子片界線。
8. 將鏡片上、下移動至所需的子片下移量或上移量。
9. 握住儀器的把手，妥置鏡片模塊或按下按鈕或腳踏開關，如此即可貼附鏡片。

鏡片磨邊

需有實體模板以導引磨邊工作的磨邊機稱為模板磨邊機 (patterned edgers)。

然而使鏡片成為特定形狀的資料未必是塑膠模板這類實體，它也可能是以數位形式儲存的形狀，數位資料亦可導引鏡片磨邊機。此類磨邊機在運作時無需實體模板，故稱為無模板磨邊機 (patternless edger)。

有模板的磨邊機

設定磨邊機尺寸

若所有需進行磨邊的鏡片模板尺寸皆與完工鏡片相同，則不需設定尺寸數值。然而這表示每當出現不同尺寸的鏡框，即必須重新設定。

這產生了模板尺寸相關問題，「標準的模板尺寸」設定為 36.5 mm。

設定為較大的模板尺寸以避免模板變形

當設定的鏡片磨邊數值大於模板 2 mm，磨邊機將使鏡片於各方向－鼻側、顳側、向上及向下增加 1 mm。然而於各方向增加等量尺寸，終會破壞原始形狀的完整性。為了維持形狀不變，唯一可行的方法是產生一個較大的鏡框模板尺寸，但仍接近預磨邊的真實鏡片尺寸。

大於標準 36.5 mm 尺寸的模板將導致鏡片過大。若未予以補償，磨邊後的鏡片會大於鏡框的眼型尺寸。

區域有明顯的分界線，當貼附鏡片時，可作為一種穩定且便利的參考線。

應測量每位配戴者的子片垂直位置。配鏡人員所提供的垂直位置為子片高度。子片高度必須轉換為子片上移量或下移量。

配鏡人員以配戴者的遠用瞳距和近用瞳距表示子片的水平位置，此方法最後必須轉換為相對於磨邊鏡片方框中心的子片內偏距。

標準的平頂雙光鏡片的定心過程如下：

1. 確認鏡片度數及主要參考點的位置，利用鏡片驗度儀定位主要參考點。
2. 將鏡片模塊置於儀器上。
3. 決定所需的子片總內偏距。

$$子片總內偏距 = \frac{(A+DBL) - 近用瞳距}{2}$$

4. 判斷鏡片是否需向左或向右移心。若鏡片的凸面

例題 24-7

某特定的鏡框模板其 A 尺寸為 46.5 mm。假設磨邊後的鏡片是用在 50 mm 的眼型尺寸，若磨邊機以標準模板尺寸 36.5 mm 進行校正，當於磨邊機輸入 50 mm 數值，則鏡片磨邊後的尺寸為何？

解答

針對此磨邊機，若輸入的模板數值為 36.5 mm，即可產生 36.5 mm 的鏡片尺寸。欲獲得 50 mm 的鏡片，則輸入的數值應為 50 mm。然而因模板大了 10 mm，導致磨邊後的鏡片也增大 10 mm。若在使用此模板下於磨邊機輸入 50 mm，將產生 60 mm 眼型尺寸的鏡片。

例題 24-8

在例題 24-7 中應如何設定磨邊機以產生 50 mm 的鏡片？

解答

該模板為 46.5 mm，比標準尺寸大了 10 mm，所產生的鏡片亦增加 10 mm，因此預定的鏡片尺寸必須減去 10 mm。

$$50 \text{ mm} - 10 \text{ mm} = 40 \text{ mm}$$

欲獲得 50 mm 的鏡片，必須於磨邊機輸入 40 mm。

設定數值

為了使模板的調整校正更容易操作，對於大於標準值 36.5 mm 的模板尺寸，鏡框製造商提供模板補償數值，稱為設定值 (*set number*)。模板幾乎皆大於標準值，故眼型尺寸必須減去兩者之差值，因此設定值通常是負值。

多數製造商的鏡框所附之模板，會直接將設定值貼在模板上。若得知眼型尺寸和模板的設定值，則在進行磨邊機設定時便不需測量模板。

例題 24-9

磨邊鏡片以符合 53 mm 的鏡框 A 尺寸，模板上註明「設定值為 −15」。

1. 正確的磨邊機設定值為何？
2. 若進行測量，預期的模板 A 尺寸為何？

解答

1. 「設定值為 −15」代表輸入磨邊機的數值必須比所需的鏡片尺寸小 15 mm。因此

$$\text{磨邊機設定值} = \text{眼型尺寸} + (\text{設定值})$$

此例中

$$\text{磨邊機設定值} = 53 + (-15)$$
$$= 38 \text{ mm}$$

故輸入磨邊機的設定值為 38 mm。

2. 此時模板的尺寸為何？設定值是標準模板尺寸和實際模板尺寸之差值，意即

$$\text{設定值} = \text{標準模板尺寸} - \text{實際模板尺寸}$$
$$= 36.5 - \text{實際模板尺寸}$$

此例中設定值已知，但模板尺寸未知，因此將公式做移項，結果如下

$$\text{實際模型值} = 36.5 - \text{設定值}$$

在此例中，數值變成

$$\text{實際模板尺寸} = 36.5 - (-15)$$
$$= 36.5 + 15$$
$$= 51.5 \text{ mm}$$

預期的模板 A 尺寸為 51.5 mm。

若模板的尺寸等同鏡框的眼型尺寸？當以 A 尺寸為 36.5 mm 的標準尺寸模板對磨邊機進行校正，於磨邊機輸入 36.5 mm 的數值，便會產生尺寸完全等同模板的鏡片。故若模板和鏡框相符，則複製鏡框的眼型尺寸，輸入 36.5 mm 的數值後將產生正確的鏡片尺寸。

部分無模型磨邊機需進行移心的計算

無模板磨邊機不需計算磨邊機的設定值，乃因數位「模板」尺寸等同所需的鏡片尺寸*。某些無模板磨邊機的功能更為齊全。計算鏡片的移心量並不困難，但若計算越簡單則越容易出錯。

無模板磨邊機可容易計算移心量。在對左、右眼鏡片進行掃描時，鏡框掃描儀亦能得知鏡片間距，唯一未知的是配戴者的瞳距。求得瞳距後便可容易計算得出移心量。

---

* 對於相同形狀但不同鏡框尺寸的模板，有時也需進行鏡框掃描程序。此例中的磨邊機設定值必須進行尺寸補償。

某些磨邊機可做計算並求出移心量。即使磨邊機計算得出移心量，負責貼附鏡片的人員仍需先移心，接著再貼附鏡片。

有些無模板磨邊機可與貼附器共同運作。若貼附器和磨邊機之間直接連線，則操作人員不需手動將鏡片向鼻側移心，僅需將已定位的鏡片妥置，使光學中心 (或主要參考點) 位於貼附器網架的中央，彷彿完全無移心般。接著將發生下列兩種狀況之一：
1. 貼附器移動鏡片模塊至常見預定的位置。
2. 鏡片被貼附於中央，進行磨邊時由磨邊機考量改變的因素。

學習成效測驗

1. 對或錯？鏡片的表面處理是在完工實驗室進行。

2. 何種鏡片其整體皆為相同度數？
   a. 單光鏡片
   b. 子片型多焦點鏡片
   c. 漸進多焦點鏡片

3. 下列術語中何者是「完工鏡片」的同義詞？
   a. 單光鏡片
   b. 半完工鏡片
   c. 未切割鏡片
   d. 漸進多焦點鏡片
   e. 多焦點鏡片

4. 「鏡框掃描儀」通常與下列何種機器共同運作？
   a. 鏡片驗度儀
   b. 鏡片貼附器
   c. 鏡片磨邊機

5. 下列製造鏡片的過程中，何者是最後的工序？
   a. 貼附
   b. 磨邊
   c. 定位

6. 依先後順序排列下列磨邊過程的步驟。
   1. 貼附鏡片
   2. 定心
   3. 磨邊
   4. 確認鏡片的軸度及主要參考點的位置

   a. 2, 3, 1, 4
   b. 2, 4, 1, 3
   c. 1, 2, 3, 4
   d. 4, 2, 1, 3
   e. 4, 3, 2, 1

7. 定位單光鏡片進行磨邊時，根據磨邊鏡片的方向，鏡片驗度儀上的印點將出現於？
   a. 球面軸線
   b. 柱面軸線
   c. 180 度軸線
   d. 柱軸

8. 下列何者應位於配戴者瞳孔的正前方 (或下方) ？
   a. 光學中心
   b. 中心距
   c. 幾何中心
   d. 主要參考點
   e. 鏡片間距

9. 若處方中無處方稜鏡，下列有三者是同一點，何者除外？
   a. 光學中心
   b. 主要參考點
   c. 稜鏡參考點
   d. 近用參考點

10. 下列處方中何者的光學中心和主要參考點的位置不同？(正確答案可能不只一個)
    a. −4.00 D 球面
    b. −4.00 −2.00 × 180
    c. −4.00 D 球面含 0.5△ 基底向內稜鏡
    d. −4.00 −2.00 × 180 含 0.5△ 基底向上稜鏡
    e. 光學中心和主要參考點互為同義詞，因此在鏡片上是同一點

11. 定位平頂雙光鏡片的主要參考點時，立即發現三個點和子片線並不平行，下列何者處方不會因此而有重大影響？
    a. 總會有影響
    b. $-1.00 -1.00 \times 180$
    c. $\text{pl} -1.00 \times 070$
    d. -2.25 D 球面

12. 應於何處檢查漸進多焦點鏡片的水平和垂直向稜鏡效應：
    a. 近用參考點
    b. 稜鏡參考點
    c. 遠用參考點

13. 對或錯？模板的水平尺寸是水平穿過模板的中心孔洞進行測量。

14. 根據鏡框眼型尺寸 (A 尺寸) 為 48 mm，鏡片間距為 18 mm 的鏡框來磨邊鏡片。若配戴者的瞳距是 60 mm，則每個鏡片的移心量為何？
    a. 6 mm
    b. 5 mm
    c. 4 mm
    d. 3 mm
    e. 2 mm

15. 下列何者不是鏡框掃描儀的功能？
    a. 收集形狀資料，並傳送至直接與磨邊機連線的無模板磨邊機
    b. 收集形狀資料，利用電話線將資料傳送至遠端的無模板磨邊機
    c. 決定鏡框的鏡片間距
    d. 上述皆為鏡框掃描儀可能具備的功能

16. 根據下列資料，鏡框的中心距為何？
    A = 47
    B = 39
    DBL = 20
    ED = 48

17. 下列每個鏡片的移心量需為何，以可正確擺放進行磨邊？
    R：$+1.00 -1.00 \times 070$
    L：$-1.00 -1.00 \times 100$
    A = 52
    B = 49
    DBL = 16
    PD = 70
    a. 1 mm 向內
    b. 1 mm 向外
    c. 1.5 mm 向內
    d. 2.0 mm 向內
    e. 以上皆非

18. 具有下列規格的處方鏡片，每個鏡片的移心量為何？
    A = 52
    B = 43
    ED = 54
    DBL = 18
    右眼單眼瞳距 = 32
    左眼單眼瞳距 = 33.5

19. 具有下列規格的處方鏡片，每個鏡片的移心量為何？
    A = 48
    B = 38
    ED = 48
    DBL = 18
    右眼單眼瞳距 = 31.5
    左眼單眼瞳距 = 31.0

20. 某訂單資料如下，配戴者的瞳距等於鏡框的 (A)＋(DBL)，並註明兩鏡片的主要參考點高度為 23 mm。若鏡框的垂直 (B) 尺寸是為 0 mm，所需的垂直移心量為何？

21. 具有下列規格的單光處方鏡片，每個鏡片的水平及垂直移心量為何？

    −1.25 −0.75 × 015

    −1.00 −1.00 × 162

    主要參考點的高度：26 mm

    PD = 66

    A = 53

    B = 48

    ED = 57

    DBL = 17

22. 下列鏡片其主要參考點的水平及垂直移心量需為何以可置入鏡框？

    +3.00 D 球面含 2Δ 基底向內

    +3.00 D 球面含 2Δ 基底向內

    主要參考點的高度 = 21 mm

    配戴者的瞳距 = 61 mm

    A = 47

    B = 33

    DBL = 17

23. 模板尺寸和磨邊機設定有密不可分的關係。假設標準模板尺寸是 36.5 mm，根據下表的組合資料填入表中代碼所表示的數值。

眼型尺寸	模板尺寸	設定值	磨邊機設定值
50	36.5	<u>a</u>	<u>b</u>
48	<u>c</u>	−10	<u>d</u>
45	<u>e</u>	<u>f</u>	37
<u>g</u>	44.5	<u>h</u>	44
50	36.5	<u>i</u>	<u>j</u>
<u>k</u>	<u>l</u>	−5	57
50	51.5	<u>m</u>	<u>n</u>
52	50	<u>o</u>	<u>p</u>

24. 若模板上註明「設定值為 −5」，則模板的 A 尺寸為何？

    a. 37.5

    b. 41

    c. 45

    d. 41.5

    e. 無法計算

25. 測得某模板為 56 mm。若鏡框 A 尺寸是 58 mm，鏡片間距是 20 mm，則應如何設定磨邊機以產生正確磨邊的鏡片？假設已正確校正磨邊機。

    a. 設定為 36.5 mm

    b. 設定為 38.5 mm

    c. 設定為 54 mm

    d. 設定為 56 mm

    e. 設定為 58 mm

附錄 C

視力協會

快速參考指引－ANSI Z80.1-2015

1. 遠用屈光度數的容許值（單光鏡片和多焦點鏡片）

球面軸線度數 (負柱面規定)	球面軸線度數的容許值 (負柱面規定)	柱面度數 ≥ 0.00 D ≤ –2.00 D	柱面度數 > –2.00 D ≤ –4.50 D	柱面度數 > –4.50 D
–6.50 D 至 + 6.50 D	± 0.13 D	± 0.13 D	± 0.15 D	± 4%
> ± 6.50 D	± 2%	± 0.13 D	± 0.15 D	± 4%

2. 遠用屈光度數的容許值（漸進多焦點鏡片）

球面軸線度數 (負柱面規定)	球面軸線度數的容許值 (負圓柱面規定)	柱面度數 ≥ 0.00 D ≤ –2.00 D	柱面度數 > –2.00 D ≤ –3.50 D	柱面度數 > –3.50 D
–8.00 D 至 + 8.00 D	± 0.16 D	± 0.16 D	± 0.18 D	± 5%
> ± 8.00 D	± 2%	± 0.16 D	± 0.18 D	± 5%

3. 柱軸方向的容許值

柱面度數的標稱值 (D)	< 0.12 D	≥ 0.12 D ≤ 0.25 D	> 0.25 D ≤ 0.50 D	> 0.50 D ≤ 0.75 D	> 0.75 D ≤ 1.50 D	> 1.50 D
柱軸容許值 (度)	尚無定義	± 14°	± 7°	± 5°	± 3°	± 2°

4. 多焦點鏡片與漸進多焦點鏡片的加入度數容許值

加入度數的標稱值 (D)	≤ 4.00 D	> 4.00 D
加入度數容許值的標稱值 (D)	± 0.12 D	± 0.18 D

5. 稜鏡參考點位置和稜鏡度數的容許值

- 於稜鏡參考點測得的稜鏡度數不可 > 0.33 Δ，或稜鏡參考點不應在任一方向遠離其特定點 > 1.0 mm。

6. 稜鏡不平衡的容許值 (已裝配)

	垂直	垂直	水平	水平
單光鏡片和多焦點鏡片	0.00 至 ≤ ±3.375 D	> ±3.375 D	0.00 至 ≤ ±2.75 D	> ±2.75 D
容許值	≤ 0.33 Δ	稜鏡參考點高度差 ≤ 1.0 mm	≤ 0.67 Δ	遠用瞳距偏差 ≤ ±2.5 mm
	垂直	垂直	水平	水平
漸進多焦點鏡片	0.00 至 ≤ ±3.375 D	> ±3.375 D	0.00 至 ≤ ±3.75 D	> ±3.75 D
容許值	≤ 0.33 Δ	稜鏡參考點高度差 ≤ 1.0 mm	≤ 0.67 Δ	遠用瞳距偏差 ≤ 1.0 mm

7. 基弧容許值

- 若有指定時，基弧應 < ±0.75 D。

8. 中心厚度容許值

- 中心厚度應在鏡片凸面的稜鏡參考點處測量，不應偏離標稱值 > ±0.3 mm。

9. 多焦點鏡片的子片尺寸及傾斜容許值

- 子片尺寸 (寬度、深度及中間區深度) 不應偏離標稱值 > ±0.5 mm。除了指定之外，已裝配的眼鏡其子片尺寸之差異 (寬度、深度及中間區深度) 不應 > 0.5 mm。
- 每個鏡片的子片傾斜需從 180 度進行測量且應在 ±2° 之內。

10. 子片垂直位置、傾斜及配鏡十字垂直位置

- 多焦點鏡片：每個鏡片的子片高度應 < ±1.0 mm。若為已裝配的眼鏡，子片高度之差異不應 > 1.0 mm。
- 漸進多焦點鏡片：每個鏡片的配鏡十字高度應 < ±1.0 mm。若為已裝配的眼鏡，配鏡十字高度之差異不應 > 1.0 mm。
- 使用永久水平參考標記，每個鏡片的水平軸傾斜應在 ±2° 之內。

11. 子片水平位置及配鏡十字水平位置

- 多焦點鏡片：若為已裝配的眼鏡，其子片幾何中心之距離需在指定近用瞳距 ±2.5 mm 之內，兩鏡片的內偏距應顯示對稱與平衡，除非有指定單眼內偏距。
- 漸進多焦點鏡片：鏡片設計訂定了近用參考點，其配鏡十字應位於指定單眼瞳距 ±1.0 mm 之內。

12. 局部誤差

- 目測檢查可發現的波浪、翹曲或內部瑕疵所致之局部屈數誤差或像差，當以鏡片驗度儀檢查局部區域時，若無可量測的或未發現重大的視標扭曲或模糊則是可被接受的。以參考點為圓心，直徑 30 mm 以外或邊緣 6 mm 以內的區域不在要求範圍內。

13. 可耐衝擊之日常用眼鏡鏡片的處方

- 所有鏡片必須符合聯邦法規 801.410 (CFR 801.410) 第 21 條對於耐衝擊的要求。

14. 偏光軸

- 若眼鏡鏡片已標示水平偏光的預期方向，則實際的透射平面應在距離標示 90 ± 3° 之處。

學習成效測驗解答

第 11 章

1. c

2. d

3. c

4. e

5. a. $a = 7$

　b. $a = 20$

　c. $a = \dfrac{19}{4}$

　d. $a = 11$

　e. $a = \dfrac{23}{7}$

　f. $a = \dfrac{4b+3}{4}$

　g. $a = \dfrac{12+8b}{b}$

　h. $a = 4b - 2bc$

　　or

　　$a = 2b(2 - c)$

6. b

7. a. 0.05

　b. 1

　c. 0.25

　d. 0.01

　e. 2

　f. 4

　g. 8

　h. ⅓或 1.33

8. a. 100

　b. 4

　c. a·a(或 a²)

　d. 49

　e. 144

　f. 225

9. a. 11

　b. 8

　c. 22

　d. b

　e. 2

　f. 5a

10. a. 343

　b. 3

　c. 10

　d. 1

　e. 100

　f. a

　g. 16

11. 16.18 m

12. 與地面的距離為 2.96 m

13. a. 2 m

　b. 3.46 m

14. a. 8.544 單位

　b. 20.556 度

15. (−6, +10.39)

16. 128.024 km

17. a. 長度為 77.16 m

　b. 90 度

　　7.1 度

　　18.9 度

18. c

19. a. 207 lb

　b. 58 度

20. a. 約 281 lb

　b. 12 度

第 12 章

1. d

2. d

3. c

4. a

5. b

6. b

7. c

8. b

9. e

10. d

11. c

12. a

13. a

14. b

15. d

16. a

17. c

18. a

19. b

20. d

21. e

22. c

23. a

24. a. +2.25 +1.25 × 102

　b. +0.50 −1.00 × 165

　c. −0.50 × 165/+0.50 × 075

25. d

26. c

27. +1.25 −4.25 × 075

　　−3.00 +4.25 × 165

28. −0.50 +125 × 103 +0.75 × 103/−0.50 × 013

29. b

30. a

第 13 章

1. c

2. a

3. c

4. a

5. 錯

6. 對

7. e(要看鏡片是做成正柱面型式或負柱面型式)

8. 對

9. b

10. a. F_1 在 90 度 = +8.00 D

　b. F_1 在 180 度 = +10.00 D

　c. $F_2 = -8.75$ D

11. d

12. *a.* F_1 在 90 度 = +8.00 D

　　F_1 在 180 度 = +6.00 D

　　$F_2 = -6.75$ D

　b. $F_1 = +6.00$ D

　　F_1 在 90 度 = −4.75 D

　　F_2 在 180 度 = −6.75 D

13. b

14. +0.75 −1.12 × 100

15. +2.00 −1.00 × 020

16. 0.06424 m 或

64.24 mm

17. 0.08970 m 或

89.70 mm

18. +11.52 D

19. −2.64 D

20. a. 在 90 度軸線上，

真實的前表面度

數 = +6.00 D

在 180 度軸線上，

真實的前表面度

數 = +5.00 D

b. 柱面數值 =

1.00 D

21. a. +4.00 −3.00 ×

090

b. +3.70 −2.78 ×

090

22. d

23. 標稱度數為 +8.25 D

真實度數為 +8.17 D

屈光度數為

+10.79 D

24. b

25. e

26. d

27. 錯

28. 對

29. e

30. e

31. e

32. b

33. e

34. c

35. c

36. a. 完整的答案為

−3.75 −1.75 ×

034

37. a

38. d

39. c

40. a

41. a

42. b

43. c

44. b

45. a

46. a

47. a

48. d

49. e

第 14 章

1. +11.37 D

2. O.D. −25.40 D 球面

O.S. −22.39 D 球面

3. b

4. +8.75 D

5. b

6. d

7. b

8. d

9. b

10. e，使用正確公式所

得答案為 +14.23 D

11. +7.00 D

12. a. +10.00 D

b. +10.26 D

13. −10.21 D

14. b

15. c

第 15 章

1. a

2. b

3. d

4. b

5. c

6. a

7. d

8. b

9. b

10. a

11. c

12. e

13. c

14. b

15. a. (3)

b. (4)

16. a

17. 4.5 基底 207

4.5 基底 27 向下

18. 3.25 基底 107 向下

19. 1.50 基底 181

20. 5.38 基底 158

21. 3.35 基底 153

22. a. 4 基底 150 向下

2 基底向下與 3.5

基底向內

b. 4 基底 150 向下

2 基底向下與 3.5

基底向外

23. 3.90 基底 140 向上

3.90 基底 140

3.90 基底 40 向上

3.90 基底 40

24. 2.50 基底 53 向下

2.50 基底 233

2.50 基底 127 向下

2.50 基底 307

25. 7.81 基底 140 向上

7.81 基底 140

7.81 基底 140 向下

7.81 基底 320

26. 5.00 基底 127 向上

5.00 基底 127

5.00 基底 127 向下

5.00 基底 307

27. 5.4 基底 146 向下

5.4 基底 326

4.1 基底 101 向下

4.1 基底 281

28. 5.6 基底 10 向下

5.6 基底 190

4.6 基底 60 向下

4.6 基底 240

29. 4.24 基底 45 向下

4.24 基底 225

4.24 基底 45 向上

4.24 基底 45

30. 2.61 基底 107 向下

2.61 基底 287

2.61 基底 107 向上

2.61 基底 107

31. 4.93 基底 60 向下

4.93 基底 240

4.70 基底 115 向上

4.70 基底 115

32. 1.82 基底 74 向上

1.82 基底 74

1.82 基底 74 向下

1.82 基底 254

33. 4.07 基底 11 向上

4.07 基底 11

4.32 基底 10 向下

4.32 基底 190

34. 4.70 基底 25 向上

4.70 基底 25

4.25 基底 28 向下

4.25 基底 208

35. 5.25 基底 31 向上

5.25 基底 31

5.25 基底 49 向下

5.25 基底 229

36. 1.25 基底 53 向下

1.25 基底 233

1.25 基底 101 向下

1.25 基底 281

37. 1.50 基底 149 向下

1.50 基底 329

1.50 基底 135 向上

1.50 基底 135

38. 3.25 基底 171 向上
    3.25 基底 171
    3.37 基底 153 向下
    3.37 基底 333
39. a. 對
    b. 錯
    c. 錯
40. b
41. 5.00Δ 基底 143
42. b
43. a. 6Δ 基底向上
       6Δ 基底 90
    b. 0.5Δ 基底向上與
       0.5Δ 基底向內
       0.71Δ 基底 135
    c. 4.00Δ 基底向下
       與 5.00Δ 基底向
       內
       5.39Δ 基底 338.2
44. a. 右眼 3.76Δ 基底
       向下
       左眼 3.76Δ 基底
       向上
    b. 右眼 3.42Δ 基底
       向下
       左眼 3.42Δ 基底
       向上
45. c

第 16 章

1. 1.20Δ 基底向內
2. −7.00 D
3. a
4. d
5. c
6. e
7. 4.375Δ 基底向外
   （或右眼 2.188Δ
   基底向外與左眼
   2.188Δ 基底向外）

8. 2.60Δ 基底向外（總
   計）（或右眼 1.00Δ
   基底向外與左眼
   1.60Δ 基底向外）
9. 2.75Δ 基底向內
10. 3.00Δ 基底向內
11. 2.30Δ 基底向內
12. b
13. c
14. b
15. a. (1) 基底向內
    b. (2) 基底向外；(3)
       基底向上
    c. 基底 (40+90)，即
       基底 130
    d. (1) 基底向內；(4)
       基底向下
    e. (1) 基底向內；(3)
       基底向上
16. a
17. 總計是 0.074Δ 基底
    向內的稜鏡（每眼
    0.037Δ 基底向內），
    淨垂直稜鏡效應為
    0.00Δ（由於 0.14Δ 基
    底向下的稜鏡同時
    用在左眼與右眼的
    前方，因此得到淨
    差為 0）
18. 0.44Δ 基底向上與
    1.63Δ 基底向外
19. 1.60Δ 基底向內與
    0.28Δ 基底向下
20. 1.26Δ 基底向內與
    0.36Δ 基底向上
21. 2.86Δ 基底向內與右
    眼 0.64Δ 基底向下
    或左眼基底向上

22. a. 無度數
    b. −2.00 D
    c. −0.24 D
    d. −1.77 D
    e. −3.00 D
    f. −1.50 D
23. a. −4.875 D
    b. 1.95Δ 基底向外
       （或基底 180）
24. a. +3.82 D
    b. 0.76Δ 基底向內
       （或基底 0）
25. $P = \dfrac{100g(n-1)}{d}$
    $= \dfrac{100(1)(0.8)}{54} = 1.48$
26.
$$P = \frac{100g(n-1)}{d}$$
$$= \frac{100(7.8-5.4)(1.66-1)}{40}$$
$$= \frac{100(2.4)(0.66)}{40}$$
$$= 3.96Δ\ 基底\ 180$$
（或 4Δ 基底向外）

第 17 章

1. b
2. 錯
3. 錯
4. c
5. d
6. a

第 18 章

1. a
2. 錯
3. 彗星像差
4. b
5. c
6. 鏡片度數與鏡片前弧
   或
   鏡片度數與鏡片後弧

7. b
8. d
9. b
10. b
11. + 9.00 D
12. + 9.75 D
13. + 7.75 D
14. + 4.00 D
15. + 5.25 D
16. + 4.43 D
17. + 3.94 D
18. + 3.00 D
19. 對
20. a、b、c
21. b、c
22. c
23. d
24. 錯
25. 錯

第 19 章

1. b
2. e
3. b
4. e
5. c
6. a
7. b
8. a
9. 錯
10. a. 3
    b. 1
    c. 4
    d. 2
    e. 1
11. e
12. c、d
13. b
14. a
15. d
16. 對

17. d
18. c
19. b
20. a
21. a
22. e
23. e
24. d
25. b
26. b
27. c
28. d
29. 4.51 D
30. c
31. a. 9.5 mm
　　b. 理論子片尺寸與
　　　可用子片尺寸皆
　　　為 35 mm
32. a
33. c
34. b
35. d
36. c
37. d
38. a

第 20 章

1. e
2. c
3. e
4. 錯
5. 錯
6. 對
7. 錯
8. c
9. 對
10. 對
11. a
12. 對
13. a
14. a、b

15. 對
16. b
17. 對
18. c
19. 對
20. 錯
21. d
22. a
23. a
24. a
25. b
26. e
27. e
28. 錯
29. b
30. e
31. +0.50 +0.75 × 090
32. c
33. 錯
34. 錯
35. a. 1.50Δ 基底向下
　　b. 無需稜鏡削薄
36. b
37. e
38. R：21 mm
　　L：19 mm
39. R：31.5 mm
　　L：31.5 mm
　　無需改變稜鏡量
40. a. 是，兩眼的單
　　　眼瞳距應改為
　　　32 mm
　　b. 是，減少每眼的
　　　稜鏡至 2.5Δ 基底
　　　向內

第 21 章

1. e
2. a. SM ＝ 7.67%
　　b. SM ＝ 1.63%
　　c. 6.04%

3. 對
4. b
5. 對
6. c
7. b
8. d
9. b
10. d
11. c
12. b
13. a
14. c
15. a. 3
　　b. 2
　　c. 4
　　d. 2
　　e. 1
　　f. 1
　　g. 1
　　h. 1
16. 錯
17. c
18. 對
19. c
20. d
21. b
22. b
23. d
24. c
25. a. 2
　　b. 2
　　c. 1
26. a. 6.00 × 0.6 ＝
　　　3.60Δ
　　b. 1
27. a
28. a
29. R 度數於 90 為 −1.25
　　L 度數於 90 為 −9.56
　　不平衡為 (8.3 × 1.1)
　　＝ 9.13Δ

30. c
31. d
32. b
33. a. 2
　　b. 不會
34. 對
35. 對
36. b
37. d
38. c

第 22 章

1. 錯
2. 錯
3. 錯
4. 錯
5. 對
6. 對
7. 對
8. 錯
9. 錯
10. 對
11. 錯
12. 對
13. 對
14. 錯；乃因大部分的
　　入射光被鏡片本身
　　吸收，從鏡片後表
　　面內部反射的光線
　　量小於前表面反射
　　的光線量，這表示
　　整體的透射百分比
　　增加幅度不大。然
　　而，從配戴者後方
　　入射的惱人光線會
　　因鏡片後表面的 AR
　　鍍膜使反射消除，
　　讓原本出現比穿過
　　有色鏡片而衰減的
　　前方影像更亮的反
　　射被消除了

15. 錯
16. 錯
17. 錯
18. a
19. 錯
20. 錯
21. 對
22. 錯
23. 錯
24. 錯
25. e
26. c
27. a
28. c
29. d
30. c
31. e
32. a
33. b
34. d
35. a
36. c
37. e
38. a
39. a
40. a
41. a
42. b
43. e
44. c

45. d
46. d
47. a
48. b
49. e
50. b
51. e
52. a、d
53. 1.288
54. 20%
55. 86.21%

第23章

1. 對
2. 錯
3. a
4. e、a、c、d、b
5. c、a、e、b、d
6. e、b、c、a、d
7. 對
8. c
9. d
10. b
11. b
12. b、c、d
13. 錯
14. 錯
15. d
16. e
17. b

18. c
19. c
20. 錯
21. d
22. c
23. b
24. c
25. a
26. a
27. d
28. 錯
29. 錯
30. c
31. 錯

第24章

1. 錯
2. a
3. c
4. c
5. b
6. d
7. c
8. d
9. d
10. c、d
11. d
12. b
13. 錯
14. d

15. d
16. 67 mm
17. b
18. R：3 mm 向內
    L：1.5 mm 向內
19. R：1.5 mm 向內
    L：2 mm 向內
20. +3 mm
21. 2 mm 向內與 2 mm 向上
22. 1.5 mm 向內與 4.5 mm 向上
23. a. 0
    b. 50
    c. 46.5
    d. 38
    e. 44.5
    f. −8
    g. 52
    h. −8
    i. 0
    j. 50
    k. 62
    l. 41.5
    m. −15
    n. 35
    o. −13.5
    p. 38.5
24. d
25. b

國家圖書館出版品預行編目資料

配鏡學總論 (下) －鏡片應用篇 / Clifford W. Brooks,
Irvin M. Borish 著，黃敬堯等 審閱，李則平等 翻譯 --
第三版 . --臺北市：台灣愛思唯爾，2016. 08　面；
公分
不含索引
譯自：System for Ophthalmic Dispensing, 3E vol.2
ISBN 978-986-92667-4-1 (平裝)
1. 眼鏡　2. 驗光
471.71　　　　　　　　　　　　　105001304

配鏡學總論（下）－鏡片應用篇

作　　者：Clifford W. Brooks,
　　　　　Irvin M. Borish

審　　閱：黃敬堯、劉祥瑞、路建華、
　　　　　劉璟慧

翻　　譯：李則平、張家輔、吳鴻來、
　　　　　陸維濃

責任編輯：王馨儀、林逸叡

排　　版：Toppan Best-set Premedia
　　　　　Limited

封　　面：鄭碧華

總 經 銷：台灣愛思唯爾有限公司

出版日期：2016 / 08　第三版一刷
　　　　　2024 / 04　第三版七刷

發 行 人：Kok Keng Lim

發 行 所：台灣愛思唯爾有限公司

地　　址：台北市中山北路二段 96 號 9 樓 N 905

電　　話：(02) 2522-5900 (代表號)

傳　　真：(02) 2522-1885

帳　　號：5046847018

戶　　名：台灣愛思唯爾有限公司

受款銀行：花旗 (台灣) 商業銀行營業部

銀行代號：021

分行代號：0018 (營業部)

版權所有。 本出版品之所有內容在未取得本出版社書面同意前，均不得以任何形式或任何方式、透過電子或任何方式進行轉載或傳播，包括複印、錄製或任何資料貯存及檢索系統。申請授權的方式、出版社版權政策、本公司與版權授權中心及版權代理機構間協議等更多訊息之詳情，請見本公司網站：www.elsevier.com/permissions。本書及書中個別內容之版權皆屬出版者所有 (文中註明者除外)。

聲明。 本領域之知識與最佳實務日新月異，當新近研究與經驗拓展我們眼界的同時，勢必會改變研究方式、專業實務或醫療方式。

醫師與學者在評估及運用任何文中所述之資訊、方法、複方或實驗時，務必依據自身經驗與知識；運用此類資訊或方法時，應注意自身與他人，包括對當事人具有專業責任者之安全。

關於書中述及之藥物或醫藥產品，建議讀者向 (i) 程序發明者或 (ii) 所用產品製造商查明最新資訊，以便釐清建議劑量或處方、服用方式與服用時間，以及禁忌事項。醫師應依據自身經驗以及對病患的瞭解，為個別患者進行診斷、確定劑量與最佳治療方式，並採取所有適當的安全預防措施。

在法律許可範圍內，本出版社以及作者、共同作者、或編輯皆*毋*須承擔產品責任、疏忽或者其餘因使用或操作文中述及之任何方法、產品、教學或意見所導致的個人傷勢和／或財物損傷之責任。